现代机械设计理论与方法研究

主　编　冯景华　李　珊　李文春

副主编　张林静　宋志强　郭文斌　张丹丹　徐秀英

中国水利水电出版社
www.waterpub.com.cn

内 容 提 要

本书主要对机械设计的基本理论、常用机械零件的原理和设计方法、典型整机设计过程和具体设计方法几个方面进行讨论，力求做到逻辑清晰、层次分明，便于读者对知识点的理解和掌握。主要特点有：强化基本原理、基本设计方法；对于具体的机械零部件设计，注重知识逻辑顺序；强化对设计步骤的介绍；对关键知识点和要求掌握的程度进行了明确的说明。

本书可作为机械类的工程技术人员和机械加工人员的参考书和自学用书。

图书在版编目(CIP)数据

现代机械设计理论与方法研究/冯景华，李珊，李文春主编. --北京：中国水利水电出版社，2014. 10（2022. 10重印）

ISBN 978-7-5170-2608-2

Ⅰ. ①现… Ⅱ. ①冯… ②李… ③李… Ⅲ. ①机械设计—研究 Ⅳ. ①TH122

中国版本图书馆 CIP 数据核字(2014)第 236404 号

书　　名	现代机械设计理论与方法研究
作　　者	主　编　冯景华　李　珊　李文春 副主编　张林静　宋志强　郭文斌　张丹丹　徐秀英
出版发行	中国水利水电出版社 (北京市海淀区玉渊潭南路 1 号 D 座 100038) 网址：www. waterpub. com. cn E-mail：sales@mwr.gov.cn 电话：(010)68545888(营销中心）、82562819（万水）
经　　售	北京科水图书销售有限公司 电话：(010)63202643、68545874 全国各地新华书店和相关出版物销售网点
排　　版	北京鑫海胜蓝数码科技有限公司
印　　刷	三河市人民印务有限公司
规　　格	184mm×260mm　16 开本　26 印张　665 千字
版　　次	2015年1月第1版　2022年10月第2次印刷
印　　数	3001-4001册
定　　价	89. 00 元

前　　言

科学技术起源于人类对原始机械和力学问题的研究。随着人类社会的发展，机械出现在人们日常生活、生产、交通运输、军事和科研等各个领域。人们不断地要求机械最大限度地代替人的劳动，并产生更多、更好的劳动成果，这就要求机械不断地向自动化和智能化方向发展。如今，具有自动化功能的机器越来越多，如各种数控机床、机器人、柔性自动化生产线、自动导航的大型客机、适合不同用途的运载火箭等。自动化机械具有完成各种功能的机械结构的同时，还具有控制机械结构完成所需动作的自动控制系统，这两部分有机地结合在一起，形成一个具有希望功能的现代机电一体化系统。如何使自动化机械系统具有优良的性能，是一个复杂的系统工程问题。系统的设计者不仅应该拥有全面的现代机械设计理论知识和丰富的实践经验，同时应该拥有设计自动控制系统的理论和经验。

本书便是基于上述背景和问题，力求以新的观点、方式和体系编写，以现代机械工程中常见的机电系统为研究对象，注重系统硬件设计方法与控制理论基本概念的深入理解，强调基本原理和方法的内在联系及其在工程实际中的应用。为了达到以上目的，本书在编写过程中采取了理论与实际紧密结合的方法，力求内容翔实，体系新颖，突出基础性、实用性、综合性和先进性。着重体现如下思路和特点：按认知规律编排内容和重难点布局，注重知识衔接与交叉引用，注重概念及工程性；全书围绕工程设计的基本要求“快速性、稳定性、准确性”开展系统分析与校正；坚持“系统”和“动态”两个观点，将分析研究的对象抽象为系统，运用控制理论的方法，解决机械工程中的稳态和动态实际问题。全书的具体内容包括：机械零部件设计中的强度与耐磨性、螺纹连接与轴毂连接、带传动与链传动、齿轮传动、蜗杆传动、轴、滑动轴承、滚动轴承、联轴器与离合器、弹簧、机械可靠性设计、机械优化设计以及计算机辅助设计。本书在文字叙述上力求深入浅出、循序渐进；在内容安排上既注意基础理论的系统阐述，同时也考虑到工程技术人员的实际需要，在介绍各种控制原理和方法时尽可能具体和实用。帮助读者从整体上掌握现代机械工程控制系统的设计和分析方法。

全书由冯景华、李珊、李文春担任主编，张林静、宋志强、郭文斌、张丹丹、徐秀英担任副主编，并由冯景华、李珊、李文春负责统稿。具体分工如下：

第 1 章、第 4 章、第 13 章：冯景华（景德镇陶瓷学院）；

第 3 章、第 5 章、第 12 章第 3 节：李珊（昆明理工大学）；

第 9 章、第 10 章：李文春（阿拉尔万达农机有限公司）；

第 6 章、第 12 章第 5 节：张林静（天津科技大学）；

第 8 章、第 12 章第 2 节：宋志强（呼伦贝尔学院）；

第 2 章、第 11 章：郭文斌（内蒙古农业大学）；

第 7 章、第 12 章第 4 节：张丹丹（内蒙古民族大学）；

第 12 章第 1 节、第 14 章：徐秀英（乌海职业技术学院机电工程系）。

本书在编写过程中参考了不少同类书籍和论文，对这些书籍的编著者和论文作者表示诚挚的感谢。

由于编者水平有限，书中难免存在遗漏和不足之处，欢迎读者和同行批评指正。

编者

2014 年 7 月

目　　录

第1章 绪 论

1.1 机械设计的基本要求和一般程序

1.1.1 机械设计的基本要求

机械设计一般应满足以下几方面的要求：

1. 功能要求

机械产品必须具有设计任务书中规定的功能。这就要求设计时必须正确确定机器的工作原理，并选用适当的执行机构、传动装置和原动机。必要时，还需要合理配置控制系统和辅助系统。

2. 机械零部件结构设计的要求

机械设计的最终结果都是以一定的结构形式表现出来的，且各种计算都要以二定的结构为基础。所以，设计机械时，往往要事先选定某种结构形式，再通过各种计算得出结构尺寸，将这些结构尺寸和确定的几何形状绘制成零件工作图，最后按设计的工作图制造、装配成部件乃至整台机器，以满足机械的使用要求。

3. 经济性要求

机械产品的经济性体现在设计、制造和使用的全过程中。设计制造的经济性主要表现为低成本，使用中的经济性主要表现为生产效率高，能源、材料消耗少，以及管理、维护费用低等方面。

4. 可靠性要求

在预期的使用期限内，能够安全可靠地工作，是对机械产品的基本要求之一。为满足此项要求，在设计阶段往往需要进行强度、刚度、寿命方面的计算。

5. 社会性要求

主要是指机械产品不应对人、环境和社会造成不良影响。例如，操作要舒适，要保证操作者的安全，要符合国家在环境保护方面的法规要求等。

6. 操作使用方便的要求

机器的工作和人的操作密切相关。在设计机器时，必须注意操作要轻便省力，操作机构要适应人的生理条件，机器的噪音要小，有害介质的泄漏要少等。

7. 其他特殊要求

有些机械由于工作环境和要求的不同，对设计提出某些特殊要求。如高级轿车的变速箱齿轮有低噪声的要求，机床有较长保持精度的要求，食品、纺织有不沾染污染品的要求等。

1.1.2 机械零件设计的基本要求

1. 刚度要求

机械零件应满足刚度要求，即防止它在工作中产生的弹性变形超过允许的限度。通常只是当零件过大的弹性变形会影响机器的工作性能时，才需要满足刚度要求。一般对机床主轴、导轨等零件需作强度和刚度计算。

提高机械零件的刚度可以采用以下几项措施：

①增大零件的截面尺寸。

②缩短零件的支承跨距。

③采用多点支承结构等。

2. 强度要求

机械零件应满足强度要求，即防止它在工作中发生整体断裂或产生过大的塑性变形或出现疲劳点蚀。机械零件的强度要求是最基本的要求。

提高机械零件的强度是机械零件设计的核心之一，为此可以采用以下几项措施：

①采用强度高的材料。

②使零件的危险截面具有足够的尺寸。

③用热处理方法提高材料的力学性能。

④提高运动零件的制造精度，以降低工作时的动载荷。

⑤合理布置各零件在机器中的相互位置，减小作用在零件上的载荷等。

3. 经济性要求

经济性是机械产品的重要指标之一。从产品设计到产品制造应始终贯彻经济原则。设计中在满足零件使用要求的前提下，可以从以下几个方面考虑零件的经济性：

①先进的设计理论和方法，采用现代化设计手段，提高设计质量和效率，缩短设计周期，降低设计费用。

②尽可能选用一般材料，以减少材料费用，同时应降低材料消耗，例如，多用无切削或少切削加工、减少加工余量等。

③零件结构应简单，尽量采用标准零件，选用允许的最大公差和最低精度。

④提高机器效率，节约能源，例如尽可能减少运动件、创造优良润滑条件等，包装与运输费用也应注意考虑。

4. 结构工艺性要求

机械零件应有良好的工艺性，即在一定的生产条件下，以最小劳动量、花最少加工费用制成能满足使用要求的零件，并能以最简单的方法在机器中进行装拆与维修。因此，零件的结构工艺性应从毛坯制造、机械加工过程及装配等几个生产环节加以综合考虑。

5. 减轻重量的要求

机械零件设计应力求减轻重量，这样可以节约材料，对运动零件来说可以减小惯性，改善机器的动力性能，减小作用于构件上的惯性载荷。减轻机械零件重量的措施有：

①采用轻型薄壁的冲压件或焊接件来代替铸、锻零件。

②从零件上应力较小处挖去部分材料，以改善零件受力的均匀性，提高材料的利用率。

③采用与工作载荷相反方向的预载荷。

④减小零件上的工作载荷等。

机械零件的强度、刚度是从设计上保证它能够可靠工作的基础，而零件可靠地工作是保证机器正常工作的基础。零件具有良好的结构工艺性和较轻的重量是机器具有良好经济性的基础。在实际设计中，经常会遇到基本要求不能同时得到满足的情况，这时应根据具体情况，合理地做出选择，保证主要的要求能够得到满足。

1.1.3 机械设计的一般方法

机械设计的方法分为常规设计方法和现代设计方法两种。

1. 常规设计方法

常规设计方法是工程技术人员进行机械设计的重要基础，可分为理论设计、经验设计和模型实验设计三种。

(1)理论设计

根据经过长期研究与实践总结出来的传统理论和实验数据所进行的设计称为理论设计。理论设计可得到比较精确、可靠、合理的结果。大多数机构的尺寸设计和重要零部件的工作能力设计等均采用理论设计。理论设计的计算过程又分为校核计算和设计计算两种。校核计算则是参照已有的实物、图纸和经验数据，采用类比法、实验法等初步定出零件的形状和尺寸，再用理论公式校核其强度是否满足使用要求。转轴的强度校核等属于校核计算。设计计算是指按照机械中零件已知的运动要求、受力情况、材料的特性以及失效形式等，运用一定的理论公式设计出零件的主要尺寸或危险剖面的尺寸，然后根据结构和工艺等方面的要求，设计出具体的结构形状。齿轮、轴的强度计算等属于设计计算。

(2)经验设计

根据现有机械在使用中总结出的经验数据或公式进行的设计。或者根据设计者本人的经验采用类比法所进行的设计称为经验设计。对于一些次要的零件，如受力较小的螺钉，一些理论上不够成熟或者虽有理论但没有必要进行复杂的理论设计的零部件，如机架、箱体等，通常采用经验设计的方法。对于通过经验设计的零部件来说，一般不进行理论性的校核计算。

经验设计的特点是简便、可靠，避免了繁琐的计算过程，在工程实际中，这是一种使用有效的设计方法。但是，有时由于缺乏相似类型的机械可供类比，导致这种设计方法受到一定的限制。

(3)模型实验设计

把初步设计的零部件或机器制成小模型或小尺寸样机。通过实验的手段对其各个方面的特性进行检验，再根据实验结果修改初步设计的模型或样机，从而获得尽可能完善的设计结果，这种设计称为模型实验设计。

对于一些尺寸较大、结构复杂而又十分重要的零部件，例如新型重型设备、飞机的机身、新型船舶的船体等，由于难以进行可靠的理论设计，可采用模型实验设计的设计方法。

2. 现代设计方法

现代设计方法是科学方法论应用于设计领域而形成的设计方法。近年来的现代机械设计方法已经得到了迅速发展，形成了许多相对比较成熟的分支学科，如优化设计方法、可靠性设计方法、有限元分析方法、计算机辅助设计、绿色设计以及模块化设计方法等。在一些机械产品的实际设计中，这些方法得到了不同程度的应用，取得了相应的效益。但是，这些方法在工程实践中还没有被普遍采用，一些新的设计思想和方法更有待于探索发展。

1.1.4 机械设计的一般程序

一部新机器，从提出设计任务到形成定型产品，通常需要经过以下几个阶段：

1. 明确设计任务

在工作环境、经济性以及寿命等各方面，根据实际需要确定机器应具有的功能范围和指标，提出全面的设计要求和设计条件，并形成设计任务书。同时对提出的设计任务进行可行性分析。

2. 方案设计

首先进行机器功能分析，分析清楚应该实现哪些主要功能；之后，进行设计方案分析，根据所预期的功能，确定机器的工作原理及技术要求。通常会对不同的设计方案从经济、技术方面进行评价，选出其中最好的作为最终的设计方案。

本阶段是决定整个设计成败与否的关键。在这一阶段，设计工作中的创新性体现得最为充分。

3. 技术设计

通过总体规划设计，确定机器的各主要组成部分以及各部分的总体布置方案，产生机器的总装配图。之后，进行零、部件设计，产生各主要部件的装配图和零件的工作图。同时，对关键零件进行必要的计算，形成计算说明书。

4. 试制评价，定型投产

按技术设计产生的图样试制出样机并进行试验后，根据试验结果对样机进行全面的评价，以决定设计方案是否可用或是否需要修改。必要时修改设计后，重新进行试验，直至达到预期目标为止。

设计过程是一个逐步优化的过程，通过综合的反复实践过程，经过多次修改设计方案和设计参数后，才能获得比较好的设计结果。

1.2 机械零件的主要失效形式和计算准则

1.2.1 机械零件的失效形式

机械零件常见的失效形式有过大变形、整体断裂、破坏正常工作条件而引起的失效、表面失效等。

1. 过大变形

零件工作过程中受外力载荷作用必然发生弹性变形，如果零件的应力超过材料的屈服极限，则零件将产生残余塑性变形而失效。虽然有时候零件还没有发生塑性变形，但是较大的弹性变形也可能导致零件或机器不能正常工作而失效。例如，高速回转轴受径向载荷产生较大弹性变形，从而因挠曲量过大而发生偏心振动导致失效。

2. 整体断裂

断裂分为脆性断裂、韧性断裂和疲劳断裂。脆性断裂和韧性断裂分别发生在脆性材料和韧性材料上，它们是零件在载荷作用下，其危险截面的应力超过零件的强度极限而导致的断裂；而当零件在长期变应力作用下发生断裂时，称为疲劳断裂，零件所受载荷不同，对应零件疲劳应力极限则不同，如齿轮轮齿根部的折断、螺栓的断裂等。

3. 破坏正常工作条件而引起的失效

有些零件只有在一定的工作条件下才能正常工作，例如液体摩擦的滑动轴承，只有存在完整的润滑油膜时才能正常工作；带传动只有在传递的有效圆周力小于临界摩擦力时才能正常工作；高速转动的零件，只有在转速与转动件系统的固有频率避开一个适当的间隔时才能正常工作，否则，可能会发生轴承卡死、带传动打滑、传动噪声和共振等失效形式。

4. 表面失效

磨损、腐蚀和接触疲劳等都会导致零件表面失效。

零件在工作时会发生哪一种失效，这与零件的工作环境、载荷性质等很多因素有关。有统计结果表明，一般机械零件的失效主要是由于疲劳、磨损、腐蚀等因素引起的。

1.2.2 机械零件的设计准则

为了使设计零件能在预定的时间内和规定工作条件下正常工作，设计机械零件时应满足下述基本设计准则。

1. 强度准则

零件在外载荷作用下所产生的最大应力 σ 不超过零件的许用应力 $[\sigma]$。这是机械零件工作能力最基本的计算准则，反映了机械零件抵抗断裂、塑性变形、耐冲击等某些表面失效的能力。强度准则可表示为

$$\sigma \leqslant [\sigma]$$

式中，σ 为工作应力；$[\sigma]$ 为许用应力，而许用应力＝材料极限应力/安全系数，即

$$[\sigma]=\frac{\sigma_{\lim}}{s}$$

式中，s 为零件的许用安全系数。

为了提高机械零件的强度，设计时可采用下列措施：①用强度高的材料；②使零件具有足够的截面尺寸；③合理设计机械零件的截面形状，以增大截面的惯性矩；④采用各种热处理和化学处理方法来提高材料的机械强度特性。

2. 刚度准则

刚度是零件在载荷作用下抵抗弹性变形的能力。若零件刚度不够，将产生过大的挠度或转角而影响机器正常工作。为了使零件具有足够的刚度，设计时必须满足下面的设计准则：

$$y \leqslant [y]$$

$$\theta \leqslant [\theta]$$

$$\varphi \leqslant [\varphi]$$

式中，y、θ、φ 分别为零件工作时的挠度、偏转角和扭转角；$[y]$、$[\theta]$、$[\varphi]$ 分别为零件工作时的许用挠度、许用偏转角和许用扭转角。

3. 耐磨性准则

耐磨性是指零件抵抗磨损的能力。例如，齿轮的轮齿表面磨损量超过一定限度后，轮齿齿形有较大的改变，使齿轮转速不均匀，产生噪声和动载，严重时因齿根厚度变薄而导致轮齿折断。因此在磨损严重的条件下，以限制与磨损有关的参数作为磨损计算的准则。

4. 耐热性准则

机器运转时，有关机械零件的摩擦面间相互摩擦发热使机器温度上升。由于温度升高可能引起金属材料性能降低，润滑失效，配合间隙变化，产生热应力等。常用的方法是限制零件或部件的温升，使其不超过允许值，温升由热平衡计算求得。

5. 振动稳定性准则

在设计时保证机器中受激振作用的各零件的固有频率与激振源的频率错开，以避免产生

共振。该准则可以表示为

$$|f_p - f| \geqslant 0.15f$$

式中，f 为零件的固有频率，f_p 为激振源的频率。

6. 可靠性原则

可靠性表示系统、机器或零件等在规定时间内能稳定工作的程度或性质，常用可靠度 R 来表示。

如有一大批某种被试零件，共有 N_T 件，在一定条件下进行试验，在预定时间 t 内，有 N_f 个零件失效，剩下个零件 N_S 仍能继续工作，则

$$可靠度\ R = \frac{N_S}{N_T} = \frac{N_T - N_f}{N_T} = 1 - \frac{N_f}{N_T}$$

1.3 机械零件常用材料和选用原则

1.3.1 机械零件常用的材料

机械零件常用的材料有钢、铸铁、有色金属和非金属等。常用的材料牌号、性能及热处理知识可查阅机械设计手册。

选择材料和热处理方法是机械设计的一个重大问题。不同材料制造的零件，不但机械性能不同，而且加工工艺和结构形状也有很大差别。如铸造大齿轮与锻造大齿轮的结构形状就有很大的不同。图 1-1 为铸造杆件和钢板焊接杠杆的不同形状。

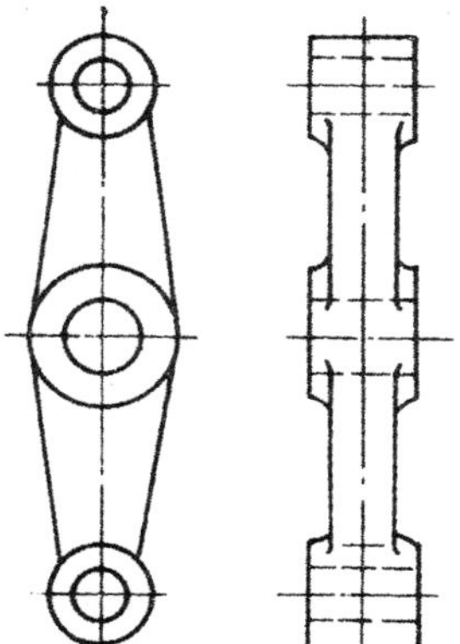

(a) 铸造杠杆

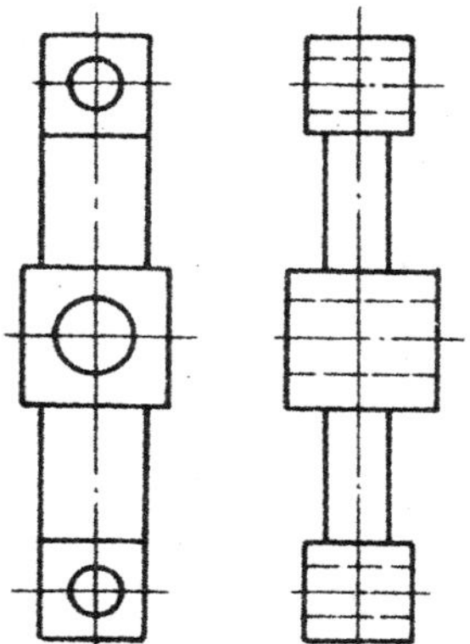

(b) 钢板焊接杠杆

图 1-1 不同加工方法的零件形状

1.3.2 机械零件的工作和使用条件

机械零件使用要求一般包括零件的工作和受载情况，对零件尺寸和重量的限制，零件的重要程度等。

零件的受载情况主要包括载荷大小和应力种类，工作状况为零件所处的环境。若零件尺寸取决于刚度，则应选用弹性模量较大的材料；若零件尺寸取决于强度，且尺寸和重量又有所限制时，则应选用强度较高的材料；若零件的接触应力较高，则应选用可进行表面强化处理的材料；在高温下工作的零件应选用耐热材料；在滑动摩擦下工作的零件，应选用减摩性能好的材料；在腐蚀介质中工作的零件应选用耐腐蚀材料等。

机器的用途和使用条件不同，对零件性能的要求也不同。例如，仪器支架、底座及主要构件多采用铸铁及钢。各种精密计量仪器和小型量具一般在计量室或车间生产现场使用，为了保证仪器本身的测量精度，必须使零件具有足够的刚度，以保证在测量中不产生变形。而一些军用光学仪器、航空航天仪器以及携带式仪器，则应考虑在保证性能的前提下减轻重量，故仪器的壳体、支座一般多采用铝合金。对温度变化范围较大的仪器，如航空航天仪器、大地测量仪器，为了避免运动部件的配合性质发生显著变化，应采用线膨胀系数相近的材料。

对承受载荷较大或虽然载荷不大，但尺寸较小而应力值较大的零件，应选用强度高的材料。对于要求精度高、经常处于相对运动状态的精密导轨、轴系等部件，应考虑选用刚度好、硬度高且耐磨的材料，如铬锰轴承钢、滚动轴承钢。对精密小型摩擦支承，可考虑选用红宝石做轴承，合金钢做轴颈或轴。

1.3.3 机械设计材料的选用原则

选择材料应考虑的主要问题有使用要求、制造工艺要求和经济要求。设计者必须了解材料的性质才能正确地选择材料。

1. 使用要求

①物理性能方面的要求。密度（要求机器减轻重量时）、线[膨]胀系数（要求尺寸稳定时）、热传导系数（要求散热性能时）等。

②力学性能方面的要求。包括强度（静强度、疲劳强度）、塑性（用延伸率 δ 或断面收缩率 φ 表示）、冲击韧性、硬度（常用布氏硬度 HBS、洛氏硬度 HRC 或维氏硬度 HV 表示）、弹性模量、阻尼或吸振性能等。

③化学性质方面的要求。抗腐蚀性等。

2. 工艺要求

零件形状和尺寸对工艺和材料也有一定要求。形状复杂、尺寸较大的零件难以锻造，如果采用铸造或焊接，则其材料必须具有良好的锻造性能或焊接性能，这些性能即指铸造的液态流动性，产生缩孔或偏析的可能性，材料的焊接性和产生裂纹的倾向性等。选用铸造还是焊接，应按批量大小而定。大批量生产的零件应考虑所选材料的可加工性。

选择材料还必须考虑热处理工艺性能，如淬硬性、淬透性、变形开裂倾向性、回火脆性等，以满足所需力学性能的要求。

3. 经济要求

材料的经济性主要应从以下六个方面进行考虑。

①材料的相对价格。在能够满足使用要求和工艺要求的前提下，应采用价格相对低的材料。

②材料的加工费用。要考虑不同材料的加工批量和加工费用，包括毛坯制造、机械加工及热处理等。

③材料的供应及储运情况。材料的货源供应要充足，储运成本不能太高。

④局部品质增强 。采用局部品质增强原则，可以满足零件的不同部位对材料的不同要求。例如，蜗轮的齿圈采用青铜，而轮心采用铸铁等。

⑤材料的替代。在满足使用要求的前提下，尽量采用廉价的材料来代替价格相对昂贵的稀有材料。

⑥材料的利用率。提高材料的利用率也可降低成本。例如，采用无切削或少切削的材料及工艺，可提高材料的利用率。

总之，在选用材料时，必须从实际情况出发，全面考虑材料的使用性能、工艺性能和经济性等方面的因素，以保证产品取得最佳的技术经济效益。

第 2 章　机械零部件设计中的强度与耐磨性

2.1　机械零部件设计中的载荷和应力

2.1.1　机械零部件的载荷

机械零件载荷是零件在工作过程中进行运动或动力传递时，引起零件表面和内部应力的主要根源。要防止零件失效，当应用强度、刚度等设计准则时，首先要进行载荷的简化，将工程问题抽象为可以进行计算的简化模型。图 2-1(a)所示的是一凸轮轴的结构尺寸和受力图，图 2-1(b)所示的是简化后的受力分析模型。图 2-2 所示的是铰制螺栓受横向力，根据实际情况表明，螺栓所受的最大挤压应力 σ_{max} 近似等于沿直径方向在面积($L_{min}\times d_0$)上受均匀挤压应力 σ_m。

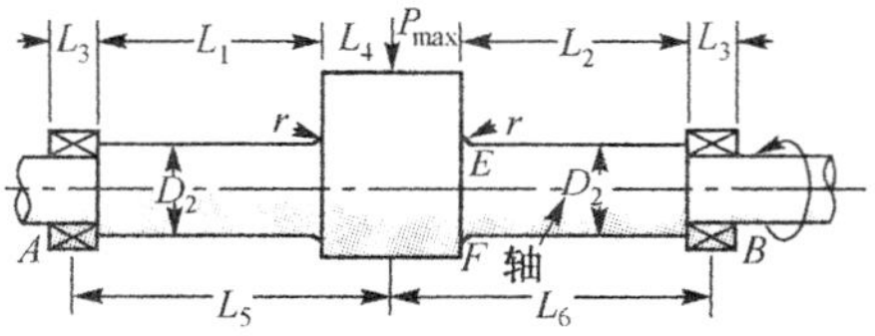

(a) 凸轮轴的结构尺寸和受力图

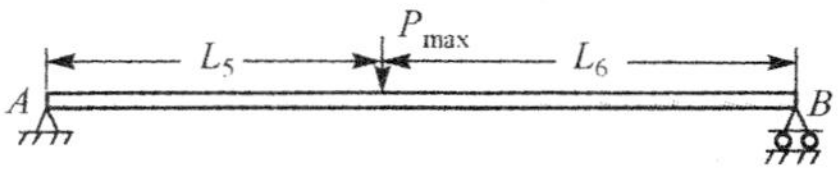

(b) 凸轮轴简化后的受力分析模型

图 2-1　载荷简化

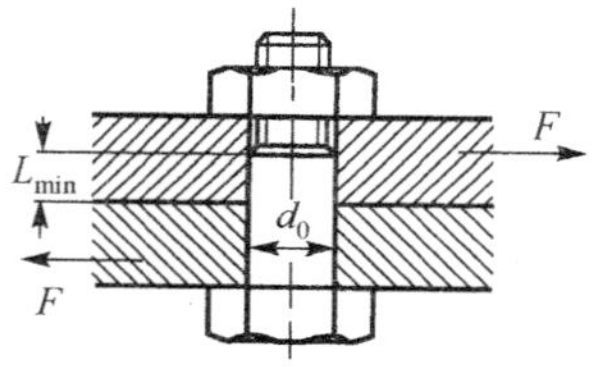

(a) 铰制螺栓受横向力

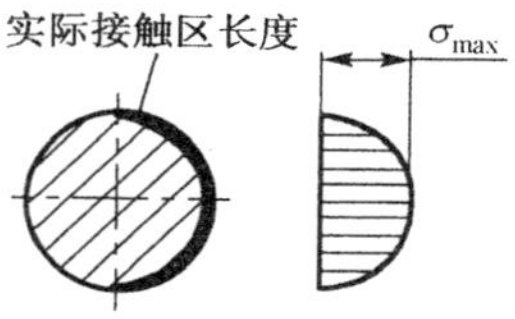

(b) 半圆弧区域受挤压

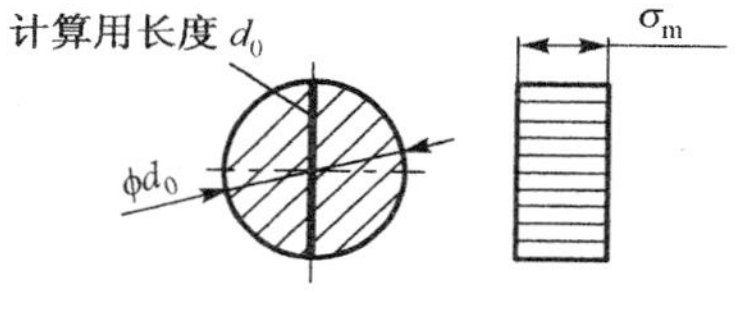

(c) 简化为沿直径方向受均匀挤压

图 2-2　几何尺寸简化

总结机械设计中零件受载情况，通常需要考虑进行如表 2-1 所示的简化。

表 2-1　载荷的简化途径

简化形式	举例说明
按照理论方向计算工作载荷	忽略各种误差：齿轮传动过程的总法向载荷一定沿着基圆的切线方向
将实际分布载荷简化为集中载荷	如图 2-1 所示，轴承沿宽度方向分布的支撑载荷集中于轴承宽度的中点

续表

简化形式	举例说明
突出主要因素，简化计算过程	如图 2-1 所示，轴的直径尺寸相对于长度较小，将轴简化为一根线
根据经验将分布区间理想化	如图 2-2 所示，将沿半圆周方向的分布压力简化为沿直径方向的均匀分布
其他简化方式	根据实际情况进行合理的载荷简化

2.1.2　载荷分类

载荷可根据其性质分为静载荷和变载荷。载荷大小或方向不随时间变化或变化极缓慢时，称为静载荷，如自重、匀速转动时的离心力等；载荷的大小或方向随时间有明显的变化时，称为变载荷，如汽车悬架弹簧和自行车链条在工作时所受载荷等。

机械零部件上所受载荷还可分为工作载荷、名义载荷和计算载荷。工作载荷是指机器正常工作时所受的实际载荷。由于零件在实际工作中，零件还会受到各种附加载荷的作用，所以工作载荷难以确定。当缺乏工作载荷的载荷谱，或难以确定工作载荷时，常用原动机的额定功率，或根据机器在稳定和理想工作条件下的工作阻力求出作用在零件上的载荷，称为名义载荷，用 F 和 T 分别表示力和转矩。若原动机的额定功率为 P(kW)、额定转速为 n(r/min)，则零件上的名义转矩为

$$T=9550\frac{P\eta i}{n}(\mathrm{N\cdot m})$$

式中，i 为由原动机到所计算零件之间的总传动比；η 为由原动机到所计算零件之间传动链的总效率。

为了安全起见，强度计算中的载荷值，应考虑零件在工作中受到的各种附加载荷，如由机械振动、工作阻力变动、载荷在零件上分布不均匀等因素引起的附加载荷。这些附加载荷可通过动力学分析或实测确定。如缺乏资料，可用一个载荷系数 K 对名义载荷进行修正，而得到近似的计算载荷，用 F_{ca}或 T_{ca}表示，即

$$F_{ca}=KF \text{ 或 } T_{ca}=KT$$

机械零件设计时长按计算载荷进行计算。

2.1.3　机械零件的应力

在载荷作用下，机械零件将承受某种应力。按应力在零件上的分布情况可分为体应力和表面应力(接触应力)。通常所讲的拉伸或压缩应力 σ、弯曲应力 σ_b、扭转应力 τ 等都属于体应力。机械设计中应用最多的是体应力，体应力又可以分为静应力和变应力。所谓静应力是指不随时间变化或变化缓慢的应力，它只能由静载荷产生；变应力是指随时间变化的应力，变应力可由变载荷产生，也能由静载荷产生。变应力可以归纳为三种基本的类型：对称循环变应力、非对称循环变应力和脉动循环变应力。几种应方的特点可以通过图 2-3 形象地表达出来。

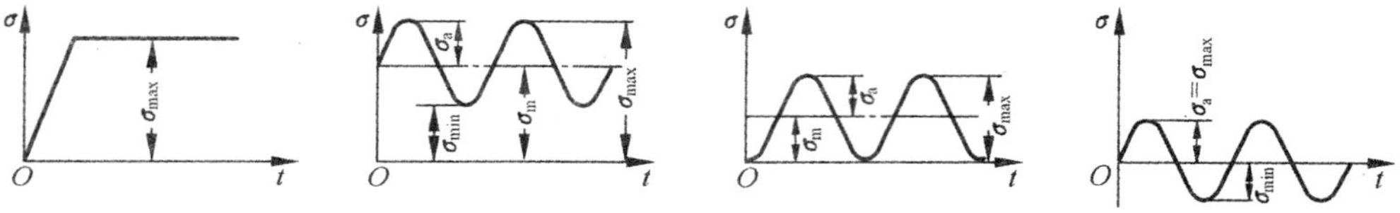

(a) 静应力	(b) 非对称循环变应力	(c) 脉动循环变应力	(d) 对称循环变应力
$\sigma_m=\sigma_{max}=\sigma_{min}$	$\sigma_m=\frac{\sigma_{max}+\sigma_{min}}{2}$	$\sigma_m=\sigma_a=\frac{\sigma_{max}}{2}$	$\sigma_m=0$
$\sigma_a=0$	$\sigma_a=\frac{\sigma_{max}-\sigma_{min}}{2}$	$\sigma_{min}=0$	$\sigma_a=\sigma_{max}=-\sigma_{min}$
$r=+1$	$r=\frac{\sigma_{min}}{\sigma_{max}}$	$r=0$	$r=-1$

图 2-3　应力变化示意图

对变应力性质进行描述的参数一共有 5 个，即最大应力 σ_{max}、最小应力 σ_{min}、平均应力 $\sigma_m=\frac{\sigma_{max}+\sigma_{min}}{2}$、应力幅 $\sigma_a=\frac{\sigma_{max}-\sigma_{min}}{2}$、循环特性 $r=\frac{\sigma_{min}}{\sigma_{max}}$，循环特性 r 是人为引入的参数，只要从上述 5 个参数中任意取出两个就可以准确地描述一个应力的性质。

在对图 2-3 中的变应力进行有关参数计算时应该注意几点问题：①横坐标以上为拉伸应力，数值为正，横坐标以下为压缩应力，数值为负；对于剪切应力 τ，则可以自行规定一个方向为正值，另一个方向为负值。②根据绝对值大小判断 σ_{max} 和 σ_{min}，绝对值大者为 σ_{max}，小者为 σ_{min}。③循环特性 r 的变化范围为 $-1\leqslant r\leqslant 1$。在实际问题中碰到的变应力很多处于一种不稳定变化状态，甚至是随机变应力，如图 2-4 所示。

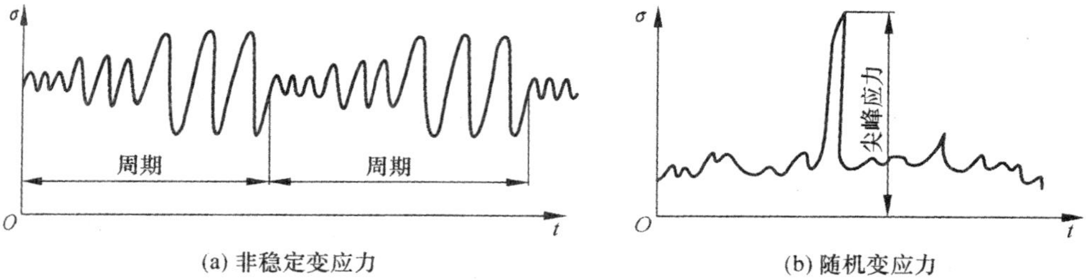

(a) 非稳定变应力　　(b) 随机变应力

图 2-4　不稳定变应力示意图

静载荷可以产生变应力的例子很多，图 2-5 就给出了这样的实际情形。

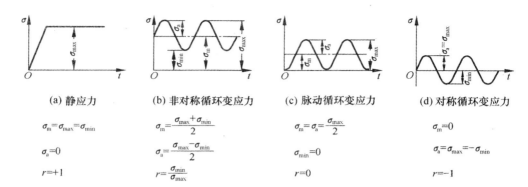

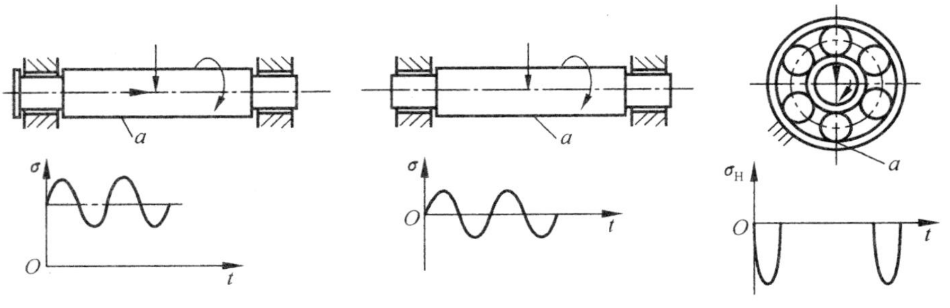

图 2-5　静载荷产生变应力举例

2.2　机械零件的疲劳强度

2.2.1　机械零件计算的准则

1. 强度计算

要对机械零件的强度进行计算，必须首先建立计算准则。这里主要讨论两种计算准则，一种是根据许用应力建立的计算准则，另一种是根据安全系数建立的计算准则。在实际使用中，根据所掌握的数据情况确定选择使用哪种强度准则。

①通过判断危险截面的最大应力（σ,τ）是否小于或等于许用应力（$[\sigma]$，$[\tau]$）。

该计算准则可以写成数学表达式

$$\left.\begin{aligned}\sigma\leqslant[\sigma]\\ \tau\leqslant[\tau]\end{aligned}\right\} \tag{2-1}$$

其中，$[\sigma]=\dfrac{\sigma_{\lim}}{[S_\sigma]}$，$[\tau]=\dfrac{\tau_{\lim}}{[S_\tau]}$，即极限应力与许用安全系数的比值。

②通过判断危险截面上实际的安全系数（S_σ，S_τ）是否大于或等于许用安全系数（$[S_\sigma]$，$[S_\tau]$）。该计算准则可以写成数学表达式

$$\left.\begin{aligned}S_\sigma=\frac{\sigma_{\lim}}{\sigma}\geqslant[S_\sigma]\\ S_\tau=\frac{\tau_{\lim}}{\tau}\geqslant[S_\tau]\end{aligned}\right\} \tag{2-2}$$

所谓安全系数就是指零件所能承受的极限应力与实际应力的比值，它反映了零件的安全工作程度。合理选择安全系数的大小十分重要，如果选择过大，则造成材料浪费、机器笨重、加工运输困难、成本提高等一系列问题。安全系数过小，则可能导致不安全。许用安全系数的确定要考虑很多因素，主要包括：载荷和应力的性质及计算的准确程度；运行条件的平稳程度（是否有冲击载荷）；材料的性质和材质的均匀程度；零件的重要程度；工艺和探伤水平；环境是否具有腐蚀性。

安全系数的选择原则是：在保证安全、可靠的前提下，尽可能选用较小的安全系数。

2. 刚度准则

如材料力学中所述，零件在载荷作用下产生的弹性变形分为挠度 y、转角 θ 和扭角 φ，刚度计算准则就是要求零件在实际工作中所产生的弹性变形量小于或等于许用的弹性变形量，用公式可以表达为

$$\left.\begin{aligned}y\leqslant[y]\\ \theta\leqslant[\theta]\\ \varphi\leqslant[\varphi]\end{aligned}\right\} \tag{2-3}$$

实际的弹性变形量可以根据不同的零件，依据不同的理论或实验方法进行确定，而相应的许用值则需要根据不同的场合，根据理论和经验确定合理的数值。

3. 寿命准则

决定零件寿命的有磨损、腐蚀和疲劳三种最为主要的因素，这三种因素的研究进程各不相同。关于磨损问题的研究目前还很不完善，还无法建立一个能够广为接受的计算准则；腐蚀问题的研究也存在同样的问题，至今还未出现能够具有通用性的计算准则，因而也无法建立明确的计算准则；疲劳问题是目前发展比较成熟的一个研究方向，已经可以较为定性地进行疲劳寿命计算，但是要在一定可靠度的前提下进行计算。

4. 可靠性准则

对于有些零件，虽然其设计过程满足式(2-1)的强度准则，但由于材料强度、外载荷和加工尺寸等存在离散性，导致零件在预定工作期内出现失效的现象，从而引入了可靠性的概念。所谓可靠性，就是产品在规定的条件下、规定的时间内、完成规定功能的可靠程度。比如，有 N 个同样零件在规定的时间 t 内有 N_f 个零件发生失效，剩下 N_t 个零件仍能继续工作，则可靠度为

$$R_t=\frac{N_t}{N}=\frac{N-N_f}{N}=1-\frac{N_f}{N} \tag{2-4}$$

其中，$F_t=\frac{N_f}{N}=1-R_t$。称作失效概率，根据数学关系有

$$R_t+F_t=1$$

如果试验时间不断延长，则 N_f 将不断增加，可靠度逐渐减少，这说明零件的可靠度是随时间发生改变的，是时间的函数。

如果对 F_t 进行微分，则有

$$f(t)=\frac{dF_t}{dt}=\frac{dN_f}{Ndt} \tag{2-5}$$

式中，$f(t)$ 称作失效密度；$f(t)$ 与时间的关系曲线称为失效分布曲线，常见的分布曲线有正态分布、韦布尔分布、指数分布等。图 2-6 所示为正态分布曲线图。

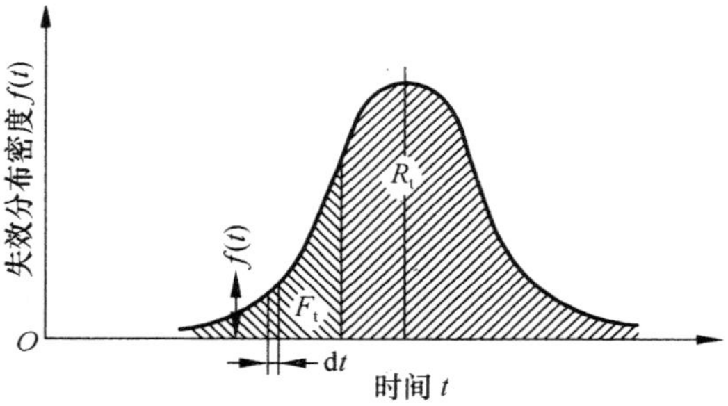

图 2-6 失效密度正态分布

当已知零件的失效分布函数时，可根据如下公式积分求累积失效概率和可靠度。累积失效概率：$F_t=\int dF_t=\int f(t)\,dt$，可靠度 $R_t=1-F_t$。可靠性计算准则，就是要保证零件在工作过程中能够满足规定的可靠性要求。

2.2.2 σ-N 疲劳曲线

受变应力作用的零件，其失效形式为疲劳破坏，显然其极限应力既不是 σ_s（屈服强度），也不是 σ_b（强度极性），该极限应力称为疲劳极限。所谓材料的疲劳极限，是指在某循环特性 r 的条件下，经过 N 次循环后，材料不发生疲劳破坏时的最大应力，用 σ_{rN} 表示。

σ_{rN} 可通过材料试验测定，一般是在材料试件上加上 $r=-1$ 的对称循环变应力或 $r=0$ 的脉动循环变应力，通过试验，记录出在不同最大应力下引起试件疲劳破坏所经历的应力循环次数 N。把试验的结果用图 2-7 或图 2-8 来表达，就得到材料的疲劳特性曲线。图 2-7 描述了在一定循环特性 r 下，疲劳极限与应力循环次数 N 的关系曲线，通常称为 σ-N 曲线。图 2-8 描述的是在一定的应力循环次数 N 下，疲劳极限的应力幅值 σ_a 与平均应力 σ_m 的关系曲线。该曲线实际上反映了在特定寿命条件下，最大应力 $\sigma_{max}=\sigma_m+\sigma_a$ 与循环特性 $r=(\sigma_m-\sigma_a)/(\sigma_m+\sigma_a)$ 的关系，故常称其为等寿命曲线或极限应力线图。

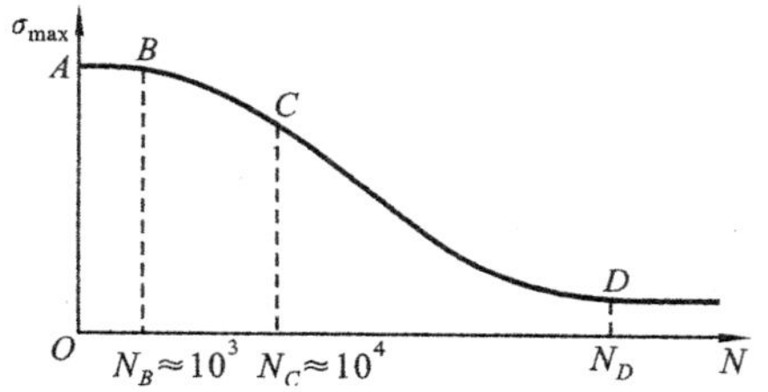

图 2-7 σ-N 曲线

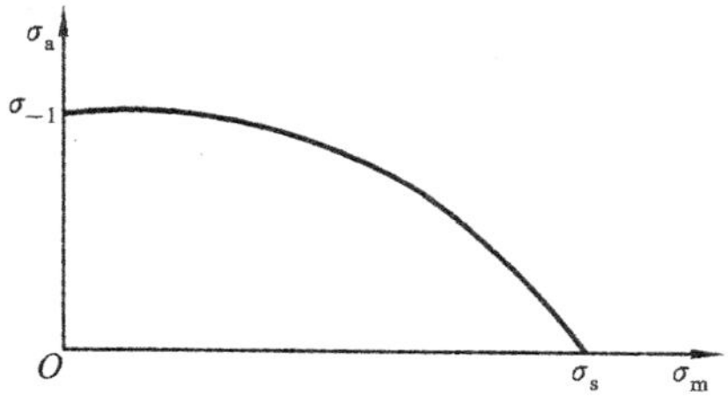

图 2-8 等寿命曲线

由图 2-7 可见，AB 段曲线（$N\leqslant10^3$）应力极限值下降很小，所以一般把 $N\leqslant10^3$ 的变应力强度当成静应力强度处理。

图中 BC 段曲线（$N=10^3\sim10^4$），疲劳极限有明显的下降，经检测断口破坏情况，可见到材料产生塑性变形。这一阶段的疲劳，因整个寿命期内应力循环次数仍然较少，称为低周疲劳，低周疲劳时的强度可用应变疲劳理论解释。

图中点 C 以右的线段应力循环次数很多，称为高周疲劳，大多数机械零件都工作在这一阶段。

在 CD 段曲线上，随着应力水平 σ 的降低，发生疲劳破坏前的循环次数 N 增多。或者说，要求工作循环次数 N 增加，对应的疲劳极限 σ_{rN} 将急剧下降。当应力循环次数超过该应力水平对应的曲线值时，疲劳破坏将会发生。因此，CD 段称为试件的有限寿命疲劳阶段，曲线上任意一点所对应的应力值代表了该循环次数下的疲劳极限，称为有限寿命疲劳极限（σ_{rN}）。

到达点 D 后，曲线趋于平缓。由于此时的循环次数很多，因此试件的寿命非常长。换言之，若试件承受的变应力很小时，则可以近似地认为作用的应力可以无限次地循环下去，而试件不会破坏。故点 D 以后的线段表示试件无限寿命疲劳阶段，其疲劳极限称为持久疲劳极限，记为 $\sigma_{r\infty}$。持久疲劳极限 $\sigma_{r\infty}$ 可通过疲劳试验测定。实际上由于点 D 所对应的循环次数 N_D 往往很大，在做试验时，常规定一个接近 N_0 的循环次数 N_0，测得其疲劳极限 σ_{rN0}（简记 σ_r），用 σ_r 近似代替 σ_{rN0}，N_0 称为循环基数。

如果在某一工况下，材料的持久疲劳极限 σ_r 已得到，则通过有限寿命疲劳区间给定的任一循环次数 N，可以求得对应有限疲劳极限 σ_{rN}。把 CD 段曲线对数线性化处理，可表示成如下

方程，即

$$\sigma_{rN}^{m} \cdot N=\sigma_{r}^{m} \cdot N_{0}=C \tag{2-6}$$

从式(2-6)可求得对应于循环次数 N 的弯曲疲劳极限为

$$\sigma_{rN}=\sqrt[m]{\frac{N_0}{N}}\sigma_r=K_N\sigma_r$$

式中，$K_N=\sqrt[m]{\frac{N_0}{N}}$称为寿命系数，当 $N\geqslant N_0$时，取 $K_N=1$；m 是与材料性能和应状态有关的特性系数，例如对受弯钢制零件，$m=9$。

2.2.3 材料的极限应力图

利用 σ-N 疲劳曲线可以得到材料在循环特性 r 一定，循环次数 N 各不相同时的疲劳极限。而要得到材料在一定循环次数 N 下，循环特性 r 各不相同时的疲劳极限，则需借助于极限应力图。

如图 2-8 可知，等寿命疲劳特性曲线为二次曲线。在工程应用中，常将其以直线来近似替代，如图 2-9 所示。其简化的方法如下。

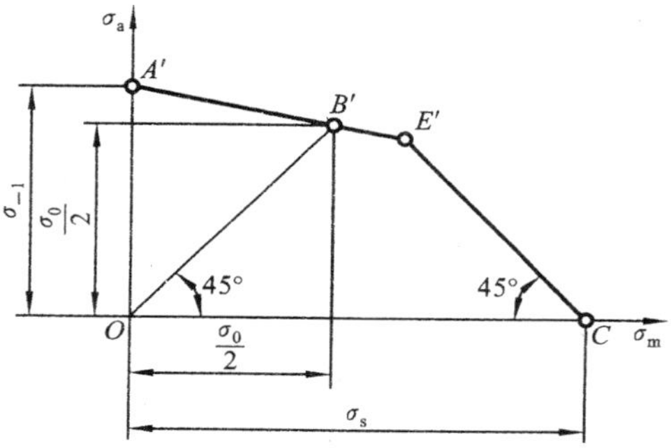

图 2-9 材料的极限应力图

在做材料疲劳试验时，通常可求出对称循环及脉动循环时的疲劳极限 σ_{-1}及 σ_0。由于对称循环变应力的 $\sigma_m=0$，$\sigma_a=\sigma_{max}$，所以对称循环疲劳极限在图 2-9 中以纵坐标轴上的点 A'来表示。脉动循环变应力的 $\sigma_a=|\sigma_m|=\frac{\sigma_{max}}{2}$，所以，脉动循环疲劳极限以由原点 O 所做 45°射线 L 的点 B'来表示，连接 A'、B'得直线 $A'B'$。直线 $A'B'$上任何一点都代表了一定循环特性 r 时的疲劳极限。横轴上任何一点都代表应力幅等于零的应力，即静应力。取点 C 的坐标值等于材料的屈服强度 σ_s，并自点 C 做一直线与直线 CO 成 45°的夹角，交 $A'B'$的延长线于点 E'，则 CE'上任何一点均代表 $\sigma_{max}=\sigma_s$的变应力状况。

于是，材料的极限应力图即为折线 $A'B'E'C$。材料中发生的应力若处于 $OA'E'C$ 区域以内，则表示不会发生破坏；若在此区域以外，则表示一定要发生破坏；若正好处于折线上，则表示工作应力状况正好达到极限状态。

折线 $A'E'C$ 上任意一点表示某一循环特性下的极限应力点，若已知其坐标值(σ'_m，σ'_a)，可求得其疲劳极限。

图 2-9 中直线 $A'E'$及 $E'C$ 的方程分别可由两点坐标求得，即

$A'E'$段　　$\sigma_{-1}=\sigma'_a+\varphi_\sigma\sigma'_m$　　(2-7)

$E'C$ 段　　$\sigma_s=\sigma'_a+\sigma'_m$　　(2-8)

式中，以材料试件受循环弯曲应力时的材料常数，其值可由试验确定。对碳钢，$\varphi_\sigma\approx0.1\sim0.2$；对合金钢，$\varphi_\sigma\approx0.2\sim0.3$。

2.2.4　零件的极限应力图

由于零件尺寸及几何形状变化、加工质量及强化因素等的影响，使得零件的疲劳极限要小于材料试件的疲劳极限。因而，必须对材料的极限应力图进行修正，得到零件的极限应力图。

1. 影响零件疲劳强度的主要因素

影响零件疲劳强度的主要因素，除了材料的性能、应力循环特征和循环次数之外，主要还有以下三种因素。

(1)尺寸大小的影响

其他条件相同时，零件的剖面尺寸越大，其疲劳强度越低。这是由于尺寸大时，材料晶粒粗，出现缺陷的概率大，机加工后表面冷作硬化层相对较薄，疲劳裂纹容易形成。剖面绝对尺寸对疲劳极限的影响，可用绝对尺寸系数 $\varepsilon_\sigma(\varepsilon_\tau)$来考虑。

(2)应力集中的影响

在零件上的尺寸突然变化处(如圆角、孔、凹槽、键槽、螺纹等)，会使零件受载时产生应力集中，可用有效应力集中系数 K_s 或 K_v 来表示其疲劳强度的真正降低程度。另外，$K_\sigma(K_\tau)$不仅与应力集中源有关，还与零件的材料有关。一般来说，材料的强度极限越高，对应力集中的敏感性也越高，故在选用高强度钢材时，需特别注意减少应力集中的影响，否则就无法充分体现出高强度材料的优点。

若零件的同一剖面上有几个不同的应力集中源，则零件的疲劳强度由各个 $K_\sigma(K_\tau)$中的最大值决定。

(3)表面状态的影响

在其他条件相同时，提高零件表面光滑程度或经过各种表面强化处理(如喷丸、表面热处理或表面化学处理等)，可以提高零件的疲劳强度。表面状态对疲劳强度的影响，可用表面状态系数 β 来考虑。

一般，铸铁对于加工后的表面状态不敏感，故常取 $\beta=1.0$。

上述因素的综合影响，可用综合影响系数$(K_\sigma)_D$ 或$(K_\tau)_D$ 来表示，即

$$\left.\begin{aligned}(K_\sigma)_D&=\frac{K_\sigma}{\varepsilon_\sigma\beta}\\(K_\tau)_D&=\frac{K_\tau}{\varepsilon_\tau\beta}\end{aligned}\right\}\qquad(2\text{-}9)$$

由试验可知，应力集中、尺寸效应和表面状态只对变应力的应力幅部分有影响，对平均应力没有影响。故计算时，只需用综合影响系数对变应力的应力幅部分进行修正。

2. 零件的极限应力图

对于有应力集中、尺寸效应和表面状态影响的零件，在求解疲劳极限应力时，必须考虑有

效应力集中系 $K_\sigma(K_\tau)$、绝对尺寸系数 $\varepsilon_\sigma(\varepsilon_\tau)$及表面状态系数 β 的影响。因而，图 2-9 所示的材料极限应力图的纵坐标上的 σ_{-1} 和 σ_0，须除以$(K_\tau)_D$ 进行修正，修正后即为零件的极限应力图，如图 2-10 所示。

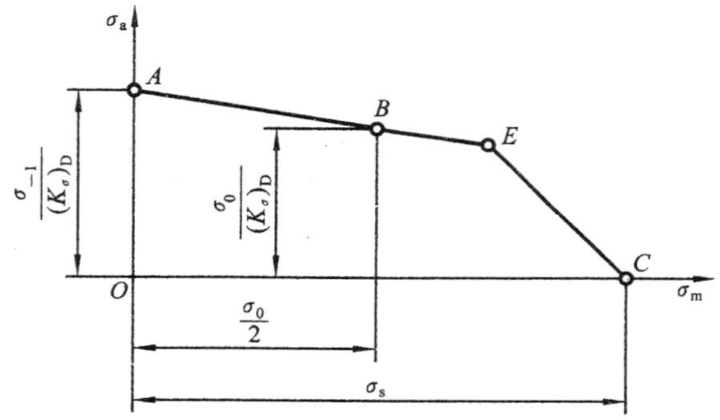

图 2-10 零件的机械应力图

2.2.5 单向状态下机械零件的疲劳强度计算

在进行机械零件的疲劳强度计算时，首先要根据零件的受载求出危险剖面上的最大应力 σ_{max}及最小应力 σ_{min}，并据此计算出平均应力 σ_m及应力幅 σ_a，然后在零件极限应力函的坐标上标出相应于 σ_m的工作应力点 N 或点 M(见图 2-11)。

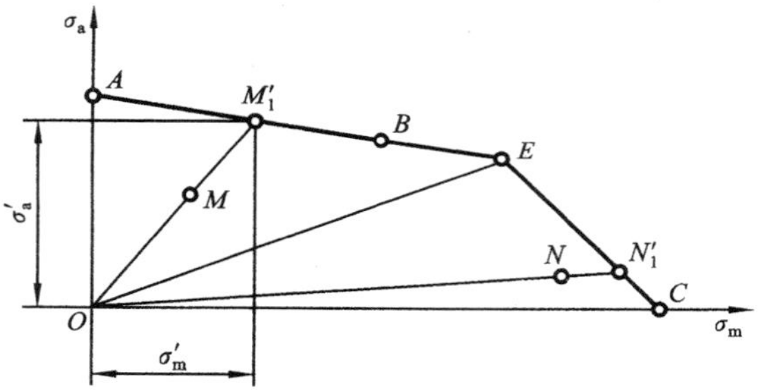

图 2-11 $r=c$ 时的极限应力

显然，强度计算时所用的极限应力应是零件的极限应力图(AEC)上的某一个点所代表的应力。到底用哪一个点来表示极限应力才算合适，这要根据零件中应力可能发生的变化规律来决定。根据零件载荷的变化规律及零件与相邻零件互相约束情况的不同，可能发生的典型的应力变化规律通常有下述三种：①变应力的循环特性保持不变，即 $r=c$(如绝大多数转轴中的应力状态)；②变应力的平均应力保持不变，即 $\sigma_m=c$(如振动着的受载弹簧中的应力状态)；③变应力的最小应力保持不变，即 $\sigma_{min}=c$(如紧螺栓连接中螺栓受轴向变载荷时的应力状态)。以下分别讨论这三种情况。

(1)$r=c$ 的情况

当 $r=c$ 时，需找一个循环特性与零件工作应力的循环特性相同的极限应力值。因为

$$\frac{\sigma_a}{\sigma_m}=\frac{\sigma_{max}-\sigma_{min}}{\sigma_{max}+\sigma_{min}}=\frac{1-r}{1+r}=c'$$

可见，在 r 为常数时，σ_a和 σ_m按相同比例增长。在图 2-11 中，从坐标原点引射线通过工作

应力点 M、交极限应力图于点 M'_1，M'_1点即为所求的极限应力点。

根据直线 OM 和直线 AE 的方程式，可求出 $M'_1(\sigma'_m,\sigma'_a)$，则零件的疲劳极限为

$$\sigma'_{max}=\sigma'_m+\sigma'_a=\frac{\sigma_{-1}\sigma_{max}}{(K_\sigma)_D\sigma_a+\varphi_\sigma\sigma_m} \tag{2-10}$$

安全系数计算值及强度条件为

$$S_{ca}=\frac{\sigma'_{max}}{\sigma_{max}}=\frac{\sigma_{-1}}{(K_\sigma)_D+\varphi_\sigma\sigma_m}\geqslant[S] \tag{2-11}$$

若工作应力点位于图 2-11 所示的点 N，同理可得其极限应力点 N'_1，疲劳极限 $\sigma'_{max}=\sigma'_m+\sigma'_a=\sigma_s$这就表示，工作应力为点 N 时，可能发生的屈服失效，故只需进行静强度计算。其强度公式为

$$S_{ca}=\frac{\sigma'_{max}}{\sigma_{max}}=\frac{\sigma_s}{\sigma_{max}}\geqslant[S] \tag{2-12}$$

分析图 2-11 得知，在 $r=c$ 时，凡是工作应力点位于 OAE 区域内时，极限应力等于极限应力点的横坐标和纵坐标之和；凡是工作应力点位于 OEC 区域内时，极限应力统称为屈服极限。

(2)$\sigma_m=c$ 的情况

如图 2-12 所示，过点 M 作与纵轴平行的直线，与 AE 的交点 M_2' 即为极限应力点。根据直线 MM_2' 和直线 AE 的方程式，可求出 $M'_2(\sigma'_m,\sigma'_a)$，则零件的疲劳极限

$$\sigma'_{max}=\sigma'_m+\sigma'_a=\frac{\sigma_{-1}+[(K_\sigma)_D-\varphi_\sigma]\sigma_m}{(K_\sigma)_D} \tag{2-13}$$

安全系数计算值及强度条件为

$$S_{ca}=\frac{\sigma'_{max}}{\sigma_{max}}=\frac{\sigma_{-1}+[(K_\sigma)_D-\varphi_\sigma]\sigma_m}{(K_\sigma)_D(\sigma_m+\varphi_\sigma)}\geqslant[S] \tag{2-14}$$

也可按极限应力幅来求安全系数，即

$$S_{ca}=\frac{\sigma'_a}{\sigma_a}=\frac{\sigma_{-1}-\varphi_\sigma\sigma_m}{(K_\sigma)_D\sigma_a}\geqslant[S] \tag{2-15}$$

对应于点 N 的极限应力由点表示 N_2'，点 N_2'位于直线 CE 上，故仍只需按式(2-12)进行静强度计算。分析图 2-12 得知，在 $\sigma_m=c$ 时，凡是工作应力点位于 OAE 区域内时，极限应力等于极限应力点的横坐标和纵坐标之和；凡是工作应力点位于 OEC 区域内时，极限应力统称为屈服强度。

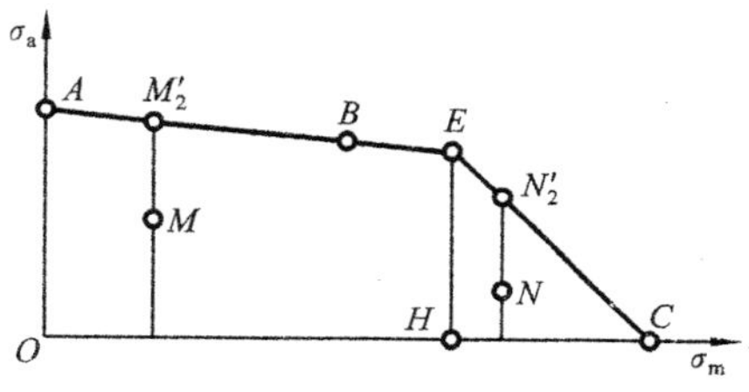

图 2-12　$\sigma_m=c$ 时的极限应力

(3)$\sigma_{min}=c$ 的情况

$\sigma_{min}=c$ 即 $\sigma_m-\sigma_a=c$，如图 2-13 所示，过工作应力点 M(或点 N)作与横轴成 45°的直线，交直线 AE(或 EC)于点 M_3'(或 N_3')，点 M_3'(或 N_3')即为所求的极限应力点。根据两直线的

方程式，可求出点 M_3'（或 N_3'）的坐标值（σ'_m，σ'_a），则安全系数计算值及强度条件为

$$S_{ca}=\frac{\sigma'_{max}}{\sigma_{max}}=\frac{2\sigma_{-1}+[(K_\sigma)_D-]\sigma_{min}}{[(K_\sigma)_D+\varphi_\sigma](2+\sigma_{min})}\geqslant[S] \tag{2-16}$$

也可按极限应力幅来求安全系数，即

$$S_{ca}=\frac{\sigma'_a}{\sigma_a}=\frac{\sigma_{-1}-\varphi_\sigma\sigma_{min}}{[(K_\sigma)_D+\varphi_\sigma]\sigma_a}\geqslant[S] \tag{2-17}$$

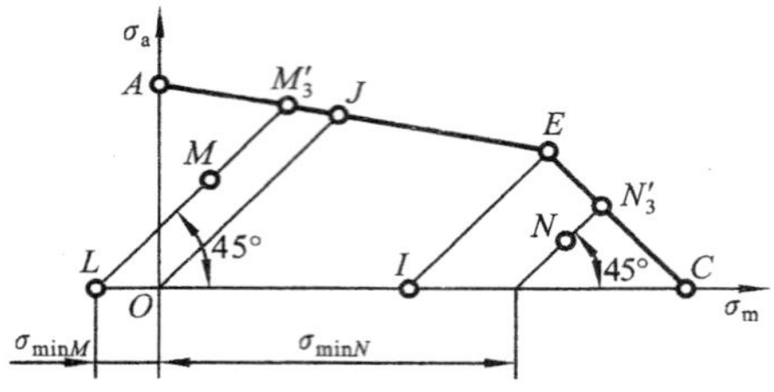

图 2-13　$\sigma_{min}=c$ 时的极限应力

分析图 2-13 得知，在 $\sigma_{min}=c$ 时，当工作应力点位于 OAJ 区域内时，最小应力均为负值，这在实际机械结构中极为罕见，所以不予讨论；当工作应力点位于 $OJEI$ 域内时，极限应力等于极限应力点的横坐标和纵坐标之和；当工作应力点位于 IEC 区域内时，极限应力统称为屈服极限。

上述三种情况下的公式也同样适用于切应力的情况，只需用 τ 代替各式中的 σ 即可。具体设计零件时，如果难以确定其应力的变化规律，一般可采用 $r=c$ 时的公式。

2.2.6　复合力状态下的机械疲劳强度

很多零件（如转轴），工作时其危险剖面上同时受有正应力（σ）及切应力（τ）的复合作用。复合应力的变化规律是多种多样的。经理论分析和试验研究，目前只有对称循环时的计算方法，且两种应力是同相位同周期变化的。对于非对称循环的复合应力，研究工作还很不完善，只能借用对称循环的计算方法进行近似计算。

在零件上同时作用有同周期同相位的对称循环正应力（σ）和切应力（τ）时，根据试验及理论分析，可导出对称循环弯扭复合应力状态下的安全系数计算式为

$$S_{ca}=\frac{S_\sigma S_\tau}{\sqrt{S_\sigma{}^2+S_\tau{}^2}} \tag{2-18}$$

式中，S_σ 和 S_τ的计算公式为

$$S_\sigma=\frac{\sigma_{-1}}{(K_\sigma)_D\sigma_a}\text{或 }S_\tau=\frac{\sigma_{-1}}{(K_\tau)_D\sigma_a} \tag{2-19}$$

对于受非对称循环弯扭复合变应力作用的零件，安全系数 S_{ca} 仍按式（2-18）进行计算，但 S_σ 和 S_τ应分别按式（2-11）计算。

2.3　机械零件的接触强度

有些机械零件（如齿轮、滚动轴承等），在理论上分析时都将力的作用看成是点或线接触的。而实际上，零件工作时受载，在接触部分要产生局部的弹性变形，形成面接触。产生这种

接触的面积很小，但产生这种局部应力却很大，将此种局部应力称为接触应力，这时零件强度称为接触强度。

实际工作中遇到的接触应力多为变应力，产生的失效属于接触疲劳破坏。

接触疲劳破坏产生的特点是：零件接触应力在载荷反复作用下，先在表面或表层内 15～25μm处产生初始疲劳裂纹，然后在不断的接触过程中，由于润滑油被挤进裂纹内形成很高的压力，使裂纹加速扩展，当裂纹扩展到一定深度以后，导致零件表面的小片状金属剥落下来，使金属零件表面形成一个个小坑（见图 2-14），这种现象称为疲劳点蚀。发生疲劳点蚀后，减少了接触面积，破坏了零件的光滑表面，因而也降低了承载能力，并引起振动和噪声。齿轮、滚动轴承就常易发生疲劳点蚀这种失效形式。

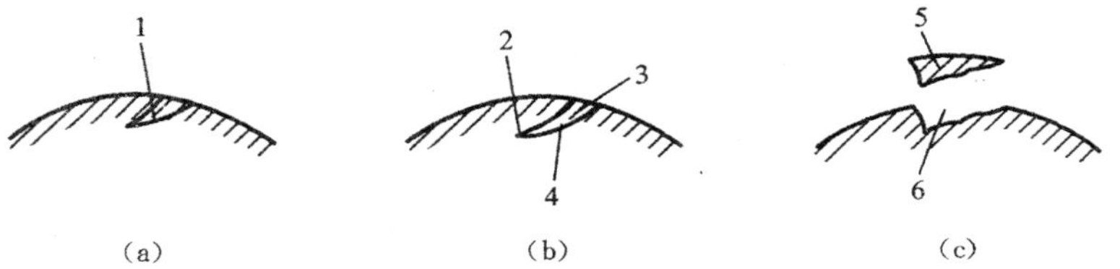

图 2-14　疲劳点蚀

1—初始疲劳裂纹；2—断裂；3—油；4—扩展的裂纹；5—剥落的金属；6—小坑

如图 2-14(a)所示，两个曲率半径为 ρ_1、ρ_2 的圆柱体相接触，在力 F_n作用下，其接触线变为一狭长的矩形接触面，按照弹性力学的理论，最大接触应力发生在接触区中线的各点上，其值为

$$\sigma_H=\sqrt{\frac{F_n}{\pi L}}\cdot\frac{\dfrac{1}{\rho_1}\pm\dfrac{1}{\rho_2}}{\dfrac{1-\mu_1^2}{E_1}+\dfrac{1-\mu_2^2}{E_2}}(\text{Mpa}) \tag{2-20}$$

式中，“+”号用于外接触，见图 2-15(a)；“—”号用于内接触，见图 2-15(b)；E_1、E_2 和 μ_1、μ_2 分别为两圆柱体材料的弹性模量和泊松比。上式称为赫兹(H. Hertz)公式。

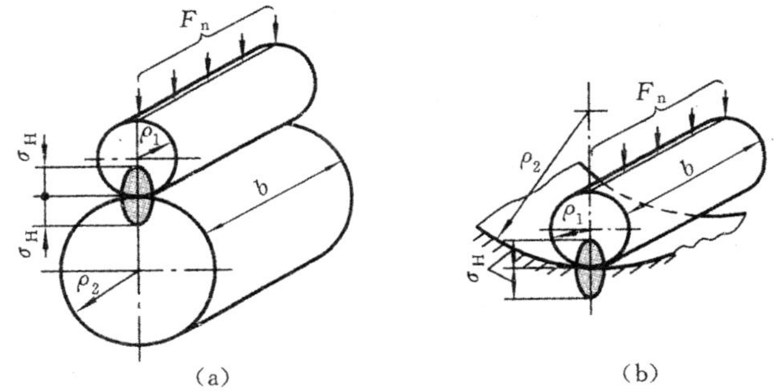

图 2-15　两圆柱的接触应力

影响疲劳点蚀的主要因素是接触应力的大小，因此，接触应力作用下的强度条件是最大接触应力不超过其许用值，即

$$\sigma_{Hmax}\leqslant[\sigma_H] \tag{2-21}$$

式中，σ_H为材料的许用接触应力；σ_{Hmax}为接触应力的最大值；S_H为接触疲劳安全系数。

2.4 摩擦、磨损与润滑

2.4.1 摩擦原理

1. 分类

摩擦分内摩擦和外摩擦两大类。发生在物质内部阻碍分子间相对运动的摩擦称为内摩擦。相互接触的两个物体做相对运动或有相对运动趋势时，在接触表面上产生的阻碍相对运动的摩擦称为外摩擦。仅有相对运动趋势时的摩擦称为静摩擦，产生相对运动时的摩擦称为动摩擦。按摩擦性质的不同，动摩擦又分滑动摩擦和滚动摩擦，两者的机理与规律完全不同。这里仅讨论滑动摩擦。

根据摩擦面间摩擦状态的不同，即润滑油量及油层厚度大小的不同，滑动摩擦又分为干摩擦、边界摩擦、流体摩擦和混合摩擦，如图 2-16 所示。

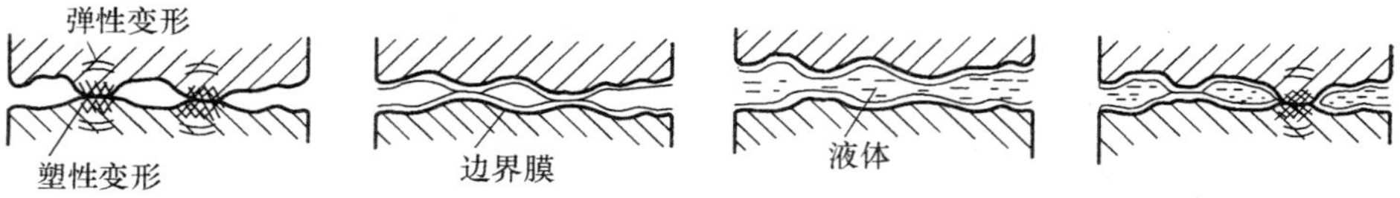

(a) 干摩擦　(b) 边界摩擦　(c) 液体摩擦　(d) 混合摩擦

图 2-16　摩擦状态

干摩擦是指两摩擦表面间无任何润滑剂或保护膜而直接接触的纯净表面间的摩擦。真正的干摩擦只有在真空中才能见到，工程实际中并不存在。因为任何零件表面不仅会因氧化而形成氧化膜，而且或多或少会被含有润滑剂分子的气体所湿润或受到“污染”。机械设计中通常把未经人为润滑的摩擦状态当作干摩擦。干摩擦的摩擦性质取决于配对材料的性质，其摩擦阻力和摩擦功耗最大，磨损最严重，应尽可能避免。

摩擦表面被吸附在表面的边界膜隔开，摩擦性质取决于边界膜和表面的吸附性能的摩擦，称为边界摩擦。

两摩擦表面被流体层(液体或气体)隔开，摩擦性质取决于流体内部分子间的黏性阻力的摩擦称为流体摩擦。流体摩擦的摩擦阻力最小，理论上没有磨损，零件使用寿命最长，是一种最为理想的摩擦状态。

摩擦状态处于边界摩擦和流体摩擦的混合状态时的摩擦称为混合摩擦。

图 2-17 为一典型的摩擦特性曲线，随着 $\eta n/p$ 的增加，摩擦副将分别处于边界润滑、混合润滑和流体润滑状态，相应会发生摩擦间隙的变化。

2. 干摩擦及摩擦系数

干摩擦的摩擦系数可以用库仑公式 $\mu=\dfrac{F}{N}$ 进行计算。其中 F 为摩擦力，N 为法向压力。库仑公式的计算精度可以满足一般的工程计算要求，但如果对于更加精确的计算，则必须通过具体的试验研究进行测试。

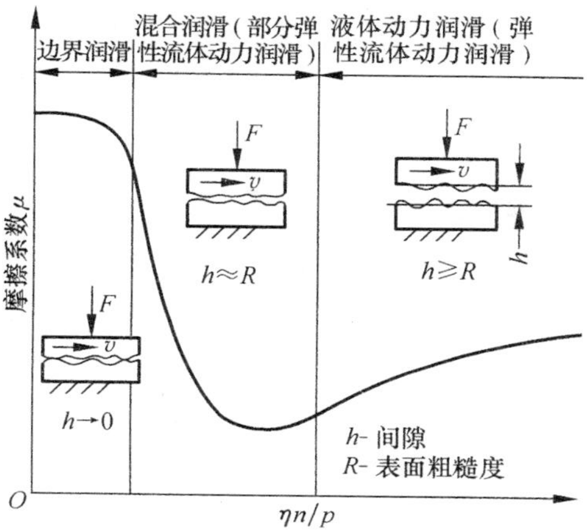

图 2-17　典型摩擦曲线

对于干摩擦力的形成原因有很多理论进行解释，早期的机械摩擦啮合理论认为，当两个粗糙表面相互接触时，接触点互相啮合，摩擦力就是啮合点间切向阻力的总和，表面越粗糙，摩擦力就越大。该理论不能解释表面光滑到一定程度后摩擦力反而增大的现象。所以后来又出现了分子—机械理论、黏着理论等。黏着理论又称为现代黏着理论，是目前较为广泛接受的摩擦形成理论。该理论认为：两粗糙表面相互接触时，在载荷的作用下，摩擦副只是在部分峰顶发生接触，所产生的真实接触面积只是表观接触面积的百分之几至万分之几，导致真实接触面积上的压力很容易达到材料的压缩屈服极限而产生塑性变形，如图 2-18 所示。根据上述观点可以写出关系式：

$$A_r = \frac{N}{\sigma_s}$$

式中，A_r为真实接触面积；N 为摩擦面间的正压力；σ_s为材料的屈服应力极限。

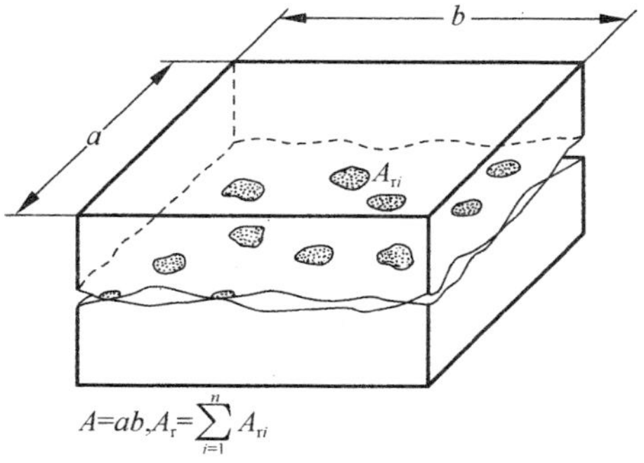

图 2-18　摩擦副微观接触

单个微凸体在接触后发生屈服的同时，发生黏着现象，形成冷焊点（如图 2-19 所示），当发生相对滑动时，首先必须将焊点剪开，则单个焊点形成的摩擦力可以计算为：$F_i = A_i\tau_B$，式中 F_i为单个焊点的剪断力（摩擦力），A_i为单个焊点的截面积，τ_B为焊点中软金属的剪切强度极限。由此可以得到：

整个接触面上的摩擦力　$F = \sum F_i = \sum A_i\tau_B = A_r\tau_B$

应用库仑公式
$$\mu=\frac{F}{N}=\frac{A_r\tau_B}{N}=\frac{A_r\tau_B}{A_r\sigma_s}=\frac{\tau_B}{\sigma_s}$$

3. 边界摩擦机理

两表面间加入润滑油后，在金属表面会形成一层边界油膜，边界膜可以是物理吸附膜、化学吸附膜和化学反应膜。所谓物理吸附膜，是指由润滑油中的极性分子与金属表面相互吸引而形成的吸附膜；所谓化学吸附膜，是指润滑油中的分子靠分子键与金属表面形成的化学吸附膜；所谓化学反应膜，是指在润滑油中加入硫、磷、氯等元素的化合物。(添加剂)与金属表面进行化学反应而生成的膜。它们的边界膜的分子模型空间结构如图 2-19 所示。

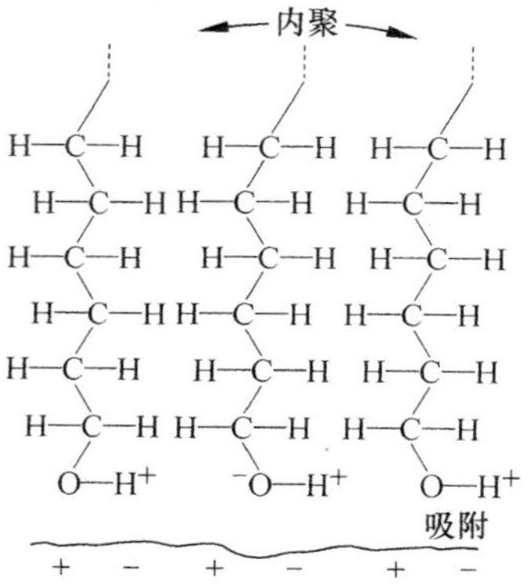

(a) 物理吸附膜
（脂肪醇分子形成的）

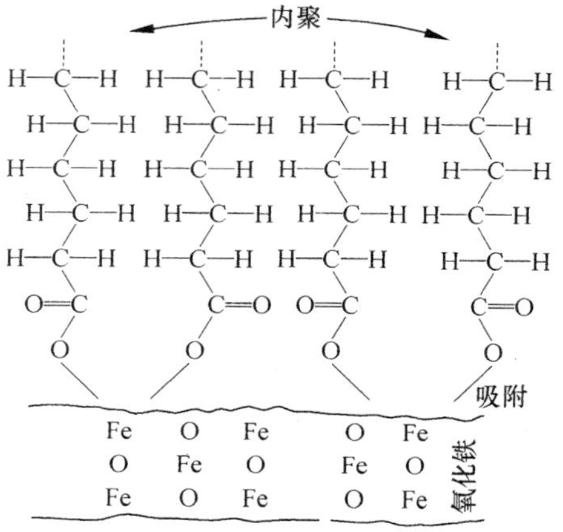

(b) 化学吸附膜
（硬脂酸铁的）

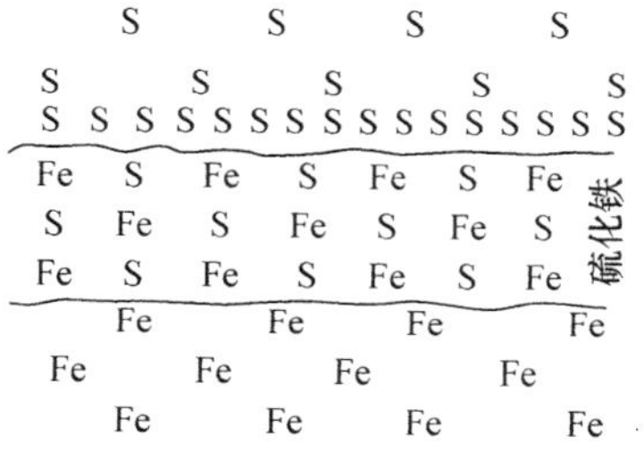

(c) 化学反应膜
（含硫化合物生成的）

图 2-19 边界膜类型

润滑油中的脂肪酸是一种极性化合物，其分子能吸附在金属表面，形成物理吸附膜。吸附在金属表面上的分子分为单层和多层结构，距离表面越远的分子，其吸附能力越低，剪切强度越小，到了若干层以后，就不再受约束。因此摩擦系数将随层数的增加而下降，如图 2-20 所示。边界膜厚度很小，一个分子的长度约为 2nm，即使边界膜有 10 个分子厚，其厚度也仅有 0.02μm，比一般两摩擦面的粗糙度之和要小，所以在边界摩擦状态下，磨损往往是不可避免的。物理吸附膜受温度影响比较大，受热后吸附膜容易发生脱吸、乱向，直至完全破坏，所以物理吸附膜适用于在常温、轻载、低速下工作。

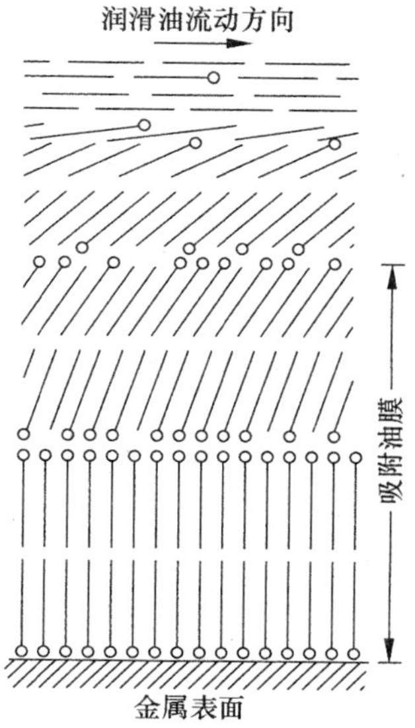

图 2-20　多层物理膜

化学吸附膜比物理吸附膜的吸附强度高，稳定性也优于物理吸附膜，受热后的熔化温度也高，化学吸附膜适用于中等载荷、中等速度、中等温度下工作。

化学反应膜是一类厚度大、熔点高、剪切强度低、稳定性好的吸附性膜。它适宜用于重载、高速和高温下工作的摩擦副。

工作温度是影响边界膜性能的关键参数，当工作温度达到软化温度时，吸附膜发生软化、乱向和脱吸现象，从而使润滑作用降低，因此，在具体应用过程中应注意限制 pv 值以控制摩擦面温度。

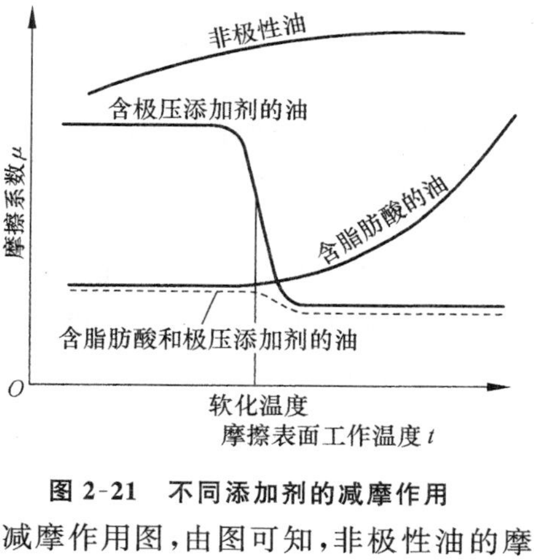

图 2-21　不同添加剂的减摩作用

图 2-21 为不同添加剂的减摩作用图，由图可知，非极性油的摩擦系数随温度的升高而增大，含有极性添加剂的润滑油易于形成化学反应膜，在软化温度之前摩擦系数较高，但在软化温度之后摩擦系数迅速下降，含脂肪酸的润滑油易于形成物理吸附膜，在软化温度之前具有良好的减摩效果。所以，如果在润滑油中同时加入脂肪酸和极压添加剂，则低温时可以靠物理吸附膜实现低的摩擦系数，高温时通过化学反应膜实现良好的减摩性。

4. 影响摩擦的主要因素

摩擦是一个很复杂的现象，其大小(用摩擦系数的大小来表示)与摩擦副材料的表面性质、表面形貌、周围介质、环境温度、实际工作条件等有关。设计时，需要充分考虑摩擦的影响，将其控制在许用的约束条件范围之内。影响摩擦的主要因素有下面几点。

(1)金属的表面膜

大多数金属的表面在大气中会自然生成与表面结合强度相当高的氧化膜或其他污染膜。也可以人为地用某种方法在金属表面上形成一层很薄的膜，如硫化膜、氧化膜来降低摩擦系数。

(2)摩擦副的材料性质

金属材料摩擦副的摩擦系数随着材料副性质的不同而异。一般，互溶性较大的金属摩擦副，其表面较易黏着，摩擦系数较大；反之，摩擦系数较小。表 2-2 所示的是几种金属元素之间摩擦副的互溶性。材料经过热处理后也可改变它的摩擦系数。

表 2-2　几种金属之间的互溶性

金属元素	Mo	Ni	Cu
Cu	无互溶性	部分互溶	完全互溶
Ni	完全互溶	完全互溶	部分互溶
Mo	完全互溶	完全互溶	无互溶性

(3) 摩擦表面间的润滑情况

在摩擦表面间加入润滑油时，将会大大降低摩擦表面间的摩擦系数，但润滑的情况不同、摩擦副的摩擦状态不同时，其摩擦系数的大小不同。在一般情况下，干摩擦的摩擦系数最大，$f>0.1$；边界摩擦、混合摩擦次之，$f=0.01\sim0.1$；流体摩擦的摩擦系数最小，$f=0.001\sim0.008$。两表面间的相对滑动速度增加且润滑油的供应较充分时，容易获得混合摩擦或流体摩擦，因而，摩擦系数将随着滑动速度的增加而减小。

(4) 摩擦副的表面粗糙度

摩擦副在塑性接触的情况下，其干摩擦系数为一定值，不受表面粗糙度的影响。而在弹性或弹塑性接触情况下，干摩擦系数则随表面粗糙度数值的减小而增加；如果在摩擦副间加入润滑油，使之处于混合摩擦状态，此时，如果表面粗糙度数值减小，则油膜的覆盖面积增大，摩擦系数将减小。

2.4.2　机械零件的磨损

1. 磨损的分类

由于人们对磨损的认知尚未完全清楚，对磨损的分类也存在这许多不同的观点，提出了多种分类方法，其中巴威尔(Burwell)提出的磨损分类具有较大的影响。根据摩擦机理，巴威尔将磨损分为黏着磨损、疲劳磨损、腐蚀磨损、磨粒磨损等四大类。

(1)黏着磨损

在切向力的作用下，摩擦副表面的吸附膜和脏污膜遭到破坏，使表面的轮廓峰在相互作用的各点处发生冷焊，由于相对运动，材料便从一个表面转移到另一个表面，形成黏着磨损。在此过程中，有时材料也会再次附着回原表面，出现逆转移，或脱离所黏附的表面而成为游离颗粒。载荷越大，表面温度越高，黏着的现象也越严重。严重的黏着磨损会造成运动副咬死。黏着磨损是金属摩擦副之间最常见的一种磨损形式。

(2)疲劳磨损

在接触变应力的作用下，如果该应力超过材料相应的接触疲劳极限，就会在摩擦副表面或表面以下一定深度处形成疲劳裂纹，随着裂纹的扩展及相互连接，金属微粒便会从零件工作表面上脱落，导致表面出现麻点状损伤现象，即形成疲劳磨损或称为疲劳点蚀。

(3)磨粒磨损

磨粒磨损分为两种情况，一种是硬质摩擦表面上的硬质突出物将对磨表面材料磨掉(二体磨损)；另一种是从外部进入摩擦面间的游离硬质颗粒(如尘土、砂粒或磨损形成的金属微粒)，在较软材料表面犁刨出很多沟纹而引起材料脱落的现象(三体磨损)。

(4)腐蚀磨损

摩擦过程中金属与周围介质(如空气或润滑油中的酸、水等)发生化学或电化学反应而引起的表面损伤，称为腐蚀磨损。其中氧化磨损最为常见，这是金属摩擦副在氧化性介质中工作时，接触表面反复生成和磨去氧化膜的磨损现象，实际上是化学氧化和机械磨损两种作用相继进行的过程。氧化磨损速率取决于氧化速度、氧化膜强度及与本体金属的结合强度。

除了上述四种基本磨损类型外，还有一些磨损现象可视为是上述基本磨损类型的派生或复合。此外，需要特别说明的是，由于工作条件的复杂性，磨损经常以复合形式出现。表 2-3 就很好地说明了这一点。

表 2-3　某些零件可能发生的磨损类型

零件名称	黏着磨损	疲劳磨损	磨粒磨损	氧化磨损
液体润滑滑动轴承		A		B
混合摩擦或固体摩擦滑动轴承	A	B	A	B
滚动轴承	B	A	B	B
齿轮转动	A	A	B	B
蜗件转动	A	A	B	B
摩擦离合器	A	B	B	B
制动器	B	B	A	B
魔力摩擦零件		B	A	B

注：A—起主要作用；B—起部分作用

2. 磨损过程

磨损过程大致可分为三个阶段，即跑合磨损阶段、稳定磨损阶段及剧烈磨损阶段，如图 2-22 所示。

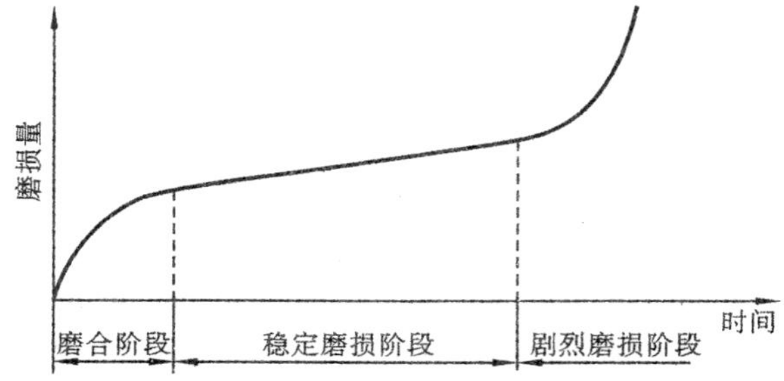

图 2-22 磨损过程

(1)跑合磨损阶段(初期磨损阶段)

新的摩擦副表面较粗糙，真实接触面积较小，压强较大，在开始的较短时间内，磨损速度很快，磨损量较大。经跑合后，表面凸峰高度降低，接触面积增大，磨损速度减慢并趋向稳定。实践表明，初期跑合是一种有益的磨损，可利用它来改善表面性能，提高使用寿命。

(2)稳定磨损阶段(正常磨损阶段)

表面经跑合后，磨损速度缓慢，处于稳定状态。此时机件以平稳缓慢的速度磨损，这个阶段的长短就代表机件使用寿命的长短。稳定磨损阶段是摩擦副的正常工作阶段。

(3)剧烈磨损阶段(耗损磨损阶段)

经过较长时间的稳定磨损后，精度降低、间隙增大，从而产生冲击、振动和噪声，磨损加剧，温度升高，短时间内使零件迅速报废。

3. 影响磨损的因素

磨损是机械设备失效的重要原因。为了延长机器的使用寿命和提高机器的可靠性，设计时必须重视有关磨损的问题，尽量延长稳定磨损阶段，推迟剧烈磨损阶段。

影响磨损的因素很多，其中主要的有表面压强或表面接触应力的大小、相对滑动速度、摩擦副的材料、摩擦表面间的润滑情况等(见表 2-4)。因此，在机械设计中，控制磨损的实质主要是控制摩擦表面间的压强(或接触应力)、相对运动速度等不超过许用值。除此以外，还应采取适当的措施，尽可能地减少机械中的磨损。

表 2-4 磨损的影响因素

类型	磨损的影响因素
黏着磨损	①同类摩擦副材料比异类摩擦副材料容易黏着； ②脆性材料比塑性材料的抗黏着能力高，在一定范围的表面粗糙度愈低，抗黏着能力愈强； ③黏着磨损还与润滑剂、摩擦表面温度及压强有关

续表

类型	磨损的影响因素
接触疲劳磨损	摩擦副材料组合、表面粗糙度、润滑油黏度以及表面硬度等
磨粒磨损	与摩擦材料的硬度、磨料的硬度有关，一半以上的磨损损失是由磨粒磨损造成的
腐蚀磨损	周围介质、零件表面的氧化膜性质及环境温度等，磨损可使腐蚀率提高 2～3 个数量级

4. 磨损控制

不同材料、载荷、润滑、工作温度等因素对磨损的影响过程如图 2-23 所示。

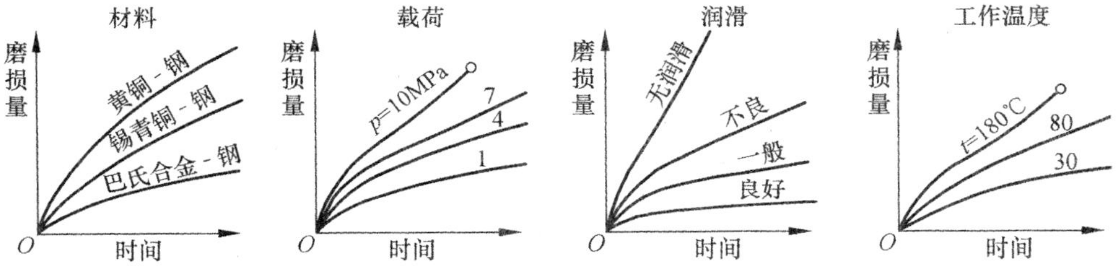

图 2-23　磨损的影响因素

对于黏着磨损，要减小磨损，可以从如下几个方面进行考虑：①合理选择配对材料，同种金属比异种金属易于黏着，脆性材料比塑性材料的抗黏着能力强，进行表面处理（如表面热处理、电镀、喷涂等）可防止黏着磨损的发生；②控制压强；③限制摩擦表面的温度；④采用含油性和极压添加剂的润滑剂。

磨粒磨损与摩擦副材料的硬度和磨粒的硬度有关。如图 2-24 为磨粒硬度对磨损的影响，可以看出，为保证摩擦面有一定的使用寿命，金属材料的硬度应至少比磨粒的硬度大 30%。当然，材料并不是越硬越好，有时选用较便宜的材料，定期更换易磨损的零件，更符合经济原则。

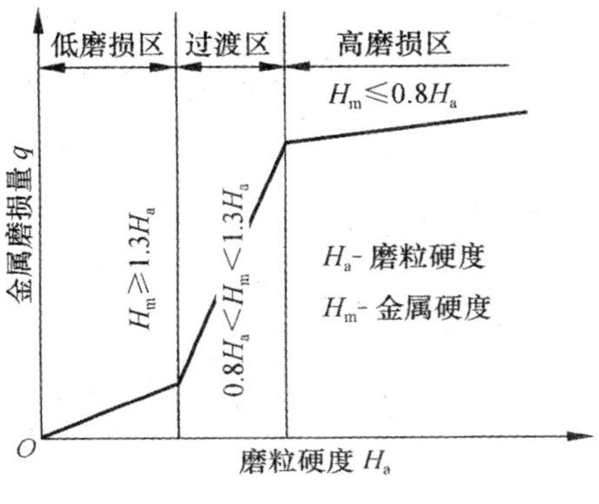

图 2-24　磨粒硬度对磨损的影响

为了提高零件表面的疲劳寿命，除应合理选择摩擦副材料外，还应注意：①合理选择零件接触面的表面粗糙度，一般情况下表面粗糙度值越小，疲劳寿命越长；②合理选择润滑油黏度，如前所述，适当提高润滑油的黏度有利于接触应力均匀分布，提高抗疲劳磨损的能力；在润滑油中加入极压添加剂或固体润滑剂，能提高接触表面的抗疲劳性能；③合理选择零件接触面的硬度，以轴承钢为例，硬度为 62HRC 时抗疲劳磨损能力最高，增加或降低。

2.4.3 润滑材料

常用的润滑剂有液体、半固体、固体和气体四种基本类型。在液体润滑剂中应用最广泛的是润滑油，包括矿物油、动植物油、合成油和各种乳剂。半固体润滑剂主要是指各种润滑脂，它是润滑油和稠化剂的稳定混合物。固体润滑剂是任何可以形成固体膜以减少摩擦阻力的物质，如石墨、二硫化钼、聚四氟乙烯等。任何气体都可作为气体润滑剂，其中用得最多的是空气，它主要用在气体轴承中。下面仅对润滑油及润滑脂做些介绍。

1. 润滑油

用做润滑剂的油类主要可概括为三类：一是矿物油，主要是石油产品；二是有机油，通常是动、植物油；三是化学合成油。其中因矿物油来源充足，成本低廉，适用范围广，而且稳定性好，故应用最多。动植物油中因含有较多的硬脂酸，在边界润滑时有很好的润滑性能，但因其稳定性差而且来源有限，所以使用不多。化学合成油是通过化学合成方法制成的新型润滑油，它能满足矿物油所不能满足的某些特性要求，如高速、重载、高温、低温和其他条件。由于它多是针对某种特定需要而制，适用面较窄，成本又很高，故一般机器应用较少。近年来，由于环境保护的需要，一种具有生物可降解特性的润滑油——绿色润滑油也在一些特殊行业和场合中得到使用。无论哪类润滑油，若从润滑观点考虑，评判其优劣的主要性能指标如下。

(1)黏度

润滑油的黏度即润滑油抵抗变形的能力，它表征润滑油内摩擦阻力的大小，是润滑油最重要的性能之一。

①动力黏度。牛顿于 1687 年提出了黏性液的摩擦定律(简称黏性定律)，即在流体中任意点处的切应力均与该处流体的速度梯度成正比。若用数学形式表示这一定律，即

$$\tau=-\eta\frac{\partial u}{\partial y}$$

式中，τ 为流体单位面积上的剪切阻力，即切应力；u 为流体的流动速度；η 为流体的动力黏度；$\frac{\partial u}{\partial y}$流体沿垂直于运动方向(即流体膜厚度方向)的速度梯度，式中的“－”号表示 u 随 y(流体膜厚度方向的坐标)的增大而减小。

摩擦学中把凡是服从这个黏性定律的流体都称为牛顿液体。

国际单位制(SI)下的动力黏度单位为 1Pa·s(帕·秒)。在绝对单位制(CGS)中，把动力黏度的单位定为 1 dyn·s/cm，称为 1P(泊)，百分之一泊称为 cP(厘泊)，即 1P=100cP。

P 和 cP 与 Pa·s 的换算关系可取为：

$$1P=0.1Pa\cdot s\quad 1cP=0.001Pa\cdot s$$

②运动黏度 υ。工业上常用润滑油的动力黏度 η 与同温度下该流体密度 ρ 的比值，称为运动黏度 υ，即

$$\upsilon=\frac{\eta}{\rho}$$

在绝对单位制(CGS)中，运动黏度的单位是 St(斯)，$1St=1cm^2/s$。百分之一斯称为 cSt(厘斯)，它们之间的换算关系为

$$1St=1cm^2/s=100cSt=10^{-4}m^2/s,1cSt=10^{-6}m^2/s=1mm^2/s$$

③相对黏度(条件黏度)。除了运动黏度以外，还经常用比较法测定黏度。我国用恩氏黏度作为相对黏度单位，即把 $200cm^3$ 试验油在规定温度下(一般为 20℃、50℃、100℃)流过恩氏黏度计的小孔所需时间，与同体积蒸馏水在 20℃流过同一小孔所需时间(s)的比值，以符号 $°E_t$ 表示，其中脚注“t”表示测定时的温度。压力对流体的黏度的影响。在压力超过 20MPa 时，黏度随压力的增高而增大，高压时则更为显著。例如在齿轮传动中，啮合处的局部压力可高达 4000MPa，因此，分析齿轮、滚动轴承等高副接触零件的润滑状态时，不能忽视高压下润滑油黏度的变化。

温度对流体黏度的影响。各种流体的黏度，特别是润滑油的黏度，随温度而变化的情况十分明立，温度越高，则黏度越低。图 2-25 所示为几种常用润滑油的黏—温曲线图。润滑油黏度受温度影响的程度可用黏度指数(VI)表示。黏度指数越大，表明黏度随温度的变化越小，即黏—温性能越好。

润滑油黏度的大小不仅直接影响摩擦副的运动阻力，而且对润滑油膜的形成及承载能力有决定性作用。这是流体润滑中的一个极为重要的因素。

(2)极压性

极压性能是在润滑油中加入含硫、氯、磷的有机极性化合物后，油中极性分子在金属表面生成抗磨、耐高压的化学反应边界膜的性能。它在重载、高速、高温条件下，可改善边界润滑性能。

(3)润滑性(油性)

润滑性是指润滑油中极性分子与金属表面吸附形成一层边界油膜，以减小摩擦和磨损的性能，润滑性愈好，油膜与金属表面的吸附能力愈强。对于那些低速重载或润滑不充分的场合，润滑性具有特别重要的意义。

(4)凝点

凝点是指润滑油在规定条件下，不能自由流动时的最高温度。它是润滑油在低温下正常工作的一个重要指标，直接影响到机械在低温下的启动性能和磨损情况。

(5)闪点

闪点是指当油在标准仪器中加热所蒸发出的油气，一遇火焰即能发出闪光时的最低温度。这是衡量油易燃性的一项指标，对于高温下工作的机械具有十分重要的意义。通常应使工作温度比油的闪点低 30℃～40℃。

(6)氧化稳定性

氧化稳定性是指润滑油在使用或储存保管期间，性质安定、不易产生氧化变质的性能。通常，润滑油在 20℃～30℃常温下氧化十分缓慢，在 50℃～60℃时氧化速度加快，在 150℃以上

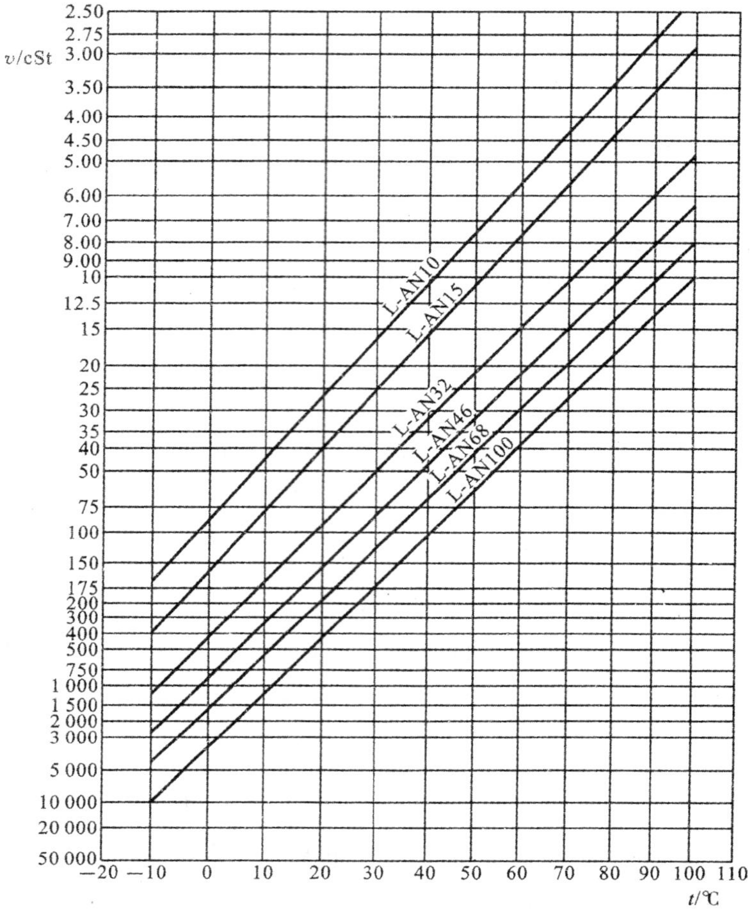

图 2-25　几种常见润滑油的黏一温曲线

时氧化速度更快。与空气接触面积越大越容易氧化。使用中搅拌越激烈越易氧化。润滑油氧化后，会产生酸性物质，久之会有胶质物、沥青等沉淀物析出，使润滑油变黑、粘度和酸度增大，降低润滑性能，还会腐蚀金属零件。

此外，润滑油还有抗乳化性、抗泡性、灰分、残炭等性能指标。

2. 润滑脂

这是除润滑油以外应用最多的一类润滑剂。它是润滑油与稠化剂（如钙、钠、锂、铝的金属皂）的膏状混合物。根据调制润滑脂所用皂基之不同，润滑脂主要有以下几类：

①钙基润滑脂。钙基润滑脂具有良好的抗水性，但耐热能力差，工作温度不宜超过 55℃～65℃。

②钠基润滑脂。钠基润滑脂有较高的耐热性，工作温度可达 110℃，但抗水性差，不宜用于与水相接触的润滑部位。

③锂基润滑脂。锂基润滑脂既能抗水、耐高温（工作温度不宜高于 120℃），也有较好的机械安定性，是一种多用途的润滑脂。

④铝基润滑脂。铝基润滑脂具有良好的抗水性，对金属表面有较高的吸附能力，故可起到

很好的防锈作用。

润滑脂的主要质量指标有：

①锥(针)入度。锥入度是衡量润滑脂稠度的指标。用一个重 1.5N 的标准锥体，在 25℃ 恒温下，由润滑脂表面经 5s 后刺入的深度(以 0.1mm 计)进行检验，其值标志着润滑脂内阻力的大小和流动性的强弱。锥入度越小表明润滑脂越稠。锥入度是润滑脂的一项主要指标，润滑脂的牌号就是该润滑脂锥入度的等级。

②滴点。滴点是指在规定的加热条件下，润滑脂从标准测量杯的孔口滴下第一滴时的温度，润滑脂的滴点决定了它的工作温度。润滑脂的温度至少要低于滴点 20℃。

3. 添加剂

普通润滑油、润滑脂在一些十分恶劣的工作条件下(如高温、低温、重载、真空等)会很快劣化变质，失去润滑能力。为了提高油的品质和使用性能，常加入某些分量虽少(从百分之几到百万分之几)但对润滑剂性能改善起巨大作用的物质，这些物质称为添加剂。

添加剂的作用如下：

①提高润滑剂的油性、极压性和在极端工作条件下更有效的工作能力。

②推迟润滑剂的老化变质，延长其正常使用寿命。

③改善润滑剂的物理性能，如降低凝点、消除泡沫、提高黏度、改进其黏—温特性等。

添加剂的种类很多，有油性添加剂、极压添加剂、分散净化剂、消泡添加剂、抗氧化添加剂、降凝剂、增黏剂等。为了有效地提高边界膜的强度，简单而行之有效的方法是在润滑油中添加一定量的油性添加剂或极压添加剂。

2.4.4　机械零件的润滑方式

润滑油或润滑脂的供应方法在设计中是很重要的，尤其是油润滑时的供应方法与零件在工作时所处润滑状态有着密切的关系。

1. 油润滑

向摩擦表面施加润滑油的方法可分为间歇式和连续式两种。手工用油壶或油枪向注油杯内注油，只能做到间歇润滑。图 2-26 所示为压配式注油杯，图 2-27 所示为旋套式注油杯。

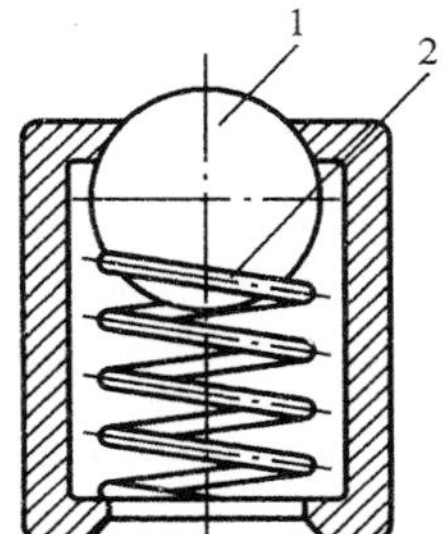

图 2-26　压配式注油杯

1—钢球；2—弹簧

这些只可用于小型、低速或间歇运动的轴承。对于重要的轴承，必须采用连续供油的方法。

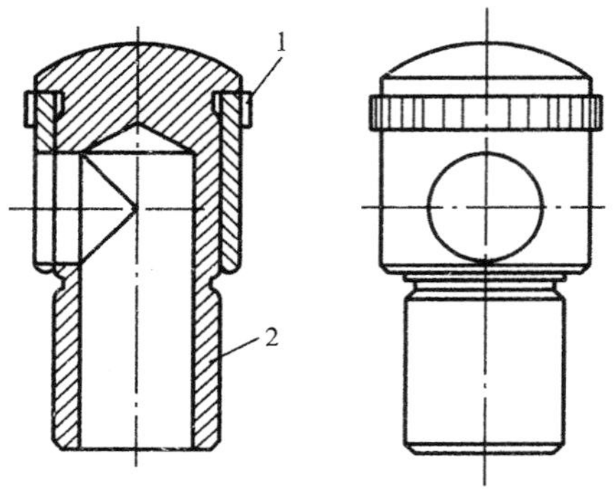

图 2-27　旋套式注油机

1—旋套；2—杯体

①油环润滑。图 2-28 所示为油环润滑的结构示意图。油环套在轴颈上，下部浸在油中。当轴颈转动时带动油环转动，将油带到轴颈表面进行润滑。轴颈速度过高或者过低，油环带的油量都会不足，通常用于转速不低于 50～60r/min 的场合。油环润滑的轴承，其轴线应水平布置。

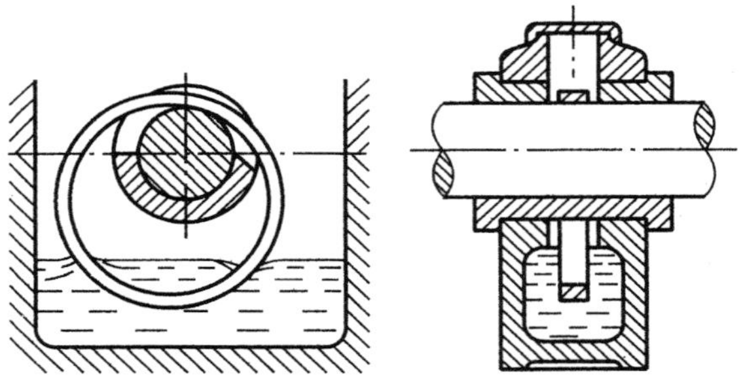

图 2-28　油环润滑

②滴油润滑。如图 2-29 及图 2-30 所示的针阀油杯和油芯油杯都可做到连续滴油润滑。针阀油杯可调节滴油速度来改变供油量，并且停车时可扳动油杯上端的手柄以关闭针阀而停止供油。油芯油杯在停车时则仍继续滴油，引起无用的消耗。

③飞溅润滑。利用转动件(例如齿轮)或曲轴的曲柄等将润滑油溅成油星以润滑轴承。

④压力循环润滑。用油泵进行压力供油润滑，可保证供油充分，这种润滑方法多用于高速、重载轴承或齿轮传动上。

2. 脂润滑

脂润滑只能间歇供应润滑脂。旋盖式油脂杯(见图 2-31)是应用得最广的脂润滑装置。杯中装满润滑脂后，旋动上盖即可将润滑脂挤入轴承中。有的也使用油枪向轴承补充润滑脂。

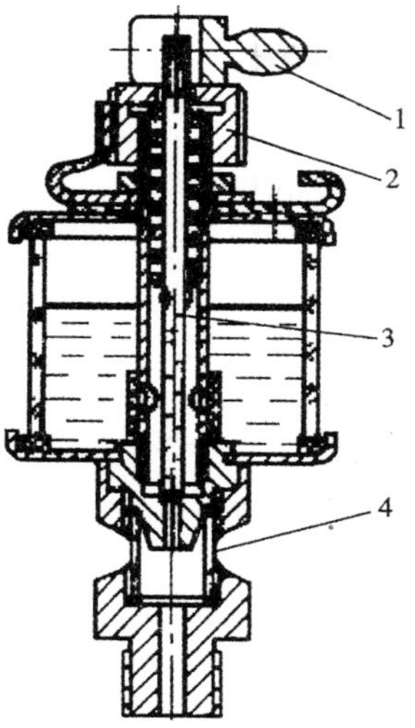

图 2-29　针阀油杯

1—手柄；2—调节螺母；3—针阀；4—观察针

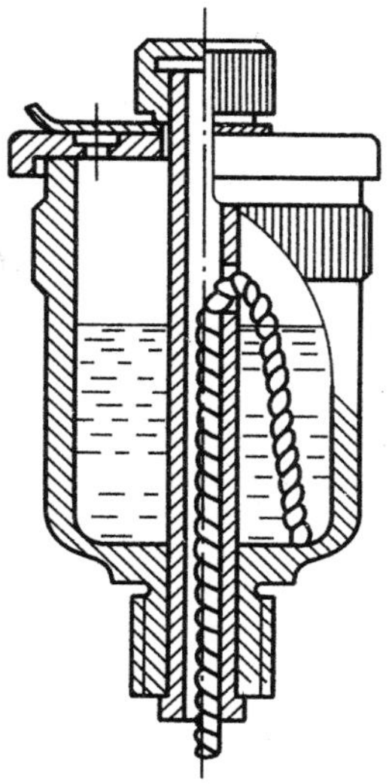

图 2-30　油芯油杯

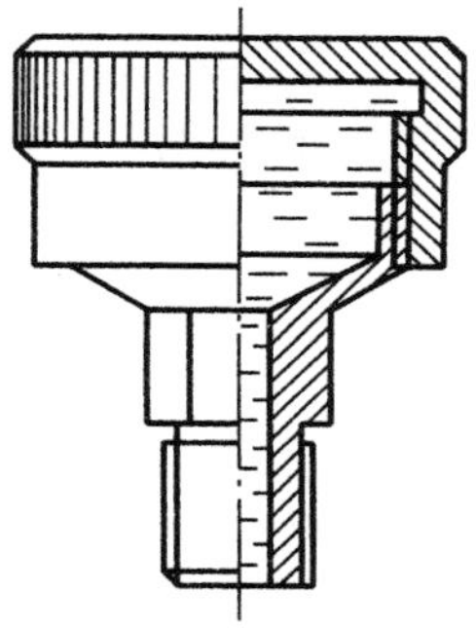

图 2-31　旋盖式油脂杯

2.4.5　流体润滑及方法

1. 流体静压润滑

流体静压润滑是将液压泵等外界设备提供的压力流体送入摩擦表面之间，以静压力来平衡外载荷，使摩擦表面分离而达到流体润滑的目的。图 2-32 为典型流体静压润滑系统示意图，用液压泵将润滑剂加压，通过补偿元件（节流器）送入摩擦件的油腔，润滑剂再通过油腔周围的封油面与另一摩擦面构成的间隙流出，摩擦面之间形成静压油膜，将运动件与承载件分开而达到流体润滑。

显然，对于两个静止的或相对速度很低的，以及平行的摩擦表面间不可能获得流体动压润滑，只能采用流体静压润滑。流体静压润滑技术已成熟应用于静压轴承、静压导轨、静压丝杠等摩擦副零部件。

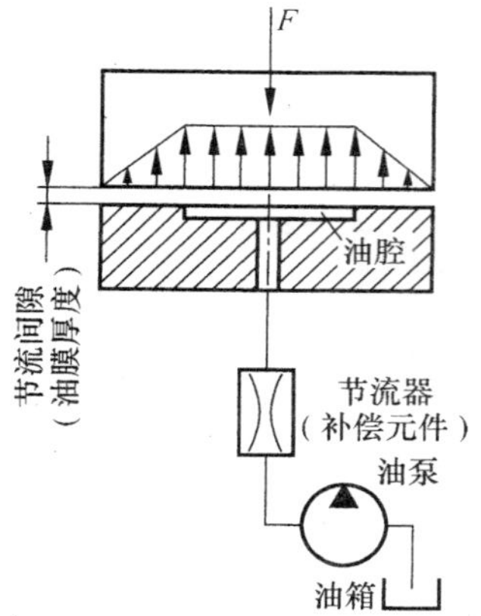

图 2-32　流体静压润滑示意图

2．流体动压润滑

两个作相对运动物体的摩擦表面，用借助于相对速度而产生的黏性流体膜将两摩擦表面完全隔开，由流体膜产生的动压力来平衡外载荷，这种流体润滑状态称为流体动压润滑。所用的黏性流体可以是液体（如润滑油）也可以是气体（如空气等），相应地称为液体动压润滑和气体动压润滑。流体动压润滑的主要优点是：摩擦力小（仅为流体内部的摩擦阻力）、磨损小甚至没有，并可缓和振动与冲击。

3．润滑方法

合理选择和设计机械设备的润滑方法、润滑系统和装置对于设备保持良好润滑状态和工作性能，以及获得较长使用寿命都具有重要的现实意义。

润滑系统的选择和设计包含润滑剂的输送、控制（分配、调节）、冷却、净化，以及压力、流量、温度等参数的监控。同时，还应考虑以下三方面的情况：摩擦副类型及工作条件，润滑剂类型及其性能，润滑方法及供油条件。

目前，机械设备所使用的润滑方法主要有分散润滑和集中润滑两大类型。按润滑方式，集中润滑又可分为全损耗系统、循环系统及静压系统等三种基本类型。其中全损耗性润滑系统是指润滑剂送于润滑点以后，不再回收循环使用，常用于润滑剂回收困难或无须回收、需油量很小，或难以安置油箱或油池的场合；而循环润滑系统的润滑剂送至润滑点进行润滑以后，又流回油箱再循环使用；静压系统则是用于静压流体润滑的润滑系统。

第 3 章　螺纹连接与轴毂连接

3.1　螺　纹

3.1.1　螺纹的类型和应用

螺纹分为内螺纹和外螺纹，二者共同组成螺旋副。用于连接的螺纹称为连接螺纹；用于传动的螺纹称为传动螺纹。按牙型，螺纹分为三角螺纹、矩形螺纹、梯形螺纹和锯齿形螺纹；按母体形状，螺纹分为圆柱螺纹和圆锥螺纹。此外，螺纹还有米制和英制，左旋和右旋，单线、双线和多线之分。一般的螺纹常采用右旋螺纹。

1. 连接螺纹

连接螺纹的牙型为三角形，其特点是当量摩擦角大、自锁性较好、强度高，常用的种类有普通螺纹、管螺纹和圆锥螺纹，如图 3-1 所示。前一种多用于以承载为主的紧固连接，后两种则多用于有密封要求的紧密连接。

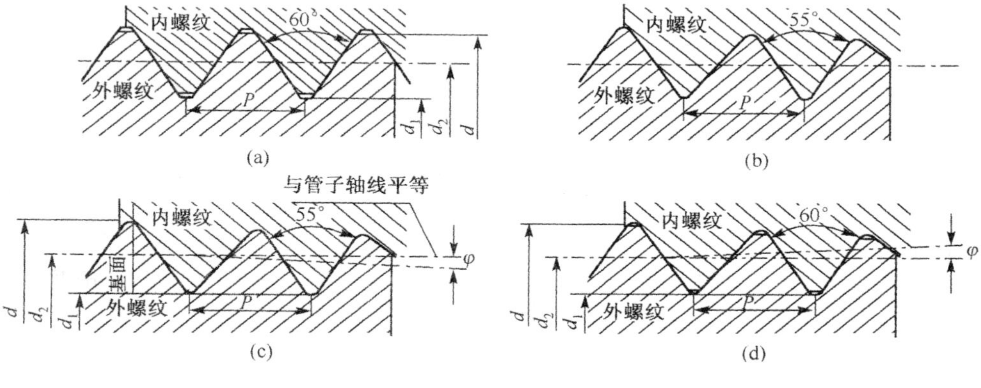

图 3-1　连接螺纹

国家标准中把牙型角 $\alpha=60°$的三角形米制螺纹称为普通螺纹，以大径 d 为公称直径，如图 3-1(a)所示。同一公称直径的普通螺纹，可以有多种螺距，其中螺距最大的螺纹称为粗牙螺纹，其余都称为细牙螺纹，如图 3-2 所示。细牙螺纹因螺距小；故升角小、自锁性更好、强度高，但不耐磨，容易滑扣。一般连接多用粗牙普通螺纹。细牙螺纹常用于切制粗牙螺纹对强度影响较大的零件(如细轴、管状零件)或受冲击振动和变载荷的连接中，也可用做微调机构的调节螺纹。

管螺纹牙型角 α 多为 55°，牙顶有较大的圆角，内外螺纹旋合后无径向间隙，以保证旋合的紧密性。管螺纹为英制细牙螺纹，它又根据是否用螺纹密封分为圆柱管螺纹和圆锥管螺纹，分

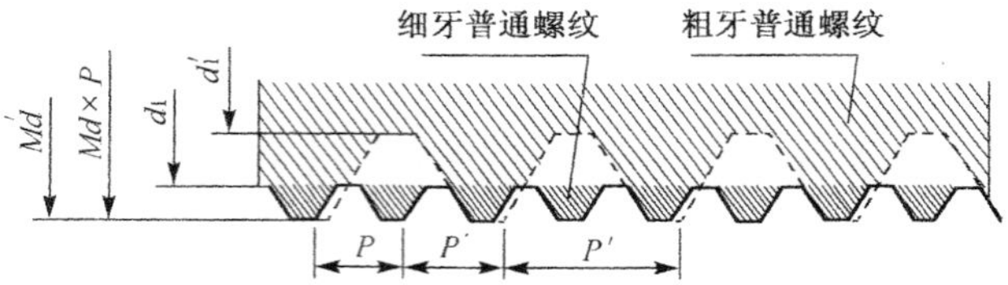

图 3-2　粗牙螺纹和细牙螺纹

别见图 3-1(b)和(c)。

螺纹的完整标记由螺纹代号、中径公差带代号组成。对于左旋螺纹，应在螺纹尺寸代号之后加注左旋代号“LH”；对于粗牙螺纹，在螺纹尺寸代号中不注出螺距值。标记示例：M16，表示公称直径 d 为 16mm 的粗牙螺纹；M10×1.25LH，表示公称直径 d 为 10mm 的左旋细牙螺纹，螺距 P 为 1.25mm。

管螺纹的公称直径是管子的公称通径(英寸)。圆柱管螺纹广泛应用于水、煤气、润滑及压强在 1.6MPa 以下的管路系统的连接中。

圆锥管螺纹的螺纹分布在 1∶16 的圆锥管壁上。螺纹旋合后，利用本身的变形来保证连接的紧密性，不需要任何填料，密封简单，旋合迅速，适用于紧密性要求较高的管路连接中。

锥螺纹与圆锥管螺纹相似，螺纹也分布在锥度为 1∶16 的圆锥管壁上，但它是牙型角为 60°的米制螺纹，且螺纹牙顶为平顶，如图 3-1(d)所示。该螺纹多用于汽车、运输机械、航空机械和机床的燃料、油、水、气输送管路系统中。

2. 传动螺纹

传动螺纹是用来传递运动和动力的螺纹。与连接螺纹相比，它的牙型角 α 较小，因此，当量摩擦系数小，传动效率高。常用的有矩形螺纹、梯形螺纹和锯齿形螺纹，如图 3-3 所示。

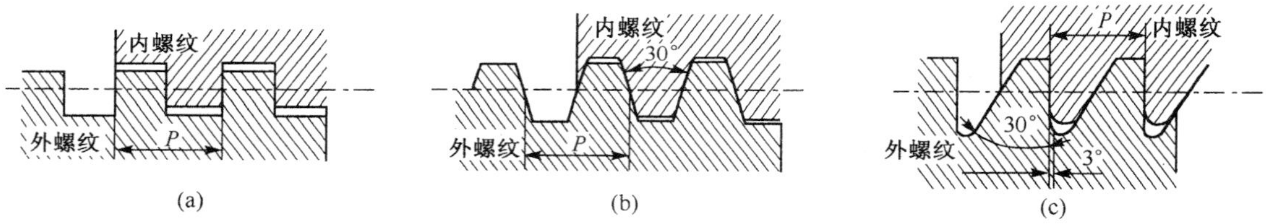

图 3-3　传动螺纹

如图 3-3(a)所示，由于矩形螺纹的牙型角 α 为 0°，当量摩擦系数最小($f_V=f$)，故传动效率最高，但其牙根强度较低，精加工困难，螺纹牙磨损后难以补偿，传动精度较低，故应用较少，也没有标准化，目前已逐渐被梯形螺纹所代替。

如图 3-3(b)所示，梯形螺纹的牙型角 α 为 30°，与矩形螺纹相比，梯形螺纹的效率略低，但牙根强度较高，工艺性好，对中性好。如用剖分螺母，还可以利用径向位移消除因磨损而造成的间隙，因此是最常用的传动螺纹。

如图 3-3(c)所示，牙型角 α 为 33°，锯齿形螺纹的牙型为不等腰梯形。3°的工作面主要用来承受载荷，其传动效率高；30°的非工作面主要用来增强螺纹牙根的强度。它综合了矩形螺纹传动效率高和梯形螺纹牙根强度高、对中性好的优点，但只适用于单向受力的传动中，如起重螺旋、螺旋压力机、大型螺栓连接等。

3.1.2　螺纹的主要参数

以普通圆柱外螺纹为例说明螺纹的主要几何参数(见图 3-4)。

①大径 d。螺纹的最大直径,即与螺纹牙顶相重合的假想圆柱面的直径,在标准中定为公称直径。

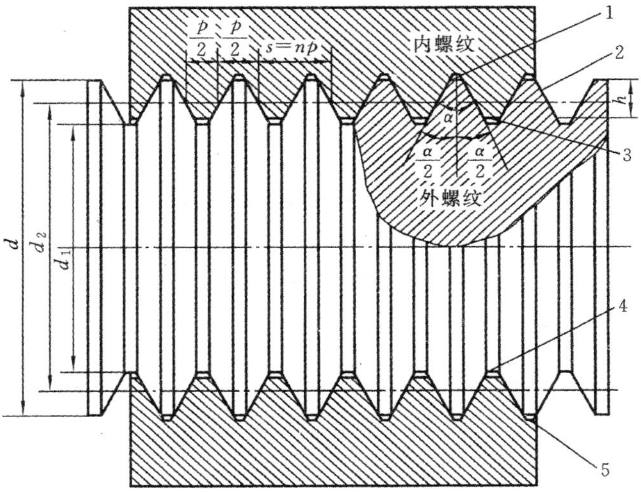

图 3-4　螺纹的主要几何参数

1—牙顶(外螺纹);2—牙侧;3—牙顶(内螺纹);4—牙底(外螺纹);5—牙底(内螺纹)

②小径 d_1。螺纹中的最小直径,即与螺纹牙底相重合的假想圆柱面的直径,在强度计算中常作为螺纹杆危险截面的计算直径。

③中径 d_2。通过螺纹轴向截面内牙型上的沟槽和凸起宽度相等处的假想圆柱面的直径,近似等于螺纹的平均直径,$d_2 \approx (d_1 + d_2)/2$。中径是确定螺纹几何参数和配合性质的直径。

④牙型。轴向截面内,螺纹牙的轮廓形状。

⑤牙型角 α。螺纹牙型上,相邻两牙侧间的夹角。

⑥线数 n。螺纹的螺旋线数目。沿一根螺旋线形成的螺纹称为单线螺纹;沿两根以上的等距螺旋线形成的螺纹称为多线螺纹,见图 3-5。常用的连接螺纹要求自锁性,故多用单线螺纹;传动螺纹要求效率高,故多用多线螺纹。

⑦螺距 P。螺纹相邻两个牙型上对应点间的轴向距离。

⑧导程 s。同一螺旋线上相邻两个牙型上对应点间的轴向距离,单线螺纹 $s=p$ 多线螺纹 $s=np$,见图 3-5。

⑨螺纹升角 φ。螺旋线的切线与垂直于螺纹轴线的平面间的夹角。在螺纹的不同直径处,螺纹升角不同。通常按螺纹中径 d_2 处计算。

⑩接触高度 h。内外螺纹旋合后的接触面的径向高度。

⑪螺纹旋向。分为左旋和右旋。

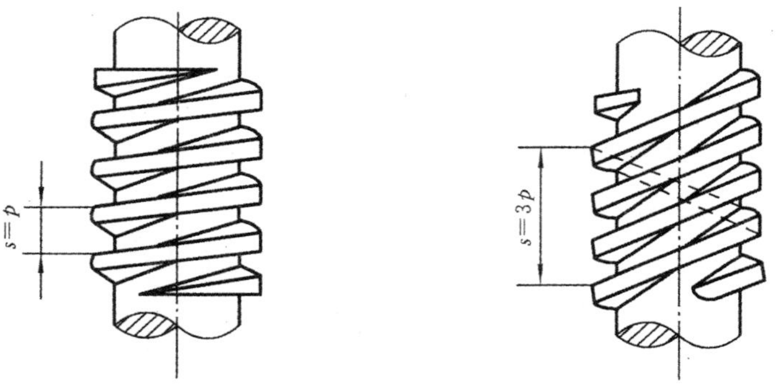

(a) $n=1$　　(b) $n=3$

图 3-5　单线螺纹和多线螺纹

3.2　螺纹连接的类型和标准连接件

3.2.1　螺纹连接的类型

螺纹连接使用的紧固件多为标准件，常用的有螺栓、双头螺柱、螺钉和紧定螺钉等。所谓紧螺栓连接就是指拧紧的螺栓连接，不拧紧的称为松连接，后者应用较少。按螺栓主要受力状况不同可分为受拉螺栓连接和受剪螺栓连接两种，所用螺栓的结构形式和连接的结构细节也有所不同，前一种制造和装拆方便，应用广泛，后一种多用于板状件的连接，有时兼起定位作用。

1. 螺栓连接

图 3-6(a)为普通孔螺栓连接，在被连接件上开有通孔，插入螺栓后在螺栓的另一端拧上螺母。被连接件上的通孔与螺栓杆之间存在间隙，通孔的加工精度要求不高。这种连接的特点为：无需在被连接件上切制螺纹，使用不受被连接件材料的限制；构造简单，装拆方便，应用最广。用于可制通孔的场合。图 3-6(b)为铰制孔螺栓连接。螺栓杆与孔之间采用基孔制过渡配合(H7/m6、H7/n6)。这种连接能精确固定被连接件的相对位置，并能承受横向载荷，但孔的加工精度要求较高。

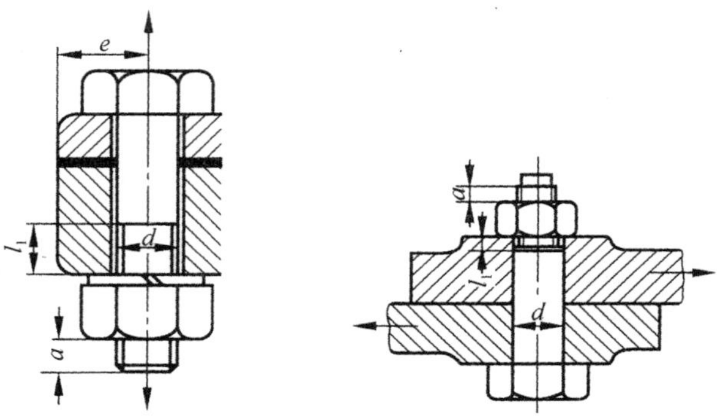

(a)　　(b)

图 3-6　螺栓连接

螺纹余留长度 l_1：受拉螺栓连接静载荷 $l_1 \geqslant (0.3 \sim 0.5)d$，变载荷 $l_1 \geqslant 0.75d$，冲击、弯曲载荷 $l_1 \geqslant d$；受剪螺栓连接，l_1尽可能小。螺纹伸出长度 $a \approx (0.2 \sim 0.3)d$。螺栓轴线到被连接杆件边缘的距离 $e = d + (3 \sim 6)\text{mm}$

2. 双头螺柱连接

图 3-7(a)为双头螺柱连接，这种连接适用于结构上不能采用螺栓连接的地方。比如被连接件之一太厚，难以制作通孔，材料比较软，且需要经常拆卸和安装。这种连接结构紧凑，但拆卸时比较困难。

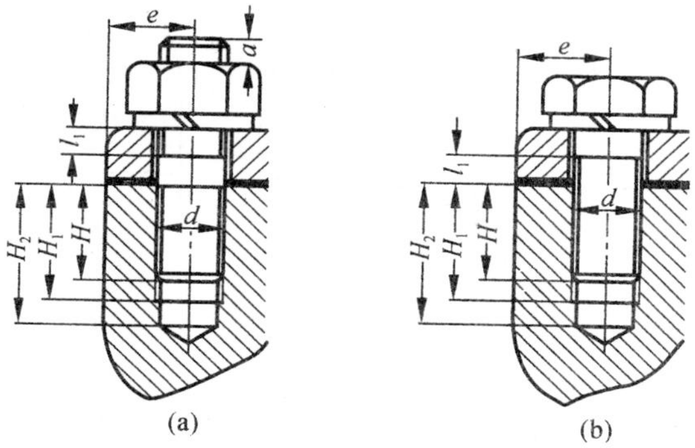

图 3-7　双头螺柱与螺钉连接

螺纹旋入深为 H，当螺纹孔零件为钢或青铜 $H \approx d$，铸铁 $H = (1.25 \sim 1.5)d$，铝合金 $H = (1.5 \sim 2.5)d$；螺纹孔深度 $H_1 = H + (2 \sim 2.5)p$；钻孔深度 $H_2 = H_1 + (0.5 \sim 1)d$。$l_1$、$a$、$e$ 的概念同上。

3. 螺钉连接

图 3-7(b)为螺钉连接，这种连接的特点是螺钉直接拧入被连接件的螺纹孔中，无须螺母，外表面光整，在结构上比双头螺柱连接简单、紧凑。用途与双头螺柱相似，但如经常装拆，易使螺纹孔磨损，可能导致被连接件失效，一般多用于受力不大，或不需要经常装拆的场合。

4. 紧定螺钉连接

如图 3-8 所示为紧定螺钉连接，它是将螺钉直接拧入零件的螺纹通孔中，利用螺钉末端顶住另一零件的表面，或顶入相应的凹坑中，以固定两个零件的相对位置，并可以传递不大的力矩。

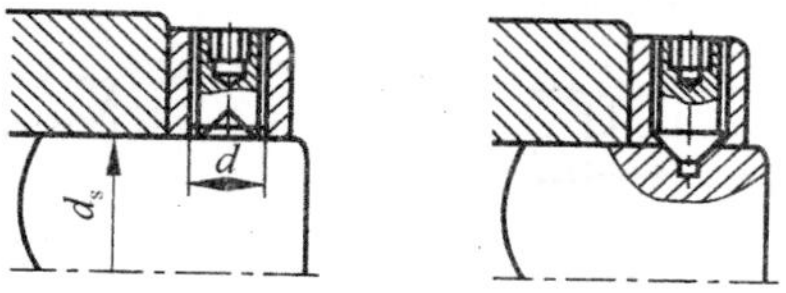

图 3-8　紧定螺钉连接

$d = (0.2 \sim 0.3)d_s$，转矩大时可以适当放大

3.2.2　标准连接件

螺纹连接件的形式有很多，在机械制造中常见的螺纹连接件有螺栓、双头螺柱、螺钉、螺母

和垫圈等。这些零件的结构形式和尺寸都已经标准化，设计时可根据有关标准选用。

1．螺栓

螺栓是应用最广的螺纹连接件，它是一端有头，另一端有螺纹的柱形零件（见图 3-9）。按制造精度分为 A、B、C 三级，通用机械中多用 C 级。螺杆部可以制造出一段螺纹或全螺纹，螺纹可用粗牙或细牙。

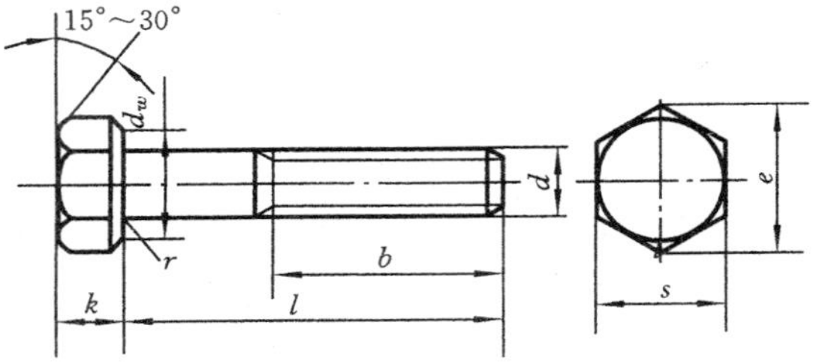

图 3-9　螺栓

2．双头螺柱

双头螺柱没有钉头，它的两端都有螺纹（见图 3-10）。适用于被连接件之一太厚不宜加工通孔的场合，一端常用于旋入铸铁或有色金属的螺纹孔中，旋入后即不拆卸，另一端则用于安装螺母固定被连接零件。

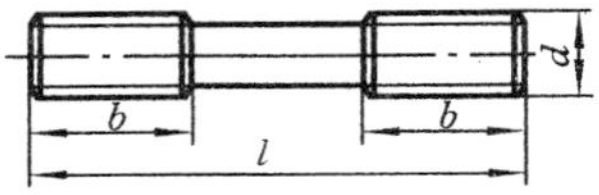

图 3-10　双头螺柱

3．螺钉

螺钉结构与螺栓大体相同，但头部形状较多，以适应扳手、螺丝刀的形状。它可分为连接螺钉［见图 3-11(a)］和紧定螺钉［见图 3-11(b)］两种。适用场合与双头螺柱类似，但不易经常装拆。

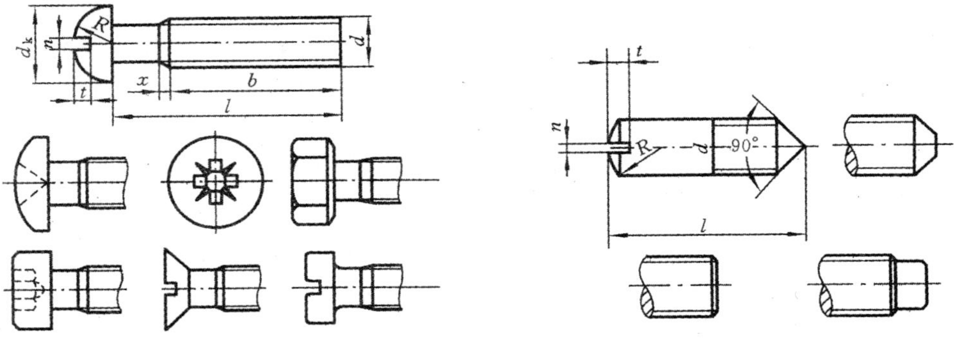

（a）连接螺钉　　　　（b）紧定螺钉

图 3-11　连接螺钉和紧定螺钉

4. 螺母

螺母有各种不同的形状,以六角螺母应用最广。按螺母的厚度不同,分为标准螺母和薄螺母两种规格,见图 3-12(a)。薄螺母常用于受剪切力的螺栓或空间尺寸受限制的场合。在需要快速装拆的地方,可采用蝶形螺母,见图 3-12(b)。开槽螺母见图 3-12 (c),则用于防松装置中。

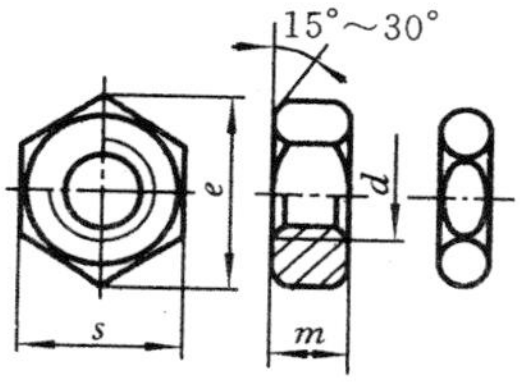

(a) 标准螺母和扁螺母

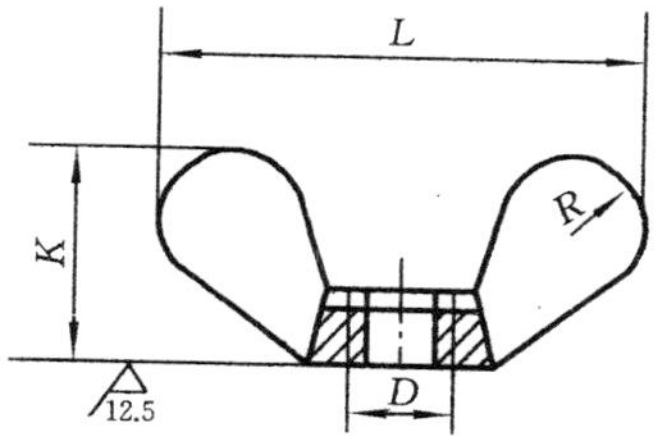

(b) 蝶形螺母

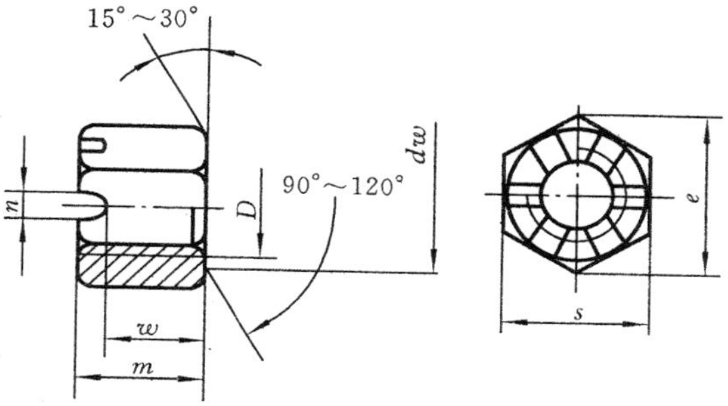

(c) 开槽螺母

图 3-12　各种形式的螺母

3.3　螺纹连接的预紧和防松

3.3.1　螺纹连接的预紧

绝大多数螺纹连接在装配时必须要拧紧,使连接在承受工作载荷之前,就受力的作用。这种在装配时需要预紧的螺纹连接为紧螺栓连接。

在紧螺栓连接中,螺栓在拧紧后承受工作载荷之前受到的预加作用力称为预紧力。预紧力的大小对螺纹连接的可靠性、紧密性和防松能力有很大的影响。当预紧力不足时,在承受工作载荷后,被连接件之间可能会出现缝隙,或发生相对位移。对于普通螺栓连接,预紧还可以提高连接件的疲劳强度。但当预紧力过大时,则可能使连接过载,甚至断裂破坏。因此,为了保证连接所需的预紧力,又不使连接件过载,对于重要的紧螺栓连接,如汽缸盖、压力容器盖、管路凸缘、齿轮箱等的连接,装配时要控制预紧力的大小。

预紧力 F_0 的大小可以通过控制预紧力矩 T 来控制。在螺纹连接拧紧装配时,螺栓和被连接件都受到预紧力 F_0 的作用,设拧紧螺母所需的预紧力矩为 T,要克服螺纹副的摩擦力矩为

T_1，螺母与支承面间的摩擦力矩为 T_2，因此，拧紧力矩 T 为

$$T = T_1 + T_2 \tag{3-1}$$

根据螺旋副的受力关系，有

$$T_1 = F_0 \frac{d_2}{2} \tan(\Psi + \varphi_V) \tag{3-2}$$

$$T_2 = \frac{1}{3} f F_0 \frac{D_0^3 - d_0^3}{D_0^2 - d_0^2} \tag{3-3}$$

将式(3-3)、式(3-2)代入式(3-1)，整理得

$$T = \frac{1}{2}\left[\frac{d_2}{d}\tan(\Psi + \varphi_V) + \frac{2f}{3d}\frac{D_0^3 - d_0^3}{D_0^2 - d_0^2}\right]F_0 d = K_t F_0 d \tag{3-4}$$

式中，Ψ 为螺旋升角(°)；φ_V 为螺旋副的当量摩擦角(°)；D_0 为螺纹中径，mm；d_2 为螺纹外径，mm；f 为螺母与支承面间的摩擦系数；K_t表示拧紧力矩系数，为 0.1～0.3，通常取平均值 0.2。

将 $K_t = 0.2$ 代入式(3-4)中，得近似公式为

$$T = 0.2 F_0 d \tag{3-5}$$

对于一定公称直径 d 的螺栓，当所要求的预紧力 R 已知时，即可按式(3-5)确定扳手的拧紧力矩 T。在实际装配时，对于一般用途的螺纹连接，其连接预紧力的大小通常靠工人的经验来控制，重要的螺纹连接则应根据所需预紧力 R 的大小按计算值控制拧紧力矩。控制拧紧力矩的专用工具很多，如测力矩扳手、定力矩扳手、电动扳手和风动扳手等。测力矩扳手如图 3-13(a)所示，它根据扳手上弹性元件在拧紧力矩作用下所产生的弹性变形量来指示拧紧力矩的大小；定力矩扳手如图 3-13(b)所示，它利用当达到要求的拧紧力矩时，弹簧受压自动打滑的原理来控制拧紧力矩的大小，所需拧紧力矩的大小可以通过调整螺钉来设定。

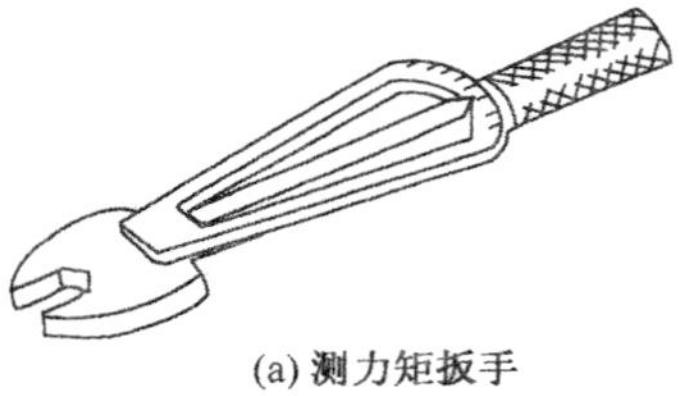

(a) 测力矩扳手

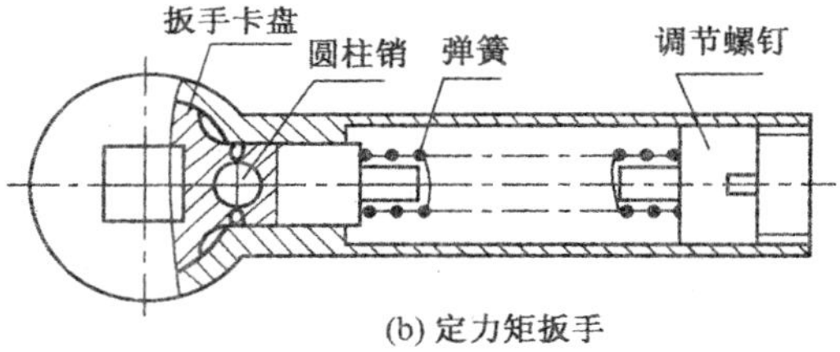

(b) 定力矩扳手

图 3-13　测力矩扳手与定力矩扳手

此外，如需精确控制预紧力，也可采用装配时测量螺栓伸长量或规定开始拧紧后的扳动角度或圈数等方法。对于大型连接，还可利用液力来拉伸螺栓，或通过电热、蒸汽加热等方法，使螺栓伸长到需要的变形量，再把螺母拧到与被连接件相贴合的位置。

特别注意的是，直径小的螺栓拧紧时容易过载拉断，因此，对于需要预紧的重要螺栓连接，不宜选用小于 M12 的螺栓。

在上述各种控制预紧力的方法中，以控制预紧力矩的方法应用最普遍，但测得的预紧力值误差大，一般在±25%且分散；而测量螺栓伸长量的方法误差最小，一般为±(3～5)%，但这种方法比较麻烦，仅用于特殊需要的场合。

为了充分发挥螺纹连接的潜力，保证连接的可靠性，同时又不会因预紧力过大而使螺栓被拉断，螺栓的预紧力 R 通常控制在小于其材料屈服极限 σ_S 的 80%。对于一般机械，$F_0 = (0.5 \sim 0.7)\sigma_s A_1$，其中 $A_1 = \pi d_2^2/4$。

对于重要的螺栓连接，在产品技术文件和装配图样中应注明预紧力或拧紧力矩指标，以便在装配时予以保证。

3.3.2　螺纹连接的防松

螺纹连接件一般采用单线普通螺纹。螺纹升角 $\varphi=1°42'\sim3°2'$，小于螺旋副的当量摩擦角 $\varphi_V=6.5°\sim10.5°$。因此，连接螺纹都能满足自锁条件 $\varphi<\varphi_V$。但在冲击、振动或变载荷的作用下，螺旋副间的摩擦力可能减小或瞬间消失。这种现象多次重复后，就会使连接松脱。在高温或温度变化较大的情况下，由于螺纹连接件和被连接件的材料发生蠕变和应力松弛，也会使连接中的预紧力和摩擦力逐渐减小，最终将导致连接失效。因此，为了防止连接的松脱，保证连接安全可靠，设计时必须采取有效的防松方法。

防松的根本问题在于防止螺旋副发生相对转动。防松的方法按其工作原理可分为摩擦防松、机械防松以及铆冲防松等。螺纹连接常用的防松方法包括摩擦防松法和机械放松法两种。

1. 摩擦防松法

(1)对顶螺母

其结构形式如图 3-14 所示，两螺母对顶拧紧后，旋合螺纹间始终受到附加的压力和摩擦力的作用。工作载荷向左、右变动时，该摩擦力仍然存在。但螺纹牙存在比较严重的受载不均的现象。结构简单，适用于平稳、低速和重载的固定装置上的连接。

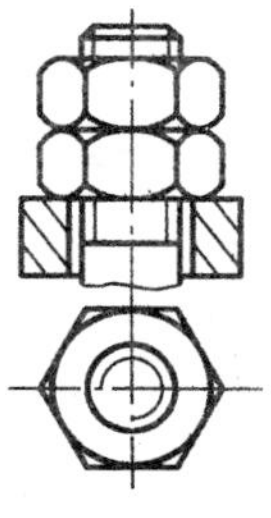

图 3-14　对顶螺母

(2)弹簧垫圈

螺母拧紧后，靠垫圈压平面产生的弹性反力使旋合螺纹间压紧。同时垫圈斜口的尖端抵住螺母与被连接件的支承面也有防松作用(图 3-15)。结构简单，使用方便，但由于垫圈的弹力不均，在冲击、振动的工作条件下，其防松效果较差，一般用于不太重要的连接。

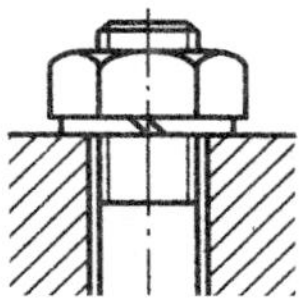

图 3-15　弹簧垫圈

(3)自锁螺母

自锁螺母的结构形式如图 3-16 所示，螺母一端制成非圆形收口或开缝后径向收口。当螺母拧紧后，收口胀开，利用收口的弹力使旋合螺纹间压紧。具有结构简单，防松可靠，可以多次装拆而不降低防松性能的特点。

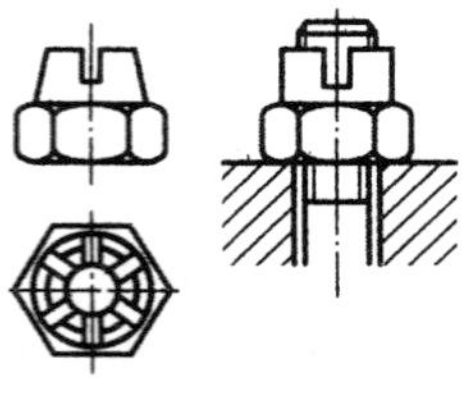

图 3-16 自锁螺母

2. 机械防松

(1)开口销与六角开槽螺母

结构形式如图 3-17，六角开槽螺母拧紧后，将开口销穿入螺栓尾部小孔和螺母的槽内，并将开口销尾掰开与螺母侧面贴紧，也可用普通螺母代替六角开槽螺母，但须拧紧螺母后再配钻销孔。适用于较大冲击、振动的高速机械中运动部件的连接。

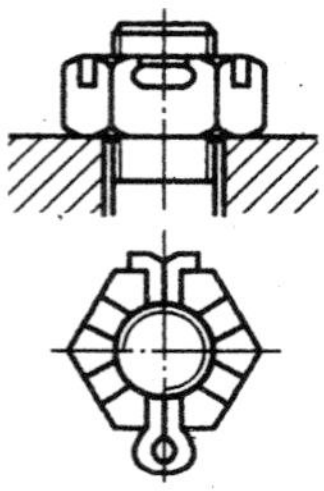

图 3-17 开口销与六角开槽螺母

(2)止动垫圈

止动垫圈的结构形式如图 3-18 所示，螺母拧紧后，将单耳或双耳止动垫圈分别向螺母和被连接件的侧面折弯贴紧，即可将螺母锁住。若两个螺栓需要双联锁紧时，可采用双联止动垫圈，使两个螺母相互制动。具有结构简单，使用方便，防松可靠的特点。

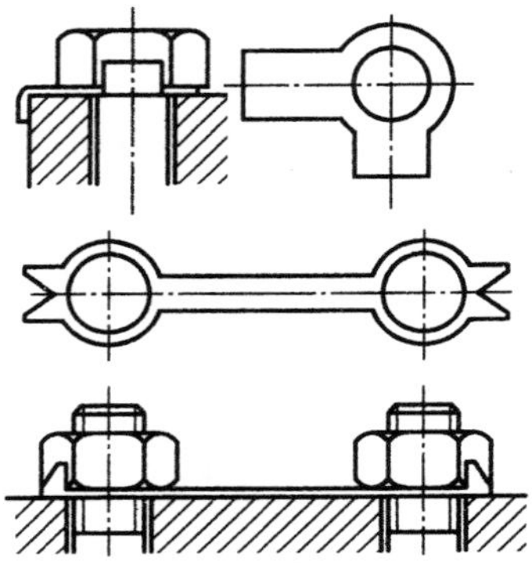

图 3-18 止动垫圈

(3)串联钢丝

串联钢丝的结构如图 3-19 所示，用低碳钢钢丝穿入各螺钉头部的孔内，将各螺钉串联起来，使其相互止动，使用时必须注意钢丝的穿入方向，如图 3-19(a)正确，图 3-19(b)错误。串联钢丝适用于螺栓组连接，防松可靠，但装拆不便。

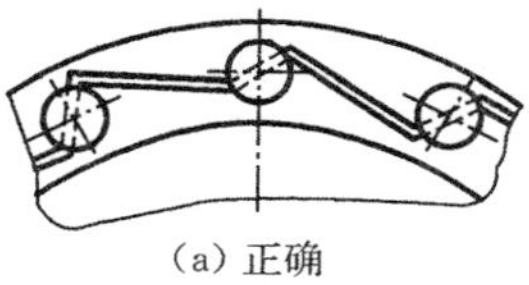

(a) 正确

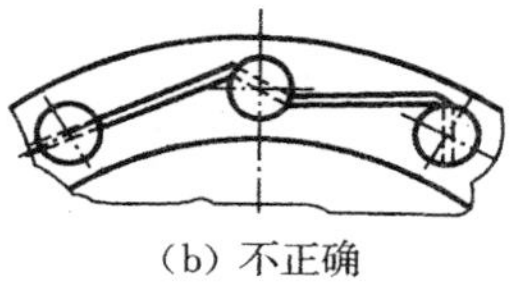

(b) 不正确

图 3-19　串联钢丝

3.4　单个螺栓连接的强度计算

3.4.1　受拉螺栓连接的强度计算

普通螺栓连接大多属于受拉螺栓。按其装配时是否需要预紧，又分为松螺栓连接和紧螺栓连接。松螺栓连接装配时不需要拧紧，在承受工作载荷之前，螺栓不受力，工作时只有工作载荷 F 起拉伸作用，例如拉杆、起重吊钩、起重滑轮等的连接。紧螺栓连接装配时必须拧紧，在承受工作载荷之前，螺栓已经受到预紧力的作用。两者的受力状况不同，因而强度计算方法是不同的。

1. 受拉紧螺栓连接

(1)只承受预紧力的受拉紧螺栓连接

受横向工作载荷及受转矩作用的普通螺栓组连接中的螺栓，在拧紧后的受力状况多属于此，如图 3-20 所示。但在预紧过程中，螺栓除受预紧力 F_0 的作用而产生拉应力 σ 外，还受到螺纹副间摩擦阻力矩 T_1 的作用，从而产生扭转切应力 τ。因此，当对这类螺栓进行强度计算时，应综合考虑拉伸应力和扭转切应力的作用。其中，螺栓危险剖面的拉应力为

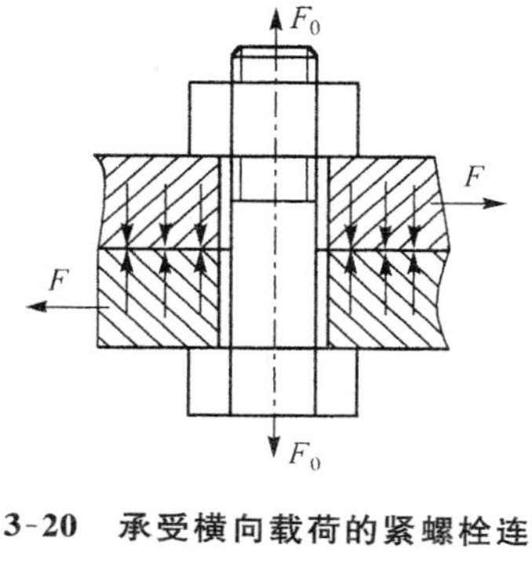

图 3-20　承受横向载荷的紧螺栓连接

$$\sigma=\frac{F_0}{\frac{\pi}{4}d_1^2} \tag{3-6}$$

螺栓危险剖面的扭转切应力为

$$\tau=\frac{T}{W_T}=\frac{F_0\tan(\Psi+\varphi_V)\frac{d_2}{2}}{\frac{\pi}{16}d_1^3}=\frac{\tan\Psi+\tan\varphi_V}{1-\tan\Psi\tan\varphi_V}\frac{2d_2}{d_1}\frac{4F_0}{\pi d_1^2} \quad (3\text{-}7)$$

对于 M10～M64 的普通螺栓，$d_2\approx1.06d_1$，$\Psi\approx2°50'$，取 $\arctan\varphi_V\approx0.17$，代入式(3-7)得

$$\tau=0.5\sigma$$

螺栓一般由塑性材料制成，在拉、扭复合应力作用下，可由第四强度理论求得螺栓在预紧状态下的计算应力为

$$\sigma_{ca}=\sqrt{\sigma^2+3\tau^2}=\sqrt{\sigma^2+3(0.5\sigma)^2}\approx1.3\sigma$$

由此可以得出结论：对于受预紧力 R 作用的受拉紧螺栓（普通螺栓）连接，在拧紧时虽然同时受到拉伸和扭转所产生的复合应力作用，但在计算时仍可按纯拉伸来计算螺栓的强度，只需将所受拉力（预紧力）增大 30%，以考虑扭转的影响即可。因此，螺栓危险剖面的强度条件为

$$\sigma_{ca}=1.3\sigma\leqslant[\sigma]$$

即

$$\frac{1.3F_0}{\frac{\pi}{4}d_1^2}\leqslant[\sigma]$$

设计公式为

$$d_1\geqslant\sqrt{\frac{4\times1.3F_0}{\pi[\sigma]}} \quad (3\text{-}8)$$

式中，各符号的意义及单位如前所述。

这种受力形式的螺栓连接，为保证连接的可靠性，通常所需的预紧力较大，从而使螺栓的结构尺寸增大。为此，可采用各种减载零件来承担横向载荷，如图 3-21 所示。

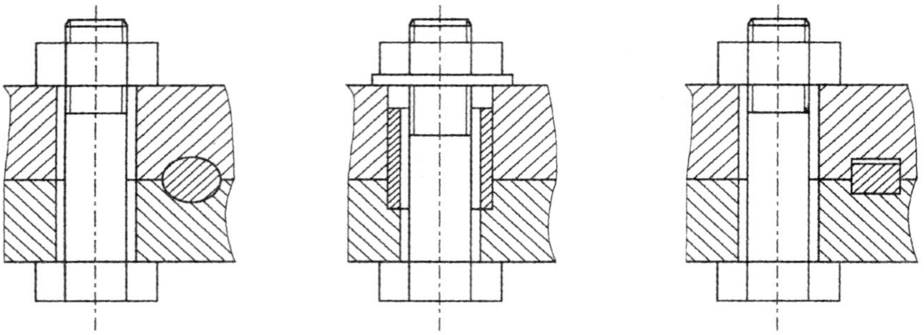

(a) 减载销　(b) 减载套筒　(c) 减载键

图 3-21　承受横向载荷的减载零件

(2)承受预紧力和工作拉力的受拉紧螺栓连接

这种受力形式的紧螺栓连接应用最广，常出现在受轴向载荷或受翻转力矩的螺栓组连接中。由于螺栓即受预紧力 F_0作用又受工作拉力 F 作用，因此应首先确定螺栓的总拉力 F_2，再进行强度计算。特别指出的是，当螺栓承受工作拉力时，由于螺栓和被连接件弹性变形的影

响，螺栓的总拉力 F_2 并不仅与预紧力 F_0 和工作拉力 F 有关，还与螺栓刚度 C_b 和被连接刚度 C_m 有关，即 $F_2 \neq F_0 + F$，应根据静力平衡条件和变形协调条件进行分析。

现就汽缸盖中的一个螺栓连接在装配、拧紧、承受工作拉力过程中的受力和变形关系进行分析，如图 3-22 所示，确定螺栓所受的总拉力 F_2 的值。

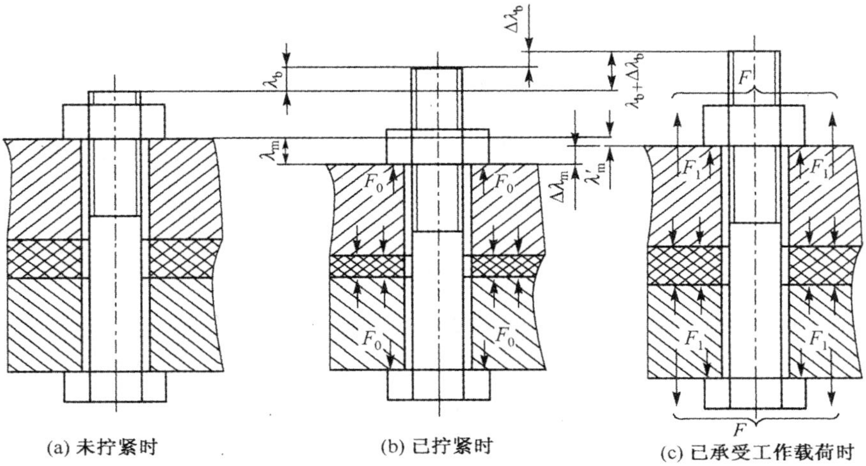

图 3-22　单个紧螺栓连接的受力变形图

图 3-23(a)所示的是螺母刚好拧到与被连接件接触的情况。此时，螺栓与被连接件均未受力，也未严生变形。

当拧紧螺母后，如图 3-23(b)所示。在预紧力 F_0 的作用下，螺栓产生伸长变形 λ_b，被连接件产生压缩变形 λ_m。

现在把轴向工作拉力 F 作用于已预紧的螺栓上，如图 3-23(c)所示。螺栓因所受的拉力由 F_0 增加到 F_2 相应的变形量也增加 $\Delta\lambda_b$，螺栓总的伸长变形则为 $\lambda_b + \Delta\lambda_b$。与其同时，预紧后受压的被连接件，因螺栓伸长而有所放松，其压缩量较前减小了 $\Delta\lambda_m$。根据变形协调条件，被连接件压缩变形的减小量应等于螺栓拉伸变形的伸长量，即 $|\Delta\lambda_b| = |\Delta\lambda_m| = \Delta\lambda$。被连接件的压缩力由 F_0 减至 F_1，F_1 称为残余预紧力。从而可知，紧螺栓连接受轴向工作拉力后，由于预紧力 F_0 变为残余预紧力 F_1，所以，螺栓所受的总拉力 F_2 等于残余预紧力 F_1 和工作拉力 F 之和。

还可用力—变形关系线图对螺栓和被连接件的受力与变形关系进行进一步的分析。

图 3-23(a)表示螺栓和被连接件仅受预紧力时的受力变形关系，此时，螺栓的拉力和被连接件的压缩力相同，都等于预紧力 F_0 但由于两者的刚度不同，即 $C_b \neq C_m$（$C_b = \tan\theta_b$、$C_m = \tan\theta_m$），所以变形量不同，即 $\lambda_b \neq \lambda_m$。

图 3-23(b)表示承受工作拉力 F 后的受力变形关系。在 F 的作用下，螺栓的总拉力由 F_0 增加至 F_2，其总伸长量增至 $\lambda_b + \Delta\lambda_b$，被连接件的压缩力由 R 减小至残余预紧力 F_1，其总压缩量减至 $\lambda_m + \Delta\lambda$。由力—变形关系线图仍可得到螺栓所受的总拉力 F_2 等于残余预紧力 F_1 和工作拉力 F 之和，即

$$F_2 = F_1 + F$$

由图 3-23(a)可知

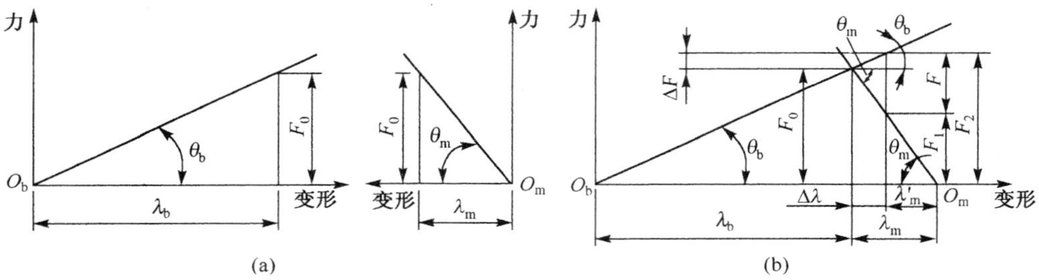

图 3-23　单个螺栓连接的受力变形图

$$\frac{F_0}{\lambda_b}=\tan\theta_b=C_b$$

$$\frac{F_0}{\lambda_m}=\tan\theta_m=C_m$$

式中，C_b、C_m分别为螺栓和被连接杆件的刚度，为定值。

由图 3-23(b)可得

$$F_0=F_1+(F-\Delta F) \tag{3-9}$$

$$\frac{\Delta F}{F-\Delta F}=\frac{\Delta\lambda\tan\theta_b}{\Delta\lambda\tan\theta_m}=\frac{C_b}{C_m} \tag{3-10}$$

可推得

$$\Delta F=\frac{C_b}{C_b+C_m}F \tag{3-11}$$

将式(3-11)代入式(3-9)，得螺栓的预紧力 F_0与工作载荷 F、残余预紧力 F_1的关系为

$$F_0=F_1+\left[1-\frac{C_b}{C_b+C_m}\right]_1 F=F_1+\frac{C_m}{C_b+C_m}F \tag{3-12}$$

由图 3-23(b)及式(3-11)可得，螺栓的总拉力 F_2 与预紧力 F_0、工作载荷 F 的关系为

$$F_2=F_0+\Delta F=F_0+\frac{C_b}{C_b+C_m}F \tag{3-13}$$

考虑到螺栓在总拉力 F_2 作用下，螺栓可能松动而需要补充拧紧，为此应将总拉力增加 30%，以考虑扭转切应力的影响，故螺栓在危险剖面的强度条件为

$$\sigma_{ca}=\frac{1.3F_2}{\frac{\pi}{4}d_1^2}\leqslant[\sigma] \tag{3-14}$$

设计公式为

$$d_1\geqslant\sqrt{\frac{4\times1.3F_2}{\pi[\sigma]}} \tag{3-15}$$

由式(3-13)可知，螺栓的总拉力等于预紧力 R 加上部分工作载荷 ΔF，而不是全部工作载荷 F。式中，$\frac{C_b}{C_b+C_m}$为螺栓的相对刚度，其值对螺栓的受力影响很大。在同样的载荷条件下，若被连接件的刚度很大，而螺栓刚度很小，则螺栓的相对刚度趋于零，此时螺栓所受的总拉力 F_2 趋于 F_0，即总拉力增加很少。反之，若螺栓的刚度很大，而被连接件刚度很小，则螺栓的相对刚度趋于 1，此时螺栓所受的总拉力 F_2 趋于 F_0+F，即总拉力增加很多。因此，在螺栓连接

的设计中，为了减小螺栓的受力，提高螺栓连接的强度和承载能力，应尽量使$\frac{C_b}{C_b+C_m}$值小一些。

$\frac{C_b}{C_b+C_m}$的大小与螺栓及被连接件的材料、尺寸和结构形状有关，其值在 0～1 之间，可通过实验或计算确定。设计时可按表 3-1 选取。

表 3-1　螺母连接的相对刚度$\frac{C_b}{C_b+C_m}$

垫片材料	金属垫片或无垫片	皮革垫片	铜皮石棉垫片	橡胶垫片
$\frac{C_b}{C_b+C_m}$	0.2～0.3	0.7	0.8	0.9

由图 3-23(b)可见，如果工作载荷 F 过大，将使残余预紧力过小甚至为零，此时连接的接合面会出现缝隙，这是连接的失效，是不允许的。为了保证连接的紧密性，防止连接受载后产生缝隙，应使残余预紧力 F_1 大于零。对于不同要求的连接，建议残余预紧力 F_1 按表 3-2 推荐值选取。

表 3-2　残余预紧力 F_1 的推荐值

连接性质	残余预紧力 F_1 推荐值	连接性质	残余预紧力 F_1 推荐值
一般连接	$(0.2\sim0.6)F$	冲击载荷	$(1.0\sim1.5)F$
变载荷	$(0.6\sim1.0)F$	压力容器或重要连接	$(1.5\sim1.8)F$

对于受轴向变载荷的重要连接如内燃机汽缸盖的螺栓连接，除按式(3-14)、式(3-15)进行静强度计算外，还应对连接螺栓进行疲劳强度校核。如图 3-22 所示的汽缸盖螺栓组连接，由于汽缸反复进气、压缩、燃烧、排气，所以螺栓所受工作拉力在 $0\sim F$ 之间变化，因而螺栓所受的总拉力将在 $F_0\sim F_2$ 之间变化，如图 3-24 所示。螺栓危险剖面上的最大拉应力和最小拉应力分别为

$$\sigma_{\max}=\frac{F_2}{\frac{\pi}{4}d_1^2}\text{和}\ \sigma_{\min}=\frac{F_0}{\frac{\pi}{4}d_1^2}$$

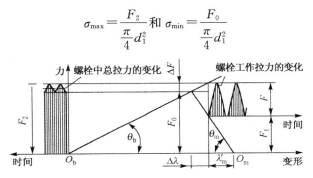

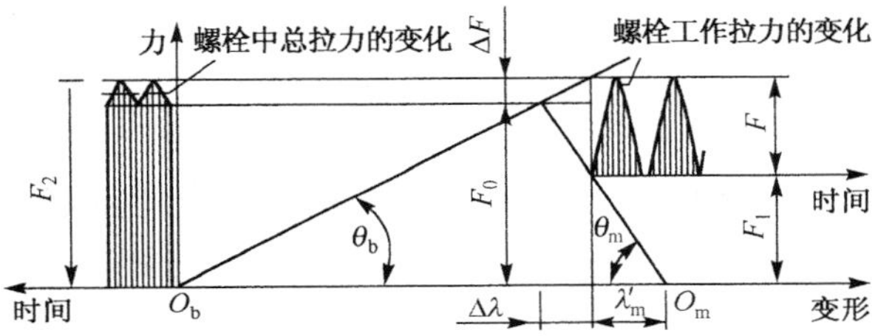

图 3-24　受轴向变载荷的螺栓连接

$$\sigma_a=\frac{\sigma_{\max}-\sigma_{\min}}{2}=\frac{C_b}{C_b+C_m}\frac{2F}{\pi d_1^2}$$

受变载荷的零件多为疲劳破坏，应力幅的大小是影响变载荷零件疲劳强度的主要因素。

因此，螺栓疲劳强度的校核公式为

$$\sigma_a=\frac{C_b}{C_b+C_m}\frac{2F}{\pi d_1^2}\leqslant[\sigma_a] \tag{3-16}$$

式中，$[\sigma_a]$为变载荷时的许用应力幅，MPa；$[\sigma_a]=\varepsilon\sigma_{-1T}/S_a k_\sigma$，$\sigma_{-1T}$为螺栓材料的对称环拉压应力疲劳极限，MPa。

2. 受拉松螺栓连接

如图 3-25 所示，起重滑轮的螺栓连接即为松螺栓连接。螺栓工作时只有载荷 F 起拉伸作用(忽略自重)，工作载荷即为螺栓所受的拉力，故其设计准则是保证螺栓的抗拉强度。

强度条件为

$$\sigma=\frac{F}{\frac{\pi}{4}d_1^2}\leqslant[\sigma] \tag{3-17}$$

设计公式为

$$d_1\geqslant\sqrt{\frac{4F}{\pi[\sigma]}} \tag{3-18}$$

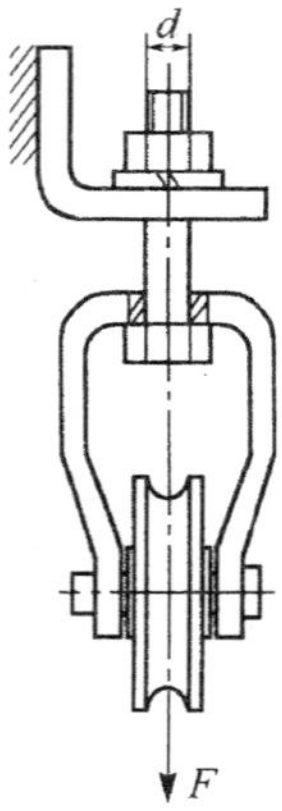

图 3-25　起重滑轮螺栓连接

式中，F 为工作拉力，N；d 为螺栓的小径，mm；$[\sigma]$为螺栓材料的许用拉应力，MPa。

3.4.2　铰制孔螺栓连接

铰制孔螺栓靠侧面直接承受横向载荷(见图 3-26)，连接的主要失效形式是：螺栓被剪断及螺栓或孔壁被压溃。因此计算

剪切强度

$$\tau=\frac{F}{m\frac{\pi}{4}d_0^2}\leqslant[\tau] \tag{3-19}$$

挤压强度

$$\sigma_p=\frac{F}{d_0 L_{\min}} \tag{3-20}$$

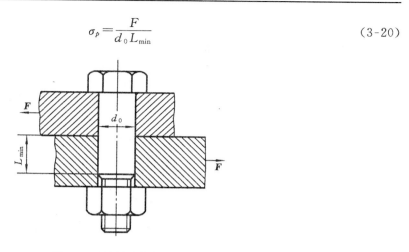

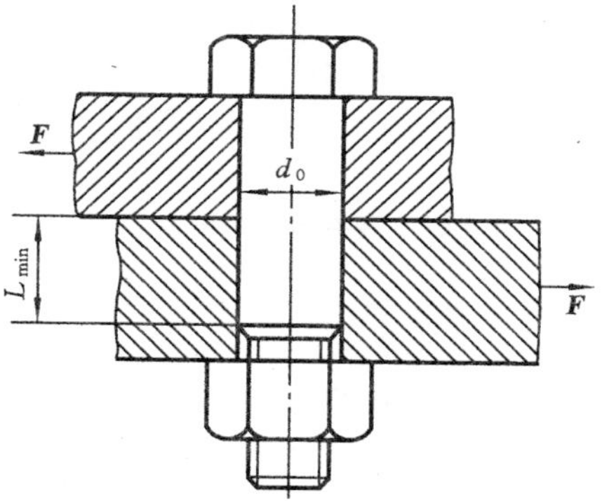

图 3-26　铰制孔螺栓连接

式中，F 为单个螺栓的工作剪力，N；d_0 为铰孔直径，mm；m 为螺栓的剪切工作面数目；$L_{\min}$ 为螺栓与孔壁间的最小接触长度，mm，建议 $L_{\min}\geqslant 1.25d_0$；$[\tau]$、$[\sigma_p]$分别为螺栓材料的许用切应力、螺栓或孔壁的许用挤压应力，MPa。

3.5　螺栓组连接的结构设计与受力分析

3.5.1　螺栓组连接的设计

设计螺栓组连接时，首先需要选定螺栓的数目及布置方式，然后确定螺栓连接的结构尺寸。在确定螺栓的尺寸时，对于不重要的螺栓连接，可以参考现有的机械设备，用类比法确定，不再进行强度校核。但对于重要的连接，应根据连接的工作载荷，分析各螺栓的受力状况，找出受力最大的螺栓进行强度校核。

螺栓组连接结构设计的目的是合理确定连接结合面的几何形状和螺栓的布置形式，使各螺栓和结合面间受力均匀，便于加工和装配。因此，螺栓组连接的结构设计原则有以下几个方面。

1. 连接结合面的几何形状尽可能简单

常使结合面设计成轴对称的简单几何形状，且螺栓对称布置，螺栓组的对称中心与连接结合面的形心重合，如图 3-27 所示。这样，便于加工和安装，易于保证连接结合面受力均匀，结合牢固。

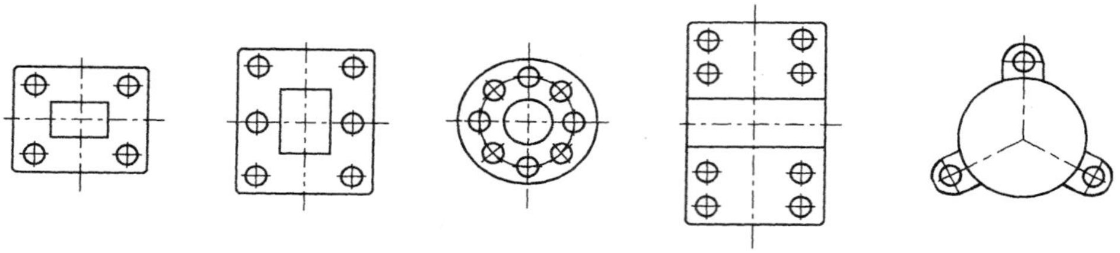

图 3-27 螺栓组连接结合常用形状及螺栓布置方案

2. 螺栓的布置要求使各螺栓受力合理

主要设计原则有：对称布置螺栓，使螺栓组的对称中心和连接结合面的形心重合，从而保证连接结合面受力比较均匀，如图 3-28(a)所示；当螺栓组承受横向载荷时，为了使各螺栓受力尽量均匀，不要在平行于工作载荷的方向上成排设计 8 个以上的螺栓，如图 3-28(b)所示；当螺栓组承受弯矩或转矩时，为了减小螺栓的受力，应使螺栓的位置尽量靠近连接结合面的边缘，如图 3-28(c)所示，而如图 3-28(d)所示的布置则不合理。

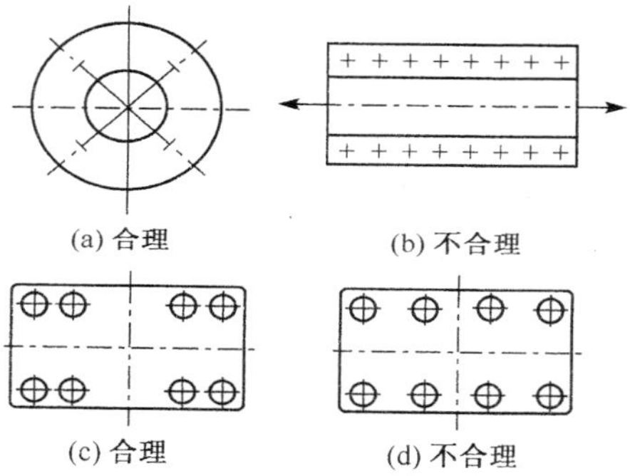

图 3-28 螺栓分布排列设计

当螺栓组同时承受较大的轴向载荷和横向载荷时，为了减小螺栓的预紧力和结构尺寸，应尽量采用铰制孔螺栓连接或采用减载装置，如图 3-26 所示。

3. 螺栓排列应有合理的边距与间距

螺栓布置时，要在螺栓轴线间以及螺栓与机体壁面间留有足够的扳手活动空间，如图 3-29所示。扳手空间的尺寸可查阅有关机械设计手册。对于压力容器等紧密性要求高的重要连接，螺栓间距的最大值 t_0 是有规定的，不得大于表 3-3 的推荐值。

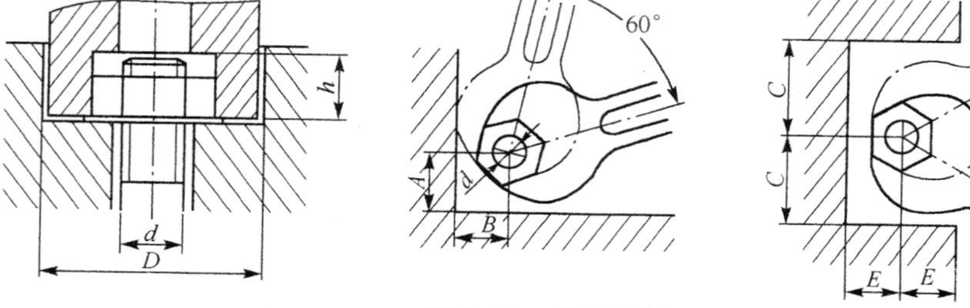

图 3-29 扳手空间

表 3-3　螺栓间距

	工作压力/Mpa					
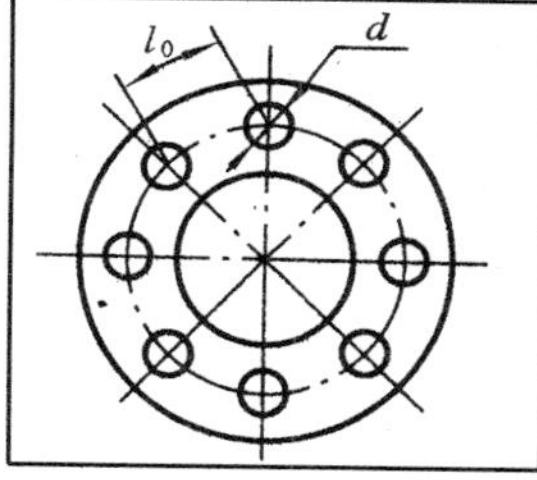	≤1.6	>1.6～4	>4～10	>10～16	>16～20	>20～30
	l_0/mm					
	$7d$	$5.5d$	$4.5d$	$4d$	$3.5d$	$3d$

4. 避免螺栓承受附加弯曲载荷

被连接件上的螺母和螺栓头部的支承面应平整并与螺栓轴线垂直。对于在铸件等粗糙表面上安装螺栓时，应制成凸台或沉头座；当支承面为倾斜面时，应采用斜垫片等，如图 3-30 所示。

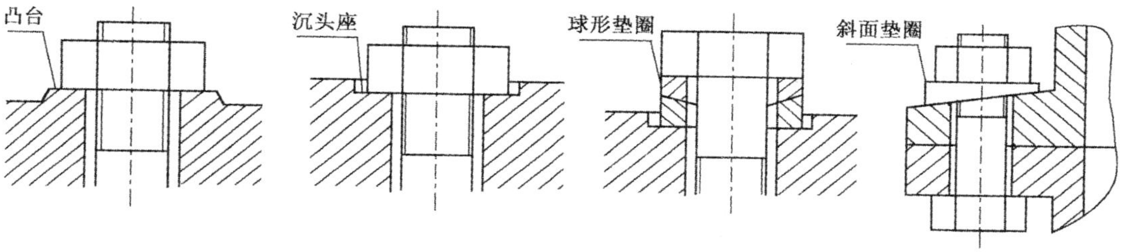

图 3-30　避免偏心的措施

5. 要便于加工和装配

分布在同一圆周上的螺栓数目应取成偶数，以便于分度和画线；同一螺栓组的螺栓的材料、直径和长度均应相同，以便于装配。

3.5.2　螺栓组连接的受力分析

螺栓组连接受力分析的任务是求出连接中各螺栓受力的大小，特别是其中受力最大的螺栓及其载荷。分析时，通常作以下假设：①被连接件为刚体；②各螺栓的拉伸刚度或剪切刚度（即各螺栓的材料、直径和长度）及预紧力都相同；③螺栓的应变没有超出弹性范围。

1. 受横向载荷的螺栓组连接

图 3-31 所示为一受横向力的螺栓组连接，载荷 F_Σ 与螺栓轴线垂直，并通过螺栓组的对称中心。可承受这种横向力的螺栓有两种结构，即普通螺栓连接和铰制孔用螺栓连接。

对于以上两种结构，都可以假设每个螺栓所承受的横向载荷是相同的，由此可得每个螺栓的工作载荷为

$$F=F_\Sigma/z$$

式中，z 为螺栓的数目。

由于这两种螺栓连接的结构不同，因此承受工作载荷 F 的原理不同。

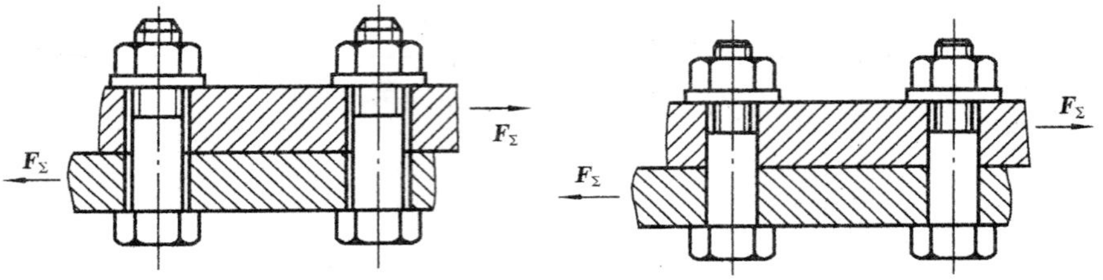

（a）普通螺栓连接　　（b）铰制孔螺栓连接

图 3-31　受横向载荷的螺栓组

(1)普通螺栓连接

普通螺栓连接时，应保证连接预紧后，接合面间产生的最大摩擦力必须大于或等于横向载荷，即

$$fF_0zi \geqslant K_sF_\Sigma \text{ 或 } F_0 \geqslant \frac{K_sF_\Sigma}{fzi} \tag{3-21}$$

式中，f 为接合面的摩擦系数，见表 3-4；i 为接合面数；K_s为防滑系数，按载荷是否平稳和工作要求决定，$K_s=1.1\sim1.3$。

表 3-4　连接结合面的摩擦系数

被连接件	接合面的表面形态	摩擦系数 f
钢或铸铁零件	干燥的加工表面	0.15～0.16
	有油的加工表面	0.06～0.10
钢结构件	轧制表面、钢丝刷清理浮锈	0.30～0.35
	涂富锌漆	0.35～0.40
	喷砂处理	0.45～0.55
铸铁对砖料、混凝土或木材	干燥表面	0.40～0.50

(2)铰制孔螺栓连接

这种连接特点是靠螺杆的侧面直接承受工作载荷 F_Σ，一般采用过渡配合 H7/m6 或过盈配合 H7/m6，这种结构的拧紧力矩一般不大，所以预紧力和摩擦力在强度计算中可以不予考虑。

2. 受转矩的螺栓组连接

如图 3-32 所示，转矩 T 作用在连接接合面内，在转矩 T 的作用下，底板将绕通过螺栓组对称中心 O 并与接合面相垂直的轴线转动。为了防止底板转动，可采用普通螺栓连接，也可采用铰制孔螺栓连接。其传力方式和受横向载荷的螺栓组连接相同。

(1)普通螺栓连接

采用普通螺栓连接时，靠连接预紧后在接合面间产生的摩擦力矩来抵抗转矩 T，见图 3-33(a)。假设各螺栓连接处的摩擦力相等，并集中作用在螺栓中心处，为阻止接合面间发生

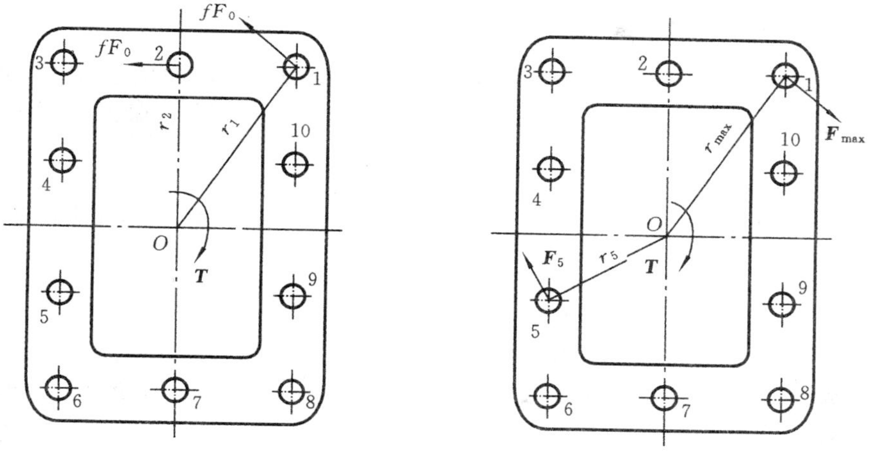

（a）普通螺栓连接　　　　（b）铰制孔螺栓连接

图 3-32　受转矩的螺栓组连接

相对转动，各摩擦力应与各对应螺栓的轴线到螺栓组对称中心 O 的连线（即力臂 r_i）相垂直。根据底板静力矩平衡条件，应有

$$fF_0r_1+fF_0r_2+\cdots+fF_0r_z\geqslant K_sT$$

由上式可得各螺栓所需的预紧力为

$$F_0\geqslant\frac{K_sT}{f(r_1+r_2+\cdots+r_z)}=\frac{K_sT}{f\sum\limits_{i=1}^{z}r_i}\tag{3-22}$$

式中，f 为接合面的摩擦系数，见表 3-4；f_i为第 i 个螺栓的轴线到螺栓组对称中心的距离；z 为螺栓数目；K_s防滑系数，同前。

(2)铰制孔螺栓连接

如图 3-32(b)所示，在转矩 F 作用下，螺栓靠侧面直接承受横向载荷，即工作剪力。按前面的假设，底座为刚体，因而底座受力矩 F_i，由于螺栓弹性变形，底座有一微小转角。各螺栓的中心与底板中心连线转角相同，而各螺栓的剪切变形量与该螺栓至转动中心 O 的距离成正比。由于各螺栓的剪切刚度是相同的，因而螺栓的剪切变形与其所受横向载荷 F 成正比。由此可得

$$\frac{F_{\max}}{r_{\max}}=\frac{F_i}{r_i}\text{或}F_i=F_{\max}\frac{r_i}{r_{\max}}$$

再根据作用在底板上的力矩平衡条件可得

$$\sum_{i=1}^{z}F_ir_i=T$$

联立解上两式，可求得受力最大的螺栓的工作剪力为

$$F_{\max}=\frac{Tr_{\max}}{\sum\limits_{i=1}^{z}r_i^2}\tag{3-23}$$

3. 受轴向载荷的螺栓组连接

图 3-33 所示为一受轴向载荷 F_Σ 的汽缸盖螺栓组连接，F_Σ 的作用线与螺栓轴线平行，并通过螺栓组的对称中心。计算时可认为各螺栓受载均匀，则每个螺栓所受的工作载荷为

$$F=F_\Sigma/z$$

式中，z 为螺栓数目；F_Σ 为轴向载荷，$F_\Sigma=\frac{\pi}{4}D^2p$；$D$ 为气缸直径，mm，p 为气体压力，MPa。

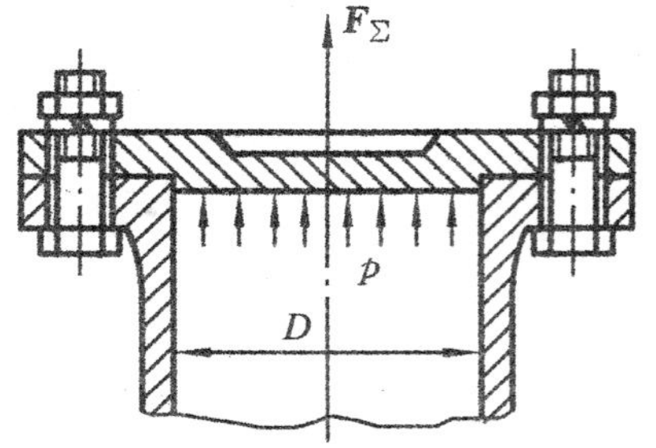

图 3-33　受轴向载荷的螺旋组连接

4. 受倾覆力矩的螺栓组连接

图 3-34 所示的基座用 8 个螺栓固定在地面上，在机座的中间平面内作用着倾覆力矩 M，按前面的假设，机座为刚体，在力矩 M 的作用下机座底板与地面的接合面仍保持为平面，并且有绕对称轴 $O—O$ 翻转的趋势。每个螺栓的预紧力为 F_0，M 作用后，$O—O$ 左侧的螺栓拉力增大，右侧的螺栓预紧力减少，而地面的压力增大。左侧拉力的增加等于右侧地面压力的增加。根据静力平衡条件，有

$$M=\sum_{i=1}^{z}F_iL_i$$

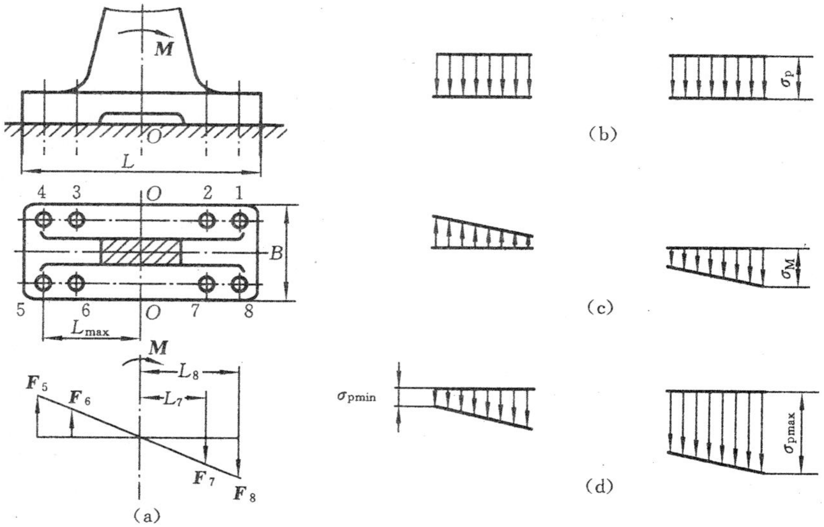

图 3-34　受倾覆力矩的螺栓组连接

由于机座的底板在工作载荷作用下保持平面，各螺栓的变形与其到 $O—O$ 的距离成正比，又因各螺栓的刚度相同，所以螺栓及地面所受工作载荷与该螺栓至中心 $O—O$ 的距离成正比，即

$$F_i = F_{\max}\frac{L_i}{L_{\max}}$$

则可得

$$M = F_{\max}\sum_{i=1}^{z}\frac{L_i^2}{L_{\max}} \text{ 或 } F_{\max} = \frac{ML_{\max}}{\sum_{i=1}^{z}L_i^2} \tag{3-24}$$

式中，$F_{\max}$ 为最大的工作载荷；z 为螺栓总数；L_i 为各螺栓轴线到底板轴线 $O—O$ 的距离，$L_{\max}$ 为 L_i 中的最大值。

在确定受倾覆力矩螺栓组的预紧力时应考虑接合面的受力情况，图 3-33 中接合面的左侧边缘不应出现缝隙，右侧边缘处的挤压应力不应超过支承面材料的许用挤压应力，即

$$\sigma_{p\min} = \frac{zF_0}{A} - \frac{M}{W} > 0$$

$$\sigma_{p\max} = \frac{zF_0}{A} - \frac{M}{W} \leqslant [\sigma_p]$$

式中，A 为接合面间的接触面积；W 为底座接合面的抗弯截面系数；$[\sigma_p]$ 为接合面材料的许用挤压应力，可由表 3-5 确定。

表 3-5　结合面材料的许用挤压应力 $[\sigma_p]$/Mpa

接合面材料	砖(白灰砂浆)	砖(水泥砂浆)	混凝土	木材	铸铁	钢
$[\sigma_p]$	0.8～1.2	1.5～2	2～3	2～4	0.4～0.5σ_b	0.8σ_b

在实际应用中，作用于螺栓组的载荷往往是以上四种基本情况的某种组合，对各种组合载荷都可按单一基本情况求出每个螺栓受力，再按力的叠加原理分别把螺栓所受的轴向力和横向力进行矢量叠加，求出螺栓的实际受力。

3.6　提高螺纹连接件强度的措施

影响螺栓强度的因素很多，主要涉及螺纹牙的载荷分配、应力变化幅度、应力集中、附加应力、材料的力学性能和制造工艺等几个方面。下面分析各种因素对螺栓强度的影响并介绍提高强度的相应措施。

1. 改善螺纹牙向载荷分配不均现象

即使是制造和装配精确的螺栓和螺母，传力时其各圈螺纹牙的受力也是不均匀的，如图 3-35 所示，有 10 圈螺纹的螺母，最下圈受力为总轴向载荷的 34%，以上各圈受力递减，最上圈螺纹只占 1.5%。这是由于图 3-36 中的螺栓受拉力而螺母受压力，二者变形不能协调，采用加高螺母以增加旋合圈数，并不能提高连接的强度。

为了使螺纹牙受力比较均匀，可用以下方法改进螺母的结构(见图 3-37)。

①图 3-37(a)是悬置螺母,螺母与螺杆同受拉力,使其变形协调,载荷分布趋于均匀。

②图 3-37(b)是环槽螺母,其工作原理与图 3-37 (a)相近。

③图 3-37(c)是内斜螺母,螺母旋入端有 10°～15°的内斜角,原受力较大的下面几圈螺纹牙受力点外移,使刚度降低,受载后易变形,载荷向上面的几圈螺纹转移,使各圈螺纹的载荷分布趋于均匀。

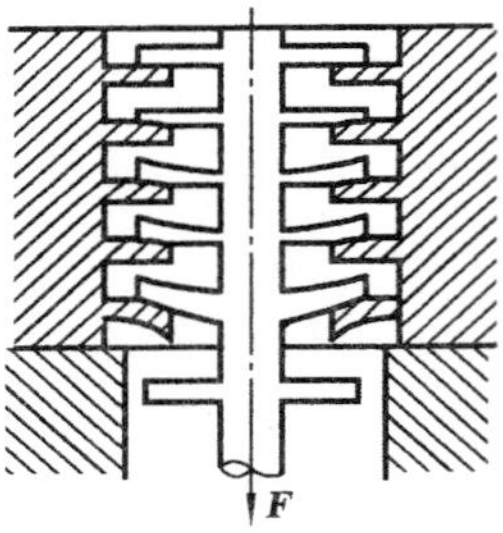

图 3-35　旋合螺纹的变形示意图

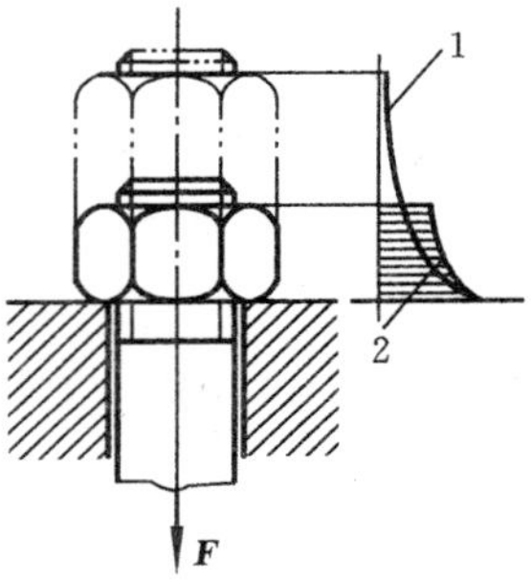

图 3-36　螺纹牙受力分配

1—用加高螺母时;2—用普通螺母时

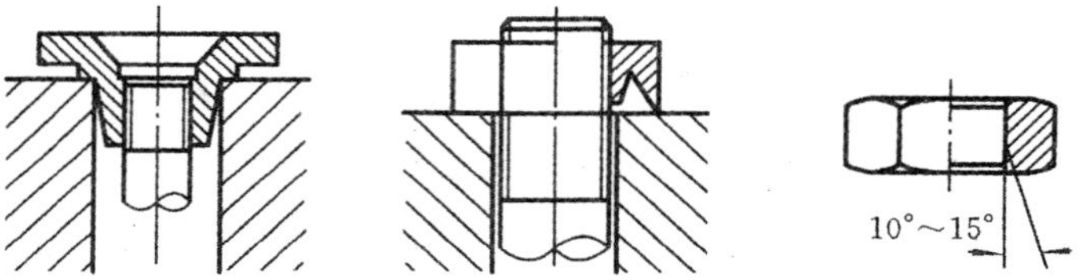

(a) 悬置螺母　(b) 环槽螺母　(c) 内斜螺母

图 3-37　使螺纹牙受载比较均匀的几种螺母结构

2. 降低螺栓的应力幅

受轴向变载荷作用的螺栓连接,在最小应力不变的条件下,应力幅越小,螺栓连接的疲劳强度和连接的可靠性越高。在保持预紧力 F_0 不变的条件下,若减小螺栓刚度 C_b 或增大被连接件刚度 C_m,都可以达到减小总拉力 F_2 的变动范围,即减小应力幅 σ_a 的目的,如图 3-38(a)、(b)所示。

但在这两种情况下都将引起残余预紧力 F_1 减小,从而降低了连接的可靠性。所以,在减小 C_b,增大 C_m 的同时,还应适当增加 F_0,使 F_1 不至于减小太多或保持不变,如图 3-38(c)所示。

为了减小螺栓刚度,可减小螺栓光杆部分的直径或采用空心螺杆,如图 3-39 所示。也可酌情增加螺栓的长度。图 3-40 所示的是液压油缸缸体和缸盖的螺栓连接,采用长螺栓比采用短螺栓的疲劳强度高。

被连接件本身的刚度往往是较大的,但被连接件的结合面因需要密封而采用软垫片时,会使其刚度降低,如图 3-41(a)所示,这将降低螺栓连接的疲劳强度。这时应改用刚度较大的金属薄垫片或密封环,如图 3-41(b)所示,即可保持被连接件原来的刚度值。

3. 减小应力集中

螺纹的牙根部、螺纹收尾处、杆截面变化处、杆与头连接处等都有应力集中。为了减小应力集中，可加大螺纹根部圆角半径，或加大螺栓头过渡部分圆角，见图 3-42(a)，或切制卸载槽，见图 3-42(b)，或采用卸载过渡圆弧，见图 3-42(c)，或在螺纹收尾处采用退刀槽等。

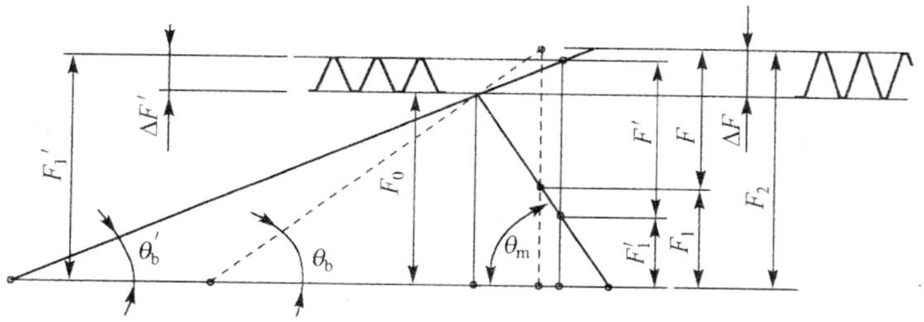

(a) 降低螺栓刚度 ($C_b'<C_b$, $\theta_b'<\theta_b$)

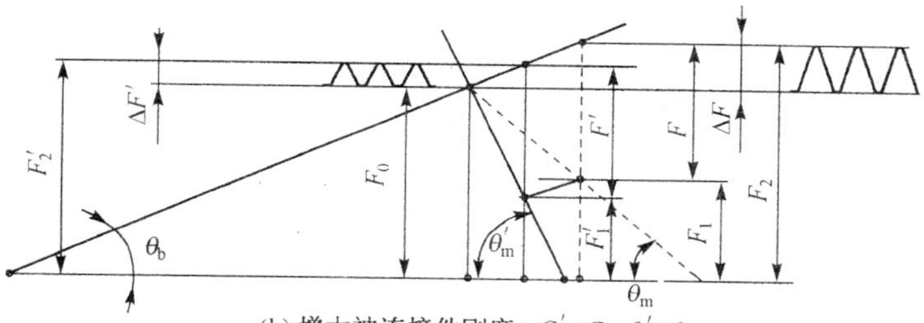

(b) 增大被连接件刚度 ($C_m'>C_m$, $\theta_m'>\theta_m$)

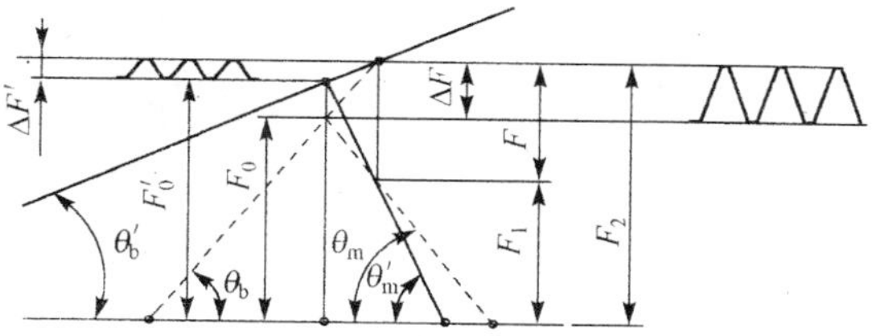

(c) 同时采取三种措施 ($F_0'>F_0$, $C_b'<C_b$, $C_m'>C_m$)

图 3-38　降低螺栓应力幅的措施

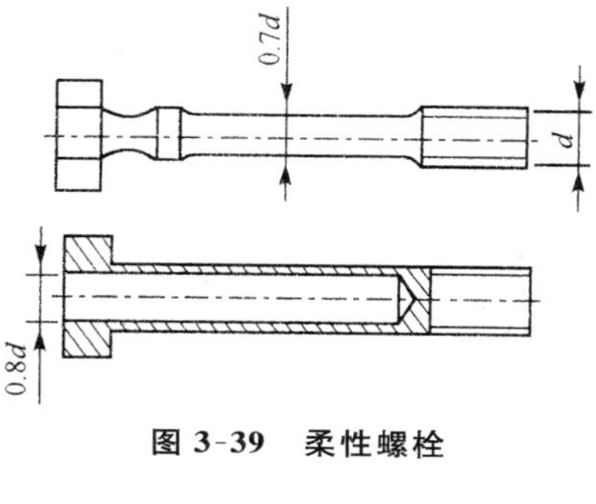

图 3-39　柔性螺栓

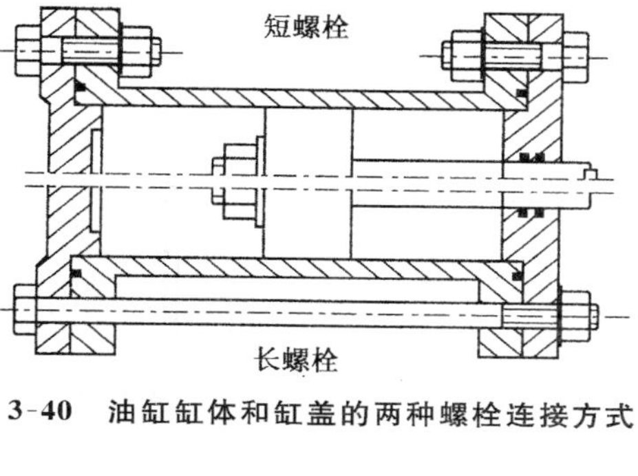

图 3-40　油缸缸体和缸盖的两种螺栓连接方式

4. 避免附加应力

由于制造误差、支承表面不平或被连接件刚度小等原因，将在螺栓中产生附加应力(见图

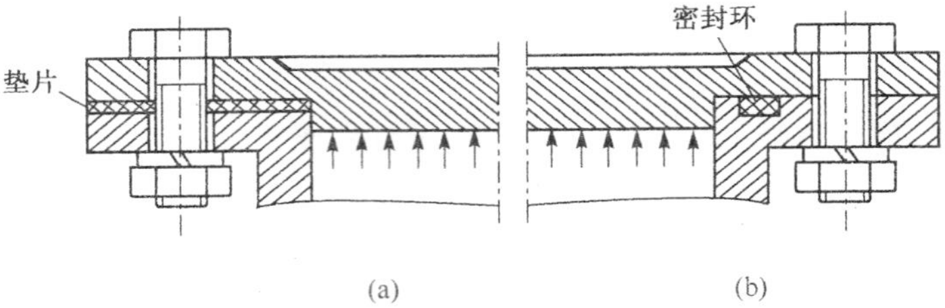

图 3-41 两种密封方式的比较

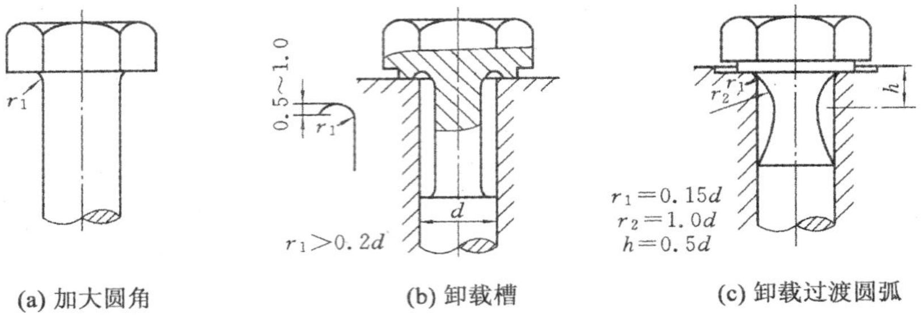

图 3-42 减小螺栓的应力集中

3-43)。图 3-43(d)所示的钩头螺栓连接,在预紧力 F 作用下,除产生拉应力外,还可以产生附加的弯曲应力,对螺栓强度有较大影响,因而以上各种情况均应尽量避免。

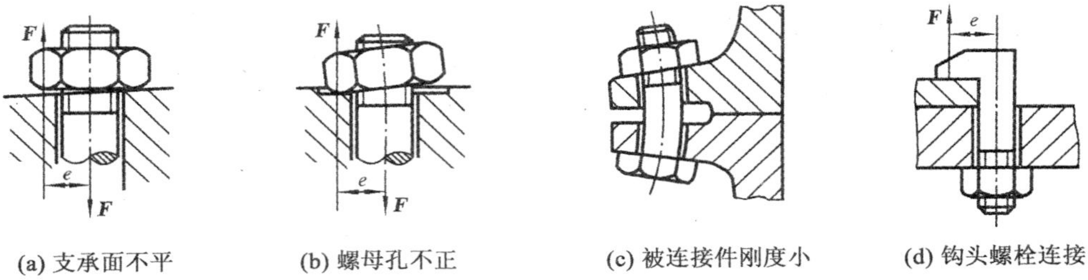

图 3-43 螺栓的附加应力

为减小或避免附加应力的影响,常采用下列几种措施。

①螺栓头、螺母与被连接件支承面均应加工。为减小被连接件加工面,可做成凸台或沉头座(鱼眼坑),见图 3-44。

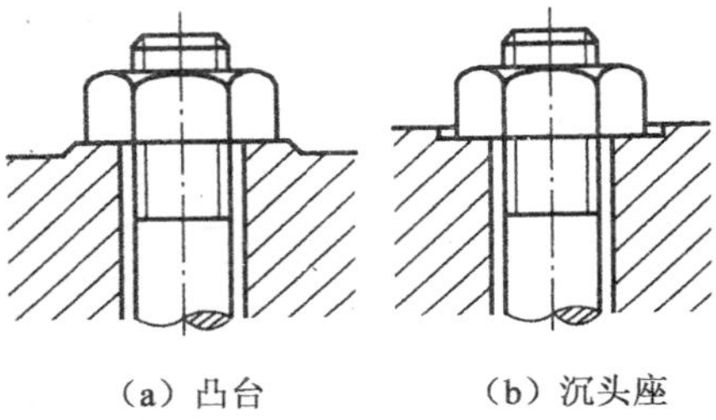

图 3-44 凸台和沉头座

②设计时避免采用斜支承面,如果采用槽钢翼缘等,可配置斜垫圈,见图 3-45 (a)。为防止螺栓轴线偏斜,也可采用球面垫圈,见图 3-45 (b),或环腰螺栓,见图 3-45 (c)。

③增加被连接件的刚度，如增加凸缘厚度或采取其他相应措施。此外，提高装配精度，增大螺纹预留长度，采用细长螺栓等，均可减小附加应力。

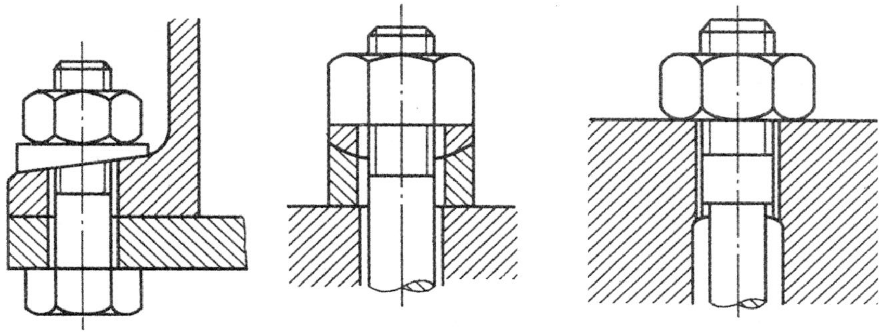

(a) 斜垫圈　　(b) 球面垫圈　　(c) 环腰螺栓

图 3-45　避免附加应力的影响

5. 采用合理的制造工艺

制造工艺对螺栓的疲劳强度也会产生很大影响，采用合理的制造方法和加工方法控制螺纹表层的物理—力学性质(冷作硬化程度、残余应力等)，均可提高螺栓的疲劳强度。

目前应用较多的滚压螺纹工艺，比车制螺纹工艺好，螺纹表面的纤维分布合理(见图 3-46)。一般车制螺纹多采用钢棒料，无论是轧制棒料或拉制棒料，一般表面层质量均较好(晶体拉长)。但车制时将质量较好的材料车去，这种工艺不太合理。此外，车制螺纹时金属纤维被切断，而滚压螺纹工艺是利用材料的塑性成形，金属纤维连续，而且滚压加工时材料冷作硬化，滚压后金属组织紧密，螺纹工作时力流方向与材料纤维方向一致。因此滚压螺纹可比车制螺纹提高疲劳强度 40%～95%。如果热处理后再滚压螺纹，其疲劳强度可提高 70%～100%。这种工艺还具有材料利用率高、生产效率高和制造成本低等优点。

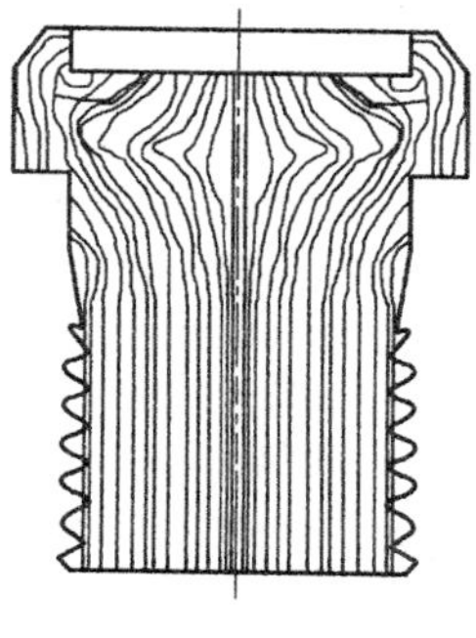

图 3-46　冷镦与滚压加工的螺栓中的金属线

3.7 螺旋传动

3.7.1 螺旋转动的形式

螺旋传动是利用螺杆和螺母组成的螺旋副来实现传动的要求的。它主要用于将回转运动转变为直线运动,同时传递运动和动力。

按螺杆和螺母的运动情况,螺旋传动有四种结构,如图 3-47 所示。它们的相对运动关系是相同的。

1. 螺母固定不动,螺杆转动并往复移动

螺杆在螺母中运动,螺母起支承作用,结构简单,工作时,螺杆在螺母左、右两个极限位置所占据的长度尺寸大于螺杆行程的两倍。因此这种结构占据空间较大,不适用于行程较大的传动,常用于螺旋千斤顶和外径百分尺,见图 3-47(a)。

2. 螺杆转动,螺母作直线运动

这种结构占据空间尺寸小,适用于长行程运动的螺杆。螺杆两端由轴承支承(有的只有一端有支承),螺母有防转机构,结构比较复杂。车床丝杠、刀架移动机构多采用这种结构,见图 3-47(b)。

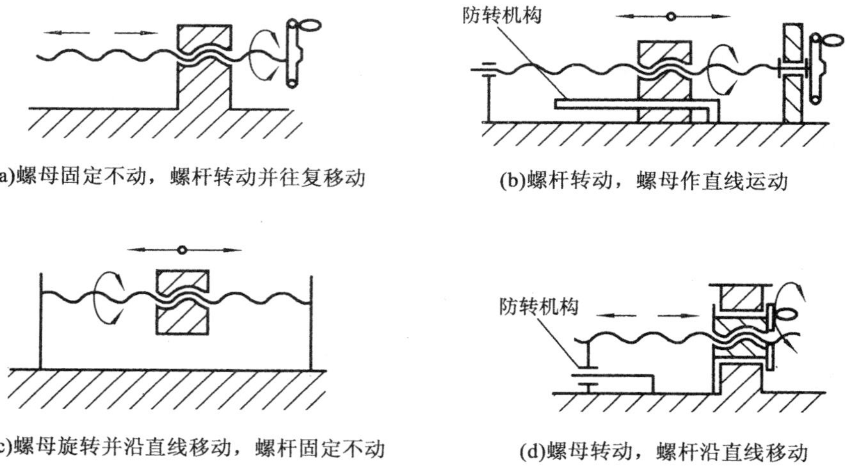

(a)螺母固定不动,螺杆转动并往复移动　(b)螺杆转动,螺母作直线运动

(c)螺母旋转并沿直线移动,螺杆固定不动　(d)螺母转动,螺杆沿直线移动

图 3-47　螺旋传动的类型

3. 螺母旋转并沿直线移动,螺杆固定不动

螺母在其上转动并移动,结构简单,但精度不高。常用于某些钻床工作台沿立柱上下移动的机构,见图 3-47(c)。

4. 螺母转动，螺杆沿直线移动

螺母要有轴承支承，螺杆应有防转机构。因而结构复杂，而且螺杆相对螺母左右移动占据空间位置大。这种结构很少应用，见图 3-47 (d)。

3.7.2　螺旋转动的类型

1. 按用途分类

①传力螺旋。该螺旋以传递动力为主，要求用较小的力矩转动螺杆(或螺母)，使螺杆(或螺母)产生轴向运动和较大的轴向力。这个轴向力可用来做起重和加压等工作，如图 3-48(a)所示的起重器和图 3-48(b)所示的压力机等。传力螺旋一般工作时间较短，工作速度不高，设计时应保证螺旋具有足够的强度和刚度，同时一般还应具有自锁能力。

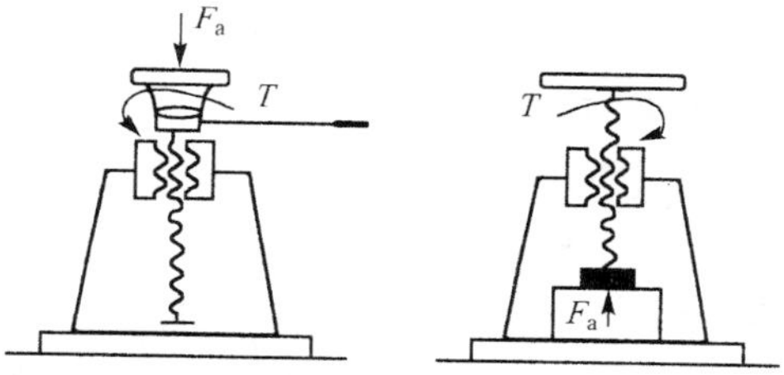

(a) 起重器　　(b) 压力机

图 3-48　传力螺栓转动

②传导螺旋。该螺旋以传递运动为主，有时也传递较大的轴向力，常用做机床刀架或工作台的进给机构，如图 3-49 所示。通常，传导螺旋的工作时间较长，工作速度较高，并且要求有较高的运动精度。

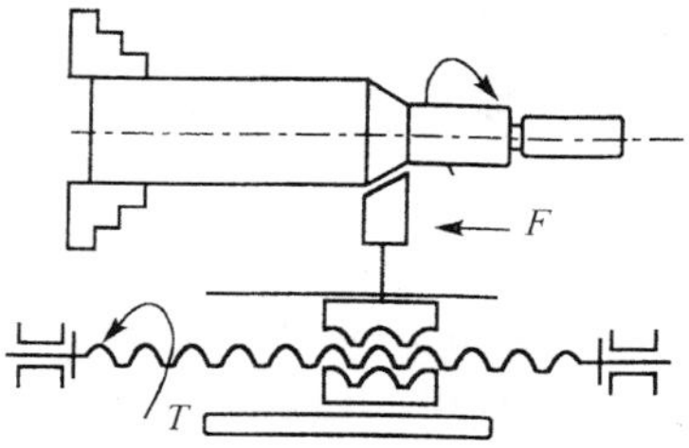

图 3-49　机床进给螺旋机构

③调整螺旋。该螺旋用于零件(或工件)位置的调整和固定，如机床卡盘中的螺旋、调整带传动初拉力的螺栓，以及仪器和测试装置中的微调螺旋。图 3-50 所示的是镗刀微调机构，可调整镗刀的进刀深度；图 3-51 所示的是虎钳钳口调节机构，可通过调节虎钳钳口距离，夹紧或松开工件。这种螺旋受力较小且不经常转动，一般在空载下调整，对自锁性有较高的要求。

2. 按螺旋副的摩擦性质不同分类

①滑动螺旋。该螺旋构造简单，承载能力高，加工方便，工作可靠，易于自锁。缺点是摩擦阻力大，传动效率低(30%～40%)，磨损快、寿命短，低速时有爬行现象，传动精度低。

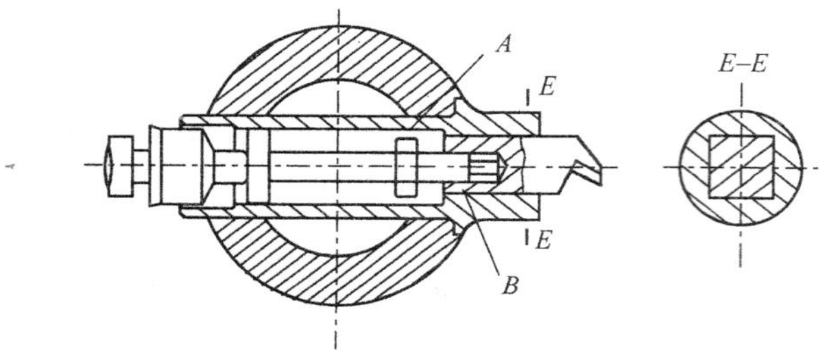

图 3-50　镗刀微调机构

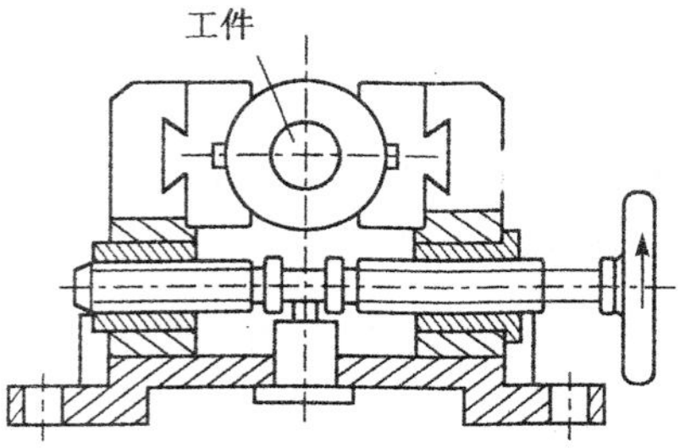

图 3-51　虎钳钳口调节机构

②滚动螺旋。该螺旋螺母与螺杆之间的摩擦性质为滚动摩擦。滚动螺旋是靠在螺旋副中装满滚珠而形成的。当传动工作时,滚动体沿螺纹滚道滚动并形成循环。按循环方式可分为内循环和外循环两种,如图 3-52(a)、(b)所示。

滚动螺旋的优点是传动效率高(可达 90%),启动力矩小,传动灵活平稳,低速不爬行,同步性好,定位精度高,可实现逆传动,广泛应用于数控机床等先进设备中。缺点是不自锁,需要附加自锁装置,抗振性差,结构复杂,制造工艺及成本高。

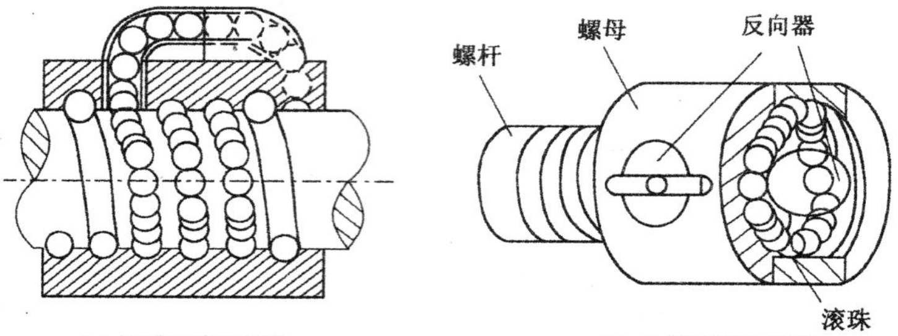

(a) 外循环滚动螺旋　(b) 内循环滚动螺旋

图 3-52　滚动螺旋

③静压螺旋。该螺旋副之间的摩擦性质为液体摩擦,靠外部液压系统提供压力油。压力油进入螺杆与螺母螺纹间的油缸,促使螺杆、螺母的螺纹牙之间产生压力油膜而分隔开,如图 3-53 所示。

静压螺旋传动的特点是传动效率高(可达 99%),工作稳定,无爬行现象,定位精度高,磨损小,寿命长。但螺母结构复杂,需要稳压供油系统,因此,只有在高精度、高效率的重要传动中才宜使用,如精密机床或自动控制系统中的螺旋传动。

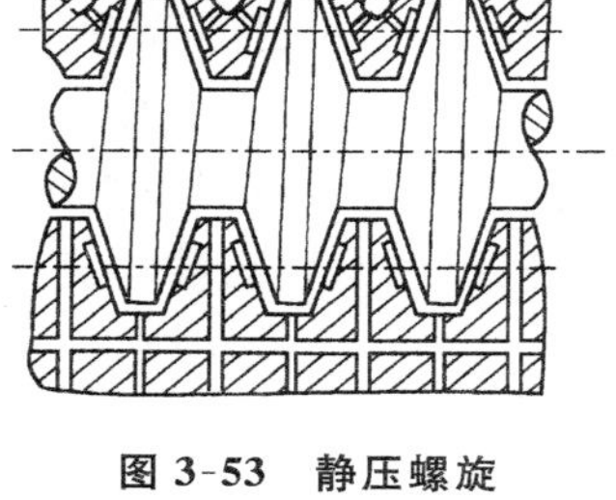

图 3-53　静压螺旋

3.7.3　螺旋转动设计

滑动螺旋在工作时主要承受转矩和轴向力作用，并在螺纹副间存在相对滑动。由于主要失效形式是螺纹磨损，因此滑动螺旋的设计准则是先由耐磨性条件确定螺杆的基本尺寸（如螺杆直径、螺母高度等），并参照标准确定螺杆各主要参数，然后对可能发生的其他失效进行校核。例如，对于受力较大的传力螺旋，要校核螺杆危险剖面及螺母牙的强度；对于长径比很大的受压螺杆，要校核其稳定性；对于有自锁要求的传力、调整螺旋，要校核其白锁性；对于精密的传导螺旋，要校核螺杆的刚度；对于高速旋转的长螺杆，还要校核其临界转速等。具体设计时，要根据传动的类型、工作条件及主要失效形式来确定其设计准则。

1. 耐磨性计算

滑动螺旋中磨损是最主要的一种失效形式，一般发生在螺母上。它会引起传动精度下降，并使强度减弱。影响磨损的因素有：工作面的压力、螺纹表面粗糙度、相对滑动速度和润滑状态等，其中工作面的压力是主要影响因素。因为螺母的材料强度较弱，磨损多发生在螺母上，所以耐磨性计算主要是限制螺母螺纹牙工作面上的压力 p 要小于材料的许用压力 $[p]$。

如图 3-54 所示，设轴向力为 F，螺母高度为 H，螺距为 P，则螺旋工作面上的耐磨性条件为

$$p=\frac{F}{A}=\frac{F}{z\pi d_2 h}=\frac{FP}{\pi d_2 hH}\leqslant[p] \tag{3-25}$$

式中，A 为螺纹承压面积，mm^2，它是螺纹工作面投影到垂直于轴线的投影面积；z 为旋合圈数，$z=H/P$；d_2 为螺纹中径，mm；h 为螺纹工作高度，mm，对于矩形螺纹、梯形螺纹 $h=0.5P$，对于锯齿形螺纹，$h=0.75P$；$[p]$ 为螺母材料的许用压力，MPa。

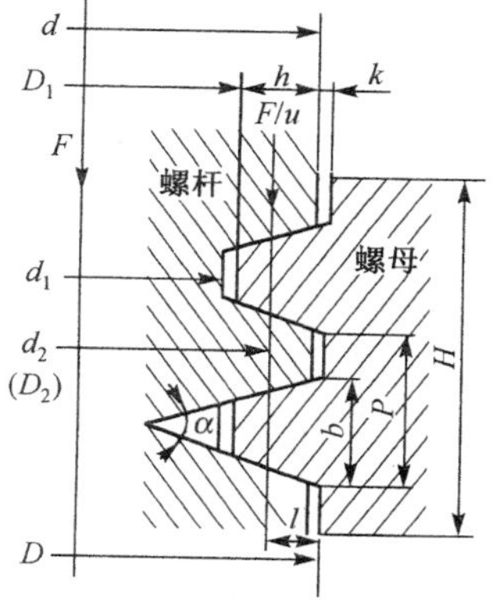

图 3-54　螺旋副的受力

为了得到螺纹中径的设计公式，令 $\varphi=H/d_2$，则 $H=\varphi d_2$。再将 $z=H/P$、$h=0.5P$（或 $h=0.75P$）代入式(3-25)，整理后得设计公式如下：

对于矩形和梯形螺纹

$$d_2\geqslant 0.8\sqrt{\frac{F}{\varphi[p]}} \tag{3-26}$$

对于 30°锯齿形螺纹 $$d_2 \geqslant 0.65\sqrt{\frac{F}{\varphi[p]}} \tag{3-27}$$

φ 值的取法是：由于整体式螺母磨损后不能调整间隙，为使受力比较均匀，螺纹接触圈数不宜过多，可取 $\varphi=1.2\sim2.5$；剖分式螺母可取 $\varphi=2.5\sim3.5$；对于传动精度较高，载荷较大，要求寿命长的螺母，φ 可取 4.0。求出 d_2 后，应按国家标准选取相应的公称直径 d 和螺距 P，继而可确定螺母的高度 $H(H=\varphi d_2)$ 及螺母的螺纹牙圈数 z。但应注意的是，螺纹圈数一般不应超过 8 圈，因为螺纹各圈受力是不均匀的，第 8 圈以上的螺纹实际上已经起不到分担载荷的作用。

2. 螺母螺纹牙的强度校核

将螺母一圈螺纹沿螺纹大径 D 处展开，则螺母螺纹牙的受力相当于悬臂梁，如图 3-55 所示。一般螺母材料强度低于螺杆，因此螺纹牙剪断和弯断均发生在螺母上，危险剖面在螺纹牙根部，则剪切强度条件为

$$\tau=\frac{F}{\pi Dbz}\leqslant[\tau] \tag{3-28}$$

弯曲强度条件为

$$\sigma_b=\frac{6Fl}{\pi Db^2z^2}\leqslant[\sigma_b] \tag{3-29}$$

式中，b 为螺纹牙根部厚度，mm，对于矩形螺纹 $b=0.5P$，梯形螺纹 $b=0.65P$，30°锯齿形螺纹 $b=0.75P$；l 为弯曲力臂，mm，参见图 3-54，$l=(D-D_2)/2$；$[\tau]$为螺母材料的许用切应力，MPa；$[\sigma_b]$为螺母材料的许用弯曲应力，MPa。

如果螺母与螺杆材料相同，则其许用切应力和许用弯曲应力应相差不多，因为螺杆根径 d_1 小于螺母外径 D，故应校核螺杆。此时，应将式(3-28)和式(3-29)中的 D 改为 d_1 即可。

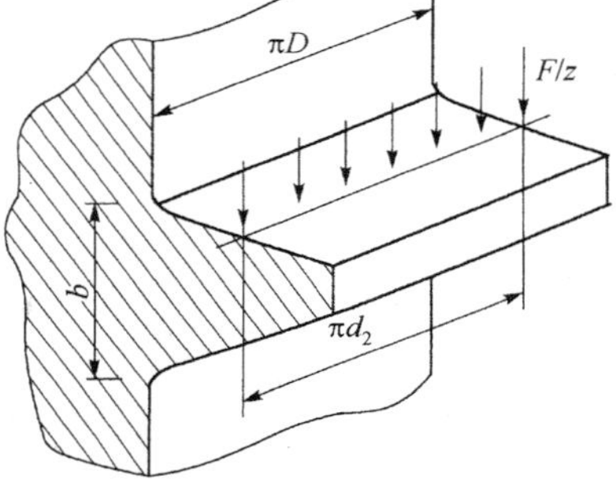

图 3-55　螺纹牙上的受力

3. 螺杆强度校核

受力较大的螺杆需要进行强度校核。螺杆工作时同时承受轴向压(或拉)力 F 和扭矩 T 的作用，在危险截面上受拉(压)应力与扭转切应力的复合作用，根据第四强度理论得

$$\sigma_{ca}=\sqrt{\sigma^2+3\tau^2}=\sqrt{\left[\frac{4F}{\pi d_1^2}\right]^2+3\left[\frac{T}{W_T}\right]^2}\leqslant[\sigma] \tag{3-30}$$

式中，F 为螺杆所受的轴向压力(或拉力)，N；W_T 为抗扭截面模量，mm^3，对于圆形截面，$W_T=\pi d_1^3/16\approx 0.2d_1^3$；$T$ 为螺杆所受的扭矩，N·mm，$T=Fd_2\tan(\Psi+\varphi_v)/2$；$[\sigma]$为螺杆材料的许用应力，MPa。

4. 螺杆稳定性校核

对于长径比较大的螺杆，需要进行压杆稳定性校核，保证其所承受的轴向压力 F 小于其临界载荷。螺杆受压时的稳定性校核公式为

$$\frac{F_{cr}}{F}\geqslant S_s \tag{3-31}$$

式中，F 为螺杆所受轴向载荷，N；S_s为螺杆稳定性安全系数，对于传力螺旋，$S_s=3.5\sim5.0$，对于传导螺旋，$S_s=2.5\sim4.0$，对于精密螺旋或水平螺旋，$S_s>4.0$；F_{cr}为螺杆的临界载荷(N)与材料、螺杆的细长比(柔度)λ 有关，$\lambda=\mu l/i$，其中 i 为螺杆危险截面的惯性半径，mm。

当危险截面的面积 $A=\pi d_1^2/4$ 时，$I=\sqrt{I/A}=d_1/4$。需要根据允的大小选用不同的公式计算。

当 $\lambda>100$ 时，F_{cr}可由下式确定：

$$F_{cr}=\frac{\pi^2 EI}{(\mu l)^2} \tag{3-32}$$

式中，E 为螺杆材料的拉压弹性模量，MPa，对于钢材，$E=2.06\times10^5$ MPa；I 为螺杆危险截面的惯性矩，mm^4，$I=\pi d_1^4/64$；μ 为长度系数，与螺杆的端面结构有关；l 为螺杆的工作长度，mm。

当 $40<\lambda<100$ 时，对于 $\sigma_b\geqslant 370$MPa 的碳素钢，则

$$F_{cr}=0.25\pi(304-1.12\lambda)d_1^2$$

对于 $\sigma_b\geqslant 470$MPa 的碳素钢，则

$$F_{cr}=0.25\pi(461-2.57\lambda)d_1^2$$

当 $\lambda\leqslant 40$ 时，不必进行稳定性校核。

当稳定性条件不能满足时，应增大螺纹小径。

5. 螺旋副自锁性校核

对于有自锁性要求的螺旋副，要进行自锁性校核。自锁条件为

螺旋副升角　$$\psi=\arctan\frac{np}{\pi d_2}\leqslant\varphi_v \tag{4-33}$$

式中，φ_v为螺纹副的当量摩擦角，$\varphi_v=\arctan(f/\cos\beta)$；$f$ 为螺旋副的摩擦系数；β 为螺纹牙侧角。

3.8 键连接、花键连接和销连接

3.8.1 键连接

1. 分类

按装配时是否受力，键连接可以分为两大类：松键连接——平键和半圆键；紧键连接——楔键和切向键。

(1)平键连接

根据用途的不同，平键分为普通平键、导向平键和滑键。其中普通平键用于轴毂静连接，导向平键和滑键用于轴毂动连接。

如图 3-56(a)所示，平键的横截面为矩形，键的两个侧面是工作表面，与键槽有配合关系。工作时，靠键与键槽侧面的挤压和键受剪切来传递转矩。键的上下表面互相平行，普通平键和导向平键的顶面与轮毂键槽的底面之间留有间隙，故不影响轮毂与轴的对称。

平键连接结构简单、装拆方便、对中性较好，因而应用十分广泛。但平键连接不能承受轴向力，当轮毂在轴上需要轴向固定时，必须采用其他结构措施。

图 3-56 所示为普通平键链接。按端部形状不同，普通平键分为三种，见图 3-56(b)：圆头(*A* 型)、平头(*B* 型)和单圆头(*C* 型)。对于圆头和单圆头键，轴上的键槽通常在铣床上用指形铣刀加工，平头键的键槽可用盘铣刀加工。圆头平键用得最多，单圆头平键只适用于轴端。

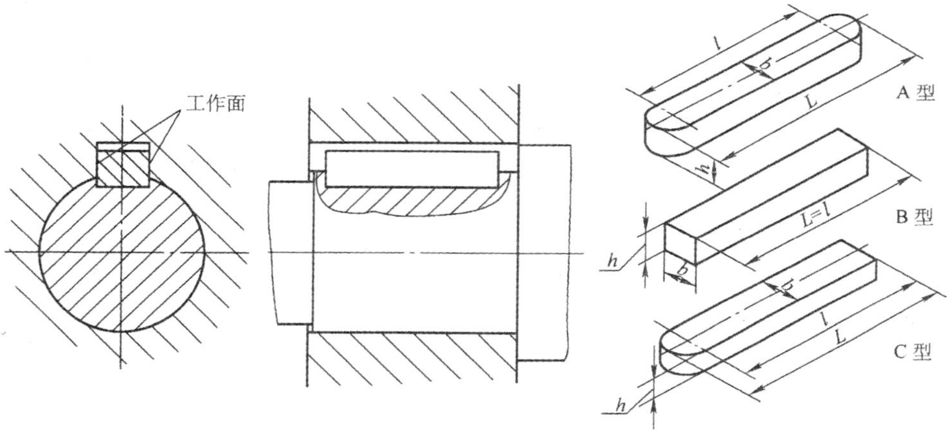

图 3-56 普通平键连接

对于轴上零件需沿轴向移动(如变速箱中的滑移齿轮)的轴毂动连接，可采用导向平键或滑键(图 3-57)。导向平键长度较大，需用螺钉将其固定在轴上的键槽中，轴上零件(轮毂)可沿导向平键作轴向移动。为了便于拆卸，键上制有起键螺孔。当零件移动距离较大时，因所需导向平键的长度过大，制造困难，此时可采用滑键。滑键固定在轮毂上，随轴上零件一起沿轴上键槽作轴向移动，这样，只需在轴上铣出较长的键槽，而键则可做得较短。

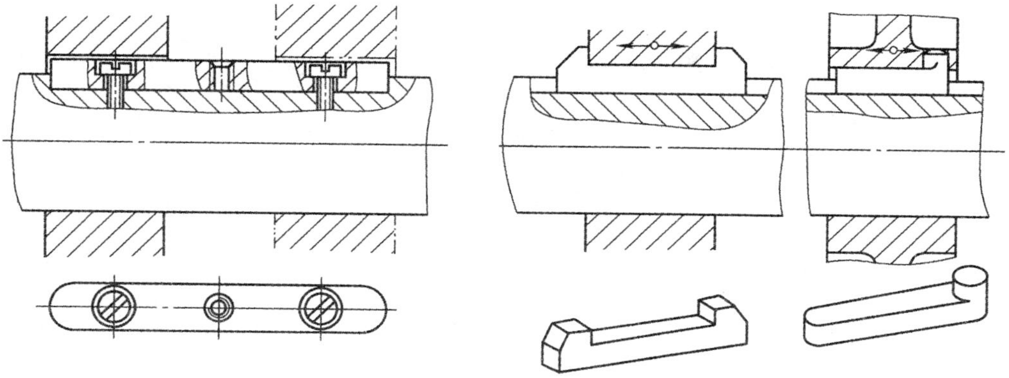
(a) 导向平键连接　　(b) 滑键连接

图 3-57　导向平键和滑键连接

(2)半圆键连接

半圆键是用回火钢切制或冲压后磨制的。轴上键槽用半径与键相同的盘状铣刀铣出，因而键在槽中能绕其几何中心摆动以适应毂上键槽的斜度，其连接如图 3-58 所示。半圆键用于静连接，半圆键工作时，靠其侧面来传递转矩。这种键连接的优点是工艺性较好，装配方便。缺点是轴上键槽较深，对轴的强度削弱较大，故主要用于载荷较轻的连接中，也常用作锥形轴端与轮毂连接的辅助装置中。

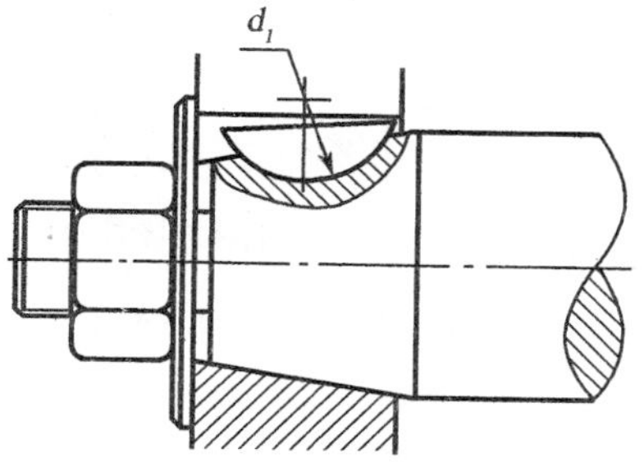

图 3-58　半圆键连接

(3)楔键连接

楔键连接如图 3-59 所示。键的上下两面是工作面，分别与毂和轴上键槽的底面贴合。键的上表面和与它相配合的轮毂键槽底面均具有 1∶100 的斜度。装配后，键楔紧在轴毂之间。工作时，靠键、轴、毂之间的摩擦力，再加上由于轴与毂有相对转动的趋势而使键受到偏压来传递转矩，同时还可以承受单向的轴向载荷，对轮毂起到单向的轴向固定作用。由于楔键结构简单、装拆方便，还兼有轴向固定和承受单向轴向力的作用，所以在低速、轻载和对中性要求不高的连接中仍有应用。

楔键有钩头楔键[图 3-59(a)]和普通楔键[图 3-59(b)]之分。普通楔键也有圆头(A 型)、平头(B 型)及单圆头(C 型)三种形式。钩头楔键易于拆卸，应用较多。

(4)切向键连接

切向键由两个斜度为 1∶100 的单边倾斜楔组成，如图 3-60 所示。装配后，两楔以其斜面相互贴合，共同楔紧在轴与轮毂的键槽内。其上、下两面为工作面，其中一个工作面必须在通

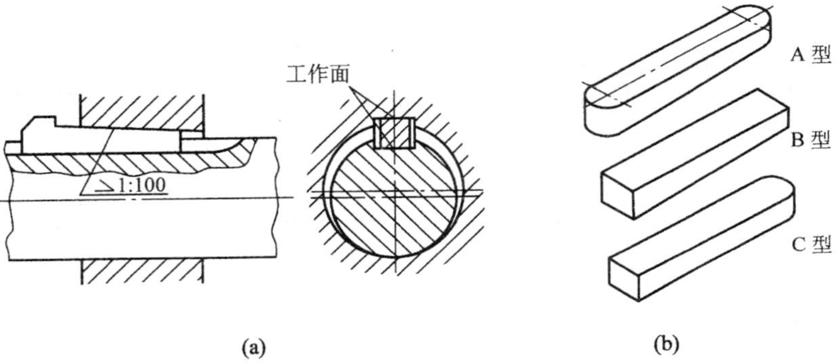

图 3-59 楔形连接

过轴心线的平面内，工作时工作面上的挤压力沿轴的切线作用。这样，当连接工作时，工作面上的挤压力沿轴的切向作用，而靠挤压力传递转矩。切向键连接中的轴、毂之间虽有摩擦力，但主要不依靠它传递转矩。如果传递双向转矩，必须用两个切向键，并错开 120°～130°反向安装。切向键也能传递单向的轴向力。切向键主要用于轴径大于 100mm、定心要求不高、低速和不承受冲击、振动或变载的重型机械中。

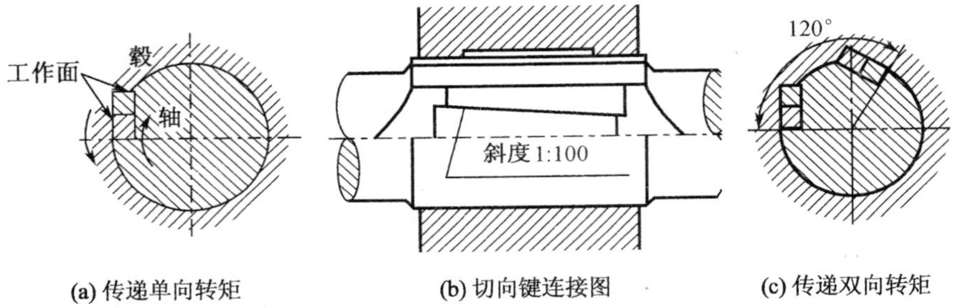

图 3-60 切向键连接

2. 键连接的设计

(1)键的选择

键已标准化，设计时可根据具体情况选择键的类型和尺寸。

①类型选择应根据使用要求、工作条件和各种键连接的特点来选择键的类型。选择时应重点考虑传递转矩的大小、对中性要求、键在轴上的位置(在轴的中部还是端部)，以及是否要求轴向固定、是否要求轴向滑移等。

②尺寸选择键的主要尺寸包括横截面尺寸(键宽 b×键高 h)和长度 L。键的横截面尺寸 $b \times h$需根据键连接所在轴段的直径 d 由标准中选取；普通平键的长度 L 一般略短于轮毂的宽度 L'[通常取 $L' \approx (1.2 \sim 1.5)d$]，并应符合标准中规定的长度系列。普通平键的主要尺寸见表 3-6。导向平键的长度应略大于轮毂宽度与其滑动距离之和。

应注意，轴和轮毂上键槽的尺寸也需按照相应的国家标准设计。

表 3-6　普通平键的主要尺度(摘自 GB/T1095,1096—2003)

轴的直径 d	6～8	>8～10	>10～12	>12～17	>17～22	>22～30	>30～38	>38～44
键宽 b×键高 h	2×2	3×3	4×4	5×5	6×6	8×7	10×8	12×8
轴的直径 d	>44～50	>50～58	>58～65	>65～75	>75～85	>85～95	>95～110	>110～130
键宽 b×键高 h	14×9	16×10	18×11	20×12	22×14	25×14	28×16	32×18
键的长度系列	6,8,10,12,14,16,18,20,22,25,28,32,36,40,45,50,56,63,70,80 90,100,110,125,140,160,180,200,220,250,…							

(2)连接强度的计算

初步选定键的尺寸之后,需要校核键连接的强度。

①平键连接。对于平键连接,如果忽略摩擦,则当连接传递转矩时,键轴一体的受力,如图 3-61 所示。可能的失效有:较弱零件(通常为毂)的工作面被压溃(静连接)或磨损(动连接,特别是在载荷作用下移动时)和键的剪断等。

对于实际采用的材料组合和标准尺寸来说,压溃或磨损常是主要失效形式。因此,通常只作连接的挤压强度或耐磨性计算,但在重要的场合,也要验算键的强度。

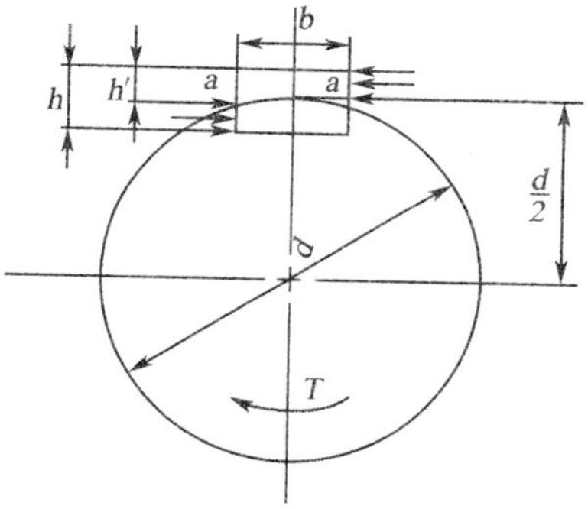

图 3-61　平键连接传递转矩时,键轴一体的受力情况

键标准考虑了连接中各零件的强度,按照等强度设计的观点,视毂材料的不同,规定键在轴和毂中的高度也不同。但一般说来,毂常是较弱零件,所以按毂计算。

假设压力在键的接触长度内均匀分布,则根据挤压强度或耐磨性的条件计算,求得连接的强度条件为

静连接
$$\sigma_p=\frac{2T\times10^3}{h'l'd}=\frac{2T\times10^3}{hl'd}\leqslant[\sigma_p] \tag{3-34}$$

动连接
$$p=\frac{2T\times10^3}{h'l'd}=\frac{2T\times10^3}{hl'd}\leqslant[p] \tag{3-35}$$

式中,d 为轴的直径,mm;h'为键与毂的接触高度,$h'=2/h$,mm;T 为传递的转矩,$T=F\dfrac{d}{2}$,N·m;h 为键的高度,mm;l'为键的接触长度;圆头平键 $l=L-b$,平头平键 $l=L$,单圆头平键 $l=L-b/2$,此处 L 为键的公称长度,mm;b 为键的宽度,mm;$[\sigma_p]$为键、轴、轮毂三者中最弱材

料的许用挤压应力，MPa，见表 3-7；[p]为许用压强，MPa，见表 3-7。

表 3-7　键连接的许用挤压应力和压强　　单位：Mpa

连接工作方式	较弱的键或轴载荷性质	毂的材料		
		静载荷	轻微冲击	冲击
静连接[σ_p]	锻钢、铸钢 铸铁	120～150 70～80	100～120 50～60	60～90 30～45
动连接[p]	锻钢、铸钢	50	40	30

②半圆键连接。对于半圆键连接，因其只用于静连接，故主要失效形式是工作面的压溃，半圆键连接的受力情况如图 3-62 所示。

通常按键的剪切强度进行强度校核计算，所应注意的是：半圆键的接触高度 h' 应根据键的尺寸从标准中查取；半圆键的工作长度 l 近似地取其等于键的公称长度 L。故半圆键连接中键的剪切强度条件为

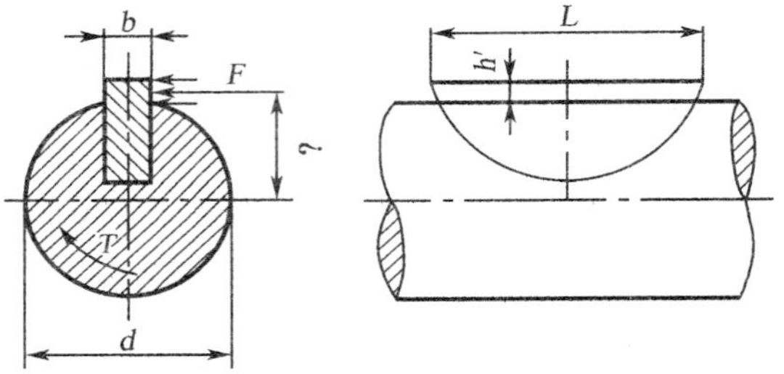

图 3-62　半圆连接受力分析

$$\tau=\frac{4T\times10^3}{dbl}\leqslant[\tau]$$

式中，b、l 为键的宽度和长度；[τ]为键的许用切应力，静载时可取 120MPa，冲击载荷时可取 60MPa。

3.8.2　花键连接

1. 花键连接的组成与特点

(1)花键的组成

花键连接由外花键和内花键组成(图 3-63)。外花键是具有多个纵向键齿的轴，内花键则是具有多个键槽的毂孔。因此可将花键视为由多个平键组成，键齿侧面为工作面，工作中靠键齿侧面的相互挤压传递转矩。花键可用于轴毂静连接，也可用于轴毂动连接。

(2) 花键连接的特点

花键连接的优点有：键齿多，总接触面积大，因而承载能力大；键齿与轴为一体，键槽较浅，齿根处应力集中较小，故对轴的强度削弱较小；键齿对称分布，受力均匀，轴上零件与轴的对中性好，导向性好，特别适用于轴毂动连接。因此，在实际中得到了广泛应用。

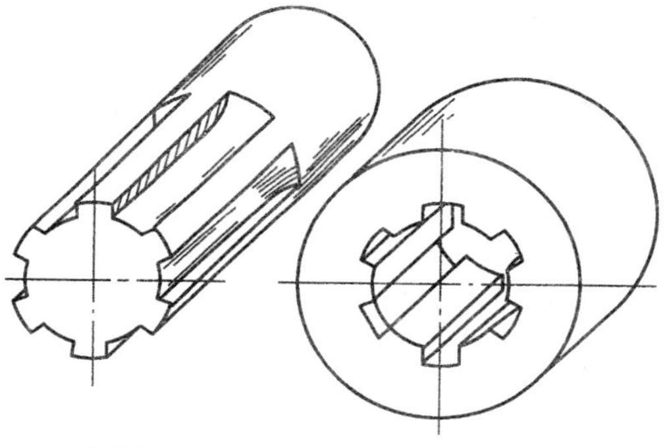

图 3-63　花键

花键连接的缺点是：因其结构的原因，需用专门的刀具和设备进行加工，成本较高。

2. 花键连接的分类

根据齿形不同，花键连接分为矩形花键连接、渐开线花键连接和三角形花键连接三种。

(1)矩形花键

在新标准中规定矩形花键连接以小径定心方式，即外花键和内花键的小径作为配合表面。其特点是定心精度高，定心的稳定性好，应力集中较小，承载能力较大。按齿高不同分成轻系列和中系列这两个系列，分别适用于载荷较轻和中等的场合。

矩形花键的基本尺寸包括键数 N(一般为偶数，常用范围 4～20)、小径 d(花键配合时的最小直径)、大径 D(花键配合时的最大直径)及键宽 B 等，如图 3-64 所示。

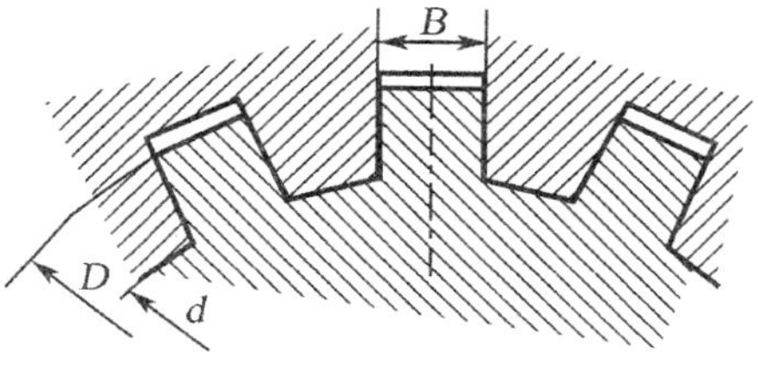

图 3-64　矩形花键连接

(2)三角形花键

三角形花键其齿廓也是渐开线，分度圆压力角为 45°，如图 3-65 所示。齿高为 0.4m，m 为模数，d_i 为三角形花键的分度圆直径。

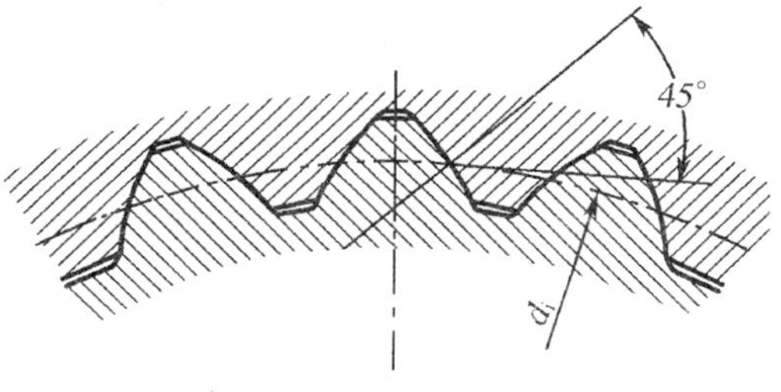

图 3-65　三角形花键连接

由于三角形花键齿细小而多，因此适用于轻载、小直径和薄壁零件的轴毂连接，也可用作锥形轴上的辅助连接。

(3)渐开线花键

渐开线花键的齿廓是渐开线，如图3-66所示，分度圆压力角为30°，齿高0.5m，m为模数，d_i为渐开线花键的分度圆直径。在国标规定中，渐开线花键采用齿形定心方式。当传递载荷时花键齿上的径向力能够起到自动定心作用，有利于各齿均匀受力。

渐开线花键的制造工艺与齿轮完全相同，加工工艺成熟，制造精度高，花键齿根强度大，应力集中小，易于定心，用于载荷较大、轴径也大且定心精度高时的连接。

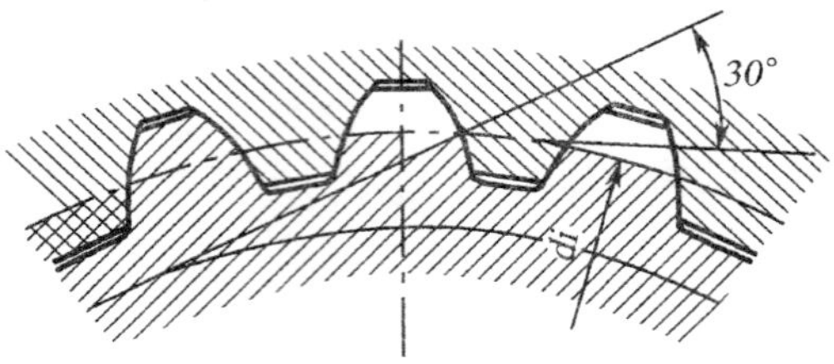

图3-66　渐开线花键连接

3. 花键的连接设计计算

(1)材料

花键的主要失效形式为键齿面的压溃(静连接)和键齿面的磨损(动连接)。因此，花键材料一般采用强度极限σ_b不小于600MPa的钢材制造，对于滑动花键要经过热处理(淬火或化学处理)，以便有足够的硬度与耐磨性。

(2)强度计算

设计花键连接和设计键连接相似，其强度计算，一般先选择花键连接的类型和方式，查出标准尺寸，然后再作强度验算。花键连接的受力分析如图3-67。连接的可能失效有：齿面的压溃或磨损，齿根的剪断或弯断等。对于实际采用的材料组合和标准尺寸来说，齿面的压溃或磨损常是主要的失效形式，因此，一般只作连接的挤压强度或耐磨性计算。

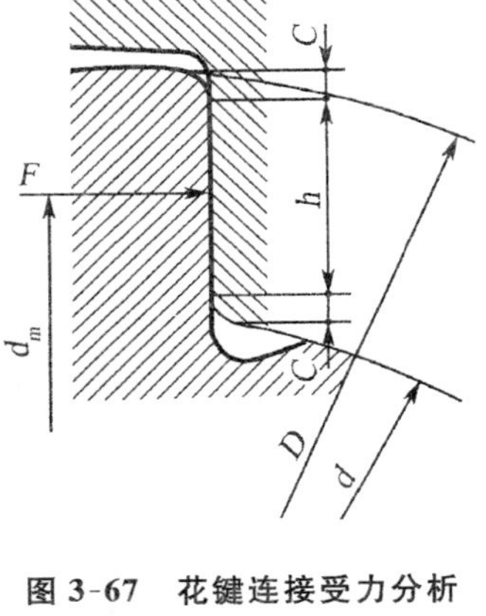

图3-67　花键连接受力分析

假设压力沿键的接触长度上均匀分布，且各齿面上压力的合力 F 作用在平均半径 $d_m/2$ 处，并用载荷不均系数来估计实际压力分布不均匀的影响，则得连接所能传递的转矩 T 为

静连接 $$\sigma_p=\frac{2T\times10^3}{kzhld_m}\leqslant[\sigma_p]$$

动连接 $$p=\frac{2T\times10^3}{kzhl'd_m}\leqslant[p]$$

式中，T 为传递的转矩($T=zF\frac{d_m}{2}$)N·m；z 为花键的齿数；h 为键齿侧面的工作高度，矩形花键，$h=\frac{D-d}{2}$，D 为外花键大径，d 为内花键小径；C 为齿顶的倒角尺寸，mm；渐开线花键，$h=0.5m$；三角形花键，$h=0.4m$ 其中 m 为模数；l' 为键齿工作长度，mm；k 为载荷分配不均系数，与齿数有关，一般取 $k=0.7\sim0.8$，齿数多时取偏小值；d_i 为分度圆直径，mm；d_m 为花键的平均直径，mm；矩形花键，$d_m=\frac{D+d}{2}$；渐开线花键，$d_m=d_i$；$[\sigma_p]$ 为花键连接的许用挤压应力，MPa，见表 3-8；$[p]$ 为花键连接的许用压强，MPa，见表 3-8。

表 3-8　花键连接的许用挤压应力 $[\sigma_p]$ 和许用压强 $[p]$

单位：Mpa

连接的工作方式（许用挤压应力、许用压强）		使用和制造情况	$[\sigma_p]$ 或 $[p]$	
			齿面未经热处理	齿面经热处理
静连接 $[\sigma_p]$		不良	35～50	40～70
		中等	60～100	100～140
		良好	80～120	120～200
动连接 $[p]$	在空载下移动的动连接	不良	15～20	20～35
		中等	20～30	30～60
		良好	25～40	40～70
	在载荷下移动的动连接	不良		3～10
		中等		5～15
		良好		10～20

注：①使用和制造情况不良系指受变载荷、双向冲击载荷、振动频率高和振幅大、润滑不良（对动连接）、材料硬度不高或精度不高等。

②相同情况下，$[\sigma_p]$ 或 $[p]$ 的较小值用于工作时间长和较重要的场合。

3.8.3　销连接

1. 销连接的类型

销连接的主要用途是固定两个零件之间的相对位置。图 3-68(a)所示的是定位销，它是

组合加工和装配时重要的辅助零件；销也可用于连接，传递不大的转矩，如图 3-68(b)所示的连接销；销还可作为安全保护装置中的过载剪断元件，保护机器中的重要零件不被破坏，如图 3-68(c)所示的安全销。

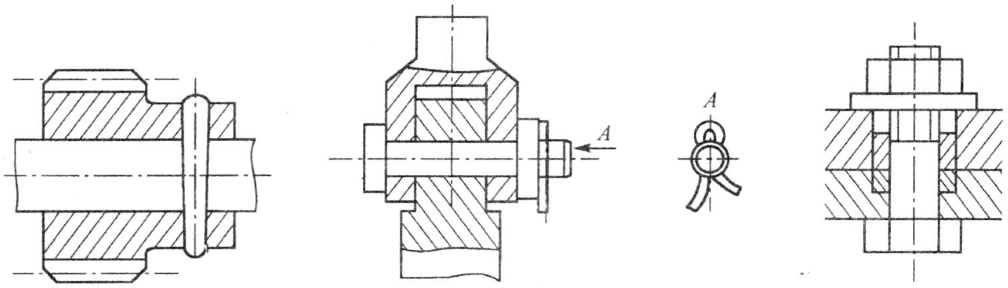

(a) 定位销　　(b) 连接销　　(c) 安全销

图 3-68　销连接

销的类型很多，且均已标准化。下面对几种常用的销连接进行简单介绍。

槽销开有纵向凹槽，在槽销压入销孔后，借材料的弹性变形使销挤紧在销孔中而不易松脱。槽销孔不需要铰制，加工方便，可多次装拆，有圆柱槽销和圆锥槽销两种，如图 3-69(a)所示。开口销是一种防松零件，用于锁紧其他紧固件。装配时，将销插入销孔，再将尾部分开，防止脱出，如图 3-69(b)所示。开口销常与销轴配用，如图 3-68(b)所示。

弹性圆柱销是用弹簧钢带卷制而成的纵向开缝的圆管，借助材料的弹性，均匀挤紧在销孔中，它对销孔的精度要求不高，可多次装拆，用于有冲击振动的场合，如图 3-69(c)所示。

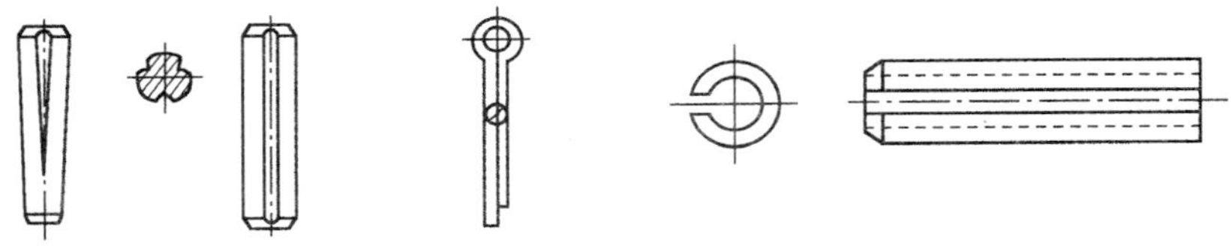

(a) 槽销　　(b) 开口销　　(c) 弹性圆柱销

图 3-69　各种销

圆柱销靠过盈配合固定在销孔中，如图 3-70 所示。多次装拆会降低连接的可靠性和定位的精确性。

圆锥销有 1∶50 的锥度，可以自锁，定位精度高，可多次装拆，对定位精确性和可靠性影响不大，如图 3-71 所示。

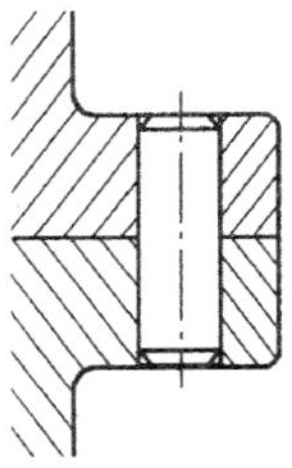

图 3-70　圆柱销

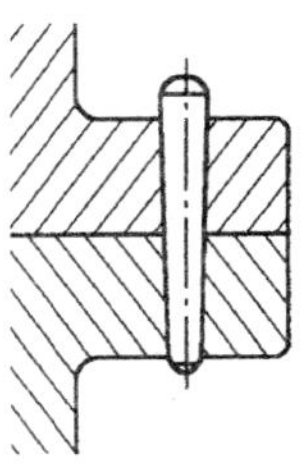

图 3-71　圆锥销

2. 销连接设计计算

销连接在工作中通常受到挤压和剪切，有的还受到弯曲。设计时，可先根据连接的构造和工作要求来选择销的类型、材料和尺寸，再作适当的强度验算。对于45钢，可取许用切应力$[\tau]=80\text{MPa}$，许用挤压应力$[\sigma_p]$可按表3-7选取。用作安全装置的销，其尺寸须按过载时被剪断的条件决定，剪切强度极限可取$\tau_b\approx(0.6\sim0.7)\sigma_B$。定位销通常不受或只受很小的载荷，其尺寸由经验决定。同一面上的定位销至少要用两个。

第 4 章　带传动与链传动

4.1　带传动概述

4.1.1　带传动的类型

带传动由主动带轮 1、从动带轮 2 和张紧在两轮上的挠性环形带 3 组成。工作时借助带与带轮之间的摩擦或啮合，将主动轮 1 的运动传给从动轮 2，如图 4-1 所示。

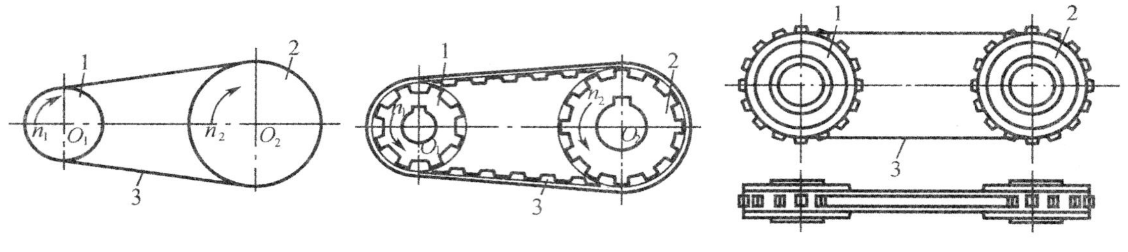

(a) 摩擦带传动　(b) 同步带传动　(c) 齿孔带传动

图 4-1　带传动示意图

1. 摩擦带传动

在摩擦型带传动中，传动带紧套在带轮上，在带与轮的接触面上产生正压力。当主动轮 1 回转时，接触面产生摩擦力，主动轮 1 依靠摩擦力使传动带 3 一起运动。在从动轮一侧，传动带 3 依靠摩擦力驱使从动轮 2 转动，实现了运动和动力由主动轮向从动轮的传递。

如图 4-2 所示，摩擦型带传动根据带截面形状不同，又可分为 V 带传动、平带传动、圆带传动和多楔带传动：

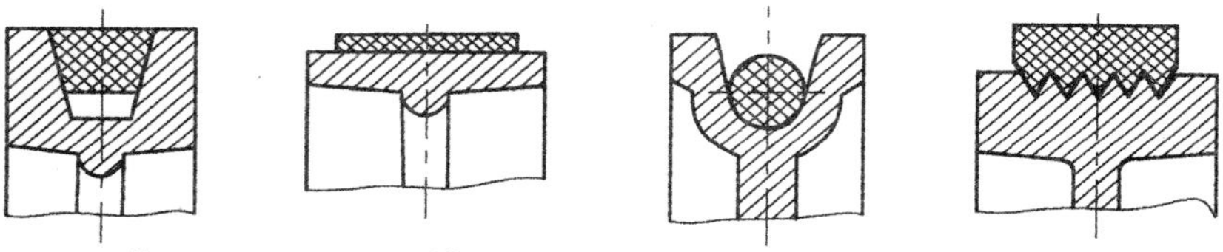

(a) V 带　(b) 平带　(c) 圆带　(d) 多楔带

图 4-2　带的界面形式

V 带截面是等腰梯形，带轮上有相应的轮槽，其两侧面是工作面。与平带相比，在相同拉力条件下，V 带能提供更大的摩擦力。V 带传动适用于中心距较小、传动比较大及结构要求紧凑的场合。

平带传动结构简单，带轮制造方便，传动效率高，柔性好。平带传动适用于大中心距的场合。根据材料的不同，平带可分为帆布芯平带（橡胶布带）、编织平带、皮革平带等。帆布芯平带成卷供应，按需要截取长度，然后用接头连接成环形。

圆带结构简单，其材料多为皮革、棉、麻及锦纶等，常用于小功率传动。

多楔带兼有平带柔性好和 V 带摩擦力大的优点。多楔带可避免多根 V 带传动时由于各条 V 带长度误差造成的各带受力不均匀的问题。多楔带适用于结构紧凑、传递功率较大的场合。

2. 啮合带传动

啮合带传动依靠带轮上的齿与带上的齿或孔啮合传递运动。啮合带传动有两种类型。

(1)同步带传动，图 4-1(b)

利用带的齿与带轮上的齿相啮合传递运动和动力，带与带轮间为啮合传动没有相对滑动，可保持主、从动轮线速度同步。

(2)齿孔带传动，图 4-1(c)

带上的孔与轮上的齿相啮合，同样可避免带与带轮之间的相对滑动，使主、从动轮保持同步运动。如打印机采用的是齿孔带传动，被输送的胶片和纸张就是齿孔带。

4.1.2　带传动的特点及应用

带传动具有以下特点：

①传动的中心距较大。

②传动带是弹性体，能缓冲、吸振，传动平稳，噪声小。

③结构简单，成本较低，装拆方便。

④过载时，带在带轮上打滑，可防止其他零件损坏。

⑤由于带的弹性滑动，不能保证准确的传动比。

⑥传动带需要张紧，支承带轮的轴及轴承受力较大。

⑦传动效率低，带的使用寿命短。

⑧外廓尺寸较大，不紧凑。

⑨不宜用于高速、易燃等场所。

带传动的应用范围非常广泛，但由于效率低，大功率的带传动用得较少，通常传动功率不超过 50kW。带的工作速度一般为 5～25m/s。平带传动的传动比可以达到 5，常取 3 左右，有张紧轮时可以达到 10；V 带传动的传动比一般不超过 7，个别情况可达到 10。平带传动的效率为 0.83～0.98，V 带传动的效率为 0.87～0.96。

4.1.3　平带与 V 带所受摩擦力大小的比较

平带以其内面为工作面，带轮结构简单，容易制造，在传递中心距较大的场合应用较多。如图 4-3(a)所示，F_Q为带对带轮的正压力，工作时带与带轮间的摩擦力为

$$F_f = fF_N = fF_Q \tag{4-1}$$

V 带以其两侧面为工作面。如图 4-3(b)所示，工作时，除有与轮槽侧面的切向摩擦外，还有因带楔入或脱出轮槽时产生的径向摩擦 a 这是因为当带中拉力改变时，带与轮之间的正压

力随之改变，引起带的横向变形也改变，使带嵌入轮槽的深度相应改变，从而产生了带的径向滑动。其径向受力关系为

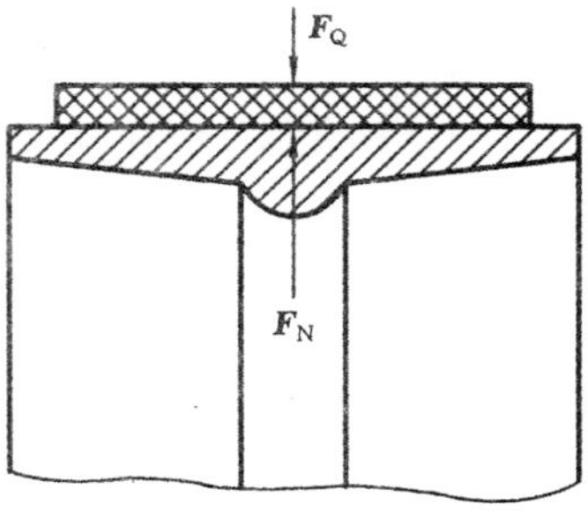

(a) 平带传动

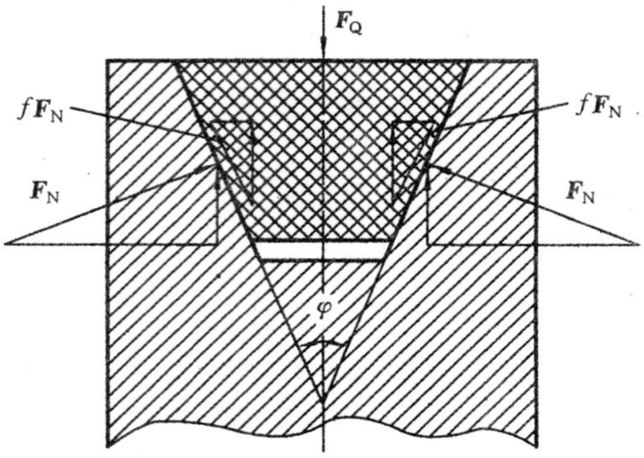

(b) V带传动

图 4-3 平带和 V 带传动受力比较

$$F_Q=2\left(F_N\sin\frac{\varphi}{2}+fF_N\cos\frac{\varphi}{2}\right)$$

$$F_N=\frac{F_Q}{2\left(\sin\frac{\varphi}{2}+f\cos\frac{\varphi}{2}\right)}$$

故 V 带与带轮间的摩擦力为

$$F_f=2fF_N=\frac{F_Qf}{\left(\sin\frac{\varphi}{2}+f\cos\frac{\varphi}{2}\right)}=f_vF_Q \tag{4-2}$$

$$f_v=\frac{f}{\sin\frac{\varphi}{2}+f\cos\frac{\varphi}{2}} \tag{4-3}$$

式中，F_N为带与带轮间的正压力；f 为带与带轮间的摩擦系数；f_v为 V 带传动的当量摩擦系数，φ 为 V 带轮的轮槽角。

显然 $f_v>f$ 这表明在压紧力相同的情况下，V 带在轮槽表面上能产生较大的摩擦力，即 V 带传动承载能力比平带的大。

4.1.4 带传动的形式

带传动形式根据带轮轴的相对位置及带绕在带轮上的方式不同，分开口传动、交叉传动和半交叉传动，如图 4-4 所示。

开口传动用于两轴平行且转向相同的传动；交叉传动用于两平行轴的反向传动；半交叉传动用于两轴空间交错的单向传动，安装时应使一轮带的宽对称面通过另一轮带的绕出点。平带可用于交叉传动和半交叉传动，V 带一般不宜用于交叉传动和半交叉传动。

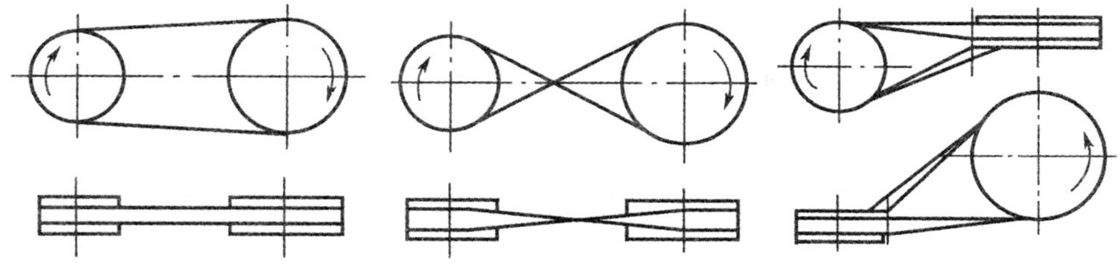

(a) 开口传动　　(b) 交叉传动　　(c) 半交叉传动

图 4-4　传动形式

4.2　带传动的工作情况分析

4.2.1　带传动的受力分析

当带传动安装时，带紧套在带轮上。如图 4-5(a)所示，当带传动不工作时，带两边所受的拉力相等，均为 F_0，称为初拉力。如图 4-5(b)所示，当主动轮上受驱动力矩 T_1 作用而工作时，由于带和带轮接触面上摩擦力的作用，带绕入带轮的一边被拉紧，称为紧边，拉力由 F_0 增大为 F_1；带的另一边脱离带轮而被放松，称为松边，拉力由 F_0 减小为 F_1。假设带紧边拉力增加量与松边的减小量相等，即满足

$$F_1-F_0=F_0-F_2 \tag{4-4}$$

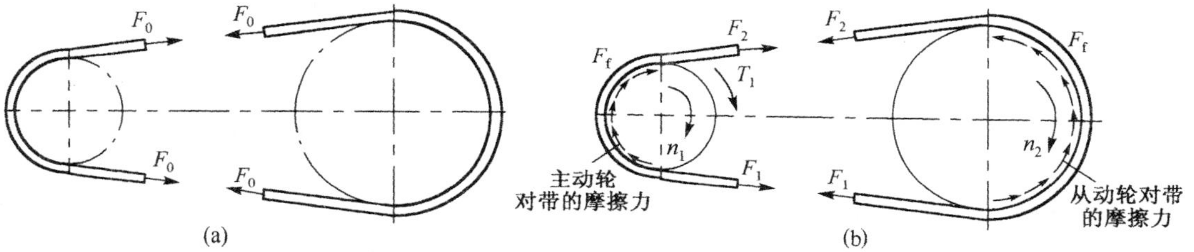

(a)　　(b)

图 4-5　带的受力分析

如图 4-5(b)所示，取主动轮及其一侧的带作为分离体，根据力矩平衡可得

$$T_1=\frac{(F_1-F_2)d_1}{2} \tag{4-5}$$

式中，d_1 为小带轮直径。式(4-5)显示，紧边与松边的拉力差 F_1-F_2 是传递力矩作用的圆周力，称为有效拉力 F_e，即

$$F_\mathrm{e}=F_1-F_2 \tag{4-6}$$

取主动轮一侧带的分离体作为研究对象，根据力矩平衡条件可得

$$F_\mathrm{f}=F_1-F_2 \tag{4-7}$$

式中，F_f 为小带轮和带在接触面上的摩擦力，N。式(4-6)和式(4-7)显示，有效拉力 F_e 等于带和带轮在接触面上的摩擦力 F_f。

有效拉力 F_e 和带传递的功率 P 及带速 v 满足

$$F_e = \frac{1000P}{v}$$

式中，P 为传递的功率，kW；v 为带速，m/s。

在其他条件不变，预紧力 F_0 一定时，带和带轮接触面上的摩擦力 F_f 有一个极限值，即最大摩擦力(或最大有效拉力 F_{max})。该极限值限制了带传动的传动能力。若需要传递的有效拉力超过极限值 F_{max}，则带将在带轮上打滑，这时传动失效。

当带处于将要打滑而未打滑的临界状态时，紧边拉力 F_1 和松边拉力 F_2 的关系可由柔韧体摩擦的欧拉公式给出，即

$$F_1 = F_2 e^{f\alpha} \tag{4-8}$$

式中，e 为自然对数的底(e=2.718)；f 为带和轮接触面之间的摩擦系数；α 为传动带在小带轮上的包角，rad。

联立式(4-4)、式(4-6)及式(4-8)，可得特定条件下带能传递的最大有效拉力 F_{max} 为

$$F_{max} = 2F_0 \frac{e^{f\alpha} - 1}{e^{f\alpha} + 1} \tag{4-9}$$

由式(4-9)可见，影响带传动最大有效拉力 F_{max} 强的因素有：

①初拉力 F_0。初拉力 F_0 越大，带与带轮间的正压力越大，最大有效拉力 F_{max} 越大。但当 F_0 过大时，将导致带的磨损加剧，带的寿命缩短；当 F_0 过小时，带的工作能力将不足，工作时易打滑。

②包角 α。最大有效拉力 F_{max} 随包角 α 的增大而增大。为保证带的传动能力，一般要求 $\alpha_{min} > 120°$。

③摩擦系数 f。摩擦系数越大，f 最大有效拉力 F_{max} 越大。f 与带及带轮材料、表面状况及工作环境等有关。

4.2.2 带传动的运动分析

1. 带传动的弹性滑动和打滑

带是弹性体，受力后会产生弹性变形，受力愈大弹性变形愈大；反之愈小。工作时由于紧边拉力 F_1 大于松边拉力 F_2，则带在紧边的伸长量将大于松边的伸长量。见图 4-6，图中用相邻横向间隔线的距离大小表示带的相对伸长程度。带绕过主动轮时，由于带伸长量逐渐缩短而使带在带轮上产生微量向后滑动，使带速 v 低于主动轮圆周速度 v_1；带绕过从动轮时，由于带逐渐伸长也将在带轮上产生微量滑动，使带速 v 高于从动轮圆周速度 v_2。上述因带的弹性变形量的变化而引起带与带轮之间微量相对滑动的现象，称为带的弹性滑动。

弹性滑动导致从动轮的圆周速度低于主动轮的圆周速度，降低了传动效率，使带与带轮磨损增加和温度升高。弹性滑动是摩擦型带传动正常工作时不可避免的固有特性。

实验结果表明，弹性滑动只发生在带离开带轮前的称为滑动弧的那部分接触弧 $\overset{\frown}{A_2A_3}$ 和 $\overset{\frown}{B_2B_3}$ 上(见图 4-6)，$\overset{\frown}{A_1A_2}$ 和 $\overset{\frown}{B_1B_2}$ 则称为静弧。滑动弧和静弧所对应的中心角分别称为滑动角(β_1、β_2)与静角。滑动弧随着载荷的增大而增大，当传递的有效拉力达到极限值 F_{elim} 时，小带轮上的滑动弧增至全部接触弧，即 $\beta_1 = \alpha_1$。如果载荷继续增大，则带与小带轮接触面间将发生

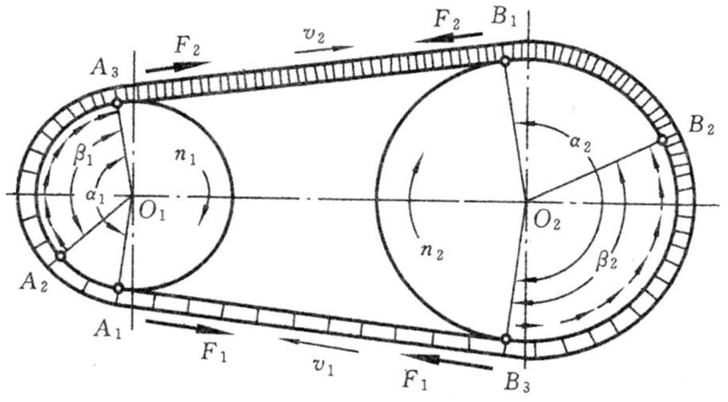

图 4-6　带的弹性滑动

显著的相对滑动，这种现象称为打滑。打滑将使带严重磨损和发热、从动轮转速急剧下降、带传动失效，所以打滑是必须避免的。但在传动突然超载时，打滑却可以起到过载保护的作用，避免其他零件发生损坏。

2. 滑动率和传动比

由带的弹性滑动引起的从动轮相对于主动轮圆周速度的降低率 ε 称为滑动率，即

$$\varepsilon=\frac{v_1-v_2}{v_1}=\frac{\pi d_{d1}n_1-\pi d_{d2}n_2}{\pi d_{d1}n_1}$$

$$=1-\frac{d_{d2}n_2}{d_{d1}n_1} \qquad (4\text{-}10)$$

式中，n_1、n_2 分别为主、从动轮转速，r/rain；d_{d1}、d_{d1} 分别为主、从动轮的基准直径，mm。

由式(4-10)可得传动比 i 或从动轮直径 d_{d2} 与滑动率 ε 的关系，即

$$i=\frac{n_1}{n_2}=\frac{d_{d2}}{(1-\varepsilon)d_{d1}}$$

$$d_{d2}=(1-\varepsilon)\frac{d_{d1}}{n_2}=(1-\varepsilon)d_{d1}i$$

带传动正常工作时，滑动率 ε 随所传递的有效拉力的变化而成正比地变化，因此带传动不能保持恒定的传动比。一般 ε 为 1%～2%，可以忽略不计。

4.2.3　带传动的应力分析

带传动工作时带中的应力大致有三部分：由拉力产生的拉应力、由离心力产生的离心拉应力和带绕过带轮时产生的弯曲应力。

1. 拉应力 σ_1、σ_2(MPa)

紧边拉应力、松边拉应力为

$$\begin{cases}\sigma_1=\dfrac{F_1}{A}\\ \sigma_2=\dfrac{F_2}{A}\end{cases} \qquad (4\text{-}11)$$

式中，A 为带的横截面积，mm^2。因为 $F_1>F_2$，所以 $\sigma_1>\sigma_2$；带在绕过主动轮时，拉应力由 σ_1 逐

渐降至 σ_2；带在绕过从动轮时，拉应力则由 σ_2 逐渐增加到 σ_1。

2. 离心拉应力 σ_c(MPa)

当带沿带轮轮缘作圆周运动时，带上每一质点都受离心力的作用。带的离心力 $F_c = qv^2$。此力作用于整个传动带，因此，它产生的离心拉应力 σ_c 在带的所有横截面上都是相等的，即

$$\sigma_c = \frac{F_c}{A} = \frac{qv^2}{A} \tag{4-12}$$

式中，q 为传动带单位长度的质量，kg/m；v 为带速，带速一般在 25m/s 以下，以限制离心拉应力的大小。

3. 弯曲应力 σ_b(MPa)

当带绕过带轮时，由于弯曲会产生弯曲应力 σ_b。根据材料力学公式有

$$\sigma_b = \frac{2Ey}{d_d} \approx \frac{Eh}{d_d} \tag{4-13}$$

式中，E 为带的弹性模量，MPa；d_d 为带轮的基准直径，mm；y 为带的中性层到最外层的距离，mm；h 为带的高度，mm。

由式(4-13)可知，带轮直径愈小，则带的弯曲应力愈大。为了防止产生过大的弯曲应力而影响带的使用寿命，对每种型号带都规定了带轮的最小直径，见表 4-1。

表 4-1　V 带最小带轮直径和推荐轮槽数

带型	Y	Z SPZ	A SPA	B SPB	C SPC	D	E
d_{dmin}	20	50 63	75 90	125 140	200 224	355	500
推荐轮槽数 z	1～3	1～4	1～6	2～8	3～9	3～9	3～9

带工作时的总应力为上述三种应力之和，并沿带长变化分布，如图 4-7 所示。带中最大应力发生在紧边刚绕入主动轮处，其值为

$$\sigma_{max} = \sigma_1 + \sigma_{b1} + \sigma_c$$

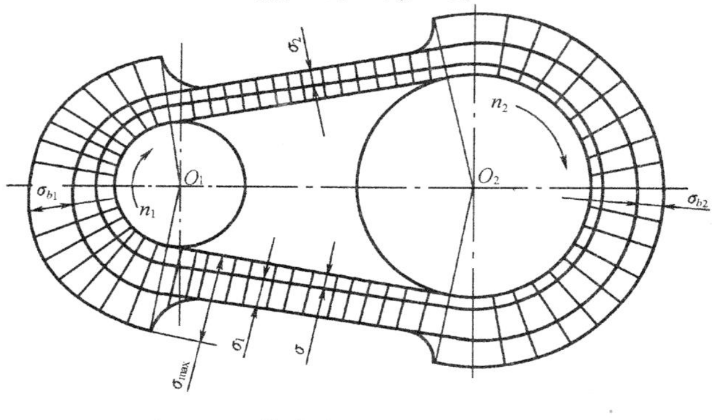

图 4-7　带传动工作时的应力分布

带是在变应力状态下工作的，当应力循环次数达到一定值时，将使带产生疲劳破坏，带发生裂纹、脱层、松散，直至断裂。

4.2.4　带传动的失效形式和计算准则

带传动的主要失效形式为打滑和带的疲劳破坏（脱层和疲劳断裂），所以带传动的计算准则是：保证带传动不打滑的前提下，充分发挥带的传动能力，并使传动带具有足够的疲劳强度和寿命。带传动不出现打滑的极限有效拉力为

$$F_{elim}=(F_1-qv^2)(1-\frac{1}{e^{f\alpha_1}})$$

$$=(\sigma_1-\sigma_c)A(1-\frac{1}{e^{f\alpha_1}}) \tag{4-14}$$

根据带的应力分析，带具有一定寿命的疲劳强度条件为

$$\sigma_{max}=\sigma_1+\sigma_{b1}\leqslant[\sigma] \tag{4-15}$$

或

$$\sigma_1=[\sigma]-\sigma_{b1}$$

式中，$[\sigma]$为由带的疲劳寿命决定的许用拉应力。

由式(4-14)、式(4-15)和带传动传递功率的计算式 $P=F_e v/1000$（P、F_e、v 可的单位分别为 kW、N 和 m/s），可得带传动的许用功率为

$$[P_0]=\frac{F_{elim}v}{1000}=([\sigma]-\sigma_c-\sigma_{b1})(1-\frac{1}{e^{f\alpha_1}})\frac{Av}{1000}\sigma_{max}(\text{kW}) \tag{4-16}$$

4.3　V 带传动的设计计算

4.3.1　单根 V 带的许用功率

由实验得出，在 $10^8\sim10^9$ 次应力循环下，V 带的许用应力为

$$[\sigma]=\sqrt[m]{\frac{CL_d}{3600j_n t_h v}} \tag{4-17}$$

式中，C 为由 V 带的材质和结构决定的实验常数；L_d 为 V 带的基准长度，m；j_n 为 V 带绕行一周时绕过带轮的数目；t_h 为 V 带的预期寿命，h；m 为指数，对普通 V 带，$m=11.1$。

将式(4-12)、式(4-13)、式(4-17)代入式(4-16)，并取 $v=0.51$，可得单根 V 带许用功率的计算公式为

$$[P_0]=[\sqrt[11.1]{\frac{CL_d}{7200t_h v}}-\frac{2E_b y_0}{d_{d1}}-\frac{qv^2}{A}](1-\frac{1}{e^{0.51\alpha_1}})\frac{Av}{1000}(\text{kW}) \tag{4-18}$$

按式(4-18)确定的普通 V 带和窄 V 带在特定条件（载荷平稳，L_d 为特定长度，$i=1$，即 $\alpha_1=180°$）下所能传递的基本额定功率见表 4-2。

表 4-2 单根 V 带的基本额定功率

带型	d_{d1}/mm	$n_1/(r_1/min)$										
		400	730	980	1200	1460	1600	2000	2400	2800	3600	5000
Z	50	0.06	0.09	0.12	0.14	0.16	0.17	0.20	0.22	0.26	0.30	0.34
	63	0.08	0.13	0.18	0.22	0.25	0.27	0.32	0.37	0.41	0.47	0.50
	70	0.09	0.23	0.23	0.27	0.31	0.33	0.39	0.46	0.50	0.58	0.62
	80	0.14	0.26	0.26	0.30	0.36	0.39	0.44	0.50	0.56	0.64	0.66
A	75	0.27	0.42	0.52	0.60	0.68	0.73	0.84	0.92	1.00	1.08	1.02
	90	0.39	0.63	0.79	0.93	1.07	1.15	1.34	1.50	1.64	1.83	1.82
	100	0.47	0.77	0.97	1.14	1.32	1.42	1.66	1.87	2.05	2.28	2.25
	125	0.67	1.11	1.40	1.66	1.93	2.07	2.44	2.74	2.98	3.26	2.91
B	125	0.84	1.34	1.67	1.93	2.20	2.33	2.64	2.85	2.96	2.80	1.09
	140	1.05	1.69	2.13	2.47	2.83	3.00	3.42	3.70	3.85	3.63	1.29
	160	1.32	2.16	2.72	3.17	3.64	3.86	4.40	4.75	4.89	4.46	0.81
	180	1.59	2.61	3.30	3.85	4.41	4.68	5.30	5.67	5.76	4.92	
C	200	2.41	3.80	4.66	5.29	5.86	6.07	6.34	6.02	5.01		
	250	3.62	5.82	7.18	8.21	9.06	9.38	9.62	8.75	6.56		
	315	5.14	8.34	10.23	11.53	12.48	12.72	12.14	9.43	4.16		
	400	7.06	11.52	13.67	15.04	15.51	15.24	11.95	4.34			
D	355	9.24	14.04	16.30	17.25	16.70	15.63					
	400	11.45	17.58	20.25	21.20	20.03	18.31					
	450	13.85	21.12	24.16	24.84	22.42	19.59					
	500	16.20	24.52	27.60	26.71	23.28	18.88					
SPZ	63	0.35	0.56	0.70	0.81	0.93	1.00	1.17	1.32	1.45	1.66	1.85
	71	0.44	0.72	0.92	1.08	1.25	1.35	1.59	1.81	2.00	2.33	2.68
	80	0.55	0.88	1.15	1.38	1.60	1.73	2.05	2.34	2.61	.3.6	3.56
	90	0.67	1.12	1.44	1.70	1.98	2.14	2.55	2.93	3.26	3.84	4.46
SPA	90	0.75	1.21	1.52	1.76	2.02	2.16	2.49	2.77	3.00	3.26	3.07
	100	0.94	1.54	1.93	2.27	2.61	2.80	3.27	3.67	3.99	4.42	43.1
	112	1.16	1.91	2.44	2.86	3.31	3.57	4.18	4.71	5.15	5.72	5.61
	125	1.40	2.33	2.98	3.50	4.06	4.38	5.15	5.80	6.34	7.03	6.75
SPB	140	1.92	3.13	3.92	4.55	5.21	5.54	6.31	6.86	7.15	6.89	
	130	2.47	4.06	5.13	5.98	6.89	7.33	8.38	9.13	9.52	9.10	
	180	3.01	4.99	6.31	7.38	8.50	9.05	10.34	11.21	11.62	10.77	
	200	3.54	5.88	7.47	8.74	10.07	10.70	12.18	13.11	13.41	11.83	
SPC	224	5.169	8.82	10.39	11.89	13.26	13.81	14.01				
	250	6.31	10.27	12.76	14.61	16.26	16.92	16.69				
	280	7.59	12.40	15.40	17.60	19.49	20.20	18.86				
	315	9.07	14.82	18.37	20.88	22.92	23.58	19.98				

当使用条件与特定条件不符时，需引入附加项和修正系数。经过修正后的单根 V 带许用功率的计算公式为

$$[P_0]=(P_0+\Delta P_0)K_L K_\alpha \tag{4-19}$$

式中，ΔP_0为额定功率增量，考虑 $i\neq1$ 时，带在大轮上的弯曲应力较小，对带的疲劳强度有利，在相同寿命的条件下，额定功率可比 $i=1$ 时的传递功率大(表 4-3、表 4-4)；K_L为长度系数，考虑带长不为特定长度时对传动能力的影响(表 4-4)；K_α为包角系数，考虑 $\alpha\neq180°$时对传动能力的影响(表 4-5)。

表 4-3　单根普通 V 带额定功率的增量 ΔP_0(Kw)

带型	小带轮转速 $n_1/(r_1/min)$	传动比 i									
		1.00～1.01	1.02～1.04	1.05～1.08	1.09～1.12	1.13～1.18	1.19～1.24	1.25～1.34	1.35～1.51	1.52～1.99	≥2.0
Z	400 3600	0.00 0.00	0.00 0.02	0.00 0.03	0.00 0.03	0.00 0.03	0.00 0.04	0.00 0.04	0.00 0.05	0.01 0.05	0.01 0.06
A	400 5000	0.00 0.00	0.01 0.07	0.01 0.14	0.02 0.20	0.02 0.27	0.03 0.34	0.03 0.40	0.04 0.47	0.04 0.54	0.05 0.60
B	400 5000	0.00 0.00	0.01 0.18	0.03 0.36	0.04 0.53	0.06 0.71	0.07 0.89	0.08 1.07	0.10 1.24	0.11 1.42	0.13 1.60
C	400 2800	0.00 0.00	0.04 0.27	0.08 0.55	0.12 0.82	0.16 1.10	0.20 1.37	0.23 1.64	0.27 1.92	0.31 2.19	0.35 2.47
D	400 1600	0.00 0.00	0.14 0.56	0.28 1.11	0.42 1.67	0.56 2.23	0.70 2.78	0.83 3.33	0.97 3.89	1.11 4.45	1.25 5.00

表 4-4　单根窄 V 带额定功率的增量 ΔP_0(Kw)

带型	小带轮转速 $n_1/(r_1/min)$	传动比 i									
		1.00～1.01	1.0～1.05	1.06～1.11	1.12～1.18	1.19～1.26	1.27～1.38	1.39～1.57	1.58～1.94	1.95～3.38	≥3.39
SPZ	400 5000	0.00 0.00	0.01 0.07	0.01 0.18	0.03 0.32	0.03 0.44	0.04 0.53	0.05 0.62	0.06 0.70	0.06 0.76	0.06 0.80
SPA	400 5000	0.00 0.00	0.01 0.17	0.04 0.47	0.07 0.82	0.09 1.12	0.11 1.36	0.13 1.59	0.14 1.79	0.16 1.95	0.16 2.06
SPB	400 3600	0.00 0.00	0.03 0.25	0.08 0.69	0.14 1.21	0.19 1.68	0.22 2.02	0.26 2.38	0.30 2.66	0.32 2.91	0.34 3.07
SPC	400 2400	0.00 0.00	0.09 0.52	0.24 1.41	0.41 2.46	0.56 3.35	0.68 4.06	0.79 4.75	0.89 5.35	0.97 5.83	1.03 6.17

表 4-5 普通 V 带基准长度 L_d 及带长修正系数 K_L

基准长度 L_d/mm	K_L					基准长度 L_d/mm	K_L					
	Y	Z	A	B	C		Z	A	B	C	D	E
200	0.81					2000		1.03	0.98	0.88		
224	0.82					2240		1.06	1.00	0.91		
250	0.84					2500		1.09	1.03	0.93		
280	0.87					2800		1.11	1.05	0.95	0.83	
315	0.89					3150		1.13	1.07	0.97	0.86	
355	0.92					3550		1.17	1.09	0.99	0.89	
400	0.96	0.87				400		1.19	1.13	1.02	0.91	
450	1.00	0.89				4500			1.15	1.04	0.93	0.90
500	1.02	0.91				5000			1.18	1.07	0.96	0.92
560		0.94				5600				1.09	0.98	0.95
630		0.96	0.81			6300				1.12	1.00	0.97
710		0.99	0.83			7100				1.15	1.03	1.00
800		1.00	0.85			8000				1.18	1.06	1.02
900		1.03	0.87	0.82		9000				1.21	1.08	1.05
1000		1.06	0.89	0.84		1000				1.23	1.11	1.07
1120		1.08	0.91	0.86		11200					1.14	1.10
1250		1.11	0.93	0.88		12500					1.17	1.12
1400		1.14	0.96	0.90		14 000					1.20	1.15
1600		1.16	0.99	0.92	0.83	16000					1.22	1.18
1800		1.18	1.01	0.95	0.86							

表 4-6 包角系数 K_α

包角 α_1	180°	170°	160°	150°	140°	130°	20°	110°	100°	90°
K_α	1.00	0.98	0.95	0.92	0.89	0.86	0.82	0.78	0.74	0.69

4.3.2　带传动的设计与参数选择

1. V 带传动设计的一般内容

V 带传动设计的已知条件包括：带传动的工作条件（原动机种类、工作机类型和特性等），传递的功率 P，主从动轮的转速 n_1、n_2 或传动比，传动位置和外部尺寸的要求等。

带传动设计的内容包括：带的型号、长度和根数的确定，带轮中心距的确定，带轮的材料、结构及尺寸的设计与选择，带的初拉力及作用在带轮轴上的压力计算，带张紧装置的设计等。

2. 设计计算步骤及参数选择的原则

(1)确定计算功率

根据带传动的工作条件及带传递的功率 P，计算功率 P_{ca}。可由下式给出：

$$P_{ca}=K_A P$$

式中，P_{ca} 为计算功率，kW；K_A 为工作情况系数（见表 4-7）；P 为带传递的功率，kW。

表 4-7　工作情况系数 K_A

工作情况		软起动			负载起动		
		每天工作时间/h					
载荷性质	工作机举例	<10	10～16	>16	<10	10～16	>16
载荷平稳或变化微小	液体搅拌机；通风机或鼓风机（$P\leqslant 7.5$kW）；离心式水泵或压缩机；轻型输送机等	1.0	1.1	1.2	1.1	1.9	1.3
载荷变化较小	带式输送机（不均匀负载）；通风机（$P>7.5$kW）；旋转式水泵或压缩机（非离心式）；发电机；金属切削机床；印刷机；旋转筛；木工机械等	1.1	1.2	1.3	1.2	1.3	1.4
载荷变化较大	制砖机；斗式提升机；往复式水泵或压缩机；起重机；磨粉机；冲剪机床；橡胶机械；振动筛；纺织机械；重载输送机等	1.2	1.3	1.4	1.4	1.5	1.6
载荷变化很大	挖掘机；破碎机（旋转式、颚式）；磨碎机（球磨、棒磨、管磨）等	1.3	1.4	1.5	1.5	1.6	1.8

(2)选择 V 带类型

根据计算功率 P_{ca} 及小带轮转速 n_1，由图 4-8 确定普通 V 带的类型。

(3)确定带轮的基准直径 d_{d1}、d_{d2}

①初选小带轮基准直径 d_{d1}。当带轮直径较小时，虽然带传动结构紧凑，但带弯曲应力较大，导致带疲劳强度降低；若传递相同功率，带轮直径小，则需要的有效拉力大，使得带的根数

增加。因此，为防止过大的弯曲应力，一般取 $d_{d1} \geqslant d_{dmin}$，并取标准值，见表 4-8。

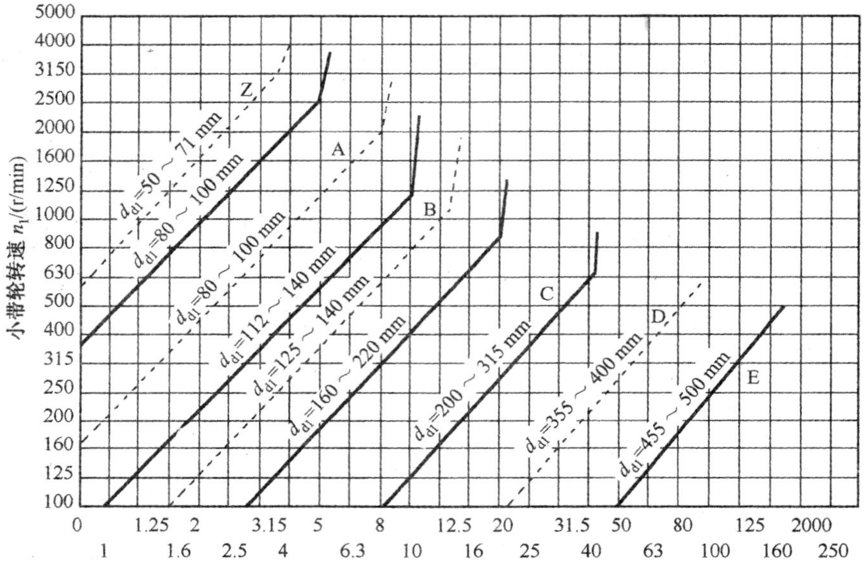

图 4-8　普通 V 带选择图

表 4-8　V 带轮的最小基准直径 d_{dmin}，推荐轮槽数 z 和轮带直径标准值

槽型	Y	Z SPZ	A SPA	B SPB	C SPC	D	E
d_{dmin}/mm	20	50 63	75 90	125 140	200 224	355	500
推荐轮槽数 z	1～3	1～4	1～6	2～8	3～9	3～9	3～9
轮带直径标准值/mm	50,63,75,80,85,90,100,106,112,118,125,132,140,150,160,170,180,200,212,224,236,250,265,280,300,315,335,355,375,400,425,450,475,500,530,560,600,630,370,710,750,800,900,1000,1060,1120,1250,1400,1500,1600,1800,2000……						

②验算带速。根据式(4-20)验算带速 v，即

$$v=\frac{\pi d_{d1} n_1}{60 \times 1000} \tag{4-20}$$

式中，v 为带速，m/s；d_{d1} 为小带轮基准直径，mm；n_1 为小带轮转速，r/min。当传递的功率一定时，若带速较高，则需要的有效拉力较小，使带的根数减少，带传动的结构比较紧凑。若带速过高，导致带的离心应力较大，同时还使单位时间内带的循环次数增加，导致带的疲劳强度降低。较大的离心应力使带与轮之间的压力减小，导致带传动易打滑。因此，带速不宜过高或过低，一般推荐 $v=5～25$m/s。

③计算大带轮直径。按照 $d_{d2}=id_{d1}$ 计算大带轮直径，参照相关手册将计算结果适当圆整。

(4)确定中心距 a 及带的基准长度 L_d

①初选中心距 a_0。当中心距较大时，包角增加，传动能力强，带的长度增加，单位时间内循环次数减少，有利于提高带的疲劳寿命，但传动的外廓尺寸增大。

一般初定中心距 a_0 为

$$0.7(d_{d1}+d_{d2})\leqslant a_0\leqslant 2(d_{d1}+d_{d2}) \tag{4-21}$$

②计算带长 L_{d0}。根据带传动的几何关系，按照式(4-22)计算带长 L_{d0}，即

$$L_{d0}=2a_0+\frac{\pi}{2}(d_{d1}+d_{d2})+\frac{(d_{d2}-d_{d1})^2}{4a_0} \tag{4-22}$$

算出 L_{d0} 后，基准长度 L_d 的值见表 4-5。

③确定中心距 a。通常，选取的基准长度 L_d 与计算带长 L_{d0} 不相等，因此，实际中心距以需要进行修正。实际中心距近似为

$$a=a_0+\frac{L_d-L_{d0}}{2} \tag{4-23}$$

考虑到带轮的制造误差、带长的误差及调整初拉力等需要，常给出中心距的变动范围为

$$a_{\min}=a-0.015L_d \tag{4-24}$$

$$a_{\max}=a+0.03L_d \tag{4-25}$$

(5)验算小带轮上的包角 α_1

带传动中，小带轮上的包角 α_1 小于大带轮上的包角 α_2，使得小带轮上的包角 α_1 成为影响带传动能力的重要因素。通常，应保证

$$\alpha_1\approx 180°-\frac{d_{d2}-d_{d1}}{a} \tag{4-26}$$

特殊情况下允许 $\alpha_1\geqslant 90°$

(6)确定 V 带根数 z

$$z\geqslant\frac{P_{ca}}{P_r} \tag{4-27}$$

式中，z 为 V 带的根数；P_{ca} 为计算功率，kW；P_r 为由式(4-19)确定的单根带的许用功率，kW。

根据式(4-27)的计算结果圆整 V 带根数 z。若 V 带根数超过推荐轮槽数时，应选截面较大的带型，以减少带的根数。

(7)确定初拉力

对于非自动张紧的 V 带传动，既要保证传递额定功率时不打滑，又要保证有一定寿命，这时单根 V 带适当的初拉力为

$$F_0=500\frac{(2.5-K_\alpha)P_{ca}}{K_\alpha zv}+qv^2 \tag{4-28}$$

式中，各符号的意义及单位同前。对于新安装的带，初拉力应为上式计算值的 1.5 倍。

(8)计算带对轴的压力

为设计和计算带轮轴及轴承，需要计算带传动时带作用于轴上的压力 F_p。忽略带两边的拉力差及离心力，带作用于轴上的压力 F_p 为

$$F_p=2zF_0\sin\frac{\alpha_1}{2} \tag{4-29}$$

式中，F_p 为压轴力，N；z 为带的根数；F_0 为初拉力，N；α_1 为小带轮包角。

4.3.3 V带轮的结构设计

V带轮的材料主要采用铸铁，常用材料的牌号为HT150或HT200；转速较高时宜采用铸钢；小功率时可用铸铝或塑料。

当带轮基准直径 $d_d \leqslant (2.5\sim3)d$（$d$ 为轴的直径，mm）时，可采用实心式结构，如图4-9所示。

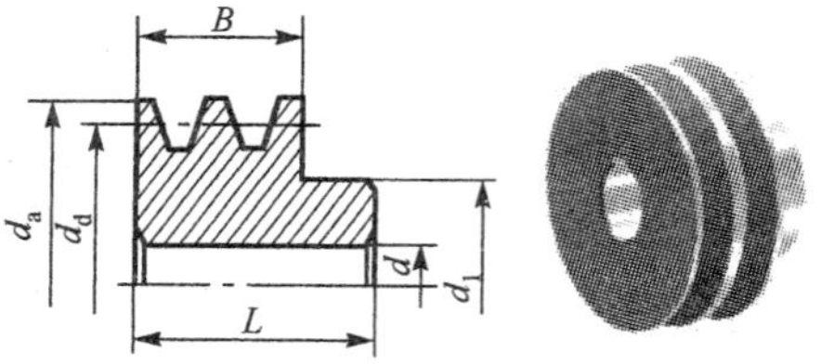

图4-9 普通V带实心式结构

当 $d_d \leqslant 300$mm时，可采用腹板式或孔板式结构，如图4-10(a)、(b)所示；当以 $d_d > 300$mm时，可采用轮辐式结构，如图4-10(c)所示。

(a) (b) (c)

图4-10 普通V带结构

带轮轮槽尺寸要精细加工（表面粗糙度为3.2），以减小带的磨损；各槽的尺寸和角度应保持一定的精度，使载荷分布较均匀。

带轮的结构设计，主要是根据带轮的基准直径选择结构形式；根据带的型号确定轮槽尺寸。带轮的其他结构尺寸，见表4-9。

例4-1 设计某机床系统中与电动机相接的V带传动。已知电动机的额定功率为 $P=4$kW，转速 $n_1=1440$r/min，传动比为3.4，三班制工作，载荷变动小，要求结构紧凑。

解：(1)确定计算功率 P_{ca}。由机械手册相关数据得工作情况系数 $K_A=1.3$，计算功率 P_{ca} 为

$$P_{ca}=K_AP=1.3\times4=5.2\text{kW}$$

(2)选取带型。根据 P_{ca} 及 n_1，由图4-8选用A型带。

(3)确定带轮的基准直径。根据表4-8推荐的最小基准直径，可选出小带轮的基准直径比 $d_{d1}=100$mm，则大带轮的基准直径比 $d_{d2}=id_{d1}=3.4\times100=340$mm取 $d_{d2}=355$mm。

(4)验算带速，即

$$v=\frac{\pi d_{d1}n_1}{60\times1000}=\frac{\pi\times100\times1440}{60\times1000}=7.54\text{m/s}$$

$5\text{m/s}<v<25\text{m/s}$，故符合要求。

(5)确定V带的基准长度和中心距。根据 $0.7(d_{d1}+d_{d2})\leqslant a_0\leqslant 2(d_{d1}+d_{d2})$ 初步确定中心

距 a_0 为

$$0.7(100+355)=318\leqslant a_0\leqslant 2(100+355)=910$$

考虑到设计要求结构紧凑，故选 $a_0=400\text{mm}$。

根据式(4-22)，计算 V 带的基准长度 L_{d0} 为

$$L_{d0}=2a_0+\frac{\pi}{2}(d_{d1}+d_{d2})+\frac{(d_{d2}-d_{d1})^2}{4a_0}$$

$$=2\times400+\frac{\pi}{2}(100+355)+\frac{(355-100)^2}{4\times400}=1555.36\text{mm}$$

由表 4-5 选 V 带基准长度 L_d 为 1600mm。按式(4-23)计算出实际的中心距以为

$$a=a_0+\frac{L_d-L_{d0}}{2}=400+\frac{1600-1555.36}{2}=422.32$$

(6)验算主动轮上的包角。由式(4-24)可得

$$\alpha_1\approx180°-\frac{d_{d2}-d_{d1}}{a}=180°-\frac{355-100}{422.32}\times57.3=145.4°$$

故主动轮的包角合适。

表 4-9　普通 V 带的尺寸

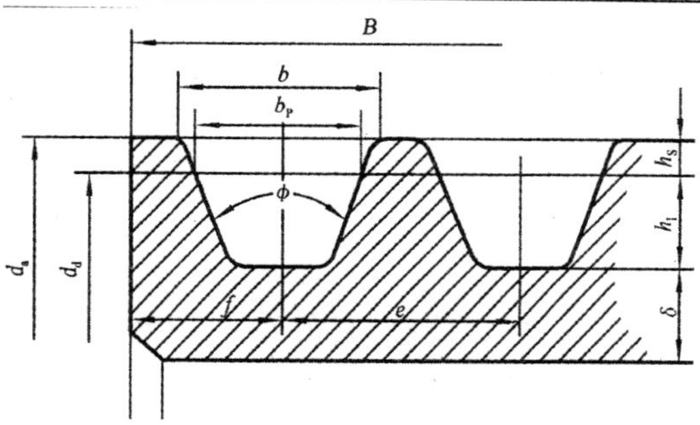

参数及尺寸	Y	Z	A	B	C	D	E
b_p	5.3	8.5	11	14	19	27	32
h_{amin}	1.6	2	2.75	3.5	4.8	8.1	9.6
h_{fmin}	4.7	7	8.7	10.8	14.3	19.9	23.4
δ_{min}	5	5.5	6	7.5	10	12	15
e	8±0.3	12±0.3	15±0.3	19±0.4	25.5±0.5	37±0.6	44.5±0.7
f	6	7	9	16	16	23	28
B	$B=(z-1)e+2f$(z 为轮槽数)						
$\varphi=32°$	≤60						
$\varphi=34°$		≤80	≤118	≤190	≤315		
$\varphi=36°$	>60					≤475	≤600
$\varphi=38°$		>80	>118	>190	>315	>475	>600

(7)计算 v 带的根数。由表 4-5 查得 $K_L=0.99$，由表 4-7 查得 $K_\alpha=0.91$，由表 4-3 查得 $\Delta P=0.17\text{kW}$，由表 4-2 查得 $P_0=1.32\text{kW}$。根据式(4-20)，在此条件下，单根 V 带所传递的功率为

$$\text{Pr}=(P_0+\Delta P)K_\alpha K_L=(1.32+0.17)\times0.99\times0.90=1.33\text{kW}$$

由式(4-27)可得 V 带的根数 z 为

$$z\geqslant\frac{P_{ca}}{P_r}=\frac{5.2}{1.33}=3.92$$

取 $z=4$ 根。

(8)计算初拉力 F_0。查得 $q=0.1\text{kg/m}$。由式(4-28)可得 V 带的初拉力为

$$F_0=500\ \frac{(2.5-K_\alpha)P_{ca}}{K_\alpha zv}+qv^2=500\times\frac{(2.5-0.91)\times5.2}{0.91\times4\times7.54}+0.1\times7.54^2=156.3\text{N}$$

(9)计算带对轴的压力。由式(4-29)得

$$F_p=2zF_0\sin\frac{\alpha_1}{2}=2\times4\times156.3\times\sin\frac{145.4°}{2}=1193.8\text{N}$$

(10)带轮结构设计(略)

4.4 链传动概述

4.4.1 链传动的组成与特点

1. 组成

链传动是一种应用较为广泛的机械传动，它的特点介于齿轮传动和皮带传动之间。它是由链条和主、从动链轮所组成，如图 4-11 所示。链传动是在两个或多于两个链轮之间用链作为挠性拉曳元件的一种啮合传动，见图 4-12。

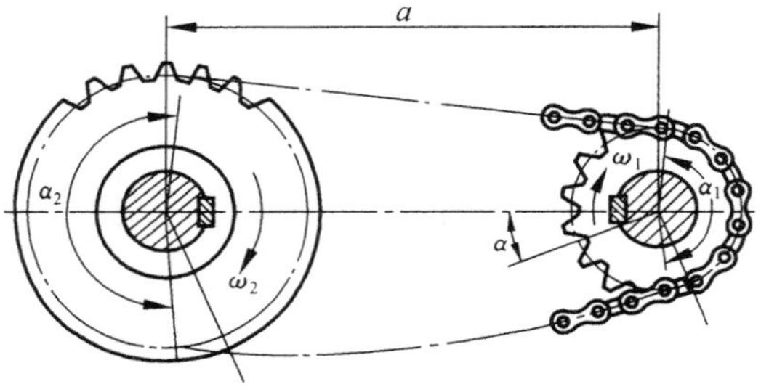

图 4-11 链传动

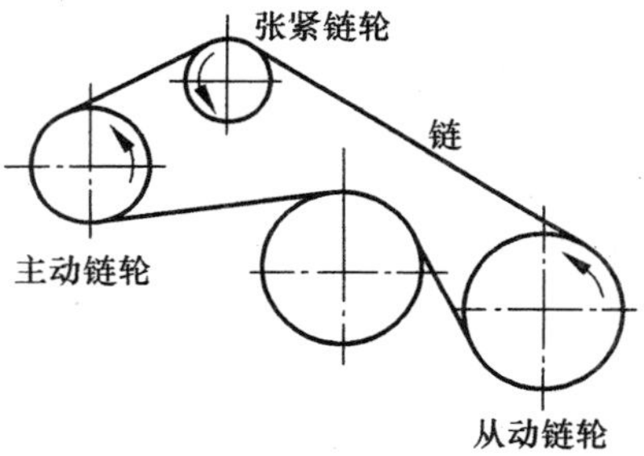

图 4-12 链传动的形式

2. 类型

链的种类繁多，按用途来分，链可分为三大类。

(1)传动链

用于一般机械传动，以传递运动和动力，工作速度 $v\leqslant15\text{m/s}$。

(2)输送链

在各种输送装置和机械化装卸设备中,用以输送物品,工作速度 $v \leqslant 4\mathrm{m/s}$。

(3)起重链

在起重机械中用以提升重物,工作速度 $v \leqslant 0.25\mathrm{m/s}$。

在一般机械传动装置中,通常应用的是传动链。根据结构的不同,传动链又可分为套筒链、套筒滚子链(简称滚子链)、齿形链等多种,如图 4-13 所示。

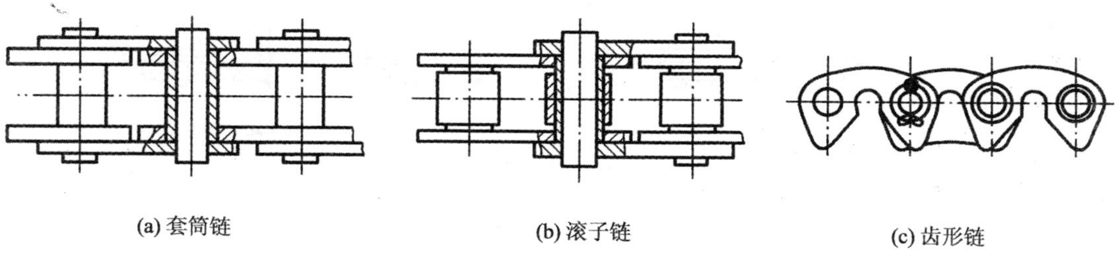

图 4-13　传动链的类型

3. 特点

链传动的优缺点是通过与皮带传动和齿轮传动相比较而得出的。和带传动比较,链传动的主要优点是:没有滑动;工况相同时,传动尺寸比较紧凑;不需要很大的张紧力,作用在轴上的载荷较小;效率较高,可以达到 $\eta \approx 98\%$;能在温度较高、湿度较大的环境中使用;需要时轴间距离可以很大。

链传动的缺点是:只能用于平行轴间的传动;瞬时速度不均匀,高速运转时不如带传动平稳;不宜在载荷变化很大和急促反向的传动中应用;工作时有噪声;制造费用比带传动高等。

4.4.2　传动链结构

1. 滚子链的结构

如图 4-14(a)所示,滚子链由内链板 1、外链板 2、销轴 3、套筒 4 及滚子 5 构成。销轴与外链板、套筒与内链板均采用过盈配合,分别组成外链节和内链节。套筒与销轴、套筒与滚子全部采用间隙配合。内链节和外链节之间铰接形成链条。当链条与链轮齿啮合时,内外链节相互转动,滚子与链轮齿廓之间发生相对滚动。为减小链的质量及运动时的惯性,链板按等强度原则均做成 8 字形。

滚子链按照排数不同,可分为单排链、双排链(如图 4-14 所示)和多排链。排数越多,承载能力越大。当链条排数较多时,由于链条制造与装配精度的限制,导致各排链条间的载荷分配不均,故一般不超过 3 排。

滚子链已经标准化(GB/T1243—1997),分为 A、B 两个系列。A 系列源于美国,流行于世界;B 系列源于英国,主要流行于欧洲。滚子链的主要参数是链的节距 p,即链条上相邻两销轴之间的中心距。节距 p 越大,链的尺寸和能传递的功率越大,但这时链的重量也随之增加。当要传递的功率较大时,可选用双排链或多排链。

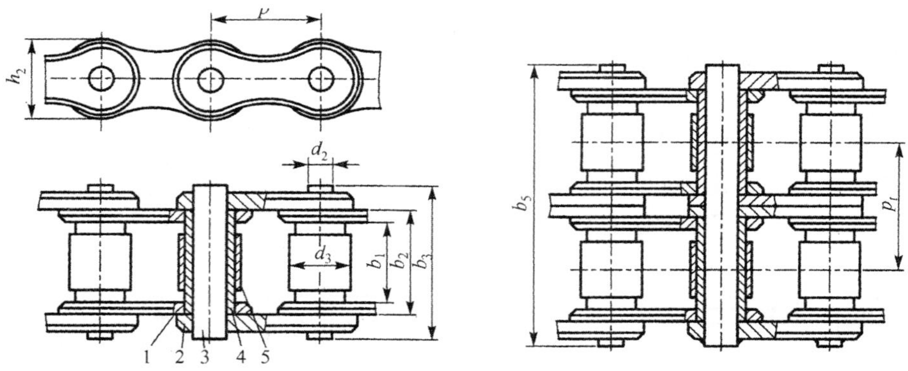

(a) 单排滚子链　　(b) 双排滚子链

图 4-14　滚子链结构

为使链条连接成环形，应使内、外链板相连接，所以，链节数最好是偶数。这时开口处可用开口销[如图 4-15(a)所示]或弹簧锁片[如图 4-15(b)所示]来固定。若链节数是奇数，则采用过渡链节连接，如图 4-15(c)所示。由于过渡链节受附加弯矩作用，故通常应避免使用奇数铸节。

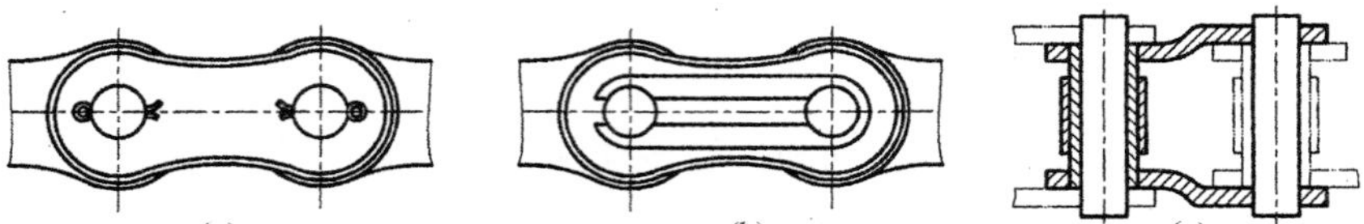
(a)　(b)　(c)

图 4-15　滚子链接头形式

表 4-10 列出了 GB1243.1—1983 规定的几种规格的滚子链。标准规定，滚子链分 A、B 两个系列。表中的链号与相应的国际标准一致，链号数值乘以 25.4/16 即为节距值。在我国，滚子链标准以 A 系列为主体，供设计和出口用。B 系列主要供维修和出口用。

表 4-10　滚子链的规格及主要参数(摘自 GB1243.1—1983)

链号	节距 p/mm	排距 p_1/mm	滚子外径 d_1/mm	内链节内宽 b_1/mm	销轴直径 d_2/mm	内链板高度 h_2/mm	极限拉伸载荷(单排) Q/N	每米质量(单排) $q/(\mathrm{kg \cdot m^{-1}})$
05B	8.00	5.64	5.00	3.00	2.31	7.11	4400	0.18
06B	9.252	10.24	6.35	5.72	3.28	8.26	8900	0.40
08A	12.70	14.38	7.95	7.85	3.96	12.07	13800	0.60
08B	12.70	13.92	8.51	7.75	4.45	11.81	17800	0.70
10A	15.875	18.11	10.16	9.40	5.08	15.09	21800	1.00
12A	19.05	22.78	11.91	12.57	5.94	18.08	31100	1.50
16A	25.40	29.29	15.88	15.75	7.92	24.13	55600	2.60
20A	31.75	35.76	19.05	18.90	9.53	30.18	86700	3.80
24A	38.10	45.44	22.23	25.22	11.10	36.20	124600	5.60
28A	44.45	48.87	25.40	25.22	12.70	42.24	169000	7.50
32A	50.80	58.55	28.58	31.55	14.27	48.26	222400	10.10
40A	63.50	71.55	39.68	37.85	19.24	60.33	347000	16.10
48A	76.20	87.93	47.63	47.35	23.80	72.39	500400	22.60

2. 齿轮链的结构

齿形链又称无声链，它是由一组带有两个齿的链板左右交错并列铰接而成，如图 4-16 所示。链齿外侧是直边，工作时链齿外侧边与链轮轮齿相啮合实现传动，其啮合的齿楔角有 60°和 70°两种，前者用于节距 $p \geqslant 9.525$mm；后者用于 $p < 0.925$mm。其中楔角为 60°的齿形链传动因较易制造，应用较广。

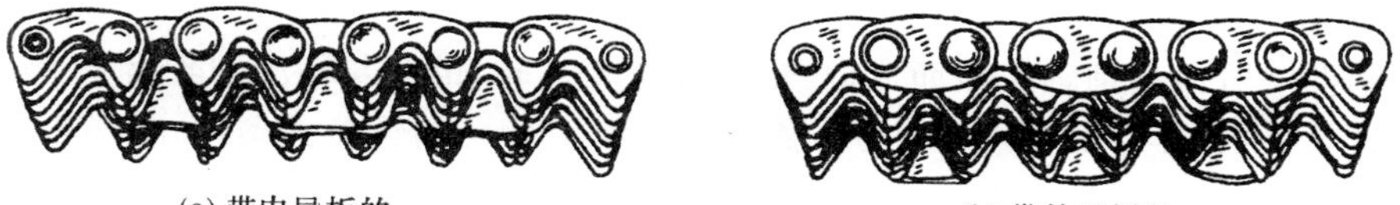

(a) 带内导板的　　(b) 带外导板的

图 4-16　齿形链

齿形链既适宜于高速传动，又适宜于传动比大和中心距小的场合，其传动效率一般为 95%～98%，润滑良好的传动可达 98%～99%。和滚子链比较，齿形链具有工作平稳、噪声较小、允许链速较高、承受冲击载荷能力较好(有严重冲击载荷时，最好采用带传动)和轮齿受力较均匀等优点；但价格较贵、重量较大，并且对安装和维护的要求也较高。

齿形链的铰链形式主要有三种，见图 4-17。圆销式，又称简单铰接，其链板孔与销轴为间隙配合。轴瓦式，又称衬瓦铰接，在链板销孔两侧有长、短扇形槽各一条，且在同一销轴上，相邻链板是左右相间排列，所以长短扇形槽也是相间排列。在销孔中装入销轴后，就在销轴左右的槽中嵌入与短槽相配的轴瓦。这就使得相邻链节在作屈伸动作时，左右轴瓦将各在其长槽中摆动，同时轴瓦内面又沿销轴表面滑动。滚柱式，又称滚动摩擦铰接，它没有销轴，在链板孔上做有直边，相邻链板也是左右相间排列，孔中嵌入摇块。滚柱式齿形链的特点是当链节屈伸时，两摇块间的运动为滚动摩擦。

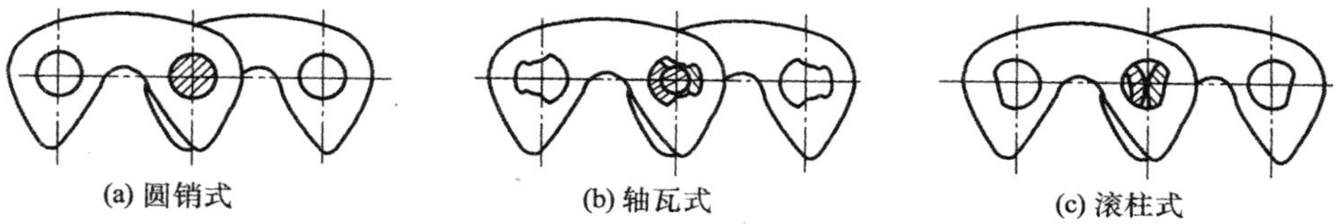

(a) 圆销式　　(b) 轴瓦式　　(c) 滚柱式

图 4-17　齿形链铰接形式

4.4.3　链传动的应用

链传动主要用于要求工作可靠，且两轴相距较远，以及其他不宜采用齿轮传动的场合。因其经济、可靠，故广泛用于农业、采矿、冶金、起重、运输、石油、化工、纺织等各种机械的动力传动中。链传动在传递功率、速度、传动比、中心距等方面都有很广的应用范围。目前，最大传递功率达到 5000kW，最高速度达到 40m/s，最大传动比达到 15，最大中心距达到 8m。由于经济及其他原因，链传动的传动功率一般小于 100kW，速度小于 15m/s，传动比小于 8。

4.5 链传动的工作情况分析

4.5.1 链传动的运动特性

1. 链传动的平均速度与平均传动比

链由刚性链节通过销轴铰接而成，当链绕在链轮上时，链节与相应的轮齿啮合后这一段链条曲折成正多边形的一部分（图 4-18）。该正多边形的边长为链条的节距 p，边数等于链轮齿数 z。链轮每转一圈，随之转过的链长为印，故链的平均速度（单位为 m/s）为

$$v=\frac{z_1 n_1 p}{60\times1000}=\frac{z_2 n_2 p}{60\times1000} \tag{4-30}$$

式中，z_1、z_2 为主、从动轮齿数；n_1、n_2 为主、从动轮的转速，r/min。

由式（4-30）得链传动的平均传动比为

$$i=\frac{n_1}{n_2}=\frac{z_2}{z_1}$$

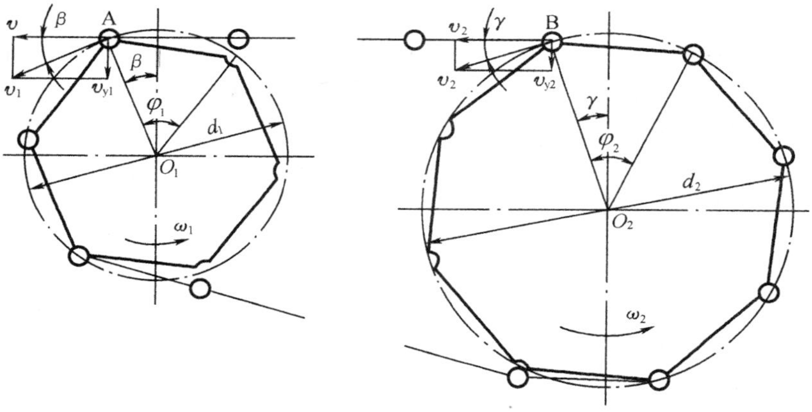

图 4-18 链传动的速度分析

2. 链传动的瞬时速度与瞬时传动比

如图 4-18 所示，链轮转动时，绕在其上的链条的销轴轴心沿链轮节圆［半径为 R_1，$R_1=\dfrac{p}{2\sin(\dfrac{180^\circ}{z_1})}$］运动，而链节其余部分的运动轨迹基本不在节圆上。设主动链轮以角速度 ω_1 转动时，该链条链节 A 作等速圆周运动，其圆周速度 $v_1=\omega_1 R_1$。

为便于分析，设链在转动时主动边始终处于水平位置。v_1 可分解为沿链条前进方向的水平分速度 v_{x1} 和垂直于链条前进方向的竖直分速度秒 v_{y1}，其值分别为

$$v_{x1}=v_1\cos\beta=\omega_1 R_1\cos\beta \tag{4-31}$$

$$v_{y1}=v_1\sin\beta=\omega_1 R_1\sin\beta \tag{4-32}$$

式中，β 为链节 A 圆周速度与水平方向的夹角。

由图 4-18 可知，链条的每一链节在主动链轮上对应的中心角为 φ_1（$\varphi_1=360°/z_1$），则随主动链轮等速回转，β 角在$[-\varphi_1/2,+\varphi_1/2]$之间变化，链节 A 在水平方向分速度秒 v_{x1}、在竖直方向分速度 v_{y1} 都作周期性变化。链条每转过一个节距，v_{x1}、v_{y1} 就变化一次。

设从动链轮瞬时角速度为 ω_2，则链条链节 B 瞬时圆周速度为 $v_2=\omega_1 R_2$。同理，v_2 可分解为沿链条前进方向的水平分速度秒 v_{x2} 和垂直于链条前进方向的竖直分速度 v_{y2}，其值分别为

$$v_{x2}=v_2\cos\gamma=\omega_2 R_2\cos\gamma \tag{4-33}$$

$$v_{y2}=v_2\sin\gamma=\omega_2 R_2\sin\gamma \tag{4-34}$$

式中，γ 为链节 B 圆周速度与水平方向的夹角，β 角在$[-\varphi_1/2,+\varphi_1/2]$之间变化，其中，

$$\varphi_1=360°/z_1;$$

v_{x1}、v_{x2} 为链条链节 A、B 沿链条前进方向的水平分速度，其大小等于链条沿水平方向的链速 v，即 $v=v_{x1}=v_{x2}$，得

$$\omega_1 R_1\cos\beta=\omega_1 R_1\cos\gamma$$

所以链传动瞬时传动比为

$$i_{12}=\frac{\omega_1}{\omega_2}=\frac{R_2\cos\gamma}{R_1\cos\beta} \tag{4-35}$$

随着 β 角和 γ 角的不断变化，链传动的瞬时传动比也是不断变化的。当主动链轮以等角速度回转时，从动链轮的角速度将周期性地变化。只有在 $z_1=z_2$，且传动的中心距恰为节距 p 的整数倍时，传动比才可能在啮合过程中保持不变，恒为 1。链传动的传动比变化与链条绕在链轮上的多边形特性有关，故将以上现象称为链传动的多边形效应。

由上面分析可知，链轮齿数 z 越小，链传动的运动不均匀性越严重。

3. 链传动的动载荷

链传动中的动载荷主要由以下因素产生。

①链速 v 的周期性变化产生的加速度 a，从而引起动载荷。

$$a=\frac{\mathrm{d}v}{\mathrm{d}t}=-R_1\omega_1^2\sin\beta$$

当链节位于 $\beta=\pm\varphi_1/2$ 时，加速度达到最大值，即

$$a_{\max}=\pm R_1\omega_1^2\sin\frac{\varphi_1}{2}=\pm R_1\omega_1^2\sin\frac{180°}{z_1}=\pm\frac{\omega_1^2 p}{2} \tag{4-36}$$

由上式可知，当链的质量一定时，链轮转速越高，节距越大，则链的动载荷就越大。

②链的垂直方向分速度 v_y 周期性变化，使链产生上下振动，进而产生动载荷。它也是链传动动载荷中很重要的一部分。

③当链条的链节啮入链轮齿间时，由于链条铰链与链轮轮齿之间存在相对速度，造成啮合冲击和动载荷。

另外，由于链和链轮的制造误差、安装误差，以及由于链条的松弛，在启动、制动、反转、突然超载或卸载情况下出现的惯性冲击，也将增大链传动的动载荷。

4.5.2 链传动的受力分析

链传动在安装时，应使链条受到一定张紧力，张紧力通过使链条保持适当的垂度所产生悬

垂拉力来获得，以使链传动松边不致过松，防止出现链条的不正常啮合、跳齿或脱链。与带传动相比，链传动所需的张紧力要小很多。

1. 作用在链条上的力

(1)圆周力 F(单位 N)(链的有效拉力 F)

$$F=\frac{1000P}{v} \tag{4-37}$$

式中，P 为传递的功率，kW；v 为链速，m/s。

(2)离心拉力 F_c(单位 N)

$$F_c=qv^2 \tag{4-38}$$

式中，q 为链条单位长度的质量，kg/m。

(3)悬垂拉力 F_y(单位 N)

$$F_y=K_y\cdot q\cdot g\cdot a \tag{4-39}$$

式中，K_y为下垂度 $y=0.02a$ 时的垂度系数，其选取与 β(链条中心线与水平方向的夹角)有关，见表 4-11；g 为重力加速度，$g=9.81\text{m/s}^2$；a 为链传动的中心距，mm。

表 4-11　垂度系数 K_y

布置方式	K_y	
水平布置	7	
倾斜布置	$\beta=30°$	6
	$\beta=60°$	4
	$\beta=75°$	2.5
垂直布置	1	

2. 紧边拉力 F_1(N)和松边拉力 F_2(N)

链传动工作时，存在紧边拉力和松边拉力(图 4-19)。如果不计传动中的载荷，则紧边拉力和松边拉力分别为

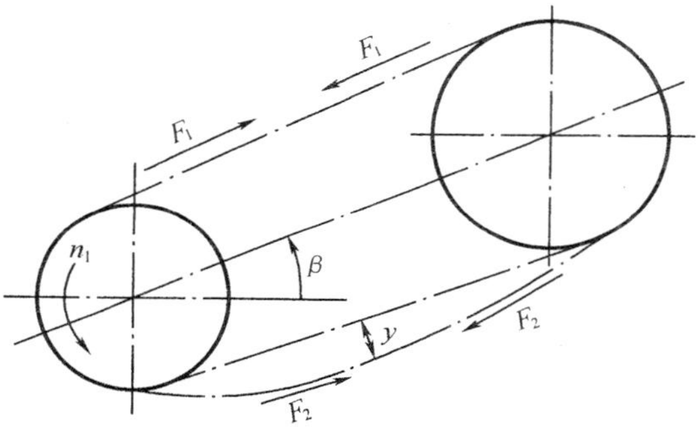

图 4-19　连转动的垂度

$$F_1 = F + F_c + F_y$$
$$F_2 = F_c + F_y$$

3. 作用在链轮轴上的压力 F_Q(N)

$$F_Q = (1.05 \sim 1.15)F$$

水平传动时取 $F_Q = 1.15F$，垂直传动时取 $F_Q = 1.05F$。

第 5 章　齿轮传动

5.1　概　述

齿轮传动是机械传动中最重要的传动之一，形式很多，应用广泛，传递的功率可以达到 10^5kW，圆周速度可达 200m/s，齿轮的直径能做到 10m 以上，单级传动比可达 8 或更大。常见的齿轮传动应用场合包括家用电器的机械定时器、汽车变速箱和差速器、机床主轴箱以及用于各种物料输送机械的齿轮减速器等。

5.1.1　齿轮传动类型

齿轮传动的类型很多，除了机械原理课程中所述的按两齿轮轴线的相对位置和轮齿齿向的分类方法以外，在设计过程中，还常将齿轮传动作如下分类：

(1)按照工作条件分

根据工作条件的不同，齿轮传动可分为闭式齿轮传动和开式齿轮传动两种。闭式齿轮传动(齿轮箱)的齿轮装在经过精确加工的封闭严密的箱体内，能保证良好的润滑和工作条件，各轴的安装精度及系统的刚度比较高，能保证较好的啮合条件。重要的齿轮传动都采用闭式传动。开式齿轮传动的齿轮完全暴露在外边或仅装有简单的防护罩，不能保证良好的润滑，而且易落入灰尘、异物等，轮齿齿面容易磨损，但该传动的成本低。开式齿轮传动往往用于低速、不很重要或尺寸过大不易封闭严密的场合。

(2)按照齿面硬度分

齿轮传动按齿面硬度，可分为软齿面(≤350HBW)齿轮传动和硬齿面(＞350HBW)齿轮传动两种。当啮合传动的一对齿轮中至少有一个为软齿面齿轮时，则称为软齿面齿轮传动；两齿轮均为硬齿面齿轮时，则称为硬齿面齿轮传动。

两者相比较，软齿面齿轮(不需要磨齿)加工工艺简单，但承载能力低，常用于强度、速度及精度都要求不高的传动中。硬齿面齿轮通常需要淬火处理，而淬火会使轮齿产生变形，因此淬火后还需对齿面进行磨削加工，以提高轮齿精度，故硬齿面齿轮加工工艺比较复杂。但其承载能力高，结构紧凑，常用于高速、重载、要求尺寸紧凑及精密机器中。

齿轮传动的设计，主要是通过合理选择齿轮的材料及热处理方法，并通过必要的强度计算确定满足强度条件的齿轮参数和尺寸，进而设计出具有足够承载能力的齿轮传动。

5.1.2　齿轮传动的特点

(1)结构紧凑、传动效率高

在常用的机械传动中，齿轮传动所需的空间尺寸一般较小，且齿轮传动的效率很高，如一级圆柱齿轮传动的效率可达 99%，这对大功率传动十分重要。

(2)功率和速度适用范围广

带传动和链传动的圆周速度都有一定的限制，而齿轮传动可以达到的速度要大得多。

(3)工作可靠、寿命长

齿轮传动若设计制造正确合理、使用维护良好，工作将十分可靠，寿命可长达一二十年，这也是其他机械传动所不能比拟的。这对车辆及在矿井内工作的机械尤为重要。

(4)瞬时传动比为常数

齿轮传动是一种可以实现恒速、恒传动比的机械啮合传动形式，齿轮传动广泛应用的最重要原因之一是其能够实现稳定的传动比。

但是齿轮的制造及安装精度要求高，价格较贵，且不宜用于传动距离过大的场合。

齿轮传动类型很多，以适应不同要求，但从传递运动和动力要求出发，各种齿轮传动都必须解决以下两个基本问题。

①传动平稳，涉及齿轮啮合原理方面的许多内容，在机械原理中有较详细的介绍。

②承载能力足够。要求齿轮传动在尺寸和质量较小的情况下，保证正常使用所需的强度、耐磨性等要求，以期在使用寿命内不发生失效。

5.2 齿轮传动的失效形式和设计准则

5.2.1 齿轮传动的失效形式

一般齿轮传动的失效主要是轮齿的失效。因齿轮传动的装置、使用情况及齿轮齿面硬度不同，齿轮传动也就出现了不同的失效形式，这里只就较为常见的轮齿折断和工作齿面磨损、点蚀、胶合及塑性变形等略作介绍。齿轮的其他部分(如齿圈、轮辐、轮毂等)，除了对齿轮的质量大小需加严格限制外，通常只按经验设计，所定的尺寸对强度及刚度来说均较富余，实践中也极少失效。

1. 轮齿折断

就损伤机理来说，轮齿折断分为疲劳折断和过载折断两种。轮齿工作时相当于一个悬臂梁，齿根处产生的弯曲变应力最大，再加上齿根过渡部分的截面突变及加工刀痕等引起的应力集中作用，当轮齿重复受载后，其弯曲应力超过弯曲疲劳极限时，齿根受拉一侧将产生微小的疲劳裂纹。随着变应力的反复作用，裂纹不断扩展，最终将引起轮齿折断，这种折断称为疲劳折断。由于冲击载荷过大或短时严重过载，或轮齿磨损严重减薄，导致静强度不足而引起的轮齿折断，称为过载折断。

如图5-1所示，从形态上看，轮齿折断有整体折断和局部折断。直齿轮的轮齿一般发生整体折断，图5-1(a)所示。接触线倾斜的斜齿轮和人字齿轮，以及齿宽较大而载荷沿齿向分布不均的直齿轮，多发生轮齿局部折断，如图5-1(b)所示。

为了提高轮齿的抗折断能力，可采取下列措施：①用增大齿根过渡圆角半径及消除加工刀痕的方法来减小齿根应力集中；②增大轴及支承的刚性，使轮齿接触线上受载均匀；③采用合适的热处理方法使齿芯材料具有足够的韧性；④采用喷丸、滚压等工艺措施对齿根表层进行强化处理。

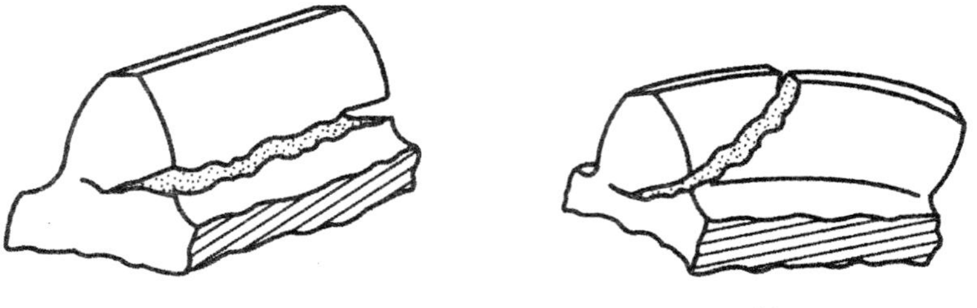

(a)　　　　　　(b)

图 5-1　轮齿折断

2. 齿面点蚀

轮齿工作时，在齿面间的接触处将产生脉动循环的接触应力。在接触应力反复作用下，轮齿表面出现细线状疲劳裂纹，疲劳裂纹的扩展使齿面金属脱落而形成麻点状凹坑，这种现象称为齿面点蚀。实践表明，齿面点蚀首先出现在齿面节线附近的齿根部分，具体可见图 5-2 所示。发生点蚀后，齿廓形状遭破坏，齿轮在啮合过程中会产生剧烈的振动，噪音增大，以至于齿轮不能正常工作而使传动失效。

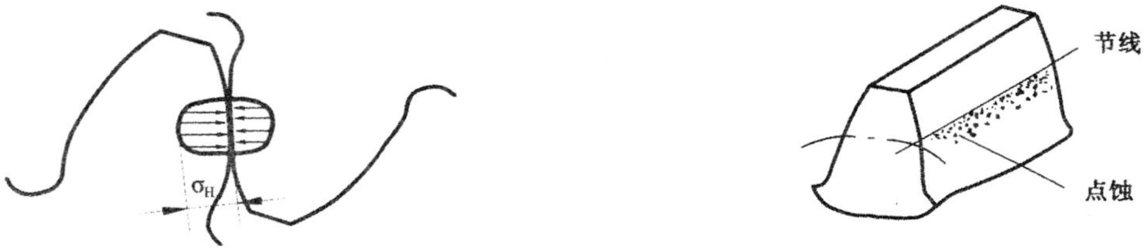

(a) 齿面接触力　　　　(b) 齿面点蚀

图 5-2　齿面点蚀

轮齿在啮合时，齿面接触处产生接触应力 σ_H，如图 5-2(a)所示，脱离啮合后齿面接触应力随即消失。所以，齿廓工作面上任一点所受到的载荷和产生的接触应力都是近似按脉动变化的。在载荷的多次重复作用下，如果接触应力超出轮齿材料的接触疲劳极限，则会在齿面表层产生细微的疲劳裂纹。裂纹逐渐蔓延扩展，相互汇合后使裂纹之间的金属微粒剥落而形成一个个小坑，称为点蚀，如图 5-2(b)所示。点蚀使轮齿啮合情况恶化，传动失效。

对于闭式软齿面的齿轮，在工作初期，由于齿面接触不良，在个别凸起处接触应力很大。短期工作后，会出现点蚀，但随着齿面磨损和辗压，凸起处逐渐变平，承压面积增加，接触应力下降，点蚀不再发展或反而消失，这种点蚀称为早期点蚀或局限性点蚀。对于长时间工作的齿面，由于齿面疲劳，可再度出现点蚀，这时点蚀面积将随工作时间的延长而扩大，这种点蚀称为扩展性点蚀。对于闭式硬齿面齿轮，由于齿面接触疲劳强度较高，一般不会出现点蚀，但由于齿面硬、脆，一旦出现点蚀，即为扩展性点蚀。而对于开式齿轮传动，一般不会出现点蚀，这是因为开式齿轮磨损快，在没形成点蚀前就已被磨掉。

开式齿轮传动，由于齿面磨损较快，很少出现点蚀。

提高齿面抗点蚀能力的措施：①提高齿轮硬度；②改善齿面的接触状况，减小载荷集中；③提高润滑油的黏度和采用合适的添加剂。

3. 齿面胶合

胶合是相啮合齿面的金属在一定压力下直接接触发生黏着，同时随着齿面的相对运动使相黏结的金属从齿面上撕脱，在轮齿表面沿滑动方向形成沟痕的现象。齿轮传动中，齿面上瞬时温度愈高、滑动系数愈大的地方，愈容易发生胶合，通常在轮齿顶部胶合最为明显，具体可见图 5-3 所示。

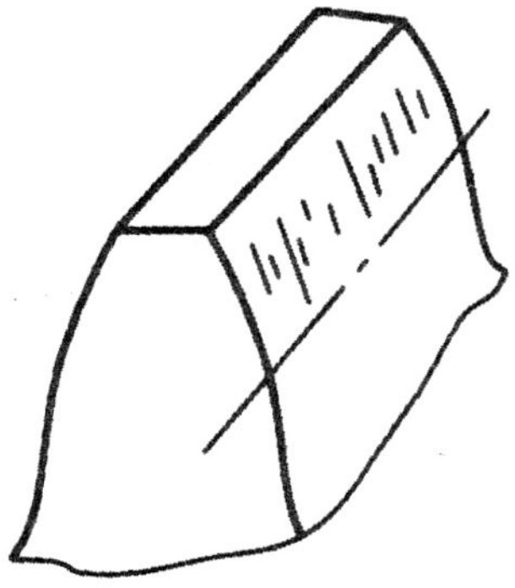

图 5-3　齿面胶合

一般来说，胶合总是在重载条件下发生的。按其形成的条件不同，可分为热胶合和冷胶合。热胶合发生于高速重载齿轮传动中，由于齿面的相对滑动速度高，导致啮合区温度升高，使齿面油膜破裂，造成两齿面金属直接接触而发生胶合。冷胶合发生于低速重载的齿轮传动中，虽然齿面的瞬时温度并无明显增高，但是由于齿面接触处局部压力过大，且齿面的相对滑动速度低，不易形成润滑油膜，使两齿面金属直接接触而发生胶合。

提高齿面抗胶合能力的措施包括：①提高齿面硬度；②采用抗胶合能力强的润滑油（如硫化油）；③在润滑油中加入极压添加剂；④改善散热条件，降低供油温度，以降低齿轮的整体温度。

4. 齿面磨损

在齿轮传动中，齿面随着工作条件的不同会出现多种不同的磨损形式。当轮齿的工作齿面间落人磨料性物质（如砂粒、铁屑、灰尘等杂质）时，齿面将产生齿面磨损，如图 5-4 所示。齿面磨损严重时，轮齿不仅失去了正确的齿廓形状，而且轮齿变薄易引起折断。齿面磨损是开式齿轮传动的主要失效形式之一。

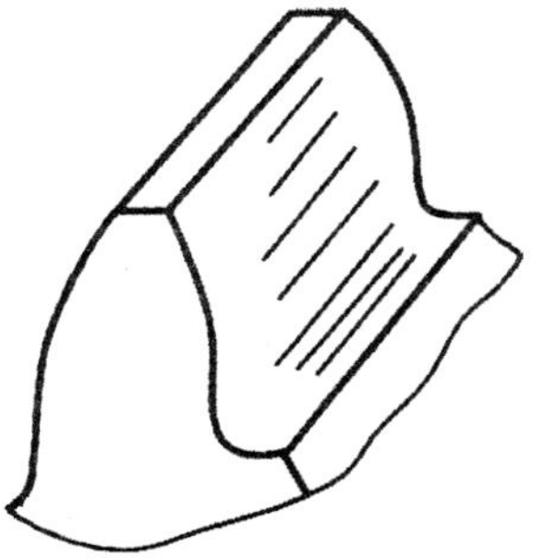

图 5-4　齿面过度磨损

提高齿面抗磨损能力的措施：①合理选择润滑油、润滑方式和添加剂，使轮齿啮合区得到良好润滑；②注意润滑油的清洁和更换，改善密封形式和加设润滑油的过滤装置；③适当提高齿面硬度和降低齿面粗糙度值；④改用闭式齿轮传动，以避免磨粒磨损。

5. 齿面塑性变形

当轮齿材料较软、载荷及摩擦力又很大时，轮齿在啮合过程中，齿面表层的材料就会沿着摩擦力的方向产生齿面塑性变形。由于主动轮齿上所受的摩擦力是背离节线分别朝向齿顶及齿根作用的，故产生塑性变形后，齿面沿节线处形成凹沟。从动轮齿上所受的摩擦力方向则相反，产生塑性变形后，齿面沿节线处形成凸棱，具体可见图 5-5(a)所示。此外，较软的轮齿还会因为突然过载而引起轮齿歪斜，即齿体塑料变形，如图 5-5(b)所示。轮齿塑性变形破坏了轮齿的正确啮合位置和齿廓形状，使之不能正确啮合。

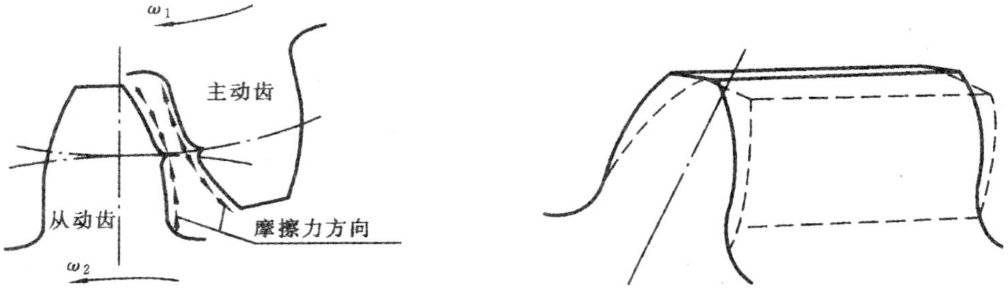

(a) (b)

图 5-5 齿面塑性变形

提高齿面抗塑性变形能力的措施包括：①提高轮齿齿面硬度；②采用高黏度的或加有极压添加剂的润滑油；③避免频繁启动、过载或冲击。

轮齿的失效形式很多。除上述五种主要失效形式外，还可能出现齿面融化、齿面烧伤、电蚀、异物啮入和由于不同原因产生的多种腐蚀和裂纹等等，具体可参看有关资料。

5.2.2 齿轮传动的设计准则

由上述分析可知，所设计的齿轮传动在具体的工作情况下，必须具有足够的、相应的工作能力，以保证在整个工作寿命期间不致失效。因此，针对上述各种工作情况及失效形式，都应分别确定相应的设计准则。但是对于齿面磨损、塑性变形等，因为尚未建立起广为工程实际使用而且行之有效的计算方法及设计数据，所以目前设计一般使用的齿轮传动时，通常只按保证齿根弯曲疲劳强度及保证齿面接触疲劳强度两准则进行计算。对于高速大功率的齿轮传动(如航空发动机主传动、汽车发电机组传动等)，还要按保证齿面抗胶合能力的准则进行计算(参阅 GB/T 3480—1997)。至于抵抗其他失效的能力，目前虽然不进行计算，但应采取相应的措施，以增强轮齿抵抗这些失效的能力。

由实践得知，在闭式齿轮传动中，通常以保证齿面接触疲劳强度为主。但对于齿面硬度很高、齿芯强度又低的齿轮(如用 20、20Cr 等钢经渗碳后淬火的齿轮)或材质较脆的齿轮，通常则以保证齿根弯曲疲劳强度为主。如果两齿轮均为硬齿面且齿面硬度一样高时，则视具体情况而定。

功率较大的传动，例如输入功率超过 75kW 的闭式齿轮传动，发热量大，易于导致润滑不良及轮齿胶合损伤等，为了控制温升，还应作散热能力计算。

开式（半开式）齿轮传动，按理应根据保证齿面抗磨损及齿根抗折断能力两准则进行计算，但如前所述，对齿面抗磨损能力的计算方法迄今尚不够完善，故对开式（半开式）齿轮传动，目前仅以保证齿根弯曲疲劳强度作为设计准则。为了延长开式（半开式）齿轮传动的寿命，可视具体需要而将所求得的模数适当增大 10%～20%。

前面已指出，对于齿轮的轮圈、轮辐、轮毂等部位的尺寸，通常仅进行结构设计，不进行强度计算。

5.3　齿轮材料及其热处理

由轮齿的失效形式可知，设计齿轮传动时，为使齿面有较高的抗点蚀、抗胶合、抗磨损及抗塑性变形的能力，齿面应有足够的硬度；为使齿体有较高的抗折断的能力，轮齿心部应有足够的强度和韧性。因此，理想的齿轮材料应具有齿面硬度高、齿心韧性好的特点。

齿轮的材料最常用的是钢，其次是铸铁，还有有色金属和非金属材料等。

5.3.1　常用齿轮材料及热处理

1. 锻钢

除尺寸过大或者是结构形状复杂只宜铸造者外，一般都用锻钢制造齿轮，常用的是碳的质量分数在 0.15%～0.6%的碳钢或合金钢。

软齿面齿轮可由调质或常化（正火）得到，切齿可在热处理后进行，其精度一般为 8 级，精切时可达 7 级。

硬齿面齿轮多是先切齿，再作表面硬化处理，最后进行精加工，精度可达 5 级或 4 级。这类齿轮精度高，价格较贵。所用热处理方法有整体淬火、表面淬火、渗碳淬火、渗氮及碳氮共渗等。所用材料视具体要求及热处理方法而定。

软齿面齿轮制造简便、经济、生产率高，但齿面强度低。若改用硬齿面，则齿面接触强度大为提高，在相同条件下，传动尺寸要比软齿面的小得多。同时，也有利于提高抗磨损、抗胶合和抗塑性变形的能力。因此，采用合金钢、硬齿面齿轮是当前发展的趋势。采用硬齿面齿轮时，除应注意材料的力学性能外，还应适当减少齿数、增大模数，以保证轮齿具有足够的弯曲强度。

2. 铸钢

铸钢的耐磨性及强度均较好，但切齿前需经过退火、正火处理，必要时也可进行调质。铸钢常用于尺寸较大或结构形状复杂的齿轮。

另外，尺寸较小而又要求不高的齿轮，可选用圆钢。单件或小批量生产的大直径齿轮，为缩短生产周期且降低齿轮的制造成本，往往采用焊接方法制作毛坯。

齿轮常用钢及其力学性能见表 5-1 所示。常用热处理方法、适用钢种、主要特点和适用场合等见表 5-2 所示。

表 5-1　齿轮常用钢及其力学性能

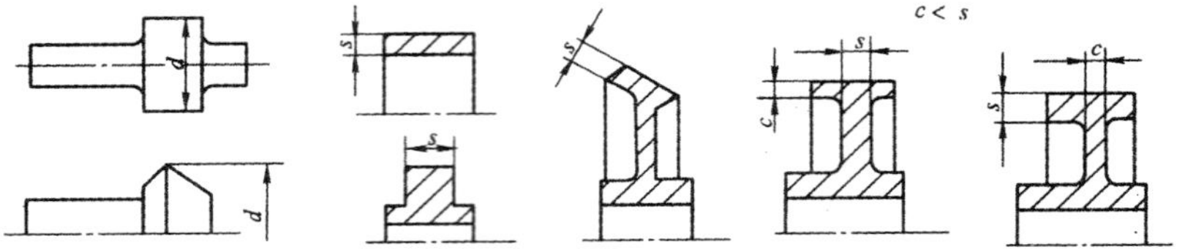

钢号	热处理	截面尺寸		力学性能		硬度	
		直径 d/mm	壁厚 s/mm	σ_d/MPa	σ_s/MPa	调质或正火 HBW	表面淬火 HRC
45	正火	≤100	≤50	590	300	169～217	40～50
		101～300	51～150	570	290	162～217	
	调质	≤100	≤50	650	380	229～286	
		101～300	51～150	630	350	217～255	
42SiMn	调质	≤100	≤50	790	510	229～286	45～55
		101～200	51～100	740	460	217～269	
		201～300	101～150	690	440	217～255	
40MnB	调质	≤200	≤100	740	490	241～286	45～55
		101～300	101～150	690	440		
38SiMnMo	调质	≤100	≤50	740	590	229～286	45～55
		101～300	51～150	690	540	217～269	
35CrMo	调质	≤100	≤50	740	540	207～269	40～45
		101～300	51～150	690	490		
40Cr	调质	≤100	≤50	740	540	241～286	48～55
		101～300	51～150	690	490		
20Cr	渗碳淬火	≤60		640	390	—	56～62
20CrMnTi	渗碳淬火	15		1080	840	—	56～62
	渗氮						57～63
38CrMnAlA	调质、渗氮	30		980	840	229	渗氮 65 以上
ZG310－570	正火			570	320	163～207	
ZG340－640	正火			640	350	179～207	
ZG35CrMnSi	正火、回火			690	350	163～217	
	调质			790	590	197～269	

表 5-2 齿轮常用热处理方法及适用场合

热处理	适用钢种	可达硬度	主要特点和适用场合
调质	中碳钢及中碳合金钢	整体 220～280HBW	硬度适中，具有一定强度、韧度，综合性能好。热处理后可由滚齿或插齿进行精加工，适于单件、小批量生产，或对传动尺寸无严格限制的场合
正火	中碳钢及铸钢	整体 160～210HBW	工艺简单，易于实现，可代替调质处理。适于因条件限制不便进行调质的大尺寸齿轮及不太重要的齿轮
整体淬火	中碳钢及中碳合金钢	整体 45～55HRC	工艺简单，轮齿变形大，需要磨齿。因心部与齿面同硬度，韧性差，不能承受冲击载荷
表面淬火	中碳钢及中碳合金钢	齿面 48～54HRC	通常在调质或正火后进行。齿面承载能力较高，心部韧性好。轮齿变形小，可不磨齿。齿面硬度难以保证均匀一致。可用于承受中等冲击的齿轮
渗碳淬火	多为低碳合金钢	齿面 58～62HRC	渗碳深度一般取 0.3m(模数)，但不小于 1.5～1.8mm。齿面硬度较高，耐磨损，承载能力较高。心部韧性好、耐冲击，轮齿变形大、需要磨齿。适用于重载、高速及受冲击载荷的齿轮
渗氮	渗氮钢	齿面 65HRC	齿面硬，变形小，可不磨齿。工艺时间长，硬化层薄(0.05～0.3mm)，不耐冲击。适用于不受冲击且润滑良好的齿轮
碳氮共渗	渗碳钢		工艺时间短，兼有渗碳和渗氮的优点，比渗氮处理硬化层厚。生产率高，可代替渗碳淬火

5.3.2 齿轮常用铸铁

齿轮常用铸铁为灰铸铁和球墨铸铁。

1. 灰铸铁

灰铸铁的铸造性能和切削性能好，价廉，抗点蚀和抗胶合能力强，但弯曲强度低、冲击韧性差，因此常用于工作平稳、速度较低、功率不大及尺寸不受限制的场合。灰铸铁内的石墨可以起自润滑作用，尤其适用于制作润滑条件较差的开式传动齿轮。

2. 球墨铸铁

球墨铸铁的耐冲击等力学性能比灰铸铁高得多，具有良好的韧性和塑性。在冲击不大的情况下，可代替钢制齿轮。但由于生产工艺比较复杂，目前使用尚不够普遍。

齿轮常用灰铸铁及球墨铸铁的力学性能见表 5-3。

表 5-3　灰铸铁和球墨铸铁的力学性能

铸铁牌号	壁厚 /mm	抗拉强度 σ_b/MPa	屈服强度 $\sigma_{0.2}$/MPa	硬度 (HBw)	铸铁牌号	壁厚 /mm	抗拉强度 σ_b/MPa	屈服强度 $\sigma_{0.2}$/MPa	硬度 (HBW)
HT250	15～30	250	—	170～240	QT500－7	—	500	350	147～241
HT300	15～30	300	—	187～255	QT600－3	—	600	420	229～302
HT350	15～30	350	—	197～269	QT700－2	—	700	490	229～302
HT400	15～30	400	—	207～269	QT800－2	—	800	560	241～321

其他齿轮材料，例如有色金属如铜、铝、铜合金、铝合金等常用于制造有特殊要求的齿轮。

对高速、轻载、噪声小及精度不高的齿轮传动，可采用夹布塑胶、尼龙等非金属材料制造小齿轮。非金属材料的弹性模量较小，可减轻因制造和安装不精确所引起的不利影响，传动时的噪声小。由于非金属材料的导热性和耐热性差，与其啮合的配对大齿轮仍采用钢或铸铁制造，以利于散热。为使大齿轮具有足够的抗磨损及抗点蚀的能力，齿面的硬度应为 250～350HBW。

5.3.3　齿轮材料的选择原则

齿轮材料选择和热处理是影响齿轮承载能力和使用寿命的关键因素，也是关系齿轮性能、质量和成本的重要环节。迄今，齿轮材料以钢为主，其他材料应用不多。随着齿轮技术的发展，传动参数不断提高，设计制造技术不断进步，国内外已普遍采用硬齿面齿轮。硬齿面齿轮不仅大大提高承载能力、改善技术性能，还可因结构尺寸减小而获得良好的经济效益。在选择齿轮材料时，下述几点可供参考。

1. 载荷的大小和性质

对于经常承受较大冲击载荷的齿轮，要求齿轮材料有较高的强度和韧性，一般选用合金渗碳钢(如 20CrMnTi)制造，齿面要求磨齿等精加工方法加工。

如果载荷较为平稳，可选用中碳结构钢(如 45，40Cr 等)经正火或调质处理后，获得较低的表面硬度(一般不大于 350HBS)，用高速钢刀具切齿成形，达到 7 级精度。也可在调质处理后进行表面淬火，齿面表层硬度达 40～55HRC。

2. 圆周速度

在相同的制造精度下，齿轮的圆周速度越高，内部动载荷就越大。因此，考虑到动载荷的影响，齿轮的圆周速度越高，则要求齿轮材料越好及制造精度越高。

3. 生产批量大小

单件小批量生产可以根据现有条件选择材料。对于锻造毛坯，最好采用自由锻。成批大量生产的齿轮，需要根据性能要求精心选择材料，可以考虑采用热模锻。

4. 生产厂家现有工艺条件的限制

选择材料也需要参考生产厂家的工艺条件，一般工厂能够锻造的盘形零件毛坯直径在 500mm 以下。当齿轮的齿顶圆直径超过 500mm 时，适宜采用铸铁或者铸钢材料。铸铁材料允许的最大圆周速度为 6m/s。直径较小的齿轮（如齿顶圆直径＜500mm 时）也可以考虑直接采用轧制圆钢。内齿轮的工作齿面为凹齿廓，磨齿加工困难。当要求 7 级以上精度或高的齿面硬度时，可选用氮化钢制造，经氮化处理。

5. 配对齿轮选材软硬组合

就一对相啮合齿轮而言，它们的材料或齿面硬度应有所区别。因为配对齿轮中的小齿轮齿根弯曲强度较低，同时小齿轮受载次数比大齿轮多，因此从强度和磨损这两个方面考虑，通常应将小齿轮材料选得好一些，或将它的齿面硬度选得高一些。金属制的软齿面齿轮，配对两轮齿面的硬度差应保持为 30～50HBS 或更多。当小齿轮与大齿轮的齿面具有较大的硬度差（如小齿轮齿面为淬火并磨制，大齿轮齿面为常化或调质），且速度又较高时，较硬的小齿轮齿面对较软的大齿轮齿面会起较显著的冷作硬化效应，从而提高了大齿轮齿面的疲劳极限。因此，当配对的两齿轮齿面具有较大的硬度差时，大齿轮的接触疲劳许用应力可提高约 20%，但应注意硬度高的齿面，粗糙度值也要相应减小。

5.4　直齿圆柱齿轮传动的强度计算

5.4.1　轮齿的受力分析

要计算齿轮传动时的载荷，即求轮齿上所受的力，就需要对齿轮传动做受力分析。当然，对齿轮传动进行力分析也是计算安装齿轮的轴及轴承时所必需的。

齿轮传动一般均加以润滑，啮合轮齿间的摩擦力通常很小，计算轮齿受力时，可不予考虑。

沿啮合线作用在齿面上的法向载荷 F_n 垂直于齿面，为了计算方便，将法向载荷 F_n（单位为 N）在节点处分解为两个相互垂直的分力，即圆周力 F_t 与径向力 F_r（单位均为 N），如图 5-6 所示。由此得

$$\left.\begin{aligned} F_t &= \frac{2T_1}{d_1} \\ F_r &= F_t \tan\alpha \\ F_n &= \frac{F_t}{\cos\alpha} \end{aligned}\right\}$$

式中，T_1 为小齿轮传递的名义转矩，单位为 N·mm；d_1 为小齿轮的分度圆直径，单位为 mm；α 为啮合角，对标准齿轮 $\alpha=20°$。

主动轮上的圆周力 F_{t1} 是从动轮对主动轮的作用力，它产生的力矩一定与主动轮轴上的驱动力矩平衡，所以产生力矩的方向与主动轮的转向相反；而从动轮上的圆周力 F_{t2} 是主动轮对从动轮的驱动力，它产生的驱动力矩与从动轮的转向相同。

主、从动齿轮的径向力 F_{t1}、F_{t2} 的方向为沿半径方向指向各自的齿面轮心。

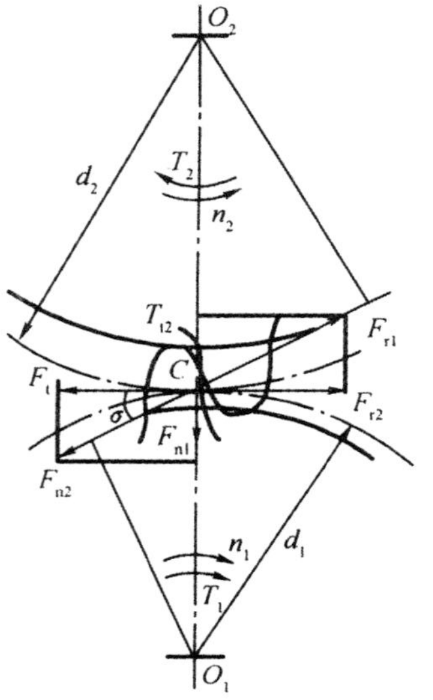

(a) 啮合受力分析图

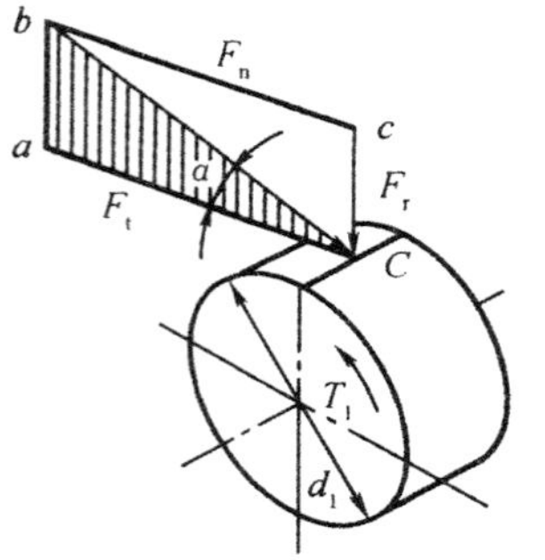

(b) 单齿受力分析图

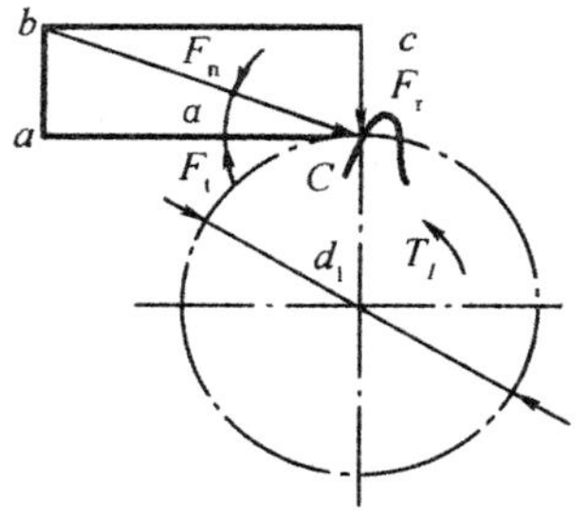

(c) 端面受力分析图

图 5-6　直齿圆柱齿轮轮齿的受力分析

5.4.2　齿根弯曲疲劳强度计算

轮齿在受载时，齿根所受的弯矩最大，因此齿根处的弯曲疲劳强度最弱。当轮齿在齿顶处啮合时，处于双对齿啮合区，此时弯矩的力臂虽然最大，但力并不是最大，因此弯矩并不是最大。根据分析，齿根所受的最大弯矩发生在轮齿啮合点位于单对齿啮合区的最高点。因此，齿根弯曲强度也应按载荷作用于单对齿啮合区最高点来计算。由于这种算法比较复杂，通常只用于高精度的齿轮传动(如 6 级精度以上的齿轮传动)。

对于制造精度较低的齿轮传动(如 7、8、9 级精度)，由于制造误差大，实际上多由在齿顶处啮合的轮齿分担较多的载荷。为便于计算，通常按全部载荷作用于齿顶来计算齿根的弯曲强度。当然，采用这样的算法，轮齿的弯曲强度比较富余。

此节只简单介绍中等精度齿轮传动的弯曲疲劳强度计算。图 5-7 所示为轮齿在齿顶啮合时的受载情况。

在计算齿根弯曲应力时，应确定齿根危险截面位置和在齿根处产生最大弯矩时载荷的作用点。根据应力实验分析，危险截面可用 30°切线法确定，如图 5-8 所示，作与轮齿对称线成 30°角并与齿根过渡曲线相切的两条切线，通过两切点作平行于齿轮轴线的截面，此截面即为齿根危险截面。由于假设全部载荷由一对齿承担，因此，当法向力作用于齿顶时在齿根处产生最大弯矩。为使问题简化，可将轮齿视为宽度为 b 的悬臂梁。

作用于齿顶的计算载荷 F_{nc} 可分解为互相垂直的两个分力 $F_{nc}\cos\alpha_F$ 和 $F_{nc}\sin\alpha_F$，水平分力 $F_{nc}\cos\alpha_F$ 使齿根产生弯曲应力 σ_F，垂直分力 $F_{nc}\sin\alpha_F$ 使齿根产生压应力 σ_c。与弯曲应力 σ_F 相比，压应力 σ_c 很小，可忽略。图 5-8 所示为齿顶受载时，轮齿根部的应力图。

轮齿长期工作后，受拉侧的疲劳裂纹发展较快，故按悬臂梁计算齿根受拉侧计算弯曲应

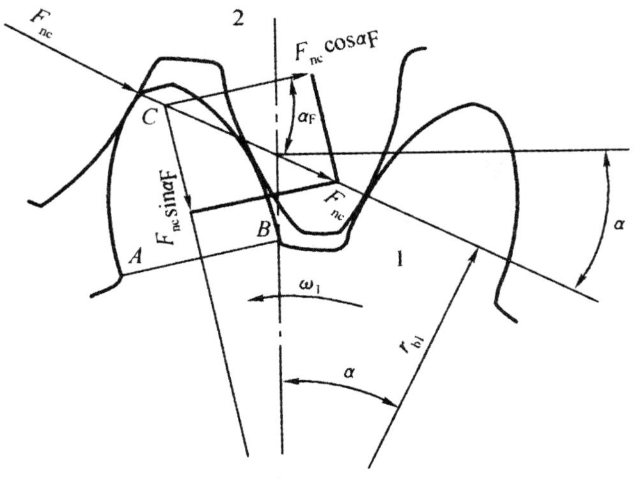

图 5-7　齿顶啮合受载

力为

$$\sigma_F=\frac{M}{W}$$

式中，M 为齿根最大弯矩，N・mm；W 为轮齿危险截面的抗弯截面系数，mm^3。

σ_F 的单位为 MPa。显然

$$M=F_{nc}\cos\alpha_F l=KF_n\cos\alpha_F l=K\frac{F_t}{\cos\alpha}\cos\alpha_F l$$

$$W=\frac{bs^2}{6}$$

可得

$$\sigma_F=\frac{M}{W}=\frac{KF_t\cos\alpha_F l}{\cos\alpha}\cdot\frac{6}{bs^2}=\frac{KF_t}{bm}\cdot\frac{6\left(\frac{l}{m}\right)\cos\alpha_F}{\left(\frac{s}{m}\right)^2\cos\alpha_F}$$

式中，l 为弯矩力臂，mm；s 为危险截面厚度，mm；α_F 为载荷作用角。

其余符号意义同前。令

$$Y_{Fa}=\frac{6\left(\frac{l}{m}\right)\cos\alpha_F}{\left(\frac{s}{m}\right)^2\cos\alpha_F}$$

Y_{Fa}是一个无因次量，只与轮齿的齿廓形状有关，而与齿的大小（模数 m）无关，称为齿形系数，其值可查表 5-4。实际计算时，还应计入齿根危险截面处的过渡圆角所引起的应力集中作用以及弯曲应力以外的其他应力对齿根应力的影响，引入应力校正系数 Y_{Sa}，Y_{Sa}亦为一个无因次量，只与轮齿的齿廓形状有关，其值可查表 5-4。

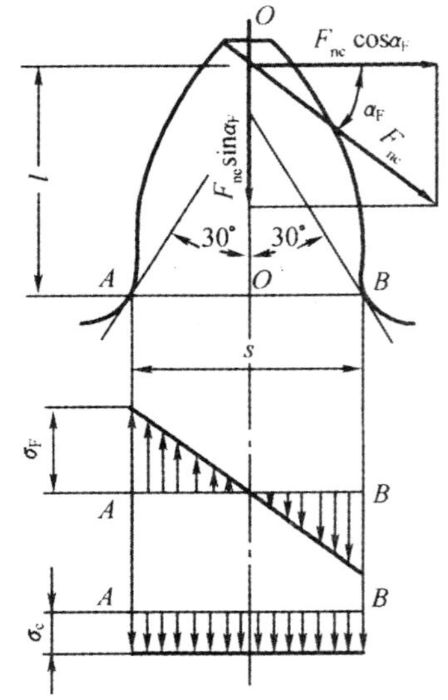

图 5-8　齿根压力圈

表 5-4　齿形系数 Y_{Fa} 及应用力校正系数 Y_{Sa}

$z(z_v)$	17	18	19	20	21	22	23	24	25	26	27	28	29
Y_{Fa}	2.97	2.91	2.85	2.80	2.76	2.72	2.69	2.65	2.62	2.60	2.57	2.55	2.53
Y_{Sa}	1.52	1.53	1.54	1.55	1.56	1.57	1.575	1.58	1.59	1.595	1.60	1.61	1.62
$z(z_v)$	30	35	40	45	50	60	70	80	90	100	150	200	∞
Y_{Fa}	2.52	2.45	2.40	2.35	2.32	2.28	2.24	2.22	2.20	2.18	2.14	2.12	2.06
Y_{Sa}	1.625	1.65	1.67	1.68	1.70	1.73	1.75	1.77	1.78	1.79	1.83	1.865	1.97

取 $F_t=\dfrac{2T_1}{d_1}$，得直齿轮齿根危险截面的弯曲疲劳强度校核公式为

$$\sigma_F=\frac{M}{W}=\frac{KF_tY_{Fa}Y_{Sa}}{bm}=\frac{2KT_1Y_{Fa}Y_{Sa}}{bd_1m}\leqslant[\sigma_F]$$

式中，$[\sigma_F]$为齿轮许用弯曲应力，MPa。取 $b=\varphi_d d_1$，$d_1=mz$，经整理得直齿轮齿根弯曲疲劳强度设计公式为

$$m\geqslant\sqrt[3]{\frac{KT_1}{\varphi_d z_1^2}\cdot\frac{Y_{Fa}Y_{Sa}}{[\sigma_F]}}$$

式中，$\varphi_d=\dfrac{b}{d_1}$称为相对于分度圆直径 d_1 的齿宽系数；m 的单位为 mm。

5.4.3　齿面接触疲劳强度计算

一对齿轮的啮合，可视为以啮合点处齿廓曲率半径 ρ_1、ρ_2 所形成的两个圆柱体的接触，具体可见图 5-9 所示。

根据赫兹公式，并以计算载荷 F_{nc} 代替 F、齿宽 b 代替接触线长度 L，可得齿面接触应力为

$$\sigma_H=\sqrt{\frac{F_{nc}\left(\frac{1}{\sigma_1}+\frac{1}{\sigma_2}\right)}{\pi b\left[\left(\frac{1-\mu_1^2}{E_1}\right)+\left(\frac{1-\mu_2^2}{E_2}\right)\right]}}$$

$$\frac{1}{\rho_\Sigma}=\frac{1}{\rho_1}+\frac{1}{\rho_2}$$

令

$$Z_E=\sqrt{\frac{1}{\pi\left[\left(\frac{1-\mu_1^2}{E_1}\right)+\left(\frac{1-\mu_2^2}{E_2}\right)\right]}}$$

则

$$\sigma_H=Z_E\sqrt{\frac{F_{nc}}{b}\cdot\frac{1}{\rho_\Sigma}}$$

式中，ρ_Σ为啮合齿面上啮合点的综合曲率半径，单位为 mm；Z_E为弹性影响系数，用以考虑材料弹性模量 E 和泊松比 μ 对接触应力的影响，单位为 $\sqrt{\text{MPa}}$，数值列于表 5-5。

表 5-5　弹性影响系数 Z_E（单位：$\sqrt{\text{MPa}}$）

弹性模量 E/MPa ＼ 齿轮材料	配对齿轮材料				
	灰铸铁	球墨铸铁	铸钢	锻钢	夹布塑胶
	11.8×10⁴	**17.3×10⁴**	**20.2×10⁴**	**20.6×10⁴**	**0.785×10⁴**
锻钢	162.0	181.4	188.9	189.8	56.4
铸钢	161.4	180.5	188.0		
球墨铸铁	156.6	173.9	—	—	—
灰铸铁	143.7	—			

注：表中所列夹布塑胶的泊松比 μ 为 0.5，其余材料的 μ 均为 0.3。

因为渐开线齿廓上各点的曲率半径并不相同，在啮合过程中接触点又是不断变化的，所以工作齿廓各点所受的载荷也不同。因此计算齿面的接触强度时，就应同时考虑啮合点所受的载荷及综合曲率$\left(\frac{1}{\rho_\Sigma}\right)$的大小。对端面重合度 $1<\varepsilon_\alpha\leqslant 2$ 的直齿轮传动，如图 5-9 所示，以小齿轮单对齿啮合的最低点（图中 C 点）产生的接触应力为最大，与小齿轮啮合的大齿轮，对应的啮合点是大齿轮单对齿啮合的最高点，位于大齿轮的齿顶面上。如前所述，同一齿面往往齿根面先发生点蚀，然后才扩展到齿顶面，亦即齿顶面比齿根面具有较高的接触疲劳强度。因此，虽然此时接触应力大，但对大齿轮不一定会构成威胁。由图 5-9 可看出，大齿轮在节点处的接触应力较大，同时，大齿轮单对齿啮合的最低点（图中 D 点）处接触应力也较大。按理应分别对小轮和大轮节点与单对齿啮合的最低点处进行接触强度计算，但按单对齿啮合的最低点计算接触应力比较复杂，并且当小齿轮齿数 $z_1\geqslant 20$ 时，按单对齿啮合的最低点计算所得的接触应力与按节点啮合计算得的接触应力极为相近。为了计算方便，通常以节点啮合为代表进行齿面的接触强度计算。

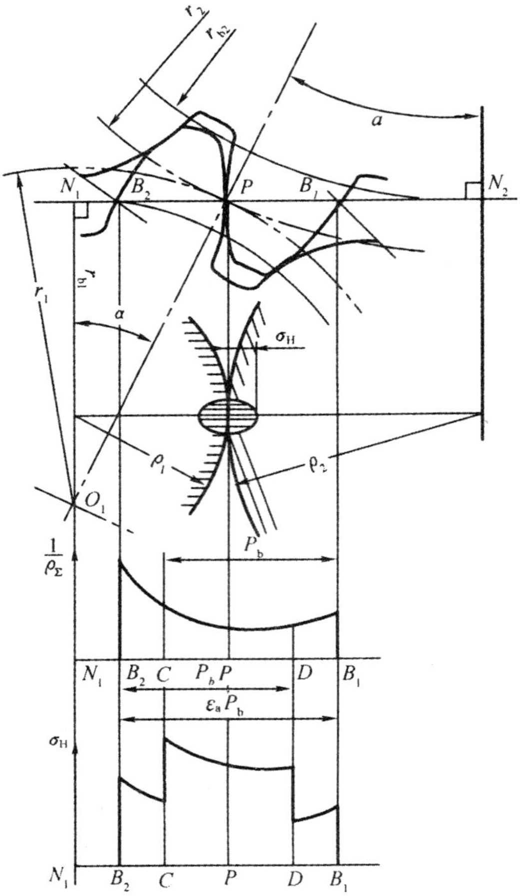

图 5-9 齿面上的接触应力

节点啮合的综合曲率半径为

$$\frac{1}{\rho_\Sigma}=\frac{1}{\rho_1}+\frac{1}{\rho_2}=\frac{\rho_2\pm\rho_1}{\rho_1\rho_2}=\frac{\frac{\rho_2}{\rho_1}\pm1}{\rho_1\left(\frac{\rho_2}{\rho_1}\right)}$$

轮齿在节点啮合时，两轮齿廓曲率半径之比与两轮的直径或齿数成正比，即$\frac{\rho_2}{\rho_1}=\frac{d_2}{d_1}=\frac{z_2}{z_1}=u$，故得

$$\frac{1}{\rho_\Sigma}=\frac{1}{\rho_1}\cdot\frac{u\pm1}{u}$$

如图 5-9 所示，小齿轮轮齿节点 P 处曲率半径 $\rho_1=\overline{N_1P}$。对标准齿轮，节圆就是分度圆，故得 $\rho_1=\frac{d_1\sin\alpha}{2}$，代入上式得

$$\frac{1}{\rho_\Sigma}=\frac{2}{d_1\sin\alpha}\cdot\frac{u\pm1}{u}$$

因此，可得齿面接触应力为

$$\sigma_H=Z_E\sqrt{\frac{F_{nc}}{b}\cdot\frac{1}{\rho_\Sigma}}=\sqrt{\frac{KF_t}{b\cos\alpha}\cdot\frac{2}{d_1\sin\alpha}\cdot\frac{u\pm1}{u}}\cdot Z_E=\sqrt{\frac{KF_t}{bd_1}\cdot\frac{u\pm1}{u}}\cdot\sqrt{\frac{2}{\sin\alpha\cos\alpha}}\cdot Z_E$$

令 $Z_H=\sqrt{\frac{2}{\sin\alpha\cos\alpha}}$，$Z_H$称为区域系数(标准直齿轮时 $\alpha=20°$，$Z_H=2.5$)，并将 $F_t=\frac{zT_1}{d_1}$等代入上式，可得直齿轮齿面接触疲劳强度校核公式为

$$\sigma_H=\sqrt{\frac{2KT_1}{bd_1^2}\cdot\frac{u\pm1}{u}}\cdot Z_E\cdot Z_H\leqslant[\sigma_H]$$

将 $b=\varphi_d d_1$代入上式并整理，可得直齿轮齿面接触疲劳强度设计公式为

$$d_1\geqslant\sqrt[3]{\frac{2KT_1}{\varphi_d}\frac{u\pm1}{u}\left(\frac{Z_EZ_H}{[\sigma_H]}\right)^2}$$

若将 $Z_H=2.5$ 代入以上两式可得

$$\sigma_H=2.5Z_E\sqrt{\frac{2KT_1}{bd_1^2}\cdot\frac{u\pm1}{u}}\leqslant[\sigma_H]$$

$$d_1\geqslant2.32\sqrt[3]{\frac{2KT_1}{\varphi_d}\cdot\frac{u\pm1}{u}\left(\frac{Z_E}{[\sigma_H]}\right)^2}$$

各式中 σ_H、$[\sigma_H]$的单位为 MPa，其他各符号的意义和单位不变。

5.4.4　齿轮传动的强度计算说明

①式 $\sigma_F=\frac{KF_tY_{Fa}Y_{Sa}}{bm}=\frac{2KT_1Y_{Fa}Y_{Sa}}{bd_1m}\leqslant[\sigma_F]$在推导过程中并没有区分主、从动齿轮，故对主、从动齿轮都是适用的。由该式可得$\frac{KF_t}{bm}\leqslant\frac{[\sigma_F]}{Y_{Fa}Y_{Sa}}$，不等式左边对主、从动轮是一样的，但右边却因两轮的齿形、材料的不同而不同。因此按齿根弯曲疲劳强度设计齿轮传动时，应将$\frac{[\sigma_{F1}]}{Y_{Fa1}Y_{Sa1}}$或$\frac{[\sigma_{F2}]}{Y_{Fa2}Y_{Sa2}}$中较小的数值代入设计公式进行计算，这样才能满足抗弯强度较弱的那个齿轮的要求。

②因配对齿轮的接触应力皆一样，即 $\sigma_{H1}=\sigma_{H2}$，若按齿面接触疲劳强度设计直齿轮传动时，应将$[\sigma_{H1}]$或$[\sigma_{H2}]$中较小的数值代入设计公式进行计算。

③当配对两齿轮的齿面均属硬齿面时，两轮的材料、热处理方法及硬度均可取成一样的。设计这种齿轮传动时，可分别按齿根弯曲疲劳强度及齿面接触疲劳强度的设计公式进行计算，并取其中较大者作为设计结果。

④当用设计公式初步计算齿轮的分度圆直径 d_1(或模数 m_n)时，动载系数 K_v、齿间载荷分配系数 K_α及齿向载荷分布系数 K_β不能预先确定，此时可试选一载荷系数 K_t(如取 $K_t=1.2\sim1.4$)，则算出来的分度圆直径(或模数)也是一个试算值 d_{1t}(或 m_{nt})，然后按 d_{1t}值计算齿轮的圆周速度，查取动载系数 K_v、齿间载荷分配系数 K_α及齿向载荷分布系数 K_β，计算载荷系数 K。若算得的 K 值与试选的 K_t值相差不多，就不必再修改原计算；若二者相差较大时，应按下式校正试算所得分度圆直径 d_{1t}(或 m_{nt})

$$d_1=d_{1t}\sqrt[3]{\frac{K}{K_t}}$$

$$m_n = m_{nt}\sqrt[3]{\frac{K}{K_t}}$$

⑤由式 $m \geqslant \sqrt[3]{\frac{KT_1}{\varphi_d z_1^2} \cdot \frac{Y_{Fa}Y_{Sa}}{[\sigma_F]}}$ 可知，在齿轮的齿宽系数、齿数及材料已选定的情况下，影响齿轮弯曲疲劳强度的主要因素是模数。模数愈大，齿轮的弯曲疲劳强度愈高。由式 $d_1 \geqslant \sqrt[3]{\frac{2KT_1}{\varphi_d}\frac{u \pm 1}{u}\left(\frac{Z_E Z_H}{[\sigma_H]}\right)^2}$ 可知，在齿轮的齿宽系数、材料及传动比已选定的情况下，影响齿轮齿面接触疲劳强度的主要因素是齿轮直径。小齿轮直径越大，齿轮的齿面接触疲劳强度就越高。

5.5 斜齿圆柱齿轮传动的强度计算

由于斜齿圆柱齿轮传动的轮齿接触线是倾斜的，重合度大，同时啮合的轮齿多，故具有传动平稳、噪声小、承载能力较高的特点，常用于速度较高、载荷较大的传动中。

斜齿圆柱齿轮传动的强度计算与直齿圆柱齿轮传动基本相同，但稍有区别。主要区别如下：斜齿圆柱齿轮轮齿的接触线是倾斜的，引入螺旋角系数 Z_β、Y_β，考虑接触线倾斜对齿轮强度的影响；接触线总长度不仅受端面重合度 ε_α 的影响，还受纵向重合度 ε_β 的影响，因此，重合度系数 Z_ε 的计算与直齿圆柱齿轮有所不同。除此之外，公式的形式和式中各参数的确定方法与直齿轮基本相同。

5.5.1 轮齿的受力分析

在斜齿圆柱齿轮传动中，作用于齿面上的法向载荷 F_n 仍垂直于齿面。如图 5-10 所示，作用于主动轮上的 F_n 位于法面 $Pabc$ 内，与节圆柱的切面 $Pa'ae$ 倾斜一法向啮合角 α_n。F_n 可沿齿轮的周向、径向及轴向分解成三个相互垂直的分力：圆周力 F_t、径向力 F_r、轴向力 F_a。

$$\left.\begin{aligned} F_t &= \frac{2T_1}{d_1} \\ F_r &= F_t\frac{\tan\alpha_n}{\cos\beta} \\ F_a &= F_t\tan\beta \\ F_n &= \frac{F_t}{\cos\alpha_n \cdot \cos\beta} = \frac{F_t}{\cos\alpha_t \cdot \cos\beta_b} = \frac{2T_1}{d_1\cos\alpha_t \cdot \cos\beta_b} \end{aligned}\right\}$$

式中，α_t 为端面压力角；α_n 为法向压力角；β 为分度圆螺旋角；β_b 为基圆螺旋角。

从动轮轮齿上的载荷也可分解为 F_t、F_r 和 F_a 三力，它们分别与主动轮上的各力大小相等，方向相反。

圆周力和径向力方向的判断和直齿圆柱齿轮传动相同。轴向力的方向决定于轮齿螺旋线方向和齿轮回转方向，可用主动轮左、右手法则判断：左螺旋用左手，右螺旋用右手；握住主动轮轴线，除拇指外其余四指代表回转方向，拇指的指向即主动轮的轴向力方向，从动轮轴向力与其大小相等、方向相反。

由上式易知，轴向力 F_a 与 $\tan\beta$ 成正比。为了不使轴承承受过大的轴向力，斜齿圆柱齿轮传动的螺旋角 β 不宜选得过大，常在 8°～20°之间选择。在人字齿轮传动中，同一个人字齿上

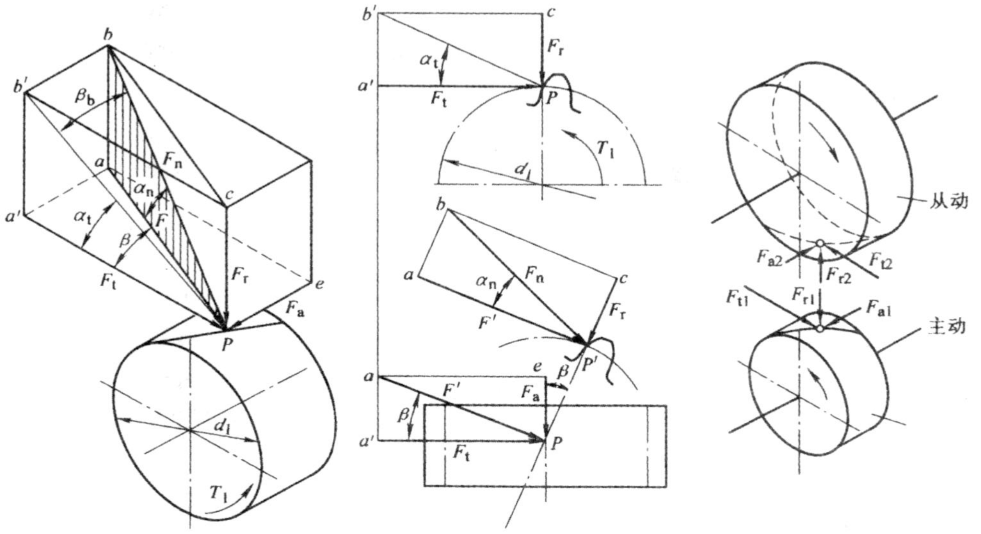

图 5-10　斜齿圆柱齿轮传动的受力分析

按力学分析所得的两个轴向分力大小相等，方向相反，轴向分力的合力为零。因而人字齿轮的螺旋角 β 可取较大的数值（15°～40°），传递的功率也较大。人字齿轮传动的受力分析及强度计算都可沿用斜齿轮传动的公式。

5.5.2　齿面接触疲劳强度的计算

斜齿圆柱齿轮传动齿面不产生疲劳点蚀的强度条件同式。推导计算公式的出发点和直齿圆柱齿轮传动相似，但有以下几点不同：

①斜齿圆柱齿轮的法向齿廓为渐开线，故齿廓啮合点的曲率半径应代以法向曲率半径 ρ_{n1} 和 ρ_{n2}，具体可见图 5-11 所示。

②接触线总长度随啮合位置不同而变化，同时还受重合度的影响。

③接触线倾斜有利于提高接触疲劳强度，用螺旋角系数 Z_β 考虑其影响。

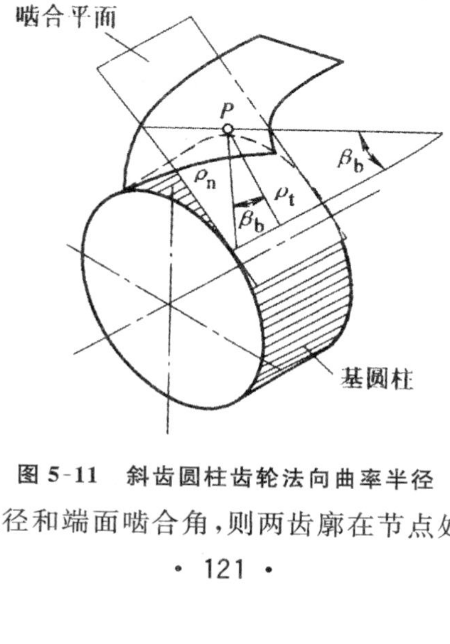

图 5-11　斜齿圆柱齿轮法向曲率半径

设 d' 和 α'_t 分别为节圆直径和端面啮合角，则两齿廓在节点处的端面曲率半径分别为

$$\rho_{t1}=\frac{d'_1\sin\alpha'_t}{2}\quad \rho_{t2}=\frac{d'_2\sin\alpha'_t}{2}$$

法向曲率半径 ρ_{n1} 与端面曲率半径 ρ_t 的关系由几何关系得

$$\rho_{n1}=\frac{\rho_{t1}}{\cos\beta_b}=\frac{d'_1\sin\alpha'_t}{2\cos\beta_b}\quad \rho_{n2}=\frac{\rho_{t2}}{\cos\beta_b}=\frac{d'_2\sin\alpha'_t}{2\cos\beta_b}$$

$$\frac{1}{\rho_\Sigma}=\frac{1}{\rho_{n1}}+\frac{1}{\rho_{n2}}=\frac{\rho_{n2}\pm\rho_{n1}}{\rho_{n2}\rho_{n1}}=\frac{\frac{\rho_{n2}}{\rho_{n1}}\pm 1}{\rho_1\left(\frac{\rho_{n2}}{\rho_{n1}}\right)}=\frac{2\cos\beta_b\left(\frac{\rho_{n2}}{\rho_{n1}}\pm 1\right)}{d'_1\sin\alpha'_t\left(\frac{\rho_{n2}}{\rho_{n1}}\right)}$$

注意到 $d'_1=d_1\frac{\cos\alpha_t}{\cos\alpha'_t}$，$\frac{\rho_{n2}}{\rho_{n1}}=\frac{\rho_{t2}}{\rho_{t1}}=\frac{d'_2}{d'_1}=\frac{d_2}{d_1}=\frac{z_2}{z_1}=u$，则

$$\frac{1}{\rho_\Sigma}=\frac{2\cos\beta_b}{d_1\cos\alpha_t\tan\alpha'_t}=\frac{u\pm 1}{u}$$

对于斜齿圆柱齿轮传动，接触线是倾斜的，每一条全齿宽的接触线长为 $\frac{b}{\cos\beta_b}$，接触线总长为所有啮合齿上接触线长度之和。在啮合过程中，啮合线总长一般是变动的，据研究，可用 $\frac{xb\varepsilon_\alpha}{\cos\beta_b}$ 作为总长度的代表值，即

$$\left.\begin{aligned}L&=\frac{xb\varepsilon_\alpha}{\cos\beta_b}=\frac{b}{Z_\varepsilon^2\cos\beta_b}\\ Z_\varepsilon&=\sqrt{\frac{4-\varepsilon_\alpha}{3}(1-\varepsilon_\beta)+\frac{\varepsilon_\beta}{\varepsilon_\alpha}}\end{aligned}\right\}$$

其中 $\varepsilon_\beta\geqslant 1$ 时，则取 $\varepsilon_\beta=1$。

$$\rho_H=Z_EZ_HZ_\varepsilon Z_\beta\sqrt{\frac{2KT_1}{bd_1^2}\frac{u\pm 1}{u}}=Z_EZ_HZ_\varepsilon Z_\beta\sqrt{\frac{KF_t}{bd_1}\frac{u\pm 1}{u}}\leqslant[\sigma_H]$$

式中，$Z_H=\sqrt{\frac{2\cos\beta_b}{\cos}\frac{u\pm 1}{u}}$ 为节点区域系数。

螺旋角系数 Z_β 可按下式计算，即

$$Z_\beta=\sqrt{\cos\beta}$$

令 $\varphi_d=\frac{b}{d_1}$，代入则有

$$d_1\geqslant\sqrt[3]{\frac{2KT_1}{\varphi_d}\frac{u\pm 1}{u}\left(\frac{Z_EZ_HZ_\varepsilon Z_\beta}{[\sigma_H]}\right)^2}$$

上式中 $\rho_H=Z_EZ_HZ_\varepsilon Z_\beta\sqrt{\frac{2KT_1}{bd_1^2}\frac{u\pm 1}{u}}=Z_EZ_HZ_\varepsilon Z_\beta\sqrt{\frac{KF_t}{bd_1}\frac{u\pm 1}{u}}\leqslant[\sigma_H]$ 为校核公式，式 $d_1\geqslant\sqrt[3]{\frac{2KT_1}{\varphi_d}\frac{u\pm 1}{u}\left(\frac{Z_EZ_HZ_\varepsilon Z_\beta}{[\sigma_H]}\right)^2}$ 为设计公式，对标准齿轮传动和变位齿轮传动均适用。式中“+”号用于外啮合，“—”号用于内啮合。公式中其他各参数的意义、单位和确定方法同直齿圆柱齿轮传动。

5.5.3 齿根弯曲疲劳强度的计算

斜齿圆柱齿轮传动的接触线是倾斜的,故轮齿往往是局部折断。齿根弯曲应力较复杂,很难精确计算,通常按斜齿圆柱齿轮的法向当量直齿圆柱齿轮进行,分析的截面应为法向截面,模数应为法向模数 m_n。其次考虑接触线倾斜对弯曲强度的有利影响,再引入螺旋角系数 Y_β,于是得斜齿圆柱齿轮齿根弯曲疲劳强度的校核公式为

校核式 $\sigma_F=\dfrac{2KT_1}{bd_1m_n}Y_{Fa}Y_{Sa}Y_\varepsilon Y_\beta=\dfrac{KF_t}{bm_n}Y_{Fa}Y_{Sa}Y_\varepsilon Y_\beta\leqslant[\sigma_F]$

以 $\varphi_d=\dfrac{b}{d_1}$、$d_1=\dfrac{m_n z_1}{\cos\beta}$代入,则上式可变换为

设计式 $m_n\geqslant\sqrt[3]{\dfrac{2KT_1\cos^2\beta}{\varphi_d z_1^2}Y_\varepsilon Y_\beta\dfrac{Y_{Fa}Y_{Sa}}{[\sigma_F]}}$

齿形系数 Y_{Fa}、应力修正系数 Y_{Sa}按当量齿数 $z_v=\dfrac{z}{\cos^3\beta}$可分别根据相应的图查得。螺旋角系数 Y_β按斜齿圆柱齿轮传动的纵向重合度 ε_β,可由图 5-12 查得。重合度系数 Y_ε仍对应公式计算,但式中的 ε_α应代以当量齿轮的端面重合度 $\varepsilon_{\alpha v}$,即

$$Y_\varepsilon=0.25+\frac{0.75}{\varepsilon_{\alpha v}}$$

对标准齿轮传动和变位齿轮传动均适用。公式中其他各参数的意义、单位和确定方法同直齿圆柱齿轮传动。

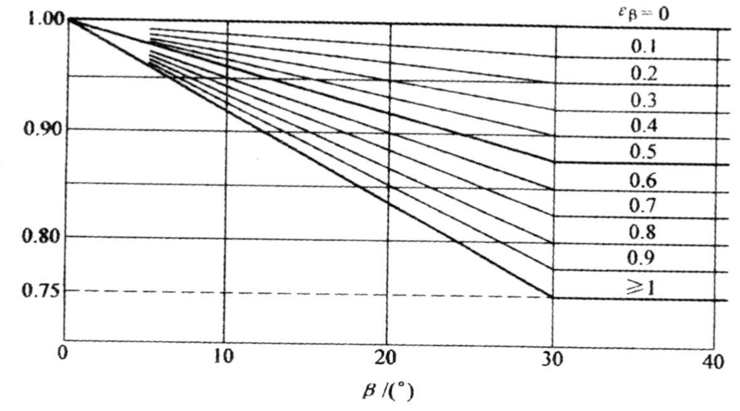

图 5-12　螺旋角系数 Y_β

5.6 直齿锥齿轮传动的强度计算

5.6.1 直齿锥齿轮传动概述

锥齿轮传动用于传递两相交轴之间的运动和动力,有直齿、斜齿和曲线齿之分,直齿最常用,斜齿已逐渐被曲线齿代替。轴交角可为任意角度,最常用的是 $\Sigma=90°$。

直齿锥齿轮沿齿宽方向的齿廓大小与其距锥顶的距离成正比。轮齿刚度大端大，小端小，故沿齿宽的载荷分布不均匀。和圆柱齿轮相比，直齿锥齿轮的制造精度较低，工作时振动和噪声都较大，故圆周速度不宜过高。

直齿锥齿轮传动的强度计算比较复杂。为了简化，将一对直齿锥齿轮传动转化为一对当量直齿圆柱齿轮传动进行强度计算。其方法是：用锥齿轮齿宽中点处的平均当量直齿圆柱齿轮代替该直齿锥齿轮，其分度圆半径即为齿宽中点处的背锥母线长，模数即为齿宽中点的平均模数 m_m，法向力即为齿宽中点的合力 F_n。这样，直齿锥齿轮传动的强度计算即可引用直齿圆柱齿轮传动的相应公式。

如图 5-13 所示，直齿锥齿轮是以大端参数为标准值的，齿数比 u，锥角 δ_1、δ_2，锥距 R，分度圆直径 d_1、d_2 和平均分度圆直径 d_{m1}、d_{m2}之间的关系分别为

$$u=\frac{z_2}{z_1}=\frac{d_2}{d_1}=\cos\delta_1=\tan\delta_2$$

$$\cos\delta_1=\frac{u}{\sqrt{\tan^2\delta_2+1}}=\frac{u}{\sqrt{u^2+1}}$$

$$\cos\delta_2=\frac{1}{\sqrt{\tan^2\delta_2+1}}=\frac{1}{\sqrt{u^2+1}}$$

$$R=\sqrt{\left(\frac{d_1}{2}\right)^2+\left(\frac{d_2}{2}\right)^2}=d_1\frac{\sqrt{\left(\frac{d_2}{d_1}\right)^2+1}}{2}=d_1\frac{\sqrt{u^2+1}}{2}$$

$$\frac{d_{m1}}{d_1}=\frac{d_{m2}}{d_2}=\frac{R-0.5b}{R}=1-0.5\frac{b}{R}$$

令 $\varphi_R=\frac{b}{R}$，称为直齿锥齿轮传动的齿宽系数，通常取 $\varphi_R=0.25\sim0.35$，最常用的值为 $\varphi_R=\frac{1}{3}$。于是

$$d_m=d(1-0.5\varphi_R)$$

由图 5-13 可知，平均当量直齿圆柱齿轮的分度圆直径 d_{v1}、d_{v2}与平均分度圆直径 d_m 的关系式为

$$d_{v1}=\frac{d_{m1}}{\cos\delta_1}=(1-0.5\varphi_R)d_1\frac{\sqrt{u^2+1}}{u}$$

$$d_{v1}=\frac{d_{m1}}{\cos\delta_1}=(1-0.5\varphi_R)d_1\sqrt{u^2+1}$$

现以 m_m 表示平均当量直齿圆柱齿轮的模数，亦即直齿锥齿轮平均分度圆上轮齿的模数（简称平均模数），则当量齿数 z_v 为

$$z_v=\frac{d_v}{m_m}=\frac{z}{\cos\delta}$$

平均当量直齿圆柱齿轮传动的齿数比

$$u_v=\frac{z_{v2}}{z_{v1}}=\frac{z_2\cos\delta_1}{z_1\cos\delta_2}=u^2$$

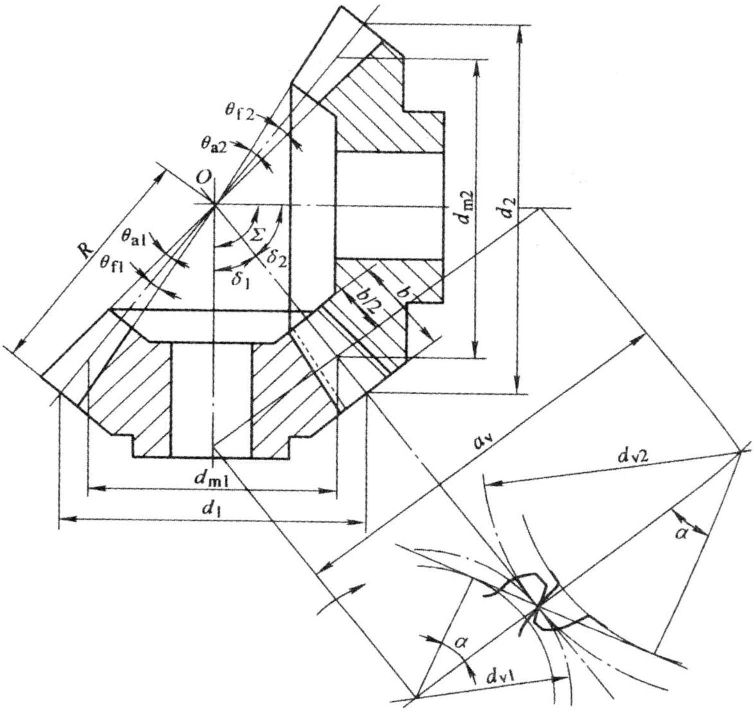

图 5-13　直齿锥齿轮传动的几何参数(轴交角 $\Sigma=90°$)

显然,为使锥齿轮不发生根切,应使当量齿数不小于直齿圆柱齿轮的根切齿数。另外,由前面的内容易得出平均模数 m_m 和大端模数 m 的关系为

$$m_m=m(1-0.5\varphi_R)$$

5.6.2　轮齿的受力分析与计算载荷

1. 受力分析

忽略摩擦力,假设法向力 F_n 集中作用在齿宽节线中点处的平均分度圆上,即在齿宽中点的法向截面 N—N($Pabc$ 平面)内,具体可见图 5-14 所示。则 F_n 可分解为互相垂直的三个力:圆周力 F_t、径向力 F_r、轴向力 F_a。

$$\left.\begin{aligned}F_t&=\frac{2T_1}{d_{m1}}\\F_{r1}&=F'\cos\delta_1=F_t\tan\alpha\cos\delta_1\\F_{a1}&=F'\sin\delta_1=F_t\tan\alpha\sin\delta_1\\F_n&=\frac{F_t}{\cos\alpha}\end{aligned}\right\}$$

圆周力方向在主动轮上与回转方向相反,在从动轮上与回转方向相同;径向力方向分别指向各自的轮心;轴向力方向分别指向大端,且有以下关系:$F_{t1}=-F_{t2}$,$F_{r1}=-F_{a2}$,$F_{a1}=-F_{r2}$,负号表示方向相反。

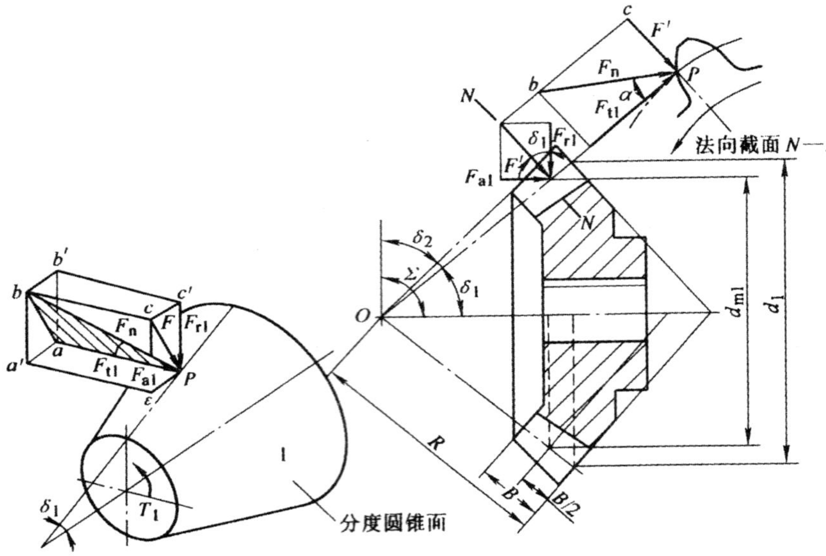

图 5-14 直齿锥齿轮传动的受力分析

2. 计算载荷

直齿锥齿轮传动的计算载荷同样为 $F_{cn}=KF_n$，载荷系数同样为 $K=K_A K_V K_\alpha K_\beta K_{H\alpha}$。其中使用系数 K_A 可由对应的表查得；动载系数 K_V 可由对应的图按低一级的精度线及平均分度圆处的圆周速度 v_m 查取，$v_m=\dfrac{\pi d_{m1} n_1}{(60\times1000)}$(m/s)，其中 d_{m1} 单位为 mm，n_1 单位为 r/min；齿间载荷分配系数 $K_{H\alpha}$、$K_{H\alpha}$ 查其对应表；齿向载荷分布系数 $K_{H\beta}=K_{F\beta}$ 可由表 5-6 查取。

表 5-6 齿向载荷分布系数 $K_{H\beta}$ 及 $K_{F\beta}$

应用	小轮和大轮的支承		
	两者都是两端支承	一个两端支承一个悬臂	两者都是悬臂
飞机	1.50	1.65	1.88
车辆	1.50	1.65	1.88
工业用、船舶用	1.65	1.88	2.25

5.6.3 齿面接触疲劳强度的计算

将平均当量直齿圆柱齿轮的有关参数代入式 $\sigma_H=Z_E Z_H Z_\varepsilon\sqrt{\dfrac{2KT_1}{bd_1^2}\dfrac{u\pm1}{u}}=Z_E Z_H Z_\varepsilon\sqrt{\dfrac{KF_t}{bd_1}\dfrac{u\pm1}{u}}\leqslant[\sigma_H]$，考虑齿面接触线长短对齿面应力的影响，取有效齿宽为 0.85b，得 $\sigma_H=Z_E Z_H Z_\varepsilon\sqrt{\dfrac{2KT_{v1}}{0.85bd_{v1}^2}\dfrac{u_v\pm1}{u_v}}\leqslant[\sigma_H]$代入式 $d_{v1}=(1-0.5\varphi_R)d_1\dfrac{\sqrt{u^2+1}}{u}$和式 $u_v=\dfrac{z_{v2}}{z_{v1}}=\dfrac{z_{v2}\cos\delta_1}{z_{v1}\cos\delta_2}=u^2$及式

$$T_{v1}=\frac{F_{t1}d_{v1}}{2}=\frac{F_{t1}d_{m1}}{(2\cos\delta_1)}=\frac{T_1}{\cos\delta_1}=T_1\frac{\sqrt{u^2+1}}{u},b=\varphi_R R=\varphi_R d_1\frac{\sqrt{u^2+1}}{2}$$

得直齿锥齿轮传动的齿面接触疲劳强度校核公式和设计公式分别为

$$\sigma_H=Z_E Z_H Z_\varepsilon\sqrt{\frac{4.7KT_1}{\varphi_R(1-0.5\varphi_R)^2 d_1^3 u}}\leqslant[\sigma_H]$$

$$d_1\geqslant\sqrt[3]{\frac{4.7KT_1}{\varphi_R(1-0.5\varphi_R)^2 u}\left(\frac{Z_E Z_H Z_\varepsilon}{[\sigma_H]}\right)^2}$$

式中，重合度系数 Z_ε 可按前面介绍的公式计算，但式中的 ε_α 应代以当量齿轮的重合度 $\varepsilon_{\alpha v}$。其他各参数的意义、单位和确定方法同直齿圆柱齿轮传动。

5.6.4　齿根弯曲疲劳强度的计算

将平均当量直齿圆柱齿轮的有关参数代入式 $\sigma_F=\frac{2KT_1}{bd_1 m}Y_{Fa}Y_{Sa}Y_\varepsilon=\frac{KF_t}{bm}Y_{Fa}Y_{Sa}Y_\varepsilon\leqslant[\sigma_F]$，并取有效齿宽为 0.85$b$，得

$$\sigma_F=\frac{2KT_{v1}}{0.85bd_{v1}m_m}Y_{Fa}Y_{Sa}Y_\varepsilon\leqslant[\sigma_F]$$

式中代入各参数，得直齿锥齿轮传动的齿根弯曲疲劳强度校核公式和设计公式分别为

$$\sigma_F=\frac{0.47KT_1}{\varphi_R(1-0.5\varphi_R)^2 z_1^2 m_m\sqrt{u^2+1}}Y_{Fa}Y_{Sa}Y_\varepsilon\leqslant[\sigma_F]$$

$$m\geqslant\sqrt[3]{\frac{0.47KT_1}{\varphi_R(1-0.5\varphi_R)^2 z_1^2 m_m\sqrt{u^2+1}}Y_\varepsilon\frac{Y_{Fa}Y_{Sa}}{[\sigma_F]}}$$

式中，齿形系数 Y_{Fa}、应力修正系数 Y_{Sa} 按当量齿数 $z_v=\frac{z}{\cos\delta}$ 分别由图 5-15、图 5-16 可查得(图

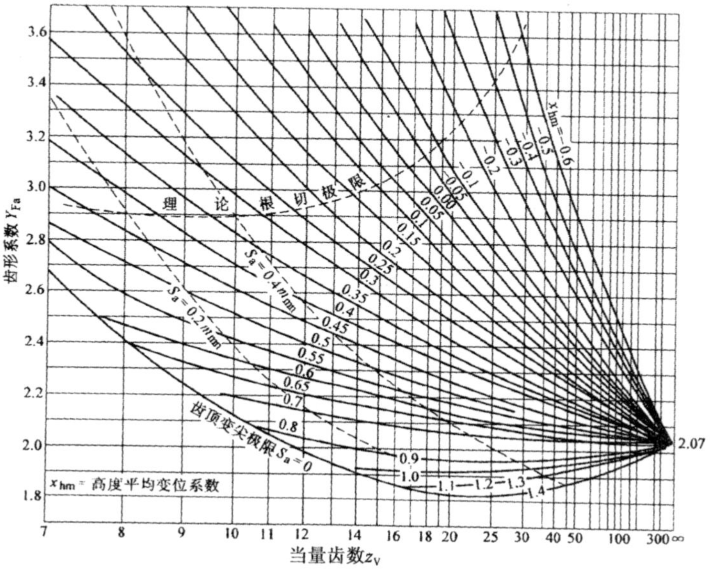

图 5-15　齿形系数 Y_{Fa}

中 x_{hm} 为高度平均变位系数，s_a 为齿顶厚，m_{mn} 为平均法向模数）。重合度系数 Y_ε 仍按前面介绍的式子计算，但式中的 ε_a 应代以当量齿轮的重合度 ε_{av}。其他各参数的意义、单位和确定方法同直齿圆柱齿轮传动。

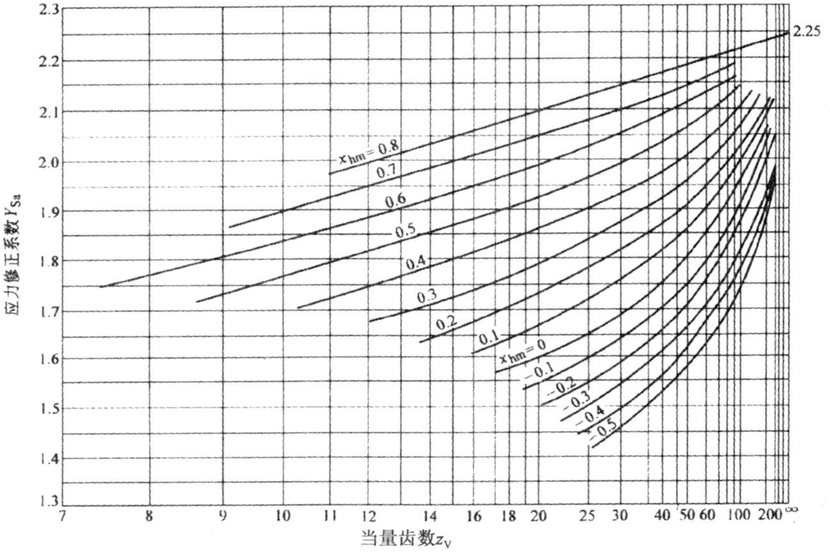

图 5-16　应力修正系数 Y_{Sa}

$$\alpha=20^\circ \quad \frac{h_a}{m_m}=1 \quad \frac{h_{a0}}{m_m}=1.25 \quad \frac{\rho_{a0}}{m_m}=0.25$$

式中，h_{a0} 为刀具齿顶高；ρ_{a0} 为刀具齿顶圆角半径。

$$\alpha=20^\circ \quad \frac{h_{a0}}{m_m}=1.25 \quad \frac{\rho_{a0}}{m_m}=0.25$$

5.7　齿轮的结构设计

通过齿轮传动的强度计算，只能确定出齿轮的主要尺寸，如齿数、模数、齿宽、螺旋一角、分度圆直径等，而齿圈、轮辐、轮毂等的结构形式及尺寸大小，通常都由结构设计而定。

齿轮的结构设计与齿轮的几何尺寸、毛坯材料、加工工艺、生产批量、使用要求及经济性等因素有关。通常是先按齿轮的直径大小，选定合适的结构形式，然后由荐用的经验公式进行结构设计。

根据齿轮的大小，常采用如下结构形式。

1. 齿轮轴

如图 5-17 所示，对于直径很小的钢制齿轮，当它为圆柱齿轮时[见图 5-17(a)]，若齿根圆到键槽底部的距离，$e<2m_t$（m_t 为端面模数）；当它为锥齿轮时[见图 5-17(b)]，按齿轮小端尺寸计算而得的 $e<1.6m$ 时，均应将齿轮和轴做成一体，叫做齿轮轴（见图 5-18 所示）。若 e 值超过上述尺寸时，齿轮与轴以分开制造为合理。

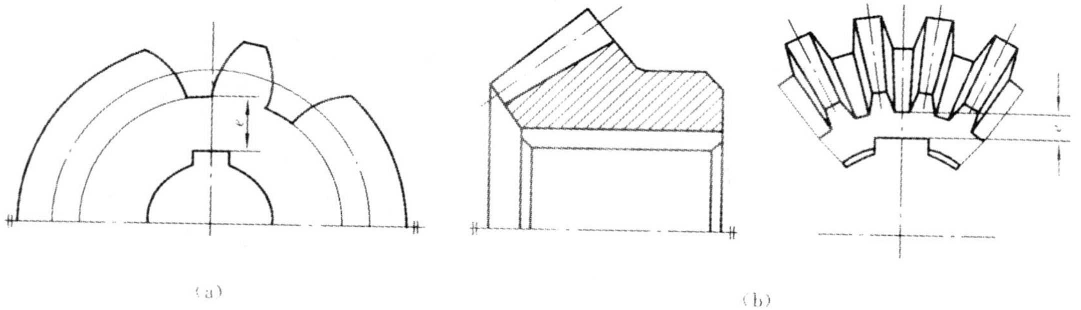

图 5-17　齿轮

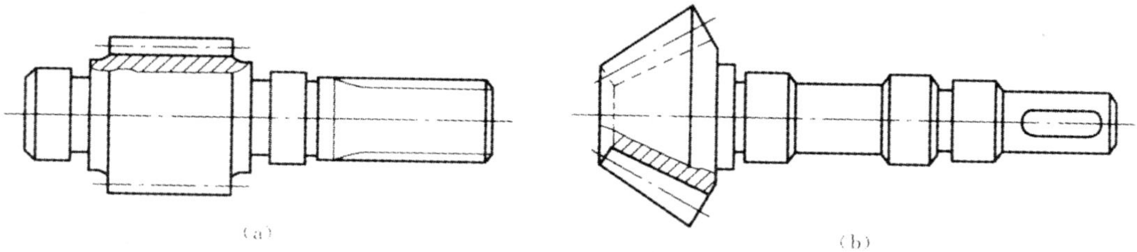

图 5-18　齿轮轴

2. 实心式齿轮

当齿顶圆直径 $d_a \leqslant 160$mm 时，可以做成实心结构的齿轮(见图 5-17、图 5-19)。

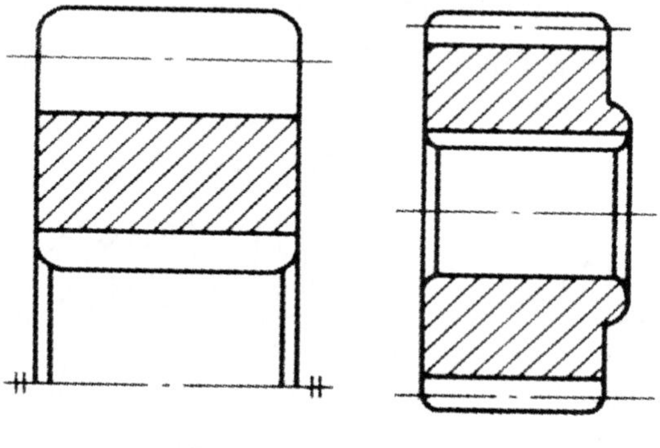

图 5-19　实心式齿轮

3. 腹板式齿轮

当齿顶圆直径 $d_a \leqslant 500$mm 时，可做成腹板式结构(见图 5-20)，腹板上开孔的数目按结构尺寸大小及需要而定。由于毛坯制造方法有自由锻造、模锻、铸造等方式，因而齿轮的结构也略有不同，详见机械设计手册。

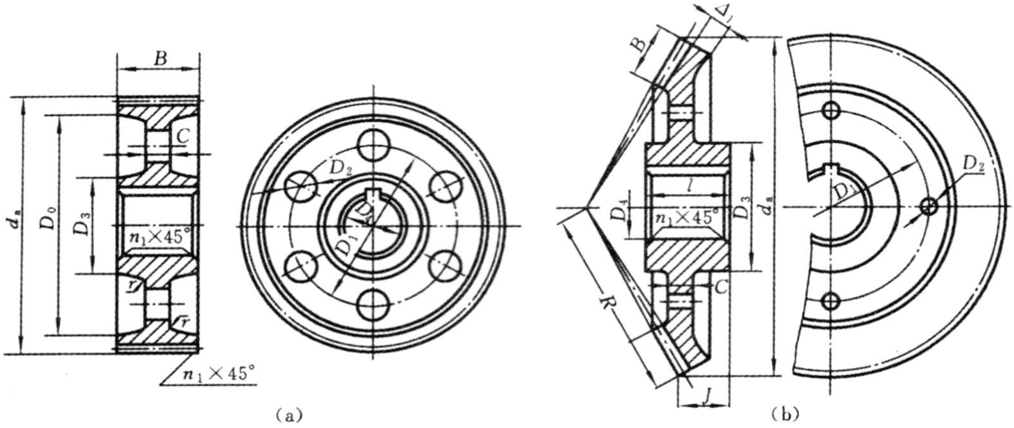

$D_1\approx(D_0+D_3)/2$；$D_2\approx(0.25\sim0.35)(D_0-D_3)$；

$D_3\approx1.6D_4$（钢材）；$D_3\approx1.7D_4$（铸铁）；$n_1\approx0.5\ m_n$；$r\approx5$ mm；

圆柱齿轮：$D_0\approx d_a-(10\sim14)m_n$；$C\approx(0.2\sim0.3)B$；

锥齿轮：$l\approx(1\sim1.2)D_4$；$C\approx(3\sim4)m$；尺寸 J 由结构设计而定；$\Delta_1=(0.1\sim0.2)B$；

常用齿轮的 C 值不应小于 10 mm

图 5-20　腹板式结构的齿轮

4. 轮辐式齿轮

当齿顶圆直径 $400<d_a\leqslant1000$mm 时，可做成轮辐截面为“十”字形的轮辐式结构（见图 5-21）。除上述结构形式外，大直径的齿轮还可采用组装式或焊接式齿轮。

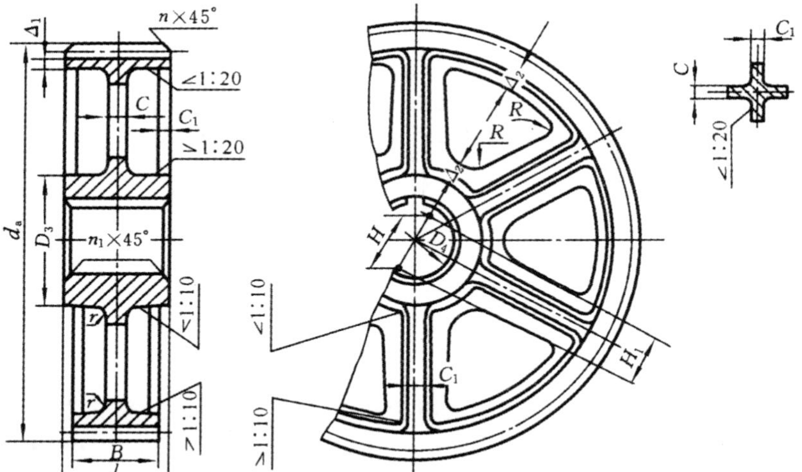

$B<240$ mm；$D_3\approx1.6\ D_4$（铸钢）；$D_3\approx1.7\ D_4$（铸铁）；$\Delta_1\approx(3\sim4)m_n$，但不应小于 8 mm；

$\Delta_2\approx(1\sim1.2)\Delta_1$；$H\approx0.8\ D_4$（铸钢）；$H\approx0.9\ D_4$（铸铁）；$H_1\approx0.8\ H$；$C\approx H/5$；$C_1\approx H/6$；

$R\approx0.5\ H$；$1.5D_4>l\geqslant B$；轮辐数常取为 6

图 5-21　轮辐式齿轮

5.8 齿轮传动的润滑和效率

5.8.1 齿轮传动的效率

齿轮传动的功率损失主要包括：

①啮合中的摩擦损失。

②润滑油被搅动的油阻损失。

③轴承中的摩擦损失。

闭式齿轮传动的效率 η 为

$$\eta=\eta_1\eta_2\eta_3$$

式中，η_1 为考虑齿轮啮合损失的效率；η_2 为考虑油阻损失的效率；η_3 为轴承的效率。

满载时，采用滚动轴承的齿轮传动，计入述三种损失后的平均效率列于表 5-7。

表 5-7 采用滚动轴承时齿轮传动的平均效率

传动类型	精度等级和结构形式		
	6 级或 7 级精度的闭式传动	8 级精度的闭式传动	脂润滑的开式传动
圆柱齿轮传动	0.98	0.97	0.95
锥齿轮传动	0.97	0.96	0.94

5.8.2 齿轮传动的润滑

齿轮在传动时，相啮合的齿面间有相对滑动，因此就要发生摩擦和磨损，增加动力消耗，降低传动效率。特别是高速传动，就更需要考虑齿轮的润滑。

轮齿啮合面间加注润滑剂，可以避免金属直接接触，减少摩擦损失，还可以散热及防锈蚀。因此，对齿轮传动进行适当的润滑，可以大为改善轮齿的工作状况，确保运转正常及预期的寿命。

1. 齿轮传动的润滑方式

开式及半开式齿轮传动，或速度较低的闭式齿轮传动，通常由人工进行周期性加油润滑，所用润滑剂为润滑油或润滑脂。

通用闭式齿轮传动，其润滑方法根据齿轮圆周速度大小而定。当齿轮的圆周速度小于 12m/s 时，常将大齿轮轮齿浸入油池中进行浸油润滑，如图 5-22 所示。这样，齿轮传动时，就把润滑油带到啮合的齿面上，同时也将油甩到箱壁上，借以散热。齿轮浸入油中的深度可视齿轮圆周速度大小而定，对圆柱齿轮通常不宜超过一个齿高，但一般亦不应小于 10mm；对锥齿轮应浸入全齿宽，至少应浸入齿宽的一半。在多级齿轮传动中，可借带油轮将油带到未浸入油池内的齿轮的齿面上，具体可见图 5-23 所示。油池中的油量多少，取决于齿轮传递功率的大小。对单级传动，每传递 1kW 的功率，需油量为 0.35～0.7L。对于多级传动，需油量按级数成倍地增加。

当齿轮的圆周速度 $v>12\text{m/s}$ 时，应采用喷油润滑如图 5-24 所示，即由油泵或中心供油站以一定的压力供油，借喷嘴将润滑油喷到轮齿的啮合面上。当 $v\leqslant 25\text{m/s}$ 时，喷嘴位于轮齿啮入边或啮出边均可；当 $v>25\text{m/s}$ 时，喷嘴应位于轮齿啮出的一边，以便借润滑油及时冷却刚啮合过的轮齿，同时亦对轮齿进行润滑。

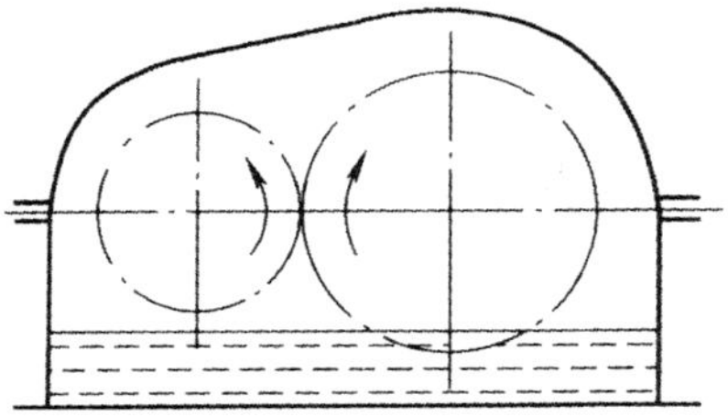

图 5-22　浸油润滑

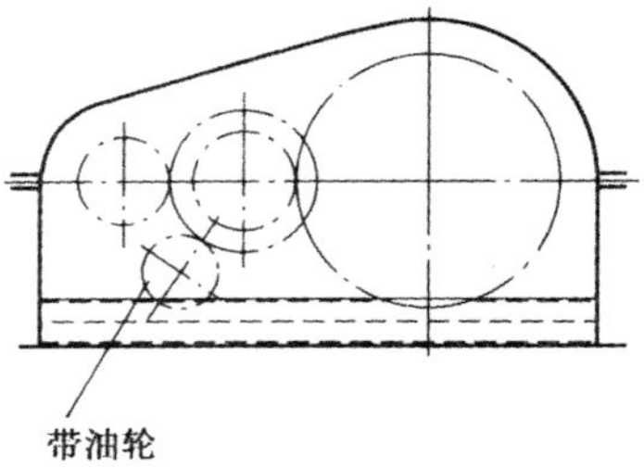

图 5-23　带油轮带油

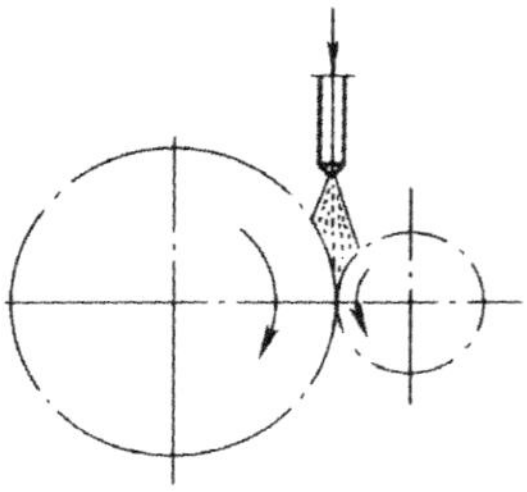

图 5-24　喷油润滑

2. 润滑剂的选择

齿轮传动常用的润滑剂为润滑油或润滑脂。润滑油的黏度按表 5-8 选取，所用的润滑油或润滑脂的牌号按表 5-9 选取。

表 5-8　齿轮传动润滑油黏度荐用值

齿轮材料	拉伸强度极限 σ_b/MPa	圆周速度 v/(m/s)						
		<0.5	0.5～1	1～2.5	2.5～5	5～12.5	12.5～25	>25
		运动黏度(40℃) ν/mm^2 · s^{-1}						
塑料、铸铁、青铜		350	220	150	100	80	55	
钢	450～1000	500	350	220	150	100	80	55
	1000～1250	500	500	350	220	150	100	80
渗碳或表面淬火的钢	1250～1580	900	500	500	350	220	150	100

注：①多级齿轮传动，采用各级传动圆周速度的平均值来选取润滑油黏度。

②对于 $\sigma_b>800\text{MPa}$ 的镍铬钢制齿轮（不渗碳）的润滑油黏度应取高一档的数值。

表 5-9　齿轮传动常用的润滑剂

<table>
<tr><th>名称</th><th>牌号</th><th>运动黏度(40℃)
$v/mm^2 \cdot s^{-1}$</th><th>应用</th></tr>
<tr><td rowspan="6">L—AN 全损耗系统用油(GB/T 443—1989)</td><td>L—AN7
L—AN10</td><td>6.12～7.48
9.0～11.0</td><td>用于各种高速轻载机械轴承的润滑和冷却(循环式或油箱式),如转速在 10000r/min 以上的精密机械、机床及纺织纱锭的润滑和冷却</td></tr>
<tr><td>L—AN15
L—AN22</td><td>13.5～16.5
19.8～24.2</td><td>用于小型机床齿轮箱、传动装置轴承,中小型电动机,风动工具等</td></tr>
<tr><td>L—AN32</td><td>288～352</td><td>主要用在一般机床变速箱、中小型机床导轨及 10kw 以上电动机轴承</td></tr>
<tr><td>L—AN46</td><td>41.4～50.6</td><td>主要用于大型机床、大型刨床上</td></tr>
<tr><td>L—AN68
L—AN100
L—AN150</td><td>61.2～74.8
90.0～110.0
135.0～165.0</td><td>主要用在低速重载的纺织机械及重型机床、锻压、铸工设备上</td></tr>
<tr><td>工业闭式齿轮油(GB/T 5903—1995)</td><td>68
100
150
220
320
460</td><td>61.2～74.8
90～110
135～165
198～242
288～352
414～506</td><td>适用于煤炭、水泥和冶金等工业部门的大型闭式齿轮传动装置的润滑</td></tr>
<tr><td rowspan="2">普通开式齿轮油(SH/T 0363—1992)</td><td rowspan="2">68
100
150</td><td>100℃</td><td rowspan="2">主要适用于开式齿轮、链条和钢丝绳的润滑</td></tr>
<tr><td>60～75
90～110
135～165</td></tr>
<tr><td rowspan="2">硫一磷型极压
工业齿轮油</td><td rowspan="2">120
150
200
250
300
350</td><td>50℃</td><td rowspan="2">适用于经常处于边界润滑的重载,高冲击的直、斜齿轮和蜗轮装置及轧钢机齿轮装置</td></tr>
<tr><td>110～130
130～170
180～220
230～270
280～320
330～370</td></tr>
<tr><td>钙钠基润滑脂
(SH/T 0368—1992)</td><td>ZGN—2
ZGN—3</td><td></td><td>适用于 80℃～100℃,有水分或较潮湿的环境中工作的齿轮传动,但不适于低温工作情况</td></tr>
<tr><td>石墨钙基润滑脂
(SH/T 0369——1992)</td><td>ZG—S</td><td></td><td>适用于起重机底盘的齿轮传动、开式齿轮传动、需耐潮湿处</td></tr>
</table>

第 6 章　蜗杆传动

6.1　概　述

蜗杆传动设计的主要任务是：在满足蜗杆传动的轮齿强度、蜗杆刚度、热平衡和经济性等约束条件下，合理确定蜗杆传动的主要类型、参数（如模数、蜗杆头数、蜗轮齿数、变位系数、蜗杆分度圆柱导程角和中心距等）、几何尺寸和结构尺寸，以达到预定的传动功能和性能的要求。

6.1.1　蜗杆传动的特点和应用

蜗杆传动用来传递空间两交错轴之间的运动和动力。通常交错角 $\Sigma=90^\circ$ 蜗杆传动的主要优点有：

①传动比大，结构紧凑。在动力传动中，一般传动比 $i_{12}=5\sim80$；在分度机构中，传动比可达 300；若只传递运动，传动比可达 1000。

②传动平稳，无噪声。轮齿是逐渐进入啮合及逐渐退出啮合的，且同时啮合的齿对数多，故传动平稳，几乎无噪声。

③具有自锁性。当蜗杆的导程角 γ 小于当量摩擦角 φ_v 时，可实现反向自锁，即只能以蜗杆为主动件带动蜗轮传动，而不能由蜗轮带动蜗杆。

其主要缺点是：

①磨损严重，传动效率低。因齿面间相对滑动速度大，故有较严重的磨损和摩擦，从而引起发热，且摩擦损耗大，故传动效率低。一般效率为 0.7～0.8，具有自锁性的蜗杆传动，其效率小于 0.5。

②为保证传动具有一定寿命，蜗轮常需用较贵重的减磨材料来制造，故成本高。

蜗杆传动广泛应用于机床、汽车、仪表、矿山及起重运输机械设备中，多用于减速传动，并以蜗杆为主动件。蜗杆与螺杆相似，也有左旋和右旋之分，通常采用右旋蜗杆。由于蜗杆螺旋齿的导程角 $\gamma=90^\circ-\beta_1$，而 $\Sigma=90^\circ$，故有 $\gamma=\beta_2$，即蜗杆的导程角 γ 与蜗轮的螺旋角 β_2 相等。

6.1.2　蜗杆传动的类型

按蜗杆的形状分为：圆柱蜗杆传动[见图 6-1(a)]、环面蜗杆传动[见图 6-1(b)]和锥面蜗杆传动[见图 6-1(c)]等。下面主要介绍圆柱蜗杆传动。

1. 圆柱蜗杆传动

圆柱蜗杆传动又可分为普通圆柱蜗杆传动和圆弧圆柱蜗杆传动两类。

(1)普通圆柱蜗杆传动

如图 6-2 所示，普通圆柱蜗杆一般是在车床上用直线切削刃的车刀切削而成。按刀具安装位置不同，普通圆柱蜗杆又分为如下几种。

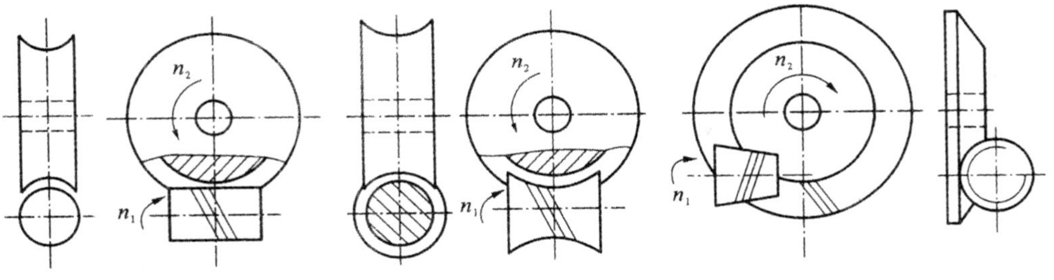

(a) 圆柱蜗杆传动　　(b) 环面蜗杆传动　　(c) 锥面蜗杆传动

图 6-1　蜗杆传动的类型

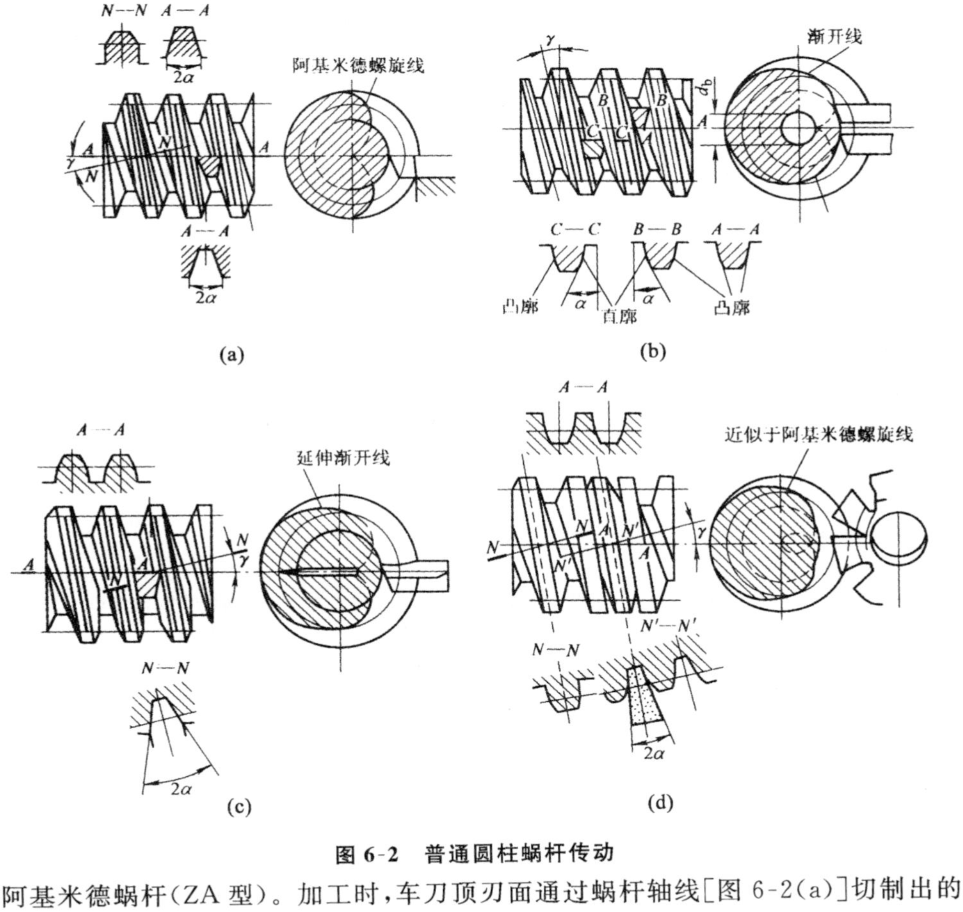

图 6-2　普通圆柱蜗杆传动

①阿基米德蜗杆(ZA 型)。加工时，车刀顶刃面通过蜗杆轴线[图 6-2(a)]切制出的蜗杆，在垂直于蜗杆轴线的平面(端面)上的齿廓为阿基米德螺旋线，过轴线平面内的齿廓为直线。这种蜗杆车削容易，但难以磨削，故精度不高。因此，常在无需磨削加工的情况下广泛采用。

②渐开线蜗杆(ZI 型)。加工时，车刀顶刃面与蜗杆基圆柱相切[图 6-2(b)]而切制出的蜗杆，端面齿廓为渐开线，切于基圆柱的平面内一侧齿形为直线，另一侧为凸曲线。这种蜗杆可以磨削，易得到高精度、承载能力高于其他直齿廓蜗杆，适于传递载荷和功率较大的场合。

③法向直廓蜗杆(ZN 型)。加工时，将车刀顶刃面放在蜗杆的法向平面内[图 6-2(c)]切制出的蜗杆，法向齿廓为直线，端面齿廓为延伸渐开线。这种蜗杆不易磨削，精度较低，多用于分度蜗杆传动。

④锥面包络圆柱蜗杆(ZK 型)。这种蜗杆不能在车床上加工，而只能在特种铣床上切制，并在磨床上磨削。切制出的蜗杆在各剖面内齿廓均为曲线，见图 6-2(d)。这种蜗杆可磨削，能获得较高的精度，因此应用范围日益扩大。

(2)圆弧圆柱蜗杆传动

圆弧圆柱蜗杆传动类似于普通圆柱蜗杆传动，只是齿廓形状不同。这种蜗杆的螺旋齿面是用刃边为凸圆弧形的刀具切制的，蜗轮是用展成法制造的。在中间平面内，蜗杆齿廓是凹弧形，而配对蜗轮的齿廓为凸弧形，如图 6-3 所示。故圆弧圆柱蜗杆传动是一种凹凸齿廓相啮合的传动，也是一种线接触的啮合传动。这种蜗杆传动的特点是：承载能力高，一般可较普通圆柱蜗杆传动高出 50%～150%；效率高，一般可达 90%以上；结构紧凑。这种传动已广泛应用于冶金、矿山、起重等机械设备的减速机构中。

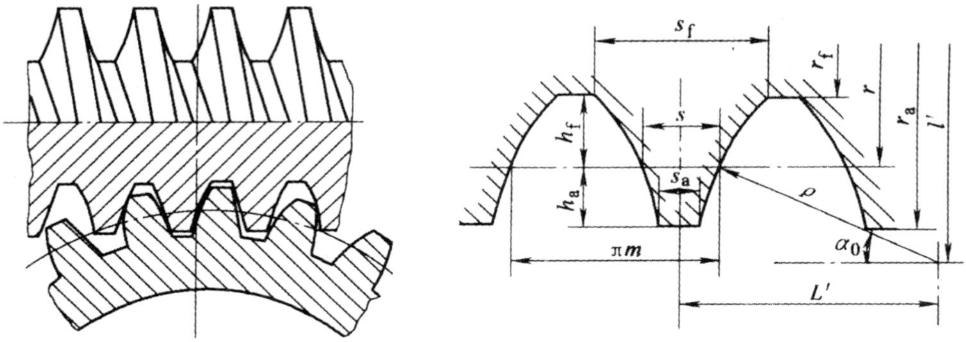

图 6-3　圆弧圆柱蜗杆传动

2. 环面蜗杆传动

环面蜗杆的特征是，蜗杆体的轴向外形是以凹圆为母线所形成的旋转曲面，所以将这种蜗杆传动称为环面蜗杆传动。在这种蜗杆传动的啮合带内，蜗轮的节圆位于蜗杆的节弧面上。由于同时啮合齿数多，而且轮齿接触线与蜗杆齿运动的方向近似垂直，从而使轮齿间具有油膜形成条件，因此这种蜗杆传动的承载能力是普通圆柱蜗杆传动的 2～4 倍，效率可达 85%～90%，但对制造和安装精度要求高。

3. 锥面蜗杆传动

锥面蜗杆传动的蜗杆与蜗轮的轮齿分布在圆锥外表面上，见图 6-1(c)，故也称为锥蜗杆与锥蜗轮。这种蜗杆传动的特点是：同时啮合齿数多，重合度大，传动平稳，承载能力高，效率高；传动比范围大，一般为 10～360；侧隙可调。蜗轮可用淬火钢制成，节约了有色金属。

6.2　普通圆柱蜗杆传动的主要参数和几何尺寸计算

普通圆柱蜗杆传动在中间平面上相当于齿条与齿轮的啮合传动，如图 6-4 所示。故在设计蜗杆传动时，均取中间平面上的参数（如模数、压力角等）和尺寸（如齿顶圆、分度圆等）为基准，并沿用齿轮传动的计算关系。

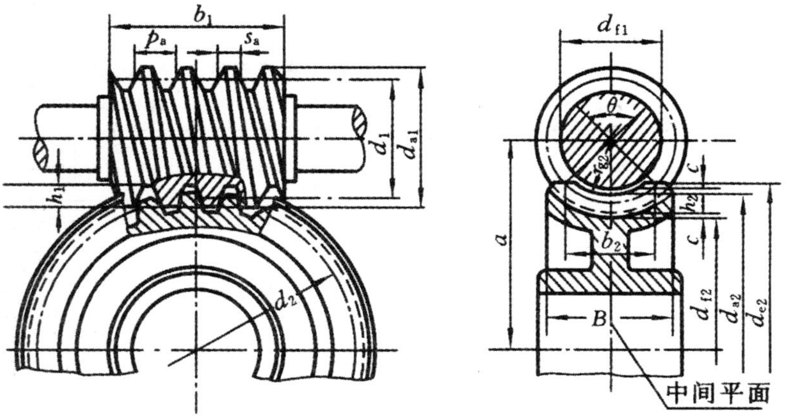

图 6-4　普通圆柱蜗杆传动

6.2.1　普通圆柱蜗杆传动的主要参数及其选择

普通圆柱蜗杆传动的主要参数有模数 m、压力角 α、蜗杆头数 z_1、蜗轮齿数 z_2 及蜗杆的直径 d_1 等。进行蜗杆传动的设计时，首先要正确地选择参数。

1. 模数 m 和压力角 α

和齿轮传动一样，蜗杆传动的几何尺寸也以模数为主要计算参数。蜗杆和蜗轮啮合时，在中间平面上，蜗杆的轴向模数、压力角应与蜗轮的端面模数、压力角相等，即

$$m_{a1}=m_{t2}=m$$

$$\alpha_{a1}=\alpha_{t2}$$

ZA 蜗杆的轴向压力角 α_a 为标准值，其余三种（ZN、ZI、ZK）蜗杆的法向压力角 α_n 为标准值（20°），蜗杆轴向压力角与法向压力角的关系为

$$\tan\alpha_a=\frac{\tan\alpha_a}{\cos\gamma}$$

式中，γ 为导程角。

2. 蜗杆的分度圆直径 d_1

在蜗杆传动中，为了保证蜗杆与配对蜗轮的正确啮合，常用与蜗杆具有同样尺寸的蜗轮滚刀来加工与其配对的蜗轮。这样，只要有一种尺寸的蜗杆，就得有一种对应的蜗轮滚刀。对于同一模数，可以有很多不同直径的蜗杆，因而对每一模数就要配备很多蜗轮滚刀。显然，这样

很不经济。为了限制蜗轮滚刀的数目及便于滚刀的标准化，就对每一标准模数规定了一定数量的蜗杆分度圆直径 d_1，而把 d_1 与 m 的比值称为直径系数，即

$$q=\frac{d_1}{m}$$

d_1 与 q 已有标准值，常用的标准模数 m 和蜗杆分度圆直径 d_1 及直径系数 q 见表 6-1 所示。

表 6-1　普通圆柱蜗杆基本尺寸和参数及其与蜗轮参数的匹配

中心距 a/mm	模数 m/mm	分度圆直径 d_1/mm	m^2d_1 /mm^3	蜗杆头数 z_1	直径系数 q	分度圆导程度 γ	蜗轮齿数 z_2	变位系数 x_2
40 50	1	18	18	1	18.00	3°10′47″	62 82	0 0
40	1.25	20	31.25	16.00	3°34′35″	49	−0.500	
50 63		22.4	35	17.92	3°11′38″	62 82	+0.040 +0.440	
50	1.6	20	51.2	1	12.50	4°34′26″	51	−0.500
				2		9°05′25″		
				4		17°44′41″		
63 80		28	71.68	1	17.50	3°16′14″	61 82	+0.125 +0.250
40 (50) (63)	2	22.4	89.6	1	11.20	5°06′08″	29 (39) (51)	−0.100 (−0.100) (+0.400)
				2		10°07′29″		
				4		19°39′14″		
				6		28°10′43″		
80 100		35.5	142	1	17.75	3°13′28″	62 82	+0.125
50 (63) (80)	2.5	28	175	1	11.20	5°06′08″	29 (39) (53)	−0.100 (+0.100) (−0.100)
				2		10°07′29″		
				4		19°39′14″		
				6		28°10′43″		
100		45	281.25	1	18.00	3°10′47″	62	0
63 (80) (100)	3.15	35.5	352.25	1	11.27	5°04′15″	29 (39) (53)	−0.1349 (+0.2619) (−0.3889)
				2		10°03′48″		
				4		19°32′29″		
				6		28°01′50″		
125		56	555.66	1	17.778	3°13′10″	62	−0.2063

续表

中心距 a/mm	模数 m/mm	分度圆直径 d_1/mm	$m^2 d_1$ /mm³	蜗杆头数 z_1	直径系数 q	分度圆导程度 γ	蜗轮齿数 z_2	变位系数 x_2
80 (100) (125)	4	40	640	1	10.00	5°42′38″	31 (41) (51)	−0.500 (+0.500) (−0.750)
				2		11°18′36″		
				4		21°48′05″		
				6		30°57′50″		
160		71	1136	1	17.75	3°13′28″	62	+0.125
100 (125) (160) (180)	5	50	1250	1	10.00	5°42′38″	31 (41) (53) (61)	−0.500 (−0.500) (+0.500) (+0.500)
				2		11°18′36″		
				4		21°48′05″		
				6		30°57′50″		
200		90	2250	1	18.00	3°10′47″	62	0
125 (160) (180) (200)	6.3	63	2500.47	1	10.00	5°42′38″	31 (41) (48) (53)	−0.6587 (−0.1032) (−0.4286) (+0.2460)
				2		11°18′36″		
				4		21°48′05″		
				6		30°57′50″		
250		112	4445.28	1	17.778	3°13′10″	61	+0.2937
160 (200) (225) (250)	8	80	5120	1	10.00	5°42′38″	31 (41) (47) (52)	−0.500 (−0.500) (−0.375) (+0.250)
				2		11°18′36″		
				4		21°48′05″		
				6		30°57′50″		

注:①本表中导程角 γ 小于 3°30′的圆柱蜗杆均为自锁蜗杆。

②括号中的参数不适用于蜗杆头数 $z_1=6$ 时。

③本表摘自 GB10085—1988。

3. 蜗杆头数 z_1

蜗杆头数 z_1 可根据要求的传动比和效率来选定。单头蜗杆传动的传动比可以较大,但效率较低。如要提高效率,应增加蜗杆的头数。但蜗杆头数过多,导程角增大,又会给加工带来困难。所以,通常蜗杆头数取为 1、2、4、6。

4. 蜗杆分度圆柱导程角 γ

蜗杆直径系数 q 和蜗杆头数 z_1 选定之后,蜗杆分度圆柱上的导程角也就确定了。由图 6-5可知。

$$\tan\gamma=\frac{p_z}{\pi d_1}=\frac{z_1 p_a}{\pi d_1}=\frac{z_1 m}{d_1}=\frac{z_1}{d_1}$$

式中，p_a为蜗杆轴向齿距。

导程角大，传动效率高；导程角 $\gamma \leqslant 3°30'$时，蜗杆传动具有自锁性。由蜗杆传动的正确啮合条件可知，当两轴线交错角为 90°时，导程角 γ_4 应与蜗轮分度圆柱螺旋角 β 等值且同方向。

5. 传动比 i 和齿数比 u

传动比

$$i=\frac{n_1}{n_2}$$

式中，n_1、n_2 分别为蜗杆和蜗轮的转速，r/min。

齿数比

$$u=\frac{z_1}{z_2}$$

式中，z_2 为蜗杆的齿数。当蜗杆为主动时，有

$$i=\frac{n_1}{n_2}=\frac{z_1}{z_2}=u$$

6. 蜗轮齿数 z_2

蜗轮齿数 z_2 主要根据传动比来确定。传递动力时，为增加传动的平稳性，蜗轮齿数 z_2 大于 28。对于动力传动，z_2 一般不大于 80。z_2 增大，蜗轮尺寸将要增大，使相啮合的蜗杆支承间距加长，这将降低蜗杆的弯曲刚度，影响正常的啮合。z_1、z_2 的荐用值见表 6-2(具体选择时应考虑表 6-1 中的匹配关系)。当设计非标准或分度传动时，z_2 的选择可不受限制。

表 6-2　蜗杆头数 z_1 和蜗轮齿数 z_2 的荐用值

$i=\frac{z_2}{z_1}$	z_1	z_2
5～8	6	29～31
7～16	4	29～61
15～32	2	29～61
29～82	1	29～82

7. 蜗杆传动的标准中心距 a

蜗杆传动的标准中心距为

$$a=\frac{1}{2}(d_1+d_2)=\frac{1}{2}(q+z_2)m$$

普通圆柱蜗杆传动的基本尺寸和参数列于表 6-1 中。设计普通圆柱蜗杆减速装置时，在按接触强度或弯曲强度确定了中心距 a 或 m^2d_1后，一般按表 6-1 的数据确定蜗杆与蜗轮的尺寸和参数，并按表值予以匹配。

6.2.2　蜗杆传动变位

为了配凑中心距或提高蜗杆传动的承载能力及传动效率，常采用变位蜗杆传动。图 6-5

表示了几种变位情况（其中 a'、z'_2 分别为变位后的中心距及蜗轮齿数，x_2 为蜗轮变位系数）。变位后，蜗轮的分度圆和节圆仍旧重合，只是蜗杆在中间平面上的节线有所改变，不再与其分度线重合。变位蜗杆传动根据使用场合的不同，可在下述两种变位方式中选取一种。

①变位前后，蜗轮的齿数不变（$z'_2=z_2$），蜗杆传动的中心距改变（$a'\neq a$），如图 6-5(a)、(c)所示，其中心距的计算式如下：

$$a'=a+x_2m=\frac{d_1+d_2+2x_2m}{2}$$

②变位前后，蜗杆传动的中心距不变（$a'=a$），蜗轮的齿数改变（$z'_2\neq z_2$），如图 6-5(d)、(e)所示，z'_2 的计算式如下：

$$m=\frac{d_1+d_2+2x_2m}{2}=\frac{m}{2}(q+z'_2+2x_2)=\frac{m}{2}(q+z_2)$$

$$z'_2=z_2-2x_2$$

$$x_2=\frac{z_2-z'_2}{2}$$

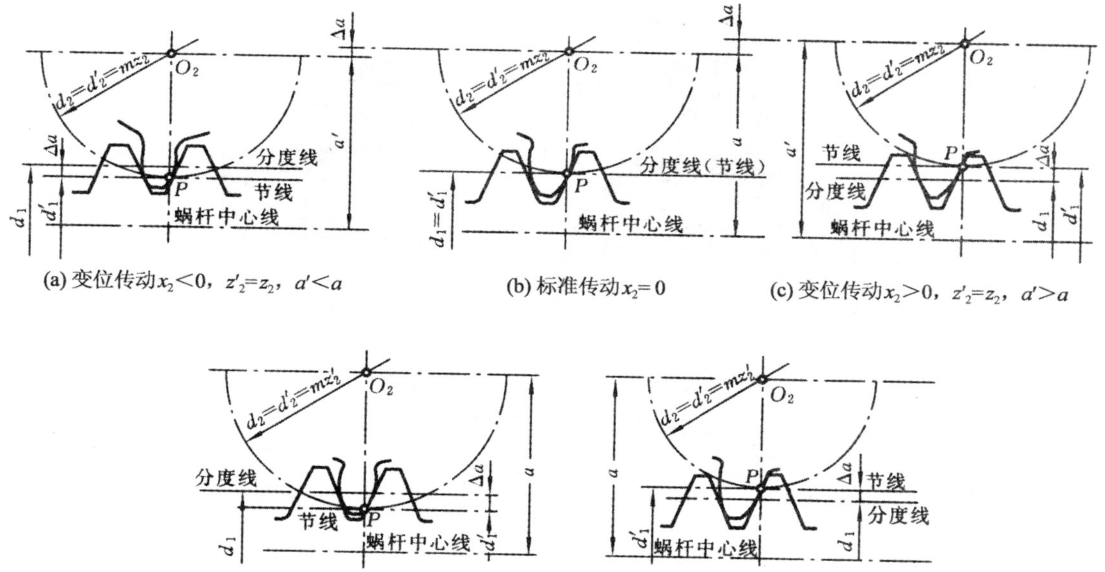

(a) 变位传动 $x_2<0$，$z'_2=z_2$，$a'<a$　(b) 标准传动 $x_2=0$　(c) 变位传动 $x_2>0$，$z'_2=z_2$，$a'>a$

(d) 变位传动 $x_2<0$，$a'=a$，$z'_2>z_2$　(d) 变位传动 $x_2>0$，$a'=a$，$z'_2<z_2$

图 6-5　蜗杆传动的变位

6.2.3　杆传动的几何尺寸计算

蜗杆传动的几何尺寸及其计算公式见图 6-6、表 6-3 及表 6-4。

表 6-3　普通圆柱蜗杆传动基本几何尺寸计算关系式

名称	代号	计算关系式	说明
中心距	a	$a=\frac{(d_1+d_2+2x_2m)}{2}$	按规定选取

续表

名称	代号	计算关系式	说明
蜗杆头数	z_1	—	按规定选取
蜗轮齿数	z_2	—	按传动比确定
齿形角	α	$\alpha_a=20°$或$\alpha_n=20°$	按蜗杆类型确定
模数	m	$m=m_a=\frac{m_n}{\cos\gamma}$	按规定选取
传动比	i	$i=\frac{n_2}{n_1}$	蜗杆为主动，按规定选取
齿数比	u	$u=\frac{z_2}{z_1}$，当蜗杆主动时，$i=u$	—
蜗轮变位系数	x_2	$x_2=\frac{a}{m}-\frac{(d_1+d_2)}{2m}$	—
蜗杆直径系数	q	$q=\frac{d_1}{m}$	—

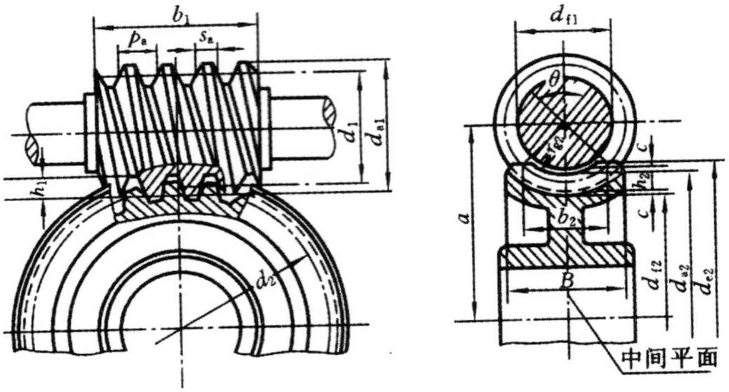

图 6-6 普通圆柱蜗杆传动的基本几何尺寸

表 6-4 普通圆柱蜗杆传动基本几何尺寸计算关系式

名称	代号	计算关系式	说明
中心距	a	$a=\frac{(d_1+d_2+2x_2m)}{2}$	按规定选取
蜗杆头数	z_1	—	按规定选取
蜗轮齿数	z_2	—	按传动比确定
齿形角	α	$\alpha_a=20°$或$\alpha_n=20°$	按蜗杆类型确定
模数	m	$m=m_a=\frac{m_n}{\cos\gamma}$	按规定选取
传动比	i	$i=\frac{n_2}{n_1}$	蜗杆为主动，按规定选取
齿数比	u	$u=\frac{z_2}{z_1}$，当蜗杆主动时，$i=u$	—
蜗轮变位系数	x_2	$x_2=\frac{a}{m}-\frac{(d_1+d_2)}{2m}$	—

续表

名称	代号	计算关系式	说明
蜗杆直径系数	q	$q=\frac{d_1}{m}$	—
蜗杆轴向齿距	p_a	$p_a=\pi m$	—
蜗杆导程	P_z	$P_z=\pi m z_1$	—
蜗杆分度圆直径	d_1	$d_1=mq$	按规定选取
蜗杆齿顶圆直径	d_{a1}	$d_{a1}=d_1+2h_{a1}=d_1+2h_a^* m$	—
蜗杆齿根圆直径	d_{f1}	$d_{f1}=d_1-2h_{f1}=d_1+2(h_a^* m+c)$	—
顶隙	c	$c=c^* m$	按规定
渐开线蜗杆基圆直径	d_{b1}	$d_{b1}=\frac{d_1\tan\gamma}{\tan}\gamma_b=\frac{mz_1}{\tan\gamma_b}$	—
蜗杆齿顶高	h_{a1}	$h_{a1}=h_a^* \cdot m=0.5(d_{a1}-d_1)$	按规定
蜗杆齿根高	h_{f1}	$h_{f1}=(h_a^*+c^*)\cdot m=0.5(d_1-d_{f1})$	—
蜗杆齿高	h_1	$h_1=(h_{a1}+h_{f1})=0.5(d_{a1}-d_{f1})$	—
蜗杆导程角	γ	$\tan\gamma=\frac{mz_1}{d_1}=\frac{z_1}{q}$	—
渐开线蜗杆基圆导程角	γ_b	$\cos\gamma_b=\cos\gamma\cdot\cos\alpha_n$	—
蜗杆齿宽	b_1	见表 6-4	由设计确定
蜗轮分度圆直径	d_2	$d_2=mz_2=2a-d_1-2x_2 m$	—
蜗轮喉圆直径	d_{a2}	$d_{a2}=d_2+2h_{a2}$	—
蜗轮齿根圆直径	d_{f2}	$d_{f2}=d_2+2h_{f2}$	—
蜗轮齿顶高	h_{a2}	$h_{a2}=0.5(d_{a2}-d_2)=m(h_a^*+x_2)$	—
蜗轮齿根高	h_{f2}	$h_{f2}=0.5(d_2-d_{f2})=m(h_a^*-x_2+c^*)$	—
蜗轮齿高	h_2	$h_2=h_{a2}+h_{f2}=0.5(d_{a2}-d_{f2})$	—
蜗轮咽喉母圆半径	r_{g2}	$r_{g2}=a-0.5d_{a2}$	—
蜗轮齿宽	b_2	—	由设计确定
蜗轮齿宽角	θ	$\theta=2\arcsin\left(\frac{b_2}{b_1}\right)$	—
蜗杆轴向齿厚	s_a	$s_a=0.5\pi m$	—
蜗杆法向齿厚	s_n	$s_n=\cos\gamma$	—
蜗轮齿厚	s_n	按蜗杆节圆处轴向齿槽宽 e'_a 确定	—
蜗杆节圆直径	d'_1	$d'_1=d_1+2x_2 m=m(q+2x_2)$	—
蜗轮节圆直径	d'_2	$d'_2=d_2$	—

表 6-5 蜗轮宽度 B、顶圆直径 d_{e2} 及蜗杆齿宽 b_1 的计算公式

<table>
<tr><th>z_1</th><th>B</th><th>d_{e2}</th><th>x_2</th><th colspan="2">b_1</th></tr>
<tr><td rowspan="2">1</td><td rowspan="8">$\leqslant 0.75d_{a1}$</td><td rowspan="2">$\leqslant d_{a2}+2m$</td><td>0</td><td>$\geqslant(11+0.06z_2)m$</td><td rowspan="10">当变位系数为中间值时，取邻近两公式所求值的较大者。
经磨削的蜗杆，按左式所求的长度应再增加下列值：
当 $m<10$mm 时，增加 25mm；
当 $m=10\sim16$mm 时，增加 35～40mm；
当 $m>16$mm 时，增加 50mm</td></tr>
<tr><td>−0.5</td><td>$\geqslant(8+0.06z_2)m$</td></tr>
<tr><td rowspan="3">2</td><td rowspan="6">$\leqslant d_{a2}+1.5m$</td><td>−1.0</td><td>$\geqslant(10.5+z_1)m$</td></tr>
<tr><td>0.5</td><td>$\geqslant(11+0.1z_2)m$</td></tr>
<tr><td>1.0</td><td>$\geqslant(12+0.1z_2)m$</td></tr>
<tr><td rowspan="3">3</td><td>0</td><td>$\geqslant(12.5+0.09z_2)m$</td></tr>
<tr><td>−0.5</td><td>$\geqslant(9.5+0.09z_2)m$</td></tr>
<tr><td>−1.0</td><td>$\geqslant(10.5+z_1)m$</td></tr>
<tr><td rowspan="2">4</td><td rowspan="2">$\leqslant 0.67d_{a1}$</td><td rowspan="2">$\leqslant d_{a2}+2m$</td><td>0.5</td><td>$\geqslant(12.5+0.1z_2)m$</td></tr>
<tr><td>1.0</td><td>$\geqslant(13+0.1z_2)m$</td></tr>
</table>

6.3 蜗杆传动的失效形式、材料和结构

6.3.1 蜗杆传动的失效形式

蜗杆传动的失效形式有点蚀(齿面接触疲劳破坏)、齿根折断、齿面胶合及过度磨损等，其主要失效形式是胶合、点蚀和磨损。由于材料和结构上的原因，蜗杆螺旋齿部分的强度总是高于蜗轮轮齿的强度，所以失效经常发生在蜗轮轮齿上。因此，一般只对蜗轮轮齿进行承载能力计算。由于蜗杆与蜗轮齿面间有较大的相对滑动，从而增加了产生胶合和磨损失效的可能性，尤其在某些条件下(如润滑不良)，蜗杆传动因齿面胶合而失效的可能性更大，因此，蜗杆传动的承载能力往往受到抗胶合能力的限制。

在开式传动中多发生齿面磨损和轮齿折断，因此应以保证齿根弯曲疲劳强度作为开式传动的主要设计准则。

在闭式传动中，蜗杆副多因齿面胶合或点蚀而失效。因此，通常是按齿面接触疲劳强度进行设计，而按齿根弯曲疲劳强度进行校核。此外，闭式蜗杆传动，由于散热较为困难，还应作热平衡核算。

由上述蜗杆传动的失效形式可知，蜗杆、蜗轮的材料不仅要求具有足够的强度，更重要的是要具有良好的磨合和耐磨性能。

6.3.2 蜗杆传动的常用材料

针对蜗杆传动的主要失效形式，蜗杆和蜗轮材料不仅要求有足够的强度，更重要的是要具有良好的减摩性、耐磨性和抗胶合能力。因此，蜗杆传动中常采用青铜蜗轮齿圈(低速时可用铸铁)与淬硬的钢制蜗杆相匹配。

蜗杆一般用碳钢或合金钢制造，蜗杆常用材料见表 6-6 所示。

蜗轮材料可参考相对滑动速度 v_s 来选择。常用的材料为铸锡青铜、铸铝铁青铜及灰铸铁

等。常用材料见表 6-7。

表 6-6　蜗杆常用材料及应用

材料	热处理	硬度	表面粗糙度/μm	应用
45,42SiMn,40Cr,42CrMo,38SiMnMo,40CrNi	表面淬火	45～55HRC	1.6～0.8	中速、中载、一般传动
20Cr,15CrMn,20CrMnTi,20CrMn	渗碳淬火	56～62HRC	1.6～0.8	高速、重载、重要传动
45 钢	调质或正火	220～270HBS	6.3	低速,轻、中载,不重要传动

表 6-7　涡轮常用材料及应用

材料	牌号	适用的滑动速度/(m/s)	特性	应用
铸锡青铜	ZCuSn10P1	≤25	耐磨性、跑合性、抗胶合能力、可加工性能均较好,但强度低,成本高	连续工作的高速、重载的重要传动
	ZCuSn5Pb5Zn5	≤12		速度较高的轻、中、重载传动
铸铝铁青铜	ZCuAl10Fe3	≤10	耐冲击,强度较高,可加工性能好,抗胶合能力较差,价格较低	速度较低的重载传动
黄铜	ZCuZn38Mn2Pb2	≤10		速度较低,载荷稳定的轻、中载传动
灰铸铁	HT150 HT200 HT250	≤2	铸造性能、可加工性能好,价格低,抗点蚀和抗胶合能力强,抗弯强度低,冲击韧度低	低速、不重要的开式传动,蜗轮尺寸较大的传动,手动传动

6.3.3　蜗杆传动的结构

1. 蜗杆的结构

蜗杆螺旋部分的直径不大,所以常和轴作成一个整体,称为蜗杆轴。常见的蜗杆轴结构见图 6-7。图(a)的结构既可以车制,也可以铣制。图(b)的结构由于齿根圆直径小于相邻轴段直径,因此只能铣制。两者相比较,显然图(b)所示蜗杆的刚度较大。当蜗杆螺旋部分的直径大到允许与轴分开时,则蜗杆与轴做成装配式比较合理。

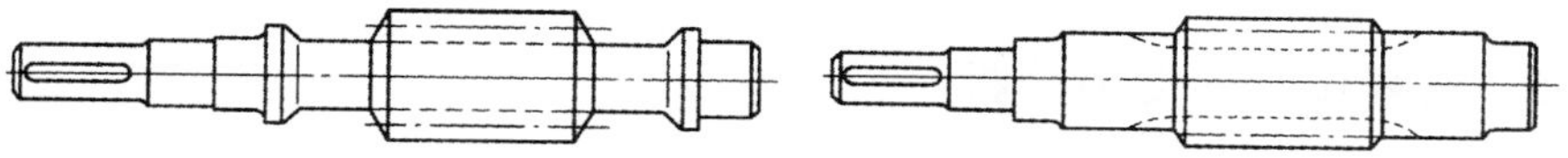

(a)　　(b)

图 6-7　蜗杆轴结构

2. 蜗轮的结构

蜗轮结构有整体式和组合式两种。铸铁蜗轮和小尺寸的青铜蜗轮常采用整体式结构,见

图 6-8(a)。对于较大尺寸的蜗轮，为了节省有色金属，采用组合式结构，齿圈用青铜制作，轮芯用铸铁或碳素钢制作。轮芯与齿圈常用的连接方式，见图 6-8(b)、(c)、(d)。图(b)所示是利用过盈配合将齿圈装在轮芯上，为了提高连接的可靠性，常在接合缝处拧上螺钉，螺钉孔中心线应偏向较硬的轮芯一侧，以便于钻孔；图 c 所示是在轮芯上加铸青铜齿圈，然后切齿，常用于成批制造的蜗轮；当蜗轮直径较大或容易磨损时，齿圈和轮芯可采用螺栓连接，见图 6-8(d)。

蜗轮各部分的结构尺寸可参阅机械设计手册。

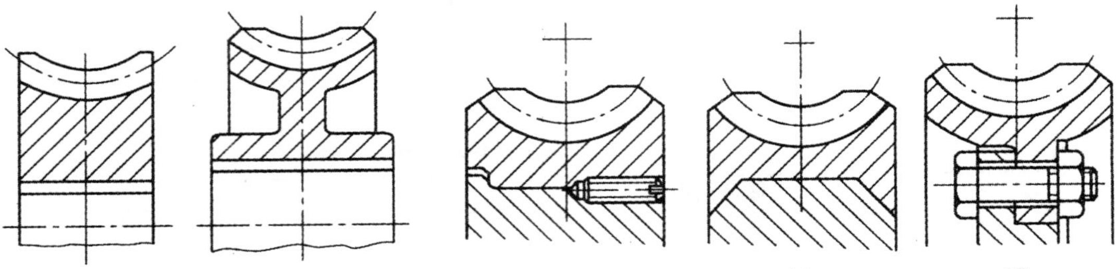

(a) (b) (c) (d)

图 6-8 蜗轮的结构

见表 6-8 所示，GB100089—1988 规定，蜗杆传动的精度有 12 个等级，1 级为最高，12 级最低；对于传递动力用的蜗杆传动，一般可按照 6～9 级精度制造，6 级用于蜗轮速度较高的传动，9 级用于低速及手动传动。分度机构、测量机构等要求运动精度高的传动，按照 5 级或 5 级以上的精度制造。

表 6-8 蜗杆传动的精度等级选择

精度等级	蜗轮圆周速度 /(m/s)	蜗杆齿面的表面粗糙度 R_a 值/μm	蜗轮齿面的表面粗糙度 R_a 值/μm	使用范围
6	>5	≤0.4	≤0.8	中等精密机床的分度机构
7	<7.5	≤0.8	≤0.8	中速动力传动
8	<3	≤1.6	≤1.6	速度较低或短期工作的传动
9	<15	≤3.2	≤3.2	不重要的低速传动或手动传动

6.4 蜗杆传动的受力分析和强度计算

6.4.1 蜗杆传动的受力分析

蜗杆传动的受力与斜齿轮传动相似，在进行受力分析时不考虑摩擦力的影响。如图 6-9 所示，蜗杆主动，作用在工作节点 P 处的法向力 F_n(位于蜗杆轮齿的法面内)分解为三个相互垂直的分力：圆周力 F_t、径向力 F_r和轴向力 F_a。由于蜗杆与蜗轮轴线交错角为 90°，根据力的作用原理可知，$F_{t1}=-F_{a2}$、$F_{t2}=-F_{a1}$、$F_{r1}=-F_{r2}$。各力的大小可按下列各式计算：

$$F_{t1}=\frac{2T_1}{d_1}=F_{a2}$$

$$F_{a1}=F_{t2}=\frac{2T_2}{d_2}$$

$$F_{r1}=F_{r2}=F_{t2}\tan\alpha$$

$$F_n=\frac{F_{a1}}{\cos\alpha_n\cos\gamma}=\frac{F_{t2}}{\cos\alpha_n\cos\gamma}=\frac{2T_2}{d_2\cos\alpha_n\cos\gamma}$$

式中，T_1、T_2为蜗杆、蜗轮上的名义转矩，$T_2=T_1 i\eta$，其中，i 为传动比，η 为传动效率；α_n为蜗杆法面压力角。

确定各分力的方向时，先确定蜗杆受力的方向。因蜗杆主动，所以蜗杆所受的圆周力 F_{t1} 的方向与它的转向相反；径向力 F_{r1}的方向总是沿半径指向轴心；轴向力 F_{a1}的方向，分析方法与斜齿圆柱齿轮传动相同，对主动蜗杆用左(右)手法则判定。

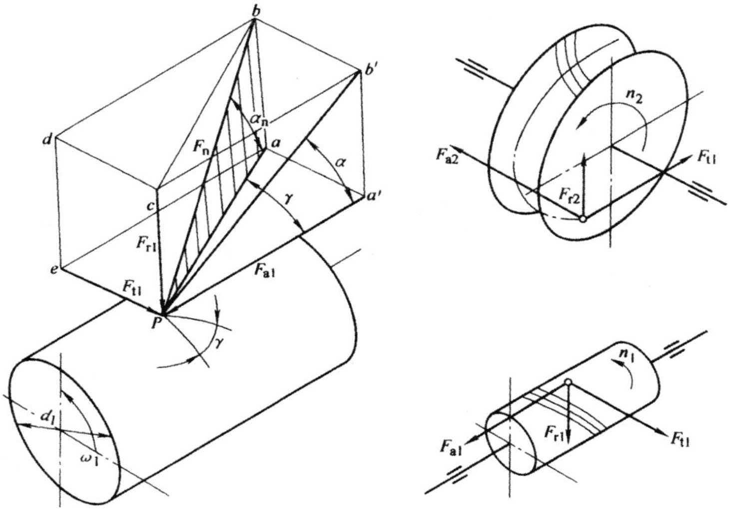

图 6-9　蜗杆传动的受力分析

6.4.2　蜗轮齿面接触疲劳强度计算

蜗轮齿面接触疲劳强度计算与斜齿轮相似，以赫兹公式为原始公式，以节点啮合处的相应参数代入后，对钢制蜗杆和青铜蜗轮或铸铁蜗轮配对的蜗杆传动，经推导可得蜗轮齿面接触疲劳强度的校核公式如下

$$\sigma_H=480\sqrt{\frac{KT_2}{d_1 d_2^2}}=480\sqrt{\frac{KT_2}{m^2 d_1 z_2^2}}\leqslant[\sigma_H]$$

设计公式为

$$m^2 d_1\geqslant KT_2\left(\frac{480}{z_2[\sigma_H]}\right)$$

式中，T_2为蜗轮轴的转矩，N・mm；K 为载荷系数，$K=1\sim1.5$，当载荷平稳相对滑动速度较小时取较小值，反之取较大值，严重冲击时取 $K=1.5$；$[\sigma_H]$为蜗轮材料的许用接触应力，MPa。

当蜗轮材料为锡青铜($\sigma_b<300$MPa)时，其主要失效形式为疲劳点蚀，$[\sigma_H]=Z_N=[\sigma_{0H}]$。

$[\sigma_{0H}]$为蜗轮材料的基本许用接触应力，如表 6-9 所示；Z_N为寿命系数，$Z_N=\sqrt[8]{\frac{10^7}{N}}$为应力循环次数，$N=60n_2L_h$，$n_2$为蜗轮转速，(r/min)，$L_h$为工作寿命，$h$；$N>25\times10^7$时应取 $N=25\times10^7$，$N<2.6\times10^7$时应取 $N=2.6\times10^5$。

当蜗轮的材料为铝青铜或铸铁($\sigma_b>300$MPa)时，蜗轮的主要失效形式为胶合，许用应力与应力循环次数无关，其值如表 6-10 所示。

表 6-9 锡青铜蜗轮的基本许用接触应力$[\sigma_{0H}]$($N=10^7$)

蜗轮材料	铸造方法	适用的滑动速度 v_S/(m/s)	蜗杆齿面硬度	
			≤350HB	>45HRC
ZCuSn10P1	砂型	≤12	180	200
	金属型	≤25	200	220
ZCuSn5Pb5Zn5	砂型	≤10	110	125
	金属型	≤12	135	150

表 6-10 锡青铜蜗轮的基本许用接触应力$[\sigma_H]$ 单位：MPa

蜗轮材料	蜗杆材料	滑动速度 Vs/(m/s)						
		0.5	1	2	3	4	6	8
ZCuAl10Fe3	淬火钢	250	230	210	180	160	120	90
ZCuZn38Mn2Pb2	淬火钢	215	200	180	150	135	95	75
HT150;HT200	渗碳钢	130	115	90	—	—	—	—
HT150	调质钢	110	90	70	—	—	—	—

6.4.3 蜗轮轮齿齿根弯曲疲劳强度计算

由于蜗轮轮齿的齿形比较复杂，很难精确地计算轮齿的弯曲应力，通常近似地将蜗轮看作斜齿轮按圆柱齿轮弯曲强度公式来计算。借用斜齿轮齿根弯曲疲劳强度计算式，代入蜗轮有关参数，经推导得蜗轮齿根弯曲疲劳强度校核公式如下

$$\sigma_F=\frac{1.53KT_2}{d_1d_2m}Y_{F_{a2}}Y_\beta\leqslant[\sigma_F]$$

设计公式为

$$m^2d_1\geqslant\frac{1.53KT_2}{z_2[\sigma_F]}Y_{F_{a2}}Y_\beta$$

式中，$Y_{F_{a2}}$为蜗轮的齿形系数，按蜗轮的当量齿数 $z_v=\frac{z_2}{\cos^3\gamma}$由表 6-11 查取；$Y_\beta$为蜗轮螺旋角系数，$Y_\beta=1-\frac{\gamma}{140°}$；$[\sigma_F]$为蜗轮材料的许用弯曲应力；$[\sigma_{0F}]$为蜗轮材料的基本许用弯曲应力，

如表 6-12 所示；$Y_N=\sqrt[9]{\frac{10^6}{N}}$为寿命系数，$N=60n_2L_h$。当 $N>25\times10^7$ 时，取 $N=25\times10^7$；当 $N<10^5$ 时，取 $N=10^5$。

表 6-11　蜗轮的齿形系数 $Y_{F_{a2}}$（$\alpha=20°$，$h_a^*=1$）

γ \ z_v	20	24	26	28	30	32	35	37	40	45	56	60	80	100	150	300
4°	2.79	2.65	2.60	2.55	2.52	2.49	2.45	2.42	2.39	2.35	2.32	2.27	2.22	2.18	2.14	2.09
7°	2.75	2.61	2.56	2.51	2.48	2.44	2.40	2.38	2.35	2.31	2.28	2.23	2.17	2.14	2.09	2.05
11°	2.66	2.52	2.47	2.42	2.39	2.35	2.31	2.29	2.26	2.22	2.19	2.14	2.08	2.05	2.00	1.96
16°	2.49	2.35	2.30	2.26	2.22	2.19	2.15	2.13	2.10	2.06	2.02	1.98	1.92	1.88	1.84	1.79
20°	2.33	2.19	2.14	2.09	2.06	2.02	1.98	1.96	1.93	1.89	1.86	1.81	1.75	1.72	1.67	1.63
23°	2.18	2.05	1.99	1.95	1.91	1.88	1.84	1.82	1.79	1.75	1.72	1.67	1.61	1.58	1.53	1.49
26°	2.03	1.89	1.84	1.80	1.76	1.73	1.69	1.67	1.64	1.60	1.57	1.52	1.46	1.43	1.38	1.34
27°	1.98	1.84	1.70	1.75	1.71	1.68	1.64	1.62	1.59	1.55	1.52	1.47	1.4l	1.38	1.33	1.29

表 6-12　蜗轮材料的基本许用弯曲应力[σ_{0F}]（$N=10^6$）　　单位：MPa

材料	铸造方法	σ_b	σ_s	蜗杆硬度≤45HRC		蜗杆硬度＞45HRC	
				单向受载	双向受载	单向受载	双向受载
ZCuSn10Pb1	砂模	200	140	51	32	64	40
	金属模	250	150	58	40	73	50
ZCuSn5Pb5Zn5	砂模	180	90	37	29	46	36
	金属模	200	90	39	32	49	40
ZCuAi10Fe3	金属模	500	200	90	80	113	100
HT150	砂模	150		38	24	48	30
HT200	砂模	200		48	30	60	38

6.4.4　蜗杆的刚度计算

蜗杆的支点跨距一般较大，受载后若产生过大弹性变形，会造成轮齿上的载荷集中，影响蜗杆与蜗轮的正确啮合，因此，蜗杆还需进行刚度校核。在进行蜗杆刚度校核时，近似将蜗杆螺旋部分看作以蜗杆齿根圆直径为直径的轴，蜗杆的最大挠度应满足

$$y=\frac{\sqrt{F_{t1}^2+F_{r1}^2}}{48EI}L'^3\leqslant[y]$$

式中，F_{t1} 为蜗杆所受的圆周力，单位为 N；F_{r1} 为蜗杆所受的径向力，单位为 N；E 为蜗杆材料的弹性模量，单位为 MPa；I 为蜗杆的危险截面二次矩，$I=\frac{\pi d_{f1}^4}{64}$，单位为 mm^4，其中 d_{f1} 为蜗杆齿根圆直

径，单位为 mm；L'为蜗杆两端支承间的跨距，单位为 mm，初步计算时可取，$L'\approx 0.9d_2$为蜗轮分度圆直径；[y]为许用最大挠度，单位为 mm，$[y]=\frac{d_1}{1000}$，d_1为蜗杆分度圆直径。

6.5 蜗杆传动的效率、润滑和热平衡计算

6.5.1 蜗杆传动的效率

闭式蜗杆传动的功率损耗一般包括三部分，即啮合摩擦损耗、轴承摩擦损耗及浸入油池中的零件搅油时的溅油损耗。因此总效率为

$$\eta=\eta_1\cdot\eta_2\cdot\eta_3$$

式中，η_1、η_2、η_3分别为单独考虑啮合摩擦损耗、轴承摩擦损耗及溅油损耗时的效率。而蜗杆传动的总效率，主要取决于计人啮合摩擦损耗时的效率 η_1。当蜗杆主动时，则

$$\eta_1=\frac{\tan\gamma}{\tan(\gamma+\varphi v)}$$

式中，γ 为普通圆柱蜗杆分度圆柱上的导程角；φv 为当量摩擦角，$\varphi v=\arctan f_V$，其值可根据滑动速度 v_s由表 6-13 或表 6-14 中选取。

滑动速度 v_s由图 6-10 得

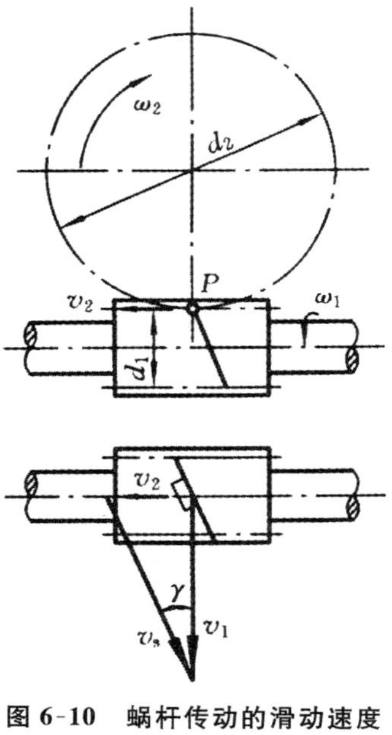

图 6-10 蜗杆传动的滑动速度

$$v_s=\frac{v_1}{\cos\gamma}=\frac{\pi d_1 n_1}{60\times1000\times cos\gamma}$$

式中，v_1为蜗杆分度圆的圆周速度，m/s；d_1为蜗杆分度圆直径，mm；n_1为蜗杆的转速，r/min。

由于轴承摩擦及溅油这两项功率损耗不大，一般取 $\eta_2\cdot\eta_3=0.95\sim0.96$，则总效率 η 为

$$\eta=\eta_1\cdot\eta_2\cdot\eta_3=(0.95\sim0.96)\frac{\tan\gamma}{\tan(\gamma+\varphi v)}$$

在设计之初，为了近似地求出蜗轮轴上的扭矩 T_2，η 值可按如下参数估取。

蜗杆头数 z_1：1、2、4、6。

总效率呀 η：0.7、0.8、0.9、0.95。

表 6-13 普通圆柱蜗杆传动的 v_s、f_V 和 φv 的值

蜗轮齿圈材料	锡青铜				无锡青铜		灰铸铁			
蜗杆齿面硬度	≥45HRC		其他		≥45HRC		≥45HRC		其他	
滑动速度 v_s①/(m·s⁻¹)	f_V②	φv②	f_V	φv	f_V②	φv②	f_V②	φv②	f_V	φv
0.01	0.110	6°17′	0.120	6°51′	0.180	10°12′	0.180	10°12′	0.190	10°45′
0.05	0.090	5°09′	0.100	5°43′	0.140	7°58′	0.140	7°58′	0.160	9°05′
0.10	0.080	4°34′	0.090	5°09′	0.130	7°24′	0.130	7°24′	0.140	7°58′
0.25	0.065	3°43′	0.075	4°17′	0.100	5°43′	0.100	5°43′	0.120	6°51′
0.50	0.055	3°09′	0.065	3°43′	0.090	5°09′	0.090	5°09′	0.100	5°43′
1.0	0.045	2°35′	0.055	3°09′	0.070	4°00′	0.070	4°00′	0.090	5°09′
1.5	0.040	2°17′	0.050	2°52′	0.065	3°43′	0.065	3°43′	0.080	4°34′
2.0	0.035	2°00′	0.045	2°35′	0.055	3°09′	0.055	3°09′	0.070	4°00′
2.5	0.030	1°43′	0.040	2°17′	0.050	2°52′				
3.0	0.028	1°36′	0.035	2°00′	0.045	2°35′				
4.0	0.024	1°22′	0.031	1°47′	0.040	2°17′				
5.0	0.022	1°16′	0.029	1°40′	0.035	2°00′				
8.0	0.018	1°02′	0.026	1°29′	0.030	1°43′				
10.0	0.016	0°55′	0.024	1°22′						
15.0	0.014	0°48′	0.020	1°09′						
24.0	0.013	0°45′								

注：①如滑动速度与表中数值不一致时，可用插入法求得 f_V 和 φv 值。

②适用于蜗杆齿面经磨削或抛光并仔细磨合、正确安装、采用黏度合适的润滑油进行充分的润滑时。

表 6-14 圆弧圆柱蜗杆传动的 v_s、f_V 和 φv 的值

蜗轮齿圈材料	锡青铜				无锡青铜		灰铸铁			
蜗杆齿面硬度	≥45HRC		其他		≥45HRC		≥45HRC		其他	
滑动速度 v_s①/(m·s⁻¹)	f_V②	φv②	f_V	φv	f_V②	φv②	f_V②	φv②	f_V	φv
0.01	0.093	5°19′	0.10	5°47′	0.156	8°53′	0.156	8°53′	0.165	9°22′
0.05	0.075	4°17′	0.083	4°45′	0.12	6°51′	0.12	6°51′	0.1 38	7°12′
0.10	0.065	3°43′	0.075	4°17′	0.111	6°20′	0.111	6°20′	0.119	6°47′
0.25	0.052	2°59′	0.060	3°26′	0.083	4°45′	0.083	4°45′	0.107	5°50′
0.50	0.042	2°25′	0.052	2°59′	0.075	4°17′	0.075	4°17′	0.083	4°45′

续表

蜗轮齿圈材料	锡青铜				无锡青铜		灰铸铁			
蜗杆齿面硬度	≥45HRC		其他		≥45HRC		≥45HRC		其他	
滑动速度 v_s①/(m·s^{-1})	f_v②	φv②	f_v	φv	f_v②	φv②	f_v②	φv②	f_v	φv
1.00	0.033	1°54′	0.042	2°25′	0.056	3°12′	0.056	3°12′	0.075	4°17′
1.50	0.029	1°40′	0.038	2°11′	0.052	2°59′	0.052	2°59′	0.065	3°43′
2.00	0.023	1°21′	0.033	1°54′	0.042	2°25′	0.042	2°25′	0.056	3°12′
2.5	0.022	1°16′	0.031	1°47′	0.041	2°21′	0.041	2°21′		
3.0	0.019	1°05′	0.027	1°33′	0.037	1°07′	0.037	1°07′		
4.0	0.018	1°02′	0.024	1°23′	0.033	1°54′	0.033	1°54′		
5.0	0.017	0°59′	0.023	1°20′	0.029	1°40′	0.029	1°40′		
8.0	0.014	0°48′	0.022	1°16′	0.025	1°26′	0.025	1°26′		
10.0	0.012	0°41′	0.020	1° 09′						
15.0	0.011	0°38′	0.017	0°59′						
20.0	0.010	0°35′								
25.0	0.009	0°31′								

注:①如滑动速度与表中数值不一致时,可用插入法求得 f_V 和 φv 值。

②适用于蜗杆齿面经磨削或抛光并仔细磨合、正确安装、采用黏度合适的润滑油进行充分的润滑时。

6.5.2 蜗杆传动的润滑

润滑对蜗杆传动来说,特别重要。因为当润滑不良时,传动效率将显著降低,并且会带来剧烈的磨损和产生胶合破坏的危险,所以往往采用黏度大的矿物油进行良好的润滑,在润滑油中还常加入添加剂,使其提高抗胶合能力。

蜗杆传动所采用的润滑油、润滑方法及润滑装置与齿轮传动的基本相同。

1. 润滑油

润滑油的种类很多,需根据蜗杆、蜗轮配对材料和运转条件合理选用。在钢蜗杆配青铜蜗轮时,常用的润滑油见表 6-15 所示。

表 6-15 蜗杆传动常用的润滑油

全损耗系统用油牌号 L—AN	68	100	150	220	320	460	680
运动黏度 V_{40}/(mm^2·s^{-1})	61.2～74.8	90～110	135～165	198～242	288～352	414～506	612～748
黏度指数不小于	90						
闪点(开口)(℃)不低于	180		200				220
倾点(℃)不高于	−8						−5

注:其余指标可参看 GB5903—1986。

2. 润滑油选择与给油

润滑油的选择主要看黏度和给油方法，一般根据相对滑动速度及载荷类型进行选择。对于闭式传动，常用的润滑油黏度荐用值及给油方法见表 6-16；对于开式传动，则采用黏度较高的齿轮油或润滑脂。

如果采用喷油润滑，喷油嘴要对准蜗杆啮入端；蜗杆正反转时，两边都要装有喷油嘴，而且要控制一定的油压。

表 6-16　蜗杆传动的润滑油黏度荐用值及给油方法

<table>
<tr><td>蜗杆传动的相对滑动速度 $v_s/(m \cdot s^{-1})$</td><td>0～1</td><td>1～2.5</td><td>2.5～5</td><td>>5～10</td><td>>10～15</td><td>>15～25</td><td>>25</td></tr>
<tr><td>载荷类型</td><td>重</td><td>重</td><td>由</td><td>不限</td><td>不限</td><td>不限</td><td>不限</td></tr>
<tr><td>运动黏度 $V_{40}/(mm^2 \cdot s^{-1})$</td><td>900</td><td>500</td><td>350</td><td>220</td><td>150</td><td>100</td><td>80</td></tr>
<tr><td rowspan="2">给油方法</td><td rowspan="2" colspan="3">油池润滑</td><td rowspan="2">喷油润滑或油池润滑</td><td colspan="3">喷油润滑的喷油压力/MPa</td></tr>
<tr><td>0.7</td><td>2</td><td>3</td></tr>
</table>

3. 润滑油量

对闭式蜗杆传动采用油池润滑时，在搅油损耗不致过大的情况下，应有适当的油量。这样不仅有利于动压油膜的形成，而且有助于散热。对于蜗杆下置式或蜗杆侧置式的传动，浸油深度应为蜗杆的一个齿高；当为蜗杆上置式时，浸油深度约为蜗轮外径的 1/3。

6.5.3　蜗杆传动的热平衡计算

蜗杆传动由于效率低，所以工作时发热量大。在闭式传动中，如果产生的热量不能及时散逸，将因油温不断升高而使润滑油稀释，从而增大摩擦损失，甚至发生胶合。所以，必须根据单位时间内的发热量 H_1 等于同时间内的散热量 H_2 的条件进行热平衡计算，以保证油温稳定地处于规定的范围内。

由于摩擦损耗的功率 $P_f = P(1-\eta)$ kW，则产生的热流量（单位为 1W=1J/s）为

$$H_1 = 1000P(1-\eta)$$

式中，P 为蜗杆传递的功率，kW。

以自然冷却方式，从箱体外壁散发到周围空气中去的热流量为

$$H_2 = \alpha_d S(t_0 - t_a)$$

式中，α_d 为箱体的表面传热系数，可取 $\alpha_d = (8.15 \sim 17.45)\,W/(m^2 \cdot ℃)$，当周围空气流通良好时，取偏大值；$S$ 为内表面能被润滑油所飞溅到、而外表面又可为周围空气所冷却的箱体表面面积，m^2；t_0 为油的工作温度，一般限制在 60℃～70℃，最高不应超过 80℃；t_a 为周围空气的温度，常温情况可取为 20℃。

按热平衡条件 $H_1 = H_2$，可求得在既定工作条件下的油温为

$$t_0 = t_a + \frac{1000P(1-\eta)}{\alpha_d S}$$

或在既定条件下，保持正常工作温度所需要的散热面积为

$$S = \frac{1000P(1-\eta)}{\alpha_d(t_0 - t_a)}$$

在 $t_0 > 80$℃或有效的散热面积不足时，则必须采取措施，以提高散热能力。通常采取：①加散热片以增大散热面积，如图 6-11 所示。

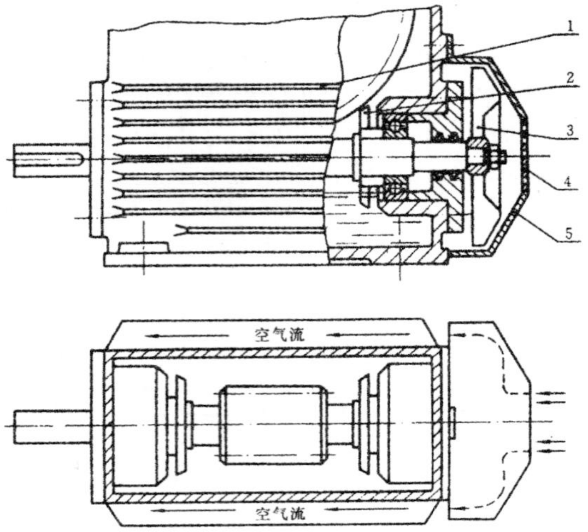

图 6-11 加散热片和风扇的蜗杆传动

②在蜗杆轴端加装风扇，见图 6-12 所示，以加速空气的流通。

由于在蜗杆轴端加装风扇，这就增加了功率损耗。总的功率损耗为

$$P_F = (P - \Delta P_F)(1-\eta)$$

式中，ΔP_F 为风扇消耗的功率，可按下式计算。

$$\Delta P_F \approx \frac{1.5 v_F^3}{10^5}$$

此处 v_F 为风扇叶轮的圆周速度，$v_F = \frac{\pi D_F n_F}{60 \times 1000}$，m/s。其中 D_F 为风扇叶轮外径，mm；n_F 为风扇叶轮转速，r/min。

由摩擦消耗的功率所产生的热流量为

$$H_1 = 1000(P - \Delta P_F)(1-\eta)$$

散发到空气中的热流量为

$$H_2 = (\alpha'_d S_1 + \alpha_d S_2)(t_0 - t_a)$$

式中，S_1、S_2 为风冷面积及自然冷却面积，m^2；α'_d 为风冷时的表面传热系数，按表 6-17 选取。

表 6-17 风冷时的表面传热系数 α'_d

蜗杆转速/(r/min)	750	1000	1250	1550
α'_d/[W/(m²·℃)]	27	31	35	38

③在传动箱内装循环冷却管路(见图 6-12)。

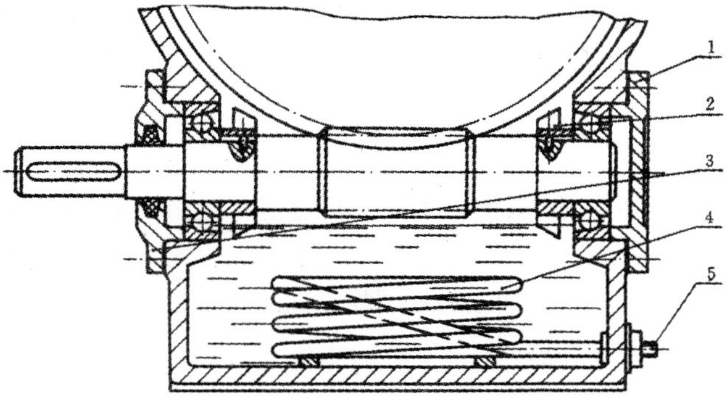

图 6-12　装有循环冷却管路的蜗杆传动

1—闷盖;2—溅油轮;3—透盖;4—蛇行管;5—冷却水出、入接口

6.6　圆弧圆柱蜗杆传动

6.6.1　圆弧圆柱蜗杆传动的类型

圆弧圆柱蜗杆传动(*ZC* 型)是在普通圆柱蜗杆传动的基础上发展起来的一种新型的蜗杆传动。圆弧圆柱蜗杆的齿面用切削刃为凸圆弧形的刀具加工。在主平面内,蜗杆的齿形为凹弧形,而蜗轮的齿形为凸弧形。

圆弧圆柱蜗杆传动可分为圆环面包络圆柱蜗杆传动和轴向圆弧齿圆柱蜗杆传动两种类型。

1. 圆环面包络圆柱蜗杆传动

这种蜗杆的加工如图 6-13 所示,圆环面砂轮与蜗杆作相对螺旋运动,蜗杆齿面是砂轮曲面族的包络面。圆环面包络圆柱蜗杆传动又分为以下两种形式:

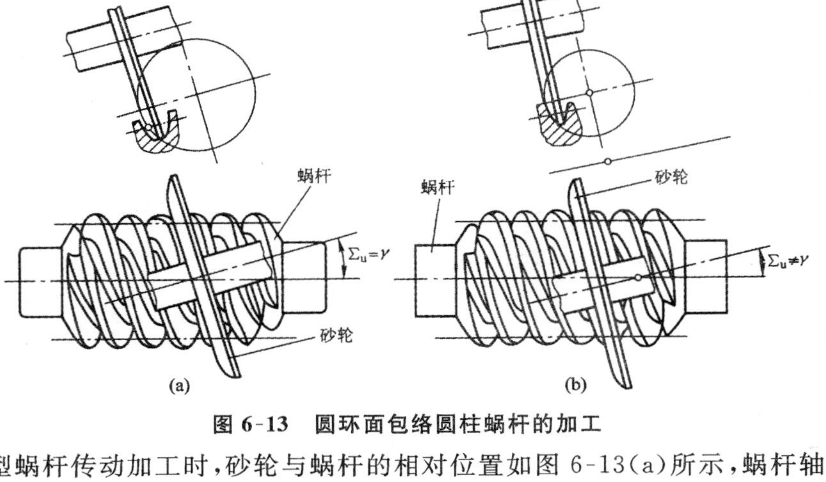

图 6-13　圆环面包络圆柱蜗杆的加工

①ZC1 型蜗杆传动加工时,砂轮与蜗杆的相对位置如图 6-13(a)所示,蜗杆轴线与砂轮轴线的交错角 Σ_u 等于蜗杆的导程角 γ。砂轮与蜗杆齿面的瞬时接触线是一条固定的空间曲线。

②ZC2 型蜗杆传动加工时，砂轮与蜗杆的相对位置如图 6-13(b)所示，蜗杆轴线与砂轮轴线的公垂线通过砂轮齿廓的曲率中心，但两轴线的交错角 Σ_u 不等于蜗杆的导程角 γ。砂轮与蜗杆齿面的瞬时接触线是一条与砂轮的轴向齿廓互相重合的固定平面曲线。

2. 轴向圆弧齿圆柱蜗杆传动(ZC3 型)

蜗杆齿面是由蜗杆轴向平面内的一段凹圆弧绕蜗杆轴线作螺旋运动形成的。用车床加工时，车刀与蜗杆的相对位置如图 6-14 所示，需将凸圆弧车刀前刀面置于蜗杆轴向平面内。

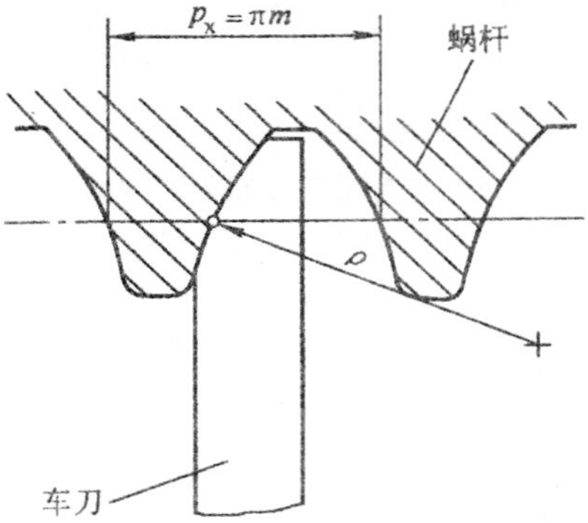

图 6-14 轴向圆弧圆柱蜗杆的加工

6.6.2 圆弧圆柱蜗杆传动的特点

圆弧圆柱蜗杆传动和普通圆柱蜗杆传动相比，具有以下主要特点：

①蜗杆和蜗轮两共轭齿面为凹凸面啮合，综合曲率半径较大，因而齿面接触应力较小，齿面强度较高。

②蜗杆和蜗轮啮合时的瞬时接触线方向与相对滑动方向的夹角(润滑角)较大，见图 6-15 所示，易于形成和保持油膜，从而减少了啮合面间的摩擦，故磨损小，发热量低，传动效率高。

③在蜗杆齿强度不减弱的情况下，蜗轮的齿根厚度较大，故蜗轮齿的弯曲强度较高。

④由于齿面和齿根强度的提高，使承载能力增大。与普通蜗杆传动相比，在传递同样功率的情况下，体积小，重量轻，结构也较为紧凑。

⑤蜗杆与蜗轮相啮合时，蜗轮为正变位，啮合节线位于接近蜗杆齿顶的位置，啮合性能好。

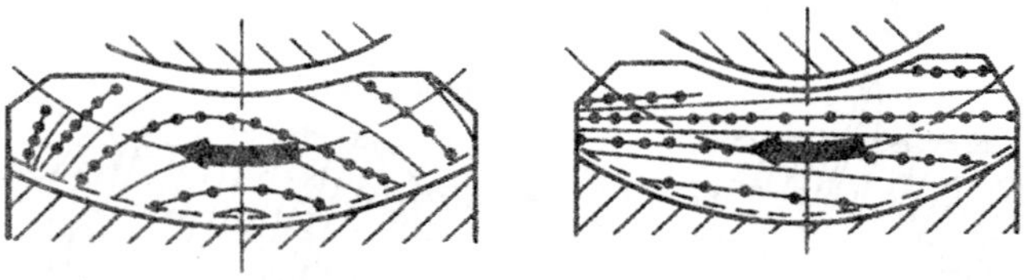

(a) ZC蜗杆　　(b) 普通蜗杆

图 6-15 蜗杆与蜗轮啮合时的瞬时接触线比较

此外，在加工和装配工艺方面也都并不复杂。因此，这种传动已逐渐广泛地应用到各种机械设备的减速机构中。

第7章 轴

7.1 概 述

7.1.1 轴的分类

轴是组成机械的重要零件之一。轴的主要功用是支承回转零件(车轮、齿轮、链轮等),并传递运动和动力。

1. 按照轴承受载荷情况分类

按照轴承受载荷情况可分为转轴、传动轴和心轴,见表7-1。

表7-1 按轴承载荷情况分类

轴的类型	转轴	传动轴	心轴	
			转动心轴	固定心轴
结构简图	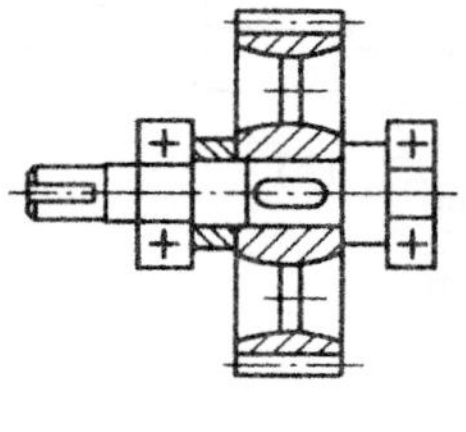	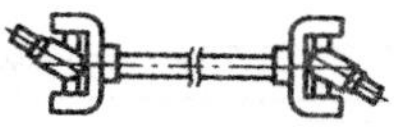	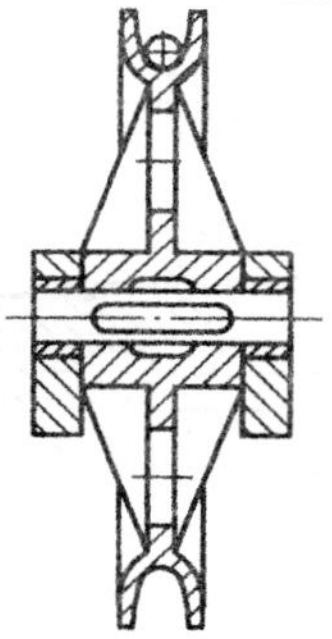	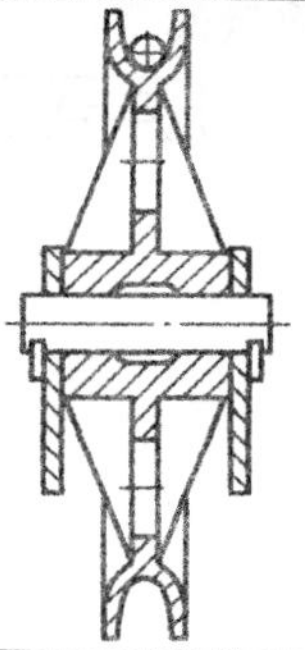
受力图	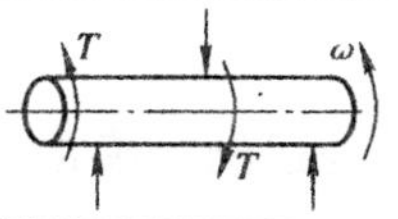	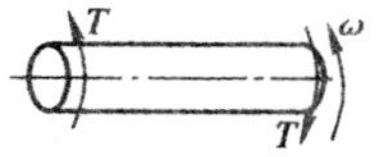	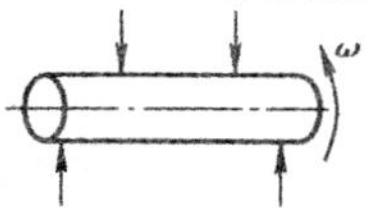	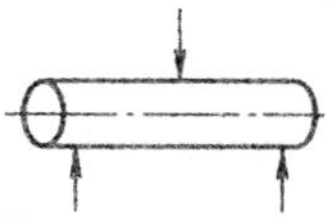
特点	既承受弯矩M,又承受转矩T。机械传动中的轴大多数为转轴,如蜗杆轴、齿轮轴及安装齿轮的轴等	只承受转矩T,不受M或弯矩肘或弯矩较小,如汽车的传动轴	只承受弯矩M,不受扭转或转矩较小,如火车车厢的车轮轴、滑轮轴等	

图7-1所示为一台起重机的起重机构,分析轴Ⅰ~Ⅴ的工作情况得知:轴Ⅰ只传递转矩,不受弯矩的作用(轴自身重量很小,可忽略),故为传动轴。轴Ⅱ~Ⅳ同时承受转矩和弯矩的作用,均为转轴。轴Ⅴ支承着卷筒,但驱动卷筒的动力由与之过盈配合的大齿轮直接传给它,因

此轴Ⅴ只承受弯矩，为转动心轴。

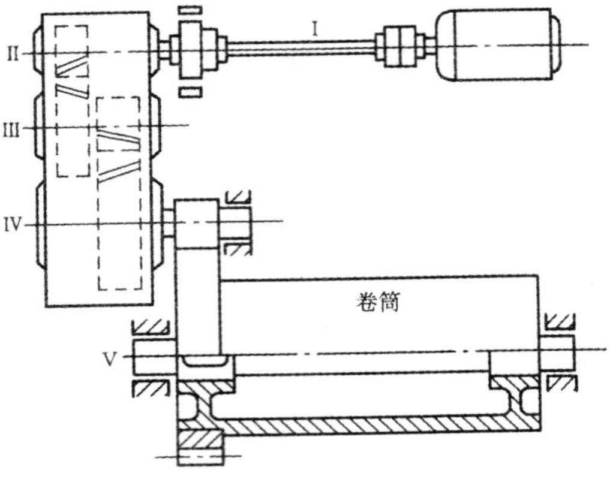

图 7-1　起重机构

2. 按照轴线几何形状分类

按照轴线几何形状不同，可分为直轴、曲轴和挠性轴。

(1)直轴

按外形不同可分为光轴如图 7-2(a)所示，阶梯轴如图 7-2(b)所示。光轴形状简单、加工方便、轴上应力集中源少，其缺点是轴上零件拆装和定位不便。阶梯轴便于轴上零件的拆装和定位，故在机械中应用广泛。直轴一般都为实心，但在结构要求或为了提高轴的刚度、减小轴的质量的情况下，则将轴制成空心的，具体如图 7-2(c)所示。

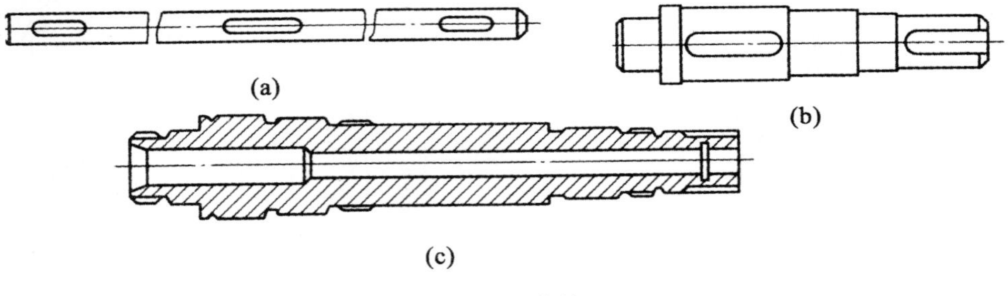

图 7-2　直轴

(2)曲轴

曲轴是内燃机、柴油机、冲床等机器中用于旋转运动和往复直线运动转换的专用零件，如图 7-3 所示。

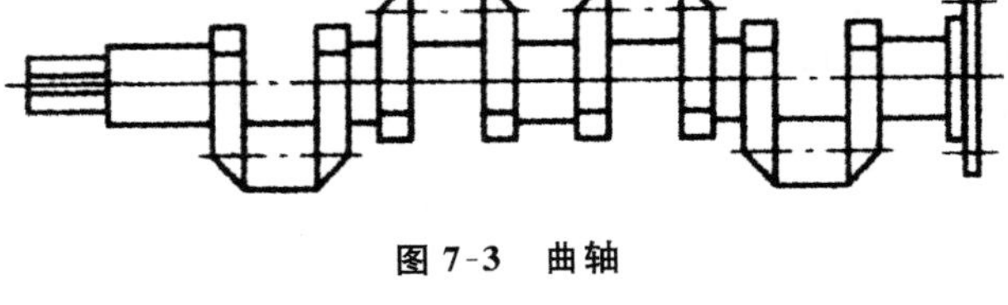

图 7-3　曲轴

(3)挠性轴

用于两传动件轴线不在同一直线或工作时彼此有相对运动的空间传动，具体可见图 7-4

所示。

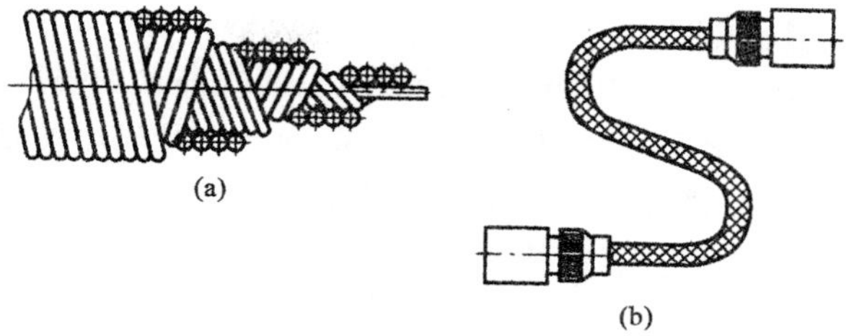

图 7-4　挠性轴

7.1.2　轴的失效形式和设计的主要内容

1. 轴的失效形式

轴的失效形式主要有以下几种：

①因疲劳强度不足而产生疲劳断裂。

②因静强度不足而产生塑性变形或脆性断裂。

③因刚度不足而产生超过允许范围的弯曲变形或扭转变形。

④其他失效形式。如在高转速下工作的轴，可能会发生共振或振幅过大而失效、轴颈磨损等。

2. 轴设计的主要内容

轴的设计主要包括结构设计和工作能力计算两方面的内容。合理的结构和足够的强度是轴设计必须满足的基本要求。

轴的结构设计是指根据轴上零件的安装、定位及轴制造工艺等方面的要求，合理确定轴的结构形式和外形尺寸。

轴的工作能力计算是包括轴的强度、刚度、振动稳定性等方面的计算。为了保证所设计的轴能正常工作，必须通过强度计算保证其有足够的强度，以防塑性变形或断裂；对有刚度要求的轴（如电动机轴、机床主轴等），要进行刚度计算，以防工作时产生过大的弹性变形；对高速运转的轴，为避免共振，还需进行稳定性计算。

7.1.3　轴的材料及选择

遵循既经济又适用的原则，根据具体情况选用合适的材料。轴的常用材料主要是碳素钢和合金钢。

碳素钢比合金钢价格低廉，对应力集中的敏感性较低，且具有较高的综合力学性能，故应用较广。一般机器中的轴常用优质中碳钢制造，其中最常用的是 45 钢。为了提高材料的力学性能，通常进行正火或调质处理。对于受力较小或不重要的轴，可采用 Q235、Q275 等普通碳钢制造。

合金钢比碳素钢具有更高的机械强度和更好的淬火性能，但其价格较贵，且对应力集中较敏感。因此，对于重要的轴，大功率机器中要求尺寸小、重量轻、耐磨性高的轴以及处于高温或低温环境下工作的轴，常采用合金钢制造，如 20Cr、20CrMnTi、40Cr、40MnB 等。设计合金钢轴时，更应从结构上避免或减小应力集中，并减小其表面粗糙度值。

必须注意：在一般工作温度（低于 200℃）下，各种碳钢和合金钢的弹性模量 E 的数值相差不多，因此用合金钢代替碳素钢不能提高轴的刚度，只能提高轴的强度和耐磨性。

钢轴常用轧制圆钢或锻造毛坯经切削加工制成，对于直径较小的轴，可直接利用冷拔圆钢加工。形状复杂的轴，也可采用铸钢或球墨铸铁铸造。球墨铸铁具有良好的吸振性、耐磨性以及对应力集中不敏感和价廉等优点，便于制成复杂的形状。有的生产部门已经用它代替钢材来制造大型曲轴等。其缺点是铸造品质不容易控制，冲击韧性较差。

表 7-2 列出了轴的常用材料及其主要力学性能和应用场合，供设计时参考。

表 7-2　轴的常用材料、主要力学性能及其许用应力

材料牌号	热处理	毛坯直径 /mm	硬度 HBW	抗拉强度 σ_b	屈服点 σ_s	弯曲疲劳极限 σ_{-1}	剪切疲劳极限 τ_{-1}	许用弯曲应力 $[\sigma_{-1}]$	备注
				MPa					
Q235—A	热轧或锻后空冷	≤100		200～400	225	170	105	40	用于不重要及受载荷不大的轴
		>100～250		375～390	215				
45	正火回火调质	≤100	170～217	590	295	255	140	55	应用最广泛用于载荷较大，而无很大冲击的轴
		>100～300	162～217	570	285	245	135		
		≤200	217～255	640	355	275	155		
40Cr	调质	≤100	241～286	735	540	355	200	70	用于载荷较大，而无很大冲击的重要轴
		>100～300		685	490	335	185		
40CrNi	调质	≤100	270～300	900	735	430	260	75	用于很重要的轴
		>100～300	240～270	785	570	570	210		
38SiMnMo	调质	≤100	229～286	735	590	365	210	70	用于重要轴，性能近于40CrNi
		>100～300	217～269	685	540	345	195		
38CrMoAlA	调质	≤60	293～321	930	785	440	280	75	用于要求高耐磨性、高强度且热处理（渗氮）变形很小的轴
		>60～100	277～302	835	685	410	270		
		>100～160	241～277	785	590	375	220		
20Cr	渗碳淬火回火	≤60	渗碳 56～62 HRC	640	390	305	160	60	用于要求强度及韧性均较高的轴

续表

材料牌号	热处理	毛坯直径 /mm	硬度 HBW	抗拉强度 σ_b	屈服点 σ_s	弯曲疲劳极限 σ_{-1}	剪切疲劳极限 τ_{-1}	许用弯曲应力 $[\sigma_{-1}]$	备注
				MPa					
3Cr12	调质	≤100	≥214	835	635	395	230	75	用于腐蚀条件下的轴
1Cr18Ni9Ti	淬火	≤100	≤192	530	195	190	115	45	用于高、低温及腐蚀条件下的轴
		＞100～200		490		180	110		
QT600－3			190～270	600	370	215	185		用于制造外形复杂的轴

注：表中所列疲劳极限 σ_{-1} 值是按下列关系计算的，供设计时参考。碳钢：$\sigma_{-1}=0.43\sigma_b$；合金钢：$\sigma_{-1}=0.2(\sigma_b+\sigma_s)+100$；不锈钢：$\sigma_{-1}=0.27(\sigma_b+\sigma_s)$，$\tau_{-1}=0.2(\sigma_b+\sigma_s)$；球墨铸铁：$\sigma_{-1}=0.36\sigma_b$，$\tau_{-1}=0.31\sigma_b$。

7.2　轴的结构设计

7.2.1　轴的结构设计概述

轴的结构外形主要取决于轴在箱体上的安装位置及形式、轴上零件的布置和固定方式、受力情况和加工工艺等。由于影响因素很多，具体情况各异，因此轴没有标准的结构形式。进行轴的结构设计时，一般应满足以下要求：

①轴和轴上零件要有准确、牢固的工作位置。

②轴上零件应便于装拆和调整。

③轴应具有良好的制造工艺性。

④轴的受力合理，并有利于节省材料、减轻质量。

⑤尽量避免应力集中。

⑥对于刚度要求高的轴，要从结构上采取减少变形的措施。

下面结合图 7-5 所示的单级圆柱齿轮减速器的高速轴，讨论轴的结构及设计中需考虑的几个主要问题。

图 7-5 中，③和⑦轴段为与轴承配合的部分称为轴颈；①和④轴段为与传动件(带轮、齿轮等)轮毂相配合的部分称为轴头；相邻两轴段间的阶梯称为轴肩，轴肩分为定位轴肩(装配时用于确定轴上零件的位置，如①和②、④和⑤、⑥和⑦之间的轴肩)和非定位轴肩(其主要作用为便于轴上零件的装拆，如②和③、③和④、⑤和⑥之间的轴肩)；直径比左右相邻轴段都大的短轴段⑤称为轴环。

7.2.2　轴上零件的的轴向定位

为了保证轴和轴上零件有确定的工作位置，防止轴上零件受力时发生沿轴向或周向的相

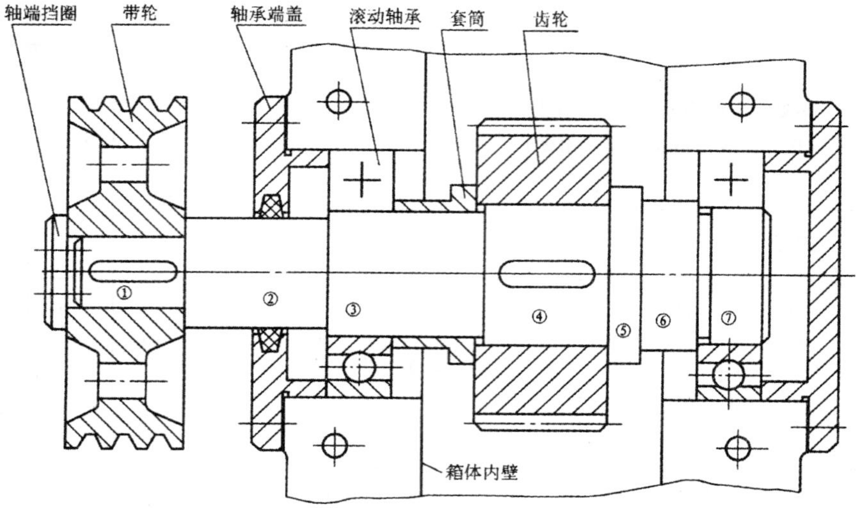

图 7-5 轴的结构示例

对运动，轴上零件都要进行轴向和周向定位。

轴上零件的定位方法主要取决于其所受力的大小，还应考虑轴的制造及轴上零件拆装的难易程度、对轴强度的影响及工作可靠性等因素。常用轴向定位方法有以下几种。

1. 轴肩和轴环

轴肩或轴环定位是轴上零件最可靠的定位方法，其结构简单，能承受较大的轴向载荷，但会使轴径增加，阶梯处产生应力集中。

轴肩分为定位轴肩和非定位轴肩。轴肩或轴环由定位面和过渡圆角组成，如图 7-6 所示。为了保证轴上零件能紧靠定位面，定位圆角半径 r 必须小于相配零件毂孔端部的倒角 C_1，或圆角半径 R。轴和轴上零件的圆角 R 与倒角 C 的推荐值见表 7-3。为了有足够的强度来承受轴向力，通常取 $h=(0.07\sim0.1)d$，d 为零件相配合处轴的直径(单位为 mm)。固定滚动轴承的轴肩高度 h 及圆角半径 r 应按滚动轴承的安装尺寸查取。非定位轴肩，其直径的变化是为装配方便或区别加工表面，所以轴肩的高度 h 无严格要求，一般取 1～2mm。

表 7-3 零件倒角 C 与圆角半径 R 的推荐值(单位:mm)

直径 d	>6～10		>10～18	>18～30	>30～50		>50～80	>80～120	>120～180
C 或 R	0.5	0.6	0.8	1.0	1.2	1.6	2.0	2.5	3.0

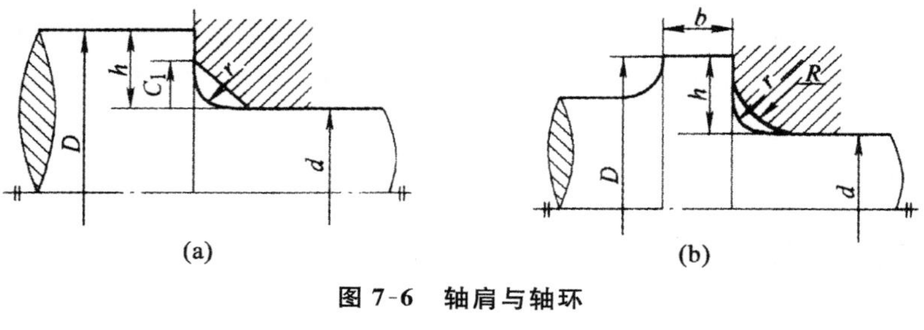

图 7-6 轴肩与轴环

2. 套筒

套筒固定结构简单，定位可靠，轴上不需开槽、钻孔和切制螺纹，因而不影响轴的疲劳强度，一般用于轴上两个零件之间的固定。如两零件的间距较大时，不宜采用套筒固定，以免增大套筒的质量及材料用量。因套筒与轴的配合较松，如轴的转速较高时，也不宜采用套筒固定。

3. 圆螺母

圆螺母定位固定可靠，装拆方便，能够承受较大的轴向力，适用于轴上相邻零件间距较大，且允许在轴上车制螺纹及轴端零件轴向定位的场合。为了减小对轴的强度的削弱和应力集中，多选用细牙螺纹。结构上常用双圆螺母[图 7-7(a)]或圆螺母加止动垫圈[图 7-7(b)]的方式防止松动。

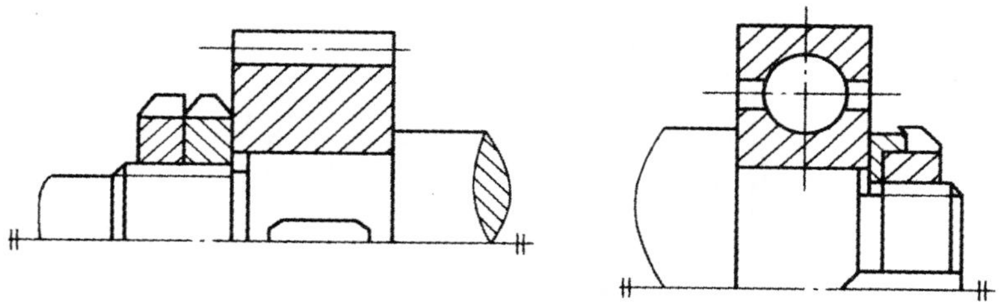

(a)　　(b)

图 7-7　圆螺母定位

4. 圆锥面

圆锥面定位如图 7-8 所示，能消除轴与轮毂间的径向间隙，拆装方便，可兼作周向定位。适用于有振动或冲击载荷的场合及轴端零件的定位。

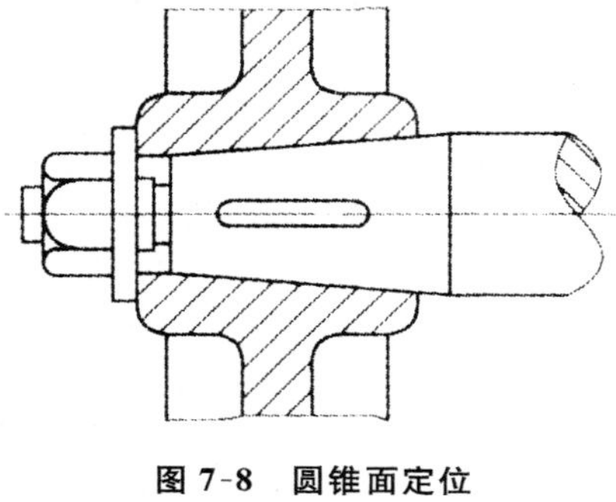

图 7-8　圆锥面定位

5. 轴端挡圈

轴端挡圈定位简单可靠，拆装方便，可承受较大的轴向力，适用于轴端零件的定位。为防止螺钉松脱，可采用圆柱销锁定轴端挡圈，具体可见图 7-9(a)所示，或采用双螺钉加止动垫片防止松动如图 7-9(b)等方法固定。

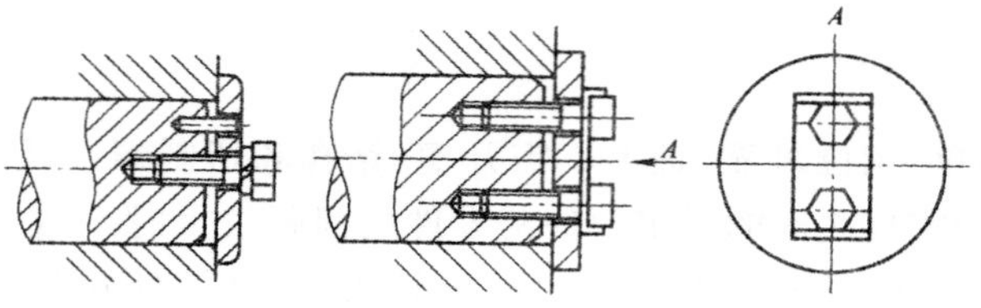

(a)　　(b)

图 7-9　轴端挡圈定位

6. 弹性挡圈

如图 7-10 所示，弹性挡圈定位工艺性好，拆装方便，但对轴强度削弱较大，适用于轴上零件受轴向力小的情况。

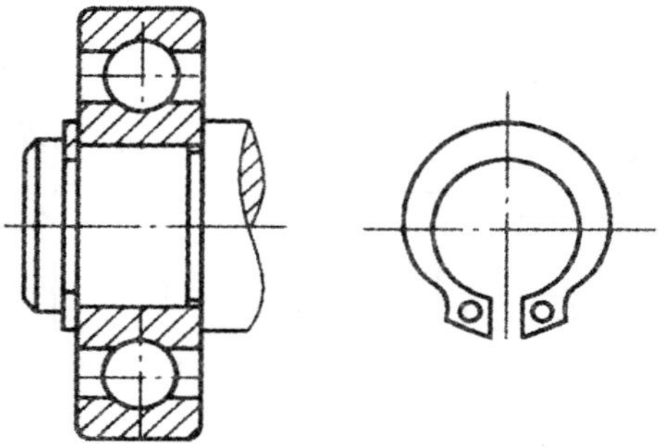

图 7-10　弹性挡圈定位

7. 紧定螺钉、锁紧挡圈

如图 7-11 所示，紧定螺钉、锁紧挡圈定位结构简单，拆装方便，紧定螺钉还可兼作周向固定，但只能承受较小的载荷，而且不适用于高速转动的轴，适用于光轴上零件的定位。

应当注意：选用套筒、圆螺母、轴端挡圈定位时，为了使轴上零件定位可靠，应使装零件的轴段长度比零件轮毂短 2～3mm。

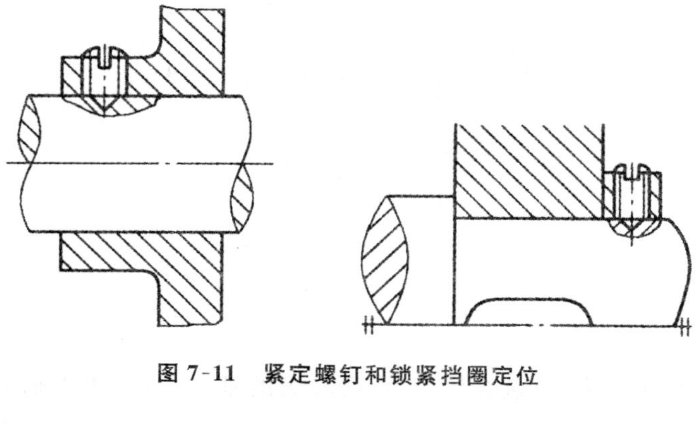

图 7-11　紧定螺钉和锁紧挡圈定位

7.2.3　轴上零件的周向定位

轴上零件与轴的周向定位所形成的连接，通常称为轴毂连接，轴毂连接的形式多种多样，本节介绍常用的几种。

1. 平键连接

平键工作时，靠其两侧面传递转矩，键的上表面和轮毂槽底之间留有间隙。这种键定心性较好，装拆方便。但这种键不能实现轴上零件的轴向固定。如图 7-12 所示。

2. 花键连接

花键连接的齿侧面为工作面，可用于静连接或动连接，如图 7-13 所示。它比平键连接有更高的承载能力，较好的定心性和导向性；对轴的削弱也较小，适用于载荷较大或变载及定心要求较高的静连接、动连接。

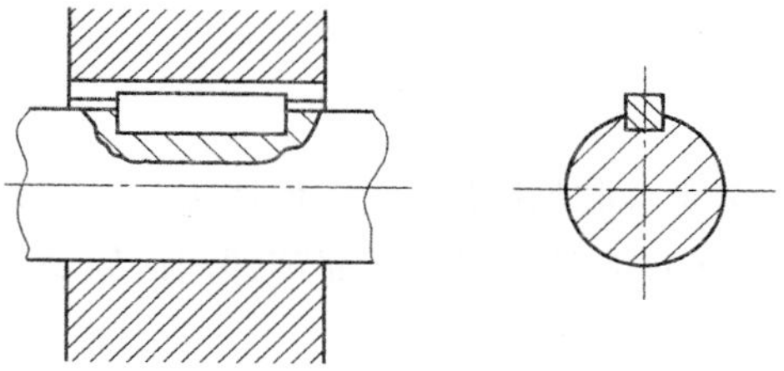

图 7-12　平键连接

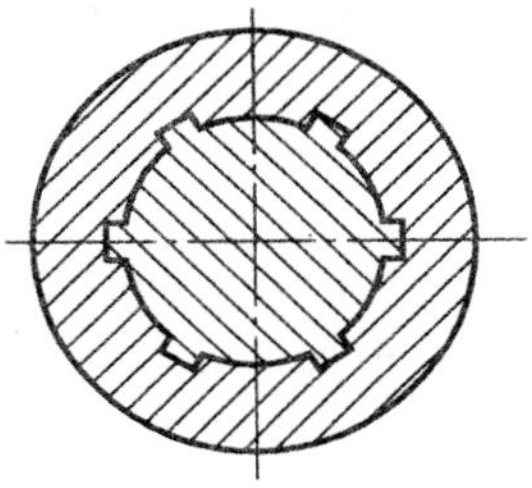

图 7-13　花键连接

3. 成形连接

成形连接利用非圆剖面的轴和相应的轮毂构成的轴毂连接，是无键连接的一种形式。轴和毂孔可做成柱形和锥形，前者可传递转矩，并可用于不在载荷作用下的轴向移动的动连接；后者除传递转矩外，还可承受单向轴向力。成形连接无应力集中源，定心性好，承载能力高。但加工比较复杂，特别是为了保证配合精度，最后一道工序多要在专用机床上进行磨削，故目前应用还不广泛。

4. 过盈连接

过盈连接是利用零件间的过盈量来实现连接的。轴和轮毂孔之间因过盈配合而相互压紧，在配合表面上产生正压力，工作时依靠此正压力产生的摩擦力(也称为固持力)来传递载荷。过盈连接既能实现周向固定传递转矩，又能实现轴向固定传递轴向力。其结构简单，定心性能好，承载能力大，受变载和冲击载荷的能力好。常用于某些齿轮、车轮、飞轮等的轴毂连接。其缺点是承载能力取决于过盈量的大小，对配合面加工精度要求较高，装拆也不方便。

过盈连接的配合表面常为圆柱面和圆锥面，如图 7-14 所示。前者的装配有压入法和温差法，当过盈量或尺寸较小时，一般用压入法装配；当过盈量或尺寸较大时，或对连接量要求较高时，常用温差法装配。后者的装配可通过螺纹连接和液压装拆法实现，如图 7-14(b)、(c)所示。螺纹压紧连接使配合面间产生相对的轴向位移和压紧，这种结构常用于轴端；液压装拆是用高压油泵将高压油通过油孔和油沟压入连接的配合面，使轮毂孔径胀大而轴径缩小，同时施加一定的轴向力使之相互压紧，当压至预定的位置时，排除高压油即可，这种装配对配合面的接触精度要求较高，需要高压油泵等专用设备。

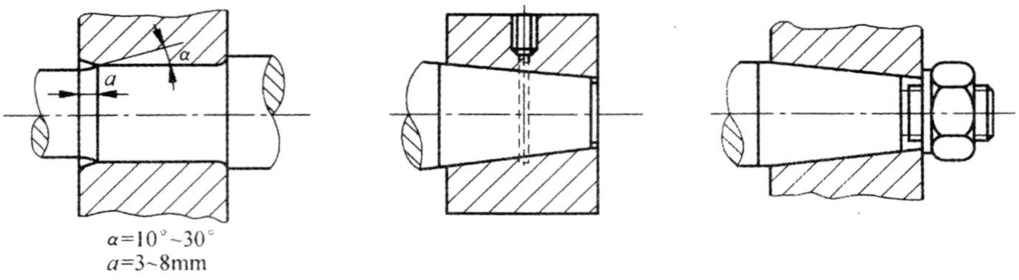

(a) 圆柱面压入端的结构　(b) 用液压装配　(c) 用螺母压紧

图 7-14　过盈连接

7.2.4　轴的长度和直径的确定

1. 长度的确定

确定各轴段长度时，应尽可能使结构紧凑，同时还要保证零件所需的装配或调整空间。轴的各段长度主要是根据各零件与轴配合部分的轴向尺寸和相邻零件间的距离等确定的。确定轴的长度时要注意：

①在采用套筒、圆螺母、轴端挡圈等作轴向固定时，轴头(与轮毂配合的轴段)的长度应比轮毂长度短 2～3mm(图 7-5 中④段的长度)，以使套筒、圆螺母或轴端挡圈等能靠紧零件端面，确保固定可靠。

②轴上回转零件与机体等具有相对运动的零件之间(如图 7-5 中齿轮和箱体内壁间)，沿轴向要留有适当的距离，以免旋转时相碰。

2. 直径的确定

设计各轴段的直径时，一般以初步估算的轴径作为受扭段最细处的直径，然后从最细处开始，根据轴上零件的位置、装配顺序等，从端部向中间逐渐加大，考虑定位轴肩和非定位轴肩，逐一确定出各轴段的直径。确定轴的直径时应遵循：

①为了便于加工和检验，轴的直径应取圆整值。

②与标准件相配合的轴段直径，要与标准件的孔径匹配。例如，与滚动轴承相配合的轴颈直径(图 7-5 中③、⑦轴段)应符合滚动轴承内径标准；有螺纹的轴段直径应符合螺纹标准直径等。

③通常可取定位轴肩的高度 $h=(0.07\sim0.1)d$，d 为定位轴肩的小径，见图 7-6。

应注意，滚动轴承的定位轴肩高度须低于轴承内圈的厚度，以便于轴承的拆卸，轴肩的大径 D(图 7-5 中⑥段的直径)可查轴承标准确定。

④由于非定位轴肩是为了装拆方便而设置的，其高度很小，一般直径相差 2～3mm 即可。

7.2.5　轴的结构工艺性

轴的结构工艺性是指轴的结构应便于加工、装拆、测量等，以利于提高生产率，减少刀具的种类。因此在满足使用要求的前提下，轴的结构越简单，工艺性越好。进行轴结构设计时，应注意以下几方面：

①需要磨削的轴段应留有砂轮越程槽，如图 7-15 所示。需要切制螺纹的轴段应留有螺纹退刀槽，如图 7-16 所示。砂轮越程槽和螺纹退刀槽的具体尺寸可参考标准或手册。

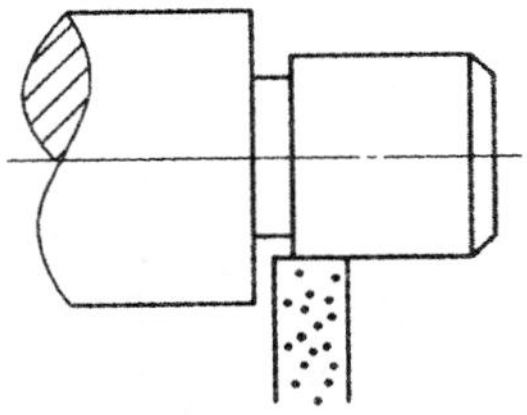

图 7-15　砂轮越程槽

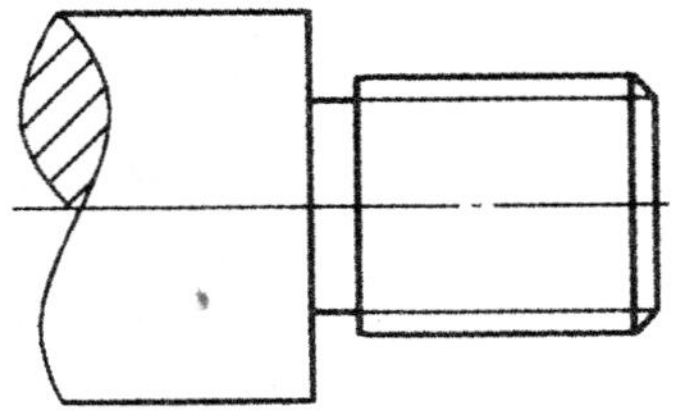

图 7-16　螺纹退刀槽

②为了便于轴上零件的装配并去毛刺，轴端应制出 45°倒角。

③为了提高生产率，减少刀具的种类，同一根轴上，轴径相近处的倒角、圆角半径、砂轮越程槽、退刀槽、键槽的宽度应尽量采用相同的尺寸；当同一轴上有两个以上键槽时，键槽应位于轴线的同一条母线上，如图 7-17(a)所示。

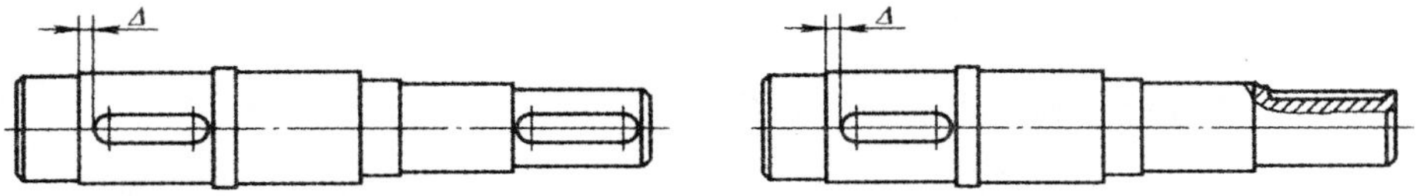

(a)　　(b)

图 7-17　键槽的布置

7.2.6　提高轴强度的措施

要想提高轴强度的措施，具体可从轴和轴上零件结构、工艺及轴上零件的安装布置等方面采取措施，提高轴的承载能力。

1. 改进轴的结构以减少应力集中

轴截面尺寸、形状突变处会产生应力集中，从而降低轴的疲劳强度，为此应尽量减少应力集中源和降低应力集中的程度。可采用以下措施：

①尽量避免在轴上开横孔、切口和凹槽(如圆锥销钉、紧定螺钉和弹性挡圈等)，尽可能避免在受力较大轴段切制螺纹。

②在轴肩处应采用较大的圆角半径过渡。对于定位轴肩为保证轴上零件定位的可靠性，当过渡圆角半径受结构限制时，可采用凹圆角结构[图 7-18(a)]或加装隔离环[图 7-18(b)]。

③轴与零件轮毂过盈配合的轴段，在配合的边缘会产生较大的应力集中，见图 7-19(a)。配合过盈量越大，零件材料越硬，应力集中越大，因此在设计时应合理选择配合。在轮毂或轴

上开卸载槽，见图 7-19(b)、(c)，或加大配合部分的轴径，见图 7-19(d)，均可减小过盈配合处的应力集中。

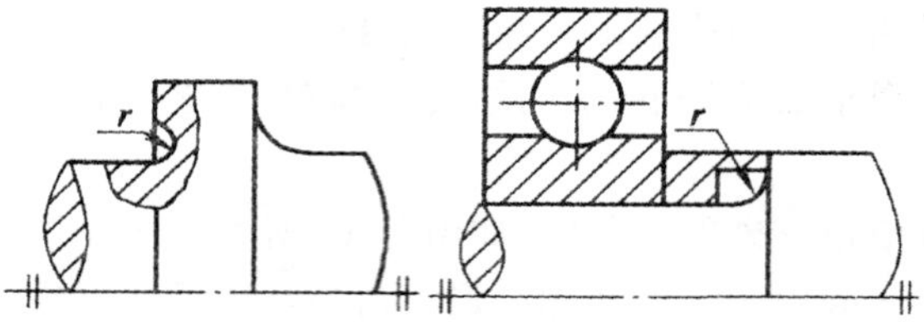

(a) (b)

图 7-18 轴肩过渡结构

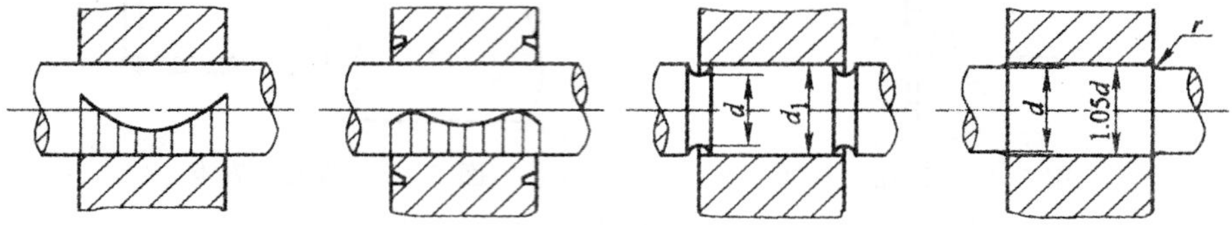

(a) (b) (c) (d)

图 7-19 轴毂配合处的应力集中和其降低措施

④采用盘铣刀加工的键槽，比用端铣刀加工的键槽在槽底过渡处对轴截面削弱小；采用渐开线花键代替矩形键，可减小应力集中。

2. 改进轴上零件的结构以减小轴的载荷

改进轴上零件的结构，可减小轴的载荷。例如在图 7-20 所示的起重卷筒的两种安装方案中，图 7-20(a)的方案是大齿轮将转矩通过轴传给卷筒，因此卷筒轴为转轴(既受弯矩又受转矩)；而图 7-20(b)的方案是大齿轮与卷筒连在一起，转矩通过大齿轮直接传给卷筒，则卷筒轴为心轴(只受弯矩而不受转矩)。在起重同样的载荷 F 时，显然图 7-20b 轴的直径小于图 7-20a 轴的盲径。

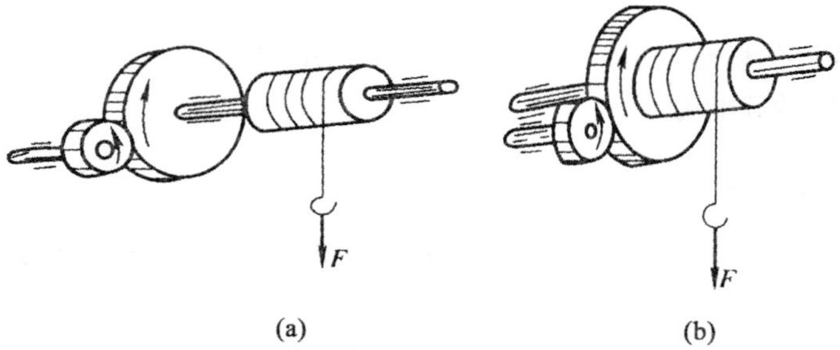

(a) (b)

图 7-20 起重卷筒安装方案

3. 合理布置轴上零件以减小轴的载荷

合理设计和布置轴上零件，可以减小轴上的最大载荷。如图 7-21 所示，输入转矩为 $T_1 = T_2 + T_3 + T_4$，当输入轮设置在轴的一端时，见图 7-21(a)，轴上最大转矩为 T_1；如将输入轮改为设置在轮 2 与轮 3 之间，见图 7-21(b)，则轴所受的最大转矩减小了 T_2。因此当转矩由一个轮输入，而由几个轮输出时，尽量将输入轮放在中间，以减小轴上的转矩。

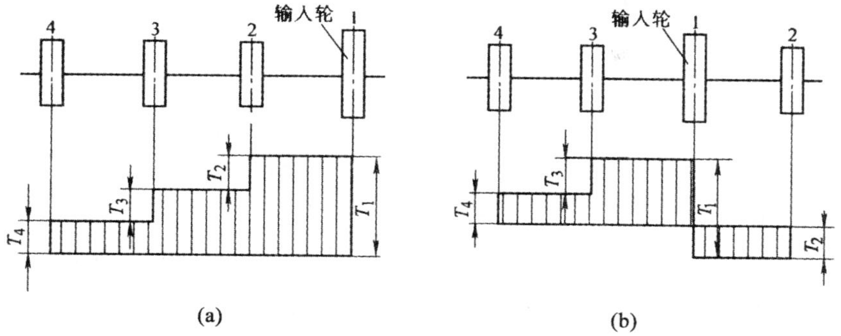

图 7-21　轴上零件布置

轴上零件应尽量靠近支承，并尽量避免使用悬臂支承形式，以减少轴所受的弯矩。

4. 改进表面质量以提高轴的疲劳强度

轴的表面越粗糙，其疲劳强度越低。因此，设计时应合理减小轴的表面及圆角处的表面粗糙度值。采用表面强化处理（高频感应加热淬火、表面渗碳、碳氮共渗、渗氮、喷丸、辗压等）方法，可显著提高轴的抗疲劳强度。

5. 选择受力方式以减小轴的载荷，改善轴的强度和刚度

采用力平衡或局部相互抵消的办法来减小轴的载荷。如行星齿轮减速器，由于行星轮均匀布置，太阳轮轴只受转矩不受弯矩；一根轴上装有两个斜齿轮，可正确设计轮齿的螺旋方向，使轴向力相互抵消一部分。

7.3　轴的强度计算

7.3.1　概述

工程上常用的轴的强度计算方法有以下几种：

①按扭转强度条件计算，此种方法常用于结构设计前的初步计算，对于仅承受扭矩或主要承受扭矩的传动轴，也可采用此法进行设计计算。

②按弯扭合成强度条件计算，对于不大重要的轴，也可作为最后的校核计算。

③按安全系数法进行校核计算，是考虑影响轴疲劳强度的诸多因素的精确计算。

要进行轴的强度和刚度计算，首先要把实际受载情况简化为轴的力学计算简图。简化时要进行以下工作：

①将轴简化为一简支梁。

②确定轴上支承反力作用点的位置。轴上支承反力的作用点，视轴承类型和安装方式按图 7-22 确定。深沟球轴承的支点在轴承宽度的中点，见图 7-22(a)，圆锥滚子轴承和角接触球轴承的支点偏离了宽度中点，其支点到轴承外圈宽边的距离 a[图 7-22(b)]可查轴承标准。

对于图 7-22(d)所示的滑动轴承：当$\frac{B}{d}\leqslant 11$时，$e=0.5B$；当$\frac{B}{d}>1$时，$e=0.5d$，但$e\geqslant(0.25\sim0.35)B$；对调心轴承，$e=0.5B$。

③确定力的大小、方向和作用点。齿轮、带轮等传给轴的力通常是分布力，在一般计算时，可将其简化为作用于轮缘宽度中点的集中力，见图 7-23(a)。这种简化，一般偏于安全。

若轴和轮毂为过盈配合，需要准确计算轴的应力或变形时，可将总载荷一分为二，均等地作用在两个位置上，见图 7-23(b)。

④确定作用在轴上的转矩位置。作用在轴上的转矩，一般从传动件轮毂宽度的中点算起。

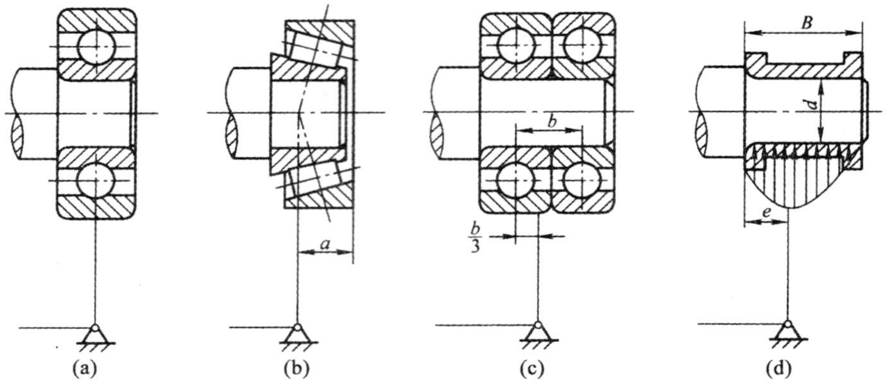

图 7-22　轴承支点的位置

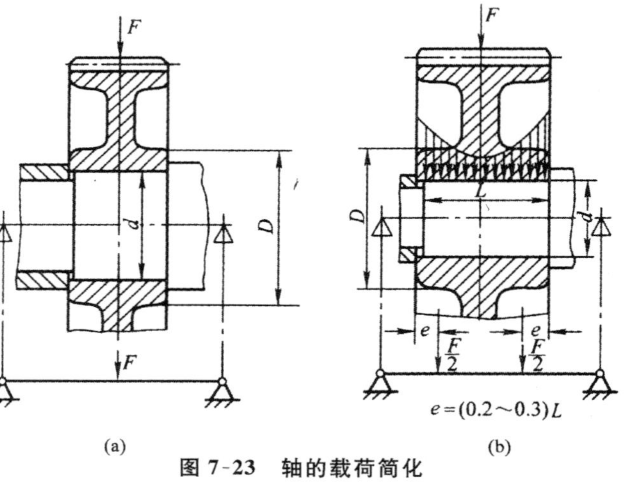

图 7-23　轴的载荷简化

轴的强度计算应根据轴的承载情况和重要程度，采用相应的计算方法。在工程设计中，轴的强度计算有三种方法：转矩法(按扭转强度计算)、当量弯矩法(按弯扭合成强度计算)和安全系数校核法。

7.3.2　按扭转强度计算

转矩法按轴所受的转矩来计算。它主要用在：

①传动轴的强度校核或设计计算。

②在转轴的结构设计之前，初步估算轴的直径。

在转矩 T 作用下，轴的抗扭强度条件为

$$\tau_T = \frac{T}{W_T} \leqslant [\tau_T] \tag{7-1}$$

式中，τ_T 为轴的扭切应力，MPa；T 为轴传递的转矩，N・mm；W_T 为轴的抗扭截面系数，mm^3，见表 7-4；$[\tau_T]$为轴材料的许用扭切应力，MPa，见表 7-5。

表 7-4　抗弯、抗扭截面系数 W、W_T 的计算公式

截面	W	W_T
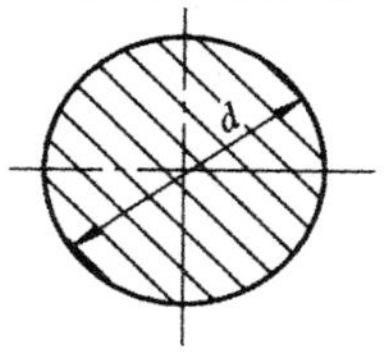	$\frac{\pi d^3}{32} \approx \frac{d^3}{10}$	$\frac{\pi d^3}{16} \approx \frac{d^3}{5}$
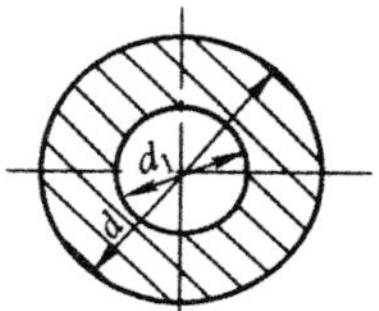	$\frac{\pi d^3}{32}(1-r^4) \approx \frac{d^3(1-r^4)}{10}$ $r=\frac{d_1}{d}$	$\frac{\pi d^3}{16}(1-r^4) \approx \frac{d^3(1-r^4)}{5}$ $r=\frac{d_1}{d}$
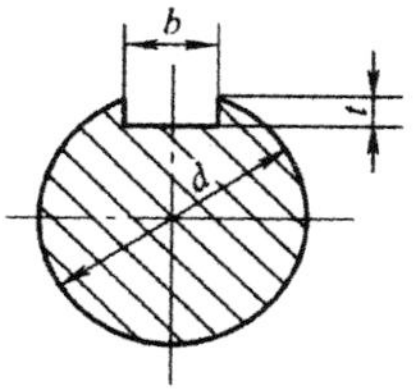	$\frac{\pi d^3}{32} - \frac{bt(d-t)^2}{2d}$	$\frac{\pi d^3}{16} - \frac{bt(d-t)^2}{2d}$
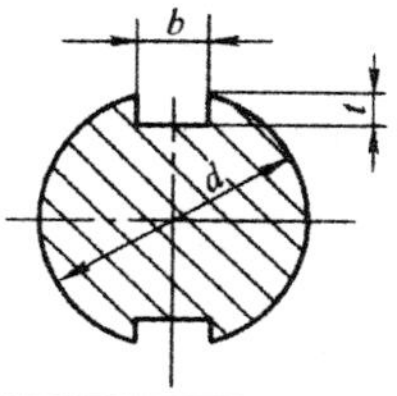	$\frac{\pi d^3}{32} - \frac{bt(d-t)^2}{d}$	$\frac{\pi d^3}{16} - \frac{bt(d-t)^2}{d}$
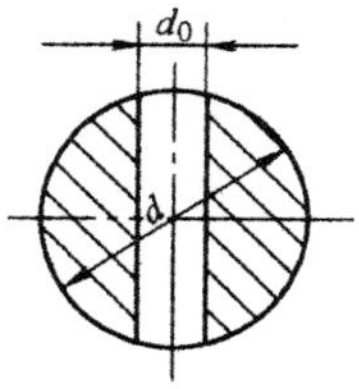	$\frac{\pi d^3}{32}\left(1-1.54\frac{d_0}{d}\right)$	$\frac{\pi d^3}{16}\left(1-\frac{d_0}{d}\right)$
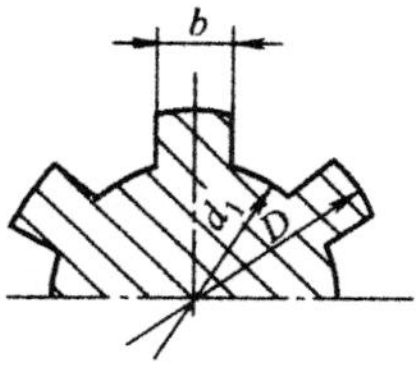	$\frac{\pi d_1^4 + bz(D-d_1)(D+d_1)^2}{32D}$ （z——花键齿数）	$\frac{\pi d_1^4 + bz(D-d_1)(D+d_1)^2}{16D}$ （z——花键齿数）

续表

截面	W	W_T
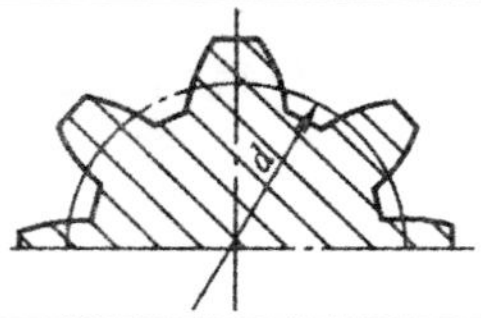	$\approx\frac{\pi d^3}{32}\approx\frac{d^3}{10}$	$\approx\frac{\pi d^3}{16}\approx\frac{d^3}{5}$

对于实心圆轴，当已知传递的功率 P(kW)和转速 n(r/min)时，式(7-1)可写为

$$\tau_T=\frac{T}{W_T}=\frac{9.55\times10^6\frac{P}{n}}{0.2d^3n}\leqslant[\tau_T] \tag{7-2}$$

式中，d 为轴的直径，mm。

由式(7-2)可得实心圆轴直径的设计式为

$$d\geqslant\sqrt[3]{\frac{9.55\times10^6}{0.2[\tau_T]}\frac{P}{n}}=C\sqrt[3]{\frac{P}{n}} \tag{7-3}$$

式中，C 为由轴的材料和承载情况确定的系数，见表 7-5。

表 7-5　常用材料的$[\tau_T]$值和 C 值

轴的材料	Q235，20	35	45	40Cr，35SiMn，40MnB，38SiMnMo，20CrMnTi
$[\tau_T]$/MPa	12～20	20～30	30～40	40～52
C	160～135	135～118	118～106	106～98

注：当作用在轴上的弯矩较小或只传递转矩时，C 取较小值；否则取较大值。

对于转轴，可按式(7-3)估算轴上受扭段最细处的直径，当此轴段上有键槽时，会削弱轴的强度，应将估算的 d 值适当加大。对于直径小于 100mm 的轴，当截面上有一个键槽时，轴径加大 4%；有两个键槽时，轴径加大 7%，然后取整。

7.3.3　按弯扭合成强度计算

轴的结构设计初步完成后，轴的支点位置及轴上所受载荷的大小、方向和作用点均已确定。此时，即可求得轴的支点反力，绘制弯矩图和转矩图，根据弯矩 M 和转矩 T 初步判断出轴的危险截面，按弯扭合成强度计算危险截面的直径。对于一般的转轴，用这种方法计算足够安全。

弯矩 M 产生弯曲应力 σ_w，转矩 T 产生扭切应力 τ_T，根据第三强度理论计算当量弯曲应力 σ_e，强度条件为

$$\sigma_e=\sqrt{\sigma_w^2+4(\alpha\tau_T)^2}\leqslant[\sigma_{-1w}] \tag{7-4}$$

由于转轴的弯曲应力 σ_w。为对称循环变应力，故取$[\sigma_{-1w}]$为材料的许用应力。扭切应力 τ_T 的循环特性由转矩 T 的性质而定，τ_T 与 σ_w 的循环特性可能不相同。此时需将扭切应力 τ_T，折算为与弯曲应力 σ_w 循环特性相同的循环应力，式中 α 即为将 τ_T 折算为对称循环变应力的应力校正系数。

对不变的转矩(轴连续单向转动)，$\alpha=\frac{[\sigma_{-1w}]}{[\sigma_{+1w}]}\approx0.3$；对于脉动变化的转矩(轴单向断续转

动)，$\alpha=\frac{[\sigma_{-1w}]}{[\sigma_{0w}]}\approx0.6$；对于对称循环的转矩(轴频繁正反转)，$\alpha=\frac{[\sigma_{-1w}]}{[\sigma_{-1w}]}\approx1$；当转矩的变化规律不清楚时，一般可按脉动循环处理。

$[\sigma_{-1w}]$、$[\sigma_{+1w}]$、$[\sigma_{0w}]$分别为材料在对称循环、静应力、脉动循环状态下的许用弯曲应力。

式(7-4)可写为

$$\sigma_e=\sqrt{\left(\frac{M}{W}\right)^2+4\left(\alpha\frac{T}{W_T}\right)^2}\leqslant[\sigma_{-1w}] \tag{7-5}$$

对于实心圆轴，$W_T=2W$，$W=\frac{\pi}{2}d^3\approx0.1d^3$，故有

$$\sigma_e=\frac{\sqrt{M^2+(\alpha T)^2}}{W}=\frac{M_e}{0.1d^3}\leqslant[\sigma_{-1w}] \tag{7-6}$$

$$d\geqslant\sqrt[3]{\frac{M_e}{0.1[\sigma_{-1w}]}} \tag{7-7}$$

式中，$M_e=\sqrt{M^2+(\alpha T)^2}$为当量弯矩，N·mm。

当校核的危险截面上有键槽时，轴的直径应适当加大。同样，有一个键槽时，轴径加大4%；有两个键槽时，轴径加大7%，然后取整。

按当量弯矩法计算转轴强度的主要步骤是：在完成轴的结构设计之后，画出轴的空间受力简图；绘出水平面的受力图和弯矩M_H图；绘出垂直面的受力图和弯矩M_V图；绘出合成弯矩M图，$M=\sqrt{M_H^2+M_V^2}$；绘出转矩T图；绘出当量弯矩M_e图，$M_e=\sqrt{M^2+(\alpha T)^2}$；确定危险截面，按式(7-7)校核危险截面的直径。

若初定的轴径小于计算出的轴径，说明强度不够，需要修改结构设计；若计算出的轴径较小，除非相差很大，一般不作修改。

7.3.4　安全系数校核法

对于一般用途的转轴，按当量弯矩法计算已足够精确，但对于一些重要的轴，应考虑应力集中、尺寸、表面质量、应力循环特性等因素的影响，对轴的危险截面进行疲劳强度安全系数校核。对于有瞬时尖峰载荷作用的轴，还要进行静强度的安全系数校核。

1. 疲劳强度的安全系数校核

这项校核是根据轴上作用的循环应力，对轴的各危险截面处的疲劳强度安全系数进行校核计算。其步骤为：

①作出轴的合成弯矩M图和转矩T图(同当量弯矩法)。

②确定危险截面，计算危险截面的平均应力σ_m、τ_m和应力幅σ_a、τ_a。

对于一般转轴，弯曲应力按对称循环变化，故$\sigma_a=\frac{M}{W}$，$\sigma_m=0$；通常转矩的变化规律往往不易确定，故对一般单向运转的轴，常把扭切应力当作脉动循环变化来考虑，即$\tau_a=\tau_m=\frac{T}{2W_T}$；当轴经常正反转时，则看作是对称循环变化，故$\tau_a=\frac{T}{W_T}$，$\tau_m=0$。

③按式(7-8)～式(7-10)分别计算弯矩作用下的安全系数 S_σ 转矩作用下的安全系数 S_τ 以及综合安全系数 S

$$S_\sigma=\frac{K_N\sigma_{-1}}{\frac{K_\sigma}{\beta\varepsilon_\sigma}\sigma_a+\psi_\sigma\sigma_m}$$

$$S_\tau=\frac{K_N\tau_{-1}}{\frac{K_\tau}{\beta\varepsilon_\tau}\tau_a+\psi_\tau\tau_m}$$

$$S=\frac{S_\sigma S_\tau}{\sqrt{S_\sigma^2+S_\tau^2}}\geqslant[S]$$

式中，σ_{-1}、τ_{-1} 为分别为对称循环下的弯曲疲劳极限和扭转疲劳极限；ψ_σ、ψ_τ 为分别为弯曲等效系数和扭转等效系数，碳素钢 $\psi_\sigma=0.1\sim0.2$，合金钢 $\psi_\sigma=0.2\sim0.3$，碳素钢 $\psi_\tau=0.05\sim0.1$，合金钢 $\psi_\tau=0.1\sim0.15$；K_σ、K_τ 为分别为弯曲疲劳缺口系数和扭转疲劳缺口系数；ε_σ，ε_τ 为分别为弯曲时的尺寸系数和扭转时的尺寸系数；β 为表面状态系数；K_N 为寿命系数；$[S]$ 为疲劳强度的许用安全系数，见表 7-6。

表 7-6　疲劳强度计算的许用安全系数[S]

材质	载荷计算	[S]
均匀	精确	1.3～1.5
不够均匀	不够精确	1.5～1.8
均匀性较差	精确性较差	1.8～2.5

2. 静强度的安全系数校核

静强度校核的目的是防止轴在峰值载荷作用下产生塑性变形。轴所受的峰值载荷虽然作用时间很短，作用次数很少，不足于引起疲劳，但却可能使轴产生塑性变形。静强度校核的强度条件为

$$S_{s\sigma}=\frac{\sigma_s}{\sigma_{max}}$$

$$S_{s\tau}=\frac{\tau_s}{\tau_{max}}$$

$$S_s=\frac{S_{s\sigma}S_{s\tau}}{\sqrt{S_{s\sigma}^2S_{s\tau}^2}}$$

式中，σ_{max}、τ_{max} 为分别为峰值载荷产生的弯曲应力和扭切应力，MPa；σ_s、τ_s 为分别为材料的抗拉和抗剪屈服点，MPa；$S_{s\sigma}$、$S_{s\tau}$ 为分别为只考虑弯矩时和只考虑转矩时的静强度安全系数；$[S_s]$ 为静强度的许用安全系数，见表 7-7。

表 7-7　静强度计算的许用安全系数 $[S_s]$

安全系数	峰值载荷作用时间极短，其数值可精确求得时				峰值载荷很难准确计算时
	高塑性钢 $\frac{\sigma_s}{\sigma_b}\leqslant 0.6$	中等塑性钢 $\frac{\sigma_s}{\sigma_b}=0.6\sim0.8$	低塑性钢 $\frac{\sigma_s}{\sigma_b}\geqslant 0.8$	铸铁	
$[S_s]$	1.2～1.4	1.4～1.8	1.8～2	2—3	3～4

7.3.5　转轴的设计流程图

图 7-24 所示为转轴的设计流程图。

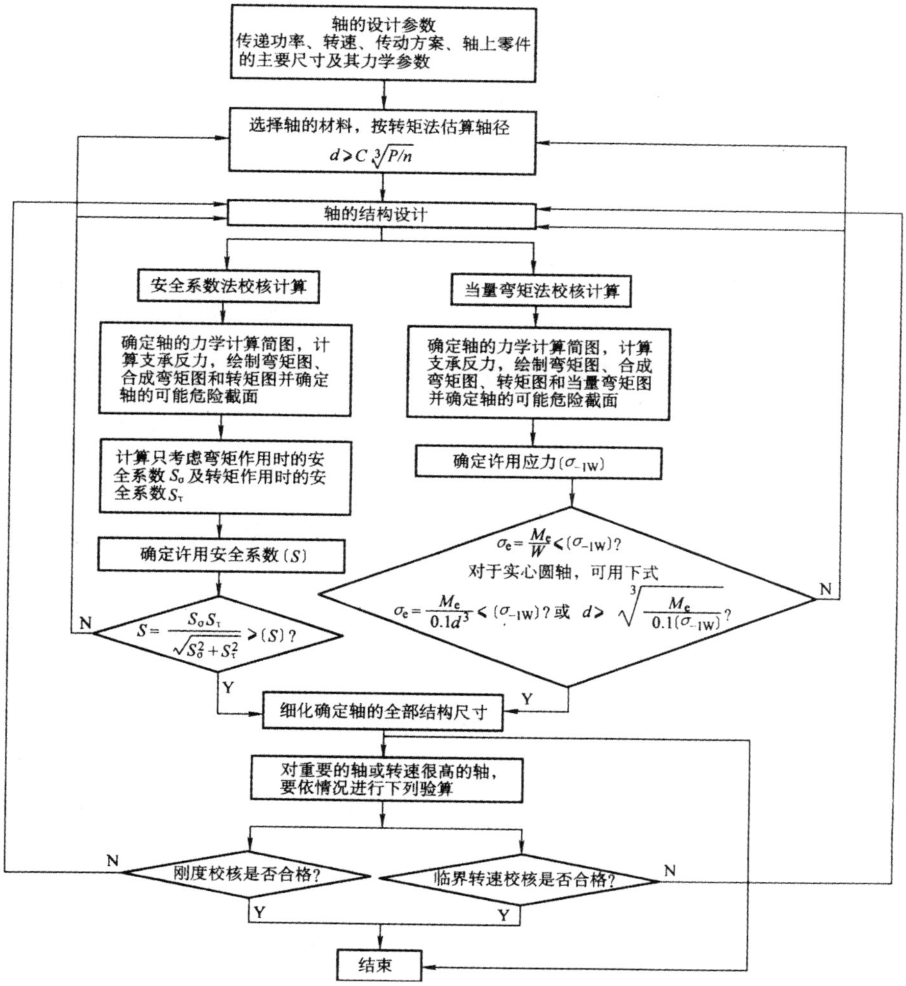

图 7-24　转轴设计流程图

7.4　轴的刚度计算

轴的刚度计算，通常是计算轴受载荷时的弹性变形量，并将它控制在允许的范围内。

轴受弯矩作用会产生弯曲变形。弯曲变形用挠度 y 和转角 θ 来度量。受一转矩作用会产生扭转变形。扭转变形用单位长度的扭角 φ 来度量。若轴的刚度不足，变形过大，会影响轴上零件的正常工作。例如，机床主轴的弯曲变形会影响机床的加工精度；安装齿轮的轴的弯曲变形，会使齿轮啮合发生偏载；滚动轴承支承的轴的弯曲变形，会使轴承内、外圈相互倾斜，当超过允许值时，会大大降低轴承的寿命；电动机轴产生过大的挠度，就会改变电动机转子和定子间的间隙，使电动机的性能下降。因此，在设计有刚度要求的轴时，还必须进行刚度计算。

7.4.1　扭转刚度校核计算

轴受转矩 T(N·mm)作用时，对于光轴，其扭转刚度条件为

$$\varphi=5.73\times10^4\frac{T}{GI_p}\leqslant[\varphi] \tag{7-8}$$

对于阶梯轴，其扭转刚度条件为

$$\varphi=5.73\times10^4\frac{1}{Gl}\sum\frac{T_i l_i}{I_{pi}}\leqslant[\varphi] \tag{7-9}$$

式中，φ 为轴单位长度的扭角，°/m；G 为轴材料的切变模量，MPa，对于钢，$G=8.1\times10^4$ MPa；I_p 为轴截面的极惯性矩，mm^4，对于实心圆轴，$I_p=\frac{\pi d^4}{32}$；l 为阶梯轴受转矩作用的总长度，mm；T_i 为阶梯轴第 i 段的转矩，N·mm；l_i 为阶梯轴第 i 段的长度，mm；I_{pi} 为阶梯轴第 i 段的极惯性矩，mm^4；$[\varphi]$为轴的许用扭角，°/m，见表 7-8。

表 7-8　轴的许用挠度[y]、许用转角[θ]和许用扭角[φ]

变形种类		应用场合	许用值
弯曲变形	许用挠度[y]/mm	一般用途的轴	$(0.0003\sim0.0005)l$
		机床主轴	$0.0002l$
		感应电动机轴	$0.1\triangle$
		安装齿轮的轴	$(0.01\sim0.03)m_n$
		安装蜗轮的轴	$(0.02\sim0.05)m_t$
		蜗杆轴	$0.0025d_1$
	许用转角[θ]/rad	滑动轴承	0.001
		深沟球轴承	0.005
		调心球轴承	0.05
		圆柱滚子轴承	0.0025
		圆锥滚子轴承	0.0016
		安装齿轮处	0.001～0.002

续表

变形种类		应用场合	许用值
扭转变形	许用扭角[φ]/(°/m)	一般传动 较精密传动 重要传动	0.5～1 0.25～0.5 <0.25

注：l 为轴的跨距；△为电动机定子与转子的间隙；m_n 为齿轮法向模数；m_t 为蜗轮端面模数；d_1 为蜗杆分度圆直径。

7.4.2　弯曲刚度校核计算

轴受弯矩 M(N·mm)作用时，其弯曲刚度条件是轴的挠度 y，和转角 θ 都在许用的范围内。即

$$y \leqslant [y] \quad 9 \leqslant [\theta] \tag{7-10}$$

式中，$[y]$为轴的许用挠度，mm，见表 7-8；$[\theta]$为轴的许用转角，rad，见表 7-8。

轴的弯曲变形，可用材料力学中求梁的挠度(或转角)的公式进行计算。计算时，对于有过盈配合的轴段，可将轮毂作为轴的一部分来考虑，即取零件轮毂的外径作为轴段的直径。当轴上承受几个位于同一平面的载荷时，可分别算出每个载荷单独作用时各截面处的挠度，再用叠加法求出总的挠度。如轴上载荷不在同一平面内，则可将各载荷分解为互相垂直的两个平面分力，分别算出这两个平面内该截面处的挠度，然后用几何相加求合成挠度。

对于阶梯轴的弯曲变形，可用三种方法计算：当量轴径法、能量法和图解法。这里只介绍前两种，关于图解法可参考《材料力学》等有关书籍。

1. 当量轴径法

当轴的各段直径相差不大并只需要作近似计算时，可将阶梯轴转化为一当量等径光轴，然后利用材料力学中的公式计算 y 和 θ。当量轴径 d_e 可用下式求出

$$d_e = \frac{\sum d_i l_i}{\sum l_i} \tag{7-11}$$

式中，l_i、d_i 为第 i 轴段的长度和直径。

2. 能量法

用能量法计算弯曲变形时，应先绘出轴的结构图、受力简图和弯矩图，见图 7-25(a)、(b)、(c)，然后在需求挠度处，如图 7-25(a)的 A 点，加一单位载荷 F_i(与变形方向相同)并绘出由 F_i 引起的弯矩 M'图，见图 7-25(d)。当计算转角 θ 时，则在需求转角处，如图 7-25(a)的 B 点，加一单位弯矩 M_i(与变形方向相同)，并绘出由 M_i 所引起的弯矩 M'，见图 7-25(e)。这样，轴在计算截面处的挠度，或转角口可用下式计算

$$y(\text{或}\ \theta) = \sum \int_0^{l_i} \frac{\mathrm{MM}'}{\mathrm{EI}_i} \mathrm{dl} \tag{7-12}$$

式中，E 为材料的弹性模量；I_i 为第 i 轴段的截面惯性矩；l_i 为第 i 轴段的长度。

为了保持弯矩的线性，分段原则是：在轴段截面形状有变化处分段，在外载荷(力或力矩)

的作用点处分段。

对于实心圆轴，式(7-12)的积分值可用下式计算

$$\int_0^{l_i} \frac{MM'}{EI_i} dl = \frac{64l_i}{6\pi Ed_i^4}[M_1(2M'_1 + M'_2) + M_2(2M'_2 + M'_1)] \tag{7-13}$$

式中符号含义见图 7-26 所示。

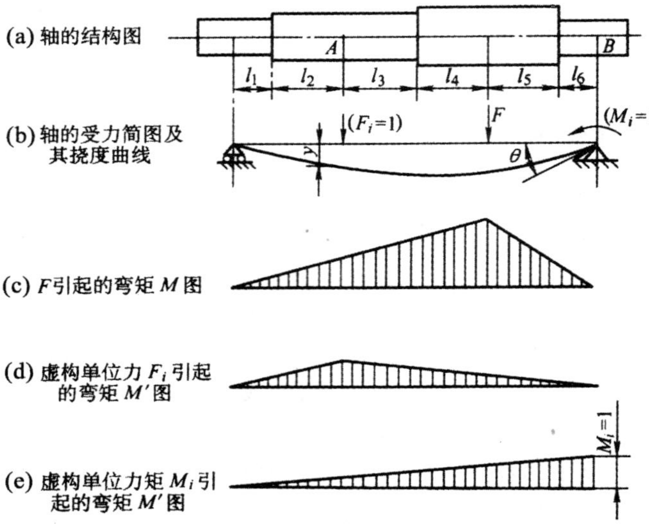

图 7-25 用能量法计算轴的弯曲变形图

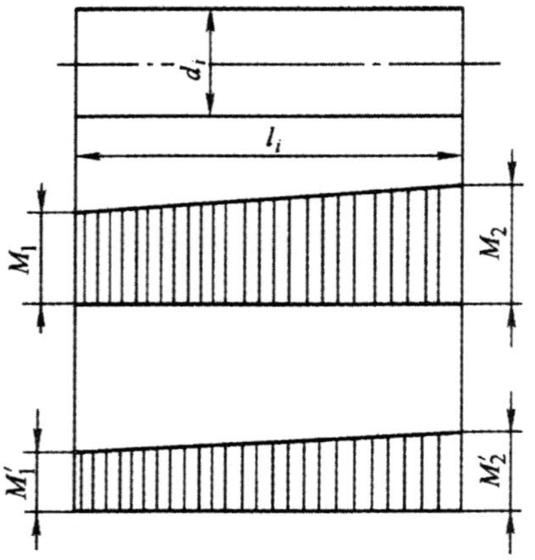

图 7-26 式(7-13)中的符号说明

第 8 章　滑动轴承

8.1　概　述

轴承是用来支承轴及轴上零件，保持轴的旋转精度和减少转轴与支承之间的摩擦和磨损。

按轴承工作时的摩擦性质不同，可分为滑动轴承和滚动轴承。

滚动轴承有着一系列优点，如滚动轴承的摩擦系数低，起动阻力小等，在一般机器中获得了广泛应用。而且它已标准化，对设计、使用、润滑、维护都很方便，因此在一般机器中应用较广。但是在高速、高精度、重载、结构上要求剖分等场合下，滑动轴承就体现出它的优异性能，在某些场合仍占有重要地位。

滑动轴承根据其相对运动的两表面间油膜形成原理的不同，可分为流体动力润滑轴承（简称动压轴承）和流体静力润滑轴承（简称静压轴承）。本章主要讨论动压轴承，对静压轴承只作简要介绍。

在动压轴承中，随着工作条件和润滑性能的变化，其滑动表面间的摩擦状态亦有所不同。通常将其分为如下三种状态。

(1)干摩擦

轴颈与轴承之间的两摩擦表面间没有任何物质时的摩擦称为干摩擦状态，如图 8-1(a)所示。在实际工作中没有理想的干摩擦，因为任何金属表面上总存在各种氧化膜，很少出现纯粹的金属接触。由于干摩擦产生大量的摩擦损耗和严重的磨损，所以在滑动轴承中不允许出现干摩擦状态；否则，将导致强烈的升温，把轴瓦烧坏。

(2)边界摩擦

非液体摩擦滑动轴承工作时，轴颈与轴承之间的摩擦状态是边界摩擦，工作表面之间虽有润滑油存在，但不能将工作表面完全隔开，微观状态下仍有凸起表面金属发生直接接触，它不能像完全液体摩擦完全消除两摩擦表面间的直接接触，但可起着减轻磨损的作用。这种状态的摩擦系数中等大小($f=0.008\sim0.01$)，如图 8-1(b)所示。

(3)完全液体摩擦

液体摩擦滑动轴承在工作时，轴颈与轴承之间的摩擦状态是完全液体摩擦，其工作表面完全被一层压力油膜隔开，金属表面不直接接触，工作时摩擦阻力只是润滑油分子间的内摩擦，故摩擦系数很小($f=0.001\sim0.008$)，显著地减少了摩擦和磨损，如图 8-1(c)所示。

除上述三种本质上不同的摩擦状态外，还有介于其间的半液体摩擦状态、半干摩擦状态。前者的两摩擦表面间已部分被液体隔开，只有少许金属表面的尖角部分接触；后者的大部分仍属边界摩擦状态，少部分边界油膜破裂而属于干摩擦状态。

由上可见，完全液体摩擦是滑动轴承工作的最理想状况。对那些重要且高速旋转的机器，应确保轴承在完全液体摩擦状态下工作，这类轴承常称为液体摩擦滑动轴承。但这种轴承制造精度要求高，并需要在一定的条件下才能实现液体摩擦。边界摩擦常与半液体摩擦状态、半干摩擦状态并存，通称为非液体摩擦状态。在非液体摩擦状态下工作的这类轴承常称为非液体摩擦滑动轴承。非液体摩擦滑动轴承常用在磨床主轴轴承、汽轮机主轴轴承等部位。所以，非液体摩擦轴承只要设计合理，润滑和维护得当，就能保护正常工作，具有较长的工作寿命。本章主要介绍非液体摩擦滑动轴承。

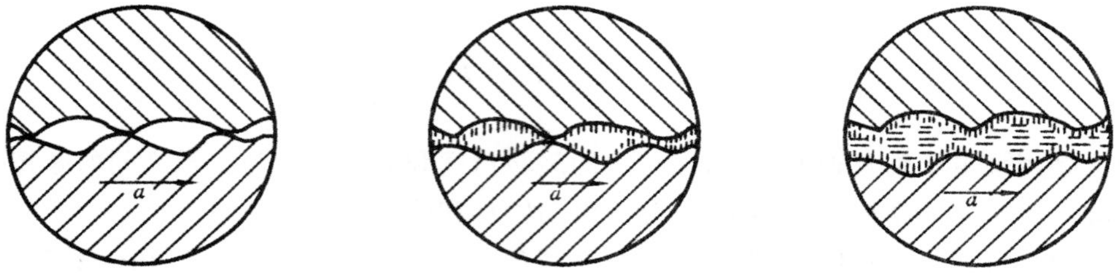

(a) (b) (c)

图 8-1 摩擦状态

滑动轴承设计的主要任务是：

①合理地确定轴承的形式和结构。

②合理地选择轴瓦的结构和材料。

③合理地选择润滑剂、润滑方法及润滑装置。

④按功能要求满足设计的约束条件，确定轴承的主要参数。

8.2 滑动轴承的结构

滑动轴承的结构与其摩擦状态、承受载荷的方向、制造安装方法等有关，一般由轴承座(壳体)、轴瓦(轴套)、润滑和密封装置组成。许多常用的滑动轴承，其结构尺寸已经标准化，可根据工作条件和使用要求从有关手册中合理选用。几种典型的结构如下所示。

8.2.1 径向轴承

径向轴承主要用来承受径向载荷。

1. 整体式

图 8-2 表示在机器的机架上直接镗出孔，孔内镶入轴套的整体式轴承。图 8-2 表示和机架分离的整体式轴承。它由轴承座 1、轴套 2、骑缝螺钉 3 组成。轴承座设有螺栓孔，用螺栓与机架连接，顶部还有装油杯的螺纹孔。整体式轴承结构简单、成本低廉，但轴套磨损后轴颈与轴套的间隙无法调整。由于这种轴承必须从轴端部装入或取出，装拆很不方便。因此，整体式轴承一般用于低速、轻载或间歇工作的简单机械中。

2. 剖分式

图 8-3 所示的剖分式轴承由轴承座 1、轴承盖 3、轴瓦 2 组成，并用连接螺栓 4 将轴承座和轴承盖连接固定起来。轴承盖顶部的螺纹孔用于安装油杯。

轴承座和轴承盖的剖分面常做出止口，以便安装时进行定位，防止工作时错动。在剖分面间可装调整垫片，用以调整轴颈与轴瓦间由于磨损而变化的间隙。

剖分面通常布置在水平方向。径向载荷的方向与剖分面垂线的夹角一般不得大于 35°，否则用 45°倾斜剖分式，如图 8-4 所示。

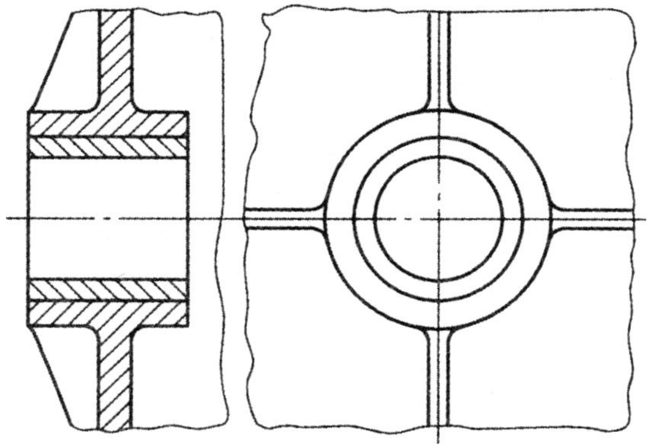

图 8-2　与机架成一体的整体式轴承

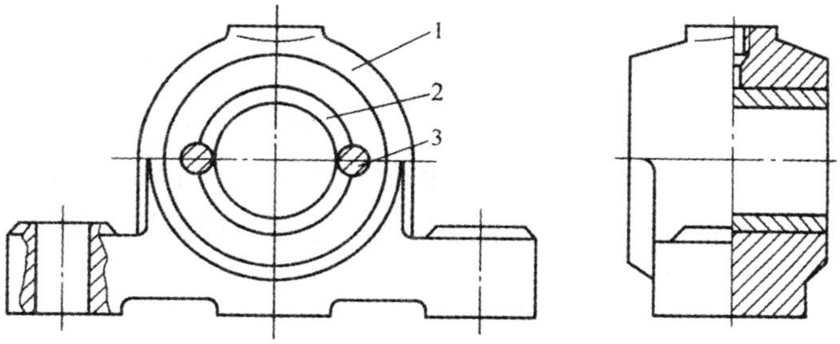

图 8-3　与机架分离的整体式轴承

1—轴承座；2—轴套；3—骑缝螺钉

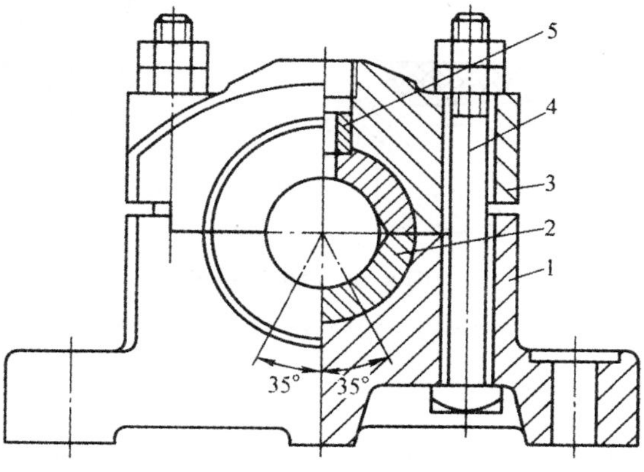

图 8-4　剖分式轴承

1—轴承座；2—轴瓦；3—轴承盖；4—连接螺栓；5—套筒

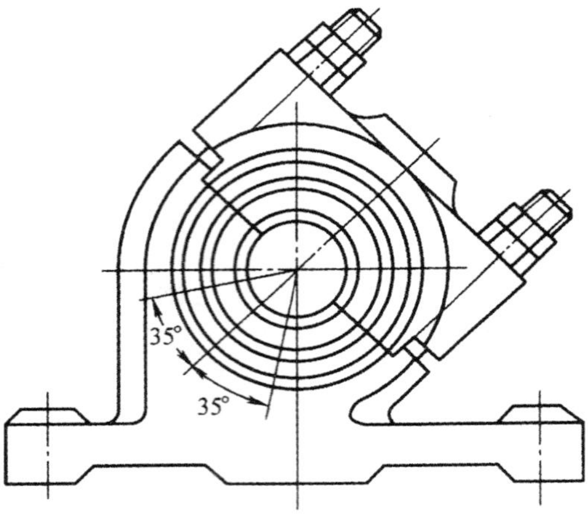

图 8-5　倾斜剖分式轴承

剖分式轴承装拆和修理方便，轴瓦磨损后除了用减少垫片来调整间隙外，还可修刮轴瓦内孔，因此使用比较广泛。

3. 调隙式

为了调整轴承间隙，可采用调隙式轴承。图 8-6 所示为这种轴承的一种结构。它是在外表面为圆锥面的轴套上开一个缝，另在圆周上开三条槽，轴套两端各装一个调节螺母 3、5。松开螺母 5、拧紧螺母 3 时，轴套 1 由锥形大端移向小端，轴承间隙变小；反之，则间隙加大。它的缺点是轴承受力内表面会变形。该轴承常用在一般用途的机床主轴上。

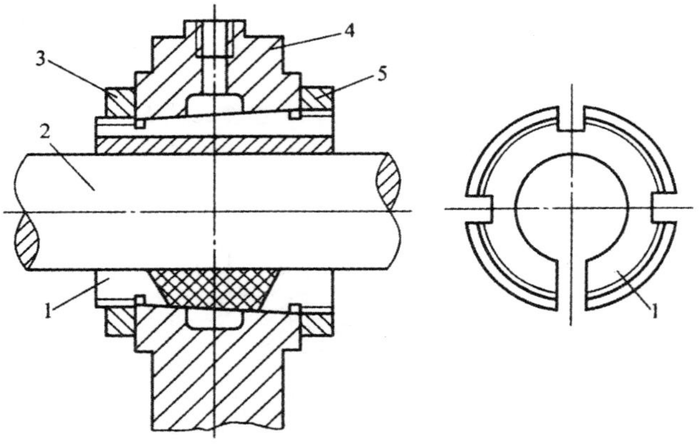

图 8-6　调隙式轴承

1—轴瓦；2—轴；3、5—螺母；4—轴承座

4. 调心式

当轴承宽度 B 与轴颈直径 d 的比值(即宽径比)$B/d>1.5$ 时，或轴的弯曲变形、安装误差较大时，很难保证轴颈与轴承孔的轴心线重合。轴颈偏斜使其与轴承的端部发生局部接触，如图 8-7 所示，造成载荷集中，轴承很快磨损，降低了使用寿命。为此，可使用图 8-8 所示的调心式轴承。

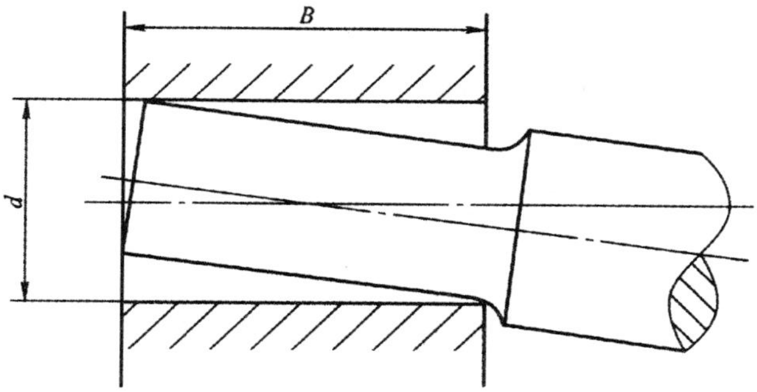

图 8-7　轴颈偏斜引起边缘接触

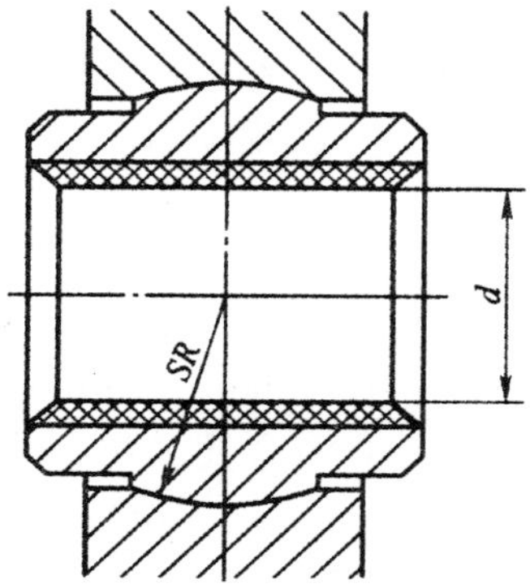

图 8-8　调心式轴承

调心式轴承又称自位轴承。它的轴瓦外表面做成球面形状，与轴承盖及轴承座的球形内表面相配合，球面中心位于轴颈轴线上，轴瓦可自动调位，以适应轴颈的偏斜。调心式轴承必须成对使用。

8.2.2　止推轴承

止推轴承只用来承受轴向载荷。为了固定轴颈位置或承受径向载荷，一般都与径向轴承联合使用。

图 8-9 所示为一固定瓦止推轴承，它主要由轴颈 5、径向轴瓦 4、止推轴瓦 3 和轴承座 1 组成。止推轴瓦 3 的上表面和轴颈 5 的端面为滑动表面，止推轴瓦 3 的下表面为球面，与轴承座 1 的球面接触，可摆动，故保证止推轴瓦工作面与轴端面接触良好，避免载荷集中。为了防止止推轴瓦转动，止推轴瓦下面设一凹槽，用销钉 2 将其定位。径向轴瓦 4 用作轴的径向支承。

轴颈上止推滑动表面的基本结构形式如图 8-10 所示。当轴端为圆形平面时，由于工作中滑动速度与半径成正比，圆的中心处滑动速度为零，造成磨损不均匀，使中心处压力逐渐变大，导致油膜破坏；环形平面轴端可以克服上述缺点；止推环式滑动表面可承受双向轴向载荷，多止推环式的支承面积大，能承受较大的轴向载荷。

止推滑动表面的基本尺寸可见表 8-1 所示。

上述止推轴承由于轴瓦工作面为平面，与轴端或止推环作平行滑动，因此它不易形成流体动力润滑，通常处于混合润滑状态。

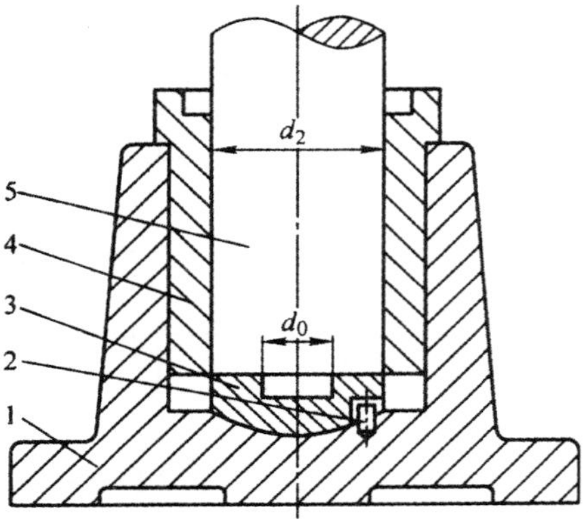

图 8-9　固定瓦止推轴承

1—轴承座；2—销钉；3—止推轴瓦；4—径向轴瓦；5—轴颈

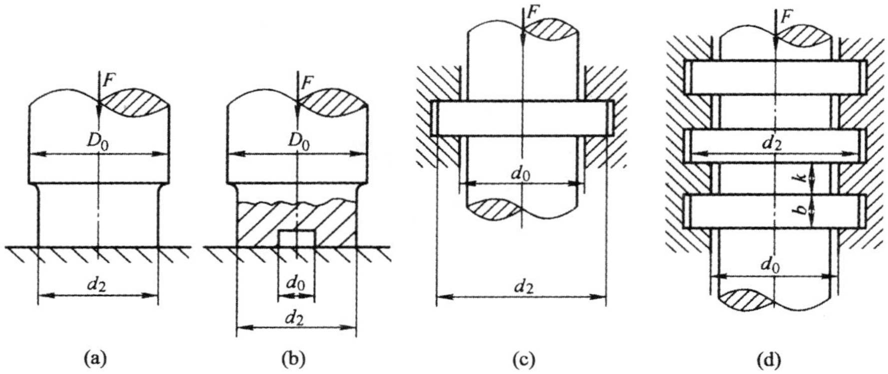

图 8-10　止推滑动表面的基本结构形式

表 8-1　止推滑动表面的基本尺寸

符号	名称	说明	符号	名称	说明
D_0	轴直径	由计算决定		止推环外径	$(1.2\sim1.6)d_0$
d_0	止推环内径	由计算决定	b	止推环宽度	$(0.1\sim0.15)d_0$
	环形轴端内径	$(0.4\sim0.6)d_2$	k	止推环距离	$(2\sim3)b$
d_2	圆形、环形轴端直径	由计算决定	z	止推环数	$z\geqslant1$ 由计算及结构定

8.3　滑动轴承材料与轴瓦结构

8.3.1　轴瓦的材料

1. 滑动轴承的失效形式

滑动轴承有多种失效形式，有时几种失效形式并存，并相互影响。

①磨粒磨损。进入轴承间隙的硬颗粒物有的嵌入轴承表面，有的游离于间隙中并随轴一起转动，将对轴颈和轴承表面起研磨作用。在机器起动、停车或轴颈与轴承发生边缘接触时，也将加剧轴承磨损，导致几何形状改变、精度丧失、轴承间隙加大，使轴承性能在预期寿命前急剧恶化。

②刮伤。进入轴承间隙的硬颗粒或轴颈表面粗糙的轮廓峰顶，在轴承表面划出线状伤痕，导致轴承因刮伤而失效。

③胶合(也称为烧瓦)。当轴承温升过高，载荷过大，油膜破裂时，或在润滑油供应不足的条件下，轴颈和轴承相对运动表面的材料发生黏附和迁移，从而造成轴承损伤，有时甚至可能导致相对运动的终止。

④疲劳剥落。在载荷反复作用下，轴承表面出现与滑动方向垂直的疲劳裂纹，当裂纹向轴承衬与衬背结合面扩展后，造成轴承衬材料的剥落。

⑤腐蚀。润滑剂在使用中不断氧化，所生成的酸性物质对轴承材料有腐蚀性。

由于工作条件不同，滑动轴承还可出现气蚀、流体侵蚀、电侵蚀和微动磨损等损伤。

2. 滑动轴承的性能要求

轴承材料是轴瓦和轴承衬材料的统称。轴瓦是滑动轴承中与轴颈直接接触的零件。轴瓦可以由一种材料制成，也可以在高强度材料的基体表面浇铸或压合一层金属衬，将黏附上去的薄层材料称为轴承衬。对轴承材料性能的要求是由轴承失效形式决定的。根据轴承的工作情况，对轴承材料性能的主要要求如下。

①良好的减摩性、耐磨性和抗咬黏性、良好的润滑性能以及耐腐蚀性。

②良好的摩擦顺应性、嵌入性和磨合性。摩擦顺应性是指材料通过表层弹、塑性变形来补偿轴承滑动表面初始配合不良的能力。嵌入性是指材料容纳硬质颗粒嵌入，从而减轻轴承滑动发生刮伤或磨粒磨损的性能。磨合性是指轴瓦与轴颈表面经短期轻载运转后，形成相互吻合的粗糙表面性能。

③要有足够的机械强度、可塑性和抗腐蚀能力。

④良好的导热性、热膨胀系数小。

⑤良好的工艺性、经济性等。要选用能同时满足上述要求的材料是较难的，应根据具体情况满足主要要求，合理选用。轴瓦通常是做成双层金属的，以便在性能上取长补短。

3. 常用的轴瓦和轴承材料

轴承材料分三大类：①金属材料，如轴承合金、铜合金、铝基合金和铸铁等；②多孔质金属材料；③非金属材料，如工程塑料、碳—石墨等。

(1)轴承合金(通称巴氏合金或白合金)

轴承合金是锡、铅、锑、铜的合金，它以锡或铅作基体，其内含有锑锡(Sb—Sn)、铜锡(Cu—Sn)的硬晶粒。硬晶粒起抗磨作用，软基体则增加材料的塑性。轴承合金的弹性模量和弹性极限都很低，在所有轴承材料中，它的嵌入性及摩擦顺应性最好，很容易和轴颈磨合，也不易与轴颈发生咬黏。轴承合金还具有良好的抗胶合性和耐腐蚀性，机械强度比青铜、铸铁等低很多，不能单独制作轴瓦，只能贴附在青铜、钢或铸铁轴瓦上作轴承衬。轴承合金适用于重载、中高速场合，价格较贵。

(2)铜合金

铜合金有锡青铜、铝青铜和铅青铜三种。青铜的性能比黄铜好，是最常用的材料。青铜有很好的疲劳强度，耐熔性和减摩性均很好，工作温度可高达 250℃。锡青铜比轴承合金硬度高，磨合性及嵌入性差，适用于重载及中速场合。铅青铜抗黏附能力强，适用于高速、重载轴承。铝青铜的强度及硬度较高，抗黏附能力较差，适用于低速、重载轴承。

(3)铝基合金

铝基合金有相当好的耐磨性、耐蚀性和导热性，具有较高的疲劳强度，这些品质使铝基合金在部分领域取代了较贵的轴承合金和青铜。铝基合金可以制成单金属零件(如轴套、轴承等)；也可制成双金属零件，双金属轴瓦以铝基合金为轴承衬，以钢作衬背。

(4)灰铸铁及耐磨铸铁

普通灰铸铁或加有镍、铬、钛等合金成分的耐磨灰铸铁，或球墨铸铁，都可以用作轴承材料。这类材料中的片状或球状石墨在材料表面上覆盖后，可以形成一层起润滑作用的石墨层，故具有一定的减摩性和耐磨性。由于铸铁性脆、磨合性差，故只适用于轻载低速和不受冲击载荷的场合。

常用金属轴瓦及轴承衬材料性能及应用如表 8-2 所示。

表 8-2　常用金属轴瓦及轴承衬材料性能及应用

材料	牌号	[p]/MPa	[v]/(m/s)	[pv]/(MPa·m/s)	HBS		应用举例
					金属模	砂模	
耐磨铸铁	耐磨铸铁1(HT)	0.05～9	2～0.2	0.2～1.8	180～229		铬镍合金灰口铁。用于与经热处理(淬火或正火)轴相配合的轴承
	耐磨铸铁一1(QT)	0.5～12	5～1.0	2.5～12	210～260		球墨铸铁，用于与经热处理的轴相配合的轴承
					167～197		球墨铸铁，用于与不经淬火的轴相配合的轴承
铸造青铜	ZCuSn 10P1	15	10	15(20)	90	80	磷锡青铜，用于重载、中速、高温及冲击条件下工作的轴承
	ZQSn 6—6—3	8	3	10(12)	65	60	锡锌铅青铜，用于中载、中速工作的轴承、起重机轴承及机床的一般主轴轴承
	ZCuAl 10Fe3	30	8	12(60)	110	100	铝铁青铜，用于受冲击载荷处，轴承温度可至300℃。轴颈需淬火
	ZCuPb30	25(平稳)	12	30(90)	25	—	铅青铜、烧注在钢轴瓦上做轴衬，可受很大的冲击载荷，也适用于精密机床主轴轴承
		15(冲击)	8	(60)			

续表

材料	牌号	[p]/MPa	[v]/(m/s)	[pv]/(MPa·m/s)	HBS 金属模	HBS 砂模	应用举例
铸锌铝合金	ZZnAl 10－5	20	9	16	100	80	用于 750kW 以下的减速器，各种轧钢机辊轴承，工作温度低于 80℃
铸锡基轴承合金	ZSnSb 11Cu6	25(平稳)	80	20(100)	27		用做轴承衬，用于重载、高速、温度低于 110℃的重要轴承，如汽轮机、大于 750kW 的电动机、内燃机、高转速的机床主轴的轴承等
		20(冲击)	60	15(10)			—
铸铅基轴承合金	ZPbSb16 Sn16Ch2	15	12	10(50)	30		用于不剧变的重载、高速的轴承，如车床、发电机、压缩机、轧钢机等的轴承，温度低于 120℃
	ZPbSb 15Sn5	20	15	15	20		用于冲击载荷、或稳定载荷下工作的轴承。如汽轮机、中等功率的电动机、拖拉机、发动机、空压机的轴承
铁质陶瓷(含油轴承)	21	0.125	定期给油 0.5；较少而足够的润滑 1.8；润滑充足 4	50～85			常用于载荷平稳、低速及加油不方便处，轴颈最好淬火，径向间隙为轴颈的 0.15%～0.02%
	4.8～4.9	0.25～0.75					—
尼龙 6 尼龙 66 尼龙 1010	—	5	0.09 无润滑	—			用于速度不高或散热条件好的地方
		—	1.6(滴油连续工作) 2.5(滴油间歇工作)	—			—

注：①括号中的[pv]值为极限值，其余为润滑良好时的一般值。

②耐磨铸铁的[p]及[pv]与 v 有关，可用内插法计算。

(5)多孔质金属材料(粉末冶金材料)

多孔质金属材料使用铜、铁、石墨、锡等粉末经制粉、成型、烧结等工艺，做成的轴承材料，具有多孔结构，孔隙约占体积的 10%～35%。使用前先把轴瓦在热油中浸渍数小时，使孔隙中充满润滑油，因而通常把这种材料制成的轴承叫油隙轴承，它具有自润滑性。工作时，由于轴颈转动的抽吸作用及轴瓦温度升高，因油的膨胀系数比金属大，所以可自动进入滑动表面以润滑轴承。含油轴承加一次油可以使用较长时间，常用于加油不方便的场合。但由于其韧性较小，故宜用于平稳无冲击载荷及中低速度情况。常用的有多孔铁和多孔质青铜。多孔铁常用来制作磨粉机轴套、机床油泵衬套、内燃机凸轮轴衬套等。多孔质青铜常用来制作电风扇、纺织机械及汽车发动机的轴承。我国已有专门制造含油轴承的工厂，需要时可根据设计手册选用。

（6）非金属材料

非金属材料的主要特点是摩擦系数小，耐腐蚀，但导热性能差，易变形。常用的有塑料、橡胶和木材等。

塑料分为酚醛塑料、聚酰胺（尼龙）和聚四氟乙烯等。一般用于温度不高，载荷不大的场合。

橡胶的弹性较大，能适应轴的小量偏斜及在有振动的条件下工作。多用于离心水泵、水轮机和水下机具上。

8.3.2 轴瓦结构

轴瓦是滑动轴承中的重要零件，它的结构设计是否合理对轴承性能影响很大。有时为了节省贵重合金材料或者由于结构上的需要，常在轴瓦的内表面上浇注或轧制一层轴承合金，这层轴承合金称为轴承衬。这时，轴承衬直接和轴颈接触，轴瓦只起支承作用。具有轴承衬的轴瓦既可节约贵重的轴承合金，又可增强轴瓦的机械强度。

轴瓦应具有一定的强度和刚度，在轴承中固定可靠，便于输入润滑剂，容易散热，并且装拆、调整方便。为此，轴瓦应在外形结构、定位、油槽开设和配合等方面，采用不同的形式以适应不同的工作要求。

1. 轴瓦的形式和构造

常用的轴瓦有整体式和对开式两类。

整体式轴瓦又称为轴套，按材料及制法不同，分为整体轴套（图 8-11）和单层、双层或多层材料的卷制轴套（图 8-12）。非金属整体式轴瓦既可以是整体非金属轴套，也可以是在钢套上镶衬非金属材料。

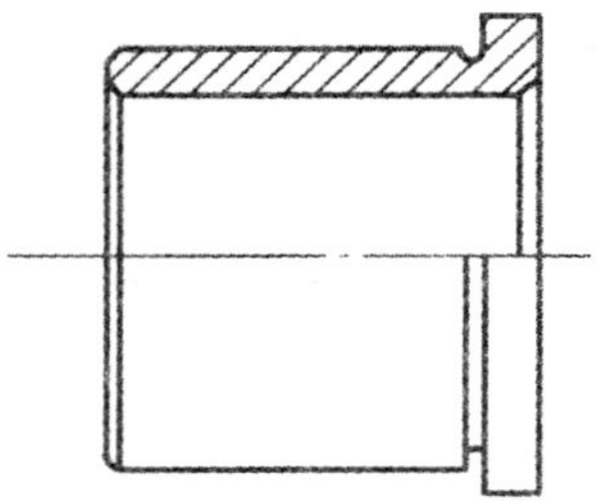

图 8-11 整体轴套

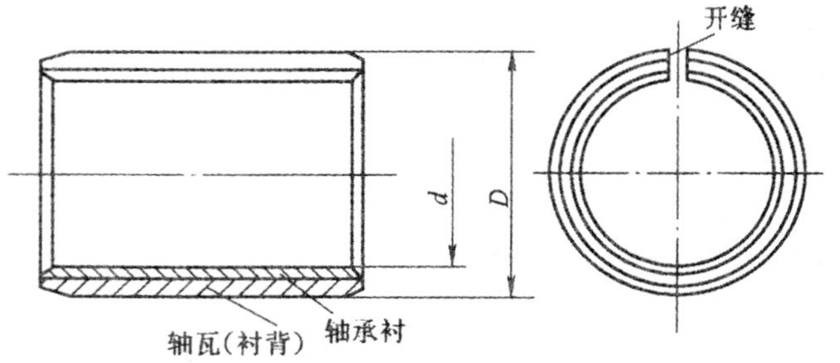

图 8-12 卷制轴套

对开式轴瓦有厚壁轴瓦和薄壁轴瓦两种。厚壁轴瓦用铸造方法制造（图 8-13），内表面可附有轴承衬，常将轴承合金用离心镁造法浇注在铸铁、钢或青铜轴瓦的内幕面上。为使轴承合金与轴瓦贴附得好，常在轴瓦内表面上制出各种形式的沟槽。沟槽的形状如图 8-14 所示。

薄壁轴瓦(图 8-15)由于能用双金属板连续轧制等新工艺进行大量生产,故质量稳定,成本低廉。但薄壁轴瓦刚性小,装配时又不再修刮轴瓦内圆表面,轴瓦受力变形后,其形状完全取决于轴承座的形状,因此,轴瓦和轴承座均需精密加工。薄壁轴瓦在汽车发动机、柴油机上广泛应用。

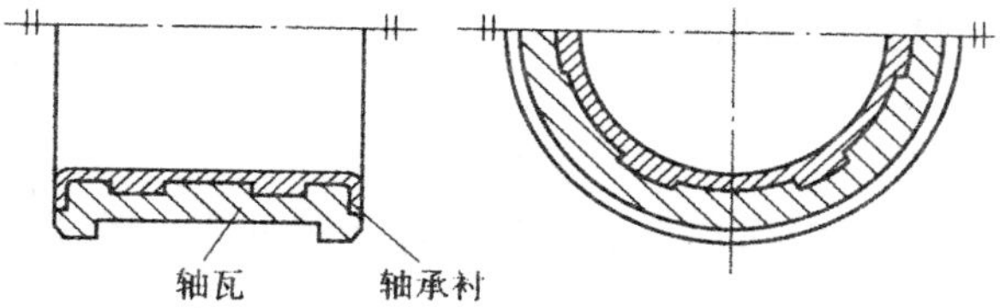

图 8-13　对开式厚壁轴瓦

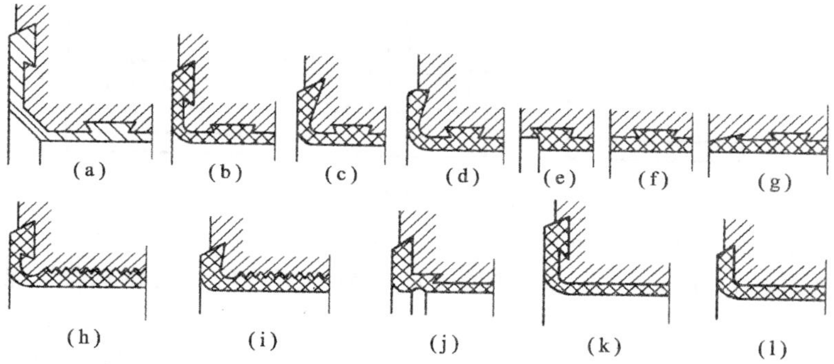

图 8-14　轴瓦内表面上的沟槽形状

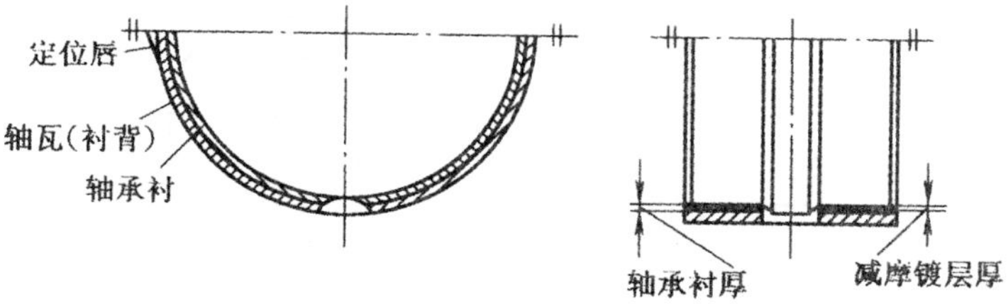

图 8-15　对开式薄壁轴瓦(GB/T 3162—1991)

2. 轴瓦的定位

轴瓦和轴承座不允许有相对移动。为了防止轴瓦沿轴向和周向移动,可将其两端做出凸缘来作轴向定位,也可用紧定螺钉[图 8-16(a)]或销钉[图 8-16(b)]将其固定在轴承座上,或在轴瓦剖分面上冲出定位唇(凸耳)以供定位用(图 8-15)。

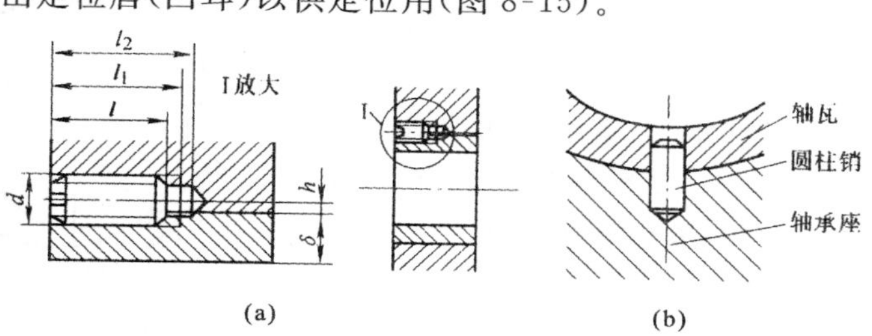

图 8-16　轴瓦的固定

3. 轴瓦与轴承座的配合

为了提高轴瓦刚度、散热性能，并保证轴瓦与轴承座之间的同心性，轴瓦和轴承座应配合紧密，一般采用带有较小过盈量的配合。

4. 油孔及油槽

为了把润滑油导入轴承并分布到整个摩擦面间以利润滑，一般需在轴瓦或轴颈上开设油孔和油槽（图 8-17）。

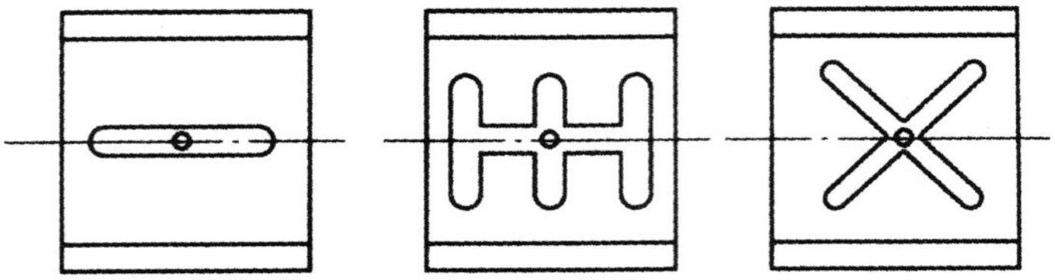

图 8-17　油孔和油槽

开设油孔和油槽一般应遵循下述原则：

①对于液体动压径向轴承，有轴向油槽和周向油槽两种形式可供选择。油槽应开在非承载区内，否则会破坏润滑油膜的连续性，降低轴承的承载能力。图 8-18 中，虚线所示为承载区内无油槽时的油膜压力分布情况；实线所示为在承载区开设油槽后，油膜压力分布情况。

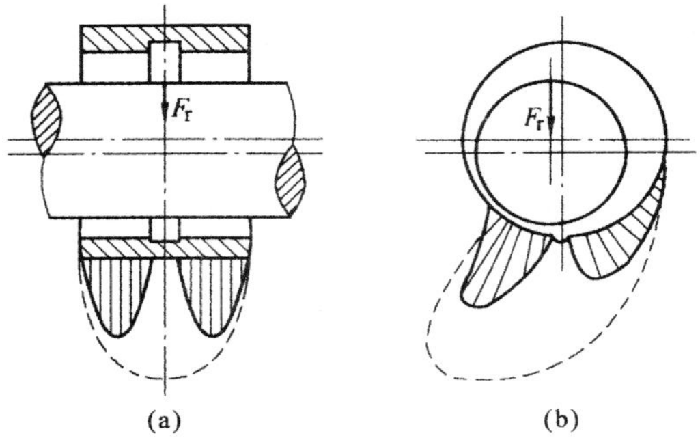

(a)　(b)

图 8-18　油槽对油膜压力分布的影响

②轴向油槽分为单轴向油槽及双轴向油槽。对于整体式径向轴承，轴颈单向旋转，载荷方向变化不大时，单轴向油槽最好开在最大油膜厚度位置（图 8-19），以保证润滑油从压力最小的地方输入轴承。对于对开式径向轴承，常把轴向油槽开在轴承剖分面处（剖分面与载荷作用线成 90°），如果轴颈双向旋转，可在轴承剖分面上开设双轴向油槽（图 8-20）。通常轴向油槽应较轴承宽度稍短，以便在轴瓦两端留出封油面，防止油过多地从两端大量流失，降低润滑效果和承载能力。

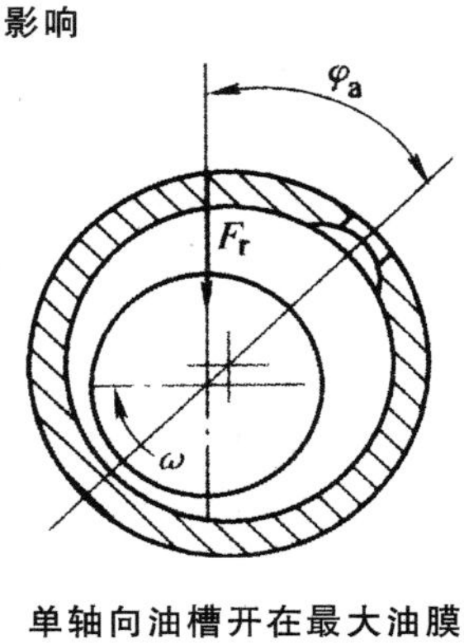

图 8-19　单轴向油槽开在最大油膜厚度位置

③对于周向油槽，当轴承水平放置时，最好开半周，不要延伸到承载区。如必须开全周时，油槽应开在靠近轴承的端部；当轴承竖直放置时，应开在轴承的上端。

④对于不完全液体润滑径向轴承，必要时可以将油槽从非承载区延伸到承载区。如果载荷方向经常变化，油槽可以开在轴颈上。

⑤油槽的截面形状应避免边缘有锐边及棱角，以便油能顺畅地流入摩擦表面间。

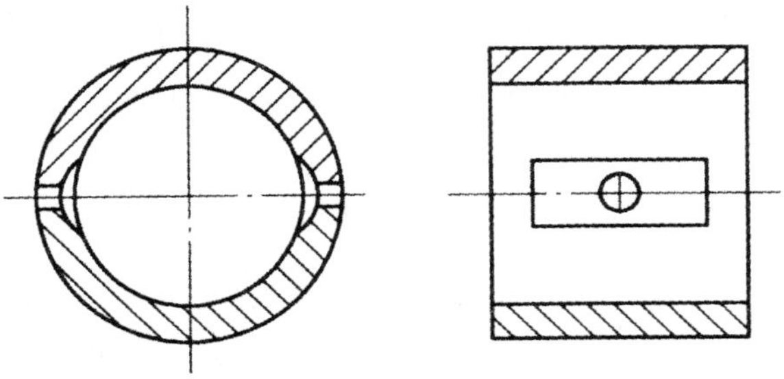

图 8-20 双轴向油槽开在轴承剖分面上

8.4 滑动轴承的润滑

轴承润滑的目的在于降低摩擦功耗，减少磨损，以便提高工作效率和延长使用寿命，同时还起到冷却、吸振、防尘、防锈等作用，轴承能否正常工作和选用润滑剂正确与否有很大关系。

润滑剂分为液体润滑剂——润滑油、半固体润滑剂——润滑脂、固体润滑剂等。

在润滑性能上润滑油一般比润滑脂好，应用最广。但润滑脂具有不易流失等优点，也广泛使用。固体润滑剂只在特殊场合下使用，目前正在逐步扩大使用范围。

①固体润滑剂，常用的有二硫化钼、碳—石墨、聚四氟乙烯等。用于有特殊要求，如要求环境清洁、真空或高温等场合。

固体润滑剂的使用方法一般有三种：涂敷、粘结或烧结在轴瓦表面；调配到润滑油和润滑脂中使用；渗入轴承材料中或成形后镶嵌在轴承中使用。

②水主要用于橡胶轴承或塑料轴承。

③液态金属润滑剂如液态钠、钾、锂等，主要用于宇航器中的某些轴承。

④气体润滑剂主要是空气，只适用于轻载、高速轴承。

8.4.1 滑动轴承润滑油选用原则

对于动压润滑的滑动轴承，黏度是最为重要的指标，也是选择轴承用润滑油的主要依据。所谓选择润滑油，实际上就是选择不同黏度值的润滑油。在具体选择过程中，应考虑轴承压力、滑动速度、摩擦表面状况、润滑方式等条件。对于液体动力润滑的滑动轴承，其润滑油的选择一般应遵守如下原则：

①滑动速度高，容易形成油膜，为了减少摩擦功耗，应采用黏度较低的润滑油。

②压力大或有冲击、变载荷等工作条件下，应选用黏度较高的润滑油。

③对加工面粗糙或未经跑合的滑动轴承，应选用黏度较高的润滑油。

④当采用循环润滑，芯捻润滑或油垫润滑时，应选用黏度较低的润滑油；飞溅润滑应选用

高品质、能防止由于与空气接触以及剧烈搅拌而发生的氧化。

⑤低温工作的滑动轴承应选择凝点低的润滑油。

对于液体动力润滑的滑动轴承，其使用的润滑油黏度可以通过计算和参考同类轴承使用润滑油的情况进行黏度的确定，也可以通过对同一台机器和相同的工作条件下，对不同的润滑油进行试验，选择功耗小而温升又较低的润滑油。选择时应综合考虑轴承的压强、轴颈转速、表面粗糙度和润滑方式等因素。滑动轴承轻、中载荷时润滑油的选择见表 8-3。

表 8-3 滑动轴承轻、中载荷时润滑油的选择(工作温度 10℃～60℃)

轴颈圆周速度 $v/(m/s)$	平均压力 $p \leq 3MPa$		
	润滑方式	黏度 $v_{40℃}/(mm^2/s)$	润滑油名称及牌号
<0.1	油杯、油浴 油环、滴油	80～170	L－TSA100 汽轮机油，30、40 号汽油机，L－AN100、150 全损耗系统用油
0.1～0.3	油杯、油浴 油环、滴油	65～120	L－FC68、100 轴承油，L－TSA68、100 汽轮机油，L－AN68、100 全耗系统用油
0.3～1	压杯、油浴 油环、滴油	46～75	L－FC46、68 轴承油，L－TSA46、68 汽轮机油，L－AN68 全损耗系统用油
1～2.5	压力、油浴 油环、滴油	42～70	L－FC46、68 轴承油，L－TSA46、68 汽轮机油，L－AN46、68 全损耗系统用油
2.5～5.0	压力、油浴 油杯、滴油	32～60	L－FC32、46 轴承油，L－TSA46 汽轮机油，L－AN46 全损耗系统用油
5.0～9.0	压力、油杯	15～50	L－FCl5、22、32、46 轴承油，L－TSA32、46 汽轮机油
>9	压力、油浴	5～27	L－FC7、10、15、22 轴承油

8.4.2 滑动轴承润滑脂选用原则

对于轴颈速度小于 2m/s 的滑动轴承，一般很难形成液体动压润滑，可以采用脂润滑。润滑脂的稠度大，不易流失，承载能力也较大；但物理和化学性质没有润滑油稳定，摩擦功耗大，不宜在温度变化大或高速下使用。选用原则为：

①在潮湿环境或与水、水汽接触的工作部位，应选用耐水性好的润滑脂。

②在低温或高温下工作的部位，所选用的润滑脂应满足其允许使用温度范围要求。最高工作温度应至少比滴点低 20℃。

③受载较大(压强 $p>5MPa$)的部位，应选择锥入度小的润滑脂，低速重载的部位，最好选用含有极压添加剂的润滑脂。

④在相对滑动速度较高的部位，应选用锥入度大、机械安定性好的润滑脂。

8.4.3 滑动轴承的润滑方式

所谓润滑方式是指向滑动轴承提供润滑油的方法，轴承的润滑状态与润滑油的提供方法有很大的关系。润滑脂为半固体性质，决定了它的供给方法与润滑油不同，润滑方式不同，使用的润滑装置也不一样。

1. 油润滑

向滑动轴承摩擦表面添加润滑油的方法可分为间歇式和连续式两种。间歇式润滑是每隔一定时间用注油枪或油壶向润滑部位加注润滑剂。常用的间歇式和连续式润滑供油装置如图 8-21 和图 8-22 所示。

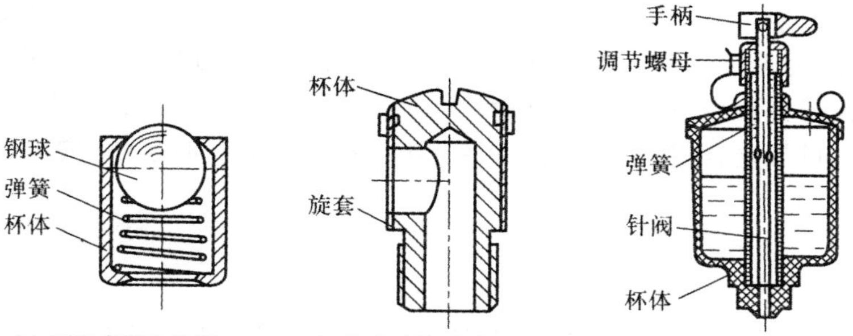

(a) 压配式压注油杯　(b) 旋套式注油油杯　(c) 针阀式注油油杯

图 8-21　间歇式供油装置

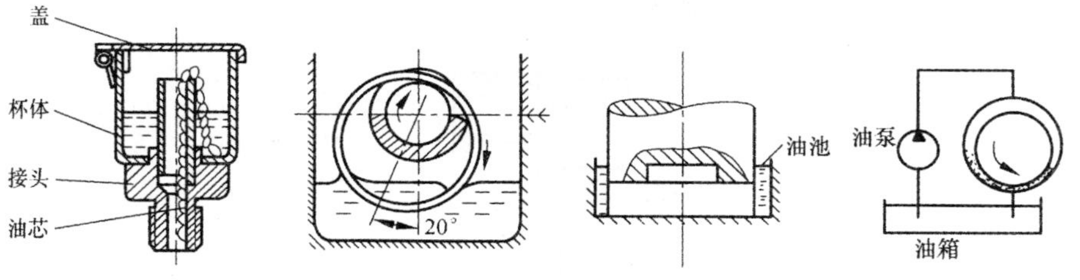

(a) 芯捻或线纱润滑　(b) 油环润滑　(c) 浸油润滑　(d) 压力循环润滑

图 8-22　供油方式

对于连续供油润滑方式，主要可分成如下几种：

(1)滴油润滑

图 8-21(c)和图 8-22(a)分别是针阀油杯和油芯滴油式油杯，都是可以作成连续滴油润滑装置。对于针阀式油杯，扳起手柄可将针阀提起，润滑油经杯的下端的小孔滴入润滑部位，不需要润滑时，放下手柄，针阀在弹簧力作用下向下移动将漏油孔堵住。对于油芯式油杯，利用油芯的毛细管作用，将润滑油滴入润滑的部位。这两种润滑方式只用于润滑油量不需要太大的场合。

(2)油环润滑

如图 8-22(b)所示，轴颈上套有油环，油环下垂浸到油池中，轴颈回转时把润滑油带到轴颈上，实现供油。这种装置只能用于水平而连续运转的轴颈，供油量与轴的转速、油环的截面形状和尺寸、润滑油黏度等有关。适用的转速范围为 $60 \sim 100 \mathrm{r/min} < n < 1500 \sim 2000 \mathrm{r/min}$。速度过低，油环不能把油带起来；速度过高，油环上的润滑油会被甩掉。

(3)浸油润滑

如图 8-22(c)所示，将润滑的轴承面直接浸入润滑油池中，不需另加润滑装置，轴颈便可将润滑油带入轴承，浸油润滑供油充分，结构也较为简单，散热良好，但搅油损失大。

（4）飞溅润滑

利用传动件，如齿轮或专供润滑用的甩油盘将润滑油甩起并飞溅到需要润滑的部位，或通过壳体上的油沟将润滑油收集起来，使其沿油沟流入润滑部位。采用飞溅润滑时，浸入油中的零件的圆周速度应在2～13m/s。速度太低，被甩起的润滑油量过少，速度太大时，润滑油产生的大量泡沫不利于润滑且易产生润滑油的氧化变质。

（5）压力循环润滑

如图8-22（d）所示。当润滑油的需要量很大，采用前几种润滑方式满足不了润滑的要求时，必须采用压力循环供油。利用油泵供给具有足够压力和流量的润滑油，施行强制润滑。这种润滑方式一般用在高速重载轴承中。压力供油不仅可以加大供油量，而且还可以把摩擦产生的热量带走，维持轴承的热平衡，但增加了一个供油系统，增加了成本和系统的复杂性。

2. 脂润滑

润滑脂润滑一般只能采用间歇供应的方式。图8-23所示为黄油杯，是最为广泛使用的脂润滑装置。润滑脂储存在杯体内，杯盖用螺纹与杯体连接，旋拧杯盖可将润滑脂压送到轴承孔内。有时也使用黄油枪向轴承补充润滑脂。润滑脂也可以集中供应。

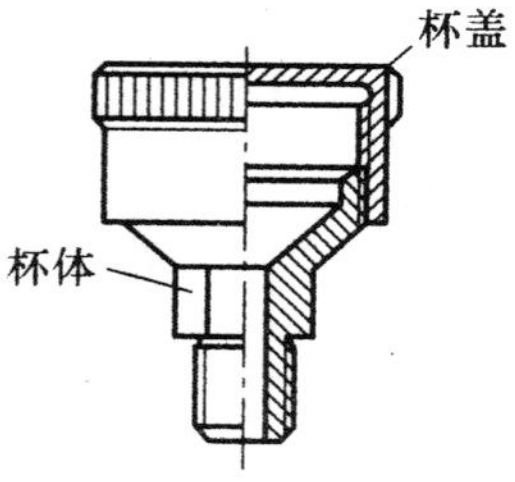

图8-23　旋盖式黄油杯

3. 滑动轴承润滑方式确定依据

滑动轴承的润滑方式一般可以根据类比或经验的方法进行确定，也可以通过对系数是的计算进行确定

$$k=\sqrt{qv^3}$$

式中，p 为滑动轴承的平均压强，$p=\dfrac{F}{dB}$，MPa；v 为滑动轴承的轴颈的线速度，m/s。

当 $k\leqslant2$ 时，用润滑脂，油杯润滑；当 $k=2\sim16$ 时，采用针阀注油油杯润滑；当 $k=16\sim32$ 时，采用油环或飞溅润滑；当 $k>32$ 时，采用压力循环润滑。

8.5　非液体摩擦滑动轴承的计算

在工作中，大多数轴承实际处在混合润滑状态，非液体摩擦滑动轴承的主要失效形式为磨损和胶合。其可靠工作的条件是：维持边界油膜不受破坏，以减少发热和磨损（计算准则），并根据边界膜的机械强度和破裂温度来决定轴承的工作能力。由于边界油膜的强度和破裂温度受多种因素影响而十分复杂，因此目前采用的计算方法是间接的、条件性的。实践证明，若能限制压强 $p\leqslant[p]$，压强与轴颈线速度的乘积 $pv\leqslant[pv]$，那么轴承是能够正常地工作的。这种计算方法只适于对工作可靠性要求不高的低速、重载或间歇工作的轴承。对于重要的不完全液体润滑径向轴承，设计计算方法可参考相关手册。

非液体摩擦滑动轴承可用润滑油，也可用润滑脂润滑。在润滑油、润滑脂中加入少量鳞片状石墨或二硫化钼粉末，有助于形成更坚韧的边界油膜，且可填平粗糙表面而减少磨损。但这类轴承不能完全排除磨损。

8.5.1 非液体摩擦向心滑动轴承的设计计算

在设计时，通常是已知轴承所受径向载荷 F(N)、轴颈转速 n(r/min)及轴颈直径 d(mm)，然后进行校核。

1. 轴承的平均压强 p

限制轴承压强 p，以保证润滑油不被过大的压力挤出，避免轴瓦工作表面不致产生过度的磨损，结构尺寸见图 8-24 所示。即

$$p=\frac{F}{dB}\leqslant[p]$$

式中，F 为轴承径向载荷，N；B 为轴承宽度，mm；d 为轴颈直径，mm；p 为轴瓦材料的许用压强，MPa。

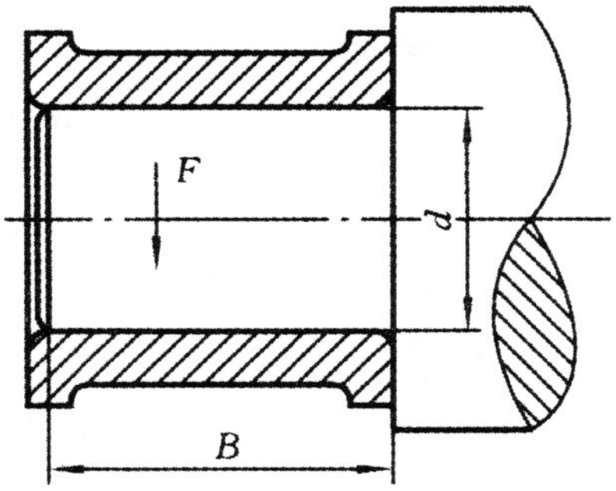

图 8-24 非液体摩擦向心滑动轴承的结构尺寸

2. 轴承的 pv 值

限制轴承的温升，防止胶合。pv 值简略地表征轴承的发热因素，它与摩擦功率损耗成正比。pv 值越高，轴承温升越高，容易引起边界油膜的破裂。pv 值的校核式

$$pv=\frac{F}{dl}\times\frac{\pi dn}{60\times1000}=\frac{Fn}{19100B}\leqslant[pv]$$

式中，n 为轴的转速，r/min；$[pv]$为轴瓦材料的许用值，MPa・m/s。

3. 滑动速度 v

校核滑动速度 v 的目的是如 p 与 pv 都在许用范围时，避免由于 v 过高而引起轴瓦加速磨损。

$$v=\frac{\pi dn}{60\times1000}\leqslant[v]$$

式中，$[v]$为轴承材料的许用滑动速度。

非液体摩擦向心滑动轴承的设计步骤如下。

①根据工作条件和使用条件，确定轴承的结构形式。

②选择轴瓦的材料。

③初步确定轴承的工作长度。轴承的长度（即轴颈的工作长度）B(mm)由轴颈直径 d 和长径比 B/d 决定。长径比过大，则散热性差，温度高，还容易引起两端的严重磨损；长径比过小，则轴承的平均压强增大，且润滑不充分。通常，轴承的长径比取 0.5～1.5。

④校核轴承的工作能力包括平均压强 p、轴承的 pv 值、滑动速度 v。在校核轴承的工作能力不满足时的具体措施有：改用较好的轴瓦或轴承衬材料，增大 d 或 B。

⑤选择轴承的配合。轴瓦与轴颈之间的配合是间隙配合，根据不同的使用要求，必须合理地选择轴承的配合，非液体摩擦滑动轴承常用配合及应用举例见表 8-4。旋转精度要求高的轴承，选择较高的精度，较紧的配合；反之，选择较低的精度，较松的配合。

⑥选择润滑方式和润滑剂。一般而言，能满足设计条件的方案不是唯一的，设计时，应初步确定数种可行的方案，经分析、评价，然后确定出一种较好的设计方案。

表 8-4　非液体摩擦滑动轴承常用配合及应用举例

精度等级	配合符号	应用举例
2	H7/g6	磨床与车床分度头主轴
2	H7/f7	铣床、钻床及车床的轴承，汽车发动机曲轴的主轴以及连杆轴承，减速器轴承
4	H9/f9	电动机、离心泵、风扇及惰齿轮轴的轴承，蒸汽机与内燃机曲轴的主轴承和连杆轴承
2	H7/e8	汽轮发电机轴、内燃机凸轮轴、高速转轴、刀架丝杆、机车多支点轴的轴承
6	H11/b11 或 H11/d11	农业机械用的轴承

8.5.2　非液体摩擦推力滑动轴承的设计计算

推力轴承由推力轴承座和推力轴颈组成。推力滑动轴承的结构及尺寸如图 8-25 所示。对于推力轴承，只需校核轴承的 p 及 pv 值，其校核公式如下。

1. 轴承的平均压力

$$p v = \frac{4F_a}{z\pi(d_2^2 - d_1^2)} \leqslant [p]$$

式中，F_a为轴向荷载，N；$[p]$为许用压力，MPa；z 为环的数目。

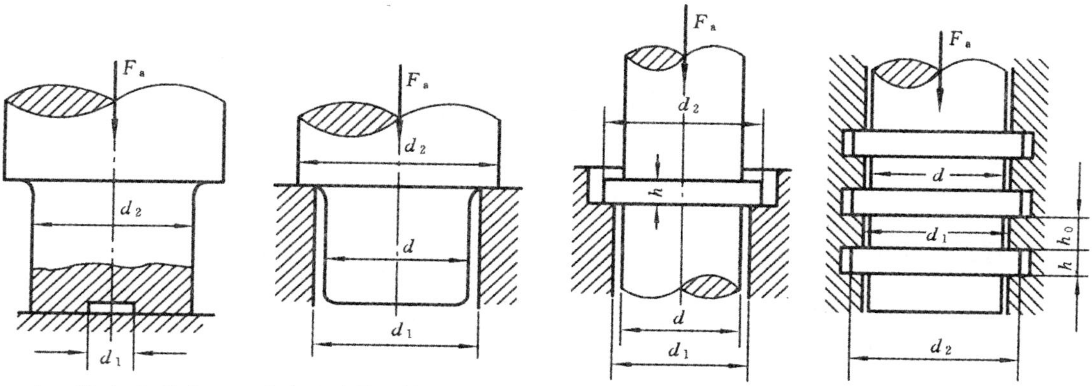

$d_1=(0.4\sim0.6)d_2$　　d_1和d_2由轴的结构设计拟定　　$d_2=(1.2\sim1.6)d$，$h=(0.12\sim0.15)d$　　$d_1=1.1d$，$h_0=(2\sim3)h$

图 8-25　推力滑动轴承的结构及尺寸

2. 验算轴承的 $pv_m \leqslant [pv]$值

$$p v_m = \frac{4F_a}{z\pi(d_2^2 - d_1^2)} \cdot \frac{\pi d_m n}{60\times1000} \leqslant [pv]$$

式中，v_m为环形支承面的平均速度，$v_m = \frac{\pi d_m n}{60\times1000}$；$d_m$为环形支承面的平均直径，$d_m = \frac{d_1+d_2}{2}$，m；$n$ 为轴颈的转速，r/min；$[pv]$为 pv_m的许用值，MPa · m/s，其值见表 8-5。

表 8-5　推力轴承材料及$[p]$、$[pv]$

轴材料	未淬火钢			淬火钢		
轴承材料	铸铁	青铜	轴承合金	青铜	轴承合金	淬火钢
$[p]$/MPa	2～2.5	4～5	5～6	7.5～8	8～9	12～15
$[pv]$/MPa · m/s	1～2.5					

非液体摩擦推力滑动轴承的设计步骤如下：

①根据工作条件和使用条件，确定轴承的结构形式。

②选择轴瓦的材料。

③确定推力轴颈的基本尺寸，如图 8-25 所示。

④校核轴承的工作能力，包括平均压强$[p]$、轴承的$[pv]$值。

例 8-1　试设计一回转窑上托轮轴所用的滑动轴承。轴颈直径 $d=380$mm，轴承的径向载荷为 $W=1100$kN，与铅垂方向成 30°角，托轮轴转速为 $n=20$r/min。

解：①确定轴承的结构形式

根据回转窑的特殊工作情况，采用自动调位剖分式斜滑动轴承。

②选择轴瓦的材料

由于回转窑是低速、重载工作，选取铝青铜 ZQAl9－4 为轴瓦的材料。

③校核轴承的工作能力

查表 8-2

$$[p]=30\text{MPa}$$
$$[pv]=12\text{MPa}\cdot\text{m/s}$$
$$[v]=8\text{m/s}$$

④确定轴承的工作长度

· 选择长径比 $\frac{B}{d}=1.5$

· 轴颈工作长度 $B=1.5d=1.5\times380=570\text{mm}$

⑤校核轴承的工作能力

· 校核平均压强 $pp=\frac{W}{dB}=\frac{1100\times10^3}{380\times570}=5.1\text{MPa}<[p]$

· 轴承的 pv 值 $pv=\frac{Wn}{19100B}=\frac{1100\times10^3\times4.5}{19100\times570}=0.45\text{MPa}\cdot\text{m/s}<[pv]$

· 滑动速度 $v=\frac{\pi dn}{60\times1000}=\frac{3.14\times380\times4.5}{60\times1000}=0.09\text{m/s}<[v]$

该滑动轴承满足强度条件。

8.6 液体动力润滑径向滑动轴承的计算

8.6.1 基本方程及油膜承载机理

液体动压润滑理论的基本方程是液体膜压力分布的微分方程。它是从黏性液体动力学的基本方程出发，作了一些假设条件而简化后得出的，假设条件是：液体为牛顿液体；液体膜中流体作层流运动；忽略压力对液体粘度的影响；略去液体膜的惯性力及重力的影响；认为液体不可压缩；两平板在 z 方向无限长，液体沿 z 方向不流动；液体膜中的压力沿膜厚方向不变动。

如图 8-26 所示，平板被润滑油隔开，设板 A 沿 x 轴方向以速度 v 移动，另一板 B 为静止。现从层流运动的油膜中取一微单元体进行分析。

设作用在微单元体右面的压强为 p，压强沿 x 方向变化率为 $\frac{\partial p}{\partial x}$，则左面的压强为 $p+\frac{\partial p}{\partial x}$；作用在微单元体上面的切应力为 τ，则下面的切应力为 $\tau+\frac{\partial\tau}{\partial y}\text{d}y$。由于润滑油沿 z 方向不流动，故微单元体前后两面的压强相等。又由于忽略了油的重力，故微单元体上、下两面压强也相等。于是，根据 x 方向的平衡条件，得

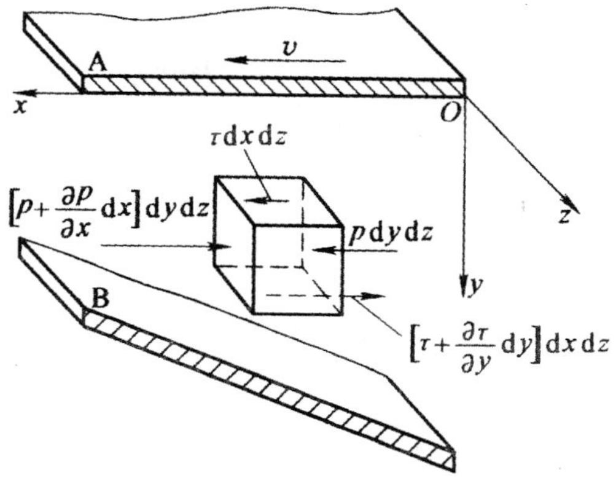

图 8-26　被油膜隔开的两平板的相对运动

$$p\mathrm{d}y\mathrm{d}z+\tau\mathrm{d}x\mathrm{d}z-\left(p+\frac{\partial p}{\partial x}\mathrm{d}x\right)\mathrm{d}y\mathrm{d}z-\left(\tau+\frac{\partial \tau}{\partial y}\mathrm{d}y\right)\mathrm{d}x\mathrm{d}z=0$$

整理后得

$$\frac{\partial p}{\partial x}=-\frac{\partial \tau}{\partial y} \tag{8-1}$$

根据牛顿黏性液体摩擦定律，将式(8-2)，即 $\tau=-\eta\frac{\partial u}{\partial y}$代入式(8-1)，得

$$\frac{\partial p}{\partial x}=\eta\frac{\partial^2 u}{\partial y^2} \tag{8-2}$$

即

$$\frac{\partial^2 u}{\partial y^2}=\frac{1}{\eta}\frac{\partial p}{\partial x}$$

该式表示了压力 p 沿 x 轴方向的变化与液体速度 u 沿 y 轴方向的变化关系。

将上式对 y 积分两次(压力沿 y 轴方向无变化，$\frac{\partial p}{\partial x}$为常数)，得

$$u=\frac{1}{2\eta}\left(\frac{\partial p}{\partial x}\right)y^2+c_1y+c_2 \tag{8-2a}$$

式中，c_1、c_2 为积分常数，可由边界条件确定。

当 $y=0$ 时，$u=v$；当 $y=h$(h 为相应于所取微单元体处的油膜厚度)时，$u=0$。将以上两边界条件代入式(8-2a)，则得

$$c_1=-\frac{h}{2\eta}\frac{\partial p}{\partial x}-\frac{v}{h},c_2=v$$

代回式(8-2a)后，则得

$$u=\frac{v(h-y)}{h}+\frac{(y^2-hy)}{2\eta}\frac{\partial p}{\partial x} \tag{8-2b}$$

由式(8-2b)可见，油层的速度 u 由两部分组成：式中前一项表示速度呈线性分布，这是直接由剪切流引起的；后一项表示速度呈抛物线分布，这是由油流沿 x 方向的变化所产生的压力流所引起的。

当无侧漏时，润滑油在单位时间内流经任意截面上单位宽度面积的流量为

$$q=\int_0^h u\mathrm{d}y \tag{8-2c}$$

将式(8-2b)代入式(8-3c)并积分后，得

$$q=\int_0^h\left[\frac{v(h-y)}{h}+\frac{(y^2-hy)}{2\eta}\frac{\partial p}{\partial x}\right]dy=\frac{vh}{2}-\frac{h^3}{2\eta}\frac{\partial p}{\partial x} \tag{8-2d}$$

设最大油压 p_{max} 处的油膜厚度为 h_0 即($\frac{\partial p}{\partial x}=0$ 时，$h=h_0$)则通过该截面单位宽度的流量为

$$q=\frac{vh_0}{2} \tag{8-2e}$$

当润滑油连续流动时，各截面的流量必定相等，故式(8-2d)、(8-2e)两式相等，由此得

$$\frac{\partial p}{\partial x}=6\eta v\frac{h-h_0}{h^3} \tag{8-3}$$

式(8-3)为液体动压润滑基本方程，又称一维雷诺方程。它是计算液体动压润滑滑动轴承的基本方程，表示了油膜压力 p 沿 z 轴方向的变化率。由雷诺方程可以看出，油膜压力的变化与润滑油的黏度、表面相对滑动速度和油膜厚度及其变化有关。这种油膜压力是由于两板相对运动而形成的液体动压力，故这种油膜称为动压油膜。按此原理获得的液体润滑轴承，称为液体动压润滑轴承。利用这一公式，经积分后可求出油膜的承载能力。

综上分析可知，形成液体动压润滑的必要条件是：

①相对滑动的两表面间必须形成收敛的楔形间隙。

②被油膜分开的两表面必须有足够的相对滑动速度，其运动方向必须使润滑油由大口流进，从小口流出。

③润滑油必须有一定的黏度，供油要充分。

8.6.2 径向滑动轴承的工作状况

径向滑动轴承的轴颈与轴承孔间必须留有间隙，如图 8-27 所示。图中 O_1 为轴承中心，O 为轴颈中心。轴颈相当于图 8-26 中的移动板，轴承相当于固定板，所不同的只是弧形板取代了平板。如图 8-27(a)所示，当轴颈静止时，轴颈处于轴承孔的最低位置，并与轴瓦接触。此时，两表面间自然形成一收敛的楔形空间。当轴颈开始转动时，速度极低，带入轴承间隙中的油量较少，这时轴瓦对轴颈摩擦力的方向与轴颈表面圆周速度方向相反，迫使轴颈在摩擦力作用下沿孔壁向右爬升，见图 8-27(b)。随着轴颈转速的增大，轴颈表面的圆周速度增大，带入楔形空间的油量也逐渐增多，并开始形成动压油膜，轴颈被压力油膜浮起并推向左边。当油膜产生的动压力与外载荷 F_r 相平衡时，轴颈达到稳定运转，轴颈便稳定在一定的偏心位置上，轴承处于液体动压润滑状态，如图 8-27(c)所示。此时，由于轴承内的摩擦阻力仅为液体的内阻力，故摩擦因数达到最小值。

在其他条件不变的前提下，转速 n 越高，则轴颈中心 O 越趋近轴承中心 O_1，如图 8-27(d)所示，但不可能达到两个中心完全重合。因为，如果两个中心完全重合，则形成动压油膜的必要条件之一的楔形间隙就不存在了。从理论上说，只有当转速 n 为无限大时，两者可以达到同心，如图 8-27(e)所示。但实际上，转速 n 趋于无穷大是不可能的。因此，圆柱形轴承可以在一定条件下建立动压油膜，形成液体动压润滑状态，但始终存在轴颈与轴承偏心的现象。当外载荷或转速变化时，轴颈中心 O 的位置也随之变化。所以，采用如图 8-27 所示的圆柱形单油楔径向滑动轴承，工作时轴的运转稳定性和运转精度都不很高。

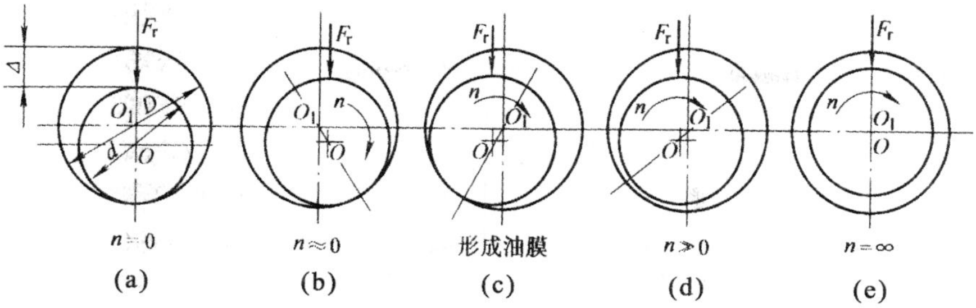

图 8-27　圆柱形单油楔液体动压润滑径向滑动轴承的工作状况

8.6.3　径向滑动轴承的几何关系及承载能力

1. 几何关系

图 8-28 为轴承工作时轴颈的位置。如图所示，轴承和轴颈的连心线 OO_1，与外载荷 F_r 的方向形成一偏位角 φ_a。轴承孔和轴颈直径分别用 D 和 d 表示，半径分别用 R 和 r 表示，则轴承直径间隙为

$$\Delta = D - d \tag{8-4}$$

半径间隙为

$$\delta = R - r = \frac{\Delta}{2} \tag{8-5}$$

直径间隙与轴颈公称直径之比称为相对间隙，以 ψ 表示，则

$$\psi = \frac{\Delta}{d} = \frac{\delta}{r} \tag{8-6}$$

轴颈在稳定运转时，其中心 O 与轴承中心 O_1 的距离称为偏心距，用 e 表示。而偏心距与半径间隙的比值称为偏心率，以 χ 表示，则

$$\chi = \frac{e}{\delta} = \frac{e}{(R-r)} \tag{8-7}$$

于是由图可见，最小油膜厚度为

$$h_{\min} = \delta - e = \delta(1-\chi) = r\psi(1-\chi) \tag{8-8}$$

对于径向滑动轴承，采用极坐标描述较方便。取轴颈中心 O 为极点，连心线 OO_1 为极轴，对任意角 φ（包括 φ_0、φ_1、φ_2 均由 OO_1 算起）的油膜厚度为 h 的大小，可在 ΔAOO_1 中应用余弦定理求得，即

$$R^2 = \mathrm{e}^2 + (r+h)^2 - 2e(r+h)\cos\varphi$$

解上式得

$$r + h = e\cos\varphi \pm R\sqrt{1-\left(\frac{e}{R}\right)^2\sin^2\varphi}$$

若略去微量 $\left(\frac{e}{R}\right)^2\sin^2\varphi$，并取根式的正号，则得任意位置的油膜厚度为

$$h = \delta(1+\chi\cos\varphi) = r\psi(1+\chi\cos\varphi) \tag{8-9}$$

在压力最大处的油膜厚度 h_0 为

$$h_0=\delta(1+\chi\cos\varphi_0) \tag{8-10}$$

式中，φ_0为最大压力处的极角。

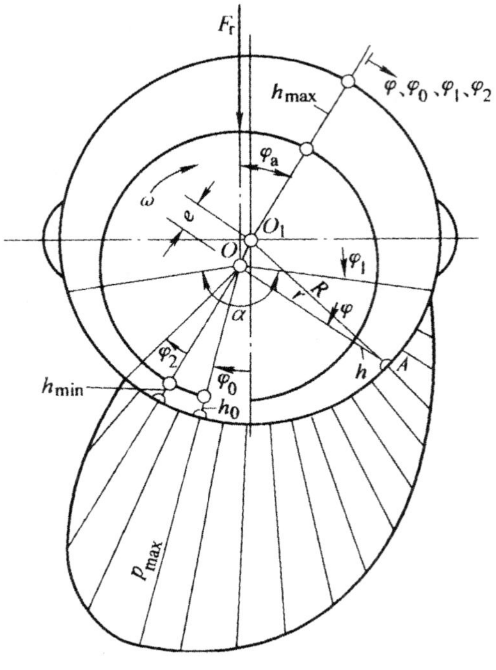

图 8-28 径向滑动轴承的几何参数和油压分布

2. 承载能力

将式(8-3)改写成极坐标表达式，即 $dx=rd\varphi$，$v=r\omega$ 及 h、h_0之值代乳式(8-3)后得极坐标形式的雷诺方程为

$$\frac{dp}{d\varphi}=6\eta\frac{\omega}{\psi^2}\frac{\chi(\cos\varphi-\cos\varphi_0)}{(1+\chi\cos\varphi)^3} \tag{8-11}$$

将式(8-11)从油膜起始角 φ_1，到任意角 φ 进行积分，得任意位置的压力，即

$$p_\varphi=6\eta\frac{\omega}{\psi^2}\int_{\varphi_1}^{\varphi}\frac{\chi(\cos\varphi-\cos\varphi_0)}{(1+\chi\cos\varphi)^3}d\varphi \tag{8-12}$$

压力 p_φ在外载荷方向上的分量为

$$p_{\varphi y}=p_\varphi\cos[180°-(\varphi+\varphi_a)]=-p_\varphi\cos(\varphi+\varphi_a) \tag{8-13}$$

把式(8-13)在 φ_1到 φ_2的区间内积分，就得出在轴承单位宽度上的油膜承载力，即

$$\begin{aligned}p_y&=\int_{\varphi_1}^{\varphi_2}p_{\varphi y}rd\varphi=-\int_{\varphi_1}^{\varphi_2}p_\varphi\cos(\varphi+\varphi_a)rd\varphi\\&=6\frac{\eta\omega r}{\psi^2}\int_{\varphi_1}^{\varphi_2}\left[\int_{\varphi_1}^{\varphi}\frac{\chi(\cos\varphi-\cos\varphi_0)}{(1+\chi\cos\varphi)^3}d\varphi\right][-\cos(\varphi+\varphi_a)]d\varphi\end{aligned} \tag{8-14}$$

由于式(8-14)是在两平板为无限宽的假设条件下得出的，因而式(8-14)也只适用于轴承为无限宽的情况。但实际轴承宽度是有限的，工作时润滑油有轴向流动，并从两端泄漏出去，

这种现象叫端泄。由于端泄的结果，油膜压力也大大降低，油膜压力沿轴承宽度呈抛物线分布，两端油压为零，并且轴承宽度中点的油膜压力也比无限宽轴承的油膜压力低，具体可见图 8-29 所示。

因此，考虑端泄影响之后，在 φ 角和距 z 轴承中线为 z 处的油膜压力的数学表达式为

$$p'_{y}=p_{y}C'\left[1-\left(\frac{2z}{B}\right)^{2}\right] \tag{8-15}$$

式中，C' 为考虑因端泄而使轴承油膜压力降低的系数，它是偏心率 χ 和宽径比 B/d 的函数。

因此，对有限宽轴承，油膜的总承载能力为

$$\begin{aligned}F_{r}&=\int_{-\frac{B}{2}}^{+\frac{B}{2}}p'_{y}\mathrm{d}z\\&=6\frac{\eta\omega r}{\psi^{2}}\int_{-\frac{B}{2}}^{+\frac{B}{2}}\int_{\varphi_1}^{\varphi_2}\int_{\varphi_1}^{\varphi}\left[\frac{\chi(\cos\varphi-\cos\varphi_0)}{(1+\chi\cos\varphi)^{3}}\mathrm{d}\varphi\right][-\cos(\varphi+\varphi_a)]C'\left[1-\left(\frac{2z}{B}\right)^{2}\right]\mathrm{d}\varphi\end{aligned} \tag{8-16}$$

由式(8-16)得

$$F_{r}=\frac{\eta\omega\mathrm{d}B}{\psi^{2}}C_{p} \tag{8-17}$$

$$C_{p}=-2\int_{\varphi_1}^{\varphi_2}\int_{\varphi_1}^{\varphi}\left[\frac{\chi(\cos\varphi-\cos\varphi_0)}{(1+\chi\cos\varphi)^{3}}\mathrm{d}\varphi\right]C'\cos(\varphi+\varphi_a)\mathrm{d}\varphi \tag{8-18}$$

又由式(8-17)得

$$C_{p}=\frac{F_{r}\psi^{2}}{\eta\omega\mathrm{d}B}=\frac{F_{r}\psi^{2}}{2\eta vB} \tag{8-19}$$

式中，C_p 为承载量系数；η 为润滑油在轴承平均工作温度下的动力黏度，单位为 $\mathrm{N\cdot s/m^2}$；B 为轴承宽度，单位为 m；F_r 为外载荷，单位为 N；v 为轴颈圆周速度，单位为 m/s。

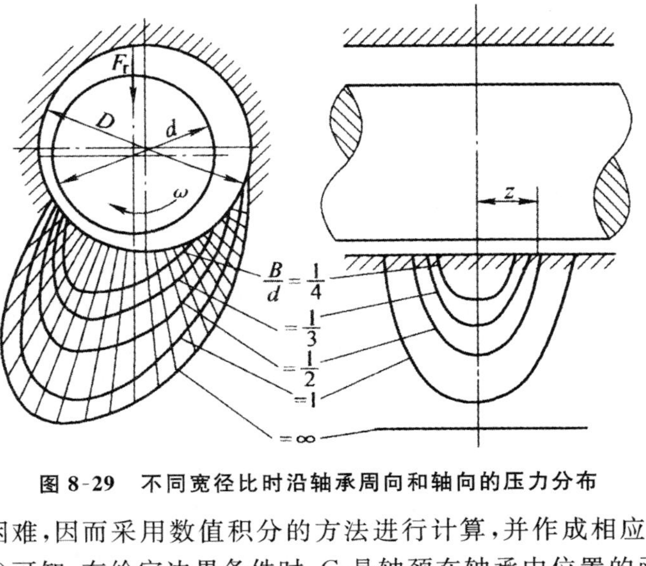

图 8-29　不同宽径比时沿轴承周向和轴向的压力分布

C_p 的积分非常困难，因而采用数值积分的方法进行计算，并作成相应的线图或表格供设计应用。由式(8-12)可知，在给定边界条件时，C_p 是轴颈在轴承中位置的函数，其值取决于轴承的包角 α（指轴承表面上的连续光滑部分包围轴颈的角度，即入油口到出油口间所包轴颈的夹角）、偏心率 χ 和宽径比 $\frac{B}{d}$。由于 C_p 是一个无量纲的量，故称之为轴承的承载量系数。当轴

承的包角 $\alpha(\alpha=120°$、$180°$或 $360°)$给定时，经过一系列换算，C_p可以表示为 $C_p\propto\left(\chi,\frac{B}{d}\right)$。若轴承是在非承载区内进行无压力供油，且设液体动压力是在轴颈与轴承衬的 180°的弧内产生时，则不同 χ 和$\frac{B}{d}$的 C_p值见表 8-6。

表 8-6　有限宽轴承的承载量系数 $C_p(\alpha=120°)$

B/d	χ													
	0.3	0.4	0.5	0.6	0.65	0.70	0.75	0.80	0.85	0.90	0.925	0.95	0.975	0.99
	承载量系数 C_p													
0.3	0.0522	0.0826	0.128	0.203	0.259	0.347	0.475	0.699	1.122	2.074	3.352	5.73	15.15	50.52
0.4	0.0893	0.141	0.216	0.339	0.431	0.573	0.776	1.079	1.775	3.195	5.055	8.393	21.00	65.26
0.5	0.133	0.209	0.317	0.493	0.622	0.819	1.098	1.572	2.428	4.26l	6.615	10.706	25.62	75.86
0.6	0.182	0.283	0.427	0.655	0.819	1.070	1.418	2.001	3.036	5.214	7.956	12.64	29.17	83.21
0.7	0.234	0.361	0.538	0.816	1.014	1.312	1.720	2.399	3.580	6.029	9.072	14.14	31.88	88.90
0.8	0.287	0.439	0.647	0.972	1.199	1.538	1.965	2.754	4.053	6.721	9.992	15.37	33.99	92.89
0.9	0.339	0.515	0.754	1.118	1.371	1.745	2.248	3.067	4.459	7.294	10.753	16.37	35.66	96.35
1.0	0.39l	0.589	0.853	1.253	1.528	1.929	2.469	3.372	4.808	7.772	11.38	17.18	37.00	98.95
1.1	0.440	0.658	0.947	1.377	1.669	2.097	2.664	3.580	5.106	8.186	11.91	17.86	38.12	101.15
1.2	0.487	0.723	1.033	1.489	1.796	2.247	2.838	3.787	5.364	8.533	12.35	18.43	39.04	102.90
1.3	0.529	0.784	1.111	1.590	1.912	2.379	2.990	3.968	5.586	8.831	12.73	18.91	39.81	104.42
1.5	0.610	0.891	1.248	1.763	2.099	2.600	3.242	4.266	5.947	9.304	13.34	19.68	41.07	106.84
2.0	0.763	1.091	1.483	2.070	2.446	2.98l	3.671	4.778	6.545	10.091	14.34	20.97	43.11	110.79

8.6.4　液体动压润滑的条件

最小油膜厚度是保证液体动压润滑的条件，由式(8-12)及表 8-6 可知，在其他条件不变的情况下，h_{min}越小则偏心率 χ 越大；轴承的承载能力就越大。然而，最小油膜厚度是不能无限缩小的，因为它受到轴颈和轴承表面粗糙度、轴的刚性及轴承与轴颈的几何形状误差等的限制。为确保轴承能处于液体摩擦状态，最小油膜厚度必须等于或大于许用油膜厚度$[h]$，即

$$h_{min}=r\psi(1-\chi)\geqslant[h] \tag{8-20}$$

$$[h]=S(R_{z1}+R_{z2}) \tag{8-21}$$

式中，R_{z1}、R_{z2}为轴颈和轴瓦表面微观不平度十点高度，具体可见表 8-7 所示，对一般轴承，可分别取 R_{z1}、R_{z2} 值为 3.2μm 和 6.3μm，或 1.6μm 和 3.2μm，对重要轴承可取为 0.8μm 和 1.6μm，或 0.2μm 和 0.4μm；S 为安全系数，考虑表面几何形状误差、安装误差和轴颈受载时的变形等的影响，常取 $S\geqslant2$。

表 8-7 加工方法、表面粗糙度和表面微观不平度十点高度 R_z

	精车或精镗，中等磨光，刮（每平方厘米内有 1.5～3 个点）		铰、精磨、刮（每平方厘米内有 3～5 个点）		钻石刀头镗，镗磨		研磨、抛光、超精加工等		
表面粗糙度代号	$\overset{3.2}{\bigtriangledown}$	$\overset{1.6}{\bigtriangledown}$	$\overset{0.8}{\bigtriangledown}$	$\overset{0.4}{\bigtriangledown}$	$\overset{0.2}{\bigtriangledown}$	$\overset{0.1}{\bigtriangledown}$	$\overset{0.05}{\bigtriangledown}$	$\overset{0.025}{\bigtriangledown}$	$\overset{0.012}{\bigtriangledown}$
$R_z/\mu m$	10	6.3	3.2	1.6	0.8	0.4	0.2	0.1	0.05

第 9 章　滚动轴承

9.1　概　述

9.1.1　滚动轴承的概念和发展史

1. 概念

滚动轴承(rolling bearing)是指在承受载荷和彼此相对运动的零件间，有滚动体作滚动运动的轴承。它是将运转的轴与轴座之间的滑动摩擦变为滚动摩擦，从而减少摩擦损失的一种精密元件。

2. 发展史

在轮子发明之后，人们发现利用滚动来移动物体比滑动要省力。具体发展过程为：

公元前 2400 年前人类就开始利用滑板搬运巨大石料来减轻工作负担。

到公元 1100 年前，人类开始利用滑板下面垫上滚木来搬运物体，进一步减少人力。

公元 50 年前，罗马时期人类开始使用形式简单的滚动轴承，到工业革命时期滚动轴承开始被广泛使用。

达芬奇(公元 1452—1519)提出了不同形式的带滚动体的枢轴轴承，甚至包括一种带有分隔球装置的球轴承。然而他所设想的滚动轴承在那一时期并没有被工业设计师们广泛采用，原因在于当初的滚动轴承的材料所限，滚动轴承的寿命无法和滑动轴承竞争。

进入 20 世纪 60 年代后，随着优质滚动轴承钢的研究，使得滚动轴承开始逐渐被设计师认可。滚动轴承开始被广泛应用于汽车、飞机、机床、仪器仪表等众多领域，也是在这一时期，人们对轴承的认识和重视升华到了空前高度。

新中国建立前，我国机械设备配套和维修需要的轴承，基本上依赖进口，轴承制造业几乎是一片空白。当时，仅在辽宁省瓦房店和沈阳、上海及山西省长治等地有一些轴承厂，但能独立生产轴承四元件(内外套圈、滚动体和保持架)的工厂没有一家。1949 年，全国轴承年产量仅为 13.8 万套。新中国建立五十年来，轴承工业飞速发展，轴承品种从少到多，产品质量和技术水平从低到高，行业规模从小到大发生着巨大变化。

随着工业领域的技术发展继续突飞猛进，产品品种日趋多样化，用户的需求更加五花八门。产品批量变得更小，交货期进一步缩短，这就需要按照用户的预算精确控制成本，需要轴承制造业加快系统化、自动化和智能化的步伐。从而使得自动线、机器人、电脑网络将整个企业从研究设计、生产、销售连成一体，形成 CIMS 系统，以便能更加灵活自如地随时随地满足用户需求。

9.1.2　滚动轴承的构造

1. 构造

图 9-1 为通用轴承的典型构造，它由内圈 1、外圈 2、滚动体 3 和保持架 4 组成，其中滚动体安装在内、外圈之间，并被保持架均匀隔开。为增大滚动体与内、外圈之间的接触面积，减小接触应力，并对滚动体进行轴向限位，在内圈外表面、外圈内表面上制造有滚道。滚动体的形状主要有球形和滚子形两类，其中滚子类滚动体根据回转面形状的不同又有球、圆柱滚子、圆锥滚子、球面滚子和滚针等，如图 9-2 所示。滚动体是构成滚动摩擦轴承不可缺少的最基本元件，而且其形状、大小和数量直接影响滚动轴承的承载能力。

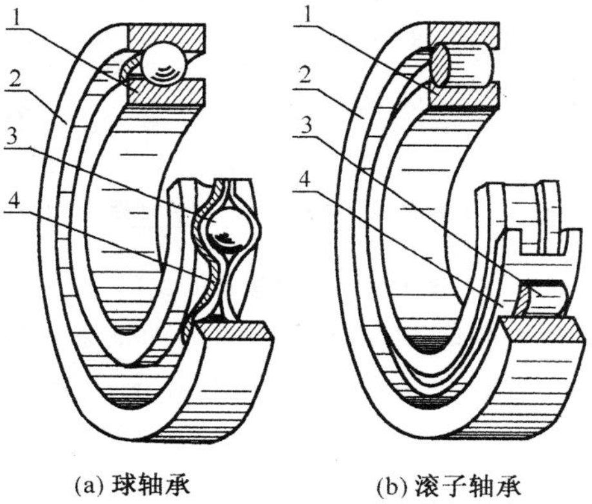

图 9-1　通用轴承的典型构造

此外，为了满足某些特殊的使用要求，一些滚动轴承在上述 4 种基本元件基础上另加有其它专用零件，如在外圈上加定位环或密封盖等。

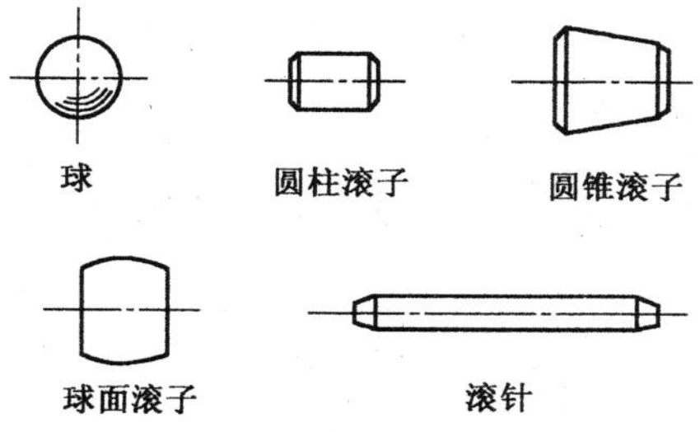

图 9-2　常用滚动体的形状

2. 应用

通用轴承应用时(如图 9-3 所示)，向心轴承的内圈或推力轴承的轴圈套于轴颈上，两者配合较紧。向心轴承的外圈或推力轴承的座圈装在机座或零件的孔内，其中向心轴承的外圈与机座孔相接触，为便于装拆，通常采用较松的配合；而推力轴承的座圈一般不与机座孔接触，以避免形成径向定位。

通用轴承的常用工作方式是内圈随轴颈一起转动(如图 9-3 中的一对向心轴承)，外圈静止于轴承座中，在内、外圈之间的相对转动作用下，滚动体相对于内、外圈滚道和保持架兼有部分滑动的滚动。此外，也有内圈静止、外圈转动或内、外圈分别按不同速度转动的使用情况。

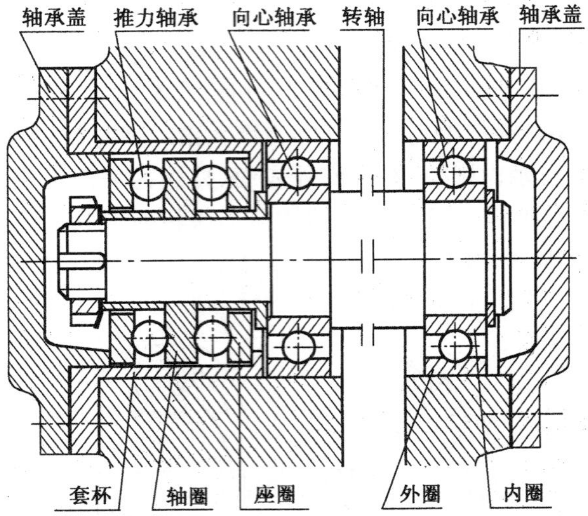

图 9-3　滚动轴承的应用

直线运动滚动支承是一种实现轴向直线运动的滚动轴承，常简称为直线轴承，图 9-4 所示的是其典型构造，它由圆筒形外圈（套筒）1、滚动体 2 和保持架 3 组成。应用时，将圆柱光轴穿入直线轴承孔中，光轴兼起内圈的作用；若将轴或轴承加以固定，两者即形成可轴向相对移动的径向支承，起直线运动导轨的作用。运转时，轴与轴承做相对直线移动（相当于两者构成移动副），根据需要两者之间也可有周向转动（相当于两者构成转动副）；轴承只承受径向载荷，不承受轴向载荷。

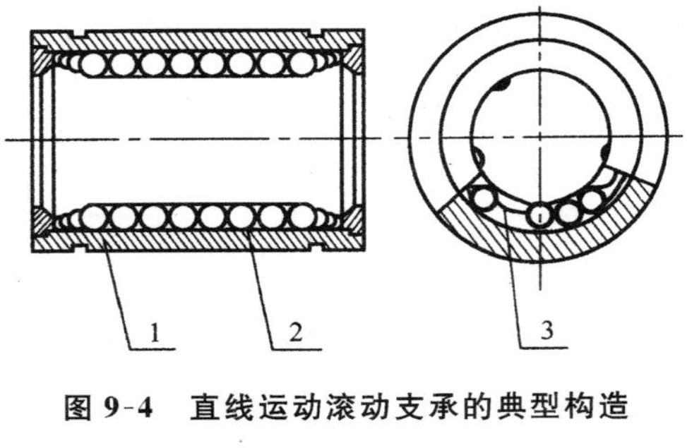

图 9-4　直线运动滚动支承的典型构造

3. 常用材料

滚动轴承的内外圈和滚动体应具有较高的硬度和接触疲劳强度、良好的耐磨性和冲击韧性。一般用特殊轴承钢制造，常用材料有 GCrl5、GCrl5、SiMn、GCr6、GCr9 等，经热处理后硬度可达 60～65HRC。对一些特殊用户，如汽车轮毂轴承，滚动轴承零件一般由感应淬火钢制作。滚动轴承的工作表面必须经磨削抛光，以提高其接触疲劳强度。保持架多用低碳钢板通过冲压成形方法制造，也可采用有色金属或塑料等材料。为了适应某些使用要求，有些轴承会增加或减少一些零件。例如，无内圈或无外圈；既无外圈又无内圈；带防尘盖、密封圈；带安装调整用的紧定套等。

在所有情况下，至少在滚动部件的表面要有很高的硬度，在一些高速应用中，为减小球或滚子的惯性载荷，这些零件要用轻质、高抗压强度的陶瓷材料如氮化硅制造。六七十年代，国外开始研究陶瓷轴承。陶瓷具有强度高、耐磨性好、刚度高、耐腐蚀、耐高温、电绝缘、不导磁、密度小等一系列金属材料不具备的性能。适用于做轴承的陶瓷材料主要有氮化硅（Si_3N_4）、氧化锆（ZrO_2）氧化铝（Al_2O_3）等，其中 Si_3N_4 综合性能最优，是陶瓷轴承的首选材料。陶瓷轴承可应用于航天、航空、高真空领域，高速高精度、高温、强磁场或防腐蚀等场合。

保持架选用较软材料制造，冲压保持架一般用低碳钢板冲压制成，它与滚动体有较大间隙，工作时噪声较大。实体保持架常用铜合金、铝合金或酚醛胶布做成，有较好的定心准确度。

9.1.3　滚动轴承的工作特点

滚动轴承与滑动轴承相比具有如下优点：

①转动摩擦力矩比流体动压轴承的低得多，因此摩擦温升与功耗较低。

②启动摩擦力矩仅略高于转动摩擦力矩。

③轴承变形对载荷变化的敏感性小于流体动压轴承的。

④只需要少量的润滑剂便能正常运行，运行时能够长时间自我提供润滑剂。

⑤轴向尺寸小于传统的流体动压轴承的尺寸。

⑥可以同时承受径向力和推力组合载荷。

⑦在很大的载荷—速度范围内，独特的设计可以获得优良的性能。

⑧轴承的性能对载荷、速度和运行温度的波动相对不敏感。

滚动轴承也有下列缺点：

①抗冲击能力较差，高速运转时振动及噪声较大。

②径向尺寸比滑动轴承大。

③高速、重载荷时的寿命较短。

④有的场合无法使用。

9.2　滚动轴承的类型与代号

9.2.1　滚动轴承的类型

滚动轴承从不同的角度有不同的分类。根据滚动体的形状，滚动轴承分为球轴承与滚子轴承；滚子轴承按照滚子形状分为：圆柱滚子轴承、滚针轴承、圆锥滚子轴承、调心滚子轴承等。球轴承按套圈结构分为：深沟球轴承、角接触球轴承、推力球轴承等。

滚动轴承中在套圈与滚动体接触处的法线和垂直于轴承轴心线的平面间的夹角 α，称为公称接触角。公称接触角越大，承受轴向载荷的能力越强。

按照滚动轴承所能承受的主要负荷方向，又可分为：

①向心轴承（主要承受径向载荷）。其公称接触角从 0°～45°，按公称接触角不同，又分为：径向接触轴承，即公称接触角为 0°的向心轴承；向心角接触轴承，即公称接触角大于 0°小于

45°的向心轴承。

②推力轴承(承受轴向载荷)。主要用于承受轴向载荷的滚动轴承,其公称接触角在 45°到 90°。按公称接触角又分为:轴向接触轴承,即公称接触角为 90°的推力轴承;以及推力角接触轴承,即公称接触角大于 45°但小于 90°的推力轴承。

③向心推力轴承(能同时承受径向载荷和轴向载荷)。其钢球与内外圈接触点相连接的直线与径向形成一个径向接触角,轴承的接触角标号及角度如表 9-1 所示。滚动轴承公称接触角如图 9-5 所示。

表 9-1 向心推力球轴承接触角编号及角度

15	30	40	
编号	C	A	B

注:接触角 A 是标准接触角,所以不显示在轴承号上。

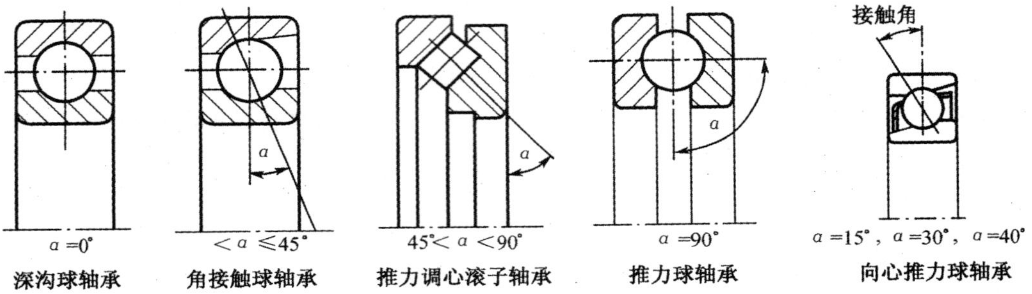

图 9-5 滚动轴承公称接触角

按照滚动体列分为:单列滚动轴承、双列滚动轴承和四列滚动轴承。按内圈或外圈能否分离分为:分离型滚动轴承和非分离型滚动轴承。

9.2.2 滚动轴承的性能及其特点

常用滚动轴承的结构类型及其主要的性能、特点和应用见表 9-2。

表 9-2 常用滚动轴承的类型、代号、结构、性能特点及所适用的场所

类型代号	轴承名称结构图	刚性	高速运转	旋转精度	噪声、振动	轴向限位能力	性能特点	适用场合
1	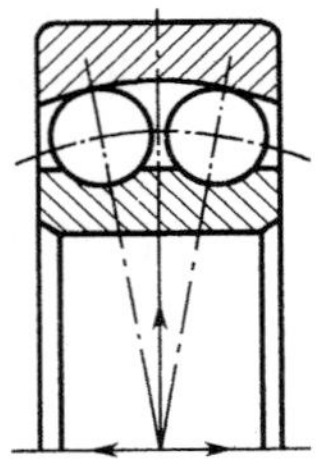	差	一般	差	差	Ⅰ	不能承受纯轴向负荷,能自动调心	适用于多支点传动轴,刚性小的轴以及难以对中的轴

续表

类型代号	轴承名称结构图	刚性	高速运转	旋转精度	噪声、振动	轴向限位能力	性能特点	适用场合
2	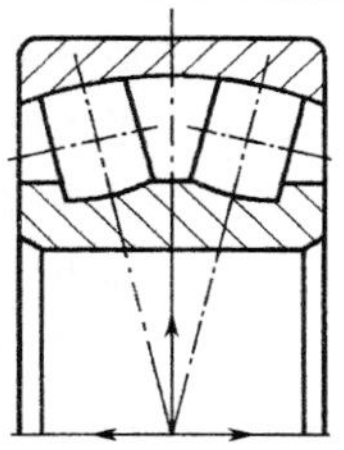	较大	一般	差	大	Ⅰ	负荷能力最大，但不能承受纯轴向负荷，能自动调心	常用于其他种类轴承不能胜任的重负荷情况，如轧钢机、大功率减速器、破碎机、吊车走轮等
3	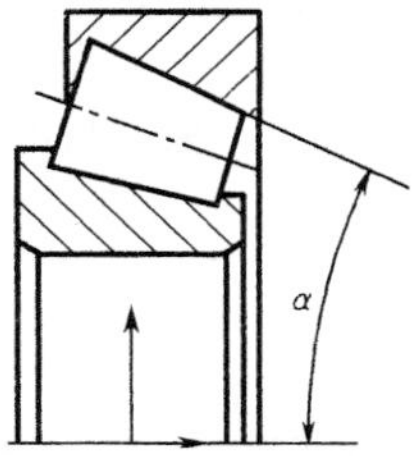	一般	较高	较高	大	Ⅱ	内、外圈可分离，游隙可调，摩擦系数大，常成对使用。31300 型不宜承受纯径向负荷，其他型号不宜承受纯轴向负荷	适用于刚性较大的轴。应用很广，如减速器、车轮轴、轧钢机、起重机、机床主轴等
5	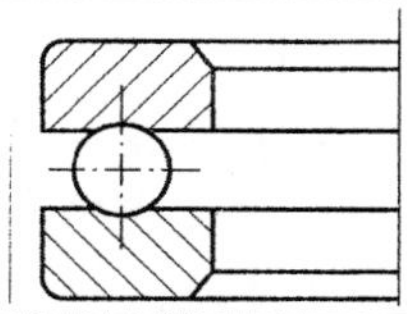	差	较小	差	大	Ⅱ	轴线必须与轴承座底面垂直，不适用于高转速	常用于起重机吊钩、蜗杆轴、锥齿轮轴、机床主轴等
6	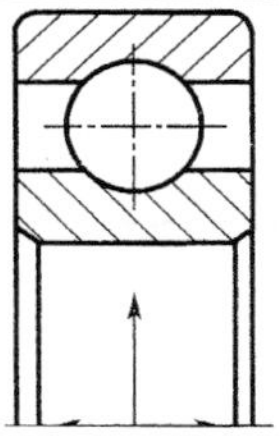	差	强	较高	小	Ⅰ	当量摩擦系数最小，高转速时可用来承受不大的纯轴向负荷	适用于刚性较大的轴，常用于小功率电机，减速器，运输机的托辊、滑轮等
7	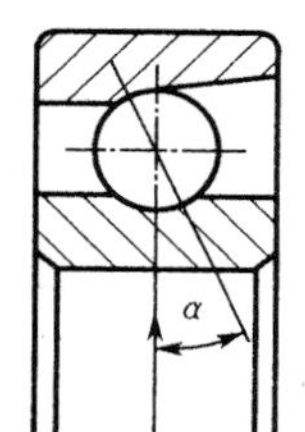	差	强	较高	较小	Ⅱ	可同时承受径向负荷和轴向负荷，也可承受纯轴向负荷	适用于刚性较大、跨距不大的轴及须在工作中调整游隙时，常用于蜗杆减速器，离心机，电钻，穿孔机等
N	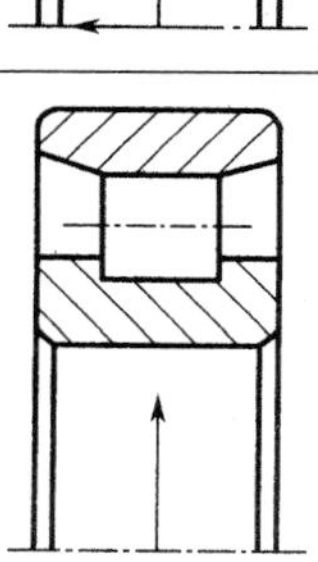	一般	强	较高	较大	Ⅲ	内外圈可以分离，滚子用内圈凸缘定向，内外圈允午少量的轴向相对移动	适用于刚性很大，对中良好的轴，常用于大功率电机，机床主轴，人字齿轮减速器等

续表

类型代号	轴承名称结构图	刚性	高速运转	旋转精度	噪声、振动	轴向限位能力	性能特点	适用场合
NA	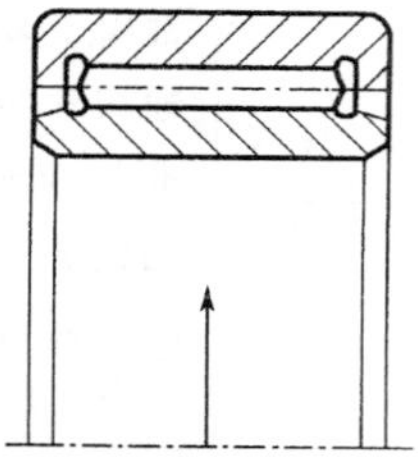	一般	较高	差	较大	Ⅲ	径向尺寸最小，径向负荷能力很大，摩擦系数较大，旋转精度低	适用于径向负荷很大而径向尺寸受限制的地方，如万向联轴器、活塞销、连杆销等

注：①载荷能力，↑表示承受径向载荷，←、→表示承受轴向载荷。

②轴向限位能力：Ⅰ—轴的双向轴向位移限制在轴承的轴向游隙范围以内；Ⅱ—限制轴的单向轴向位移；Ⅲ—不限制轴的轴向位移。

9.2.3 滚动轴承的代号

滚动轴承的规格、品种繁多，为便于组织生产和选用，国家标准规定统一的代号来表征滚动轴承在结构、尺寸、精度、技术性能等方面的特点和差异。根据国家标准 *GB/T* 272—1993，我国滚动轴承的代号由基本代号、前置代号和后置代号构成，用字母和数字等表示，其排列顺序见表 9-3。其中基本代号是轴承代号的基础，前置代号和后置代号都是轴承代号的补充，只有在遇到对轴承结构、形状、材料、公差等级、技术要求等有特殊要求时才使用，一般情况可部分或全部省略。

表 9-3 滚动轴承代号的构成及排列顺序

前置代号	基本代号					后置代号							
	五	四	三	二	一	1	2	3	4	5	6	7	8
成套轴承分部件代号	类型代号	尺寸系列代号		内径代号		内部结构代号	密封与防尘及外形变化代号	保持架及其材料代号	轴承材料代号	公差等级代号	游隙代号	配置代号	其他代号

1. 基本代号

基本代号表示轴承的基本类型、结构和尺寸。一般滚动轴承（滚针轴承除外）的基本代号由类型代号、尺寸系列代号和内径代号构成，见表 9-3。滚针轴承的基本代号由轴承类型代号和表示轴承配合安装特征的尺寸构成，具体见 GB/T 272—1993。

(1)内径代号

轴承内径用基本代号右起第一、二位数字表示，如表 9-4 所示。对常用内径 $d=20\sim480$mm的轴承内径一般为 5 的倍数，这两位数字表示轴承内径尺寸被 5 除得的商数，如 4 表示 $d=20$mm、12 表示 $d=60$mm 等。对于内径为 10mm、12mm、15mm 和 17mm 的轴承，内径代号依次为 00、01、02 和 03。对于内径小于 10mm 和大于 500mm 轴承，内径表示方法另有规定，可参看 GB/T 272—93。

表 9-4　滚动轴承的内径代号

内径 *d* 的尺寸	10～17mm				20～480mm（22.28 和 32mm 除外）	500mm 以上（含 22.28 和 32 mm）
	10mm	12mm	15mm	17mm		
内径代号	00	01	02	03	内径/5 的商	00000/内径
举例	中(3)窄系列深沟球轴承 303 是指内径为 17mm				重(4)窄系列深沟球轴承 407 是指内径为 35mm	轻(2)窄系列深沟球轴承 2/32 是指内径为 32mm 特轻(1)系列推力圆柱滚子轴承；91/800 是指内径为 800mm

(2)尺寸系列代号

由两位数字组成，位于基本代号右起第三位和第四位。其中，右起第三位是直径系列代号(见表 9-5)，用于表示结构、内径相同的轴承在外径和宽度方面的变化系列，部分直径系列之间的尺寸对比如图 9-6 所示；右起第四位是宽度系列代号(向心轴承)或高度系列代号(推力轴承)(见表 9-5)，用于表示结构、内径和直径系列都相同的轴承在宽度方面(向心轴承)的变化系列或高度方面(推力轴承)的变化系列。常用滚动轴承的尺寸系列代号及由类型代号和尺寸系列代号组成的组合代号见表 9-2。

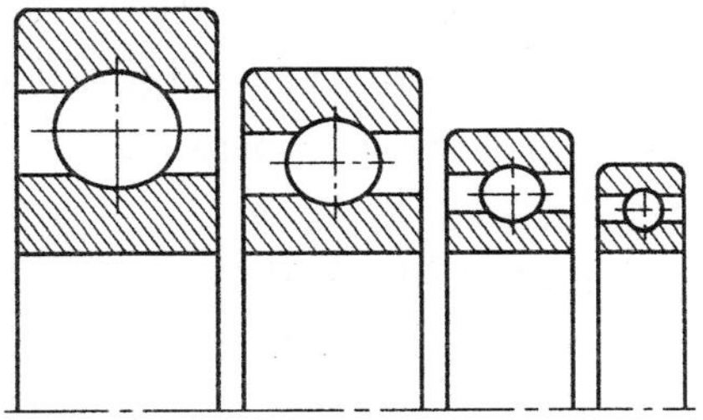

图 9-6　直径系列的尺寸对比

表 9-5　滚动轴承的尺寸系列代号

代号	7	8	9	0	1	2	3	4	5	6
直径系列	超特轻	超轻		特轻		轻	中	重	特重	
宽度系列(向心轴承)		特窄		窄	正常	宽	特宽			
高度系列(推力轴承)	特低		低		正常					

(3)类型代号

用数字或字母表示不同类型的轴承，位于基本代号右起第五位。常斥滚动轴承的类型代号见表 9-2。

2. 后置代号

后置代号共有 8 组，其顺序和含义见表 9-3。后置代号置于基本代号的右边并与基本代号空半个汉字距(代号中有符号"—"、"/"除外)。以下为部分后置代号及其含义和示例。

(1) 密封与防尘及外形变化代号

部分代号与含义如下:—RS、—RZ、—Z 分别表示轴承一面有骨架式橡胶密封圈(接触式为 RS,非接触式为 RZ)、有防尘盖,如 6210—RS、6211—RZ、6212—Z。

(2) 内部结构代号

内部结构代号用字母表示。部分代号与含义如下:对于角接触球轴承,用 C、AC 和 B 分别表示公称接触角 $\alpha=15°$、25°和 40°,如 7210 AC;对于圆锥滚子轴承,用 B 表示加大公称接触角,如 32310B。

(3)公差等级代号

有/P0、/P6、/P6x、/P5、/P4、/P2 六个代号,分别表示标准规定的 0、6、6x、5、4、2 六个级别的公差等级。其中 0 级为普通级(可以省略不标),2 级精度最高,6x 级仅适用于圆锥滚子轴承。代号示例:6203(表示公差等级普通级)、6203/P6。

(4)保持架及其材料代号

表示保持架在标准规定的结构材料外的其他不同结构形式与材料。例如,A、B 分别表示外圈引导和内圈引导,J、Q、M、TN 则分别表示钢板冲压、青铜实体、黄铜实体和工程塑料保持架。

(5)游隙代号

有/C1、/C2、—、/C3、/C4、/C5 六个代号,分别符合标准规定的径向游隙 1、2、0、3、4、5 组(游隙自小而大),0 组游隙是最常用的,可省略不标。代号示例:6210,6210/C4。

当公差等级代号和游隙代号需要同时表示时,可进行简化,取公差等级代号加上游隙组号组合表示。例如,6210/P63 表示公差等级 P6 级、游隙 3 组。

(6)配置代号

成对安装轴承有三种配置形式,分别用三种代号表示:/DB 表示背对背安装,/DF 表示面对面安装,/dt 表示串联安装。代号示例:32208/DF、7210 C/dt。

9.2.4 滚动轴承的选择

1. 滚动轴承选择的一般过程

滚动轴承是标准件,在机械设计过程中,应根据使用要求合理地选择滚动轴承的类型与规格,具体过程如图 9-7 所示。

2. 滚动轴承选择要考虑的问题

各类滚动轴承都有各自的特点,因此选择滚动轴承的类型非常重要,若选择不当,会造成机器的性能达不到要求。由于各种因素的存在,对轴承类型的选择没有一个固定的法则可循。在选择时,一般首先考虑轴承的承载能力、方向、性质和转速的高低,其次还要考虑刚度、调心性能,结构尺寸、轴承的装卸和经济性等。具体可参考以下几点。

(1)轴承的载荷

载荷较大且有冲击时,宜选用滚子轴承;载荷较轻且冲击较小时,选球轴承;同时承受径向和轴向载荷时,当轴向载荷相对较小时,可选用深沟球轴承或接触角较小的角接触球轴承;当

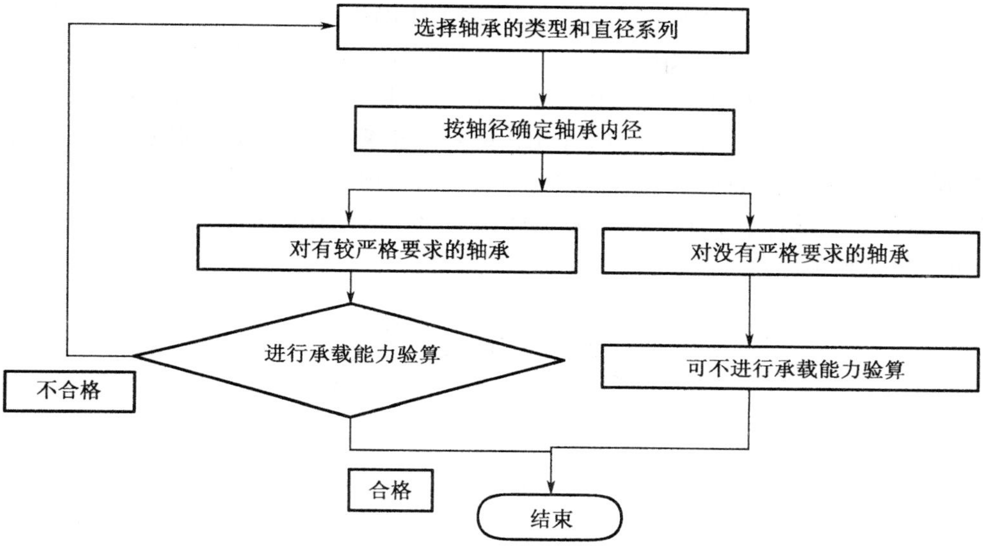

图 9-7　滚动轴承选择流程

轴向载荷相对较大时，应选接触角较大的角接触球轴承或圆锥滚子轴承。

（2）轴承转速

轴承的工作转速应低于其极限转速。球轴承（推力球轴承除外）较滚子轴承极限转速高。当转速较高时，应优先选用球轴承。在同类型轴承中，直径系列中外径较小的轴承，宜用于高速，外径较大的轴承，宜用于低速。

（3）轴承调心性能

当轴的弯曲变形大、跨距大、轴承座刚度低或多支点轴及轴承座分别安装难以对中的场合，应选用调心轴承。

（4）轴承的安装

对需经常装拆的轴承或支持长轴的轴承，为了便于装拆，宜选用内、外圈可分离轴承，如 N0000、NA0000、30000 等。

（5）经济性

特殊结构轴承比一般结构轴承价格高；滚子轴承比球轴承价格高；同型号而不同公差等级的轴承，价格差别很大。所以，在满足使用要求的情况下，应先选用球轴承和 0 级（普通级）公差轴承。

9.3　滚动轴承的失效形式和计算准则

9.3.1　受力分析

1. 滚动轴承工作时轴承元件的载荷分布

对于向心轴承和向心推力轴承，当受纯径向载荷作用时（图 9-8），在工作的某一瞬间，径

向载荷 F_r通过轴颈作用于内圈，位于载荷方向的上半圈滚动体不受力，载荷由下半圈滚动体传到外圈再传到轴承座。假定轴承内、外圈的几何形状不变，下半圈滚动体与套圈的接触变形量的大小决定了各滚动体承受载荷的大小。从图中可以看出，处于力作用线正下方位置的滚动体变形量最大，承载也就最大，而 F_r 作用线两侧的各滚动体，承载逐渐减小。各滚动体从开始受载到受载终止所滚过的区域叫做承载区，其他区域称为非承载区。由于轴承内存在游隙，故实际承载区的范围将小于 180°。如果轴承在承受径向载荷的同时再作用有一定的轴向载荷，则可以使承载区扩大。

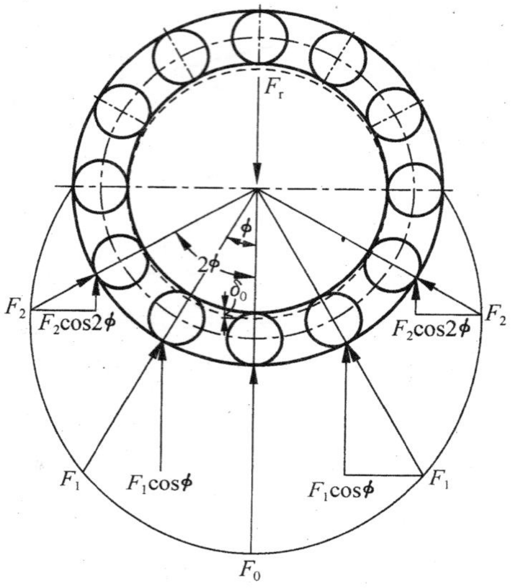

图 9-8　深沟球轴承中经向载荷的分布

根据力的平衡条件可以求出受载荷最大的滚动体的载荷为

$$F_0=\frac{4.37F_r}{Z}\approx\frac{5}{Z}F_r\text{（点接触轴承）}$$

$$F_0=\frac{4.08F_r}{Z}\approx\frac{4.6}{Z}F_r\text{（线接触轴承）}$$

对于能同时承受径向和轴向载荷的轴承（如 30000、70000 轴承），应使其承受一定的轴向载荷，以使承载区扩大到至少有一半滚动体受载。

角接触轴承承受径向载荷 F_r 时会产生附加的轴向力 F_s。如图 9-9 所示，按一半滚动体受力计算：$F_s\approx1.25F_r\tan\alpha$。

2. 轴承工作时轴承元件的应力分析

轴承工作时，由于内、外圈相对转动，滚动体与套圈的接触位置是时刻变化的。当滚动体进入承载区后，所受载荷及接触应力即由零逐渐增至最大值（在 F_r作用线正下方），然后再逐渐减零，其变化趋势如图 9-10(a)中虚线所示。就滚动体上某一点而言，由于滚动体相对内、外套圈滚动，每自转一周，分别与内、外套圈接触一次，故它的载荷和应力按周期性不稳定脉动循环变化，如图 9-10(a)中实线所示。

对于固定的套圈，处于承载区的各接触点，按其所在位置的不同，承受的载荷和接触应力

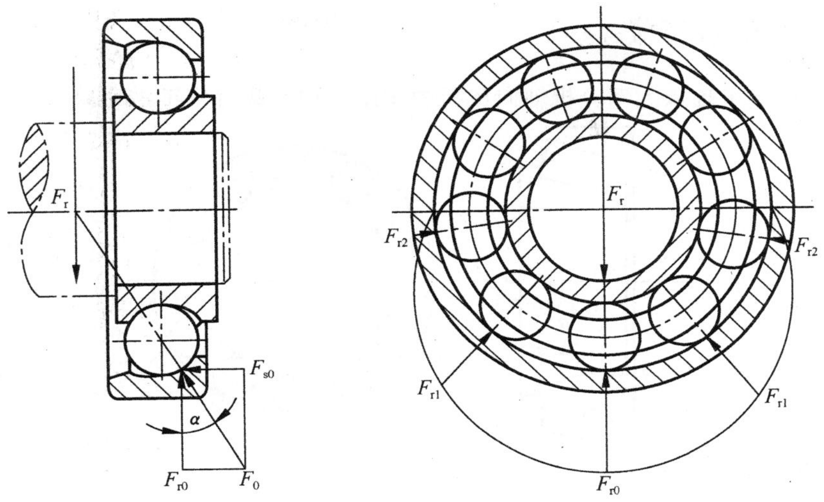

图 9-9　轴向力的产生

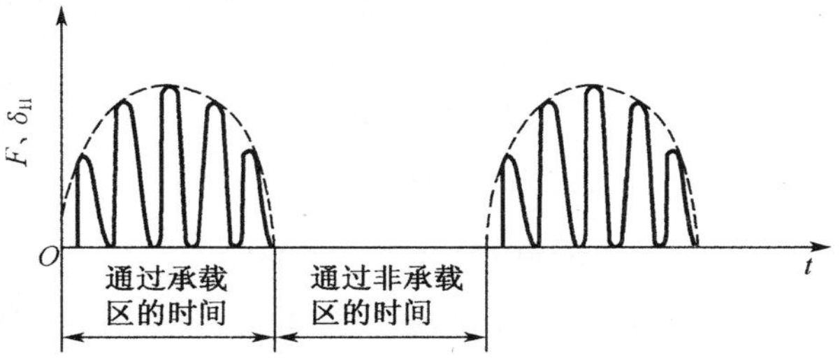

(a)

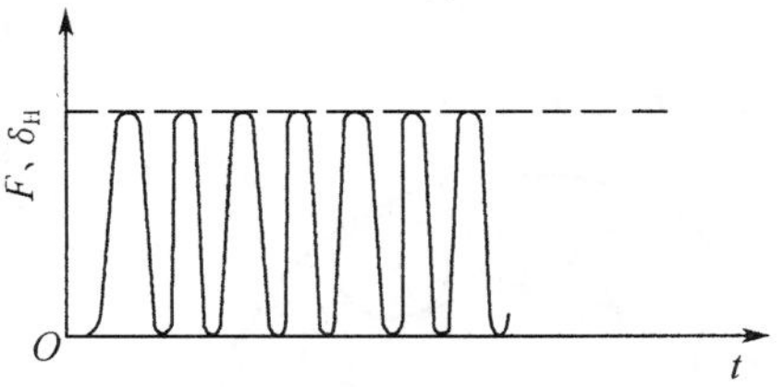

(b)

图 9-10　轴承元件上的载荷及应力变化情况

是不相同的。对于套圈滚道上的每一个具体点，每当滚动体滚过该点的一瞬间，便承受一次载荷，再一次滚过另一个滚动体时，接触载荷和应力是不变的。这说明固定套圈在承载区内的某一点上承受稳定脉动循环载荷，如图 9-10(b)所示。

转动套圈上各点的受载情况，类似于滚动体的受载情况。就其滚道上某一点而言，处于非承载区时，载荷及应力为零。进入承载区后，每与滚动体接触一次就受载一次，且在承载区的不同位置，其接触载荷和应力也不一样，如图 9-10(a)中实线所示，在 F_r 作用线正下方，载荷和应力最大。

总之，滚动轴承中各承载元件所受载荷和接触应力是周期性变化的。

3. 轴向载荷对载荷分布的影响

下面以圆锥滚子轴承为例分析轴向载荷的作用下轴承载荷分布，如图 9-11 所示。

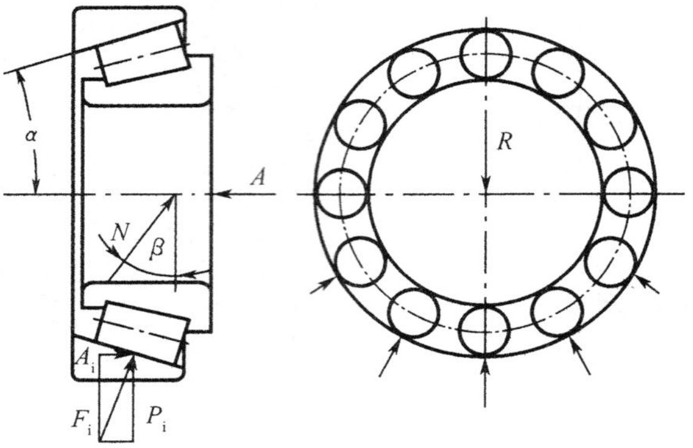

图 9-11 圆锥滚子轴承受力分析

在径向力 F_r 的作用下，因接触角的存在，支反力沿接触点处的法线方向，如图 9-11 所示。如果只有最下面的滚动体受载荷，则存在：

$$P_i = N_i \cos\alpha = R \tag{9-1}$$

$$N_i \sin\alpha = A_i = A \tag{9-2}$$

则

$$\tan\alpha = \frac{A}{R} = \frac{A_i}{P_i} = \tan\beta \tag{9-3}$$

即滚动体的支反力的径向分力与径向外载荷平衡；轴向分力则迫使轴向及内圈向右移动，使得轴和轴承受到额外的力的作用，最终与轴向力 A 平衡。

如果滚动轴承工作时受载荷的滚动体数目是多个即 x 个，如图 9-12 所示。假设 N_i 为某一滚动体的支反力，它在径向及轴向的分力分别为

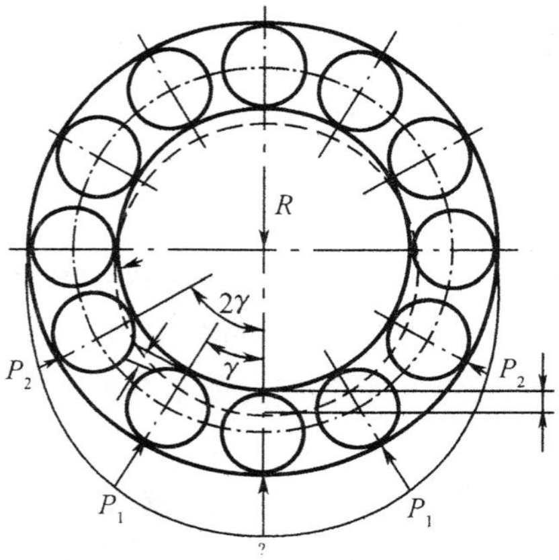

图 9-12 受载滚动体数目为多个时轴承的受力分析

$$P_i = N_i \cos\alpha$$

$$N_i \sin\alpha = A_i$$

此时，只有各径向分力在外载荷方向上的分力参与抵抗外载荷，即

$$\sum_{i=1}^{x} P_{i}\cos(i-1)\gamma = \sum_{i=1}^{x} N_{i}\cos(i-1)\gamma = R \tag{9-4}$$

而轴向派生轴向力应该是每个 P_i产生的，即

$$S = \sum_{i=1}^{x} S_{i} = \sum_{i=1}^{x} P_{i}\tan\alpha = \sum_{i=1}^{x} N_{i}\sin\alpha \geqslant R\tan\alpha \tag{9-5}$$

即相同径向力作用下多滚动体承载时的派生轴向力将大于一个滚动体受载荷时的派生轴向力。这时，载荷角和接触角之间的关系为

$$\tan\alpha = \frac{A_{i}}{P_{i}} < \frac{A}{R} = \frac{\sum_{i=1}^{x} P_{i}\tan\alpha}{\sum_{i=1}^{x} P_{i}\cos(i-1)\gamma} = \tan\beta \tag{9-6}$$

通过上述分析，结论如下：①对同一轴承来说，若所承受径向力 R 不变，派生轴向力 S 随受载滚动体数目的增加而增加，并由不同大小的轴向力 A 来平衡，即 R 不变；随着 A 由最小值逐渐增大（β 增大），轴承中受载滚动体数目逐渐增多。②角接触轴承必须在径向力 R 和轴向力 A 联合作用下工作，且轴向力 $A>R\tan\alpha$，以保证较多滚动体同时受载。实际使用中，至少应使下半圈滚动体全部受载，保证轴承工作可靠，安装时，轴的轴向窜动量不应太大。

9.3.2　滚动轴承的失效性和计算准则

滚动轴承的主要失效形式有以下几种：

（1）疲劳点蚀

滚动轴承在载荷作用下，滚动体及内、外圈滚道表面上将产生循环变化的接触应力。滚动轴承径向载荷分布定时间后，在滚动体或内、外圈滚道的表面将会产生疲劳点蚀，从而使轴承在运转中产生的振动和噪声增大而失效。

（2）塑性变形

当轴承的转速很低或间歇摆动时，轴承一般不会发生疲劳点蚀。但轴承往往因受到过大的载荷或冲击载荷，使滚动体或内、外圈滚道上产生塑性变形（滚动体被压扁，滚道上产生凹坑），破坏工作表面的正确形态，导致振动和噪声增加，摩擦力矩加大，运转精度降低。

（3）磨粒磨损、黏着磨损

在多尘条件下工作的轴承，如外界的尘土、杂质等进入轴承，将使滚动体与内、外滚道表面产生磨粒磨损。对于润滑不良或转速很高的滚动轴承，还会产生黏着磨损，且转速越高，黏着磨损越严重。过大的磨损，将使轴承游隙加大，运转精度降低，振动和噪声增大。

（4）烧伤

轴承运转时若温升剧增，会使润滑剂失效和金属表层组织改变，严重时产生金属黏结造成轴承卡死，这种现象称为烧伤。烧伤是瞬时发生的，呈黏着磨损特征，不存在寿命问题。防止烧伤的主要措施是：改进轴承设计；减少滑动摩擦，改善润滑，添加抗极压添加剂和冷却条件，采用有自润滑性能的金属镀层保持架等。

（5）保持架损坏

当滚动体进入或离开承载区域时，保持架将受到带有一定冲击性质的拉（压）应力作用，尤

其是滚子轴承的滚子产生倾斜时所受到的应力会更大。在这种应力的反复作用下，保持架的兜孔、过梁、铆钉等，会出现变形、磨损、疲劳，甚至断裂的现象。

针对上述失效形式，在选择滚动轴承时应进行相应的计算。对于转速较高($n \geqslant 10$r/min)的轴承，为了防止在预期的使用期限内产生疲劳点蚀，主要需进行轴承寿命计算(属于抗疲劳计算)；对于转速很低($n < 10$r/min)或摆动的轴承，为了防止产生塑性变形，主要需进行静强度计算；对于转速很高的轴承，除了进行寿命计算以外，为防止产生黏着磨损，还需校核其极限转速。为防止产生磨粒磨损，只需在使用轴承时进行可靠的密封并保持润滑剂的清洁即可。

9.4 滚动轴承的寿命计算

9.4.1 滚动轴承的基本额定寿命

由于在材料、加工精度、热处理及装配质量等各方面不可能完全相同，使得一批类型、尺寸相同的轴承，即使在相同条件下工作，各个轴承的寿命也是不同的，寿命最大相差可达几十倍。因此，人们很难预测出某个特定轴承的具体寿命。但对于一批轴承，可以用数理统计的方法，分析计算其中一定比例的轴承产生疲劳点蚀时的寿命。将轴承达到某个寿命而不失效的概率称为该寿命的可靠度，用 R 表示。

基本额定寿命是指一批相同的轴承，在相同的条件下工作，其中有 10%的轴承产生疲劳点蚀，而 90%的轴承尚未产生疲劳点蚀时的寿命。显然，基本额定寿命的可靠度 $R=90\%$，其失效概率为 10%。故用 L_{10}(转数)或 L_{h10}(运转小时数)表示轴承的基本额定寿命。

9.4.2 基本额定动负荷

轴承的寿命与所受载荷的大小有关，工作载荷越大，接触应力也就越大，承载元件所能经受的应力变化次数也就越少，轴承的寿命就越短。图 9-13 是用深沟球轴承 6207 进行寿命试验得出的载荷—寿命关系曲线。其他轴承也存在类似的关系曲线。

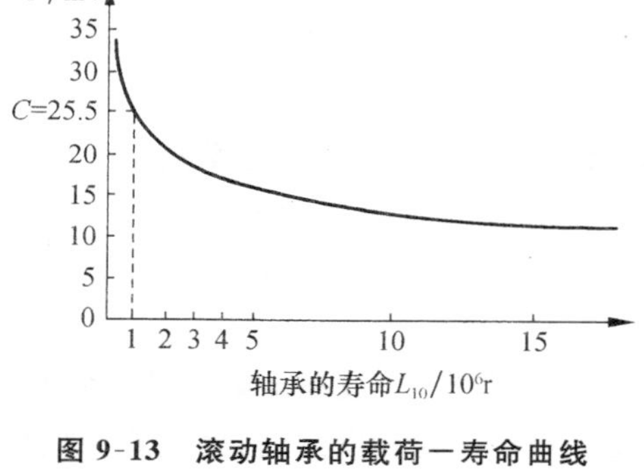

图 9-13 滚动轴承的载荷一寿命曲线

滚动轴承在基本额定寿命等于 $10^6 r$ 时所能承受的载荷，称为基本额定动载荷 C。对向心轴承，指的是纯径向载荷，称为径向基本额定动载荷，记为 C_r；对于推力轴承，指的是纯轴向载荷，称为轴向基本额定动载荷，记为 C_a；对于角接触球轴承或圆锥滚子轴承，指的是使套圈间产生纯径向位移的载荷的径向分量，记为 C_r。在基本额定动载荷作用下，轴承工作寿命为 10^6

r 时的可靠度为 90%。

不同型号的轴承有不同的基本额定动载荷值 C，它表征了具体型号轴承的承载能力。各型号轴承的基本额定动载荷值 C 可查轴承样本或设计手册，它们是在常规运转条件下——轴承正确安装、无外来物侵入、充分润滑、按常规加载、工作温度不过高或过低、运转速度不特别高或特别低，以及失效率为 10%、基本额定寿命为 $10^6 r$ 时给出的。

9.4.3　寿命计算公式

大量试验表明，滚动轴承的基本额定寿命 L_{10} 与当量动载荷 P 之间具有下列关系：

$$P^{\varepsilon}L_{10}=C^{\varepsilon}\times 1=\text{常数}$$

式中，C 为轴承的基本额定动载荷值，N；P 为轴承所承受的动量载荷，N；ε 为寿命指数，对于球轴承，$\varepsilon=3$；对于滚子轴承，$\varepsilon=10/3$；L_{10} 为可靠度为 90%时轴承的基本额定寿命。

当考虑温度及载荷特性对轴承寿命的影响后，可得

$$L_{10}=\left(\frac{f_{\mathrm{t}}C}{f_{\mathrm{P}}C}\right)^{\varepsilon} \tag{9-7}$$

式中，f_{t} 为温度因数，见表 9-6。系考虑较高温度（$t>120$℃）工作条件下对轴承样本中给出的基本额定动载荷值 C 进行的修正；f_{P} 为载荷因数，见表 9-7，系考虑附加载荷如冲击力、不平衡作用力、惯性力以及轴挠曲或轴承座变形产生的附加力等，对轴承寿命影响，将当量动负荷 P 进行修正的因数。

表 9-6　温度因子 f_{t}

轴承工作温度/℃	≤125	125	150	175	200	225	250	300	350
温度因数 f_{t}	1.00	0.95	0.90	0.85	0.80	0.75	0.70	0.6	0.5

表 9-7　载荷因子 f_{P}

载荷性质	f_{P}	举例
平稳运转或轻微冲击	1.0～1.2	电机、汽轮机、通风机、水泵等
中等冲击	1.2～1.8	车辆、动力机械、起重机、造纸机、冶金机械、选矿机械、卷扬机、机床等
强大冲击	1.8～3.0	破碎机、轧钢机、钻探机、振动筛等

实际计算中习惯于用小时数表示寿命，即

$$L_{10\mathrm{h}}=\frac{10^6}{60n}\left(\frac{f_{\mathrm{t}}C}{f_{\mathrm{P}}C}\right)^{\varepsilon} \tag{9-8}$$

若已给定轴承的预期寿命 $L'_{10\mathrm{h}}$ 转速 n 和当量动载荷 P，可按下式求得轴承的计算额定动载荷 C'，再查手册确定所需的 C 值，应使 $C\geqslant C'$。

$$C'=\frac{f_{\mathrm{t}}P}{f_{\mathrm{P}}}\left(\frac{60nL'_{10\mathrm{h}}}{10^6}\right)^{\frac{1}{\varepsilon}} \tag{9-9}$$

推荐的轴承预期寿命 L'_{h} 见表 9-8。

表 9-8　推荐的轴承预期寿命 L'_h

<table>
<tr><th colspan="2">机械种类</th><th>示例</th><th>预期寿命 L'_h</th></tr>
<tr><td colspan="2">不经常使用的仪器和设备</td><td>闸门开闭装置、门窗开闭装置等</td><td>300～3000</td></tr>
<tr><td rowspan="2">短期或间断使用的机械</td><td>中断使用不引起严重后果</td><td>手动机械、农业机械、装配吊车等</td><td>3000～8000</td></tr>
<tr><td>中断使用引起严重后果</td><td>升降机、发电站辅助设备、吊车、流水作业传动装置等</td><td>8000～12000</td></tr>
<tr><td rowspan="2">每天 8 小时工作的机械</td><td>利用率不高、不满载工作</td><td>电动机、起重机、一般传动装置、一般机械等</td><td>12000～25000</td></tr>
<tr><td>利用率高、满载工作</td><td>机床、工程机械、木材加工机械、印刷机械等</td><td>20000～30000</td></tr>
<tr><td rowspan="2">24 小时连续工作的机械</td><td>正常使用</td><td>水泵、纺织机械、压缩机、电动机、轧机齿轮装置等</td><td>40000～60000</td></tr>
<tr><td>中断使用有严重后果</td><td>发电站主电机、给排水设备、矿用泵、矿用通风机等</td><td>≈100000</td></tr>
</table>

9.4.4　当量动载荷

滚动轴承的基本额定动载荷是在一定的载荷条件下得到的，即径向轴承仅承受纯径向载荷 F_R，推力轴承仅承受轴向载荷 F_A。如果轴承同时承受径向载荷 F_R 和轴向载荷 F_A 时，在进行轴承寿命计算时，必须将实际载荷转换为与确定基本额定动载荷时的载荷条件相一致的假想载荷，在其作用下的轴承寿命与实际载荷作用下的轴承寿命相同，这一假想载荷称为当量动载荷，用 P 表示。其计算公式为

$$P = XF_R + YF_A \tag{9-10}$$

式中，X 为径向载荷系数；Y 为载荷系数，X、Y 值如表 9-9 所示。

表 9-9　径向载荷系数 X 和轴向载荷系数 Y

<table>
<tr><th rowspan="3">轴承类型</th><th rowspan="3">F_a/C_{0r}[①]</th><th rowspan="3">e</th><th colspan="4">单列轴承</th><th colspan="4">双列轴承</th></tr>
<tr><th colspan="2">$F_a/F_r \leqslant e$</th><th colspan="2">$F_a/F_r > e$</th><th colspan="2">$F_a/F_r \leqslant e$</th><th colspan="2">$F_a/F_r > e$</th></tr>
<tr><th>X</th><th>Y</th><th>X</th><th>Y</th><th>X</th><th>Y</th><th>X</th><th>Y</th></tr>
<tr><td rowspan="9">深沟球轴承</td><td>0.014</td><td>0.19</td><td rowspan="9">1</td><td rowspan="9">0</td><td rowspan="9">0.56</td><td>2.30</td><td rowspan="9">1</td><td rowspan="9">0</td><td rowspan="9">0.56</td><td>2.3</td></tr>
<tr><td>0.028</td><td>0.22</td><td>1.99</td><td>1.99</td></tr>
<tr><td>0.056</td><td>0.26</td><td>1.71</td><td>1.71</td></tr>
<tr><td>0.084</td><td>0.28</td><td>1.55</td><td>1.55</td></tr>
<tr><td>0.11</td><td>0.30</td><td>1.45</td><td>1.45</td></tr>
<tr><td>0.17</td><td>0.34</td><td>1.31</td><td>1.31</td></tr>
<tr><td>0.28</td><td>0.38</td><td>1.15</td><td>1.15</td></tr>
<tr><td>0.42</td><td>0.42</td><td>1.04</td><td>1.04</td></tr>
<tr><td>0.56</td><td>0.44</td><td>1.00</td><td>1</td></tr>
</table>

续表

轴承类型		F_a/C_{0r}①	e	单列轴承				双列轴承			
				$F_a/F_r \leqslant e$		$F_a/F_r > e$		$F_a/F_r \leqslant e$		$F_a/F_r > e$	
				X	Y	X	Y	X	Y	X	Y
角接触球轴承	$\alpha=15°$	0.015	0.38				1.47		1.65		2.39
		0.029	0.4				1.40		1.57		2.28
		0.058	0.43				1.30		1.46		2.11
		0.087	0.46				1.23		1.38		2
		0.12	0.47	1	0	0.44	1.19	1	1.34	0.72	1.93
		0.17	0.50				1.12		1.26		1.82
		0.29	0.55				1.02		1.14		1.66
		0.44	0.56				1.00		1.12		1.63
		0.58	0.56				1.00		1.12		1.63
	$\alpha=25°$		0.68	1	0	0.41	0.87	1	0.92	0.67	1.41
	$\alpha=40°$		1.14	1	0	0.35	0.57	1	0.55	0.57	0.93
双列角接触球轴承 $\alpha=30°$			0.8					1	0.78	0.63	1.24
4 点接触球轴承 $\alpha=30°$			0.95	1	0.66	0.6	1.07				
圆锥滚子轴承			1.5tanα	1	0	0.4	0.4cotα	1	0.45cotα	0.67	0.67cotα
调心球轴承			1.5tanα					1	0.42cotα	0.65	0.65cotα
推力调心滚子轴承			0.55			1.2	1				

注：①相对轴向载荷 F_a/C_{0r} 中的 C_{0r} 为轴承的径向基本额定静载荷，由手册查取。F_a/C_{0r}，中间值相应的 e、Y 值可用线性内插法求得。

②由接触角 α 确定的各项 e、Y 值，也可根据轴承型号从轴承手册中直接查得。

9.4.5 角接触球轴承和圆锥滚子轴承的载荷和轴向载荷计算

1. 内部轴向力 F_S

角接触轴承受径向载荷 F_R 作用时，由于存在接触角 α，承载区内每个滚动体的反力都是沿滚动体与套圈接触点的法线方向传递的（见图 9-14）。设第 i 个滚动体的反力为 F_i，将其分解为径向分力 F_{ri} 和轴向分力 F_{Si}，各受载滚动体的轴向分力之和用 F_S 表示。由于 F_S 是因轴承的内部结构特点伴随径向载荷产生的轴向力，故称其为轴承的内部轴向力。F_S 的计算公式见表 9-10。

内部轴向力 F_S的方向和轴承的安装方式有关，但内圈所受的内部轴向力总是指向内圈与滚动体相对外圈脱离的方向。F_S通过内圈作用在轴上，为避免轴在 F_S作用下产生轴向移动，角接触球轴承和圆锥滚子轴承通常应成对使用，反向安装，使两轴承的 F_S方向相反。

表 9-10　角接触轴承的内部轴向力 F_S

轴承类型	角接触球轴承			圆锥滚子轴承
	7000C($\alpha=15°$)	70000AC($\alpha=25°$)	7000B($\alpha=40°$)	30000
F_S	eF_r	$0.68F_r$	$1.14F_r$	$F_r/(2Y)$

2. 支反力作用点

计算轴的支反力时，首先需确定支反力作用点的位置。由图 9-14 可知，由于结构的原因，角接触球轴承和圆锥滚子轴承的支点位置应处于各滚动体的法向反力 F_i的作用线与轴线的交点即点 O，而不是轴承宽度的中点。点 O 与轴承远端面的距离 a 可根据轴承型号由手册查出。

为简化计算，也可假设支点位置就在轴承宽度中点，但对跨距较小的轴误差较大，不宜作此简化。

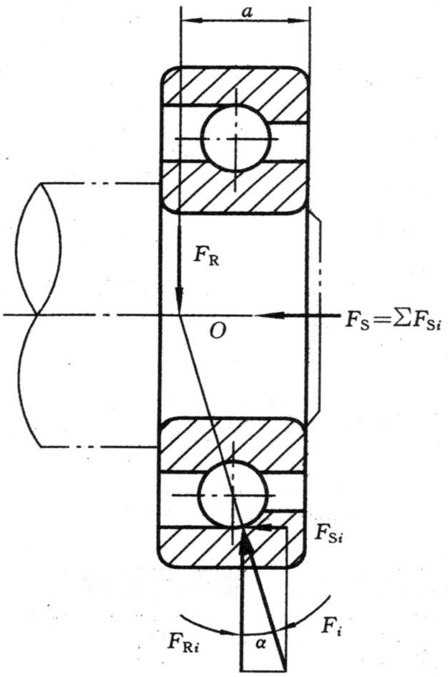

图 9-14　角接触球轴承内部轴向力

3. 轴向载荷 F_A的计算

图 9-15 中，F_r和 F_x分别为作用在轴上的径向载荷和轴向载荷，两轴承所受的径向载荷分别为 F_{R1}和 F_{R2}，相应产生的内部轴向力分别为 F_{S1}和 F_{S2}。两轴承的轴向载荷 F_{A1}、F_{A2}可按下列两种情况分析。

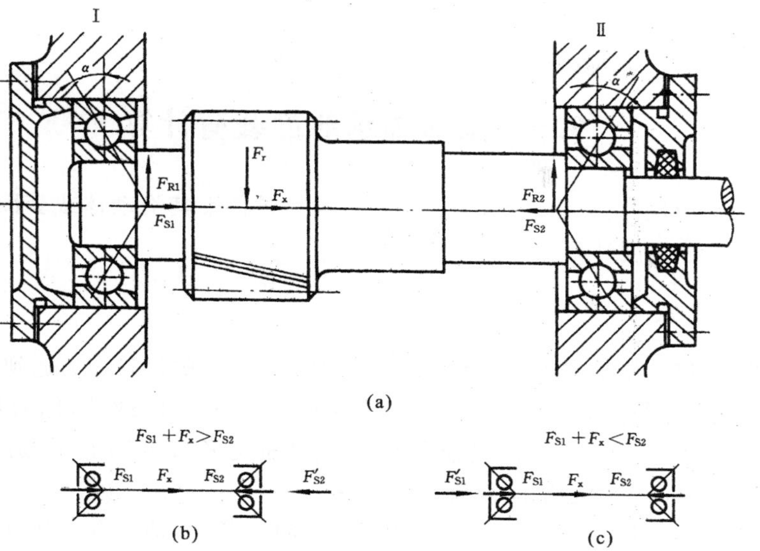

图 9-15　角接触球轴承轴向载荷分析

①若 $F_{S1}+F_x>F_{S2}$，见图 9-15(b)，轴有向右移动并压紧轴承Ⅱ的趋势，此时由于右端盖的止动作用，使轴受到一平衡反力 F'_{S2}，因而轴上各轴向力处于平衡状态。故轴承Ⅱ所受的轴向载荷为

$$F_{A2}=F_{S2}+F'_{S2}=F_{S1}-F_x \tag{9-11}$$

而轴承Ⅰ只受自身的内部轴向方，故

$$F_{A1}=F_{S1} \tag{9-12}$$

②若 $F_{S1}+F_x<F_{S2}$，见图 9-15 (c)，轴有向左移动并压紧轴承Ⅰ的趋势，此时由于左端盖的止动作用，使轴受到一平衡反力 F'_{S1}。因而轴上各轴向力处于平衡状态。故轴承Ⅰ所受的轴向载荷为

$$F_{A1}=F_{S1}+F'_{S1}=F_{S2}-F_x \tag{9-13}$$

而轴承Ⅱ只受自身内部轴向力，故

$$F_{A2}=F_{S2} \tag{9-14}$$

9.4.6　不稳定载荷下的寿命计算

轴承在不稳定载荷下工作时，可根据疲劳损伤累积理论，求出平均当量动载荷 F_{pm} 和平均转速 n_m 来进行寿命计算。

在不稳定载荷下，若轴承的当量动载荷依次为 F_{p1}、F_{p2}、…、F_{pm}，相应的转速为 n_1、n_2、…、n_n，则轴承的平均转速

$$n_m=n_1b_1+n_2b_2+\cdots+n_nb_n$$

平均当量动载荷

$$F_{pm}=\sqrt[\varepsilon]{\frac{n_1b_1F_{p1}{}^{\varepsilon}+n_2b_2F_{p2}{}^{\varepsilon}+\cdots+n_nb_nF_{pn}{}^{\varepsilon}}{n_m}} \tag{9-15}$$

式中，b_1、b_2、…b_n 分别为为不同工况下轴承工作时间与总工作时间的比值。

将 F_{pm}、n_n 代入式(9-8)得轴承在不稳定载荷下的寿命计算公式

$$L_{10h}=\frac{10^6}{60n_m}\left(\frac{f_tC}{f_PF_{pm}}\right)^\varepsilon \tag{9-16}$$

9.5 滚动轴承的静载荷计算

对于转速低或间歇摆动的轴承，为了防止在重物条件下其滑动体或套圈滚道产生过大的塑性变形，需进行静强度计算。

1. 基本额定静载荷

滚动轴承受载后，使受载最大的滚动体与套圈滚道产生的接触应力达到规定值（调心球轴承为 4600MPa、其他球轴承为 4200MPa、滚子轴承 4000MPa）的载荷，称为基本额定静载荷，用 C_0表示。对于径向接触轴承，C_0是径向载荷；对于向心角接触轴承，C_0是载荷的径向分量；对于轴向接触轴承，C_0是中心轴向载荷。

可将 C_0理解为轴承正常工作所能承受的最大静载荷，其值反映了轴承抗塑性变形的能力，是轴承静强度计算的依据。

2. 静载荷计算

滚动轴承的静强度校核公式为

$$\frac{C_0}{P_0}\geqslant S_0 \tag{9-17}$$

式中，S_0为静强度安全系数，见表 9-11；P_0为当量静负荷，单位为 N。

表 9-11 静强度安全系数 S_0

轴承使用情况	使用要求、载荷性质及使用场合	S_0
旋转轴承	对旋转精度和平稳性要求较高，或受强大冲击载荷 对旋转精度和平稳性要求较低，没有冲击或振动	1.2～2.5 0.8～1.2 0.5～0.8
不旋转或摆动轴承	水坝闸门装置 吊桥 附加动载荷较小的大型起重机吊钩 附加动载荷很大的小型装卸起重机吊钩	≥1 ≥1 ≥1 ≥1
各种使用场合下的推力调心滚子轴承		≥1

当量静负荷 P_0是一个假想载荷。在当量静负荷作用下，轴承内受载最大滚动体与滚道接触处的塑性变形总量，与实际载荷作用下的塑性变形总量相同。对于角接触向心轴承和径向接触轴承，当量静负荷取由下面两式求得的较大值

$$\begin{cases}P_0=X_0F_r+Y_0F_a\\P_0=F_r\end{cases} \tag{9-18}$$

式中，X_0、Y_0分别为静径向系数和静轴向系数，查表 9-12。

表 9-12　当量静负荷的 X_0、Y_0 系数

轴承类型		单列轴承		双列轴承	
		X_0	Y_0	Y_0	X_0
深沟球轴承		0.5	0.5	0.6	0.5
角接触球轴承	$\alpha=15°$	0.5	0.46	1	0.92
	$\alpha=25°$	0.5	0.38	1	0.76
	$\alpha=40°$	0.5	0.26	1	0.52
调心球轴承	0.5	0.5	$0.22\cot\alpha$①	1	$0.44\cot\alpha$
圆锥滚子轴承	0.5	0.5	$0.22\cot\alpha$	1	$0.44\cot\alpha$

注：①由接触角 α 确定的 Y_0 值，也可在轴承手册中直接查阅。

9.6　滚动轴承的组合设计

为保证轴承正常工作，除了合理选择轴承的类型和尺寸外，还必须正确进行轴承的组合设计，包括轴系的固定、轴系的位置及轴承游隙的调整、轴承配合等问题。

9.6.1　轴系的固定

轴系固定是指通过对轴上轴承的固定，防止轴发生轴向窜动，保证轴上零件有正确的工作位置，并能将轴上受到的外载荷，通过滚动轴承可靠地传递到机架上去。当轴受热伸长时，应使滚动轴承具有一定的轴向游动量，以避免轴承卡死。轴系的固定方法有以下三种。

1. 两端固定支承

如图 9-16 所示，两端轴承的固定各限制一个方向的轴向移动，两轴承合起来共同限制轴的双向移动。为了补偿轴的受热伸长，对于游隙不可调的深沟球轴承，见图 9-16(a)，应在轴承外圈与轴承端盖之间预留补偿间隙 $\Delta=0.25\sim0.4$mm；对于游隙可调的圆锥滚子轴承，见图 9-16(b)，以及角接触球轴承，安装时应在轴承内留出适当的轴向游隙。

这种固定方式结构简单，安装调整容易，但由于 Δ 不能太大（否则轴的轴向位置不准确），允许轴的热伸长量较小，故只适用于工作温度变化小的短轴（跨距≤400mm）。

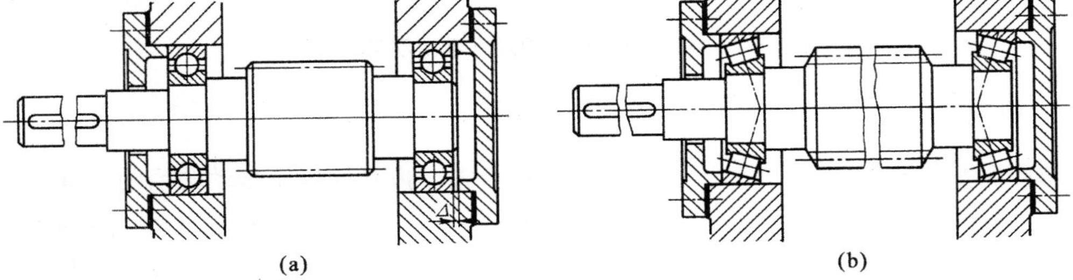

(a)　(b)

图 9-16　两段固定支承

2. 一端双向固定、一端游动

当轴较长或工作温度较高时，轴的热膨胀收缩量较大，宜采用一端双向固定、一端游动的支点结构。固定端由单个轴承或轴承组承受双向轴向力，而游动端则保证轴伸缩时能自由游动。作为双向固定支承的轴承，因要承受双向轴向力，故内、外圈在轴向都要固定。为避免松脱，游动轴承内圈应与轴进行轴向固定，常采用轴用弹性挡圈，如图 9-17(a)所示。当用圆柱滚子轴承或滚针轴承作为游动支点时，由于内圈(或外圈)可以分离，轴承外圈要与机座为轴向固定，靠滚子与套圈间的游动来保证轴的自由伸缩，如图 9-17(b)所示。

当轴向载荷较大时，作为固定支点可以采用向心轴承和推力轴承组合在一起的结构，也可以采用两个角接触球轴承(或圆锥滚子轴承)“背对背”或“面对面”组合在一起的结构，如图 9-17(c)所示。

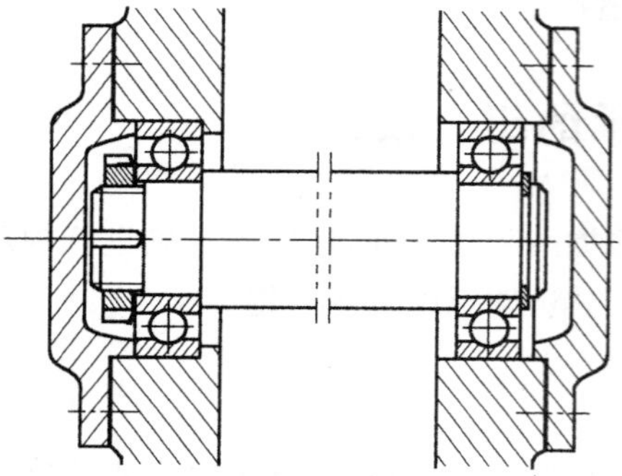

(a)

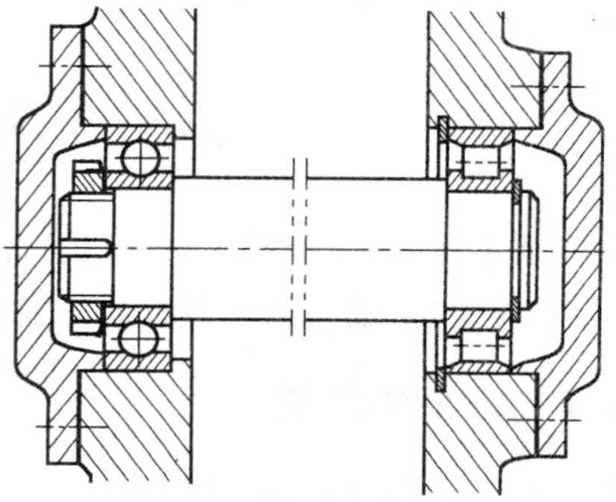

(b)

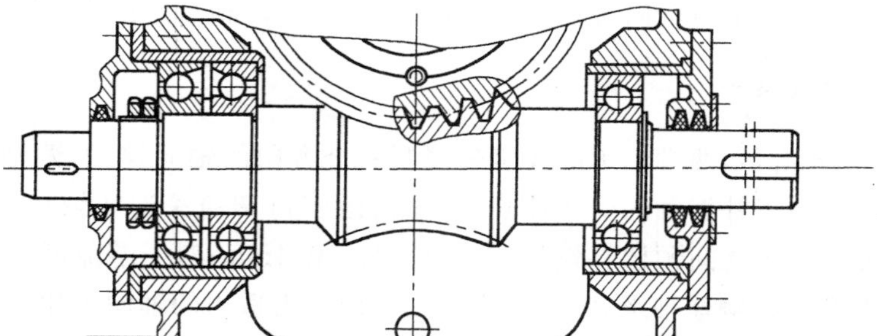

(c)

图 9-17　一端固定一端游动支承

3. 两端游动支承

两端轴承均不限制轴的移动。图 9-18 所示为人字齿圆柱齿轮传动轴系的轴承组合结构，其中大齿轮轴的轴向位置已由一对圆锥滚子轴承限定，小齿轮的轴向位置则由人字齿轮啮合时产生的左右两个方向的轴向力自动限定。这时小齿轮的轴必须采用两端游动支承，以避免因齿轮制造误差(人字齿两侧不对称)和安装误差造成轮齿受力不均。

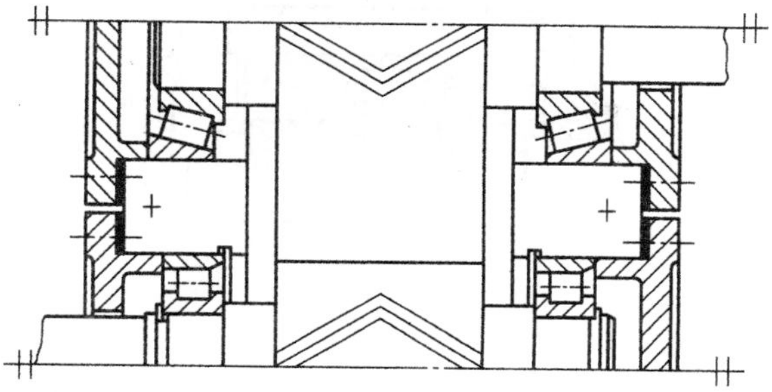

图 9-18 两端游动支承

9.6.2 滚动轴承的配合

轴承的配合是指内圈与轴颈及外圈与座孔的配合，轴承的轴向固定及径向游隙的大小是通过其配合实现的，这不仅关系轴承的运行精度，也影响轴承的寿命。如配合过松，不仅影响旋转精度，而且内、外圈会在配合面上滑动，使配合面擦伤；若盈量过大时内圈的弹性膨胀和外圈的收缩，使轴承游隙减少甚至完全消除，以致影响正常运转。为保证轴承正常工作必须选择适当的配合。

滚动轴承是标准件，选择配合时就把它作为基准件。因此轴承内圈与轴颈的配合采用基孔制，轴承座孔与轴承外圈的配合则采用基轴制，并且轴承内、外径的上偏差均为零。

轴承配合种类的选择与轴承类型和尺寸、精度、载荷大小和方向及载荷的性质有关。一般来说，当外载荷方向不变时，转动套圈承受旋转的载荷，不动圈承受局部的载荷，故转动圈应比不动圈有更紧一些的配合。如载荷方向随转动件一起转动，转动圈应比不动圈有较松的配合。载荷平稳时轴承配合可偏松一些，而变动的载荷或高速、重载、高温、有冲击时应偏紧一些。轴承旋转精度要求高时，应采用较紧的配合，而经常拆卸或游动套圈则采用较松的配合。

一般情况下，内圈随轴一起转动，外圈不动，故内圈常用有过盈量的过渡配合。当轴承作游动支承时，外圈应取保证有间隙的配合。各类轴承配合选择具体可查轴承手册。

9.6.3 滚动轴承的预紧

轴承的预紧是使滚动体和内、外圈之间产生一定的预变形，用以消除游隙，增加支承的刚性，减小轴运转时的径向和轴向摆动量，提高轴承的旋转精度，减少振动和噪声。但是选择预紧力要适当，过小达不到要求的效果，过大会影响轴承寿命。

常用的预紧方法有：用弹簧预紧，见图 9-19(a)；用锁紧圆螺母压紧一对磨窄的外圈而预紧，见图 9-19(b)；用锁紧圆螺母压紧一对轴承中间装入长度不等的套筒而预紧，见图 9-19 (c)等。

9.6.4 滚动轴承的装拆

轴承组合结构的设计应便于轴承的安装与拆卸，避免轴承在装、拆中损坏。

安装配合过盈量不大的中、小型轴承时，可用锤子打入或在压力机上压入，但需在轴承套圈上垫一铜或软钢制的装配套管，如图 9-20 所示。配合过盈量较大时，可利用热胀冷缩原理，将配合的被包容件冷冻（冷冻温度不低于－50℃），或将包容件放在热油中加热到 80℃～100℃后进行装配，待轴承温度恢复到常温，便完成了轴承的安装。

(a) 弹簧

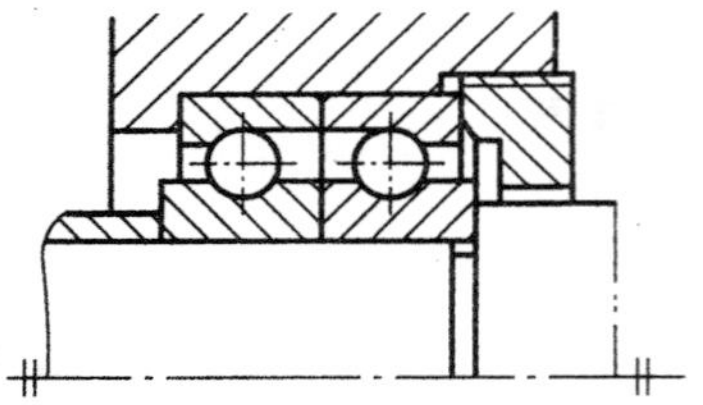

(b) 磨窄外圈

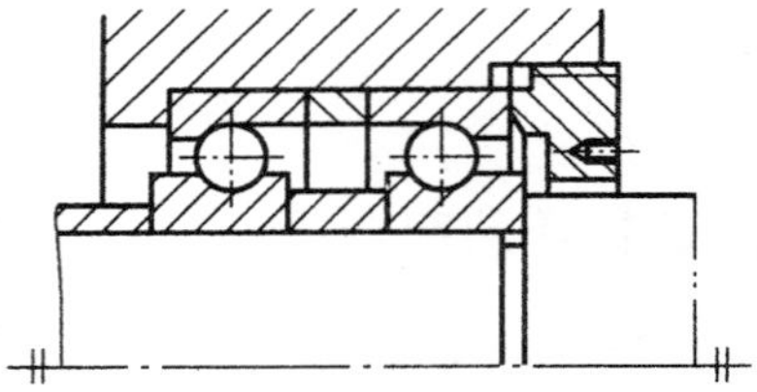

(c) 长度不等的套筒

图 9-19　滚动轴承的预紧装置

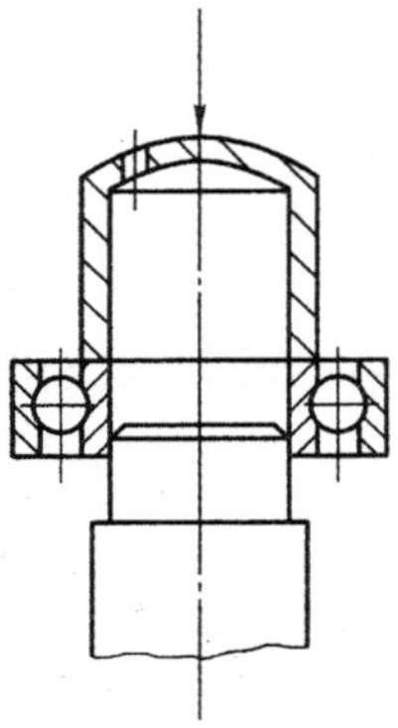

(a)

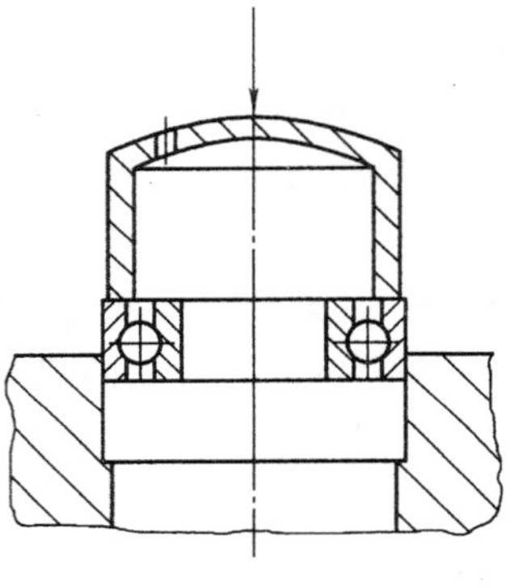

(b)

图 9-20　压入法装配轴承

拆卸中小型轴承时，普遍采用图 9-21 所示的拆卸工具。为使拆卸工具的钩头能钩住轴承的套圈，应限制轴肩高度 h_1 和轴承座肩高度 h_2（h_1、h_2 可从轴承手册中查得）。为满足其他方面的要求需要有较高的轴肩或座肩而影响轴承拆卸时，可在轴肩或轴承座肩上预先加工出拆卸槽（图 9-22）。

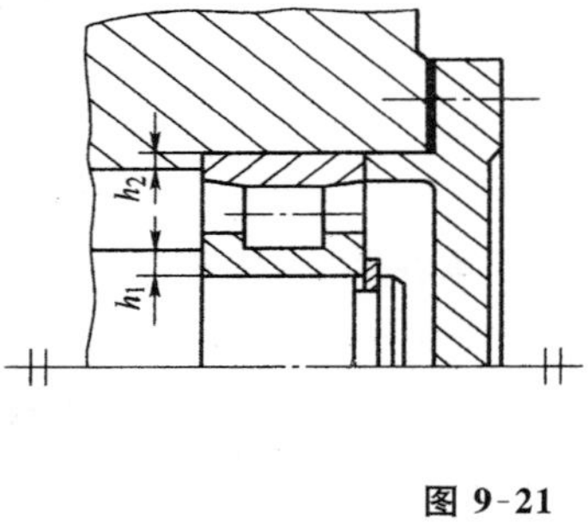

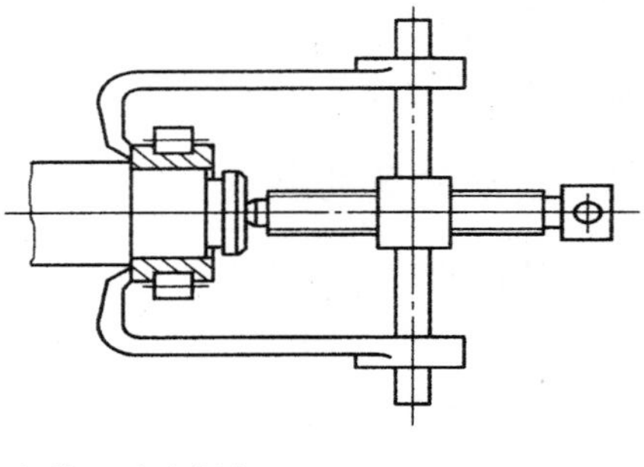

图 9-21　滚动轴承的安装尺寸和拆卸

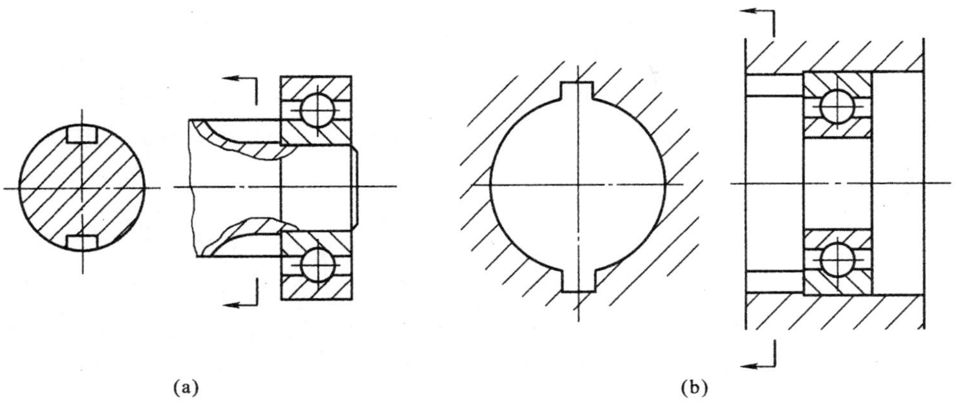

图 9-22　拆卸槽

9.7　滚动轴承的润滑与密封

9.7.1　滚动轴承的润滑

滚动轴承润滑的主要目的是为了降低摩擦阻力，减轻磨损，同时也兼有散热、吸振和防锈的作用。

滚动轴承大多采用脂润滑或油润滑。具体可根据轴承内径与转速的乘积 dn 值选取滚动轴承的润滑方式，见表 9-13。

表 9-13　各种滑动方式下轴承的 dn 值

轴承类型	脂润滑	油润滑			
		油浴、飞溅润滑	滴油润滑	循环润滑	油雾润滑
深沟球轴承 调心球轴承 圆柱滚子轴承 角接触球轴承	$\leqslant(2\sim3)\times10^5$	2.5×10^5	4×10^5	6×10^5	$>6\times10^5$
圆锥滚子轴承		1.6×10^5	2.3×10^5	3×10^5	
推力球轴承		0.6×10^5	1.2×10^5	1.5×10^5	
调心滚子轴承		1.2×10^5		2.5×10^5	

1. 油润滑

油润滑摩擦阻力小，润滑可靠，散热效果好，并对轴承有清洗作用。但需要复杂的密封装置和供油设备，常用于高速、高温的场合。当采用油浴润滑时，油面高度不要超过轴承中最低滚动体的中心，否则搅油损失大，轴承容易过热。

图 9-23 所示可供确定润滑油的黏度时参考。润滑油的黏度主要取决于载荷、速度和温度等，选择时由速度参数 $4\times10^5/d_m n$ 和载荷参数 C/F_p 确定工作温度条件下所需油的运动黏度，再根据运动黏度画水平线与轴承实际工作温度的垂线得一交点，按交点所接近的黏度等级线，确定润滑油的黏度。图中参数 d_m 为轴承内、外径的平均值(mm)，n 为轴承转速(r/min)，C 为基本额定动载荷，F_p 为当量动载荷。

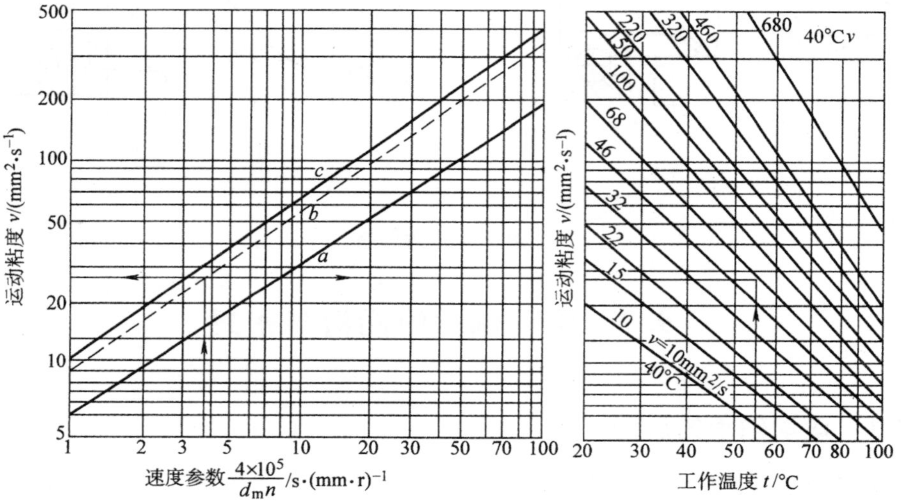

图 9-23 润滑油的选用

a 线适用 $C/F_p>20$；b 线适用 $C/F_p\approx20$；c 线适用 $C/F_p<5$

常用的润滑方式有

(1)油浴润滑

把轴承局部浸入润滑油中，当轴承静止时，油面不高于最低滚动体的中心。不适用于高速，因为搅动油液剧烈时造成很大的能量损失，引起油液和轴承的严重过热。

(2)滴油润滑

适用于需要定量供应润滑油的轴承部件。滴油量应适当控制，过多的油量将引起轴承温度的增高。为了使滴油通畅，常选用黏度小的润滑油。

(3)喷油润滑

适用于转速高、载荷大、要求润滑可靠的轴承。用油泵将油增压，通过油管或油孔，将油喷射到轴承中去，流过轴承后的润滑油，经过过滤冷却后再循环使用。为了保证油能进入高速转动的轴承，喷嘴应对准内圈和保持架之间的间隙。

(4)油雾润滑

当轴承滚动体的线速度很高时，采用油雾润滑，以避免其他润滑方法中由于供油过多，油的内摩擦增大而增高轴承的工作温度。润滑油在油雾发生器中变成油雾，其温度较液体润滑油的温度低，可冷却轴承。

2. 脂润滑

脂润滑的特点是承载能力大，润滑脂不易流失，便于密封和维护，能防止灰尘、潮气及其他杂物侵入。但转速较高时，功率损失大。主要用于速度较低的场合。润滑脂的填充量一般不超过轴承与机座空间的 1/3～1/2，否则轴承容易过热。

图 9-24 所示可供选择润滑脂时参考。选择时根据 $K_a d_m n$（调心滚子轴承、圆锥滚子轴承 $K_a=2$，球轴承和滚针轴承 $K_a=1$）和 F_p/C 确定区域（Ⅰ、Ⅱ或Ⅲ），再按区域选用不同的润滑脂，一般润滑脂有钙基润滑脂、钠基润滑脂等。高压、高速时，润滑脂牌号可查有关资料。

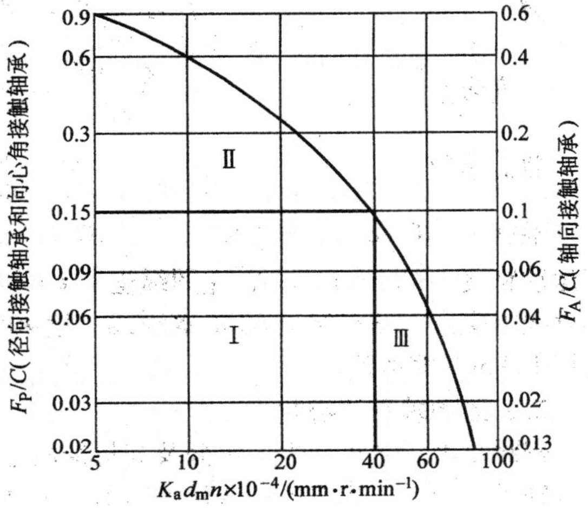

图 9-24　润滑脂的选用

Ⅰ—常用区域，选用一般润滑脂；Ⅱ—高压区域，选用高压润滑脂；

Ⅲ—高压、高速区域，选用高压、高速润滑脂

9.7.2　滚动轴承的密封

为了充分发挥轴承的性能，阻止灰尘、水、酸气和其他杂物进入轴承，并阻止润滑剂流失，轴承必须进行必要的密封。密封按照其原理不同可分为接触式密封、非接触式密封和组合式密封三类。

1. 接触式密封

如图 9-25 所示，适用于低速，且要求接触处轴的表面硬度大于 40HRC，粗糙度 $Ra<0.8\mu m$。

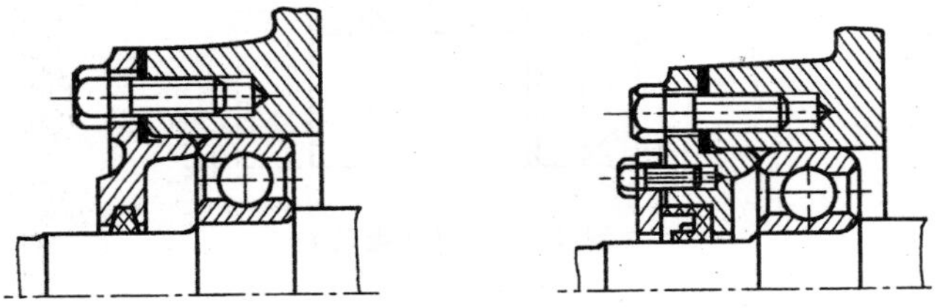

(a) 毡圈密封　　(b) 密封圈密封

图 9-25　接触式密封装置

(1)毡圈密封

适用于脂润滑,环境清洁,轴颈圆周速度 $v<4\sim5m/s$,工作温度$<90℃$的场合。

(2)密封圈密封

适用于油润滑,轴颈圆周速度 $v<7m/s$,工作温度在$-40℃\sim100℃$的场合。

2. 非接触式密封装置

这类密封是利用小的间隙(或加甩油环)进行密封,转动件与固定件不接触,故允许轴有很高的速度。

(1)间隙密封

间隙密封(图 9-26)通过在轴承端盖与轴间留有小的间隙(0.1～0.3mm)而获得密封。间隙愈小,轴向宽度愈大,则密封效果愈好。若在轴承端盖上制出几个环形槽,见图 9-26(b),并填充润滑脂,可提高密封效果。这种密封适用于环境干燥、清洁的脂润滑轴承。

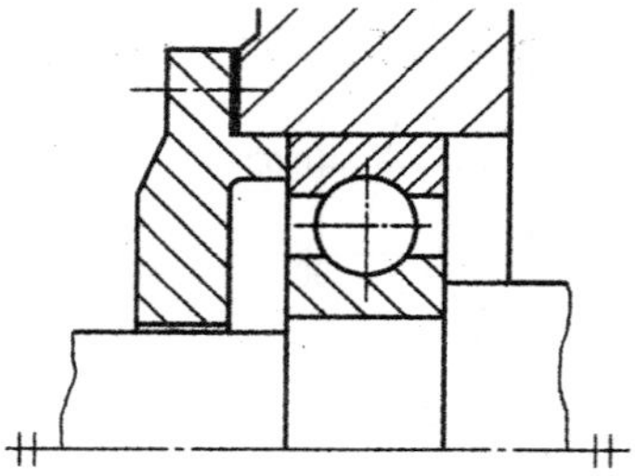

(a)

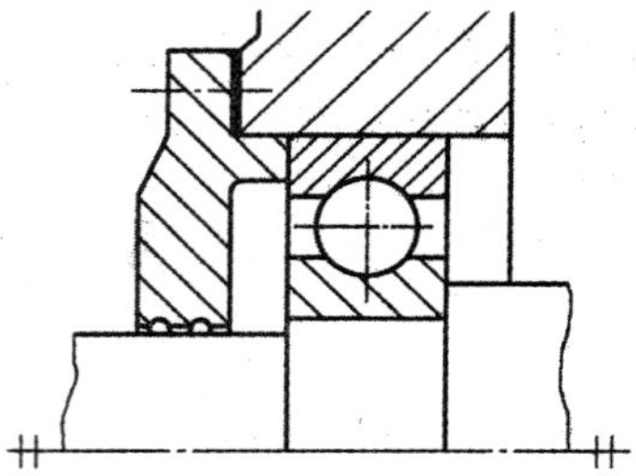

(b)

图 9-26 间隙密封

(2)封油盘密封

封油盘密封(图 9-27)常用手减速器中的齿轮采用油润滑,而轴承采用脂润滑的场合。封油盘与轴承座孔间有小的径向间隙,工作时封油盘随轴一同转动,利用离心力甩去落在其上的油和杂物。为避免甩下的油和杂物进入轴承,应使封油盘突出轴承座孔端面 $\Delta=2\sim3mm$。

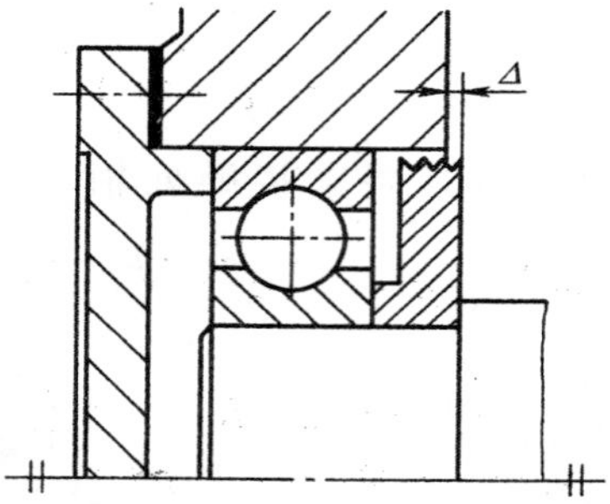

图 9-27 封油盘密封

(3)迷宫式密封

迷宫式密封(图 9-28)通过在轴承端盖和固定于轴上的密封零件之间制出曲路间隙而获得密封。按曲路的方向不同分为径向迷宫式[图 9-28(a)]和轴向迷宫式[图 9-28(b)]两种。通常,曲路中的径向间隙取 0.1～0.2mm,轴向间隙取 1.5～2mm。为了提高密封效果,可在曲路中填充润滑脂。这种密封方式密封可靠，适用于油或脂润滑的轴承，允许轴的圆周速度最高可达 30m/s。

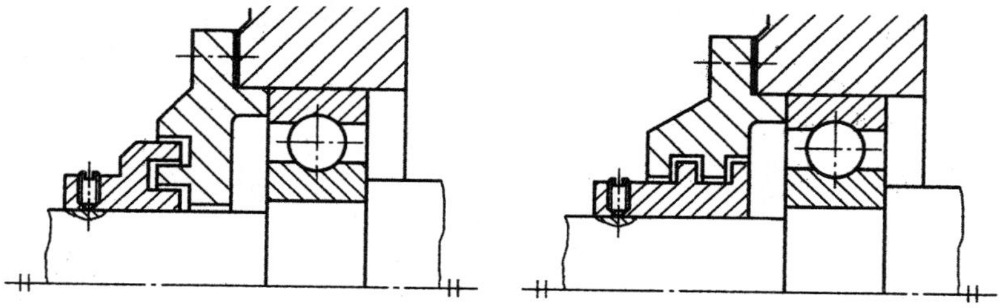

(a)　　(b)

图 9-28　迷宫式密封

3. 组合密封

将不同密封方式组合在一起使用，以提高整体密封效果。如毡圈密封与间隙密封的组合，间隙密封和迷宫密封的组合等。

第 10 章　联轴器与离合器

10.1　概　述

10.1.1　联轴器的作用及分类

联轴器和离合器是连接两轴使之一同回转并传递转矩的一种部件。联轴器的特点是:用来把两根轴连接在一起,机器运转时两轴不能分离,只有在机器停车并将连接拆开后,两根轴才能分离。离合器的特点在于:在机器运转过程中,可使两根轴随时接合或分离的一种装置,不必采用拆卸方法在机器工作时就能使两轴分离或接合。

实际的机器中,由于制造及安装误差、承载后的变形以及温度变化的影响,需要连接的轴之间往往会存在轴线不对中现象,常见的轴与轴之间的相对位移有多种形式,如图 10-1 所示。

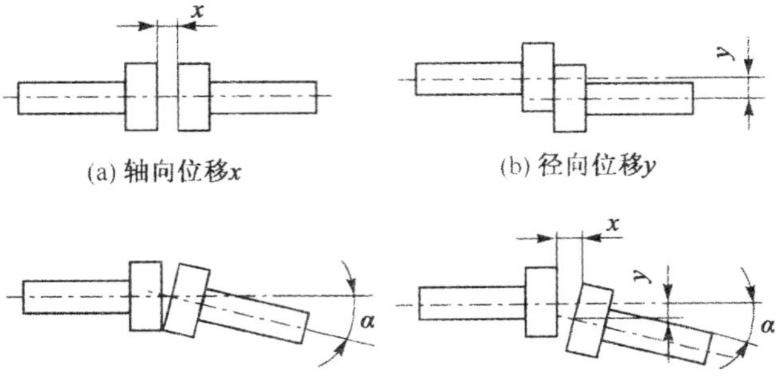

图 10-1　两根轴间的各种相对位移

根据有无弹性元件和对各种相对位移有无补偿能力,联轴器可分为刚性联轴器、挠性联轴器和安全联轴器。联轴器的主要类型、特点及其作用见表 10-1。

联轴器类型很多,部分已标准化。有关联轴器的型号、轴径范围、许用名义转矩、许用转速、最高工作温度、最大补偿量(径向、轴向、角度)、质量、转动惯量等数据见有关手册。设计时,可根据工作要求(轴径、计算转矩、工作转速、位移量、工作温度等)确定联轴器型号。在重要场合,对其中个别关键零件应作必要的验算,甚至进行系统的动力学计算。

机械设计中,在设计和选择联轴器时,除应考虑两轴的相对位置和位置的变动情况外,还应考虑动力机和工作机的工作性质。一般可以遵循如下原则:

①刚性联轴器适用于两轴能严格对中并在工作中不发生相对位移的地方,挠性联轴器适用于不能严格对中的地方。

②对于载荷平稳、转速稳定、同轴度好、无相对位移的可选用刚性联轴器,有相对位移的需选用无弹性元件的挠性联轴器。

表 10-1　联轴器的类型

类型	在传动系统中的作用	备注
刚性联轴器	只能传递运动和转矩，不具备其他功能	包括凸缘联轴器、套筒联轴器、夹壳联轴器等
挠性联轴器	无弹性元件的挠性联轴器，不仅能传递运动和转矩，而且具有不同程度的轴向(Δx)、径向(Δy)、角向($\Delta\alpha$)补偿性能	包括齿式联轴器、万向联轴器、链条联轴器等
	有弹性元件的挠性联轴器，不仅能传递运动和转矩，具有不同程度的轴向(Δx)、径向(Δy)、角向($\Delta\alpha$)补偿性能，还具有不同程度的减振、缓冲作用，能改善传动系统的工作性能	包括各种非金属弹性元件挠性联轴器和金属弹性元件挠性联轴器，各种弹性联轴器的结构不同，差异较大，在传动系统中的作用也不尽相同
安全联轴器	传递运动和转矩，具有过载安全保护的性能，还具有不同程度的补偿性能	包括销钉式、摩擦式、磁粉式、离心式、液压式等

③载荷和速度不大、同轴度不易保证的，宜选用定刚度弹性联轴器；载荷、速度变化较大的最好选用具有缓冲、减振作用的变刚度弹性联轴器。对于动载荷较大的机器，宜选用重量轻、转动惯量小的联轴器。

10.1.2　离合器的作用及分类

离合器的作用是在机器运转过程中，可将传动系统随时分离或接合。对离合器的要求为：接合平稳，分离迅速而彻底；调节和修理方便；外廓尺寸小；质量轻；耐磨性好且有足够的散热能力；操纵方便省力。

根据工作原理，离合器有嵌合式离合器和摩擦式离合器两种；依离合方法不同，分操纵离合器和自动离合器两大类。按操纵方法分又有机械操纵离合器、液压（操纵）离合器、气压（操纵）离合器和电磁（操纵）离合器。具体分类见图 10-2。嵌合式离合器结构简单，传递转矩大，主、从动轴可同步转动，尺寸小，但啮合时有刚性冲击，只能在静止或两轴转速差不大时（如$<100\sim150$r/min）接合。摩擦式离合器的离合过程较平稳，过载时可自行打滑，但主动轴和从动轴不能严格同步，接合时产生摩擦热，摩擦元件易磨损。

用简单的机械方法自动完成接合或分离动作的自动离合器主要有三种：①当传递转矩达到某一定值时能自动分离的离合器，由于这种离合器有防止过载的安全作用，故称为安全离合器；②当轴的转速达到某一转速后能自行连接的或超过某一转速后能自行分离的离合器，由于这种离合器是利用离心力的原理工作的，故称为离心离合器；③根据主、从动轴间相对速度差的不同以实现连接或分离的称为超越离合器。

- 联轴器
  - 刚性联轴器
    - 凸缘联轴器(GB 5843—1986)
    - 套筒联轴器
    - 夹壳联轴器(HG 5-213—1965)等
  - 挠性联轴器
    - 无弹性元件
      - 牙嵌联轴哭
      - 齿式联轴器(JB/ZQ 4218—1986)
      - 滚子链联轴器(GB 6069—1985)
      - 滑块联轴器(尼龙,JB/ZQ 4384—1986)
      - 十字轴万向联轴器等
    - 金属弹性元件
      - 蛇形弹簧联轴器
      - 簧片联轴器
      - 弹簧联轴器等
    - 非金属弹性元件
      - 弹性套柱销联轴器(GB 4323—1984)
      - 弹性柱销联轴器(GB 5014—1985)
      - 弹性柱销齿式联轴器(GB 5015—1985)
      - 梅花形弹性联轴器(GB 5272—1985)
      - 轮胎形联轴器(GB 5844—1986)等

图 10-2　离合器分类

10.2　联轴器

10.2.1　刚性联轴器

1. 凸缘联轴器

凸缘联轴器是应用最广的刚性联轴器,如图 11-2 所示。它是把两个带有凸缘的半联轴器用普通平键分别与两根轴连接,然后用螺栓把两个半联轴器连成一体,以传递运动和转矩。

这种联轴器有两种主要的结构形式:

①图 10-3(a)所示的是普通的凸缘联轴器,通常靠铰制孔用螺栓来实现两轴对中,当采用铰制孔用螺栓时,螺栓杆与钉孔为过渡配合,靠螺栓杆承受挤压与剪切来传递转矩。

②图 10-3(b)所示的是有对中榫的凸缘联轴器,靠一个半联轴器上的凸肩与另一个半联轴器上的凹槽相配合而对中,两个半联轴器此时用普通螺栓连接,螺栓杆与孔壁之间存在间隙,装配时必须拧紧螺栓,转矩靠半联轴器接合面的摩擦力矩来传递。

为了运行安全,凸缘联轴器可做成带防护边的结构,如图 10-3(c)所示。

凸缘联轴器的材料可用灰铸铁和碳钢。当重载或圆周速度大于 30m/s 时应用铸钢或锻钢,由于凸缘联轴器属于刚性联轴器,对所连两根轴之间的相对位移缺乏补偿能力,故对两根轴对中性的要求很高。当两根轴有相对位移存在时,就会在机件内引起附加载荷,使工作情况恶化,这是它的主要缺点。但由于它构造简单、成本低、可传递较大的转矩,故当转速低、无冲击、轴的刚性大、对中性较好时常被采用。

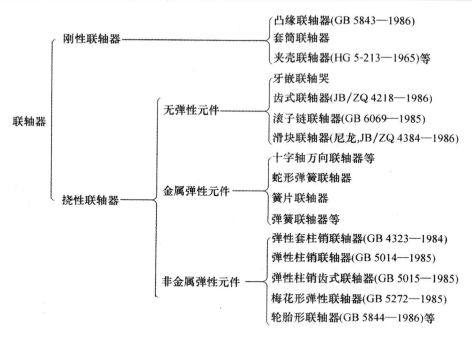

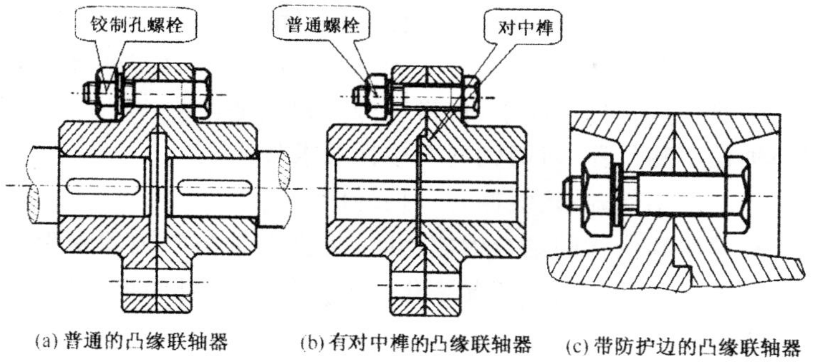

图 10-3　凸缘联轴器

2. 套筒联轴器

套筒联轴器是一种结构最简单的刚性联轴器，如图 10-4 所示。这种联轴器是一个圆柱形套筒，可用两个圆锥销来传递转矩，也可以用两个平键代替圆锥销。该联轴器的优点是径向尺寸小，结构简单。结构尺寸推荐：$D=(1.5\sim2)d$，$L=(2.8\sim4)d$。此种联轴器尚无标准，需要自行设计，如机床上就经常采用这种联轴器。

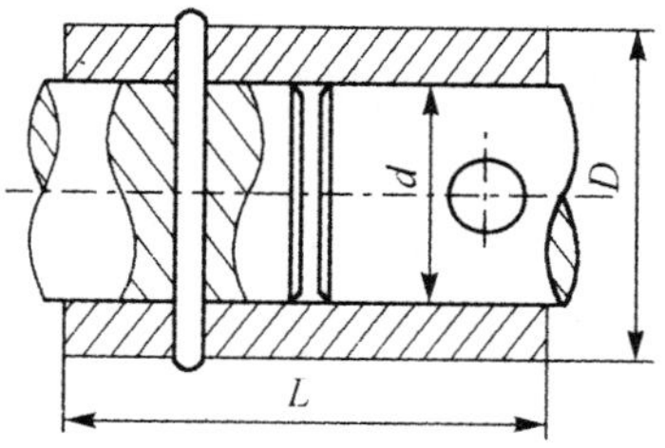

图 10-4　套筒联轴器

3. 夹壳联轴器

夹壳联轴器由纵向剖分的两半筒形夹壳和连接它们的螺栓所组成，见图 10-5。由于这种联轴器在装卸时不用移动轴，所以使用起来很方便。夹壳材料一般为铸铁，少数用钢。

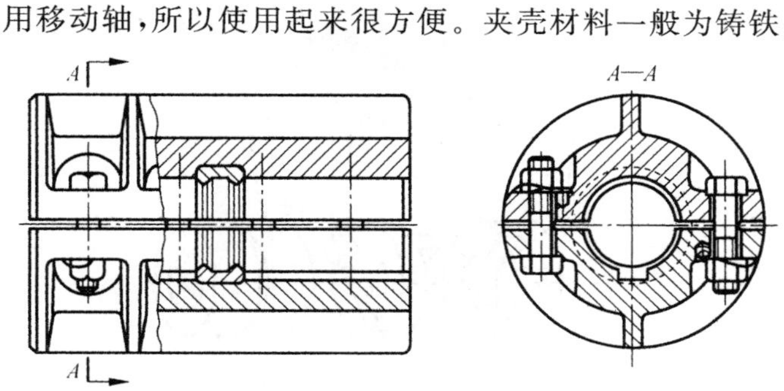

图 10-5　夹壳联轴器

中、小尺寸的夹壳联轴器主要依靠夹壳与轴之间的摩擦力来传递转矩，即使在联轴器中装有键，在计算其承载能力时并不计及键的作用，计算方法和夹紧连接相似。大尺寸的夹壳联轴器主要由键传递转矩。为了改善平衡状况，螺栓应正、倒相间安装。

夹壳联轴器主要用于低速，外缘速度 $v \leqslant 5\text{m/s}$；超过 5m/s 时需进行平衡检验。

刚性联轴器的主要优点是构造简单、价格较低。缺点是：

①无法补偿两轴偏斜和位移，对两轴的对中性要求较高。

②联轴器中都是刚性零件，缺乏缓冲和吸振的能力。

在不能避免两轴偏斜和位移的场合中应用时，将会在轴与联轴器中引起难以估计的附加应力，并使轴、轴承和轴上零件的工作情况恶化。如果机器本身要求两轴严格对中，则采用刚性联轴器有一定的优点。

10.2.2 挠性联轴器

1. 无弹性元件的挠性联轴器

这类联轴器因具有挠性，故可补偿两根轴的相对位移。但由于无弹性元件，故不能缓冲减振。无弹性元件挠性联轴器具有如下特点：

①由于联轴器中都是刚性零件，因此它和刚性联轴器一样缺乏缓冲和吸振的能力。

②联轴器中作相对滑动的零件将遭受磨损，磨损后，间隙将增大，在载荷和速度变化时会造成冲击。

③滑动零件间的摩擦阻力是随着载荷的增加而增大的，当阻力大到使零件移动发生困难时，也会使联轴器和轴受到附加的载荷等。

因此，对于这一类联轴器其摩擦表面均要求有较高的硬度以减小磨损，并应进行润滑以降低摩擦阻力。

常用的挠性联轴器有以下几种。

(1)十字滑块联轴器

如图 10-6 所示，十字滑块联轴器由端面开有凹槽的两个半联轴器 1、3 和一个两端具有凸牙的中间圆盘 2 组成。中间圆盘两端的凸牙相互垂直，并分别与两个半联轴器的凹槽相嵌合，凸牙的中心线通过圆盘中心。两个半联轴器分别装在主动轴和从动轴上。

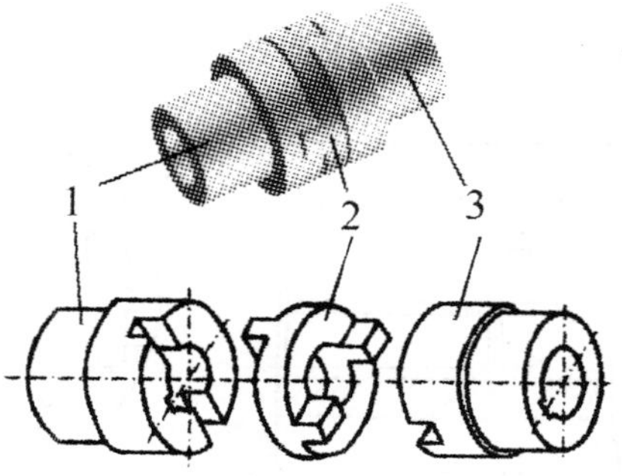

图 10-6 十字滑块联轴器

运转时，如果两条轴线不同心或偏斜，中间圆盘的凸牙将在半联轴器的凹槽内滑动，以补偿两根轴的相对位移。因此，凹槽和凸牙的工作面要求有较高的硬度(HRC46～50)并要加润滑剂。

因为半联轴器与中间圆盘组成移动副，不能发生相对转动，故主动轴与从动轴的角速度应相等。但在两根轴有相对位移的情况下工作时，若转速较高，中间圆盘的偏心将会产生较大的离心力，从而加速工作面的磨损，并给轴和轴承带来较大的附加载荷，故它只宜用于低速的场合，一般不超过 300r/min。此外，该联轴器所允许的径向位移(即偏心距)为 $y\leqslant 0.04d$(d 为轴径)，角位移为 $\alpha\leqslant 30'$。

十字滑块联轴器零件的工作表面一般都要进行热处理，以提高其硬度。为了减小摩擦及磨损，使用时应从中间盘的油孔中注油进行润滑。

(2)十字轴式万向联轴器

图 10-7 所示的是十字轴式万向联轴器的结构图。它主要由两个分别固定在主、从动轴上的叉形接头 1、3，一个十字形零件 2(称为十字头)和轴销 4、5(包括销套及铆钉)组成；轴销 4 与 5 互相垂直配置，并分别把两个叉形接头与中间连接件 2 连接起来。这样，就构成了一个可动的连接。这种联轴器可以允许两根轴之间有较大的夹角(夹角 α 最大可达 35°～45°)，而在机器运转时，即使夹角发生改变仍可正常传动。

但当 α 过大时，传动效率会显著降低。如图 10-8(a)所示。主动轴上叉形接头 1 的叉面在图纸的平面内，而从动轴上叉形接头 2 的叉面则在垂直图纸的平面内，设主动轴以角速度 ω_1 等速转动，可推出从动轴在此位置时的角速度 $\omega_2'=\dfrac{\omega_1}{\cos\alpha}$。

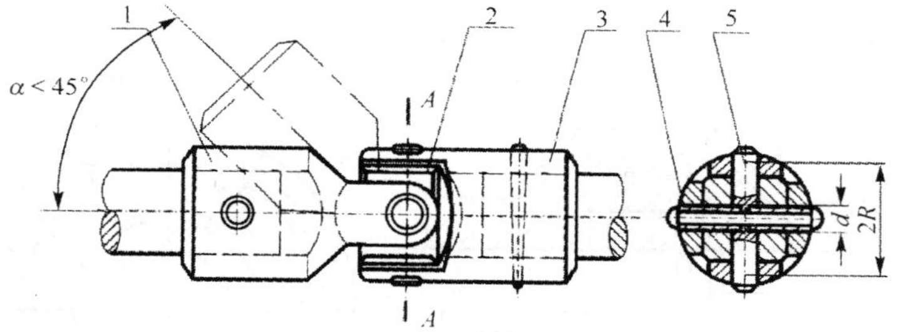

图 10-7　十字轴式万向联轴器

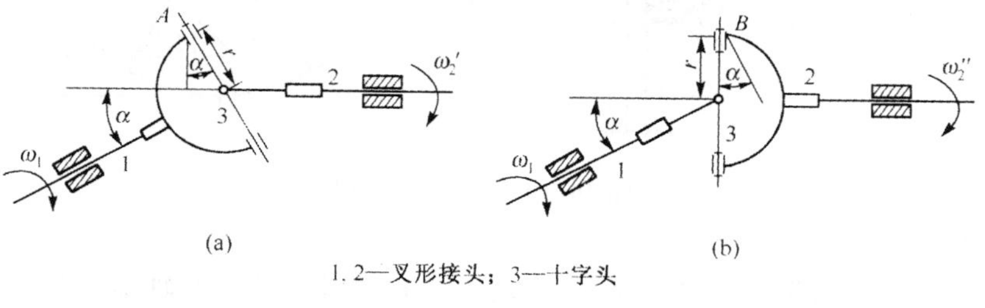

1. 2—叉形接头；3—十字头

图 10-8　十字轴式万向联轴器的角速度变化

当主动轴再转过 90°时，从动轴也转过 90°，如图 10-8 (b)所示。此时叉形接头 1 的叉面在垂直图纸的平面内，叉形接头 2 的叉面则在图纸的平面内，可推出从动轴在此位置时的角速度 $\omega_2''=\omega_1\cos\alpha$。

当主动轴再转过 90°时，主、从动轴的叉面位置又回到图 10-9(a)所示状态。故当主动轴以等角速度 ω_1 转动时，从动轴角速度在 $\omega_1\cos\alpha\leqslant\omega_2\leqslant\dfrac{\omega_1}{\cos\alpha}$ 范围内周期性地变化，因而在传动中引起附加动载荷。为了改善这种情况，常将万向联轴器成对使用，即使用双万向联轴器，如图10-9所示。需要注意的是，安装时必须保证主动轴、从动轴与中间轴之间的夹角相等（$\alpha_1=\alpha_2$），并且中间轴两端的叉面位于同一平面内，这种双万向联轴器才可以得到$\omega_1=\omega_2$，从而降低运转时的附加动载荷。

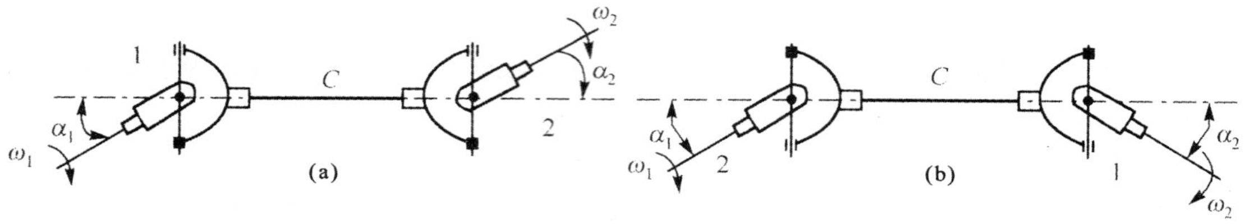

图 10-9　双万向联轴器简图

万向联轴器各元件的材料多用合金钢，以获得较高的耐磨性及较小的尺寸。由于这类联轴器结构紧凑，维护方便，广泛应用于汽车、多头钻床等机器的传动系统中。

（3）牙嵌联轴器

牙嵌联轴器（图10-10）是允许轴向位移的联轴器中的一种。它由两个端面都有凸牙和凹槽的半联轴器所组成。每个凸牙都嵌在对应的半联轴器中的凹槽内，当两轴作轴向位移时，凸牙可在凹槽内滑移，从而构成一动连接。为便于两轴对中，在左方的半联轴器中装有定中环，并有螺钉固定，右端的轴则伸入该环内。半联轴器的材料通常采用中等强度的铸铁，有时也用铸钢。关于牙嵌联轴器的计算可参考牙嵌离合器。

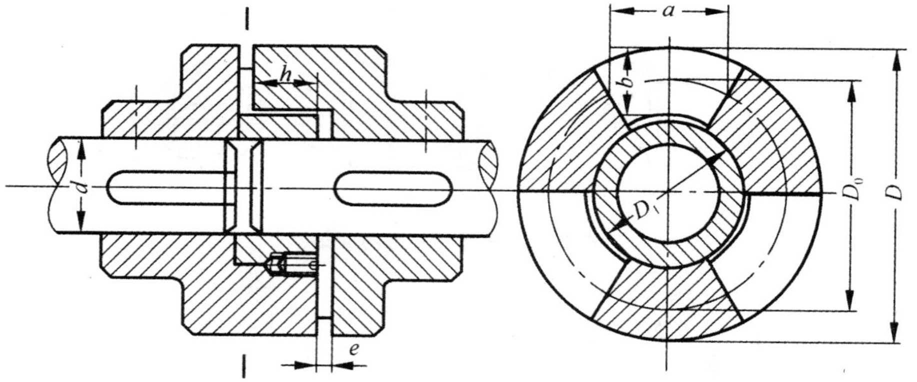

图 10-10　牙嵌式联轴器

（4）齿式联轴器

如图10-11(a)所示为齿式联轴器，它由两个具有外齿环的半联轴器和两个具有内齿环的外壳所组成。半联轴器分别与主动轴和从动轴相连接，两外壳则用螺栓连接在一起。内、外齿环上的轮齿相互啮合，齿廓为渐开线，其啮合角通常为20°。轮齿数目一般为30～80个。在外壳内储有润滑油，以便联轴器旋转时将油甩向四周以润滑啮合轮齿，从而减小啮合轮齿间的摩擦和相对移动阻力以及降低作用在轴和轴承上的附加载荷。轮齿的形状有直齿和鼓形齿，见图10-11(b)，后者又称鼓形齿联轴器。

需要指出的是，在允许综合位移的联轴器中，齿式联轴器是最有代表性的一种。

齿式联轴器之所以有良好的补偿两轴作任何方向位移的能力，是由于啮合齿间留有较大

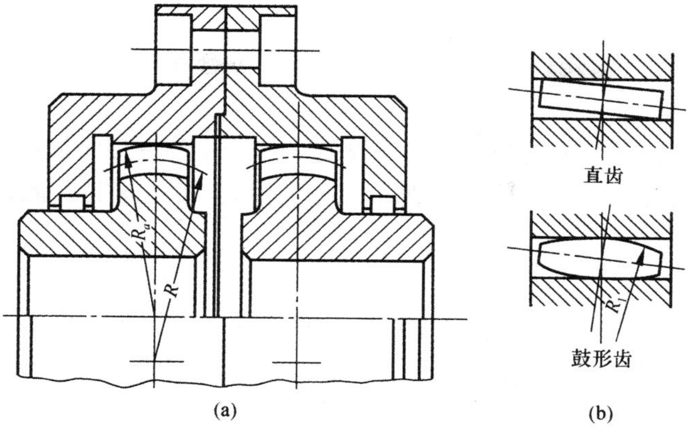

图 10-11　齿式联轴器

的齿侧间隙和将齿顶做成球面(球面中心应位于轴线上)。鼓形齿更有利于增大联轴器的补偿综合位移的能力,改善轮齿沿齿宽方向的接触情况,提高承载能力和延长使用寿命。

鼓形齿联轴器是通过轮齿传递转矩的。由于有较多的齿同时工作,所以传递转矩的能力比同尺寸的其他联轴器要大得多,因此在重型机械中获得了广泛应用。

制造齿式联轴器的材料一般用 45 锻钢或 ZG340－640 铸钢。轮齿须经热处理,其硬度应达到:半联轴器不低于 250HB,外壳不低于 290HB。

(5)滚子链联轴器

如图 10-12 所示为滚子链联轴器,它是利用一公共滚子链(单排或双排)同时与两个齿数相同的并列链轮相啮合以实现两半联轴器连接的一种联轴器,滚子链具有的特点是:结构简单,装卸方便,径向尺寸比其他联轴器紧凑,质量轻,转动惯量小,效率很高,具有一定的位移补偿能力(径向位移双排为 $0.02p$,单排为 $0.1p$,角位移$<1°$,p 为链节距),工作可靠,使用寿命长(可达 20000h),恶劣工作环境(如高温、潮湿、多尘、油污等)也能用,成本低。滚子链联轴器的缺点是:离心力过大会加速各元件间的磨损和发热,不宜用于很高速度的传动;缓冲、吸振能力不大,不宜在频繁启动、强烈冲击下工作;不能传递轴向力。

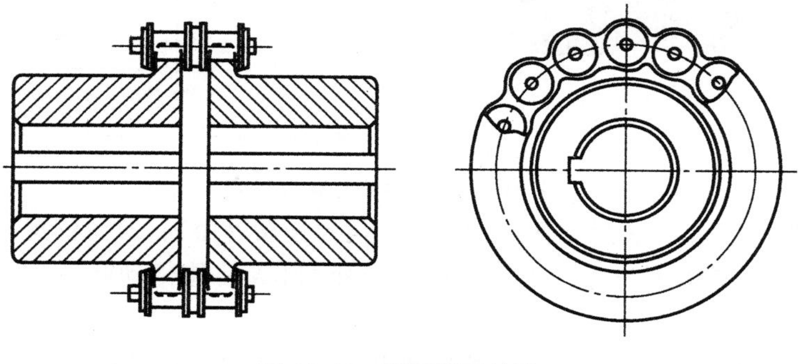

图 10-12　滚子链联轴器

用单排链时,滚子和套筒受力,销轴只起连接作用,结构可靠性好;用双排链时,销轴受剪力,承受冲击能力较差,销轴与外链板之间的过盈配合容易松动。在高速轻载场合,宜选用较小链节距的链条,重量轻,离心力小;在低速重载场合,宜选用较大链节距的链条,以便加大承载面积。半联轴器的材料常用45、20Cr钢，也可用ZG270—500铸钢。链齿硬度最好为40～45HRC。联轴器应有罩壳，用铝合金铸成。链轮齿数一般为12～22。为避免过渡链节，宜取偶数。

滚子链联轴器的润滑可根据链轮转速 n 来定：$n<10$，则每月涂润滑脂一次；$10<n\leqslant 200$，则每周涂润滑脂一次；$200<n\leqslant 3000$，则要求充分润滑，并备有罩壳。此处 n 的单位为r/min。

2. 有弹性元件的挠性联轴器

这类联轴器因装有弹性元件，不仅可以补偿两根轴之间的相对位移，而且具有缓冲和减振的能力。弹性元件可储蓄的能量越多，联轴器的缓冲能力越强；弹性元件的弹性滞后性能与弹性变形时零件之间的摩擦功越大，联轴器的减振能力越好。

制造弹性元件的材料有金属和非金属两种。非金属有橡胶、塑料等，其特点为质量小，价格便宜，有良好的弹性滞后性能，因而减振能力强。金属材料制成的弹性元件(主要为各种弹簧)则强度高，尺寸小且寿命长。

(1)弹性套柱销联轴器

弹性套柱销联轴器结构上和凸缘联轴器很近似，但是两个半联轴器的连接不用螺栓而用套有弹性套的柱销，如图10-13所示。因为通过环形波纹的弹性套传递转矩，故可缓冲减振。弹性套的材料常用耐油橡胶，并做成截面形状如图中网纹部分所示，以提高其弹性。为了在更换弹性套时简便而不必拆移机器，设计中应注意留出距离 B；为了补偿轴向位移，安装时应注意留出相应大小的间隙 c。

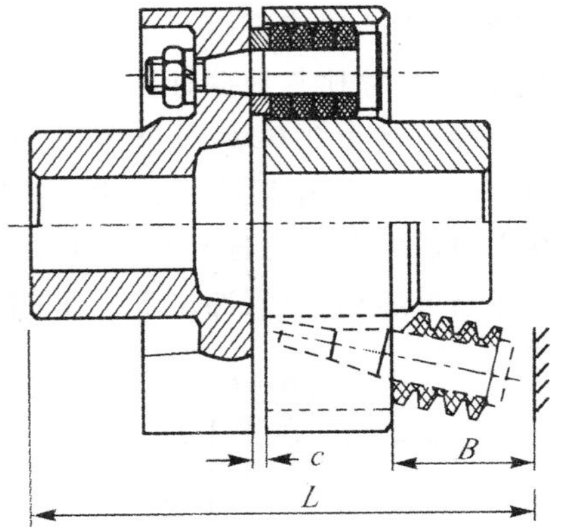

图10-13　弹性套柱销联轴器

这种联轴器制造容易，装拆方便，成本较低，但弹性套易磨损，寿命较短。它适用于经常反转，启动频繁，转速较高的场合。如电动机与减速器(或其他传动装置)之间就常用这种联轴器。

半联轴器的材料常用HT200，有时也采用35号钢或ZG270—500，柱销材料多用35号钢。

(2)弹性柱销联轴器

如图10-14所示，弹性柱销联轴器利用将若干非金属材料制成的柱销置于两个半联轴器凸缘的孔中，以实现两根轴的连接。柱销通常用尼龙制成，而尼龙具有一定的弹性。弹性柱销联轴器的结构简单，更换柱销方便。为了防止柱销脱出，在柱销两端配置挡圈。装配时应注意留出间隙 c。

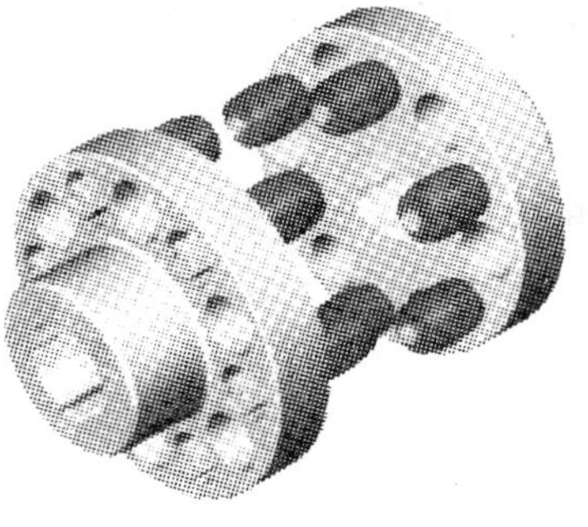

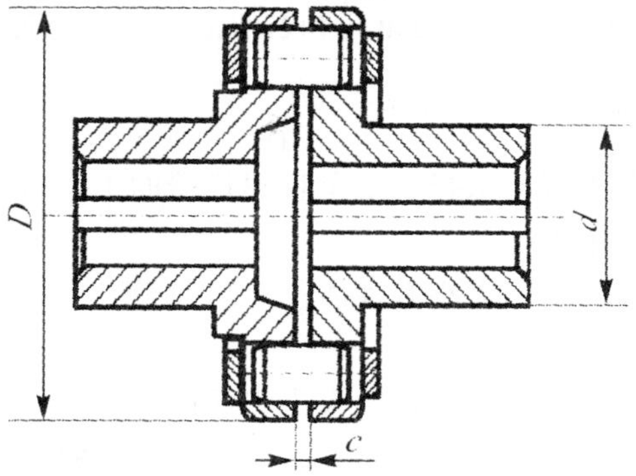

图 10-14　弹性柱销联轴器

这种联轴器与弹性套柱销联轴器很相似，都是动力从主动轴通过弹性件传递到从动轴，但传递转矩的能力更大，结构更简单。它安装、制造方便，耐久性好，弹性柱销有一定的缓冲和吸振能力，允许被连接的两根轴有一定的轴向位移及少量的径向位移和角位移，适用于轴向窜动较大、正反转变化较多和启动频繁的场合。由于尼龙柱销对温度较敏感，故使用温度限制在 −20℃～70℃的范围内。

(3)金属膜片联轴器

金属膜片联轴器的典型结构如图 10-15 所示，其弹性元件是由一定数量的很薄的多边环形(或圆环形)金属膜片叠合而成的膜片组，膜片上有沿圆周均匀分布的若干个螺栓孔，使用铰制孔用螺栓交错间隔地把两边的半联轴器连接起来。这样，将弹性元件上的弧段分为交错受压缩和受拉伸的两部分，拉伸部分传递转矩，压缩部分趋向皱折。当所连接的两根轴存在轴向、径向和角位移时，金属膜片便产生波状变形。

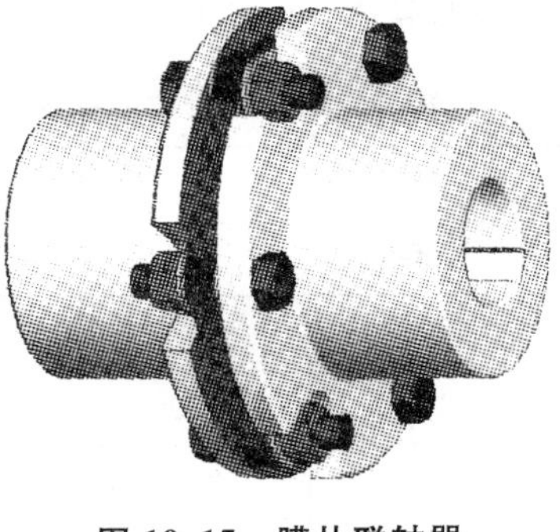

图 10-15　膜片联轴器

这种联轴器结构比较简单，质量轻，拆装方便，工作可靠，平衡校正容易，而且没有相对滑动，故不需要润滑也无噪声，维护方便；但膜片的扭转弹性小，缓冲、吸振能力差，因此其适用于载荷比较平稳的高速传动和工作环境恶劣的场合。

有金属弹性元件的挠性联轴器除上述金属膜片联轴器外，还有多种形式，如定刚度的圆柱弹簧联轴器、变刚度的蛇形弹簧联轴器及径向弹簧片联轴器等。

10.2.3 联轴器的选择

由于联轴器大多已标准化和系列化，因此设计时主要解决联轴器类型和型号的合理选择问题。

1. 联轴器类型的选择

联轴器类型的选择主要是根据机器的工作特点和性能要求来进行的。一般来说，应从以下几个方面来考虑：

①传递载荷的大小和性质。

②转速的高低。

③需要补偿相对位移的大小和性质。

④启动频率，正反转的要求，对缓冲减振的要求，工作温度，安全要求等。

⑤制造、安装和维护的成本。

一般情况，对载荷平稳、无相对位移的两轴的连接可选用刚性联轴器，反之应选用挠性联轴器。对传递转矩较大的重型机械，可选用齿轮联轴器；对需有一定补偿量、单向转动、冲击载荷不大的中低速水平轴的连接，可选用滚子链联轴器；对轴线相交、相对位移较大的两轴，可选择万向联轴器；对高速轴，一般应选用挠性联轴器。

2. 联轴器型号的确定

在确定类型之后，可根据计算转矩、转速、轴的结构及尺寸等，确定联轴器型号和尺寸，一般情况不需要对联轴器进行强度计算。重要的场合，为防止因联轴器的失效而造成严重事故，则应对联轴器主要零件的工作能力进行验算。

计算转矩的公式为

$$T_C = KT$$

式中，T_C为计算转矩，N·m；K 为载荷系数，见表 10-2；T 为名义转矩，N·m。

表 10-2 联轴器的载荷系数

原动机	工作机分类					
	Ⅰ	Ⅱ	Ⅲ	Ⅳ	Ⅴ	Ⅵ
电动机、汽轮机	1.3	1.5	1.7	1.9	2.3	3.1
四缸以上内燃机	1.5	1.7	1.9	2.1	2.5	3.3
双缸内燃机	1.8	2.0	2.2	2.4	2.8	3.6
单缸内燃机	2.2	2.4	2.6	2.8	3.2	4.0

注：Ⅰ类——转矩变化很小的机械，如发电机、小型通风机、小型离心泵。

Ⅱ类——转矩变化小的机械，如透平压缩机、土木机械、输送机。

Ⅲ类——转矩变化中等的机械，如搅拌机、增压泵、带飞轮的压缩机、冲床。

Ⅳ类——转矩变化和冲击载荷中等的机械，如织布机、水泥搅拌机、拖拉机。

Ⅴ类——转矩变化和冲击载荷较大的机械，如挖掘机、碎石机、造纸机、起重机。

Ⅵ类——转矩变化和冲击载荷很大的机械，如压延机、无飞轮的活塞泵、重型初轧机。

如果所需要的联轴器没有相应标准规格可供选用，一般需要自行设计。设计可参照类似形式的联轴器，对联轴器的主要零件应进行强度、耐磨性计算和校核。其校核内容及方法可参照有关设计手册。

10.3　离合器

离合器主要也是用做轴与轴之间的连接。与联轴器不同的是，用离合器连接的两根轴，在机器工作中能方便地使它们分离或接合。如汽车临时停车时不必熄火，只要操纵离合器使变速箱的输入轴与汽车发动机输出轴分离。对离合器的基本要求有：接合平稳，分离迅速而彻底；调节和修理方便；外廓尺寸小；质量小；耐磨性好，有足够的散热能力；操纵方便、省力。

10.3.1　嵌合式离合器

牙嵌离合器的零件数量少，主要由两个端面有牙的半离合器组成，如图 10-16 所示。其中，半离合器 2 固定在主动轴 1 上，半离合器 3 用导键(或花键)与从动轴 4 连接。通过操纵机构 5 可使半离合器 3 沿导键作轴向移动，以实现离合器的分离与接合。两轴靠两个半离合器端面上的牙嵌接合来连接，以传动运动和转矩。为了使两轴对中，在半离合器 2 上固定有对中环 6，从动轴可以在对中环内自由地转动。

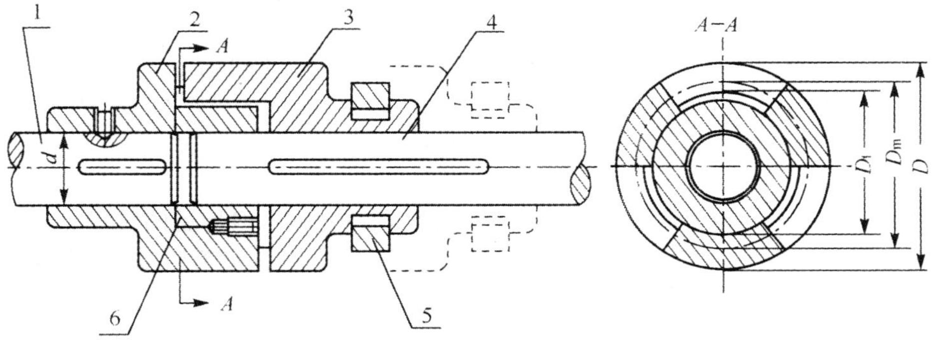

图 10-16　嵌合式离合器

1—主动轴；2，3—半离合器；4—从动轴；5—操纵机构；6—对中环

牙嵌离合器常用的牙型有三角形、矩形、梯形和锯齿形，如图 10-17 所示。三角形接合和分离容易，但齿的强度较弱，多用于传递小转矩，接合后不能自锁。梯形和锯齿形强度较高，接合和分离也较容易，多用于传递大转矩的场合，但锯齿形只能单向工作，反转时工作面将受到较大的轴向分力，迫使离合器自行分离。矩形制造容易，但必须在与槽对准后方能接合；因而接合困难；而且接合以后，与接触的工作面间无轴向分力作用，所以分离也较困难，故应用较少。

牙嵌离合器结构简单，外廓尺寸小，接合后两个半离合器之间没有相对滑动，但只能在两根轴的转速差很小或相对静止的情况下才能接合；否则牙的相互嵌合会发生很大冲击，影响牙的寿命，甚至会使牙折断。

牙嵌离合器的材料常用低碳钢表面渗碳，硬度为 56～62HRC，或采用中碳钢表面淬火，硬度为 48～54HRC；对于不重要的和静止状态接合的离合器，也允许用 HT200。

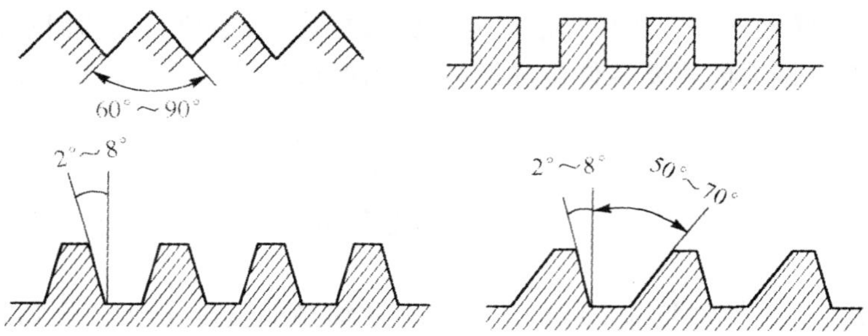

图 10-17 牙嵌离合器的牙型

牙嵌离合器可以借助电磁线圈的吸力来操纵，称为电磁牙嵌离合器。电磁牙嵌离合器通常采用嵌入方便的三角形细牙。由于该离合器依据信息而动作，所以便于遥控和程序控制。

10.3.2 摩擦式离合器

圆盘摩擦离合器是利用主、从动摩擦盘间产生的摩擦力矩来传递转矩的，其结构上有单盘式和多盘式两种。根据摩擦副的润滑状态不同，又可分为干式与湿式两种。

单盘摩擦离合器是最简单的摩擦离合器，如图 10-18 所示。在主动轴 1 和从动轴 2 上，分别安装摩擦盘 3 和 4，操纵环 5 可以使摩擦盘 4 沿从动轴移动。接合时以力 F 将盘 4 压在盘 3 上，主动轴上的转矩即由两盘接触面间产生的摩擦力矩传到从动轴上。能传递的最大转矩为

$$T_{\max}=FfR_{\mathrm{m}}$$

式中，F 为两个摩擦片之间的轴向压力；f 为摩擦系数；R_{m} 为平均半径。

设摩擦力的合力作用在平均半径的圆周上。取环形接合面的外径为 D_1，内径为 D_2，则

$$R_{\mathrm{m}}=\frac{D_1+D_2}{4}$$

这种单盘摩擦离合器为常开式，接合平稳、柔顺，散热性好，但传递的转矩较小，可用于传递转矩范围为 15～3000N·m 的场合。当需要传递较大转矩时，可采用多盘摩擦离合器。

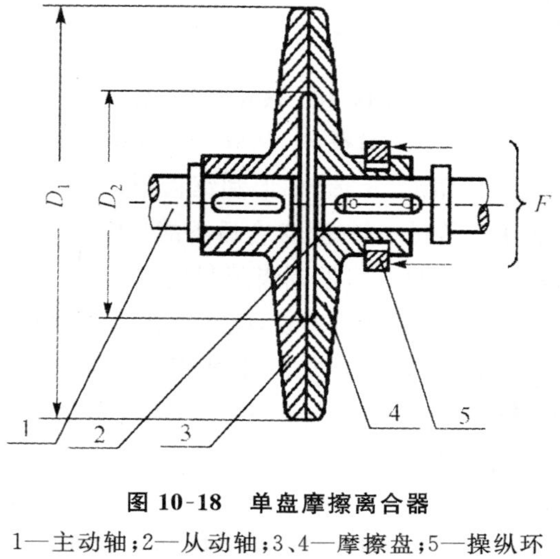

图 10-18 单盘摩擦离合器

1—主动轴；2—从动轴；3、4—摩擦盘；5—操纵环

图 10-19 所示的是多盘摩擦离合器，它有两组摩擦盘，其中外摩擦盘 4 利用外圆上的花键与外鼓轮 2 相连（外鼓轮 2 与输入轴 1 相固连），内摩擦盘 5 利用内圆上的花键与内套筒 9 相连（内套筒 9 与输出轴 10 相固连）。当滑环 8 做轴向移动时，将拨动曲臂压杆 7，使压板 3 压紧或松开内、外摩擦盘组，从而使离合器接合或分离。螺母 6 是用来调节内、外摩擦盘组间隙大小的。外摩擦盘和内摩擦盘的结构形状如图 10-20 所示。若将内摩擦盘改为图 11-16(c)中的碟形，使其具有一定的弹性，则离合器分离时摩擦盘能自行弹开，接合时也较平稳。

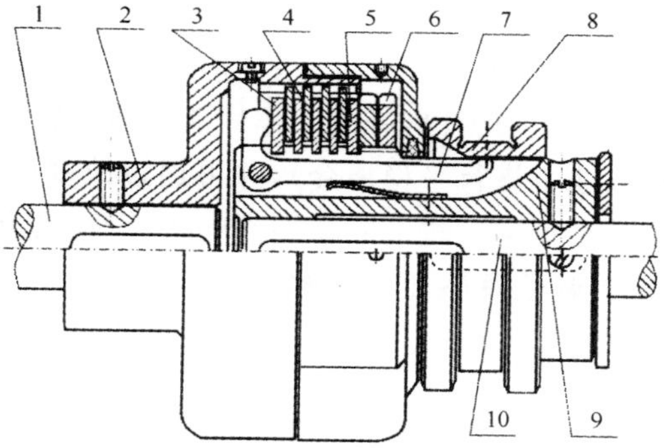

图 10-19　多盘摩擦离合器

1—输入轴；2—外鼓轮；3—压板；4—外摩擦盘；5—内摩擦盘；
6—螺母；7—曲臂压杆；8—滑环；9—内套筒；10—输出轴

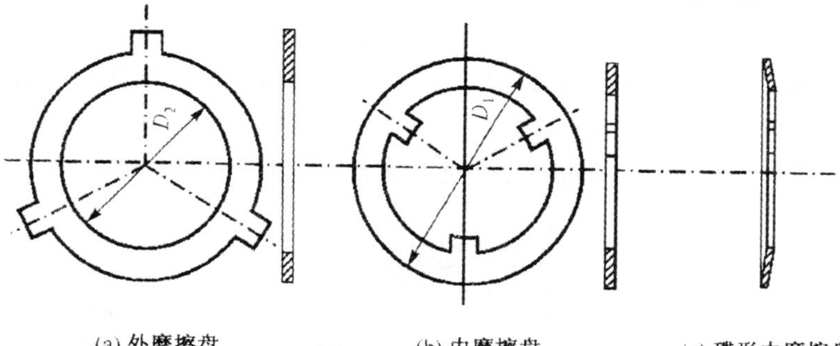

(a) 外摩擦盘　　(b) 内摩擦盘　　(c) 碟形内摩擦盘

图 10-20　外摩擦盘的结构形状

多片式摩擦离合器能传递的最大转矩为

$$T_{\max}=FfR_{m}z\geqslant K_{A}T \tag{10-1}$$

式中，z 为接合摩擦面数，其他符号的含义同前。

摩擦盘工作表面的内、外直径之比，是摩擦离合器的一个重要的结构参数。

由式(10-1)可知，增加摩擦盘数目，可以提高离合器传递转矩的能力，但摩擦盘过多会影响分离动作的灵活性，故一般不超过 10～15 对。

摩擦离合器的工作过程一般可分为接合、工作和分离三个阶段。在接合和分离过程中，从动轴的转速总低于主动轴的转速，因此两个摩擦盘工作面间必将产生相对滑动，从而会消耗一部分能量，并引起摩擦盘的磨损和发热。为了限制磨损和发热，应使接合面上的压强 p 不超过许用压强$[p]$，即

$$p=\frac{4F}{\pi(D_1^2-D_2^2)}\leqslant[p] \tag{10-2}$$

式中，D_1、D_2为环形接合面的外径和内径，mm；F为轴向压力，N；$[p]$为许用压强，N/mm^2。

许用压强$[p]$为基本许用压强$[p_0]$与系数k_1、k_2、k_3的乘积，即

$$[p]=[p_0]k_1k_2k_3 \tag{10-3}$$

式中，k_1、k_2、k_3为因离合器的平均圆周速度、主动摩擦片数及每小时的接合次数不同而引入的修正系数。

圆盘摩擦离合器利用摩擦盘作为接合元件，结构形式多，传递转矩大，安装调整方便，摩擦材料种类多，能保证在不同工况下，具有良好的工作性能。两根轴可在任意大小转速差的工况下接合和分离（特别是能在高速下进行平稳离合），并可通过改变摩擦盘间的压力来调节从动轴的加速时间，减小接合的冲击振动。过载时摩擦面间将打滑，具有安全保护作用。但在接合过程中会摩擦发热，同时还要调整摩擦面的间隙。圆盘摩擦离合器广泛应用于交通运输、机床、建筑、轻工和纺织等机械中。

10.3.3 磁粉离合器

如图10-21所示，磁粉离合器主要由磁铁轮芯5、环形激磁线圈4、从动外鼓轮2和齿轮1组成。主动轴7与磁铁轮芯5固连，在轮芯外缘的凹槽内绕有环形激磁线圈4，线圈与接触环6相连；从动外鼓轮2与齿轮1相连，并与磁铁轮芯间有0.5～2mm的间隙，其中填充磁导率高的铁粉和油或石墨的混合物3。这样，当线圈通电时，形成经轮芯、间隙、外鼓轮又回到轮芯的闭合磁通，使铁粉磁化。当主动轴旋转时，由于磁粉的作用，带动外鼓轮一起旋转来传递转矩。断电时，铁粉恢复为松散状态，离合器即行分离。

这种离合器接合平稳，使用寿命长，可以远距离操纵，但尺寸和重量较大。

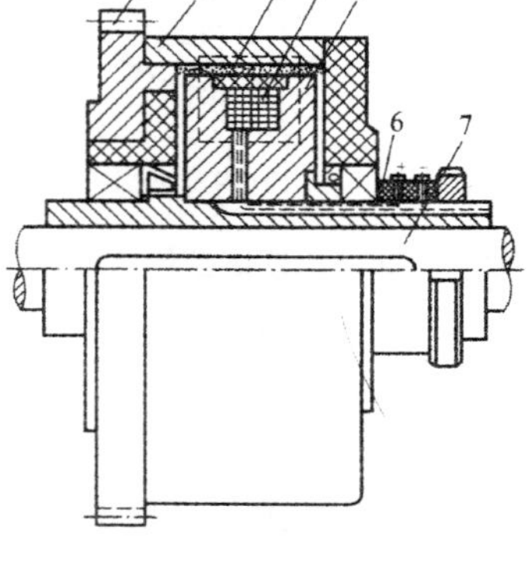

图10-21 磁粉离合器

1—齿轮；2—从动外鼓轮；3—混合物；4—环形激磁线圈；

5—磁铁轮芯；6—接触环；7—主动轴

10.3.4 自动离合器

自动离合器是一种能根据机器运转参数（如转矩、转速或转向）的变化而自动完成接合与分离动作的离合器。常用的自动离合器有安全离合器、离心式离合器和定向离合器三类。

(1)安全离合器

安全离合器在所传递的转矩超过一定数值时自动分离。它有许多种类型,图 10-22 所示为摩擦式安全离合器。它的基本构造与一般摩擦离合器大致相同,只是没有操纵机构,而利用调整螺钉 1 来调整弹簧 2 对内、外摩擦片 3、4 的压紧力,从而控制离合器所能传递的极限转矩。当载荷超过极限转矩时,内、外摩擦片接触面间会出现打滑,以此来限制离合器所传递的最大转矩。

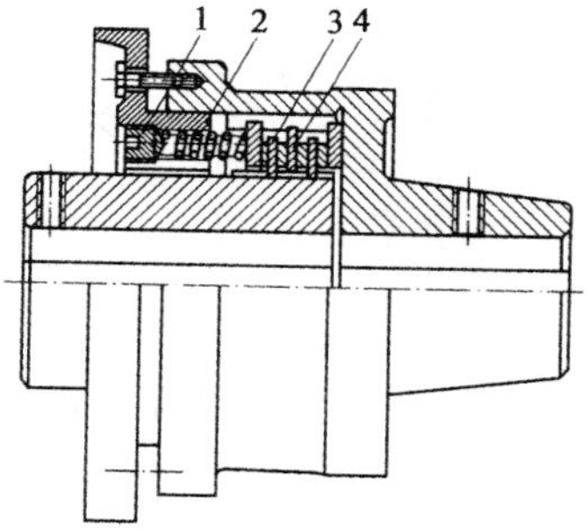

图 10-22　摩擦式安全离合器

1—调整螺钉;2—弹簧;3、4—内、外摩擦片

图 10-23 所示为牙嵌式安全离合器。它的基本构造与牙嵌离合器相同,只是牙面的倾角仪较大,工作时啮合牙面间能产生较大的轴向力 F_a。这种离合器也没有操纵机构,而用一弹簧压紧机构使两个半离合器接合,当转矩超过一定值时,F_a将超过弹簧压紧力和有关的摩擦阻力,半离合器 1 就会向左滑移,使离合器分离;当转矩减小时,离合器又自动接合。

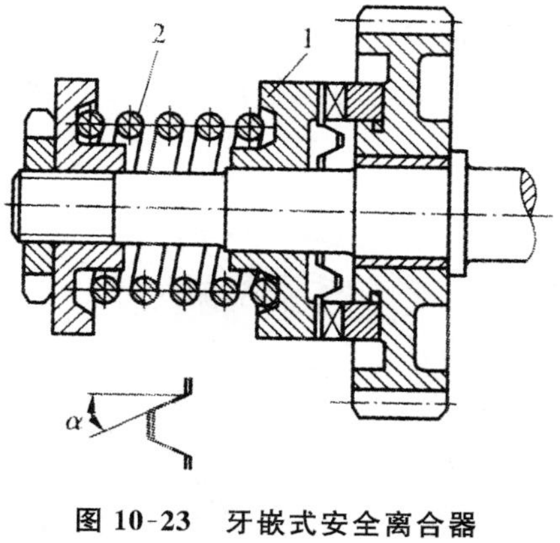

图 10-23　牙嵌式安全离合器

1—半离合器;2—弹簧

(2)离心式离合器

离心式离合器是通过转速的变化,利用离心力的作用来控制接合和分离的一种离合器。离心式离合器有自动接合式和自动分离式两种。前者当主动轴达到一定转速时,能自动接合;后者相反,当主动轴达到一定转速时能自动分离。

图 10-24 所示为一种自动接合式离合器。它主要由与主动轴 4 相连的轴套 3,与从动轴(图中未画出)相连的外鼓轮 1、瓦块 2、弹簧 5 和螺母 6 组成。瓦块的一端铰接在轴套上,一端通过弹簧力拉向轮心,安装时使瓦块与外鼓轮保持适当间隙。这种离合器常用做启动装置,当

机器启动后，主动轴的转速逐渐增加，当达到某一值时，瓦块将因离心力带动外鼓轮和从动轴一起旋转。拉紧瓦块的力可以通过螺母来调节。

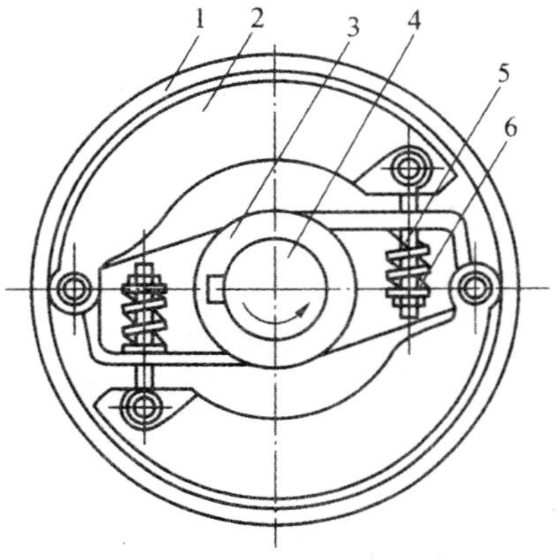

图 10-24　自动接合式离合器

1—外鼓轮；2—瓦块；3—轴套；4—主动轴；5—弹簧；6—螺母

这种离合器有时用于电动机的伸出轴端，或直接装在皮带轮中，使电动机正、反转时都是空载启动，以降低电动机启动电流的延续时间，改善电动机的发热现象。

(3)定向离合器

定向离合器只能传递单向转矩，反向时能自动分离。如前所述的锯齿形牙嵌离合器就是一种定向离合器，它只能单方向传递转矩，反向时会自动分离。这种利用齿的嵌合的定向离合器，空程时(分离状态运转)噪声大，故只宜用于低速场合。在高速情况下，可采用摩擦式定向离合器，其中应用较为广泛的是滚柱式定向离合器(见图 10-25)。它主要由星轮 1、外圈 2、弹簧顶杆 4 和滚柱 3 组成。弹簧的作用是将滚柱压向星轮的楔形槽内，使滚柱与星轮、外圈相接触。

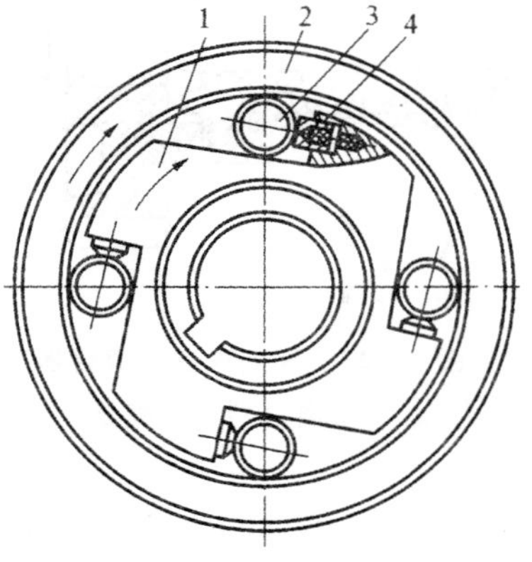

图 10-25　滚柱式定向离合器

1—星轮；2—外圈；3—滚柱；4—弹簧顶杆

星轮和外圈均可作为主动轮。当星轮为主动件并按图示方向旋转时，滚柱受摩擦力的作用被楔紧在槽内，因而带动外圈一起转动，这时离合器处于接合状态。当星轮反转时，滚柱受摩擦力的作用，被推到槽中较宽的部分，不再楔紧在槽内，这时离合器处于分离状态。

如果星轮仍按图示方向旋转，而外圈还能从另一条运动链获得与星轮转向相同但转速较大的运动时，按相对运动原理，离合器将处于分离状态。此时星轮和外圈互不相干，各自以不同的转速转动。所以，这种离合器又称为自由行走离合器。又由于它的接合和分离与星轮和外圈之间的转速差有关，因此也称超越离合器。

在汽车的发动机中装上这种定向离合器，启动时电动机通过定向离合器的外圈（此时外圈转向与图中所示相反）、滚柱、星轮带动发动机；当发动机发动以后，反过来带动星轮，使其获得与外圈转向相同但转速较大的运动，使离合器处于分离状态，以避免发动机带动启动电动机超速旋转。

定向离合器常用于汽车、拖拉机和机床等设备中。

10.3.5　离合器的设计和选用

除了应满足正确连接两轴以传递运动和动力的基本要求外，离合器的设计还应满足接合可靠、分离彻底、操纵平稳省力、结构简单、使用寿命长等要求。离合器的设计可参照有关离合器设计的资料或机械设计手册。

目前大多数离合器已标准化和系列化，所以一般无需对离合器自行设计，只需要参考有关手册对离合器进行选用。

选用离合器时，首先根据机器的使用要求和工作条件，并结合各种离合器的性能特点，正确选择离合器的类型。在确定类型之后，可根据载荷、转速、轴的尺寸等，来确定离合器型号和尺寸，一般不需要对离合器进行强度计算。重要的场合，则应对离合器元件强度、耐磨性进行验算，具体方法可参照有关设计手册。

第11章 弹　　簧

11.1 概　述

11.1.1 弹簧的功用

弹簧是一种弹性元件，多数机械设备均离不开弹簧。弹簧利用本身的弹性，在受载后产生较大变形，卸载后，变形消失而弹簧将恢复原状。弹簧在产生变形和恢复原状时，能够把机械功或动能转变为变形能，或把变形能转变为机械功或动能。利用弹簧的这种特性，可以满足机械中的一些特殊要求，其主要功用如下。

①控制机构的运动，如制动器、离合器中的控制弹簧，内燃机汽缸的阀门弹簧等。

②减振和缓冲，如汽车、火车车厢下的减振弹簧，以及各种缓冲器用的弹簧等。

③储存及输出能量，如钟表弹簧、枪栓弹簧等。

④测量力的大小，如测力器和弹簧秤中的弹簧等。

11.1.2 弹簧的类型

按载荷特性，弹簧可分为压缩弹簧、拉伸弹簧、扭转弹簧和弯曲弹簧；按弹簧外形，又可分为螺旋弹簧、碟形弹簧、环形弹簧、板弹簧等；按材料的不同，还可以分为金属弹簧和非金属弹簧等。表11-1列出了几种常用弹簧。

螺旋弹簧用簧丝卷绕制成，制造简便，适用范围广泛。在一般机械中，最为常用的是圆柱螺旋弹簧。故本章主要讲述这类弹簧的结构形式、设计理论和计算方法。

表 11-1　弹簧的类型

承受载荷	弹簧的类型	
拉伸	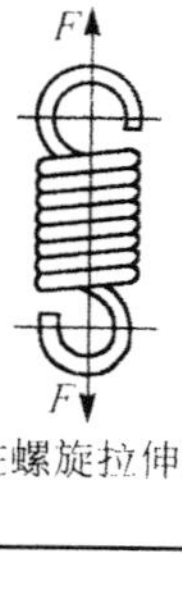 圆柱螺旋拉伸弹簧	 鼓形螺旋拉伸弹簧

续表

承受载荷		弹簧的类型
压缩	螺旋压缩弹簧	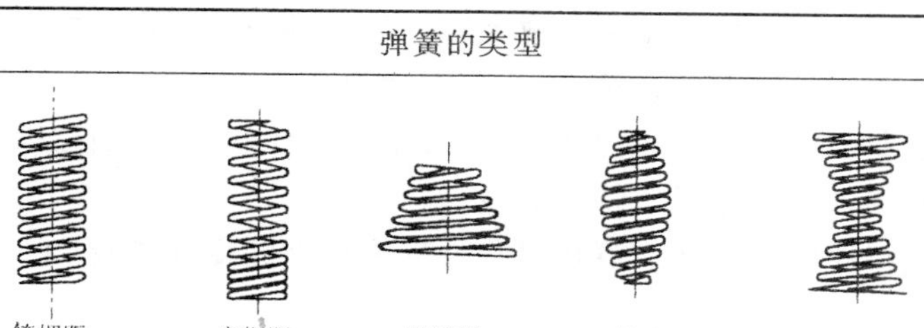 等螺距　变螺距　圆锥形　鼓形　圆弧面形
	其他类型	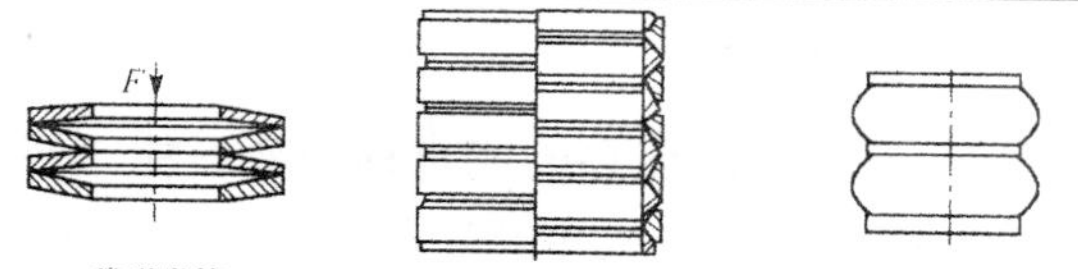 碟形弹簧　环形弹簧　空气弹簧
扭转		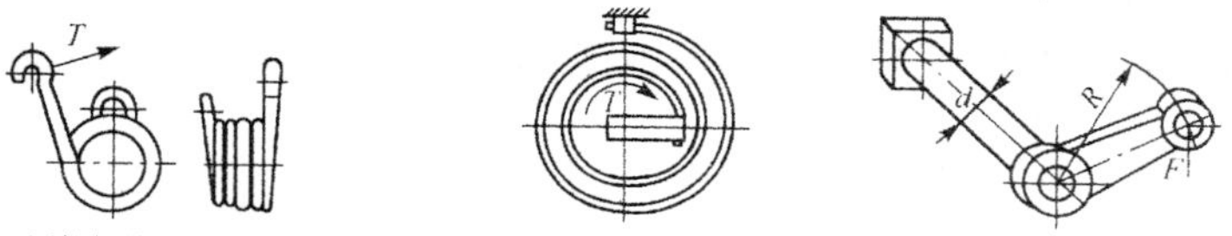 圆柱螺旋扭转弹簧　平面涡卷弹簧　扭杆弹簧
弯曲		 板簧

11.1.3　弹簧特性曲线

弹簧载荷 F 和变形量 λ 之间的关系曲线称为弹簧特性曲线，如图 11-1 所示。受压或受拉的弹簧，图中载荷是指压力或拉力，变形是指弹簧的压缩量或伸长量；受扭转的弹簧，载荷是指转矩，变形是指扭角。弹簧特性曲线有直线型、刚度渐增型、刚度渐减型或以上几种的组合。使弹簧产生单位变形所需的载荷称为弹簧刚度，用 c 表示，为载荷变量与变形变量之比，即

$$c=\frac{\mathrm{d}F}{\mathrm{d}\lambda} \tag{11-1}$$

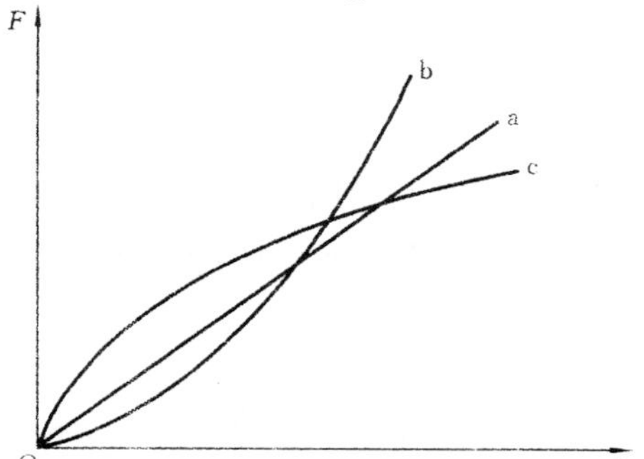

图 11-1　弹簧特性曲线

a—直线型；b—刚度渐增型；c—刚度渐减型

显然，直线型特性曲线的弹簧刚度 f 为常量，称为定刚度弹簧；对于刚度渐增型特性曲线，其弹簧受载愈大，弹簧刚度愈大；对于刚度渐减型特性曲线，其弹簧受载愈大，弹簧刚度愈小。弹簧刚度为变量的弹簧，称为变刚度弹簧。

对于非圆柱螺旋弹簧，其特性曲线是非线性的，对于圆柱螺旋弹簧（拉、压），可用改变弹簧节距的方法来实现非线性特性曲线。

弹簧特性曲线反映弹簧在受载过程中刚度的变化情况，它是设计、选择、制造和检验弹簧的重要依据之一。

11.1.4 弹簧变形能

弹簧受载后产生变形，所储存的能量称为变形能。当弹簧复原时，将其能量以弹簧功的形式放出。若加载曲线与卸载曲线重合，见图 11-2(a)，表示弹簧变形能全部以做功的形式放出；若加载曲线与卸载曲线不重合，见图 11-2(b)，则表示只有部分能量以做功形式放出，而另一部分能量因摩擦等原因而消耗，图 11-2(b)中横竖线交叉的部分为消耗的能量。

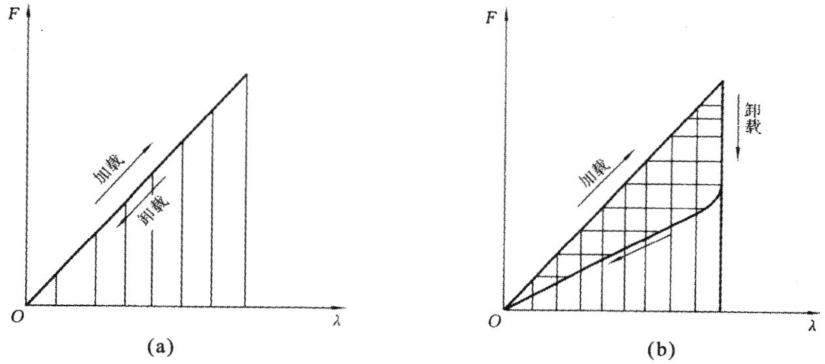

图 11-2 弹簧的形变能

显然，若需要弹簧的变形能做功，应选择两曲线尽可能重合的弹簧；若用弹簧来吸收振动，应选择加载曲线与卸载曲线所围面积大的弹簧，因为两曲线间的面积愈大，吸振能力愈强。

11.2 圆柱螺旋弹簧的材料、结构及制造

11.2.1 弹簧的材料

弹簧主要用于承受变载荷和冲击载荷，其失效形式主要是疲劳破坏。因此，要求弹簧材料必须具有较高的抗拉强度和疲劳强度、较好的弹性、足够的冲击韧性及稳定良好的热处理性能。同时，价格要便宜，易于购买。

(1)碳素弹簧钢

这种弹簧钢（如 65、70 钢等）的优点是价格便宜，原材料来源广泛；其缺点是弹性极限低，多次重复变形后易失去弹性，且不能在高于 130℃的温度下正常工作。

(2)低锰弹簧钢

这种弹簧钢（如 65Mn）与碳素弹簧钢相比，优点是淬透性较好和强度较高，缺点是淬火后

容易产生裂纹及热脆性。但由于价格便宜,所以一般机械上常用于制造尺寸不大的弹簧,如离合器弹簧等。

(3)硅锰弹簧钢

这种钢(如 $60Si_2MnA$)中因加入了硅,故可显著地提高弹性极限,并提高了回火稳定性,因而可在更高的温度下回火,有良好的力学性能。但含硅量高时,表面易于脱碳。由于锰的脱碳性小,故在钢中加入硅锰这两种元素,就是为了发挥各自的优点,因此硅锰弹簧钢在工业中得到了广泛的应用。一般用于制造汽车、拖拉机的螺旋弹簧。

(4)50 铬钒钢(如 50CrVA)

这种钢中加入钒的目的是细化组织,提高钢的强度和韧性。这种材料的耐疲劳和抗冲击性能良好,并能在-40℃～210℃的温度下可靠工作,但价格较贵。多用于要求较高的场合,如用于航空发动机调节系统中。

此外,某些不锈钢和青铜等材料,具有耐腐蚀的特点,青铜还具有防磁性和导电性,故常用于制造化工设备中或工作于腐蚀性介质中的弹簧。其缺点是不容易热处理,力学性能较差,所以在一般机械中很少采用。

在选择材料时,应考虑到弹簧的用途、重要程度、使用条件(包括载荷性质、尺寸大小及循环特性,工作持续时间,工作温度和周围介质情况等),以及加工、热处理和经济性等因素。同时,也要参照现有设备中使用的弹簧,选择较为合用的材料。

弹簧材料的许用扭转切应力[τ]和许用弯曲应力[σ_b]的大小和载荷性质有关,静载荷时的[τ]或[σ_b]较变载荷时的大。表 11-2 中推荐的几种常用材料及其[τ]和[σ_b]值,可供设计时参考。碳素弹簧钢丝拉伸强度极限 σ_b 按表 11-2 选取。

表 11-2　弹簧钢丝的拉伸强度极限 σ_b(MPa)(摘自 GB/T 1239・6—1992)

碳素弹簧钢丝				特殊用途碳素弹簧钢丝				重要用途弹簧钢丝	
钢丝直径 *d*/mm	Ⅰ组	Ⅱ组Ⅱ*a*组	Ⅲ组	钢丝直径 *d*/mm	甲组	乙组	丙组	钢丝直径 *d*/mm	65Mn
0.32～0.6	2599	2157	1667	0.2～0.55	2844	2697	2550		
0.63～0.8	2550	2108	1667	0.6～0.8	2795	2648	2501		
0.85～0.9	2501	2059	1618						
1	2452	2010	1618	0.9～1	2746	2599	2452	1～1.2	1765
1.1～1.2	2354	1912	1520	1.1		2599	2452		
1.3～1.4	2256	1863	1471	1.2～1.3		2501	2354	1.4～1.6	1716
1.5～1.6	2157	1814	1422	1.4～1.5		2403	2256		
1.7～1.8	2059	1765	1373						
2	1961	1765	1373					1.8～2	1667
2.2	1863	1667	1373					2.2～2.5	1618
2.5	1765	1618	1275						
2.8	1716	1618	1275						
3	1667	1618	1275					2.8～3.4	1569

续表

碳素弹簧钢丝				特殊用途碳素弹簧钢丝				重要用途弹簧钢丝	
钢丝直径 d/mm	Ⅰ组	Ⅱ组 Ⅱ a 组	Ⅲ组	钢丝直径 d/mm	甲组	乙组	丙组	钢丝直径 d/mm	65Mn
3.2	1667	1520	1177						
3.4～3.6	1618	1520	1177					3.5	1471
4	1569	1471	1128					3.8～4.2	1422
4.5～5	1471	1373	1079					4.5	1373
5.6～6	1422	1324	1030					4.8～5.3	1324
6.3～8		1226	981					5.5～6	1275

11.2.2 圆柱螺旋弹簧的结构形式

由于圆柱螺旋压缩、拉伸弹簧应用最广，所以下面分别介绍这两种弹簧的基本结构特点。

1. 圆柱螺旋压缩弹簧

圆柱螺旋压缩弹簧如图 11-3 所示，弹簧的节距为 p，在自由状态下，各圈之间应有适当的间距 δ，以便弹簧受压时，有产生相应变形的可能。为了使弹簧在压缩后仍能保持一定的弹性，设计时还应考虑在最大载荷作用下，各圈之间仍需保留一定的间距 δ_1。δ_1 的大小一般推荐为

$$\delta_1 = 0.1d \geqslant 0.2\text{mm} \tag{11-2}$$

式中，d 为弹簧丝的直径，mm。

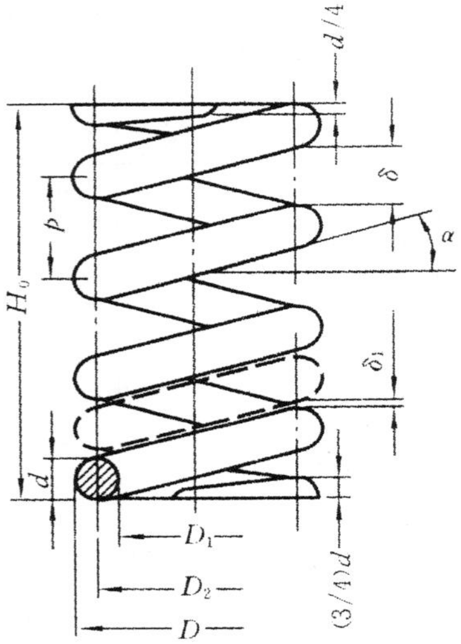

图 11-3 圆柱螺旋压缩弹簧

弹簧的两个端面圈应与邻圈并紧(无间隙)，只起支承作用，不参与变形，故称为死圈。当弹簧的工作圈数 $n \leqslant 7$ 时，弹簧每端的死圈约为 0.75 圈；$n > 7$ 时，每端的死圈约为 1～1.75

圈。这种弹簧端部的结构有多种形式(见图 11-4)，最常用的有两个端面圈均与邻圈并紧且磨平的 YⅠ型[见图 11-4(a)]、并紧不磨平的 YⅢ型[见图 11-4(c)]和加热卷绕时弹簧丝两端锻扁且与邻圈并紧(端面圈可磨平，也可不磨平)的 YⅡ型[见图 11-4(b)]三种。在重要的场合，应采用 YⅠ型，以保证两支承端面与弹簧的轴线垂直，从而使弹簧受压时不致歪斜。弹簧丝直径 $d \leqslant 0.5$mm 时，弹簧的两支承端面可不必磨平。$d > 0.5$mm 的弹簧，两支承端面则需磨平。磨平部分应不小于圆周长的 3/4，端头厚度一般不小于 $d/8$，端面粗糙度应低于 $\sqrt{Ra25}$。

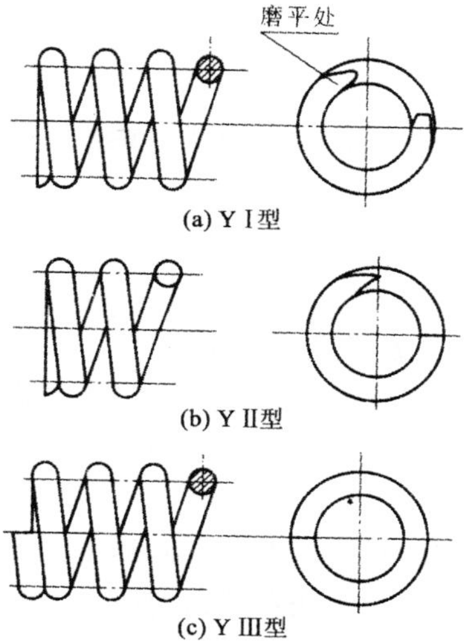

图 11-4　圆柱螺旋压缩弹簧的端面圈

2. 圆柱螺旋拉伸弹簧

如图 11-5 所示，圆柱螺旋拉伸弹簧空载时，各圈应相互并拢。另外，为了节省轴向工作空间，并保证弹簧在空载时各圈相互压紧，常在卷绕的过程中，同时使弹簧丝绕其本身的轴线产生扭转。这样制成的弹簧，各圈相互间即具有一定的压紧力，弹簧丝中也产生了一定的预应力，故称为有预应力的拉伸弹簧。这种弹簧一定要在外加的拉力大于初拉力 F_0 后，各圈才开始分离，故可较无预应力的拉伸弹簧节省轴向的工作空间。拉伸弹簧的端部制有挂钩，以便安装和加载。挂钩的形式如图 11-6 所示。其中图 11-6(a)型和图 11-6(b)型制造方便，应用很广。但因在挂钩过渡处产生很大的弯曲应力，故只宜用于弹簧丝直径 $d \leqslant 10$mm 的弹簧中。图 11-6(c)、(d)型挂钩不与弹簧丝连成一体，故无前述过渡处的缺点，而且这种挂钩可以转到任意方向，便于安装。在受力较大的场合，最好采用 LⅦ 型挂钩，但它的价格较贵。

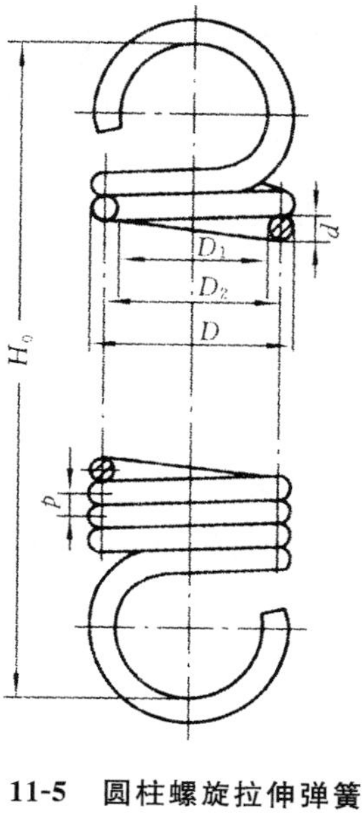

图 11-5　圆柱螺旋拉伸弹簧

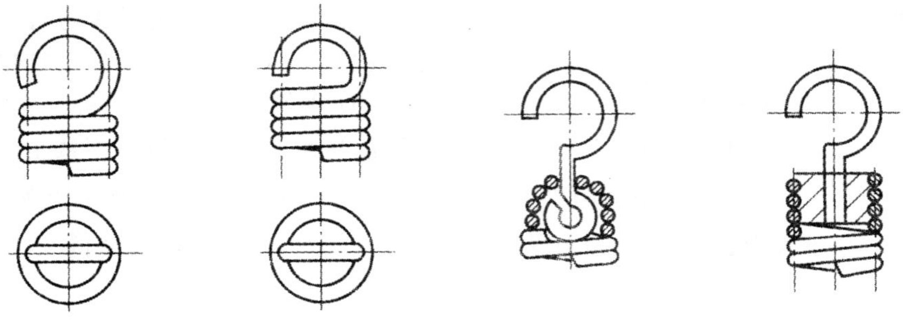

图 11-6　圆柱螺旋拉伸弹簧挂钩的形式

11.2.3　螺旋弹簧的制造

螺旋弹簧的制造过程主要包括卷绕、钩环的制作或端面圈的精加工、热处理、工艺试验及必要的强压强化处理。(强压强化处理是使弹簧在超过极限载荷作用下持续 6～48h，以便在弹簧丝截面的表层高应力区产生塑性变形和有益的与工作应力反向的残余应力，使弹簧在工作时的最大应力下降，从而提高弹簧的承载能力。但用于长期振动、高温或腐蚀性介质中的弹簧，不宜进行强压处理。)

卷绕是把合乎技术条件规定的弹簧丝卷绕在芯棒上。大量生产时，是在万能自动卷簧机上卷制；单件及小批生产时，则在普通车床和手动卷绕机上卷制。

卷绕分冷卷及热卷两种。冷卷用于经预先热处理后拉成的直径 $d<(8\sim10)$mm 的弹簧丝；直径较大的弹簧丝制作的强力弹簧则用热卷。热卷时的温度随弹簧丝的粗细在 800℃～1000℃的范围内选择。

对于重要的压缩弹簧，为了保证两端的承压面与其轴线垂直，应将端面圈在专用的磨床上磨平；对于拉伸及扭转弹簧，为了便于连接、固着及加载，两端应制有挂钩或杆臂(见图 11-6)。

弹簧在完成上述工序后，均应进行热处理。冷卷的弹簧只作回火处理，以消除卷制时产生的内应力。热卷的须经淬火及中温回火处理。热处理后的弹簧，表面不应出现显著的脱碳层。

此外，弹簧还须进行工艺试验和根据弹簧的技术条件的规定进行精度、冲击、疲劳等试验，以检验弹簧是否符合技术要求。要特别指出的是，弹簧的持久强度和抗冲击强度，在很大程度上取决于弹簧丝的表面状况，所以弹簧丝表面必须光洁，没有裂纹和伤痕等缺陷。表面脱碳会严重影响材料的持久强度和抗冲击性能。因此脱碳层深度和其他表面缺陷应在验收弹簧的技术条件中详细规定。重要的弹簧还须进行表面保护处理(如镀锌)，普通的弹簧一般涂以油或漆。

11.3　圆柱螺旋压缩(拉伸)弹簧的设计计算

圆柱形拉伸螺旋弹簧与压缩螺旋弹簧除结构有区别外，两者的应力、变形与作用力之间的关系等基本相同。

这类弹簧的设计计算内容主要有：确定结构形式与特性曲线；选择材料和确定许用应力；

由强度条件确定弹簧丝的直径和弹簧中径；由刚度条件确定弹簧的工作圈数；确定弹簧的基本参数、尺寸等。

11.3.1 几何参数计算

普通圆柱螺旋弹簧的主要几何尺寸有：外径 D、中径 D_2、内径 D_1、节距 p、螺旋升角 α 及弹簧丝直径 d。由图 11-7 可知，它们的关系为

$$\alpha=\arctan\frac{p}{\pi D_2} \tag{11-3}$$

式中，弹簧的螺旋升角 α，对圆柱螺旋压缩弹簧一般应在 5°～9°范围内选取。弹簧的旋向可以是右旋或左旋，但无特殊要求时，一般都使用右旋。

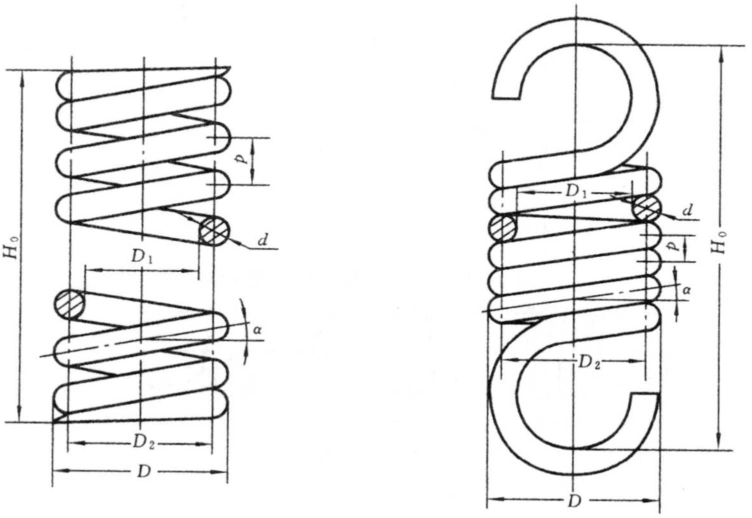

(a)压缩弹簧　　(b)拉伸弹簧

图 11-7 圆柱螺旋弹簧的几何尺寸

11.3.2 圆柱压缩、拉伸螺旋弹簧的特性曲线

弹簧应具有经久不变的弹性，且不允许产生永久变形。因此在设计弹簧时，务必使其工作应力在弹性极限范围内。在这个范围内工作的压缩弹簧，当承受轴向载荷 F 时，弹簧将产生相应的弹性变形，如图 11-8(a)所示。对圆柱压缩弹簧，其特性曲线如图 11-8(b)所示。对拉伸弹簧，如图 11-9(a)所示。图 11-9(b)为无预应力的拉伸弹簧的特性曲线，图 11-9(c)为有预应力的拉伸弹簧的特性曲线。

图 11-8(a)中的 H_0是压缩弹簧在没有承受外力时的自由长度。弹簧在安装时，通常预加一个压力 F_1，使它可靠地稳定在安装位置上。F_1称为弹簧的最小载荷(安装载荷)。在它的作用下，弹簧的长度被压缩到 H_1，其压缩变形量为 λ_1。F_2为弹簧承受的最大工作载荷。在 F_2作用下，弹簧长度减到 H_2，其压缩变形量增到 λ_2。λ_2与 λ_1的差即为弹簧的工作行程 h，$h=\lambda_2-\lambda_1$。$F_{\lim}$为弹簧的极限载荷。在该力的作用下，弹簧丝内的应力达到了材料的弹性极限。与

F_{lim}对应的弹簧长度为 H_3，压缩变形量为 λ_{lim}。

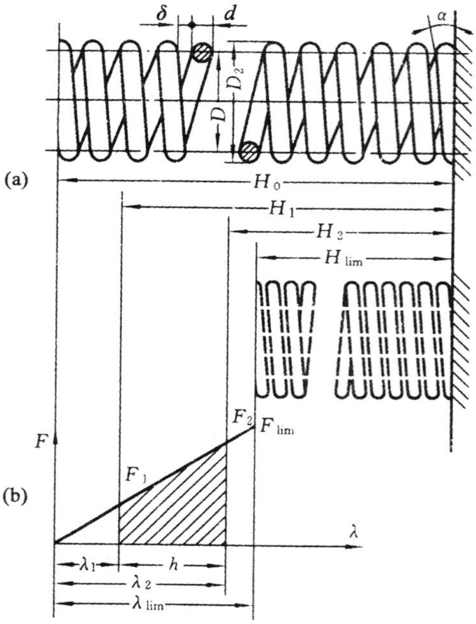

图 11-8 旋拉伸弹簧的特性曲线

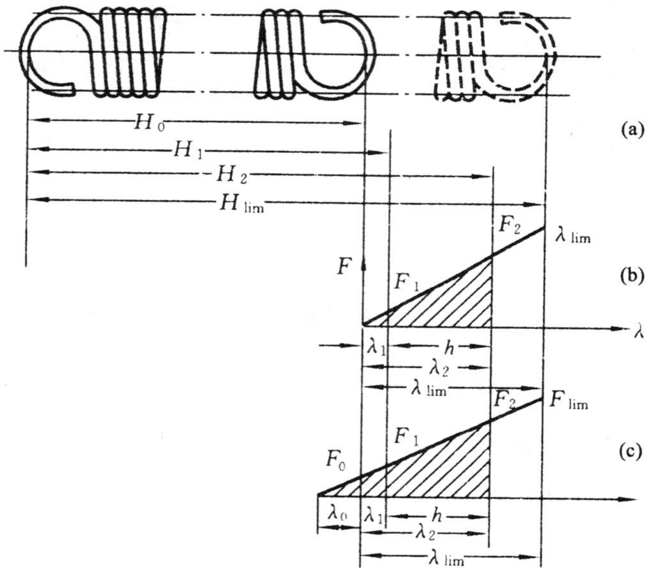

图 11-9 圆柱螺旋拉伸弹簧的特性曲线

等节距的圆柱螺旋压缩弹簧的特性曲线为一直线，亦即

$$\frac{F_1}{\lambda_1}=\frac{F_2}{\lambda_2}=\cdots=\text{常数} \tag{11-4}$$

压缩弹簧的最小工作载荷通常取为 $F_1=(0.1\sim0.5)F_{\mathrm{lim}}$；但对有预应力的拉伸弹簧，见图 11-9(c)，$F_1>F_0$，$F_0$ 为使具有预应力的拉伸弹簧开始变形时所需的初拉力。弹簧的最大工作载荷

F_{max}，由弹簧在机构中的工作条件决定，但不应到达它的极限载荷，通常应保持 $F_2 \leqslant 0.8F_{lim}$。

弹簧的特性曲线应绘在弹簧工作图中，作为检验和试验时的依据之一。此外，在设计弹簧时，利用特性曲线分析受载与变形的关系也较方便。

11.3.3　圆柱螺旋弹簧受载时的应力及变形

圆柱螺旋弹簧受压或受拉时，弹簧丝的受力情况是完全一样的。现就图 11-10 所示的圆形截面弹簧丝的压缩弹簧承受轴向载荷 F 的情况进行分析。

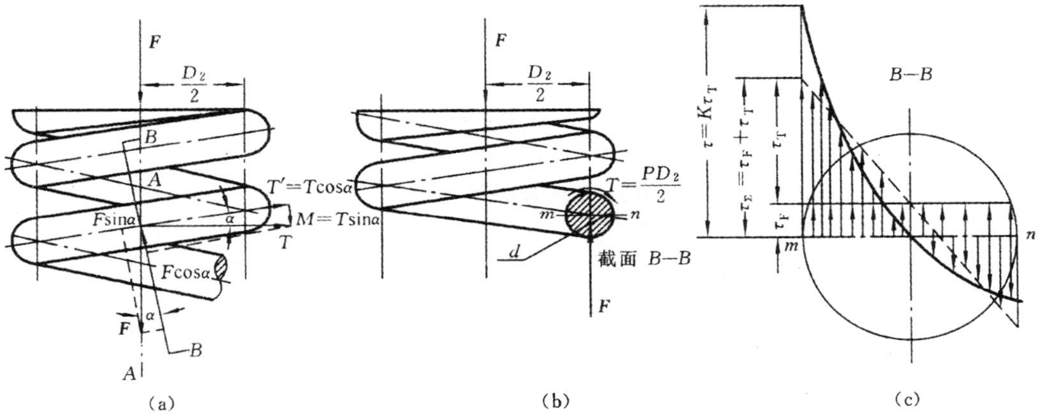

图 11-10　圆柱螺旋弹簧的受力及应力分析

由图 11-10(a)(图中弹簧下部断去，未示出)可知，由于弹簧丝具有升角 α，故在通过弹簧轴线的截面上，弹簧丝的截面 $A—A$ 呈椭圆形，该截面上作用着力 F 及扭矩 $T=\dfrac{FD_2}{2}$。因而在弹簧丝的法向截面 $B—B$ 上则作用有横向力 $F\cos\alpha$、轴向力 $F\sin\alpha$、弯矩 $M=T\sin\alpha$ 及扭矩 $T'=T\cos\alpha$。

由于弹簧的螺旋升角一般取为 $\alpha=5°\sim9°$，故 $\sin\alpha\approx0$；$\cos\alpha\approx1$，见图 11-10(b)，则截面 $B—B$ 上的应力[图 11-10(c)]可近似地取为

$$\tau_\Sigma=\tau_F+\tau_T=\frac{F}{\dfrac{\pi d^2}{4}}+\frac{\dfrac{FD_2}{2}}{\dfrac{\pi d^3}{16}}=\frac{4F}{\pi d^2}\left(1+\frac{2D_2}{d}\right)=\frac{4F}{\pi d^2}(1+2C) \tag{11-5}$$

式中，$C=\dfrac{D_2}{d}$，称为旋绕比(或弹簧指数)。

为了使弹簧本身较为稳定，不致颤动和过软，C 值不能太大；但是为了避免卷绕时弹簧丝受到强烈弯曲，C 值又不应太小。C 值的范围为 4～16(见表 11-3)，常用值为 5～8。

表 11-3　常用旋绕比 C 值

d/mm	0.2～0.4	0.45～1	1.1～2.2	2.5～6	7～16	18～42
$C=\dfrac{D_2}{d}$	7～14	5～12	5～10	4～9	4～8	4～6

为了简化计算，通常在式(11-5)中取 $1+2C\approx2C$(因为当 $C=4\sim16$ 时，$2C\gg1$，实质上略去了 τ_F)，由于弹簧丝升角和曲率的影响，弹簧丝截面中的应力分布将如图 11-10(c)中的粗实

线所示。由图 11-10(c)可知,最大应力产生在弹簧丝截面内侧的 m 点。实践证明,弹簧的破坏也大多由这点开始。为了考虑弹簧丝的升角和曲率对弹簧丝中应力的影响,现引进一个曲度系数 K,则弹簧丝内侧的最大应力及强度条件可表示为

$$\tau = K\tau_F = K\frac{8CF}{\pi d^2} = K\frac{8F_0 D_2}{\pi d^3} \leqslant [\tau] \tag{11-6}$$

式中,曲度系数 K,对于圆截面弹簧丝可按下式计算:

$$K \approx \frac{4C-1}{4C-4} + \frac{0.615}{C} \tag{11-7}$$

圆柱螺旋压缩(拉伸)弹簧受载后的轴向变形量又可根据材料力学关于圆柱螺旋弹簧变形量的公式求得,即

$$\lambda = \frac{8FD_2^3 n}{Gd^4} = \frac{8FC^3 n}{Gd} \tag{11-8}$$

式中,n 为弹簧的有效圈数;G 为弹簧材料的剪切模量。

如以 F_2 代替 F,则最大轴向变形量如下。

①对于压缩弹簧和无预应力的拉伸弹簧。

$$\lambda_2 = \frac{8F_2 C^3 n}{Gd} \tag{11-9}$$

②对于有预应力的拉伸弹簧。

$$\lambda_2 = \frac{8(F_2 - F_0)C^3 n}{Gd} \tag{11-10}$$

拉伸弹簧的初拉力(或初应力)取决于材料、弹簧丝直径、弹簧旋绕比和加工方法。

用不需淬火的弹簧钢丝制成的拉伸弹簧,均有一定的初拉力。如不需要初拉力时,各圈间应有间隙。经淬火的弹簧,没有初拉力。当选取初拉力时,推荐初应力 τ_0' 值在图 11-11 的阴影区内选取。

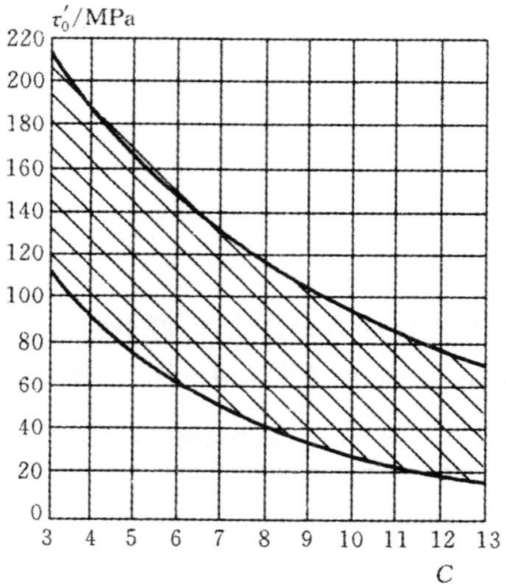

图 11-11　弹簧初应力的选择范围

初拉力按下式计算,即

$$F_0=\frac{\pi d^3\tau_0}{8KD_2} \tag{11-11}$$

使弹簧产生单位变形所需的载荷 k_F 称为弹簧刚度,即

$$k_F=\frac{F}{\lambda}=\frac{Gd}{8C^3n}=\frac{Gd^4}{8D_2^3n} \tag{11-12}$$

弹簧刚度是表征弹簧性能的主要参数之一。它表示使弹簧产生单位变形时所需的力,刚度愈大,需要的力愈大,则弹簧的弹力就愈大。但影响弹簧刚度的因素很多,从式(11-12)可知,k_F 与 C 的三次方成反比,即 C 值对 k_F 的影响很大。所以,合理地选择 C 值就能控制弹簧的弹力。另外,k_F 还和 G、d、n 有关。在调整弹簧刚度 k_F 时,应综合考虑这些因素的影响。

11.3.4 承受静载荷的圆柱螺旋压缩(拉伸)弹簧的设计

弹簧的静载荷是指载荷不随时间变化,或虽有变化但变化平稳,且总的重复次数不超过 10^3 次的交变载荷或脉动载荷。在这些情况下,弹簧是按静载强度来设计的。

在设计时,通常是根据弹簧的最大载荷、最大变形以及结构要求(如安装空间对弹簧尺寸的限制)等来决定弹簧丝直径、弹簧中径、工作圈数、弹簧的螺旋升角和长度等。

具体设计方法和步骤如下:

①根据工作情况及具体条件选定材料,并查取其力学性能数据。

②选择旋绕比 C,通常可取 $C\approx5\sim8$(极限状态时不小于 4 或超过 16),并按式(11-7)算出曲度系数 K 值。

③根据安装空间初设弹簧中径 D,根据 C 值估取弹簧丝直径 d。

④试算弹簧丝直径 d',由式(11-6)可得

$$d'\geqslant1.6\sqrt{\frac{F_2KC}{[\tau]}} \tag{11-13}$$

⑤根据变形条件求出弹簧工作圈数。由式(11-9)、式(11-10)得

对于有预应力的拉伸弹簧

$$n=\frac{Gd}{8(F_{\max}-F_0)C^3}\lambda_{\max}$$

对于压缩弹簧或无预应力的拉伸弹簧

$$n=\frac{Gd}{8F_{\max}C^3}\lambda_{\max} \tag{11-14}$$

⑥求出弹簧的尺寸 D_2、D_1、H_0,并检查其是否符合安装要求等。如不符合,则应改选有关参数(例如 C 值)重新设计。

⑦验算稳定性。对于压缩弹簧,如其长度较大时,则受力后容易失去稳定性,见图 11-12(a),这在工作中是不允许的。为了便于制造及避免失稳现象,建议一般压缩弹簧的长径比 $b=\dfrac{H_0}{D_2}$ 按下列情况选取:

- 当两端固定时,取 $b<5.3$。
- 当一端固定,另一端自由转动时,取 $b<3.7$。
- 当两端自由转动时,取 $b<2.6$。

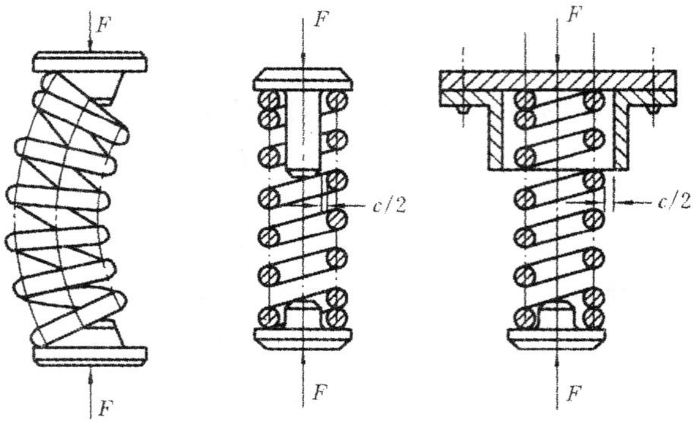

(a) 失稳　(b) 加装导杆　(c) 加装导套

图 11-12　压缩弹簧失稳及对策

当 b 大于上述数值时，要进行稳定性验算，并应满足

$$F_c = C_u k_F H_0 > F_2 \tag{11-15}$$

式中，F_c为稳定时的临界载荷；C_u为不稳定系数，可从图 11-13 中查得；F_2为弹簧的最大工作载荷。

如 $F_2 > F_c$时，要重新选取参数，改变易值，提高 F_c值，使其大于 F_2值，以保证弹簧的稳定性。如条件受到限制而不能改变参数时，则应加装导杆[图 11-12(b)]或导套[图 11-12(c)]。

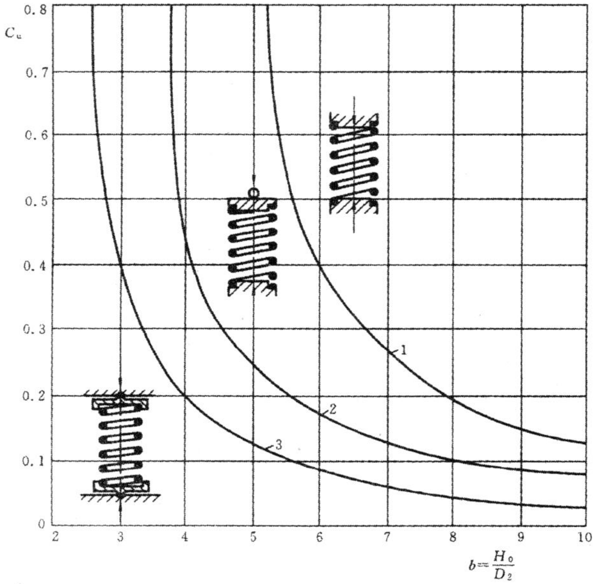

图 11-13　不稳定系数线图

1—两端固定；2—端固定，另一端自由；3—两端自由转动

⑧进行弹簧的结构设计。如对拉伸弹簧确定其钩环类型等。

⑨绘制弹簧工作图。

第 12 章　机械可靠性设计

12.1　概　述

12.1.1　可靠性研究的重要性

通常人们所说的“可靠性”指的是“可以信赖的”或是“可以信任的”。对于一个机械产品或电子仪器，当人们要求它运行和工作时，它就应该正常运行和工作，这种产品就被称为是可靠的，否则它就属于不可靠。因此，产品的可靠性，特别是一些重要的产品，如国防军工装备、机械电子产品、石油化工装备、核动力工程装备等的可靠性与国民经济、生产和人身安全息息相关。因此，研究产品的可靠性显得十分重要和迫切。可靠性的重要性具体体现在以下几个方面。

1. 可靠性高的产品具有安全性

提高产品的可靠性，可以防止事故和故障的发生，尤其避免灾难性事故的发生。1986 年，美国“挑战者”号航天飞机由于一个密封圈失效，起飞 76s 后爆炸，造成 12 亿美元的经济损失；1992 年，我国发射“澳星”时，由于一个零件的故障，使“澳星”发射失败，造成巨大经济损失；2003 年，美国“哥伦比亚”号太空船在返回地面大气层时，由于机身上的一块隔热板被外挂油箱的脱落泡绵击中而刺穿，太空船烧成火球后解体。

现代高科技产品，由于其功能的严格性和结构的复杂性，对安全性提出了更高的要求。如“阿波罗”号宇宙飞船，具有 720 万个零件，有 120 所大学 15000 多个研究部门约 42 万人参与研制，如此规模庞大、内容复杂的工程，任一环节的失误都可能导致严重后果，因此，必须运用可靠性技术与工程管理才能保证其安全性。

2. 可靠性高的产品具有实用性

提高产品的可靠性，可以减少停机时间和维护人员，提高产品使用率。现代产品工作环境变得更加严酷，从陆地、海洋到太空，严酷的环境对系统高可靠性、高安全性等综合特性提出了挑战，系统要求的持续无故障任务时间加长，如太空探测器的长时间无故障飞行要求，潜水机器人、人造心脏、心脏起搏器的长期安全工作等，迫使系统必须有良好的可靠性。

3. 可靠性高的产品能创造大的经济效益

产品可靠性的提高使得维修费及停机检查损失费减少，使产品生产和使用的总费用降低；产品可靠性的提高可减少系统中的备用台数，降低了设备投资；产品用可靠性设计可以设计出相对体积小质量小的产品，避免了用传统经验方法估算安全系数取值偏大而造成材料的浪费。

更为重要的是，可靠性高的产品可以提高品牌和企业信誉，具有竞争力，从而占领市场，取得战略性成功和大的经济效益。

12.1.2 可靠性的概念

按照国家有关标准，可靠性(Reliability)的定义为：产品在规定的条件下和在规定的时间内完成规定功能的能力。

定义中“产品”的概念具有广义的含义，是指作为研究对象或试验对象的元件、零部件、机械设备或系统。

对工程机械而言，规定的条件是指作业条件、环境条件、维护条件、操作技术和管理水平等。离开了规定的条件，可靠性的评价就失去了基础，也就不能正确判断产品的质量。

规定的时间是指度量产品使用过程的尺度，可以是工作小时数、应力循环次数、工作转数、行驶里程等。由于各种磨损、老化、疲劳等现象的存在，产品不可能永久保持其技术状态不变，因此，规定的时间就成为确定产品可靠性的先决条件。

规定的功能是指国家标准和有关技术文件中所规定的产品的各种功能、技术性能指标和要求。通过试验证明达到规定的各项指标和要求，则称产品完成规定的功能，如果不能完成规定的功能，则称产品发生故障(Fault)或失效(Failure)。描述产品功能的数量指标是故障诊断的基本判据，如果没有明确的数量界限，就难以正确判断是否发生故障，也会引发争议。

定义中的能力是指产品完成规定功能的可能性。由于产品故障是一随机现象，因此，这种可能性具有统计学的意义，常用不发生故障的概率加以表示。

对于工程机械产品，可靠性的概念可表述为：在规定的作业工况、使用维护、封存及运输条件下，在规定的寿命周期内，产品保持技术性能指标在允许的范围内，并完成规定作业功能的能力。

产品的可靠性在设计中确定，在制造中形成和保证，在使用过程中得到检验和逐渐丧失。把产品在生产制造中所形成的可靠性称为固有可靠性(Inherent Reliability)，它是产品的内在特性，与设计制造水平有关。产品在使用过程中所表现的可靠性称为使用可靠性(Use Reliability)，使用可靠性受作业环境条件、保养、维修以及操作人员水平等因素的影响。

可靠性是一个综合概念，有狭义和广义可靠性之分。广义可靠性是指产品在整个寿命期限内完成规定功能的能力。除可靠性外，广义可靠性还包括维修性(Maintainability)和耐久性(Durability)等。狭义可靠性、维修性和广义可靠性三者之间存在下述关系，即

$$\text{狭义可靠性}+\text{维修性}=\text{广义可靠性}$$

12.1.3 可靠性特征量

产品的可靠性特征量是对产品在规定条件和规定时间内完成规定功能的能力的描述，鉴于可靠性所研究的产品的广泛性和复杂性，因此，对它们性能的描述也是各有侧重的，在可靠性分析中采用的各种数量指标，即是从不同角度对产品可靠程度的定性和定量的表达，这些数量指标即称为可靠性特征量。

可靠性特征量主要有可靠度、失效概率(或不可靠度)、失效率、平均寿命、可靠寿命与中位寿命等，它们代表了产品可靠性的主要内容。

1. 可靠度

可靠度是"产品在规定的条件下和规定的时间内，完成规定功能的概率"，通常用"R"表示。考虑到它是时间的函数，因此，又可表示为 $R=R(t)$，称为可靠度函数。就概率分布而言，它被称为可靠度分布函数，且是累积分布函数。它表示在规定的使用条件下和规定的时间内，无故障地发挥规定功能而工作的产品占全部工作产品（累积起来）的百分率，因此，可靠度 R 或 $R(t)$ 的取值范围为

$$0 \leqslant R(t) \leqslant 1 \tag{12-1}$$

如果用随机变量 T 表示产品从开始工作到发生失效或故障的时间，概率密度为 $f(t)$，则该产品在某已指定时刻 t 的可靠度，如图 12-1 所示。

$$R(t) = P(T < t) = \int_t^{\infty} f(t)\mathrm{d}t \tag{12-2}$$

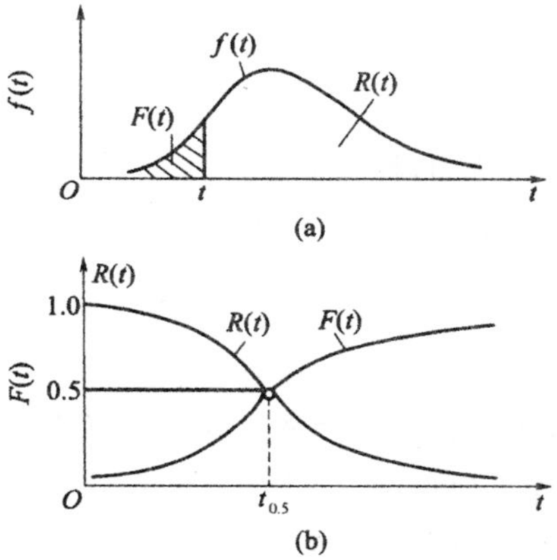

图 12-1　可靠度、失效概率与时间的关系

对于不可修复产品，可靠度的观测值是指直到规定的时间区间终了为止，能完成规定功能的产品数 $N_s(t)$ 与在该区间开始时投入工作的产品数 N 之比，即

$$\hat{R}(t) = \frac{N_s(t)}{N} = 1 - \frac{N_f(t)}{N} \tag{12-3}$$

式中，$N_f(t)$ 为到 t 时刻未完成规定功能的产品数。

对可修复产品，可靠度观测值是指一个或多个产品的无故障工作时间达到或超过规定时间的次数，与观测时间内无故障工作的总次数之比（如图 12-2 所示），即

$$\hat{R}(t) = \frac{N_s(t)}{N} \tag{12-4}$$

式中，N 为观测时间内无故障工作的总次数，每个产品的最后一次无故障工作时间如果未超过规定时间，则不予计入；$N_s(t)$ 为无无故障工作时间达到或超过规定时间的次数。

由定义可知，可靠度与不可靠度都是对一定时间而言，如果所指时间不同，同一可靠度值就不同。

上述可靠度公式中的时间是从零算起的，实际使用中常需知道工作过程中某一段执行任务时间的可靠度，即需要知道已经工作 t_1 后、再继续工作 t_2 的可靠度。

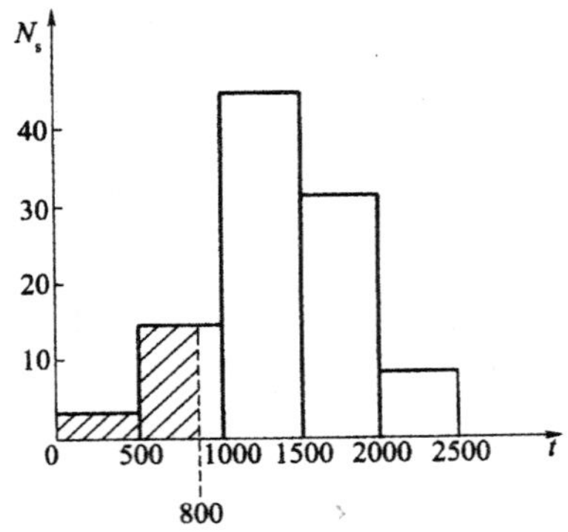

图 12-2　可靠度观察值

从时间 t_1 工作到 t_1+t_2 的条件可靠度称为任务可靠度，记为 $R(t_1+t_2|t_1)$。由条件概率可知

$$R(t_1+t_2)=P(T>t_1+t_2\,|\,T>t_1)=\frac{R(t_1+t_2)}{R(t_1)} \tag{12-5}$$

根据样本的观测值，任务可靠度的观测值为

$$\hat{R}(t_1+t_2\,|\,t_1)=\frac{N_s(t_1+t_2)}{N_s(t_1)} \tag{12-6}$$

2. 失效概率

与可靠度相对应的是不可靠度，它表示“产品在规定的条件下和规定的时间内，不能完成规定功能的概率”，因此，又称为失效概率，记为 F。失效概率 F 也是时间 t 的函数，因此，又称为失效概率函数或不可靠度函数，并记为 $F(t)$。它也是累积分布函数，也可称为累积失效概率。显然它与可靠度呈互补关系，即

$$R(t)+F(t)=1 \tag{12-7}$$

因为完成规定功能与未完成规定功能是对立事件，按概率互补定理

$$F(t)=1-R(t)=P(T<t)=\int_{-\infty}^{t}f(t)\,\mathrm{d}t \tag{12-8}$$

累积失效概率的观测值可按概率互补定理得

$$\hat{F}(t)=1-\hat{R}(t) \tag{12-9}$$

失效概率与可靠度的关系如图 1-1 所示。

3. 失效率

对一件产品而言，随工作时间的增加，其可靠性是逐渐降低的，即该产品发生失效的概率是逐渐增加的。为了准确描述产品的这种可靠性特性，引入了失效率的概念。

失效率是工作到某时刻尚未失效的产品，在该时刻后，单位时间内发生失效的概率。一般记为 λ，它也是时间 t 的函数，故也记为 $\lambda(t)$，称为失效率函数。

按上述定义，失效率为

$$\lambda(t)=\lim_{\Delta t\to 0}P(t\leqslant T\leqslant t+\Delta t\,|\,T>t) \tag{12-10}$$

它反映了 t 时刻产品失效的速率，也称为瞬时失效率。

失效率的观测值是在某时刻后，单位时间内失效的产品数与工作到该时刻尚未失效的产品数之比，即

$$\hat{\lambda}(t)=\frac{\Delta N_f(t)}{N_s(t)\Delta t}=\frac{n(t+\Delta t)-n(t)}{[N-n(t)]\cdot\Delta t} \tag{12-11}$$

平均失效率是指在某一规定时间内失效率的平均值。例如，在 (t_1,t_2) 内失效率平均值为

$$\bar{\lambda}(t)=\frac{1}{t_2-t_1}\int_{t_1}^{t_2}\lambda(t)\mathrm{d}t \tag{12-12}$$

失效率的单位用单位时间的百分数表示。例如，$\% \cdot 10^{-3}\cdot h^{-1}$，可记为 $10^{-5}\cdot h^{-1}$。失效率的单位也常取成 h^{-1}、km^{-1}、次$^{-1}$等。

失效率曲线反应了产品总体整个寿命期失效率的情况。图 12-3 所示为失效率曲线的典型情况，有时形象地称为浴盆曲线。失效率随时间的变化可分为以下 3 个部分。

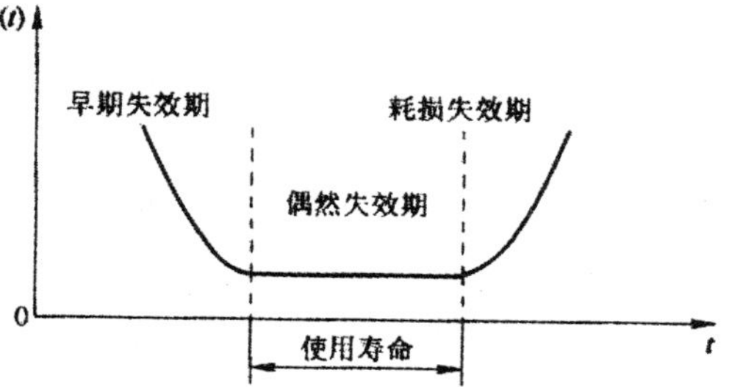

图 12-3 失效率曲线

(1)早期失效期(递减型曲线)

在产品使用初期，开始时失效率较高，随着使用时间的增加失效率会较快下降。此阶段产品失效一般由于设计、加工、装配以及材料的缺陷等原因造成，此阶段长短根据设备情况不同而异。为了缩短此阶段时间，产品应提高设计和制造质量，并筛选剔除不合格品；投入使用前进行试运转，以便及早发现和排除缺陷。

(2)偶然失效期(恒定型曲线)

该阶段是产品的稳定工作阶段，此阶段中故障的发生仅是偶然的，失效率不随时间变化，基本维持不变。该阶段是产品的最佳状态和有效寿命期，延长该阶段也就是延长产品的使用寿命。该阶段内产品失效是由于小概率事件的随机因素发生。故对该阶段失效原因的研究，对提高产品可靠性有重要意义。

(3)耗损失效期(递增型曲线)

该阶段失效率随时间延长而急速增加，这是因为构成设备、系统的某些零件已过度疲劳、老化、磨损，寿命即将衰竭。当零件或系统的失效率达到一定值时，就应及时更换易损零部件，以延长使用寿命，如能在进入耗损期之前进行更换或维修，就可推迟耗损失效期的到来。

4. 平均寿命

平均寿命是寿命的平均值。对不可修产品，寿命是指它失效前的工作时间。因此，平均寿命的含义是指同类产品从开始使用直到失效前的工作时间的平均值，也称为平均故障前时间，

一般记为 MTTF(Mean Time To Failure);而对可修复产品则指平均无故障工作时间,一般记为 MTBF(Mean Time Between Failure)。它们都表示无故障工作时间 T 的数学期望 $E(t)$,或简记为 $\bar{t}$。

若已知 T 的概率密度 $f(t)$,则

$$\bar{t} = E(t) = \int_0^{\infty} t f(t) \mathrm{d}t \tag{12-13}$$

对于完全样本,即所有试验样品都观测到发生失效或故障时,平均寿命的观测值是指它们的算术平均值,即

$$\hat{t} = \frac{1}{n}\sum_{i=1}^{n} t_i \tag{12-14}$$

5. 可靠寿命与中位寿命

产品可靠度与它的使用期限有关。也就是说,可靠度是工作寿命 t 的函数,可以用可靠度函数 $R(t)$ 表示。因此,当 $R(t)$ 为已知时,就可以求得任意时间的可靠度。反之,如果确定了可靠度,也可以求出相应的工作寿命(时间)。

可靠寿命是指定的可靠度所对应的时间,一般记为 $t(R)$。

一般可靠度随着工作时间 t 的增大而下降。给定不同的 R,则有不同的 $t(R)$,即

$$t(R) = R^{-1}(R) \tag{12-15}$$

式中,R^{-1} 为 R 的反函数,即由 $R(t)=R$ 反求 t。

可靠寿命的观测值是能完成规定功能的产品的比例,恰好等于给定可靠度 R 时所对应的时间。

当 $R=0.5$,即 $R(t)=F(t)=0.5$ 时的寿命称为中位寿命,如图 12-4 所示,记为 $\tilde{t}$、$t_{0.5}$ 或 $t(0.5)$。

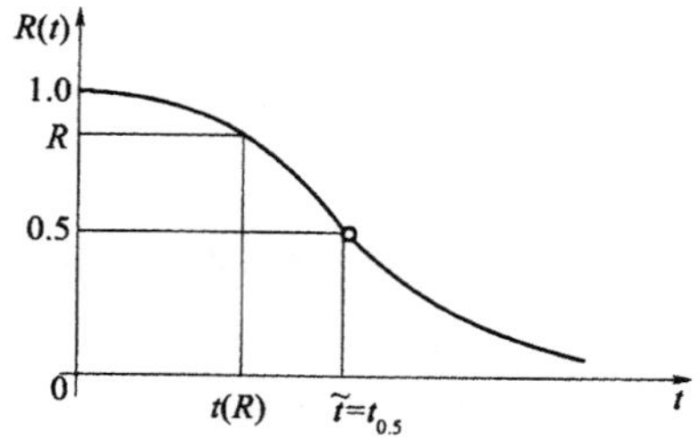

图 12-4 可靠寿命与中位寿命

6. 可靠性特征量之间的关系

可靠性特征量中 $R(t)$、$F(t)$、$f(t)$ 和 $\lambda(t)$ 是 4 个基本函数,只要知道其中一个函数,则所有其他的特征量均可求得。以指数分布为例,它们之间的关系如表 12-1 所示。

表 12-1　可靠性特征量中 4 个基本函数之间的关系

基本函数	$R(t)$	$F(t)$	$f(t)$	$\lambda(t)$
$R(t)$	—	$1-F(t)$	$\int_t^{\infty} f(t)\mathrm{d}t$	$\exp\left[-\int_0^t \lambda(t)\mathrm{d}t\right]$
$F(t)$	$1-R(t)$	—	$\int_0^t f(t)\mathrm{d}t$	$1-\exp\left[-\int_0^t \lambda(t)\mathrm{d}t\right]$
$f(t)$	$-\frac{\mathrm{d}R(t)}{\mathrm{d}t}$	$-\frac{\mathrm{d}F(t)}{\mathrm{d}t}$	—	$\lambda(t)\exp\left[-\int_0^t \lambda(t)\mathrm{d}t\right]$
$\lambda(t)$	$-\frac{\mathrm{d}}{\mathrm{d}t}\ln R(t)$	$\frac{1}{1-F(t)}\cdot\frac{\mathrm{d}F(t)}{\mathrm{d}t}$	$\frac{f(t)}{\int_t^{\infty} f(t)\mathrm{d}t}$	—

12.1.4　可靠性学科研究范畴

可靠性作为一门学科，它主要是用定量的方法来研究产品的动态质量，因此，它为推动产品的设计、分析的现代化提供了必要的理论基础和分析方法。可靠性学科所包含的内容十分广泛，大致包括可靠性数学、可靠性物理、可靠性工程三个方面。

1. 可靠性数学

可靠性数学，它主要是研究解决各种可靠性问题的数学模型和数学方法，它属于应用数学的研究范畴。它涉及的面非常广泛，主要包括数理统计、随机过程、运筹学、模糊数学和概率论等。现在随着可靠性的发展，可靠性数学已不是简单地运用现有的一些数学方法和理论，而是已发展成了有自己特色的相对独立的一个分支。应用可靠性数学所提供的理论与方法，研究产品故障的统计规律，研究产品的可靠性设计、分析、预测、分配、评估和验收检验等技术中的数学问题。

2. 可靠性物理

可靠性物理也就是通常所指的产品发生故障以后的失效分析。这是专门研究失效现象及其发生的机理和检测方法的一个学科。它是新发展起来的元器件失效分析技术，着重于从微观角度出发，研究元器件的失效发展过程和失效机理，以采取纠正措施，提高可靠性。美国 Rome 航空发展中心(RADC)在 20 世纪 60 年代首先进行失效物理的研究，以后逐步发展了失效分析的技术与方法，并进一步研究其失效的机理和失效模式，建立起不同元器件、零部件和材料的失效物理模型和数学分析方法。同时随着检测手段的发展，各种无损检测仪器和失效分析手段也逐步完善，更使可靠性物理的分析研究内容更为丰富，从而也推动了可靠性学科更具生命力。

3. 可靠性工程

可靠性工程包括系统可靠性分析、设计、评价和使用，贯穿于从产品设计直到产品退役的整个寿命周期。其主要内容是：运用系统工程的观点和方法论从设计、生产和使用等角度来研究产品的可靠性，并对产品可靠性进行控制，是一门综合性的工程学科。

可靠性工程是对产品(零件、部件、设备或系统)的失效现象及发生概率进行分析、预测、试验、评定和控制的边缘性工程学科。它的发展与概率论和数理统计、运筹学、系统工程、环境工程、价值工程、人机工程、计算机技术、失效物理学、机械学、电子学等学科有着密切的联系。需强调指出的是，可靠性工程不仅重视技术，也十分重视管理。可靠性管理包括设计、生产和使用过程的管理，即全过程、全寿命期的管理。具体的可靠性管理包括制定可靠性计划、组织可靠性设计评审、进行可靠性认证、制定可靠性标准、确定可靠性指标等。

可靠性工程研究的对象包括电子和电气的、机械和结构的、零件和系统的、硬件和软件的可靠性设计、试验和验证。广义的可靠性包括维修性和有效性(可用性)。

可靠性工程的主要内容有以下几点。

①可靠性设计。可靠性设计是可靠性工程中的重要部分。产品的可靠性在很大程度上取决于设计的正确性。传统机械设计，用安全系数方法保证结构的性能要求。机械可靠性设计的特点，是其采用了可靠度等可靠性指标，在机械可靠性设计中，将载荷、材料性能、零部件尺寸等物理变量，都看做属于一定概率分布的随机变量，通过对这些随机变量进行分析运算，得到较为合理的设计变量取值范围，进而根据设计需要的可靠度指标确定设计参数。

可靠性预测是可靠性设计的重要内容之一。除在设计阶段根据掌握的设计参数分布和失效率经验数据预报零部件和系统的预期可靠度外，还可在设备运行中根据采集到的监测数据进行失效预期分析，对设备的实际寿命和失效进行预报。

系统可靠性分析和可靠性指标分配也是可靠性设计的重要内容，其将系统规定的允许失效率合理分配给系统的零部件，使在较小的经济代价下达到较高的系统可靠度。

②可靠性分析与试验。进行可靠性试验以证实和评价产品的可靠性，采用失效分析理论和方法对产品失效进行试验研究，运用概率论与数理统计方法对相关参数和产品寿命进行评估计算，给可靠性设计提供理论根据。

③可靠性制造、检验与管理。采用能确保可靠性的制造工艺进行制造，完善质量管理与质量检验以保证产品的可靠性。

④可靠性使用与维修。指导用户对产品的正确使用，制定科学的产品维修保养周期和方法，提供优良的维修保养服务来维持产品的可靠性。

12.2 可靠性设计中常用的概率分布

12.2.1 常见的连续型随机变量的分布

常见的连续型随机变量的分布主要有正态分布、截尾正态分布、对数正态分布、指数分布、威布尔分布、伽玛分布(Γ 分布)等。

1. 正态分布

正态分布是应用最广泛的一种分布，也是一种基本的概率分布。

正态分布的概率密度函数 $f(x)$ 为

$$f(x)=\frac{1}{\sigma\sqrt{2\pi}}e^{-\frac{(x-\mu)^2}{2\sigma^2}}\quad -\infty<x<+\infty \tag{12-16}$$

则其正态分布的累积失效分布函数 $F(x)$、可靠度函数 $R(x)$ 和故障率函数 $\lambda(x)$ 分别为

$$F(x)=\int_{-\infty}^{x}f(x)\mathrm{d}x=\frac{1}{\sigma\sqrt{2\pi}}\int_{-\infty}^{x}e^{-\frac{(x-\mu)^2}{2\sigma^2}}\mathrm{d}x \tag{12-17}$$

$$R(x)=1-F(x) \tag{12-18}$$

$$\lambda(x)=\frac{f(x)}{R(x)} \tag{12-19}$$

正态分布的两个参数是均值 μ 和标准差 σ。μ 又称为数学期望，它表征随机变量分布的集中趋势，决定正态分布曲线的位置，如图 12-5(a)所示。σ 称为标准差，它表征随机变量分布的离散程度，决定正态分布曲线的形状，如图 12-5(b)所示。只要 μ 和 σ 一经确定后，正态分布曲线的位置和形状也就确定了。凡是满足式(12-16)的随机变量 X 均服从正态分布，记作 $X\sim N(\mu,\sigma^2)$。

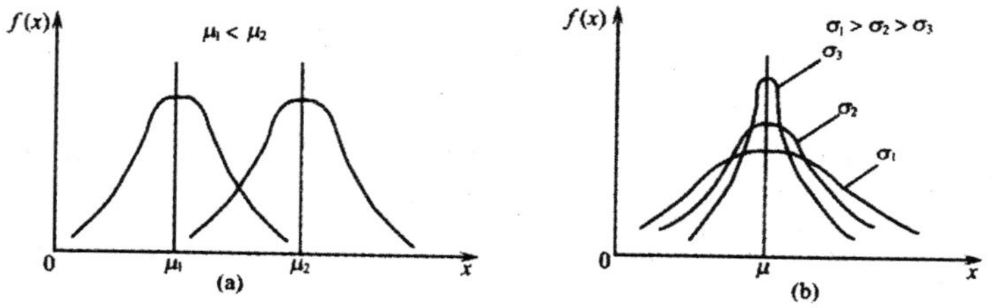

图 12-5　正态分布密度函数

正态分布的数值特征如图 12-6 所示，其正态分布具有如下特点：

①$f(x)$ 曲线以 μ 为对称轴，曲线与 X 轴间的面积在 μ 两边各为 0.5。

②$f(x)$ 曲线在 $\mu\pm\sigma$ 处有拐点。

③在 $\mu\pm\sigma$ 区间的概率为 68.26%(约记 70%)，在 $\mu\pm2\sigma$ 区间内的概率为 95.44%(约记 95%)，在 $\mu\pm3\sigma$ 区间内的概率为 99.73%(约记 99.7%)，在 $\mu\pm3\sigma$ 区间外的概率为 0.27%(不足 0.3%)。因此，对正态分布随机变量取值落在 $\mu\pm3\sigma$ 区间的概率几乎是肯定的，这就是所谓“3σ”原则。

分布函数 $F(x)$ 的图形如图 12-5(b)所示。用式(12-17)求累积概率时，积分求值相当繁琐。一般对其进行标准化处理，然后直接用标准正态积分表求解。标准化处理主要是通过变量代替，把一般正态分布转化为标准正态分布，其过程如下：

令

$$Z=\frac{x-\mu}{\sigma} \tag{12-20}$$

则式(12-17)可写成

$$F(x)=\Phi(Z)=\int_{-\infty}^{Z}f(x)\mathrm{d}x=\frac{1}{\sqrt{2\pi}}\int_{-\infty}^{Z}e^{-\frac{Z^2}{2}}\mathrm{d}Z \tag{12-21}$$

式(12-21)中分布密度函数为

$$\Phi(Z)=\frac{1}{\sqrt{2\pi}}e^{-\frac{Z^2}{2}} \tag{12-22}$$

式(12-22)及式(12-21)表示均值为 0、标准差为 1 的正态分布，称为标准正态分布。随机变量 Z 服从标准正态分布，记为 $Z \sim N(0,1)$，即 $\mu=0$，$\sigma=1$，其分布密度 $\Phi(Z)$ 曲线如图 12-6 所示。

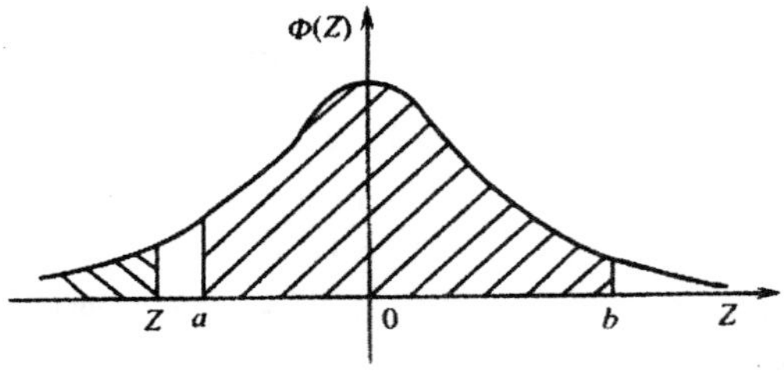

图 12-6　标准正态分布的分布密度曲线

由图 12-6 可知，求随机变量取值在 (a,b) 区间的概率时，即求图中 (a,b) 区间的影线部分的面积。根据式(12-21)得

$$P(a \leqslant Z \leqslant b) = \int_a^b \Phi(Z)\mathrm{d}Z = \int_{-\infty}^b \Phi(Z)\mathrm{d}Z - \int_{-\infty}^a \Phi(Z)\mathrm{d}Z = \Phi(b) - \Phi(a) \tag{12-23}$$

标准正态分布的计算，可直接利用正态分布表。当随机变量 Z 的取值已知时，可由正态分布表直接查得 $\Phi(Z)$。反之，当 $\Phi(Z)=F(x)$ 已知时，也可查得 Z 值。

2. 截尾正态分布

工程实际中有很多试验或观察数据近似服从正态分布，但正态分布的取值范围 $(-\infty,+\infty)$ 不符合实际情况。考虑到许多试验或观察数据无负值，因此，用截尾正态分布来表示较为合理。

如果 X 是一个非负的随机变量，且密度函数为

$$f(x) = \frac{1}{\alpha\sigma\sqrt{2\pi}}\exp\left[-\frac{1}{2}\left(\frac{x-\mu}{\sigma}\right)^2\right] \quad 0 \leqslant x < \infty \tag{12-24}$$

则称 X 服从截尾正态分布。式中，$\alpha>0$ 为常数，$\alpha=\Phi\left(\frac{\mu}{\sigma}\right)$，用以保证 $\int_0^\infty f(x)\mathrm{d}x = 1$。

截尾正态分布的概率密度曲线如图 12-7 所示，与正态分布的概率密度曲线相比，减少了 $x<0$ 的曲线部分。

截尾正态分布的分布函数 $F(x)$、可靠度函数 $R(x)$ 和失效率函数 $\lambda(x)$ 分别为

$$F(x) = 1 - \frac{1}{\Phi\left(\frac{\mu}{\sigma}\right)}\left[1-\Phi\left(\frac{x-\mu}{\sigma}\right)\right] \tag{12-25}$$

$$R(x) = \frac{1}{\Phi\left(\frac{\mu}{\sigma}\right)}\left[1-\Phi\left(\frac{x-\mu}{\sigma}\right)\right] \tag{12-26}$$

$$\lambda(x) = \frac{\Phi\left(\frac{x-\mu}{\sigma}\right)\sigma^{-1}}{1-\Phi\left(\frac{x-\mu}{\sigma}\right)} \tag{12-27}$$

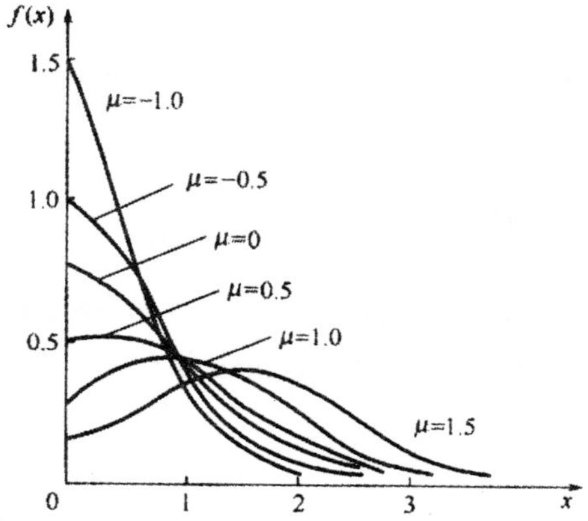

图 12-7　截尾正态分布的概率密度函数曲线（$\sigma=1$）

截尾正态分布的期望和方差分别为

$$E(X)=\mu+\frac{\sigma}{\alpha}\Phi\left(\frac{\mu}{\sigma}\right) \tag{12-28}$$

$$D(X)=\sigma^2\left[1-\frac{\mu}{\alpha\sigma}\Phi\left(\frac{\mu}{\sigma}\right)-\frac{1}{\alpha^2}\Phi^2\left(\frac{\mu}{\sigma}\right)\right] \tag{12-29}$$

截尾正态分布的可靠度函数曲线和失效率函数曲线如图 12-8 和图 12-9 所示。

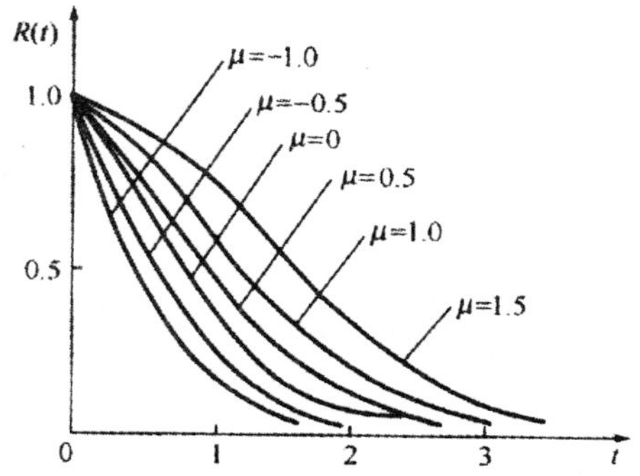

图 12-8　截尾正态分布的可靠度函数曲线

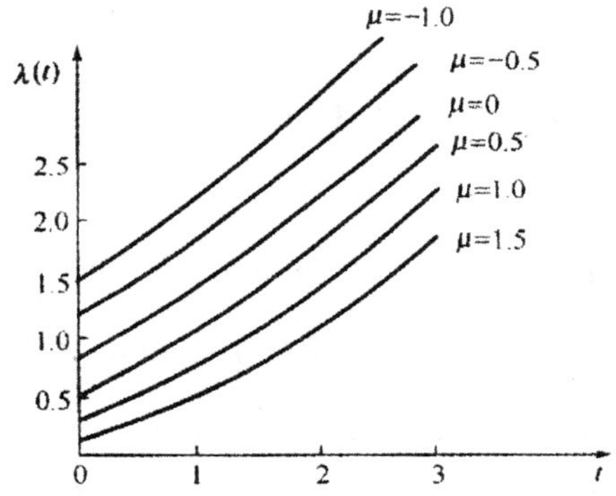

图 12-9　截尾正态分布的失效率函数曲线

3．对数正态分布

(1)对数正态分布函数

如果随机变量 X 的自然对数 $y=\ln x$ 服从正态分布，则称 X 服从对数正态分布。由于随机变量的取值 x 总是大于零，又概率密度函数 $f(x)$ 曲线随 x 值的增加而在水平方向伸长，所以其不是对称分布函数，而是描述不对称随机变量的一种偏态分布，如图 12-10 所示。该种分布常用于零件的寿命、材料的疲劳强度等情况。

对数正态分布的概率密度函数和分布函数分别是

$$f(x)=\frac{1}{x\sigma_y\sqrt{2\pi}}\mathrm{e}^{-\frac{1}{2}\left(\frac{y-\mu_y}{\sigma_y}\right)}\quad x>0 \tag{12-30}$$

$$F(x)=\int_0^x\frac{1}{x\sigma_y\sqrt{2\pi}}\mathrm{e}^{-\frac{1}{2}\left(\frac{y-\mu_y}{\sigma_y}\right)}\mathrm{d}x\quad x>0 \tag{12-31}$$

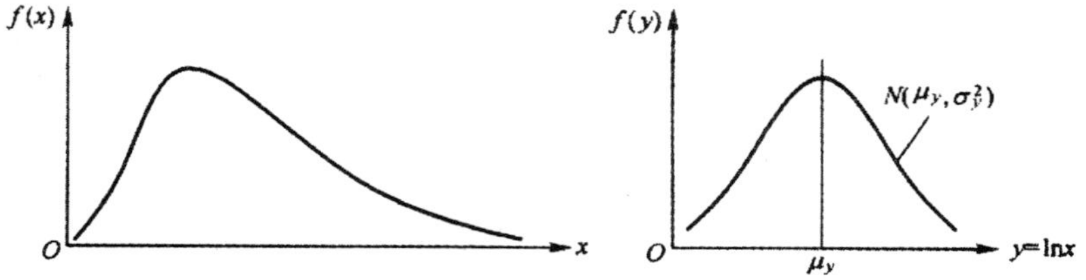

图 12-10 对数正态分布与正态分布曲线

式中，μ_y 和 σ_y 为 $y=\ln x$ 的均值和标准差。对数正态分布是一个偏态分布，而且是单峰的，如图 12-11 所示。

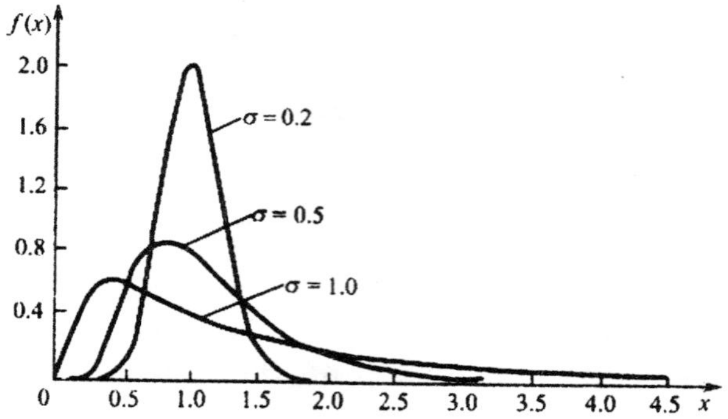

图 12-11 对数正态分布密度函数曲线

对数正态分布同样可进行标准化，令

$$Z=\frac{\ln x-\mu_y}{\sigma_y} \tag{12-32}$$

则式(12-31)转换为标准正态分布，即

$$F(x)=\Phi(Z)=\Phi\left(\frac{\ln x-\mu_y}{\sigma_y}\right)=\int_{-\infty}^{Z}\frac{1}{\sqrt{2\pi}}e^{-\frac{Z^2}{2}}dZ \tag{12-33}$$

(2)对数正态分布的可靠性数字特征

如果随机变量 x 为寿命 t 时，其具有以下可靠性特征量。

①可靠度函数。

$$R(t)=1-\Phi\left(\frac{\ln t-\mu_y}{\sigma}\right) \tag{12-34}$$

②失效率函数。

$$\lambda(t)=\frac{f(t)}{R(t)}=\frac{\frac{1}{t}e^{-\frac{(\ln t-\mu_y)}{2\sigma_y^2}}}{\int_t^{+\infty}\frac{1}{t}e^{-\frac{(\ln t-\mu_y)}{2\sigma_y^2}}dt} \tag{12-35}$$

③平均寿命。

$$E(t)\equiv\bar{t}=e^{\bar{y}+\frac{1}{2}\sigma_y^2}=e^{\overline{\ln t}+\frac{1}{2}\sigma_{\ln t}^2} \tag{12-36}$$

④寿命方差。

$$D(t)=\sigma_t^2=\bar{t}^2(e^{\sigma_y^2}-1)=\bar{t}^2(e^{\sigma_{\ln t}^2}-1) \tag{12-37}$$

4. 指数分布

指数分布是电子产品可靠性工程中最重要的分布。多数电子产品，包括大部分仪器仪表在内，在剔除早期失效以后，到发生元器件或材料的老化变质之前的随机失效阶段，其寿命服从指数分布。

在随机失效阶段，没有一种失效机理对失效起主导作用，零件的失效纯属偶然。它们在单位时间内发生的次数 X 服从参数为 λ 的泊松分布，而相邻两次失效发生之间的时间也是一个随机变量，它服从于参数为 λ 的指数分布。

(1)指数分布的密度函数

如果 X 是一个非负的随机变量，且有密度函数

$$f(t)=\begin{cases}\lambda e^{-\lambda t} & 0<\lambda<\infty,0\leqslant t<\infty \\ 0 & -\infty<t<0\end{cases} \tag{12-38}$$

则称随机变量 X 服从参数为 λ 的指数分布。

式中，λ 为指数分布的失效率(常数)。

指数分布的分布函数(即累积失效分布函数)和可靠度函数为

$$F(t)=\int_{-\infty}^{t} f(t)\mathrm{d}t=\int_{0}^{t}\lambda e^{-\lambda t}\mathrm{d}t=1-e^{-\lambda t}\quad 0<t<\infty \tag{12-39}$$

$$R(t)=1-F(t)=e^{-\lambda t}\quad 0<t<\infty \tag{12-40}$$

指数分布情况下的失效率为

$$\lambda(t)=\frac{f(t)}{R(t)}=\frac{\lambda e^{-\lambda t}}{e^{-\lambda t}}=\lambda \tag{12-41}$$

由式(12-41)可以看出，指数分布的分布参数 λ 就是它的失效率，是与时间 t 无关的常数，它可以用来描述浴盆曲线的偶然失效期。图 12-12 分别是指数分布的密度函数曲线、可靠度函数曲线及分布函数曲线。

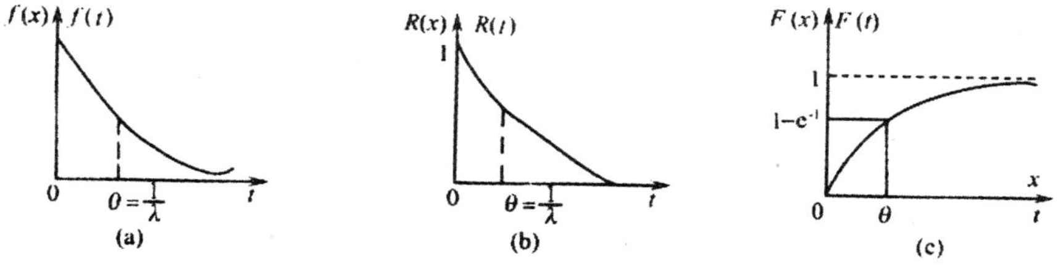

图 12-12　指数分布的函数曲线

(2)指数分布的可靠性数字特征

①平均寿命和寿命方差。

$$m=E(t)=\int_{-\infty}^{+\infty}t\cdot f(t)\mathrm{d}t=\int_{0}^{\infty}t\cdot\lambda e^{-\lambda t}\mathrm{d}t=\frac{1}{\lambda} \tag{12-42}$$

$$\sigma^2=D(t)=\int_{-\infty}^{+\infty}t^2\cdot f(t)\mathrm{d}t-[E(t)]^2=\frac{1}{\lambda^2} \tag{12-43}$$

②可靠寿命、中位寿命和特征寿命。

对于任意给定的可靠度 R　　　$R(t)=e^{-\lambda t}=R$

将上式两边取自然对数，得

$$t_R=\frac{1}{\lambda}\ln\frac{1}{R} \tag{12-44}$$

中位寿命为

$$t_{0.5}=\frac{1}{\lambda}\ln 2 \tag{12-45}$$

特征寿命($R=e^{-1}$)为

$$t_e^{-1}=\frac{1}{\lambda}=m \tag{12-46}$$

指数分布有一个重要的性质，即“无记忆性”，又称“无后效性”。如果产品的寿命服从指数分布，经过一段时间后仍能正常工作，则它仍然和新的一样，在剩余时间内仍然服从原来的指数分布。也就是说，在发生前一个故障和发生后一个故障之间，没有任何联系。

5. 威布尔分布

威布尔分布是由最弱环节模型导出的，这个模型如同由许多链环串联而成的一根链条，两端受拉力时，其中任意一个环断裂，则链条即失效。显然，链条断裂发生在最弱环节。广义地讲，一个整体的任何部分失效则整体就失效，即属于最弱环节模型。这种现象是很多的，如机械中的疲劳强度、疲劳寿命、磨损寿命、腐蚀寿命及由许多单元组成的系统寿命多服从威布尔分布。

威布尔分布是由瑞典物理学家威布尔(W. Weibull)提出来的。他在分析材料强度时，将材料内部的每一个缺陷比作链条中的一环，最弱环决定了链条的强度和寿命。根据这种最弱环模型或链模型(串联模型)导出了威布尔分布。

(1)三参数威布尔分布

三个参数威布尔分布的概率密度函数为

$$f(x)=\frac{m}{\eta}\left(\frac{t-\gamma}{\eta}\right)^{m-1}e^{-\left(\frac{x-\gamma}{\eta}\right)^m}\quad x\geqslant\gamma \tag{12-47}$$

式中，m 为形状参数，决定概率密度曲线的基本形状；η 为尺度参数，起比例尺放大或缩小作用；γ 为位置参数，也称起始参数，决定曲线与坐标轴的相对位置。

威布尔分布的累积失效概率分布函数为

$$F(x)=1-e^{-\left(\frac{x-\gamma}{\eta}\right)^m}\quad x\geqslant\gamma \tag{12-48}$$

当随机变量为寿命 t 时，其具有以下可靠性数字特征。

①可靠度函数。

$$R(t)=e^{-\left(\frac{t-\gamma}{\eta}\right)^m}\quad t\geqslant\gamma \tag{12-49}$$

②失效率函数。

$$\lambda(t)=\frac{m}{\eta}\left(\frac{t-\gamma}{\eta}\right)^{m-1} \tag{12-50}$$

③平均寿命。

$$E(t)=\gamma+\eta\Gamma\left(1+\frac{1}{m}\right) \tag{12-51}$$

④寿命方差。

$$D(t)=\sigma^2=\eta^2\left[\Gamma\left(1+\frac{2}{m}\right)-\Gamma^2\left(1+\frac{1}{m}\right)\right] \tag{12-52}$$

三参数威布尔分布的概率密度函数曲线、可靠度函数曲线和失效率函数曲线，如图 12-13、图 12-14 和图 12-15 所示。

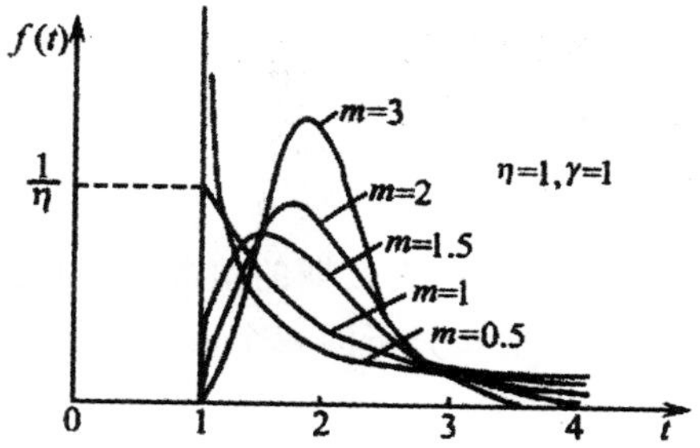

图 12-13　威布尔分布的概率密度函数曲线

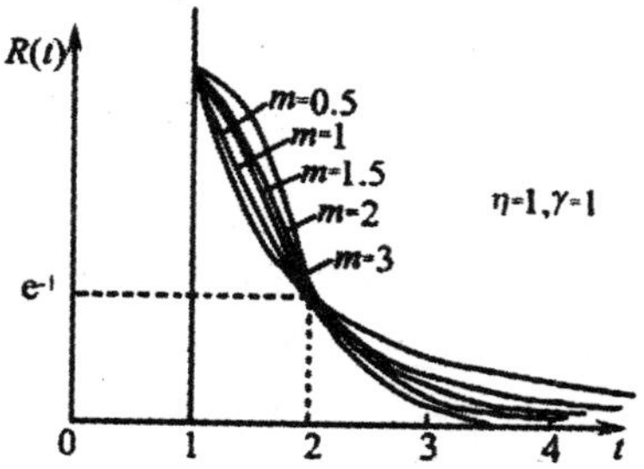

图 12-14　威布尔分布的可靠度函数曲线

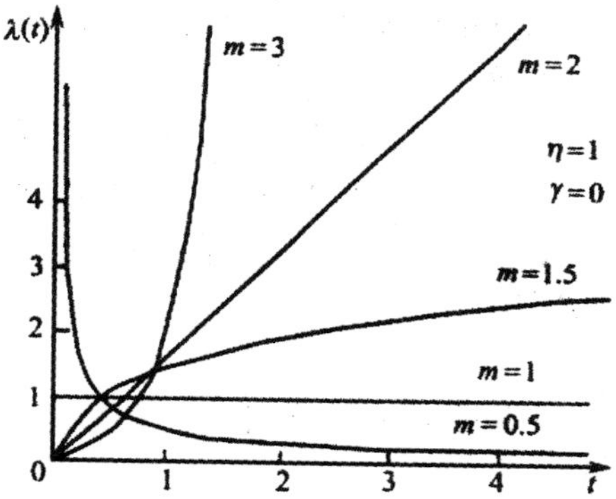

图 12-15　威布尔分布的失效率函数曲线

由概率密度函数曲线可见，形状参数 m 的大小决定了威布尔分布的形状，当 $m>1$，密度函数曲线呈单峰形，且随 m 值的减小，峰高逐渐降低；当 $m=1$ 时，密度函数曲线就是指数分布的密度函数曲线，该曲线与在 $t=\gamma$ 处的垂线相交，交点处的纵坐标为 $1/\eta$，即指数分布的故障率；当 $m<1$ 时，密度函数曲线渐近直线 $x=\gamma$。位置参数 γ 的大小反映了密度函数曲线起始点的位置在横坐标上的变化。尺度参数 η 是 $\gamma=0$ 时威布尔分布的特征寿命。

(2)二参数威布尔分布

当 $\gamma=0$ 时，成为二参数威布尔分布，其密度函数和累积概率分布为

$$f(x)=\frac{m}{\eta}\left(\frac{x}{\eta}\right)^{m-1}\mathrm{e}^{-\left(\frac{x}{\eta}\right)^m} \tag{12-53}$$

$$F(x)=1-\mathrm{e}^{-\left(\frac{x}{\eta}\right)^m} \tag{12-54}$$

当随机变量为寿命 t 时，其具有以下可靠性数字特征。

①可靠度函数。

$$R(t)=\mathrm{e}^{-\left(\frac{t}{\eta}\right)^m} \tag{12-55}$$

②失效率函数。

$$\lambda(t)=\frac{m}{\eta}\left(\frac{t}{\eta}\right)^{m-1} \tag{12-56}$$

③平均寿命。

$$E(t)=\eta\Gamma\left(1+\frac{1}{m}\right) \tag{12-57}$$

④寿命方差。

$$D(t)=\sigma^2=\eta^2\left[\Gamma\left(1+\frac{2}{m}\right)-\Gamma^2\left(1+\frac{1}{m}\right)\right] \tag{12-58}$$

6. 伽玛分布（Γ 分布）

伽玛分布与威布尔分布一样，不仅能描述产品寿命处于各种失效期的情况，而且与正态分布、指数分布、泊松分布等都有关系，其适应性广泛，是寿命试验分析的一个重要的分布。其概率密度函数和累积分布函数分别为

$$f(t)=\frac{\lambda^\alpha}{\Gamma(\alpha)}t^{\alpha-1}e^{-\lambda t} \quad t>0,\lambda>0,\alpha>0 \tag{12-59}$$

$$F(t)=\frac{\lambda^\alpha}{\Gamma(\alpha)}\int_0^t x^{\alpha-1}e^{-\lambda t}dt \quad t>0,\lambda>0,\alpha>0 \tag{12-60}$$

式中，$\Gamma(\alpha)$为 Γ 函数，$\Gamma(\alpha)=\int_0^\infty t^{\alpha-1}e^{-t}dt$；$\alpha$ 为形状参数；λ 为尺度参数，$\lambda=1/t_0$。

从上面式中可知，Γ 分布具有两个参数 α、λ，可记为 $\Gamma(\alpha,\lambda)$。Γ 分布的密度曲线如图 12-16所示，从图中可知，当时 $\alpha=5$ 时，Γ 分布近似于正态分布。

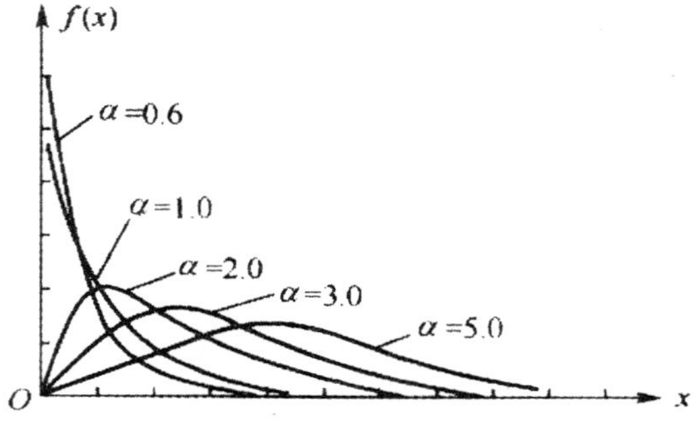

图 12-16　Γ 分布的密度函数曲线

Γ 分布的均值和方差分别为

$$E(X)=\frac{\alpha}{\lambda}$$

$$D(X)=\frac{\alpha}{\lambda^2}$$

Γ 分布虽然有广泛适应性，但估算其参数较繁复，故一般选择威布尔分布解决相关问题。

除以上连续分布情况外，还有其他如极值分布、贝塔分布等多种，本书不作详细介绍。

12.2.2　常见的离散型随机变量的分布

常见的离散型随机变量的分布主要有两点分布、二项分布、泊松分布、几何分布与负二项分布、超几何分布等几种类型。

1. 两点分布

两点分布又称为(0,1)分布。该分布数学模型的随机试验只可能有两种试验结果,如果其中一种结果用$\{X=1\}$来表示,另一种用$\{X=0\}$来表示,而它们的概率分布是$P\{X=1\}=p$,$P\{X=0\}=1-p$,$0<p<1$,则称随机变量X服从两点分布,或称X具有两点分布。

两点分布的分布列或分布律可写为

$X=x_k$	1	0
$P\{X=x_k\}=p_k$	p	$q=1-p$

也可表示为

$$\begin{cases} P\{X=x_k\}=p^{x_k}\cdot q^{(1-x_k)} & x_k=0,1 \\ p+q=1 \\ 0<p<1 \end{cases}$$

两点分布的数字特征为

$$E(X)=1\cdot p+0\cdot q=p$$
$$D(X)=p-p^2=p(1-p)=pq$$

两点分布可以作为描绘从一批产品中任意抽取一件得到的是“合格品”或“不合格品”,掷一枚硬币出现“正面”或“反面”,射击手的“击中”或“未击中”等概率分布的数学模型。

2. 二项分布

二项分布又称贝努里分布。二项分布满足以下基本假定:

①试验次数n是一定的。

②每次试验的结果只有两种,成功或失败,成功的概率为p,失败的概率为q。

③每次试验的成功概率和失败概率相同,即p和q为常数。

④所有试验是独立的。

所谓独立试验是指将试验A重复做n次,如果各次试验的结果互不影响,即每次试验结果出现的概率都与其他各次试验结果无关,则称这n次试验是独立的,并称它们构成一个序列。

在二项分布中,如果一次试验中,事件A发生的概率为$P(A)=p$,$P(\overline{A})=1-p=q$,则在n次独立地重复试验中,事件A恰好发生是n的概率为

$$P_n(k)=C_n^k p^k q^{n-k} \quad k=0,1,2,\cdots,n \tag{12-61}$$

上式恰好是二项式$(p+q)^n=\sum\limits_{k=0}^{n}C_n^k p^k q^{n-k}(k=0,1,2,\cdots,n)$展开式的第$k+1$项,故称式(12-61)为二项概率公式。如果用$X$表示在$n$次重复试验中事件$A$发生的次数,显然,$X$是一个随机变量,$X$的可能取值为$0,1,2,\cdots n$,则随机变量$X$的分布律为

$$P(X=k)=C_n^k p^k q^{n-k} \quad k=0,1,2,\cdots,n \tag{12-62}$$

此时,称随机变量X服从二项分布$B(n,p)$。

当$n=1$时,二项分布简化为两点分布,即

$$P(X=k)=p^k q^{n-k} \quad k=0,1$$

由式(12-62)可以看出 $P(X=k)=C_n^k p^k q^{n-k} \geqslant 0$

$$\sum P(X=k)=C_n^k p^k q^{n-k}=(p+q)^n=1$$

随机变量 X 取值不大于 k 的累积分布函数为

$$F(k)=P(X \leqslant k)=\sum_{r=0}^{n} C_n^r p^r q^{n-r} \tag{12-63}$$

X 的数学期望与方差分别为

$$E(X)=\sum_{k=0}^{n} kP(X=k)=np \tag{12-64}$$

$$D(X)=\sum_{k=0}^{n} [k-E(X)]^2 P(X=k)=npq=np(1-p) \tag{12-65}$$

二项分布广泛应用于可靠性和质量控制领域。在可靠性试验和可靠性设计中，用于对材料、器件、部件以及一次使用设备或系统的可靠度估计；在可靠性设计中，常用于相同单元平行工作的冗余系统的可靠性指标的计算；检验或可靠性抽样检验中用来设计抽样检验方案；在可靠性抽样中，在一定意义下，确定 n 个抽样样本中所允许的不合格品数，就需要用二项分布来计算。

用二项分布计算，可直接查二项分布表。根据式(12-63)中的 n、r、p 值查得相应的二项分布函数 $F(k)$值。

在实际操作中，真正完全重复的现象是不多见的，应当根据实际问题的性质来决定是否可以应用此模型来处理，如“有放回”地抽取是重复试验。“无放回”地抽取不是重复试验。但当产品的批量很大而抽取的总次数相对来说很小时，可近似地看作“有放回”来处理。

3. 泊松分布

如果 X 表示事件 A 在单位时间内发生的次数，它是一个随机变量，且满足以下三个假定：

①事件 A 在任一时间间隔内发生的次数，与在另外不相重叠的时间间隔内发生的次数是独立无关的。

②有两个或更多个事件同时发生的机会很小，可以忽略不计。

③事件 A 在单位时间内发生的平均次数是一个常数 A，并不随时间的变化而改变。那么，X 的概率分布就称为泊松分布，记作 $X \sim p(\lambda)$，λ 为泊松分布的参数($\lambda > 0$)。

$$P(X=k)=\frac{\lambda^k}{k!}e^{-\lambda} \quad k=0,1,2,\cdots,n;\lambda>0 \tag{12-66}$$

泊松分布可以认为是，当 n 为无限大时二项分布的推广。当 n 很大、p 很小时，可用泊松分布近似代替二项分布，即 $C_n^k p^k q^{n-k}=\frac{\lambda^k}{k!}e^{-\lambda}(k=0,1,2,\cdots,n)$，其中 $\lambda=np$，一般的，当$n \geqslant 20$，$p \leqslant 0.5$ 时，近似程度较好。用泊松分布计算可直接查泊松分布表。根据式(12-66)中的 k 值和 λ 值查得相应的泊松分布函数$\frac{\lambda^k}{k!}e^{-\lambda}$值。

随机变量 X 取值不大于 k 次，即累积分布函数为

$$F(k)=P(X\leqslant k)=\sum_{r=0}^{k}\frac{\lambda^{k}}{k!}e^{-\lambda} \tag{12-67}$$

泊松分布的均值和方差为

$$E(X)=\sum_{k=0}^{\infty}kP(X=k)=\lambda \tag{12-68}$$

$$D(X)=\sum_{k=0}^{\infty}[k-E(X)]^{2}P(X=k)=\lambda \tag{12-69}$$

式(12-66)为离散型的泊松分布，它也可以经过适当处理而成为关于时间 t 的连续分布。设正在观察单元的失效时间，并假定：

①在互不相交的时间区间内所发生的失效是统计独立的。

②单位时间内的平均失效次数为常数，而与所考虑的时间区间无关。

即称符合这样两个假设的随机过程为泊松过程。泊松过程有如下两个重要的性质。

①设 t 是时间区间的长度，则在此区间内发生失效的次数 X 是一个整数型的随机变量，在此时间区间内，发生 k 次失效的概率服从一个均值为 λt 的泊松分布

$$P(X=k)=\frac{(\lambda t)^{k}}{k!}e^{-\lambda t}\quad k\geqslant 0 \tag{12-70}$$

②在任意两次相邻的失效之间的时间 T 是独立的连续型的随机变量，服从参数为 λ 的指数分布

$$P(T>t)=R(t)=e^{-\lambda t} \tag{12-71}$$

两次失效间的平均时间为$\frac{1}{\lambda}$。

泊松过程适合于建模有较多的元件倾向于失效，而每个元件失效的概率比较小的情况。

4. 几何分布和负二项分布

在二项分布中，做 n 次独立试验中的 n 是事先给定的。失败的次数 c 预先给定，依次做试验，直到出现 c 次失败时，立即停止试验。这时试验总次数 n 不是预先给定的，而是一个随机变量，其概率分布就是几何分布和负二项分布。几何分布是负二项分布的一个特殊情况。

(1)几何分布

如果失败次数 $c=1$，即依次做试验，直到出现一次失败时停止试验。令 p 为失败的概率，$q=1-p$ 为成功的概率，X 为试验的总次数，则随机变量 X 的概率分布为

$$P(X=k)=q^{k-1}p\quad k=1,2,\cdots \tag{12-72}$$

式中，$-1<p<1$，$p+q=1$。此时称随机变量 X 服从几何分布。

几何分布有时称为“离散型等候时间分布”，即“一直等到出现第一次失败为止这样的等候试验次数的分布”，是用来描述某个试验“首次成功”的概率模型。

几何分布中随机变量 X 的期望和方差分别为

$$E(X)=\frac{1}{p} \tag{12-73}$$

$$D(X)=\frac{q}{p^{2}} \tag{12-74}$$

(2)负二项分布

如果失败的次数不是一次，而是事先给定的 c 次，依次做试验，直到出现 c 次失败时，立即停止试验，则试验总次数 X 是一个随机变量，它服从负二项分布。令试验总次数为 k，第 k 次试验时恰好是第 c 次失败，则在前 $k-1$ 次试验时必有 $c-1$ 次失败，如果失败的概率为 p，成功的概率为 $q=1-p$，则随机变量 X 的概率分布为

$$P(X=k)=C_{k-1}^{c-1}p^{c}q^{k-c} \tag{12-75}$$

此时，称随机变量 X 服从负二项分布，又称 Pascal 分布。

负二项分布中随机变量 X 的期望和方差分别为

$$E(X)=\frac{c}{p} \quad c=1,2,\cdots \tag{12-76}$$

$$D(X)=\frac{cq}{p^{2}} \quad c=1,2,\cdots \tag{12-77}$$

负二项分布的累积分布具有如下性质：

$$P(X\leqslant n)=\sum_{k=c}^{n}C_{k-1}^{c-1}p^{c}q^{k-c}=\sum_{k=c}^{n}C_{n}^{k}p^{k}q^{n-k} \tag{12-78}$$

5. *超几何分布*

超几何分布是二项分布的补充。二项分布适合母体容量 N 比抽出的子样容量 n 大很多时，超几何分布常应用于较小生产规模的抽样问题。

如果在全部 N 个产品中有 r 个次品，随机从 N 个产品中抽出 n 个，则 n 个抽出的中不合格品数 X 服从超几何分布，其分布律为

$$P(X=k)=\frac{C_{r}^{k}C_{N-r}^{n-k}}{C_{N}^{n}} \quad k=1,2,\cdots,n;n\leqslant r \tag{12-79}$$

超几何分布中随机变量 X 的期望和方差分别为

$$E(X)=np \tag{12-80}$$

$$D(X)=np(1-p)\frac{N-n}{N-1} \tag{12-81}$$

超几何分布的期望与二项分布的期望相同；而方差要比二项分布小，两者相差一个因子 $\frac{N-n}{N-1}$，称为有限总体校正因子。当 r/N 和 n/N 的数值很小时，超几何分布很接近于二项分布，如当 $n/N\leqslant 0.1$ 时，超几何分布与二项分布就有很好的近似。

12.3 机械可靠性设计原理

12.3.1 应力-强度分布干涉理论

应力是对产品功能有影响的各种外界因素，强度是产品(或零部件)承受应力的能力。

对应力和强度应该做广义的理解。应力除通常的机械应力外，还应包括载荷(力、力矩、转矩等)、变形、温度、磨损、油膜、电流、电压等。同样，强度除通常的机械强度外，还应包括承受

上述各种形式应力的能力。

应力-强度分布干涉理论是以应力-强度分布干涉模型为基础的，该模型可以清楚揭示零件产生故障而有一定故障率的原因和机械强度可靠性设计的本质。

正如前述，零件中的工作应力和强度在可靠性设计中均视为随机变量，呈分布状态。这是由于影响零件强度的参量，如材料的性能、尺寸、表面质量等均为随机变量；影响应力的参量，如载荷工况，应力集中，工作温度、润滑状况等也都是随机变量。

在机械强度失效的意义上，零件是否失效取决于强度和应力的相对大小。当零件的强度大于应力时，零件不会发生失效；而当零件的强度小于应力时，则发生失效。因此，要使零件能够在载荷作用下正常工作，必须满足以下条件：

$$S>s \text{ 或 } S-s>0 \tag{12-82}$$

式中，S 为零件（材料）的强度；s 为零件中的最大应力。

式(12-82)表达的是在确定性意义上的应力与强度之间的关系。在一般情况下，应力和强度都是随机变量，都是在一定的范围内按统计规律分布的。除非应力的上限小于强度的下限，一般情况下应力大于强度的概率都不等于零，即存在失效的可能性。

图 12-17 所示为典型的应力分布曲线 $h(s)$ 和强度分布曲线 $f(s)$，以及应力-强度干涉关系。图中，$h(s)$ 和 $f(s)$ 分别表示应力和强度的概率密度函数，阴影区域表示应力和强度的干涉区。干涉区的存在表明有强度小于应力的可能性，即失效的可能性，或者说失效概率将大于零。根据应力和强度之间的干涉关系，计算强度大于应力的概率（可靠度）和强度小于应力的概率（失效概率）的模型，就是传统的应力干涉模型。

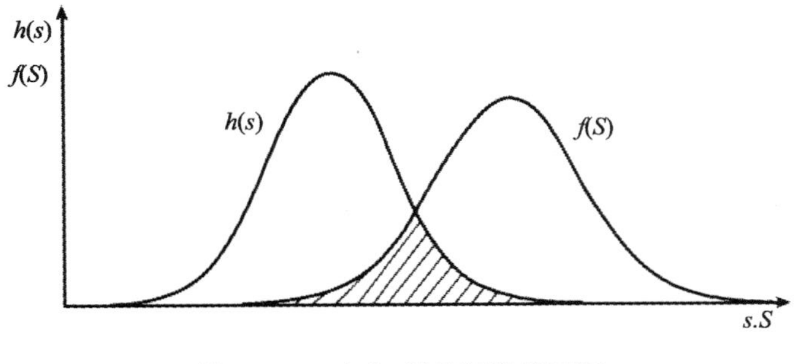

图 12-17 应力-强度干涉关系图

机械强度可靠性设计就是要搞清楚载荷（应力）及零件强度的分布规律，合理地建立应力与强度之间的数学模型，严格控制失效概率，以满足设计要求。其整个过程可用图 12-18 表示。

由统计分布函数的性质可知，应力、强度两概率密度函数在一定条件下可能发生相交的区域（图 12-19 中的阴影部分），就是零件可能出现失效的区域，称之为干涉区。即使设计时没有干涉现象，但当零部件在动载荷的长时间作用下，强度也会将逐渐衰减，由图 12-19 中的 a 位置沿着衰减退化曲线移到 b 位置，使应力、强度发生干涉，即强度降低，引起应力超过强度后所造成不安全或不可靠的问题。由干涉图可以看出：

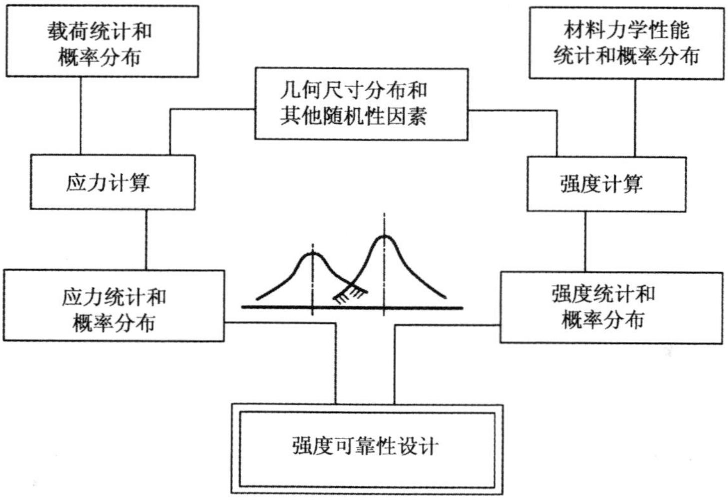

图 12-18　机械强度可靠性设计过程

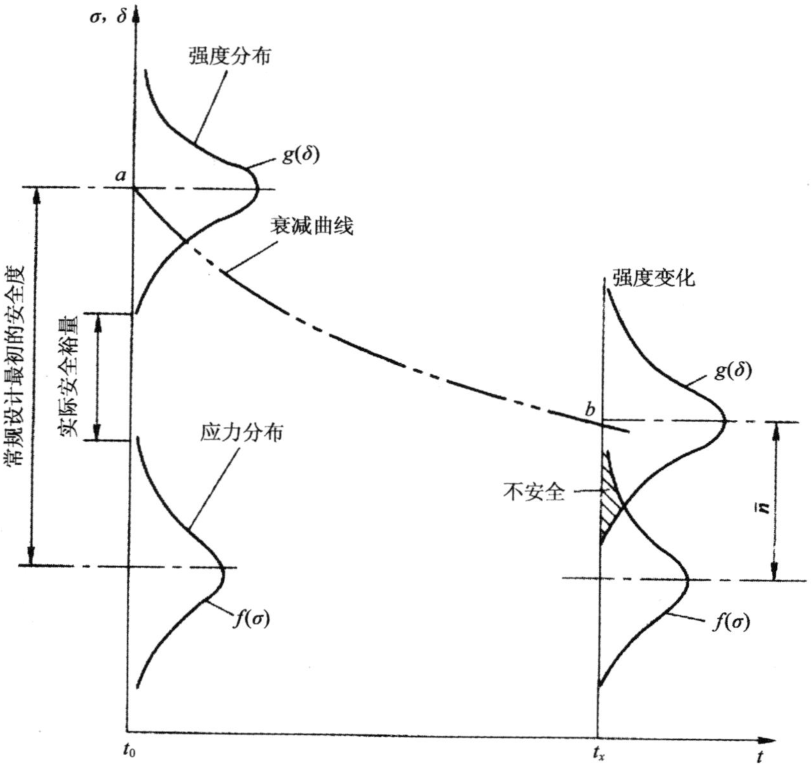

图 12-19　应力-强度分布曲线的相互关系

①即使在安全系数大于 1 的情况下仍然存在有一定的不可靠度。

②当材料强度和工作应力的离散程度大时，干涉部分加大，不可靠度也增大。

③当材质性能好、工作应力稳定时，使两分布离散度小，干涉部分相应地减小，可靠度增大。

所以，为保证产品可靠性，只进行安全系数计算是不够的，还需要进行可靠度计算。

应力-强度干涉模型揭示了概率设计的本质。从干涉模型可以看出，就统计数学观点而言，任一设计都存在着失效概率，即可靠度小于 1。而我们所能够做到的也仅仅是将失效概率限制在一个可以接受的限度之内，此观点在常规设计的安全系数法中是不明确的，因为在其设计中不考虑存在失效的可能性。可靠性设计这一重要的特征，客观地反映了产品设计和运行的真实情况，同时，还定量地给出了产品在使用中的失效概率或可靠度，因而受到重视与发展。

12.3.2　可靠度的一般表达式

传统上，根据应力-强度干涉分析推导零件可靠度计算公式的原理如图 12-20 所示。首先，不失一般性，假设应力是定义在（$-\infty, +\infty$）上的随机变量。为了构建应力-强度干涉模型，对连续分布的随机应力的定义域（概率空间）进行划分，即把应力的定义域划分为 n 个小区间出 $\Delta s_1, \Delta s_2, \cdots, \Delta s_n$，并用各小区间的中值代替各区间内的应力水平。显然，应力 s 处于宽度为 Δs_i 的第 i 个小区间内（用随机事件 B_i 表示）的概率近似为

$$P(B_i)=P\left(s_i-\frac{\Delta s_i}{2}\leqslant s\leqslant s_i+\frac{\Delta s_i}{2}\right)=h(s_i)\Delta s_i \tag{12-83}$$

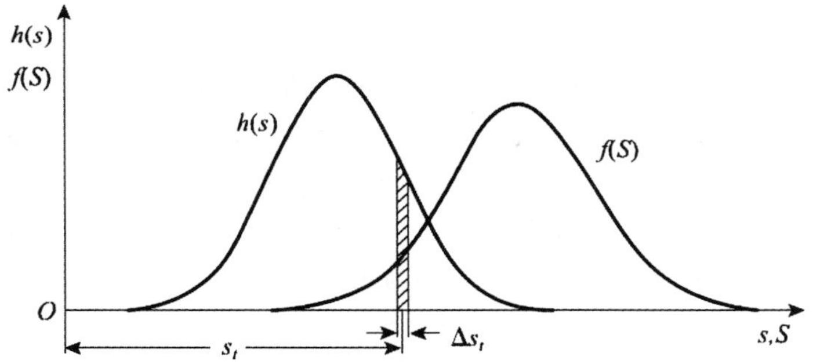

图 12-20　干涉模型原理图

而强度大于该应力水平的概率，即应力取值为 s_i 时零件不发生失效的概率为（零件不失效的概率用随机事件 A 表示）

$$P(A|B_i)=P(S>s_i)=\int_{s_i}^{+\infty}f(S)\mathrm{d}S \tag{12-84}$$

根据全概率公式 $P(A)=\sum P(B_i)P(A|B_i)$，当应力为（$-\infty, +\infty$）区间上的随机变量时，零件可靠度（不失效概率）表达式为

$$R=\sum_i h(s_i)\Delta s_i\int_{s_i}^{+\infty}f(S)\mathrm{d}S \tag{12-85}$$

对上式取极限，即可得出根据强度分布和应力分布计算零件可靠度的一般表达式

$$R=\lim_{\Delta s_i\to 0}\sum_i h(s_i)\Delta s_i\int_{s_i}^{+\infty}f(S)\mathrm{d}S=\int_{-\infty}^{+\infty}\left[\int_{s}^{+\infty}f(S)\mathrm{d}S\right]h(s)\mathrm{d}S \tag{12-86}$$

由上式同理可得

$$R=\int_{-\infty}^{+\infty}\left[\int_{-\infty}^{S}h(s)\mathrm{d}S\right]f(S)\mathrm{d}S \tag{12-87}$$

根据随机变量的概率密度函数与累积分布函数之间的关系，可靠性干涉模型还能写成以

下这两种等效的形式：

$$R=1-\int_{-\infty}^{+\infty}F(s)h(s)\mathrm{d}S \tag{12-88}$$

$$R=\int_{-\infty}^{\infty}H(S)f(S)\mathrm{d}S \tag{12-89}$$

式(12-89)中，$H(S)=\int_{-\infty}^{S}h(s)\mathrm{d}S$，$F(s)=\int_{-\infty}^{s}f(S)\mathrm{d}S$，在形式上分别等同于应力累积分布函数和强度累积分布函数。需要明确的是，在概念上，它们却是某种条件概率，因为在 $H(s)$ 和 $F(s)$ 的表达式中，积分变量与积分上限为不同的物理量。

如果定义一个给定应力 s 下的条件可靠度 $R(s)$

$$R(s)=\int_{s}^{+\infty}f(S)\mathrm{d}S \tag{12-90}$$

因为应力 s 是定义在 $(-\infty,+\infty)$ 上的随机变量，$R(s)$ 是随机变量的函数。所以根据求随机变量函数的期望值的数学公式，也可以直接写出可靠度计算公式为

$$R=\int_{-\infty}^{\infty}h(s)R(s)\mathrm{d}S=\int_{-\infty}^{+\infty}h(s)\left[\int_{s}^{+\infty}f(S)\mathrm{d}S\right]\mathrm{d}S \tag{12-91}$$

从以上各式中发现，以这种方式重新推导出可靠度基本公式的意义在于，这样可以看出，计算可靠度并不一定需要应力与强度“干涉”这样的概念，“干涉模型”也并不是只能处理（比较）两个具有相同量纲的随机变量。上式是根据可靠度定义及“随机变量的函数的数学期望”的标准形式写成的。根据这样的公式推导过程，就可以突破“干涉分析”的限制，把计算可靠度的基本公式一般化、广义化，使之适用于更加广泛的物理背景与应用场合。

根据应力-强度干涉模型，如果已知应力分布和强度分布，就可以计算出零件的可靠度。当应力 $s\sim N(\mu_s,\sigma_s^2)$，与强度 $S\sim N(\mu_s,\sigma_S^2)$ 均为正态分布时，还可以进行以下变换：

$$y=S-s \tag{12-92}$$

由式(12-92)可知，y 也服从正态分布，即 $y\sim N(\mu_y,\sigma_y^2)$，且有 $\mu_y=\mu_S-\mu_s$，$\sigma_Y^2=\sigma_S^2+\sigma_s^2$。

由此，可靠度可以表达为随机变量 y 大于零的概率，即

$$R=\int_{0}^{+\infty}\frac{1}{\sigma_y\sqrt{2\pi}}\exp\left[-\frac{1}{2}\left(\frac{y-\mu_y}{\sigma_y}\right)^2\right]\mathrm{d}y \tag{12-93}$$

令

$$z=\frac{y-\mu_y}{\sigma_y} \tag{12-94}$$

则 z 为服从标准正态分布的随机变量，且有

$$R=\int_{-\frac{\mu_S-\mu_s}{\sqrt{\sigma_S^w-\sigma_s^w}}}^{+\infty}\frac{1}{\sqrt{2\pi}}\exp\left(-\frac{z^2}{2}\right)\mathrm{d}z \tag{12-95}$$

应用式(12-95)计算零件可靠度的方便之处在于，可靠度 R 可以从标准正态分布表中查得，即

$$R=1-\varphi\left[-\frac{\mu_S-\mu_s}{\sqrt{\sigma_S^2+\sigma_s^2}}\right]=\varphi\left[\frac{\mu_S-\mu_s}{\sqrt{\sigma_S^2+\sigma_s^2}}\right]=\varphi(\beta) \tag{12-96}$$

上式将应力分布、强度分布和可靠度三者联系在一起，该方程称为“联结方程”，是可靠性设计中的基本公式。式中，由 $\varphi(\beta)$ 为标准正态分布对应于参数值 β 的累积概率分布函数值，β

称为可靠性系数或可靠度指数，其值为

$$\beta=\frac{\mu_S-\mu_s}{\sqrt{\sigma_S^2+\sigma_s^2}} \tag{12-97}$$

关于可靠性干涉模型，还有一点应该明确的是，在应力-强度干涉图中，干涉区域面积的大小通常并不等于失效概率，二者之间的关系如图 12-21 所示。

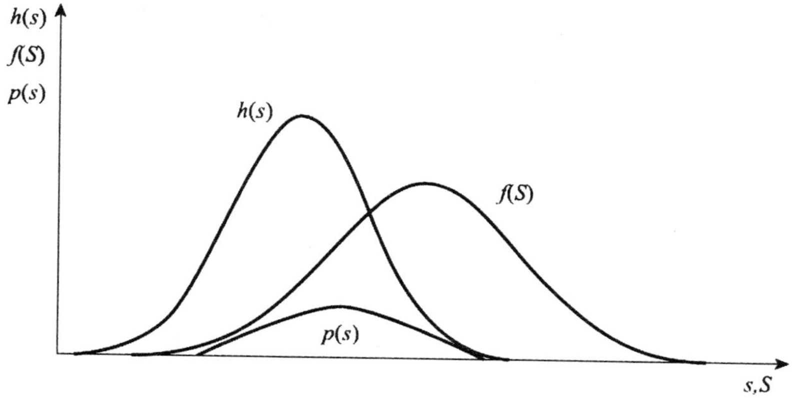

图 12-21 干涉区域面积与失效概率关系图

在图 12-21 中，$h(s)$为应力概率密度函数，$f(S)$为强度概率密度函数，$p(s)$的函数形式为

$$P(s)=h(s)\int_{-\infty}^{s}f(S)\mathrm{d}S \tag{12-98}$$

$P(s)$函数曲线下的面积在数值上等于失效概率（该面积一般小于干涉区域面积）。

12.4 机械零件可靠性设计

12.4.1 机械零件可靠性设计概述

机械可靠性设计仍是以常规的机械设计原理和方法为基础，但是将设计计算中的设计参量作为服从某种分布规律的随机参量，并运用概率论和数理统计和理论推导出在给定设计条件下零部件达到一定可靠度的计算公式。其结果就不像常规设计方法那样得到安全系数为多少，而是达到了多少可靠度。

应用可靠性设计原理和方法对机械零部件进行设计计算需要积累大量的统计资料，包括结构材料基本性能的统计分析，零部件和机械可能出现的故障和失效的模式以及它们随时间而变化的规律等。因此，在开展可靠性设计的初期可能会耗费更多的精力和费用，但是随着资料积累的增加，设计经验也会愈来愈丰富，情况就会改善，效益也会逐步显示出来。特别是通过可靠性设计可以使机械设备和零部件避免不必要的保守，克服原有设计中存在的不合理性，使机械设备具有更高的使用效率，降低其维修费用，减少失效机会，从而使用户更为满意。

根据可靠性设计原理，完全可以有意识地、合理地分配可靠性指标。按各个零部件的重要程度和具体要求，提出不同的可靠性要求。在工程上通常根据零部件的重要程度将可靠度分为 6 个等级，如表 12-2 所示。0 级为不重要的零部件，其故障发生的后果是不严重的，对这种零部件，可靠度要求比较低；1 级至 4 级为可靠度要求较高的零部件；5 级则为很高可靠度的零部件。

表 12-2　产品的可靠度等级

可靠度等级	0	1	2	3	4	5
可靠度 $R(t)$	<0.9	$\geqslant 0.9$	$\geqslant 0.99$	$\geqslant 0.999$	$\geqslant 0.9999$	$\geqslant 0.99999$

考虑到故障所产生的后果严重的程度也常将故障后果作为判别标准来确定可靠度，如表 12-3 所示，这是一种较粗略的分类方法和允许的可靠度估计值，也可作为参考。

表 12-3　可靠度粗略的分类方法和允许的可靠度估计值

故障后果		允许可靠度	机器类别
灾难性	失事 事故 完不成任务	$R(t)\geqslant 0.99999\sim 1.0$	飞行器、军事装备、化工设备、医疗器械、起重机械等
经济性	修理停歇时间增加	损失重大时，$R(t)\geqslant 0.99$	工艺设备、农业机械、家用生活机械
	降低工况，输出参数恶化	损失不大时，$R(t)\geqslant 0.9$	
无后果(修理费用在规定的标准范围)		$R(t)<0.9$	机器中的一般零部件

当机械系统可靠性指标确定以后，各个零部件的可靠性指标就可以按设计的要求进行合理的分配。这时作零部件的可靠性设计时，能否达到产品所要求的可靠度指标，一方面取决于设计模型和方法；同时还决定于设计时使用的统计数据是否准确。必要时还应辅以必要的实验测定，特别是对那些要求高精度可靠性设计的零部件更应注意这一问题。

下面对几种典型的机械零部件结构进行可靠性设计的分析与讨论。

12.4.2　螺栓连接的可靠性设计

螺栓连接的可靠性设计就是考虑螺栓承受载荷、材料强度、螺栓危险截面直径的概率分布，一般在给定目标可靠性和两个参数分布情况下，可求第三个参数分布；或者给定各参数分布求解连接的可靠性。

1. 受轴向静拉伸载荷螺栓连接的可靠性设计

受轴向静拉伸载荷的螺栓连接方式可分为两种类型，即一种是松连接螺栓，如图12-22(a)所示。它只受轴向静拉伸而没有预紧力，也常称为拉杆连接；另一种是法兰连接，如图 12-22(b)所示。它既受预紧力作用，又承受轴向外力的作用。

(1)松连接螺栓的可靠性设计

这类只承受轴向静拉伸而无预紧力的松连接螺栓，假设其轴向拉力引起的拉应力沿螺栓横截面均匀分布，其失效模式为螺纹部分的塑性变形和断裂。

其可靠性设计的准则如式(12-99)所示为

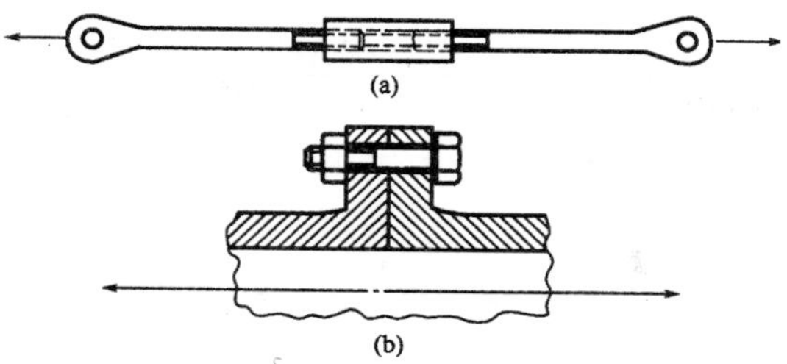

图 12-22　受轴向静拉伸载荷的螺栓连接方式

$$P(\sigma_b - y > 0) \geqslant R(t) \tag{12-99}$$

因此，可靠性设计主要是在已知轴向静拉伸载荷、螺栓材质和应达到的可靠性指标条件下计算确定螺栓的直径与公差，并在此基础上求取可靠度对螺栓几何尺寸变化的敏感度。

设该螺栓连接方式在工作中仅受拉力 F 作用，则常规设计中计算螺纹直径的强度条件为

$$\sigma = \frac{4F}{\pi d_c^2} \leqslant [\sigma] \tag{12-100}$$

式中，σ 为螺栓承受的拉应力，MPa；$[\sigma]$为螺栓材料的许用应力，MPa；d_c 为螺栓抗拉危险截面直径，mm，一般情况下取螺纹内径。

进行可靠性设计时，式中的 F、d_c 均为相互独立的随机变量，可视为服从正态分布。因此，当其变异系数不大时，应力也近似为正态分布，其应力均值和拉力标准差分别为

$$\bar{\sigma} = \frac{4\bar{F}}{\pi d_c^2} \tag{12-101}$$

$$S_F = \frac{4SF}{\pi d_c^2} = \bar{\sigma} C_\sigma \tag{12-102}$$

$$C_\sigma = \sqrt{C_F^2 + C_d^2} \tag{12-103}$$

式中，S_F 为拉力标准差，一般可取 $S_F = 0.2F/3$；C_d 为螺栓直径 d_c 的变异系数；C_F 为静载拉力 F 的变异系数。

因螺栓拉应力和抗拉强度均为正态分布，故其可靠性系数可按式(12-104)求得

$$u_R = \frac{\bar{\sigma}_x - \bar{\sigma}}{\sqrt{S_{\sigma_x}^2 + S_\sigma^2}} \tag{12-104}$$

由式(12-104)变换可得

$$u_R^2 (S_{\sigma_x}^2 + S_\sigma^2) = \bar{\sigma}_y^2 - 2\bar{\sigma}_y \bar{\delta} + \bar{\sigma}^2$$

将式(12-101)和式(12-103)代入式 12—104)，整理得

$$(u_R^2 S_{\sigma_x}^2 - \bar{\sigma}_x^2) d_c^4 + 2\left(\frac{4}{\pi}\bar{\sigma}_x \bar{F}\right) d_c^2 + \left(\frac{4}{\pi}\right)^2 (u_R^2 S_F^2 - \bar{F}^2) = 0$$

将上式简化为标准一元二次方程 $Ad_c{}^4 - Bd_c{}^2 + C = 0$

式中

$$\begin{cases} A = u_R^2 S_{\sigma_x}^2 - \bar{\sigma}_x^2 = \sigma_x^2 (u_R^2 C\sigma_x^2 - 1) \\ B = -\dfrac{8}{\pi}\bar{\sigma}_x \bar{F} \\ C = \left(\dfrac{4}{\pi}\right)^2 (u_R^2 S_F^2) = \left(\dfrac{4}{\pi}\bar{F}\right)^2 (u_R^2 C_F^2 - 1) \end{cases} \tag{12-105}$$

解式(12-105)，可求得螺栓危险截面的当量直径

$$d_c=\left[\frac{B\pm\sqrt{B^2-4AC}}{2A}\right]^{\frac{1}{2}}\text{(mm)} \tag{12-106}$$

通常螺栓材料强度的分布也近似于正态分布，其强度均值与变异系数估算值如表 12-4 所示。

表 12-4　螺栓材料强度均值及变异系数的估算值

强度级别	强度极限			屈服极限			推荐材料
	最小值/MPa	均值/MPa	变异系数	最小值/MPa	均值/MPa	变异系数	
4.6 4.8	400	475	0.053	240 320	272.5 387.5	0.06 0.074	20 10
5.6 5.8	500	600	0.055	300 400	341.5 483.7	0.052 0.074	30,35 20,Q235
6.6 6.9	600	700	0.048	360 540	408.8 580	0.051 0.074	35,45,40Mn
8.8	800	900	0.037	640	774.9	0.075	35,35Cr,45Mn
10.9 12.9	1000 1200	1100 1300	0.03 0.026	900 1080	1008 1382	0.077 0.094	40Mn2,40Cr, 30CrMnSiA 30CrMnSiA

注：强度级别数字整数位数字的 100 倍是强度极限最小值，小数位数字与强度极限值的乘积是屈服极限值。

(2)受静载荷紧螺栓连接的可靠性设计

有预紧力和受轴向动载荷的紧螺栓连接，是螺栓连接中最重要的一种形式。比较典型的是图 12-23 所示的发动机汽缸盖螺栓连接。

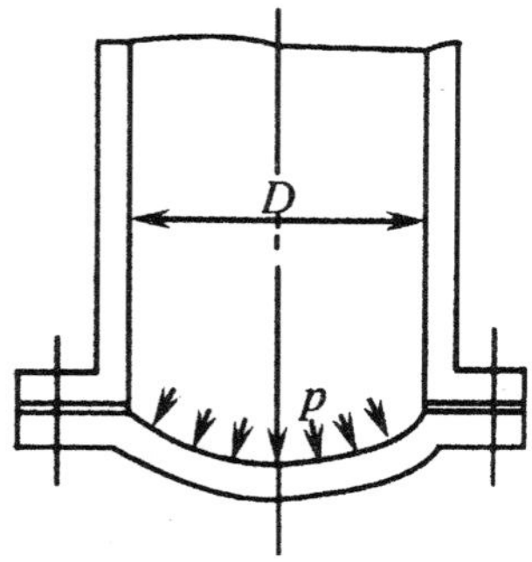

图 12-23　发动机汽缸盖螺栓连接

单个紧螺栓连接的静载试验表明，其抗拉强度近于正态分布。螺栓按强度级别制造时，其抗拉强度的均值 $\bar{\sigma}_b$ 及变异系数 C_{σ_b} 和屈服强度的均值 $\bar{\sigma}_x$ 及变异系数 C_{σ_x} 的估算值，可分别查表取得。一般可取 $C_{\sigma_x}=0.08$，对于车制螺纹，可取 $C_{\sigma_x}=0.10$。如果螺栓不按强度级别制造时，可取手册中材料的屈服强度均值作为螺栓的屈服强度均值 $\bar{\sigma}_x$，而变异系数取 $C_{\sigma_x}=0.10$。

试验结果表明，控制或不控制预紧力，螺栓强度无明显差别。紧螺栓连接的一般设计步骤为：

①确定设计准则。假设每个螺栓的拉应力为沿横断面均匀分布，但由于载荷分布、动态应力集中系数和几何尺寸等因素的变异性，对于很多螺栓来说，每个螺栓的应力值的大小是不一样的，而是呈分布状态。在没有充分的根据说明这种分布是哪种分布状态时，通常第一个选择是假设它为正态分布。

对于有紧密性要求的螺栓连接，假设其失效模式是螺栓发生屈服。因此，设计准则为：螺栓材料的屈服极限大于螺栓应力的概率，且必须大于或等于设计所要求的可靠度 $R(t)$，即

$$P(\sigma_s > s) = P(\sigma_s - s > 0) \geqslant R(t) \tag{12-107}$$

②选择螺栓材料，确定其强度分布。

根据经验，可取螺栓拉伸强度的变异系数为

$$C_{\sigma_s} = 5.3\% \sim 7\%$$

③确定螺栓的应力分布。

④应用联结方程，确定螺栓的直径。

2. 受轴向变载荷紧螺栓连接的可靠性设计

紧螺栓连接装配时，螺母需要拧紧，在拧紧力矩作用下，螺栓除受预紧力的拉伸而产生拉伸应力外，还受螺纹摩擦力矩的扭转而产生扭转剪应力，使螺栓处于拉伸与扭转复合应力状态下。而对于常用的 M10～M64 普通螺纹的钢制紧螺栓连接，在拧紧时虽是同时承受拉伸和扭转的联合作用，但在计算时可以只按拉伸强度计算，并将所受的拉力增大 30% 来考虑扭转的影响。在紧螺栓连接中螺栓受预紧力和轴向工作拉力作用的情形比较常见，因而也是最重要的一种。常规设计时螺栓危险截面的强度条件为

$$\sigma = \frac{1.3F_2}{\frac{\pi}{4}d_1^2} \leqslant [\sigma] \tag{12-108}$$

或

$$d_1 \geqslant \sqrt{\frac{4 \times 1.3F_2}{\pi[\sigma]}} \tag{12-109}$$

式中，F 为螺栓所受的总拉力，N。

分析螺栓连接的受力和变形关系得知，螺栓的总拉力 F_2 和预紧力 F_0、工作拉力 F、残余预紧力 F_1、螺栓刚度 C_b 及被连接件刚度 C_m 有关，其关系式为

$$F_2 = F_1 + F = F_0 + \frac{C_b}{C_b + C_m}F \tag{12-110}$$

式中，$\frac{C_b}{C_b + C_m}$ 为螺栓的相对刚度，如表 12-5 所示；d_1 为螺栓危险截面的直径，mm；$[\sigma]$ 为螺栓材料的许用拉应力，MPa。

表 12-5　螺栓的相对刚度

垫片材料	金属	皮革	铜皮石棉	橡胶
$\frac{C_b}{C_b + C_m}$	0.2～0.3	0.7	0.8	0.9

对于受轴向变载荷的紧螺栓连接(如内燃机汽缸盖螺栓连接等),除按静强度计算外,还应校核其疲劳强度。受变载荷的紧螺栓连接的主要失效形式是螺栓的疲劳断裂。而产生疲劳断裂的危险部位则是几个应力集中的区域,如图 12-24 所示,它们是:

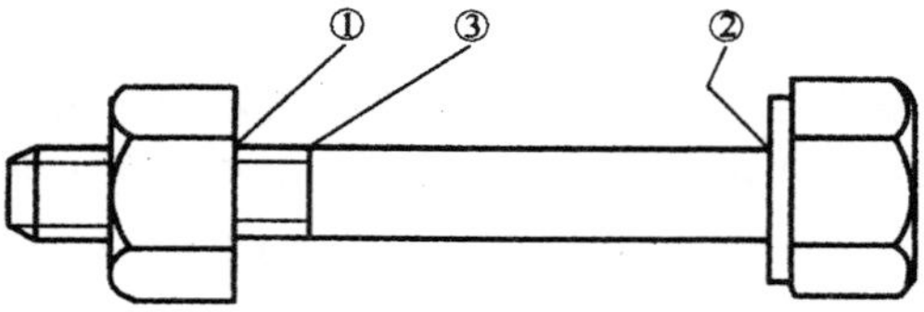

图 12-24 螺栓上疲劳危险部位

①与螺母结合的第一个螺纹根部。

②螺栓头与螺栓的过渡区。

③螺纹与光杆的过渡区。

因此,对这些部位应校核其疲劳强度。

螺栓连接的疲劳试验证明,螺栓的疲劳寿命服从对数正态分布。螺栓的疲劳极限应力幅值可用式(12-111)确定

$$\sigma_{a\lim}=\frac{\sigma_{-1\lim}\cdot\varepsilon_\sigma\cdot\beta\cdot\gamma}{k_\sigma} \tag{12-111}$$

式中,$\sigma_{-1\lim}$为光滑试件的拉伸疲劳极限,如表 12-6 所示;ε_σ 为尺寸系数,如表 12-7 所示;β 为螺纹牙受力不均匀系数,可取为 1.5～1.6;γ 为制造工艺系数,对于钢制滚压螺纹取 1.2～1.3,对于切削螺纹取 1.0;k_σ 为有效应力集中系数,如表 12-8 所示。

表 12-6 常用螺栓材料的疲劳极限

材料	抗拉强度 σ_b/MPa	屈服强度 σ_s/MPa	疲劳极限均值/MPa	
			$\bar{\sigma}_{-1}$	$\bar{\sigma}_{-1\lim}$
10	340～420	210	160～200	120～150
Q235	410～470	240	170～220	120～160
35	540	320	220～300	170～220
45	610	360	250～340	190～250
40Cr	750～1000	650～900	320～440	240～340

表 12-7 尺寸系数 ε_σ

d/mm	<12	16	20	24	30	36	42	48	56	64
ε_σ	1.0	0.87	0.80	0.74	0.65	0.64	0.60	0.57	0.54	0.53

表 12-8 有效应力集中系数 k_σ

σ_b/MPa	400	600	800	1000
k_σ	3	3.9	4.8	5.2

如图 12-25 所示，当工作拉力在 0～F 之间变化时，螺栓所受的总拉力将在 F_0～F_2 之间变化。计算螺栓连接的疲劳强度时，主要考虑轴向力引起的拉伸变应力。在轴向变载荷作用下，由于预紧力而产生的扭转实际上完全消失，螺杆不再受扭矩作用，因此，可以不考虑扭转剪应力。螺栓危险截面的最大拉应力为

$$\sigma_{\max}=\frac{F_2}{\frac{\pi}{4}d_1^2} \tag{12-112}$$

最小拉应力(注意：此时螺栓中的应力变化规律是 $\sigma_{\min}$保持不变)为

$$\sigma_{\min}=\frac{F_0}{\frac{\pi}{4}d_1^2} \tag{12-113}$$

应力幅为

$$\sigma_a=\frac{\sigma_{\max}-\sigma_{\min}}{2}=\frac{C_b}{C_b+C_m}\cdot\frac{2F}{\pi d_1^2} \tag{12-114}$$

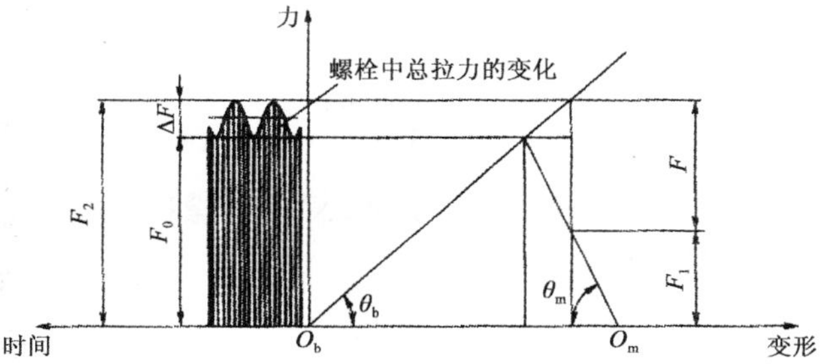

图 12-25　承受轴向变载荷的紧螺栓连接

紧螺栓连接可靠性设计的步骤如下：

①确定设计准则。假设每个螺栓内的应力为沿截面均匀分布，但由于载荷分布、动态应力集中系数和几可尺寸等因素的变异性，对于很多螺栓来说，每个螺栓内的应力大小是不一样的，而是呈分布状态。在没有充分的根据说明这种分布的类型时，通常第一个选择是假设为正态分布。

对于有紧密性要求的螺栓连接，假设其失效模式是螺栓产生屈服。因此，设计准则为螺栓材料的屈服极限大于螺栓应力的概率必须大于或等于设计所要求的可靠度 $R(t)$，表示为

$$P(\sigma_s>\sigma)=P(\sigma_s-\sigma>0)\geqslant R(t) \tag{12-115}$$

②选择螺栓材料，确定其强度分布，求其均值和标准差。

根据经验，可取螺栓拉伸强度的变异系数为

$$C_S=5.3\%\sim7\%$$

③确定螺栓的应力分布，求出应力的均值和标准差。

④应用联结方程，确定螺栓直径。

3. 受剪切载荷螺栓连接的可靠性设计

如图 12-26 所示，受剪螺栓连接是利用铰制孔用螺栓抗剪切来承受载荷 F 的。螺栓杆与孔壁之间无间隙，接触表面受挤压；在连接接合面处，螺栓杆受剪切。

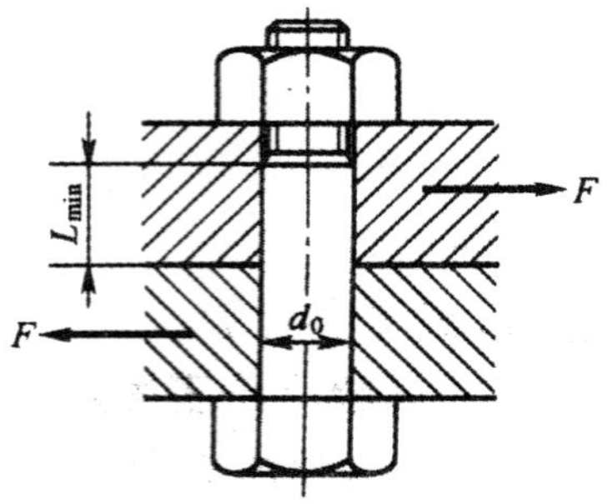

图 12-26 铰制孔用螺栓

受剪螺栓连接的设计中，通常不计预紧力和被连接件之间摩擦力的影响。其失效模式为被连接件接合面处的螺杆被剪断或螺杆部分与被连接件孔壁间的挤压损伤。这时设计变量均被认为是服从正态分布的随机变量。可靠性设计的主要步骤如下所示。

（1）螺栓受剪切失效

单个螺杆上所受的切应力为

$$\tau=\frac{F}{\frac{\pi}{4}d_0^2 n}\leqslant[\tau] \tag{12-116}$$

式中，τ 为切应力，MPa；F 为螺栓连接承受的剪力，N；d_0 为螺杆直径，mm；n 为螺栓数。

作为分布参量，切应力的均值为

$$\bar{\tau}=\frac{\bar{F}}{\frac{\pi}{4}\bar{d}_0^2 n} \tag{12-117}$$

变异系数

$$v_\tau=\frac{\sigma_\tau}{\bar{\tau}}=\sqrt{v_F^2+(2v_{d_0})^2} \tag{12-118}$$

式中，v_F 为剪力的变异系数；v_{d_0} 为螺栓直径的变异系数，一般 $v_{d_0}\approx$0.002mm～0.00075mm。

受剪螺栓强度按抗剪屈服强度 $\tau_s=(0.5\sim0.6)\sigma_s$。其常用材料的相关强度值如表 12-9 所示。

表 12-9 常用材料的抗剪强度表

材料	热处理	$\bar{\sigma}_b$/MPa	v_{σ_b}	$\bar{\sigma}_s$/MPa	v_{σ_s}	$\bar{\tau}_s$/MPa	v_{τ_s}
Q235		510	0.09	280	0.09	140	0.09
34	正火	590	0.07	350	0.07	175	0.07
45	正火	670	0.07	400	0.07	200	0.07
40Cr	调质 HB200	830	0.05	570	0.05	285	0.05
40CrNi	调质 HB240	930	0.06	740	0.06	370	0.06

根据切应力的强度分布和应力分布可建立联结方程，得到相应的连接系数和可靠度。

（2）螺栓受挤压失效

①确定挤压应力分布。设挤压力沿螺杆与孔壁的挤压表面均匀分布。故对于细杆直径为

d_0 螺杆与孔壁挤压面的最小高度为 $L_{\min}$，挤压载荷为 F，则挤压应力为

$$\delta_P = \frac{F}{d_0 L_{\min}} \leqslant [\sigma_p] \tag{12-119}$$

若 $L_{\min}$ 视为常量时，则挤压应力均值为

$$\bar{\delta}_P = \frac{\bar{F}}{\bar{d}_0 L_{\min}} \tag{12-120}$$

用矩法计算其标准差 σ_{δ_p} 为

$$\sigma_{\delta_p} = \sqrt{\left(\frac{\partial \bar{\delta}_p}{\partial \bar{F}}\right)^2 \cdot \sigma_F^2 + \left(\frac{\partial \bar{\delta}_p}{\partial \bar{d}_0}\right)^2 \cdot \sigma_{d_0}^2} = \sqrt{\left(\frac{1}{\bar{d}_0 L_{\min}}\right)^2 \cdot \sigma_F^2 + \left(\frac{\bar{F}}{\bar{d}_0^2 L_{\min}}\right)^2 \cdot \sigma_{d_0}^2}$$

$$= \frac{\bar{F}}{\bar{d}_0 L_{\min}} \sqrt{\left(\frac{\sigma_F}{\bar{F}}\right)^2 + \left(\frac{\sigma_{d_0}}{\bar{d}_0}\right)^2} = \bar{\delta}_p \cdot \sqrt{v_F^2 + v_{d_0}^2} \tag{12-121}$$

挤压应力的变异系数为

$$v_{\delta_p} = \frac{\sigma_{\delta_p}}{\bar{\delta}_p} = \sqrt{v_F^2 + v_{d_0}^2} \tag{12-122}$$

若取 $L_{\min} = kd_0$，则挤压应力均值为

$$\bar{\delta}_p = \frac{\bar{F}}{k\bar{d}_0^2} \tag{12-123}$$

用矩法计算其标准差为

$$\sigma_{\delta_p} = \sqrt{\left(\frac{\partial \bar{\delta}_p}{\partial \bar{F}}\right) \cdot \sigma_F^2 + \left(\frac{\partial \bar{\delta}_p}{\partial \bar{d}_0^2}\right)^2 \cdot \sigma_{d_0^2}^2} = \frac{1}{k}\sqrt{\frac{\bar{F}^2 \sigma_{d_0^2}^2 + (\bar{d}_0^2)^2 \sigma_F^2}{(\bar{d}_0^2)^4}} \tag{12-124}$$

式中，$\bar{d}_0^2$、$\sigma_{d_0^2}$ 分别为 d_0^2 的均值和标准差，$\sigma_{d_0^2} = 2\bar{d}_0 \sigma_{d_0}$。

②选择螺栓及被连接件材料。当被连接件材料的强度较低时，被连接件孔壁被挤压破坏往往是主要失效模式。若被连接件为灰铸铁 HT25-47，则其强度极限为 $\sigma_b = 248\text{MPa}$。由经验公式，对于铸件，挤压强度极限可取为 $\bar{S}_P = 0.5\sigma_b = 0.5 \times 245 = 122.5(\text{MPa})$，标准差可取为 $\sigma_{S_p} = 0.08\,\bar{S}_p = 0.08 \times 122.5 = 9.8(\text{MPa})$。对于塑性材料，则要根据屈服极限 σ_s 来换算挤压强度极限的均值和标准差。

③用联结方程求螺栓直径 d_0 或可靠度。取 $L_{\min} = kd_0$，计算结果表明：当尺寸 $L_{\min} < 0.75d_0$ 时，按挤压强度计算出的螺栓直径大于按剪切强度计算的螺栓直径。因此，为使螺栓连接的挤压强度不致太低，应使 $L_{\min} > 0.75d_0$，即应取 $k > 0.75$。

12.4.3　轴的可靠性设计

轴按所受的载荷分为心轴（只承受弯矩）、传动轴（只承受扭矩）、转轴（同时承受弯矩和扭矩）。轴的可靠性设计是考虑载荷、强度条件、轴径尺寸的概率分布，在给定目标可靠性和两个参数分布情况下，可求第三个参数分布；或者给定各参数分布求解轴的可靠性。本节以心轴和传动轴为例，讨论可靠性设计的内容。

1. 心轴可靠性设计

心轴只受弯矩作用，不受扭矩作用，应按弯曲强度进行设计。

设心轴承受的弯矩为$(\overline{M},S_M)$，抗弯截面模量为W，则弯曲应力为

$$(\bar{\sigma},S_\sigma)=\frac{(\overline{M},S_M)}{W} \tag{12-125}$$

式中，S_σ为弯曲应力σ的标准差；S_M为弯矩M的标准差。

对于实心圆截面轴，有

$$W=\frac{\pi}{32}d^3 \tag{12-126}$$

对于空心圆截面轴，有

$$W=\frac{\pi}{32}d^3\left[1-\left(\frac{d_0}{d}\right)^4\right] \tag{12-127}$$

式中，d为轴的外直径，mm；d_0为空心轴的内径，mm。

转动心轴，其应力一般为对称循环变化；固定心轴，其应力循环特性$0\leqslant r\leqslant 1$，视具体的受力情况而异。设计时，若缺少具体的实测数据，可近似地认为应力服从正态分布。

2. 传动轴可靠性设计

传动轴只受扭矩，不受弯矩或弯矩很小，可忽略不计，应按扭转强度进行设计。

设传动轴传递的扭矩为$(\overline{T},S_T)$，抗扭截面模量为W_T，则扭应力为

$$(\bar{\tau},S_\tau)=\frac{(\overline{T},S_T)}{W_T} \tag{12-128}$$

式中，S_τ为扭应力τ的标准差；S_T为扭矩T的标准差。

对于实心圆剖面轴，有

$$W_T=\frac{\pi}{16}d^3 \tag{12-129}$$

对于空心圆剖面轴，有

$$W_T=\frac{\pi}{16}d^3\left[1-\left(\frac{d_0}{d}\right)^4\right] \tag{12-130}$$

式中，d为轴的外直径；d_0为空心轴的内径。

12.4.4 圆柱螺旋弹簧的可靠性设计

弹簧也是机械产品中的一种基本零部件，应用十分广泛。虽然弹簧的种类很多，但圆柱螺旋弹簧使用最多，也是最为典型的，因此，本节主要讨论圆柱螺旋可靠性设计基本方法。

1. 圆柱螺旋压缩弹簧的静强度可靠性设计

弹簧的设计基本要求是要在满足强度、弹性特性要求的前提下确定其基本参数，基本失效模式是疲劳破坏和断裂。在圆柱螺旋弹簧的常规设计中需进行设计计算的主要参数如下：

在常规设计中，圆柱螺旋弹簧（钢丝内侧）的最大切应力为

$$\tau=\frac{8KFD}{\pi d^3} \tag{12-131}$$

弹簧的旋绕比（弹簧指数）为

$$C=\frac{D}{d} \tag{12-132}$$

曲度系数为

$$K=\frac{4C-1}{4C-4}+\frac{0.615}{C} \tag{12-133}$$

弹簧受轴向力后的轴向变形量为

$$\lambda=\frac{8FD^3n}{Gd^4}=\frac{8FC^3n}{Gd} \tag{12-134}$$

弹簧刚度为

$$k=\frac{F}{\lambda}=\frac{Gd^4}{8D^3n}=\frac{Gd}{8C^3n} \tag{12-135}$$

式中，F 为作用在弹簧上的轴向载荷，N；D 为弹簧的中径，mm；d 为弹簧钢丝直径，mm；G 为弹簧材料的弹切弹性换量，MPa；n 为弹簧的有效圈数。

在圆柱螺旋弹簧的可靠性设计中，应将上述各参数都视为随机变量相互独立，以简化计算。已知各参数分布，可求弹簧的可靠度；或者已知弹簧所受载荷和目标可靠度，可设计弹簧的尺寸，如有效圈数、钢丝直径、弹簧中径等。

(1)确定螺旋弹簧的切应力分布

切应力均值为

$$\bar{\tau}=\frac{8\,\overline{K}\,\overline{F}\,\overline{D}}{\pi d^3} \tag{12-136}$$

切应力的变异系数为

$$C_1=\frac{\sigma_1}{\tau}(C_K^2+C_F^2+C_D^2+9C_d^2)^{\frac{1}{2}} \tag{12-137}$$

式中，C_K^2、C_F^2、C_D^2 和 C_d^2 分别为这些参数的变异系数。

曲度系数$\overline{K}$可按式(12-133)计算，标准差 σ_K 与弹簧指数有关，可根据弹簧的 D 和 d 的公差计算。但一般其数值平均可取 $\sigma_K=0.045$。

轴向载荷均值 $\overline{F}$ 可取为名义工作载荷值，其标准差也可取为载荷的允许偏差值$\pm\Delta F$ 的 $\frac{1}{3}$，即 $\sigma_F=\Delta F/3$，故 $C_F=\Delta F/3\overline{F}$。

弹簧中径均值 $\overline{D}$ 可按弹簧名义直径计算，其标准差 σ_D 根据弹簧的国家标准(GB239)中精度等级要求按表 12-10 确定。

表 12-10　弹簧中径 D 及其标准差 σ_D

精度等级	标准差	弹簧指数 C		变形量公差
		4～8	>8～16	
1	σ_D	$0.0033D$	$0.005D$	10%
2		$0.005D$	$0.0066D$	20%
3		$0.0066D$	$0.01D$	30%

弹簧钢丝直径 d 的标准差 σ_d 和变异系数 C_d 按表 12-11 确定。

表 12-11　弹簧钢丝直径 d 的标准差 σ_d 和变异系数 C_d

弹簧钢丝直径 d/mm	0.7～1.0	1.2～3.0	3.5～6.0	8～12
标准差 σ_d/mm	0.01	0.01	0.013	0.133
变异系数 C_d	0.014～0.01	0.008～0.0033	0.00.7～0.002	0.016～0.007

弹簧有效圈数 n 的允许偏差如表 12-12 所示。

表 12-12　弹簧有效圈数的允许偏差

有效圈数 n	允许偏差	
	压缩弹簧	拉伸弹簧
≤10	±1/4	±1
10～20	±1/2	±1
20～50	±1	±2

剪切弹性模量 G 的均值 $\overline{G}$、标准差 σ_G 和变异系数 C_G，可根据弹簧材料查手册获得，一般取剪切模量与弹簧模量 E 的变异系数相等，即 $C_G=C_E=0.03$。

(2)选择弹簧材料、确定其强度分布

弹簧材料常用的有冷拔碳素弹簧钢丝，牌号有 65、65Mn、70、70Mn 等；冷拔合金弹簧钢丝牌号有 60Si2Mn、65Si2MnWA、50CrVA、30W4Cr2VA 等；也有用不锈钢丝、磷青铜丝等。其力学性能可在有关手册中查得。

在螺旋弹簧静强度设计中，剪切屈服强度极限就是扭转屈服极限 τ_s，一般来说，它与抗拉强度间的关系为应用形变理论所得到的关系，设计中常采用

$$\overline{\tau}_s=0.432\overline{\sigma}_b \tag{12-138}$$

因此，也可取变异系数 $C_\tau=C_{\sigma_b}$。

常用的弹簧钢丝的抗拉强度极限 σ_b 如表 12-13 所列，设计时可以参考使用。

表 12-13　常用弹簧钢丝的抗拉强度极限 σ_b

钢丝直径 d/mm	σ_b/MPa			
	65Mn	碳素钢	Cr-V 钢	Cr-Si 钢
0.8～1.2	1800～2150	1600～1800	1950～2050	
1.4～2.2	1700～2000			
2.2～2.5	1650～1950	1450～1600	1600～1750	1950～2050
2.6～3.4	1600～1850			
3.5～4.0	1500～1750	1450～1600	1550～1700	1950～2050
4.2～4.5	1450～1700	1400～1550	1550～1700	1850～2050

续表

钢丝直径 d/mm	σ_b/MPa			
	65Mn	碳素钢	Cr-V 钢	Cr-Si 钢
4.8～5.0	1400～1650	1400～1550	1500～1650	1850～2000
5.3～5.5	1350～1600		1500～1650	1800～1950
6.0～7.0			1450～1600	
8.0			1400～1550	

一般冷拔碳素弹簧钢丝是经盐浴淬火回火冷拔，在冷卷成弹簧后再低温回火处理，也可将钢丝冷拔到成品尺寸后再油淬回火，表 12-13 中的碳素钢、Cr-V 钢和 Cr-Si 钢就是经这类处理后的强度值，它的强度值波动范围相对小一些。其平均值可以取这些范围的平均值，对同一捆钢丝抗拉强度的波动范围一般不会超过 75MPa。因此，钢丝的标准差可取为 $S_{\sigma_b}=75/3=25$(MPa)，考虑到不同捆钢丝性能的差异，钢丝抗拉强度的变异系数为

$$C_{\tau_S}=\sqrt{C_1^2+C_2^2} \tag{12-139}$$

$$C_1=\frac{S_{\sigma_b}}{\sigma_b}\quad C_2=\frac{\sigma_{b\max}-\sigma_{b\min}}{6\bar{\sigma}_b}$$

静强度安全系数为

$$n_x=\frac{\bar{\tau}_s}{\bar{\tau}_{\max}}\geqslant[n_x]$$

式中，$[n_x]$为许用安全系数，应在 1.3～1.7 之间。

(3)用正态分布的联结方程求解

已知弹簧的强度分布和应力分布参数后，就可以运用联结方程求解其强度的可靠度，即

$$u_s=\frac{n_x-1}{\sqrt{n_x^2C_{\tau_x}^2+C_{\tau_{\max}}^2}} \tag{12-140}$$

2. 圆柱螺旋压缩弹簧的疲劳强度可靠性设计

工程应用中许多弹簧是受变载荷条件下工作的，通常当其载荷变化次数大于 10^3 次时，除了进行静载荷和刚度设计计算以外，还应进行疲劳强度计算。

(1)工作应力的均值和标准差

对于变载荷强度计算，通常是考虑外载荷在 $F_{\max}$ 到 $F_{\min}$ 之间做周期变化，弹簧的载荷变化与变形如图 12-27 所示。

由图 12-27 可知，弹簧应力的变化规律是属于最小剪应力为常数的情况。对于弹簧钢丝所承受的应力来说，就是从 $F_{\min}$ 载荷的 $\tau_{\min}$ 到 $F_{\max}$ 载荷的 $\tau_{\max}$ 之间变化。因此，有

均值

$$\bar{\tau}_{\max}=\frac{8\overline{KF}_{\max}\bar{D}}{\pi\bar{d}^3} \tag{12-141}$$

$$\bar{\tau}_{\min}=\frac{8\overline{KF}_{\min}\bar{D}}{\pi\bar{d}^3} \tag{12-142}$$

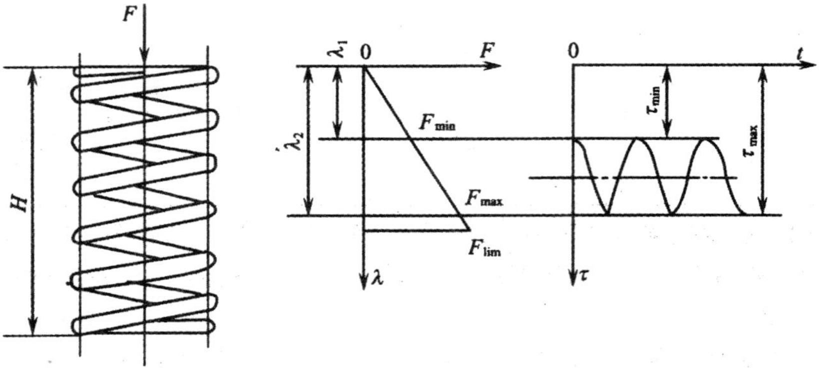

图 12-27 弹簧的载荷变换与变形

变异系数

$$C_{\tau_{max}}=(C_k^2+C_{F_{max}}^2+C_D^2+9C_d^2)^{\frac{1}{2}} \tag{12-143}$$

$$C_{\tau_{min}}=(C_k^2+C_{F_{min}}^2+C_D^2+9C_d^2)^{\frac{1}{2}} \tag{12-144}$$

$\overline{F}_{max}$、$\overline{F}_{min}$和 $C_{F_{max}}$、$C_{F_{min}}$ 根据外载荷变化情况决定。

弹簧的 F_{min}是它的安装载荷，其偏差主要由其几何尺寸 D 和 d 的偏差所决定。根据普通圆柱螺旋弹簧标准，可估计其 F_{min}的变异系数 $C_{F_{min}}$，如表 12-14 所示。

表 12-14 弹簧的变异系数 $C_{F_{min}}$

精度等级	有效圈数 n		
	2～4	4～10	>10
2	0.04	0.033	0.026
3	0.06	0.050	0.030

(2)强度极限的均值和标准差

对弹簧而言，应力循环不对称系数 $r=\tau_{min}/\tau_{max}$，在 0～1.0 间变化。因此，在计算中要用到 τ_0和 N 关系曲线和疲劳极限图。对常用的螺旋弹簧材料脉动循环疲劳极限 τ_0与循环次数 N 的关系如表 12-15 所示。

表 12-15 弹簧材料脉动循环疲劳极限 τ_0与循环次数 N 的关系

载荷循环次数 N	10^4	10^5	10^6	10^7
τ_0	$0.45\sigma_b$	$0.35\sigma_b$	$0.33\sigma_b$	$0.3\sigma_b$

对于经喷丸和强压处理的弹簧，当 $N\geqslant10^6$ 时，其 τ_0 值还可提高 20%；$N=10^4$ 时，可提高 10%左右。对不锈钢和硅青铜制弹簧，当 $N=10^4$ 时，$\tau_0=0.35\sigma_b$。

计算中可以取 $C_{\tau_s}=C_{\sigma_b}$，脉动载荷下疲劳极限的变异系数 C_{τ_0}，如果无相应的试验数据，则可取 $C_{\tau_0}=0.075$(对经喷丸处理的)，或 $C_{\tau_0}=0.096$(对未经喷丸处理的)。

当疲劳极限图采用 Goodman 直线关系简化后，可得弹簧的极限应力 τ_{lim}为

$$\tau_{\lim}=\bar{\tau}_0+\left(\frac{\bar{\tau}_0-\bar{\tau}_{-1}}{\bar{\tau}_{-1}}\right)\bar{\tau}_{\min} \tag{12-145}$$

对卷制的压缩弹簧$\bar{\tau}_{-1}=0.5\,\bar{\tau}_0-0.6\,\bar{\tau}_0$，如果取其平均值为$\bar{\tau}_{-1}=0.75\,\bar{\tau}_0$，则

$$\tau_{\lim}=\bar{\tau}_0+0.75\,\bar{\tau}_{\min} \tag{12-146}$$

式中，$\bar{\tau}_{\min}$为弹簧最小扭应力的均值。

根据 $F_{\min}$求得极限应力 $\tau_{\lim}$的标准差为

$$\sigma_{\tau_{\lim}}=[\sigma^2_{\tau_0}+(0.75\sigma_{\tau_{\min}})^2]^{\frac{1}{2}} \tag{12-147}$$

由此可求得疲劳强度安全系数为

$$n_R=\frac{\bar{\tau}_{\lim}}{\bar{\tau}_{\max}}=\frac{\bar{\tau}_0+0.75\,\bar{\tau}_{\lim}}{\bar{\tau}_{\max}}\geqslant[n_R]$$

当应力和强度都是正态分布时，可用联结方程计算出联结系数

$$u_R=\frac{n_R-1}{\sqrt{n_R^2C^2_{\tau_{\min}}+C^2_{\tau_{\max}}}}$$

由 u_R 查标准正态分布表得相应的可靠度。

12.5　机械系统可靠性设计

12.5.1　机械系统可靠性设计概述

系统是由某些彼此相互协调工作的零部件、子系统组成，以完成某一特定功能的综合体。组成系统并相对独立的机件通称为单元。系统与单元的含义均为相对的概念，由研究对象而定。例如，将汽车作为一个系统时，则其发动机、离合器、变速箱、传动轴、驱动桥、车身、转向、制动等，都是作为汽车这一系统的单元而存在的；当将驱动桥作为一个系统加以研究时，则主减速器、差速器、驱动车轮的传动装置及桥壳就是它的组成单元。因此，系统的单元是相对而言的。

系统按修复与否可分为两类，即不可修复系统和可修复系统。不可修复系统是指系统或其组成单元一旦发生故障，不再修复，处于报废状态的系统；不可修复是指技术上不能够修复，经济上不值得修复，或者一次性使用不必再修复。可修复系统是指通过维修而恢复功能的系统。虽然绝大多数的设备是可修复系统，但不可修复系统的分析方法是研究可修复系统的基础。因此，对系统进行可靠性分析时，常常可简化为不可修复系统来处理。

系统的可靠性不仅与组成该系统各单元的可靠性有关，而且也与组成该系统各单元间的组合方式和相互匹配有关。

机械系统是指由若干个机械零部件组成并相互有机地组合起来，为完成某一特定功能的综合体，故构成该机械系统的可靠度取决于以下两个因素：

①机械零部件本身的可靠度，即组成系统的各个零部件完成所需功能的能力。

②机械零部件组合成系统的组合方式，即组成系统各个零件之间的联系形式。

对于特定机械系统，当组成系统的零部件可靠度保持不变，而零部件之间组合方式变化时，系统可靠度在数值上相差很大。因此，组合方式不同系统可靠性模型不同。

机械零部件相互组合有两种基本形式，即一种为串联方式，另一种为并联方式。而机械系统的其他更复杂的组合，基本上是在这两种基本形式上的组合或引申。

机械系统可靠性设计的目的，就是要使机械系统在满足规定的可靠性指标、完成预定功能的前提下，使该系统的技术性能、重量指标、制造成本及使用寿命等取得协调并达到最优化的结果，或者在性能、重量、成本、寿命和其他要求的约束下，设计出高可靠性机械系统。

系统可靠性设计方法，可归结为两种类型：

①按照已知零部件或各单元的可靠性数据，计算系统的可靠性指标，称为可靠性预测。通过对系统的几种结构模型的计算、比较，以得到满意的系统设计方案和可靠性指标。

②按照已给定的系统可靠性指标，对组成系统的单元进行可靠性分配，并在多种设计方案中比较、选优。

有时上述两种方法需联用。即首先要根据各单元的可靠度，计算或预测系统的可靠度，看它是否能满足规定的系统可靠性指标；如果不能满足时，则还要将系统规定的可靠性指标重新分配到组成系统的各单元中。

12.5.2 系统可靠性模型

系统及其单元之间的可靠性逻辑关系和数量关系是通过系统可靠性模型来反映的，它是系统可靠性预测和分配的前提。这种逻辑关系除了用功能逻辑框图表示外，还可以用物理方法和数字方法加以描述，以便准确计算出它的可靠度，这就是系统的可靠性模型。

系统的可靠性模型主要包括串联系统、并联系统、混联系统、表决系统、贮备系统等可靠性模型，以下将针对具体模型进行分析与讨论。

1. 串联系统的可靠性模型

如果系统中任何一个单元失效，系统就失效，或者系统中每个单元都正常工作，系统才能完成其规定的功能，则称该系统为串联系统。由 n 个单元组成的串联系统的可靠性框图如图12-28所示。

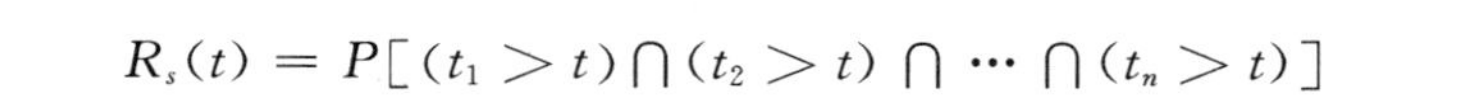

图 12-28 串联系统可靠性框图

设系统的失效时间随机变量为 t，组成该系统的 n 个单元的失效时间随机变量为 t_i $(i=1,2,\cdots,n)$，则在串联系统中，要使系统能正常工作，就必须要求 n 个单元都能同时正常工作，且要求每一个单元的失效时间 t_i 都大于系统的失效时间 t，按可靠度的定义，系统的可靠度可表达为

$$R_s(t) = P[(t_1 > t) \cap (t_2 > t) \cap \cdots \cap (t_n > t)] \tag{12-148}$$

假定各单元的失效时间 $t_1, t_2, \cdots, t_n$ 之间互相独立，根据概率乘法定理，上式可写成

$$R_s(t)=P(t_1>t)P(t_2>t)\cdots P(t_i>t)\cdots P(t_n>t) \tag{12-149}$$

式中，$P(t_i>t)$ 为第 i 个单元的可靠度 $R_i(t)$。

因此

$$R_s(t) = R_1(t)R_2(t)\cdots R_n(t) = \prod_{i=1}^{n} R_i(t) \tag{12-150}$$

或简写成

$$R_s = R_1 R_2 \cdots R_n = \prod_{i=1}^{n} R_i \tag{12-151}$$

即串联系统的可靠度是组成系统各独立单元可靠度的乘积。

如果各个单元的失效都属于偶然失效，即寿命服从指数分布，令单元失效率为 λ_i（为常数），则各单元的可靠度为

$$\begin{aligned} R_1 &= e^{-\lambda_1 t} \\ R_2 &= e^{-\lambda_2 t} \\ &\cdots\cdots \\ R_n &= e^{-\lambda_n t} \end{aligned} \tag{12-152}$$

代入式(12-151)，得

$$R_s = e^{-\lambda_1 t} \cdot e^{-\lambda_2 t} \cdots e^{-\lambda_n t} = \prod_{i=1}^{n} e^{-\lambda_i t} = e - \sum_{i=1}^{n} \lambda_i t \tag{12-153}$$

则系统的失效率为

$$\lambda_s = \sum_{i=1}^{n} \lambda_i \tag{12-154}$$

因此，当组成系统的各单元寿命服从指数分布时，串联系统寿命也服从指数分布。

系统工作的平均寿命为

$$T_s = \frac{1}{\lambda_s} = \frac{1}{\sum_{i=1}^{n} \lambda_i} \tag{12-155}$$

如果各单元的失效率相等，则 $\lambda_1 = \lambda_2 = \cdots = \lambda_n = \lambda$，代入式(12-153)、式(12-155)有

$$R_s = e^{-n\lambda t} \tag{12-156}$$

$$T_s = \frac{1}{\lambda_s} = \frac{1}{n\lambda} \tag{12-157}$$

式(12-157)表明，当各单元失效率均为 λ 时，系统的平均寿命是单元平均寿命的 $1/n$ 倍。

由上面的分析可以得出以下结论。

①串联系统的可靠度 R_s 与组成系统的单元数量 n 及单元的可靠度 R_i 有关，如图 12-29 所示。随着单元数量的增加和单元可靠度的减少，串联系统的可靠度将迅速降低。因此，要提高系统的可靠度，就必须减少系统中的单元数，或提高系统中最薄弱单元的可靠度。

②串联系统的失效率大于该系统的每个单元的失效率。

③若串联系统的各个单元寿命服从指数分布，则该系统寿命也服从指数分布。

2. 并联系统的可靠性模型

组成系统的所有单元都失效时才会导致系统失效的系统称为并联系统。或者说，只要有一个单元正常工作时，系统就能正常工作的系统称为并联系统。由 n 个单元组成的并联系统的可靠性框图如图 12-30 所示。

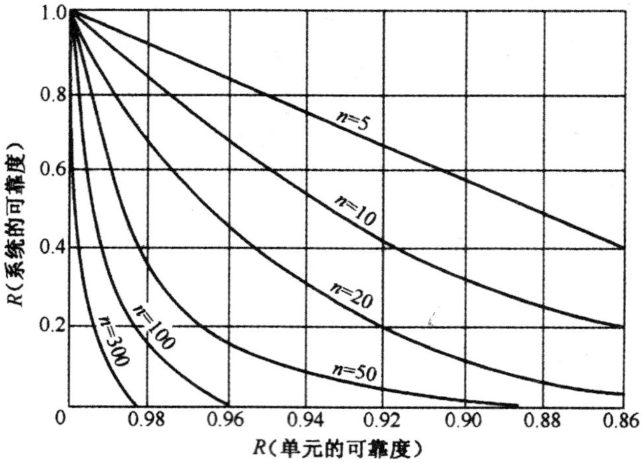

图 12-29 n 个可靠度相同的单元串联后的可靠度 R_s

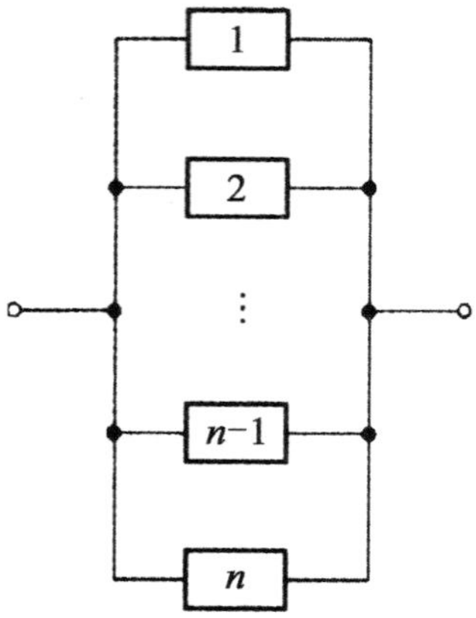

图 12-30 并联系统可靠性框图

设并联系统失效时间随机变量为 t，系统中第 i 个单元失效时间随机变量为 t_i，则对于由 n 个单元所组成的并联系统的失效概率为

$$F_s(t) = P[(t_1 \leqslant t) \cap (t_2 \leqslant t) \cap \cdots \cap (t_n \leqslant t)] \tag{12-158}$$

这就是说，在并联系统中，只有在每个单元的失效时间都达不到系统所要求的工作时间时，系统才失效。因此，系统的失效概率就是单元全部同时失效的概率。设各单元的失效时间随机变量互为独立，则根据概率乘法定理得

$$F_s(t) = P(t_1 \leqslant t) P(t_2 \leqslant t) \cdots P(t_i \leqslant t) \cdots P(t_n \leqslant t) \tag{12-159}$$

式中，$P(t_i \leqslant t)$ 为第 i 个单元的失效概率，即

$$P(t_i \leqslant t) = F_i(t) = 1 - R_i(t)$$

因此

$$F_s(t) = [1 - R_1(t)][1 - R_2(t)] \cdots [1 - R_n(t)] = \prod_{i=1}^{n} [1 - R_i(t)] \tag{12-160}$$

并联系统的可靠度为

$$R_s(t) = 1 - F_s(t) = 1 - \prod_{i=1}^{n}[1 - R_i(t)] \tag{12-161}$$

或简写成

$$R_s = 1 - F_s = 1 - \prod_{i=1}^{n}(1 - R_i) \tag{12-162}$$

当 $R_1 = R_2 = \cdots = R_n = R$ 时，则

$$R_s = 1 - (1 - R)^n \tag{12-163}$$

表 12-16 所示为当单元取不同 R 值及 $n=2,3,4$ 时的系统可靠度 R_s 值。由表可知，R_s 随着并联系统单元数 n 的增多及单元可靠度 R 的增大，系统可靠度将迅速增大，在提高单元的可靠度受到限制的情况下(由于技术上不可能或成本过高)，采用低可靠度的单元并联，即可提高系统的可靠度。不过这时系统结构复杂了。

表 12-16　并联系统可靠度 R_s 与单元 R 及单元数 n 的关系

n	R_s				
	$R=0.6$	$R=0.7$	$R=0.8$	$R=0.9$	$R=0.95$
2	0.8400	0.9100	0.9600	0.9900	0.9975
3	0.9360	0.9730	0.9920	0.9990	0.999875
4	0.9744	0.9919	0.0084	0.9999	0.99999375

在机械系统中，实际上应用较多的是 $n=2$ 的情况。如果单元的寿命服从参数为 λ_i ($i=1,2$)的指数分布，即 $R_i(t) = e^{-\lambda_i t}$。则由式(12-161)确定系统的可靠度为

$$\begin{aligned} R_s &= 1 - \prod_{i=1}^{2}(1 - e^{-\lambda_i t}) = 1 - (1 - R_1)(1 - R_2) \\ &= R_1 + R_2 - R_1 R_2 = e^{-\lambda_1 t} + e^{-\lambda_2 t} - e^{-(\lambda_1 + \lambda_2)t} \end{aligned} \tag{12-164}$$

系统的平均寿命为

$$T_s = \int_0^{\infty} R(t)\mathrm{d}t = \int_0^{\infty} R_s \mathrm{d}t = \int_0^{\infty}(e^{-\lambda_1 t} + e^{-\lambda_2 t} - e^{-(\lambda_1+\lambda_2)t})\mathrm{d}t = \frac{1}{\lambda_1} + \frac{1}{\lambda_2} - \frac{1}{\lambda_1 + \lambda_2} \tag{12-165}$$

系统的失效率为

$$\lambda_s(t) = \frac{f_s(t)}{R_s(t)} = -\frac{1}{R_s(t)} \cdot \frac{\mathrm{d}R_s(t)}{\mathrm{d}t} = \frac{\lambda_1 e^{-\lambda_1 t} + \lambda_2 e^{-\lambda_2 t} - (\lambda_1 + \lambda_2)e^{-(\lambda_1+\lambda_2)t}}{e^{-\lambda_1 t} + e^{-\lambda_2 t} - e^{-(\lambda_1+\lambda_2)t}} \tag{12-166}$$

如果各单元的失效率相同，均为 λ，则 $n=2$ 系统可靠度、平均寿命及失效率分别为

$$R_s = 1 - \prod_{i=1}^{2}(1 - e^{-\lambda_i t}) = 1 - (1 - R_1)(1 - R_2) = 1 - (1 - e^{-\lambda t})^2 \tag{12-167}$$

$$T_s = \int_0^{\infty} R(t)\mathrm{d}t = \int_0^{\infty} R_s \mathrm{d}t = \frac{2}{\lambda} + \frac{1}{2\lambda} = \frac{1}{\lambda} + \frac{1}{2\lambda} \tag{12-168}$$

$$\lambda_s(t) = \frac{f_s(t)}{R_s(t)} = -\frac{1}{R_s(t)} \cdot \frac{\mathrm{d}R_s(t)}{\mathrm{d}t} = 2\lambda \frac{1 - e^{-\lambda t}}{2 - e^{-\lambda t}} \tag{12-169}$$

对于 n 个单元，则系统可靠度、平均寿命、失效率分别为

$$R_s = 1 - \prod_{i=1}^{n}(1-e^{-\lambda_i t}) = 1-(1-e^{-\lambda t})^n \tag{12-170}$$

$$T_s = \frac{1}{\lambda}+\frac{1}{2\lambda}+\cdots+\frac{1}{n\lambda} \tag{12-171}$$

$$\lambda_s(t)=\frac{f_s(t)}{R_s(t)}=-\frac{1}{R_s(t)}\cdot\frac{dR_s(t)}{dt}=n\lambda\frac{(1-e^{-\lambda t})^{n-1}e^{-\lambda t}}{1-(1-e^{-\lambda t})^n} \tag{12-172}$$

由上述的分析可以得出如下结论。

①并联系统的失效概率低于各单元的失效概率。

②并联系统的平均寿命高于各单元的平均寿命。

③并联系统的可靠度大于各单元可靠度的最大值。

④随着单元数 n 的增加，系统的可靠度增大，系统的平均寿命也随之增加；但随着单元数目的增加，新增单元对系统可靠性及寿命提高的贡献越来越小。

并联系统的单元数越多，说明系统的结构尺寸大，质量及造价都高，所有在机械系统中一般采用的并联单元数并不多，例如，在动力装置、安全装置和制动装置中采用并联时，常取 $n=2\sim3$。

3. 混联系统的可靠性模型

由串联系统和并联系统混合组成的系统称为混联系统。其可靠性模型是建立在串联系统和并联系统之上的。

(1)一般混联系统

对于一般混联系统，如图 12-31(a)所示，可用串联和并联原理，将混联系统中的串联和并联部分简化成等效单元，即子系统，如图 12-31(b)、(c)所示。

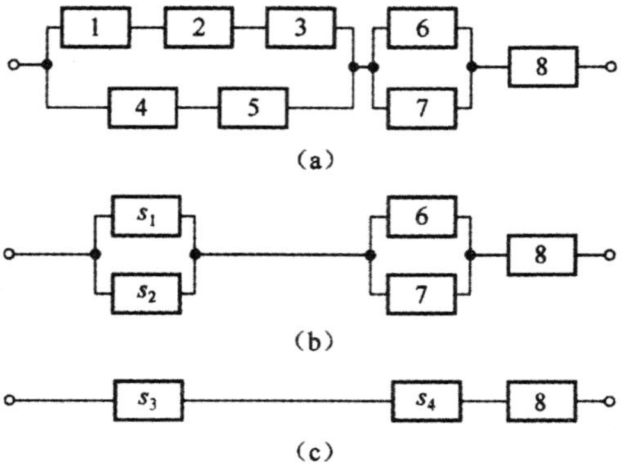

图 12-31 混联系统及其等效框图

利用串联和并联系统的可靠性特征量计算公式求出子系统的可靠性特征量，然后将每个子系统作为一个等效单元，得到一个与混联系统等效的串联或并联系统，即可求得整个系统的可靠性特征量。

对于图 12-31(a)所示的混联系统，其可靠性特征量可进行如下计算。

将串联单元 1、2、3 转化为一个等效单元 s_1。

$$R_{s_1}(t)=R_1(t)R_2(t)R_3(t) \tag{12-173}$$

将串联单元 4、5 转化为一个等效单元 s_2。

$$R_{s_2}(t)=R_4(t)R_5(t) \tag{12-174}$$

将并联单元 s_1、s_2 转化为一个等效单元 s_3。

$$R_{s_3}(t)=1-(1-R_{s_1}(t))(1-R_{s_2}(t)) \tag{12-175}$$

将并联单元 6、7 转化为一个等效单元 s_4。

$$R_{s_4}(t)=1-(1-R_6(t))(1-R_7(t)) \tag{12-176}$$

整个系统的可靠度为

$$R_s(t)=R_{s_3}(t)R_{s_4}(t)R_8(t) \tag{12-177}$$

系统的失效率为

$$\lambda(t)=\frac{f(t)}{R(t)}=-\frac{R'(t)}{R(t)} \tag{12-178}$$

系统的平均寿命为

$$T_s=\int_0^{\infty}R(t)\mathrm{d}t \tag{12-179}$$

(2)串-并联系统

串-并联系统的可靠性框图如图 12-32 所示，是由一部分单元先串联组成一个子系统，再由这些子系统组成一个并联系统。

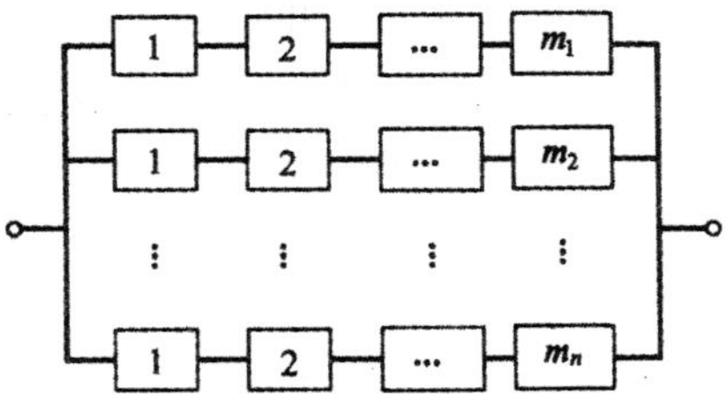

图 12-32　串-并联系统的可靠性框图

设各单元的可靠度为 $R_{ij}(t)$，$i=1,2,\cdots,n$；$j=1,2,\cdots,m_j$。则第 i 行子系统的可靠度为

$$R_i(t)=\prod_{j=1}^{m_i}R_{ij}(t) \tag{12-180}$$

再用并联系统的计算公式得到串-并联系统的可靠度为

$$R(t)=1-\prod_{i=1}^{n}\left[1-\prod_{j=1}^{m_i}R_{ij}(t)\right] \tag{12-181}$$

设每个单元的可靠度均相等，即 $R_{ij}(t)=R(t)$，且 $m_1=m_2=\cdots=m_n=m$，则串-并联系统的可靠度可简化为

$$R(t)=1-\{1-[R(t)]^m\}^n \tag{12-182}$$

(3)并-串联系统

并-串联系统的可靠性框图如图 12-33 所示，是由一部分单元先并联组成一个子系统，再由这些子系统组成一个串联系统。

设各单元的可靠度为 $R_{ij}(t)$，$j=1,2,\cdots,n$；$i=1,2,\cdots,m_j$。则第 j 列子系统的可靠度为

$$R_j(t)=1-1-\prod_{i=1}^{m_j}[1-R_{ij}(t)] \tag{12-183}$$

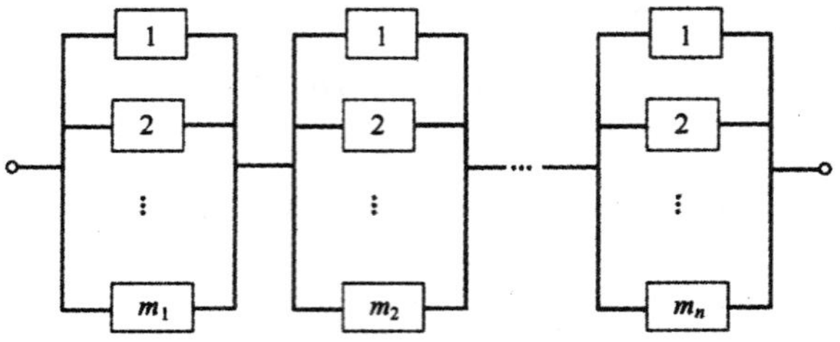

图 12-33 并-串联系统的可靠性框图

再用串联系统的计算公式得到并-串联系统的可靠度为

$$R(t)=\prod_{j=1}^{n}\left\{1-\prod_{i=1}^{m_j}\left[1-R_{ij}(t)\right]\right\} \tag{12-184}$$

设每个单元的可靠度均相等，即 $R_{ij}(t)=R(t)$，且 $m_1=m_2=\cdots=m_n=m$，则并-串联系统的可靠度可简化为

$$R(t)=1-\left[1-R^{n}(t)\right]^{m} \tag{12-185}$$

4. 表决系统的可靠性模型

表决系统是一种冗余方式，在工程实践中得到广泛应用。例如，装有三台发动机的喷气式飞机，只要有两台发动机正常即可保证安全飞行和降落。在数字电路和计算机线路中，表决线路用的很多，这是因为数字线路中比较容易实现表决逻辑的缘故。如图 12-34 所示为 n 个单元组成的表决系统逻辑框图，其系统的特征是组成系统的 n 个单元中，至少 k 个单元正常工作，系统才能正常工作，大于 $(n-k)$ 个单元失败，系统就失效。这样的系统称为 k/n 表决系统。

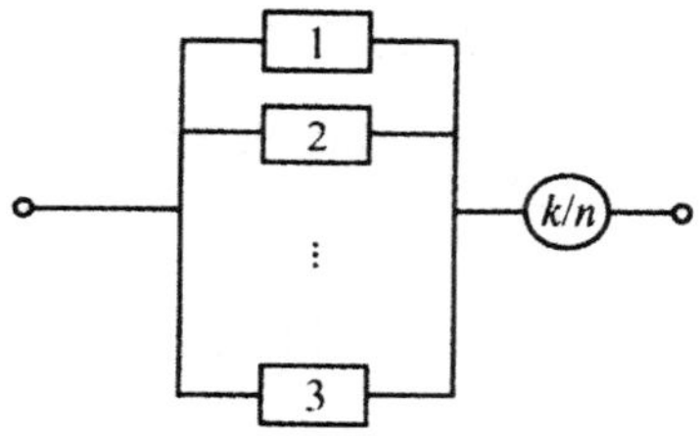

图 12-34 表决系统逻辑框图

机械系统中常见的是 3 中取 2 表决系统，记为 2/3 系统。系统由 3 个单元并联，但要求系统中不能多于一个单元失效，系统逻辑图如图 12-35(a) 所示，其等效逻辑图如图 12-35(b) 所示。

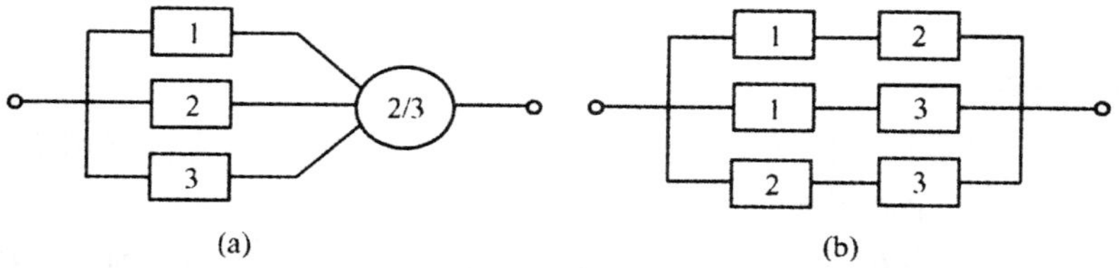

图 12-35 2/3 表决系统逻辑框图及其等效框图

如果组成系统的每个单元是同种类型，失效概率为 q，正常工作概率为 p。每个单元都只

有两种状态，即 $p+q=1$，且单元正常工作与否相互独立，因此，系统有 4 种正常工作状态，即①全部单元都没有失效；②只有第一个单元失效；③只有第二个单元失效；④只有第三个单元失效。

如果单元的可靠度分别为 R_1、R_2、R_3，按概率乘法定理及加法定理求得系统的可靠度为

$$R_s=R_1R_2R_3+(1-R_1)R_2R_3+R_1(1-R_2)R_3+R_1R_2(1-R_3) \tag{12-186}$$

当各单元相同时，即 $R_1=R_2=R_3=R$，则

$$R_s=R^3+3(1-R)R^2=3R^2-2R^3 \tag{12-187}$$

如果各单元的寿命分布为指数分布，即

$$R=\mathrm{e}^{-\lambda t} \tag{12-188}$$

则系统的平均寿命为

$$T_s=\int_0^{\infty}R_s\mathrm{d}t=\int_0^{\infty}(3\mathrm{e}^{-2\lambda t}-2\mathrm{e}^{-3\lambda t})\mathrm{d}t=\frac{3}{2\lambda}-\frac{2}{3\lambda}=\frac{5}{6\lambda} \tag{12-189}$$

如果为 k/n 表决系统，每个单元可靠度为 $R(t)$，失效概率为 $F(t)$，且各单元是否正常工作相互独立，因此，k/n 系统的失效概率服从二项分布，系统可靠度为

$$R_s(t)=\sum_{i=k}^{n}C_n^i[R(t)]^i[F(t)]^{n-i} \tag{12-190}$$

如果各单元寿命均服从指数分布，则有

$$R_s(t)=\sum_{i=k}^{n}C_n^i\mathrm{e}^{-i\lambda t}[1-\mathrm{e}^{-\lambda t}]^{n-i} \tag{12-191}$$

系统的平均寿命为

$$T_s=\int_0^{\infty}R_s\mathrm{d}t=\sum_{i=k}^{n}\frac{1}{i\lambda}=\frac{1}{k\lambda}+\frac{1}{(k+1)\lambda}+\frac{1}{(k+2)\lambda}+\cdots+\frac{1}{n\lambda} \tag{12-192}$$

5. 贮备系统的可靠性模型

如果并联系统中只有一个单元工作，其他单元储备，当工作单元失效时，立即能由储备单元逐个地去接替，直到所有单元均发生故障，系统才失效。这种系统称为贮备系统，其逻辑图如图 12-36 所示。

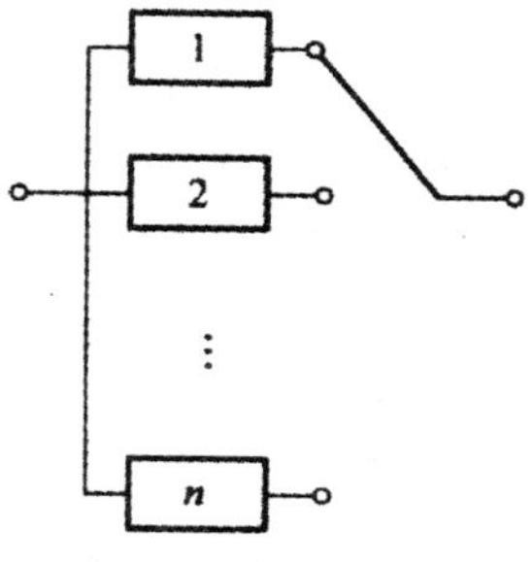

图 12-36　贮备系统逻辑图

贮备系统是很常见的，如飞机的正常放起落架和应急放起落架系统、车辆的正常刹车与应急刹车、备用轮胎等。贮备系统与并联系统的区别在于：并联系统中每个单元一开始就同时处于工作状态，而贮备系统中仅有一个单元工作，其余单元处于待机工作状态。

贮备系统根据贮备单元在贮备期内是否失效可分为两种情况，即一是贮备单元在贮备期内失效率为零，另一种是贮备单元在贮备期内也可能失效。

(1)贮备单元完全可靠的贮备系统

由 n 个单元组成的贮备系统，如果不考虑监测及转换装置可靠度对系统的影响，则在给定的时间内，只要失效单元数不多于 $n-1$ 个，系统就不会失效。设单元寿命服从指数分布，其失效率 $\lambda_1(t)=\lambda_2(t)=\cdots=\lambda_n(t)=\lambda$，则贮备系统的可靠度可用泊松分布的求和公式来计算。

$$R_s(t)=e^{-\lambda t}\left[1+\lambda t+\frac{(\lambda t)^2}{2!}+\frac{(\lambda t)^3}{3!}+\cdots+\frac{(\lambda t)^{n-1}}{(n-1)!}\right] \tag{12-193}$$

当 $n=2$ 时，则系统可靠度为

$$R_s(t)=e^{-\lambda t}(1+\lambda t) \tag{12-194}$$

系统的失效率为

$$\lambda_s(t)=-\frac{1}{R_s}\cdot\frac{dR_s}{dt}=\frac{\lambda^2 t}{1+\lambda t} \tag{12-195}$$

储备系统的平均寿命为

$$T_s=\int_0^\infty R_s dt=\int_0^\infty e^{-\lambda t}(1+\lambda t)dt=\frac{1}{\lambda}+\frac{1}{\lambda}=\frac{2}{\lambda} \tag{12-196}$$

(2)贮备单元不完全可靠的贮备系统

在实际使用中，贮备单元由于受到环境因素的影响，在贮备期间内的故障率不一定为零，当然这种故障率比工作故障率要小得多。贮备单元在贮备期故障率不为零的贮备系统比贮备单元在贮备期间故障率为零的贮备系统要复杂得多。下面仅讨论由两个单元组成的在贮备期内不完全可靠的贮备系统，其中一个为工作单元，另一个为贮备单元，两单元相互独立，且贮备单元进行工作状态后的寿命与其经过的贮备期长短无关。

假设转换装置完全可靠，两单元的工作寿命均服从指数分布，故障率分别为 λ_1、λ_2，第二个单元的贮备寿命服从参数为 μ 的指数分布。当工作单元 1 失效时，贮备单元 2 已失效，表明贮备无效，系统失效；当工作单元 1 失效，贮备单元 2 未失效，贮备单元即代替工作单元 1 工作，直到贮备单元 2 失效，系统才失效。可以求出系统的可靠度为

$$R(t)=e^{-\lambda_1 t}+\frac{\lambda_1}{\lambda_1+\mu-\lambda_2}\left(e^{-\lambda_2 t}-e^{-(\lambda_1+\mu)t}\right) \tag{12-197}$$

系统的平均寿命为

$$T_s=\frac{1}{\lambda_1}+\frac{\lambda_1}{\lambda_1+\mu-\lambda_2}\left(\frac{1}{\lambda_2}+\frac{1}{\lambda_1+\mu}\right)=\frac{1}{\lambda_1}+\frac{1}{\lambda_2}\left(\frac{\lambda_1}{\lambda_1+\mu}\right) \tag{12-198}$$

如果 $\lambda_1=\lambda_2=\lambda$，则系统的可靠度和平均寿命分别为

$$R(t)=e^{-\lambda t}+\frac{\lambda}{\mu}\left(e^{-\lambda t}-e^{-(\lambda+\mu)t}\right) \tag{12-199}$$

$$T_s=\frac{1}{\lambda}+\frac{1}{\lambda+\mu} \tag{12-200}$$

当 $\mu=0$ 时，即为两个单元组成的贮备单元在贮备期完全可靠的贮备系统。当 $\mu=\lambda_2$ 时，即为两个单元的并联系统。

12.5.3 系统可靠性预计

系统可靠性与组成系统的单元数目、单元的可靠性以及单元之间的相互功能关系有关。

系统可靠性预计有许多方法，随预计的目的、设计的时期、系统的规模、失效的类型及数据情况不同而用不同的方法，下面讨论几种常见的系统可靠性预计方法。

1. 元器件计数法

元器件计数法适用于对早期设计阶段的单元进行可靠性预计。这时，组成单元基本元器件的类型、数量和质量水平等信息已被获得，但对于每一元器件在单元工作状态中将受到的各种应力尚无法得知。

采用这种方法已知的条件是：基本元器件的种类及数量，元器件质量等级，元器件的通用失效率，设备环境。计算设备失效率的表达式为

$$\lambda_s = \sum_{i=1}^{n} N_i (\lambda_b K_Q) \tag{12-201}$$

式中，λ_b为第 i 种基本元器件的基本失效率；K_Q为第 i 种基本元器件的质量系数；N_i为第 i 种基本元器件数量；n 为不同的基本元器件种类数。

如果一部设备中不同单元在不同环境工作，则按式(12-201)分别计算，再将这些"环境-设备单元"失效率相加得到总的设备失效率。例如，$(K_E)_A\lambda_A + (K_E)_B\lambda_B$，式中，$K_E$为环境因子，假设设备中单元 A、B 的环境因子不相同。

2. 界限法

界限法又称为上、下限法。其基本思想是将一个不能用前述数学模型法求解的复杂系统，先简单地看成是某些单元的串联系统，求该串联系统的可靠度预计值的上限值和下限值；然后再逐步考虑系统的复杂情况，并逐次求出可靠度愈来愈精确的上限值和下限值。当达到一定精度要求后，再将上限值和下限值作数学处理，合成一个单一的可靠度预计值，它应是满足实际精确度要求的可靠度值。

(1)上限值的计算

当系统中的并联子系统可靠性很高时，可以认为这些并联部件或冗余部分的可靠度都近似于 1，而系统失效主要是由串联单元引起的，因此，在计算系统可靠度的上限值时，只考虑系统中的串联单元。在这种情况下，系统可靠度上限初始值的计算公式可按串联系统考虑并表达为

$$R_{U0} = R_1 R_2 \cdots R_m = \prod_{i=1}^{m} R_i \tag{12-202}$$

式中，$R_1, R_2, \cdots, R_m$ 为系统中各串联单元的可靠度；m 为系统中的串联单元数。例如，如图 12-37 中系统应取 $m=2$，$R_{U0}=R_1R_2$。

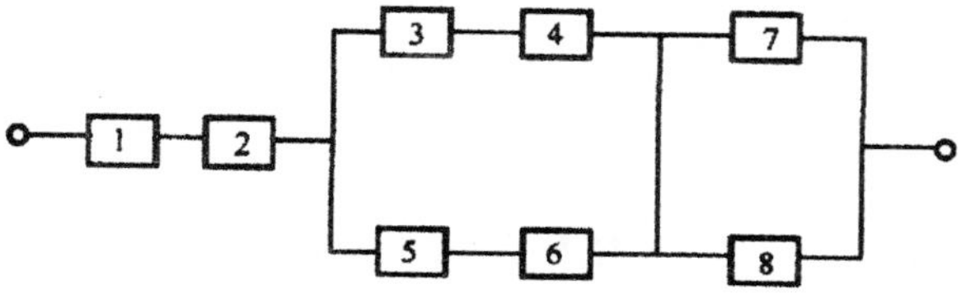

图 12-37　系统逻辑图

当系统中的并联子系统可靠度较差时，如果只考虑串联单元，则所算得的系统可靠度的上限值会偏高，因而应当考虑并联子系统对系统可靠度上限值的影响。对于由 3 个以上的单元组成的并联子系统，一般可认为其可靠性很高，也就不考虑其影响。

以如图 12-37 所示系统为例，当系统中的单元 3 与 5、3 与 6、4 与 5、4 与 6、7 与 8 中任意一对并联单元失效，都将导致系统失效。发生这种失效情况的概率分别为 $R_1R_2F_3F_5$、$R_1R_2F_3F_6$、$R_1R_2F_4F_5$、$R_1R_2F_4F_6$、$R_1R_2F_7F_8$。将它们相加便得到由于一对并联单元失效而引起系统失效的概率，即

$$R_1R_2(F_3F_5+F_3F_6+F_4F_5+F_4F_6+F_7F_8)$$

因此，考虑一对并联单元失效对系统可靠度上限值的影响后，该系统可靠度上限值为

$$R_U=R_1R_2-R_1R_2(F_3F_5+F_3F_6+F_4F_5+F_4F_6+F_7F_8)$$

写成一般形式为

$$R_U=\prod_{i=1}^{m}R_i-\prod_{i=1}^{m}R_i\sum_{(j,k)\in S}F_jF_k=\prod_{i=1}^{m}R_i\left(1-\sum_{(j,k)\in S}F_jF_k\right) \tag{12-203}$$

式中，m 为系统中的串联单元数；F_jF_k 为并联的两个单元同时失效而导致系统失效时，该两单元的失效概率之积。例如，在图 12-37 中 F_jF_k 为 F_3F_5、F_3F_6、F_4F_5、F_4F_6、F_7F_8；S 为对并联单元同时失效而导致系统失效的单元对数。例如，在图 12-37 中 $S=5$。

(2)下限值的计算

系统可靠度下限值的计算也要逐步进行。首先是把系统中的所有单元，不管是串联的还是并联的、贮备的，都看成是串联的。这样，即可得出系统的可靠度下限初始值 R_{L0} 为

$$R_{L0}=\prod_{i=1}^{n}R_i \tag{12-204}$$

式中，R_i 为系统中第 i 个单元的可靠度；n 为系统中的单元总数。

在系统的并联子系统中如果仅有 1 个单元失效，系统仍能正常工作。有的并联子系统，甚至允许有 2 个、3 个或更多的单元失效而不影响整个系统的正常工作。例如，图 12-37 所示的系统，如果在 3 与 4、3 与 7、4 与 7、5 与 6、5 与 8、6 与 8 的单元对中有 1 对(2 个)单元失效，或 3、4、7 和 5、6、8 单元组有 1 组(3 个)单元失效，系统仍能正常工作。如果考虑这些因素对系统可靠性的影响，则系统的可靠度下限值应按如下步骤进行计算。

$$\begin{cases}R_{L1}=R_{L0}+P_1\\R_{L2}=R_{L1}+P_2\\\cdots\end{cases} \tag{12-205}$$

式中，P_1 为考虑系统的并联子系统中有 1 个单元失效，系统仍能正常工作的概率；P_2 为考虑系统的任一并联子系统中有 2 个单元失效，系统仍能正常工作的概率。

对于图 12-37 所示系统，有

$$\begin{aligned}P_1&=R_1R_2(F_3R_4R_5R_6R_7R_8+R_3F_4R_5R_6R_7R_8+\cdots+R_3R_4R_5R_6R_7F_8)\\&=R_1R_2\cdots R_8\left(\frac{F_3}{R_3}+\frac{F_4}{R_4}+\cdots+\frac{F_8}{R_8}\right)\end{aligned}$$

$$\begin{aligned}P_2&=R_1R_2(F_3F_4R_5R_6R_7R_8+F_3R_4R_5R_6F_7F_8+R_3F_4R_5R_6F_7F_8+\cdots+R_3R_4R_5F_6R_7F_8)\\&=R_1R_2\cdots R_8\left(\frac{F_3F_4}{R_3R_4}+\frac{F_3F_7}{R_3R_7}+\frac{F_4F_7}{R_4R_7}+\cdots+\frac{F_6F_8}{R_6R_8}\right)\cdots\end{aligned}$$

写成一般式为

$$\begin{cases} P_1 = \prod_{i=1}^{n} R_i \left[\sum_{j=1}^{n_1} \frac{F_j}{R_j} \right] \\ P_2 = \prod_{i=1}^{n} R_i \left[\sum_{(j,k) \in n_2} \left(\frac{F_j F_k}{R_j R_k} \right) \right] \\ \cdots \end{cases} \tag{12-206}$$

式中，n 为系统中的单元总数；n_1 为系统中的并联单元数目；$R_j F_j$ 为单元 j（$j=1,2,\cdots,n_1$）的可靠度，不可靠度；$R_j R_k$、$F_j F_k$ 为并联子系统中的单元对的可靠度、不可靠度，这种单元对的两个单元同时失效时，系统仍能正常工作；n_2 为上述单元对数。

将式(12-206)代入式(12-205)，得第一步、第二步……，计算所用的系统可靠度下限值公式为

$$\begin{cases} R_{L1} = \prod_{i=1}^{n} R_i \left[1 + \sum_{j=1}^{n_1} \left(\frac{F_j}{R_j} \right) \right] \\ R_{L2} = \prod_{i=1}^{n} R_i \left[1 + \sum_{j=1}^{n_1} \left(\frac{F_j}{R_j} \right) + \sum_{(j,k) \in n_2} \left(\frac{F_j F_k}{R_j R_k} \right) \right] \\ \cdots \end{cases} \tag{12-207}$$

以此类推，可求出 R_3，R_4，…。随着计算步数或考虑单元数的增加，系统可靠度的上限、下限值将逐渐接近。

(3)按上限、下限值综合预测系统的可靠度

根据求得的系统可靠度上限、下限值 R_U、R_L 可求出系统可靠度的单一预测值。最简单的方法就是求它们的算术平均值。一般都是采用下式进行计算

$$R_s = 1 - \sqrt{(1-R_U)(1-R_L)} \tag{12-208}$$

采用界限法计算系统可靠度时，一定要注意使计算上限、下限的基点一致，即如果计算上限值时只考虑了一个并联单元失效，则计算下限值时也必须只考虑一个单元失效；如果计算上限值同时考虑了一对并联单元失效，则计算下限值也必须如此。

考虑的情况愈多，算出的上限、下限值就愈接近，但计算也愈复杂，也就失去了这个方法的优点。实际上，两个较粗略的上限、下限值和两个精确的上限、下限值分别综合起来得到的两种系统可靠度预计值一般相差不会太大。根据经验，当 $R_U - R_L \approx 1 - R_U$ 时，即可用式(12-208)进行综合计算。

3. 蒙特卡洛法

蒙特卡洛(Monte Carlo)法是一种数学模拟法。它是以概率和数理统计为基础，用概率模型作近似计算的一种方法。它是 20 世纪 40 年代由冯·纽曼(Von·Newman)等人提出和命名的。蒙特卡洛是欧洲摩纳哥的一个闻名于世的赌城，用蒙特卡洛来命名是对这一方法的优雅象征。

蒙特卡洛法以随机抽样法为手段，根据系统的可靠性方框图进行可靠性预计。当各个单元的可靠性特征量已知，但系统的可靠性模型过于复杂，难以推导出一个可以求解的通用式

时,蒙特卡洛法可根据单元完成任务的概率及可靠性方框图近似算出系统的可靠度。由于大量的反复试验工作过于繁琐,它总是用计算机来完成的。目前微型计算机的大量使用,为这种方法的普及应用创造了有利的条件,并已取得了很好的效果。蒙特卡洛法的理论基础是概率论的大数定律。根据大数定理,频率的稳定值可作为随机事件的概率。

蒙特卡洛法不仅能根据单元可靠度的预计值来预计系统的可靠度,而且还可以确定系统特性分布及用单元和组件或设备的实测数据估计系统的可靠度,解决与系统评价有关的其他问题。

蒙特卡洛法规定,每个单元的预测可靠度在可靠性框图中可以用一组随机数来表示。例如,当一个单元可靠度为 0.8 时,便可用从 0~0.7999 的所有数表示单元成功,用从 0.8000~0.9999 的所有随机数表示单元的失效。这样,就能根据单元的可靠度及系统的可靠性框图来预计系统的可靠度。

由于模拟过程是用计算机进行的,因此,有可能在比较短的时间里多次模拟。时间的长短取决于系统的复杂程度、单元的数量、单元的失效分布情况,以及单元可靠度高低。如果单元可靠度高,许多试验只需要试第一个可能回路就模拟成功。反之,则每个试验都需要试许多回路或所有可能的回路才能模拟系统的成功与失效。如果系统中的单元失效是服从指数分布的,则抽样值只需作简单转换即可;如果失效服从正态分布,每次抽样需由 12 个随机数来决定。

12.5.4 系统可靠性分配

可靠性分配是指将工程设计规定的系统可靠度指标合理地分配给组成该系统的各个单元,确定系统各组成单元的可靠性定量要求,从而保证整个系统的可靠性指标。

可靠性分配的本质是一个工程决策问题,应从技术、人力、时间、资源各个方面分析各部分指标实现的难易情况,进一步论证产品指标的合理性,暴露产品设计中的薄弱环节,为采取指标监控和改进措施提供依据。在进行可靠性分配时,必须明确目标函数和约束条件的不同。有的是以系统可靠度指标为约束条件,把体积、质量、成本等系统参数值尽可能降到最小;有的则给出体积、质量、成本等约束条件,要求系统可靠度尽可能高地分配到每个单元。通常还应考虑系统的用途来分析哪些参数应予以优先考虑,哪些单元在系统中占有重要位置。

在可靠性分配时,应遵循以下几条原则。

①对于复杂度高的分系统、设备等,通常组成单元多,设计制造难度大,应分配较低的可靠性指标,以降低满足可靠性要求的成本。

②对于技术上不够成熟的产品,分配较低的可靠性指标,以缩短研制时间,降低研制费用。

③对于处于恶劣环境条件下工作的产品,产品的失效率会增加,应分配较低的可靠性指标。

④因为产品的可靠性随着工作时间的增加而降低,对于需要长期工作的产品,分配较低的可靠性指标。

⑤对于重要度高的产品,一旦发生故障,对整个系统影响很大,应分配较高的可靠性指标。

可靠性指标的分配方法有很多种,下面主要讨论一些常用的可靠性分配方法。具体选用哪一种方法,应根据所掌握的数据、资料和信息的情况,从实用、简便、经济等各方面全盘考虑。

选择最佳的分配方案。

1. 等分配法

等分配法是对系统中的全部单元配以相等的可靠度的方法，不考虑各个子系统的重要程度。在系统中各个单元的可靠度大致相同，复杂程度相差无几的情况下，用此方程最简单。

设各个单元的可靠度为 R_i，系统可靠度为 R_s，则按照等分配法，组成系统的各个单元的可靠度为

(1)串联系统可靠度分配

由于串联系统的可靠度往往取决于系统中最弱的单元，因此，当系统中 n 个单元具有近似的复杂程度、重要性以及制造成本时，可用等分配法分配系统各单元的可靠度。

由串联系统的可靠度式(12-151)可知，n 个等分配单元的可靠度为

$$R_i=(R_s)^{\frac{1}{n}}\quad i=1,2,\cdots,n \tag{12-209}$$

(2)并联系统可靠度分配

当系统的可靠度要求很高，而选用已有的单元又不能满足要求时，可选用 n 个相同单元的并联系统。此时各单元的可靠度可大大低于系统的可靠度。

由并联系统的可靠度式(12-162)可知，n 个等分配单元的可靠度为

$$R_i=1-(1-R_s)^{\frac{1}{n}}\quad i=1,2,\cdots,n \tag{12-210}$$

(3)串、并联系统可靠度分配

利用等分配法对串并联系统进行可靠度分配时，可先将串、并联系统简化为等效的串联系统和等效单元，再给同级等效单元分配相同的可靠度。

如图 12-38 所示的串、并联系统，可将该系统做两步简化，由图 12-38(c)开始按等分配法对各单元分配可靠度。

$$R_1=R_{s_{234}}=R_s^{\frac{1}{2}} \tag{12-211}$$

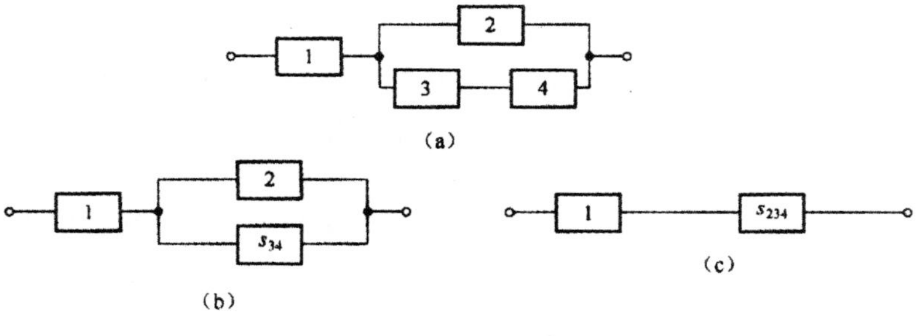

图 12-38　串、并联系统的可靠度分配

再由图 12-38(b)所示分得

$$R_2=R_{s_{34}}=1-(1-R_{s_{234}})^{\frac{1}{2}} \tag{12-212}$$

最后再求得图 12-38(a)中的 R_3 及 R_4，即

$$R_3=R_4=1-R_{s_{34}}^{\frac{1}{2}} \tag{12-213}$$

2. 再分配法

若通过预测知串联系统(可包括混联系统的等效零件)各零件的可靠度为 $\hat{R}_1,\hat{R}_2,\cdots,\hat{R}_n$。则系统可靠度的预测值为

$$\hat{R}_s=\prod_{i=1}^{n}\hat{R}_i \quad i=1,2,\cdots,n$$

若规定的系统可靠度 $R_s\leqslant\hat{R}_s$,表示预测值已满足规定的要求,各零件即可分配给 $\hat{R}_i$;反之,若 $R_s>\hat{R}_s$,表示预测值未满足规定的要求。需改进零件可靠度指标,即按规定的 R_s 指标进行再分配。由于提高低可靠度零件的效果显著而且常较容易,因此,只将低可靠度的零件按等分配法进行再分配。为此先将各预测值按由小到大次序编号,则有

$$\hat{R}_1\leqslant\hat{R}_2\leqslant\cdots\leqslant\hat{R}_m\leqslant\cdots\leqslant\hat{R}_n$$

令

$$R_1=R_2=\cdots=R_m=R_0 \tag{12-214}$$

当

$$\hat{R}_m\leqslant R_0=\left(\frac{R_s}{\prod\limits_{i=m+1}^{n}\hat{R}_i}\right)^{\frac{1}{m}}\leqslant\hat{R}_{m+1} \tag{12-215}$$

则单元可靠度的再分配可按下式进行

$$\begin{cases}R_1=R_2=\cdots=R_m=\left(\dfrac{R_s}{\prod\limits_{i=m+1}^{n}\hat{R}_i}\right)^{\frac{1}{m}}\\ R_{m+1}=\hat{R}_{m+1},R_{m+2}=\hat{R}_{m+2},\cdots,R_{n1}=\hat{R}_n\end{cases} \tag{12-216}$$

用式(12-216)时,由于 m 尚不知道,一般可暂设 m 进行试算。

3. 相对失效率法与相对失效概率法

相对失效率法是使系统中各单元的容许失效率正比于该单元的预计失效率值,并根据这一原则来分配系统中各单元的可靠度。此法适用于失效率为常数的串联系统。

相对失效概率法是根据使系统中各单元的容许失效概率正比于该单元的预计失效概率的原则来分配系统中各单元的可靠度。它与相对失效率法的可靠度分配原则十分类似,两者统称“比例分配法”。

如果单元的可靠度服从指数分布,从而系统的可靠度也服从指数分布,有

$$R_s(t)=\mathrm{e}^{-\lambda_s t}\approx 1-\lambda_s t \tag{12-217}$$

$$F_s(t)=1-R_s(t)\approx\lambda_s t \tag{12-218}$$

因此,按失效率成比例地分配可靠度,可以近似地以按失效概率成比例地分配可靠度代替。

(1)串联系统可靠度分配

串联系统的任一单元失效都将导致系统失效。假定各单元的工作时间与系统的工作时间相同并取为 t,λ_i 为第 i 个单元的预计失效率($i=1,2,\cdots,n$),λ_s 为由单元预计失效率算得的系统失效率,则有

$$e^{-\lambda_1 t}\cdot e^{-\lambda_2 t}\cdots\cdot\cdot e^{-\lambda_n t}=e^{-\lambda_s t} \tag{12-219}$$

所以

$$\lambda_1 t+\lambda_2 t+\cdots+\lambda_n t=\lambda_s t \tag{12-220}$$

由上式可见，串联系统的可靠度为单元可靠度之积，而系统的失效率则为各单元失效率之和。因此，在分配串联系统各单元的可靠度时，通常不是直接对可靠度进行分配，而是把系统允许的失效率或不可靠度（失效概率）合理地分配给各单元。因此，按相对失效率的比例或按相对失效概率的比例进行分配比较方便。

各单元的相对失效率为

$$\omega_i=\frac{\lambda_i}{\sum_{i=1}^{n}\lambda_i}\quad i=1,2,\cdots,n \tag{12-221}$$

显然有

$$\sum_{i=1}^{n}\omega_i=1 \tag{12-222}$$

若系统的可靠度设计指标为 $R_{sd}=e^{-\lambda_{sd}t}$，则系统失效概率设计指标（即允许的失效率）$\lambda_{sd}$ 为

$$\lambda_{sd}=\frac{-\ln R_{sd}}{t} \tag{12-223}$$

则系统各单元的容许失效率 λ_{id} 为

$$\lambda_{id}=\omega_i\lambda_{sd}=\frac{\lambda_i}{\sum_{i=1}^{n}\lambda_i}\cdot\lambda_{sd} \tag{12-224}$$

从而求得各单元分配的可靠度 R_{id} 为

$$R_{id}=e^{-\lambda_{id}t} \tag{12-225}$$

（2）并联系统可靠度分配

若有 n 个并联单元的系统，容许的失效概率 F_{sd}，则

$$F_{sd}=F_{1d}\cdot F_{2d}\cdots\cdot\cdot F_{nd}=\prod_{i=1}^{n}F_{id} \tag{12-226}$$

式中，F_{id} 为第 i 个并联单元的容许失效概率。

若已知各并联单元的预计失效概率为 F_i，则可建立 $n-1$ 个相对关系式。

$$\begin{cases}\dfrac{F_{2d}}{F_2}=\dfrac{F_{1d}}{F_1}\\ \dfrac{F_{3d}}{F_3}=\dfrac{F_{1d}}{F_1}\\ \cdots\\ \dfrac{F_{nd}}{F_n}=\dfrac{F_{1d}}{F_1}\end{cases} \tag{12-227}$$

求解上式，即可得到并联各单元应该分配到的容许失效概率 F_{id}，进而求各单元可靠度。

对于具有冗余单元的串、并联系统的可靠度分配，通常是将每组并联单元转化为等效单元，整个系统是带有等效单元的串联系统。这样，首先将系统容许的失效率分配给多个串联单

元和等效单元，然后再确定并联子系统中每个单元的容许失效概率。

4. AGREE 分配法

AGREE 方法由美国电子设备可靠性顾问团(AGREE)提出。因为考虑了系统的各单元或各子系统的复杂度、重要度、工作时间以及它们与系统之间的失效关系，因此，又称为按单元的复杂度及重要度的分配方法，适用于各单元失效率为常数的串联系统。

所谓单元或子系统的复杂度是指单元中，所含的重要零件、部件(其失效会引起单元的失效)的数目 $N_i(i=1,2,\cdots,n)$与系统中重要零件、部件的总数 N 之比，即第 i 个单元的复杂度 k_i 为

$$k_i=\frac{N_i}{N}=\frac{N_i}{\sum N_i}\quad i=1,2,\cdots,n \tag{12-228}$$

单元或子系统越复杂，越容易失效，失效率一般正比于复杂度 k_i。

所谓单元或子系统的重要度是指该单元失效而引起系统失效的概率，记为 w_i。

$$w_i=\frac{m_i}{r_i}\quad i=1,2,\cdots,n \tag{12-229}$$

式中，m_i为由第 i 个单元故障引起的系统故障次数；r_i为第 i 个单元的故障次数。

对于串联系统，每个单元的每次故障都会引起系统故障，因此，每个单元对系统的重要度都是相同的，$w_i=1$。对于有冗余的系统，$0<w_i<1$。若系统中有的单元失效，不会引起系统失效或发生故障，则 $w_i=0$。显然，w_i大的单元分配到的可靠性指标应该高一些，反之，应该低一些。

考虑复杂度和重要度后，单元的失效率与系统失效率的比值可表示为

$$\frac{\lambda_i}{\lambda_s}=\frac{k_i}{w_i}\quad i=1,2,\cdots,n \tag{12-230}$$

式中，λ_i为分配给第 i 个单元的失效率；λ_s为系统的失效率。

如果系统的可靠度服从指数分布，即 $R_s=e^{-\lambda_s t}$，则分配给各个单元的失效率为

$$\lambda_i=\frac{-k_i\ln R_s}{w_i t} \tag{12-231}$$

分配给各个单元的可靠度为

$$R_i(t)=1-\frac{1-R_s^{k_i}}{w_i} \tag{12-232}$$

第 13 章　机械优化设计

13.1　概　述

13.1.1　优化设计的基本概念

优化设计是 20 世纪 60 年代随着计算机的广泛使用而迅速发展起来的一种科学设计方法，是根据优化原理和方法，综合多方面的因素，在计算机上进行的半自动或自动设计，以使得在解决复杂设计问题时，能从众多的设计方案中寻得尽可能完善的或最适宜的设计方案，极大地提高设计质量和设计效率。优化设计反映出人们对于设计规律这一客观世界认识的深化。它是人们长期生产实践和理论研究中一直不断探索的一个课题。

优化技术发展的重要条件是计算机技术的飞速发展。如同各种数学方法一样，优化方法包括了解析方法和数值方法两个方面。利用微分学和变分学的解析优化方法，具有概念清晰和计算精确的特点，但只能解决小型的和特殊的问题，在处理大多数工程实际问题时遇到了很大的困难。数值优化方法是利用已知的信息，通过迭代过程来逼近优化问题的解。这种方法的思想古已有之，但因其计算量大，从前无法实现。计算机的出现和发展，为数值优化方法的发展提供了有效的手段。

目前，优化设计方法在机械、电子电气、化工、纺织、冶金、石油、航空航天、航海、道路交通及建筑等设计领域都得到了广泛的应用，而且取得了显著的技术、经济效果。特别是在机械设计中，对于机构、零件、部件、工艺设备等的基本参数，以及一个分系统的设计，都有许多优化设计方法取得良好的经济效果的实例。实践证明，在机械设计中采用优化设计方法，不仅可以减轻机械设备自重，降低材料消耗与制造成本，而且可以提高产品的质量与工作性能，同时还能大大缩短产品设计周期。因此，优化设计已成为现代设计理论和方法中的一个重要领域，并且愈来愈受到广大设计人员和工程技术人员的重视。

所谓优化设计，就是借助优化数值计算方法和计算机技术，求取工程问题的最优设计方案。进行优化设计时，首先必须将实际问题加以数学描述，形成一组由数学表达式组成的数学模型；然后选择一种优化数值计算方法和计算机程序，在计算机上运算求解，得到一组最佳的设计参数。这组设计参数就是设计的最优解。

优化设计一般可分为：

①设计问题分析。首先确定设计目标，它可以是单项指标，也可以是多项设计指标的组合。从技术经济观点出发，就机械设计而言，机器的运动学和动力学性能、体积与总量、效率、成本、可靠性等，都可以作为设计所追求的目标。然后分析设计应满足的要求，主要有：某些参数的取值范围；某种设计性能或指标按设计规范推导出的技术性能；还有工艺条件对设计参数的限制等。

②建立数学模型。优化设计的数学模型是设计问题的数学表达形式，反映了设计问题中各主要因素间内在联系的一种数学关系。工程设计人员进行优化设计的主要任务就是将实际设计问题用数学方程的形式予以全面、准确的描述，其中包括：确定设计变量，即哪些设计参数参与优选；构造目标函数，即评价设计方案优劣的设计指标；选择约束函数，即把设计应满足的各类条件以等式或不等式的形式表达。建立数学模型时要尽可能简单，而且要能完整地描述所研究的系统，但要注意到，过于简单的数学模型所得到的结果可能不符合实际情况，而过于详细复杂的模型又给分析计算带来困难。因此，具体建立怎样的数学模型需要丰富的经验和熟练的技巧。即使在建立了问题的数学模型之后，通常也必须对模型进行必要的数学简化以便于分析、计算。

③选择优化方法。根据数学模型的函数性态、设计精度要求等选择使用的优化方法，并编制出相应的计算机程序。

④上机计算择优。将所编程序及有关数据输入计算机，进行运算，求解得最优值，然后对所算结果作出分析、判断，得到设计问题的最优设计方案。

上述优化设计过程的核心是进行如下两项工作：一是分析设计任务，将实际问题转化为一个优化问题，即建立优化问题的数学模型；二是选用适用的优化方法在计算机上求解数学模型，寻求优化设计方案。

13.1.2 优化设计的数学模型

依附于具体产品而实现特定目标的优化设计，是指通过计算机大量的反复迭代运算所产生的能满足设计要求的，并使该产品的设计目标取最优值的一组最佳的设计参数，这就是优化设计的总体思路。当然，这里最优值只是一个相对概念，不同于数学上的极值，在很多情况下可统一采用最小值来表示。从上述案例的设计过程不难看出，该过程主要解决三方面的问题，即设计变量的选择、目标函数和条件函数的确定。由于优化设计是用计算机来模拟真实的设计过程的，因此，建立适合于计算机计算的模型即优化模型是优化设计工作的第一步。优化模型主要采用的是数学模型，它也应该解决好上述三方面的问题，因此，设计变量、目标函数、约束条件(或约束函数)构成了优化模型的三要素。

1. 设计变量

在优化设计中固定不变的参量称为设计常量，如一般把材料的弹性模量、许用应力等作为常量处理。设计变量是指在设计中可以进行调整和优选的独立参量。在齿轮传动设计中，若选齿轮模数、齿数作为设计变量，那么分度圆直径就不是独立参量，就不能再作为设计变量了。

设计变量可分为连续变量和离散变量两种。大多数机械优化设计问题中的变量都是连续变量，可用常规的优化方法求解。若变量只能跳跃式地取值，则称为离散变量，例如，齿轮的模数和齿数等。对于离散变量的优化问题既可以用离散优化方法求解，亦可用求解连续变量的方法求解，然后，再进行圆整或标准化处理，以求得合理的最优解。

设计变量个数称为优化问题的维数，如有 n 个设计变量，则称为 n 维优化问题。若将 n 维优化设计问题的 n 个设计变量，按一定顺序排列可组成一个向量，即

$$\boldsymbol{X}=\begin{bmatrix}x_1\\x_2\\\vdots\\x_n\end{bmatrix}=[x_1,x_2,\cdots,x_n]^{\mathrm{T}}$$

式中，“T”为转置符号，即把列向量用行向量的转置来表示。

这种以 n 个设计变量为坐标轴组成的实空间称为 n 维实欧氏空间，用 R^n 表示。这样，具有 n 个变量的一个设计向量对应着 n 维设计空间中的一个设计点，仍用符号 $\boldsymbol{X}$ 表示，它代表具有 n 个设计变量的一个设计方案。

当维数 $n=2$ 时，设计变量 x_1、x_2 组成二维设计空间，即设计平面 R^2。其任一设计方案可用二维向量表示，记为 $\boldsymbol{X}=[x_1,x_2]^{\mathrm{T}}$。当维数 $n=3$ 时，设计变量 x_1、x_2、x_3 组成三维设计空间，即设计空间 R^3。其任一设计方案可用三维向量表示，记为 $\boldsymbol{X}=[x_1,x_2,x_3]^{\mathrm{T}}$。当 $n>3$ 时，称为超越空间。

设计空间的维数又表征设计的自由度，设计变量越多，则设计自由度越大，数学模型越精确，越容易得到比较理想的设计方案。但随之而来的是，使设计问题复杂化，优化设计更困难。因此，在满足设计基本要求的前提下，应尽量减少设计变量的数目，尽可能按照成熟的经验将一些对目标函数影响不大的设计参数定为设计常量，只将那些对目标函数影响较大的设计参数选为设计变量，以使优化设计问题数学模型简单，容易计算。

2. 目标函数

目标函数又称评价函数，是用来评价设计方案优劣的指标。任何一项机械设计方案的好坏，总可以用一些设计指标来衡量，这些设计指标可表示为设计变量的函数，该函数就称为优化设计的目标函数。n 维设计变量优化问题的目标函数记为 $f(\boldsymbol{X})=f(x_1,x_2,\cdots,x_n)$。它代表设计中某项最重要的特征，如机械零件设计中的重量、体积、效率、可靠性、承载能力，机械设计中的运动误差、动力特性，产品设计中的成本、寿命等。

目标函数是一个标量函数。目标函数值的大小，是评价设计质量优劣的标准。优化设计就是要寻求一个优化设计方案，即最优点 $\boldsymbol{X}^*$，从而使目标函数达到最优值 $f(\boldsymbol{X}^*)$。在优化设计中，一般取最优值为目标函数的最小值。

确定目标函数，是优化设计中最重要的决策之一。因为这不仅直接影响优化方案的质量，而且还影响到优化过程。目标函数可以根据工程问题的要求从不同角度来建立，例如，成本、重量、几何尺寸、运动轨迹、功率、应力、动力特性等。

一个优化问题，可以用一个目标函数来衡量，称之为单目标优化问题；也可以用多个目标函数来衡量，称之为多目标优化问题。单目标优化问题，由于指标单一，易于衡量设计方案的优劣，求解过程比较简单明确；而多目标优化问题求解比较复杂，但可获得最佳的最优设计方案。

目标函数可以通过等值线(面)在设计空间中表现出来。所谓目标函数的等值线(面)，就是当目标函数 $f(\boldsymbol{X})$ 的值依次等于一系列常数 $c_i(i=1,2,\cdots)$ 时，设计变量 $\boldsymbol{X}$ 取得一系列值的集合。现以二维优化问题为例，来说明目标函数的等值线(面)的几何意义。如图 13-1 所示，二维变量的目标函数 $f(x_1,x_2)$ 图形可以用三维空间描述出来。令目标函数 $f(x_1,x_2)$ 的值分

别等于 $c_1, c_2, \cdots$，则对应这些设计点的集合在 x_1Ox_2 坐标平面内的一族曲线，每一条曲线上的各点都具有相等的目标函数值，所以这些曲线称为目标函数的等值线。

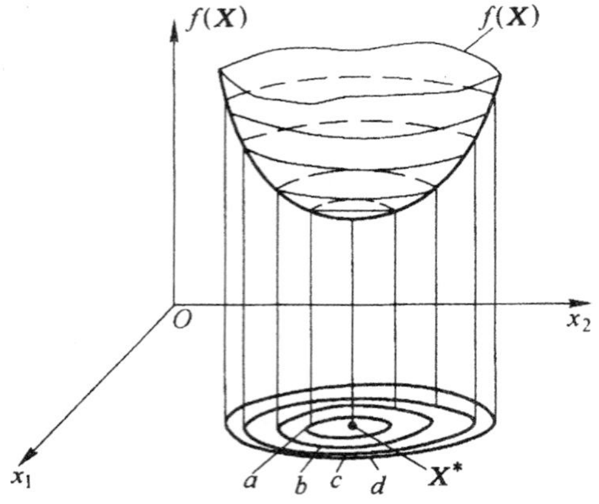

图 13-1　二维目标函数的等值线

由图 13-1 可见，等值线族反映了目标函数的变化规律，等值线越向里面，目标函数值越小。对于有中心的曲线族来说，等值线族的共同中心就是目标函数的无约束极小点 $\boldsymbol{X}^*$。故从几何意义上来说，求目标函数无约束极小点也就是求其等值线族的共同中心。当目标函数值的变化范围一定时，等值线越稀疏说明目标函数值的变化越平缓。利用等值线的概念可用几何图像形象地表现出目标函数的变化规律。另外，在许多优化问题中，最优点周围的等值线往往是一族近似的共心椭圆族，而每一个近似椭圆就是一条目标函数的等值线。这时，求最优点即是求目标函数的极值问题，可归结为求其等值线同心椭圆族的中心。根据求椭圆族中心的不同途径，存在着多种优化方法。

以上二维目标函数等值线的讨论，可以推广到多维问题的分析中去。对于三维问题在设计空间中是等值面问题；高于三维问题在设计空间中是超等值面问题。

3. 约束条件

对设计变量的取值加以某些限制的条件称为约束条件。按照设计约束的形式不同，约束有不等式和等式约束两类，一般表达为

$$g_u(\boldsymbol{X}) \leqslant 0 \quad u=1,2,\cdots,m$$

$$h_v(\boldsymbol{X}) = 0 \quad v=1,2,\cdots,p;p<n$$

式中，$g_u(\boldsymbol{X})$、$h_v(\boldsymbol{X})$ 为设计变量的函数；m 为不等式约束的数目；p 为等式约束的数目，而且等式约束的个数 p 必须小于设计变量的个数 n。

因为一个等式约束可以消去一个设计变量，当 $p=n$ 时，即可由 p 个方程组解得唯一的一组设计变量 $x_1, x_2, \cdots, x_n$。这样，只有唯一确定的方案，无优化可言。

当不等式约束条件要求为 $g_u(\boldsymbol{X}) \leqslant 0$ 时，可以用 $-g_u(\boldsymbol{X}) \geqslant 0$ 的等价形式来代替。

按照设计约束条件的性质不同，约束有性能约束和边界约束两类。性能约束是根据设计性能或指标要求而定的一种约束条件，例如，零件的强度条件、刚度条件、稳定性条件均属于性能约束。边界约束则是对设计变量取值范围的限制，例如，对齿轮的模数、齿数的上、下限的限制就是边界约束。

任何一个不等式约束条件，若将不等号换成等号，即形成一个约束方程式。该方程的图形将设计空间划分为两部分：一部分满足约束，即$g_u(\boldsymbol{X})<0$；另一部分则不满足约束，即 $g_u(\boldsymbol{X})>0$。故将该分界线或分界面称为约束边界(或约束面)。等式约束本身也是约束边界，不过此时只有约束边界上的点满足约束，而边界两边的所有部分都不满足约束。以二维问题为例，如图 13-2 所示，其中阴影方向部分表示不满足约束的区域。

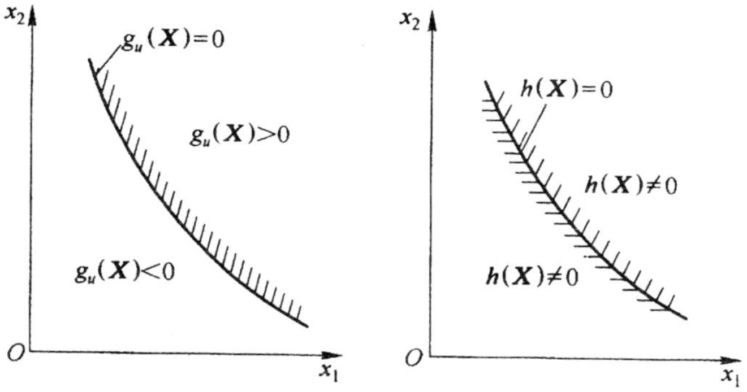

图 13-2　约束边界

约束的几何意义是它将设计空间一分为二，形成了可行域和非可行域。每一个不等式约束或等式约束都将设计空间分为两部分，满足所有约束的部分形成一个交集，该交集称为此约束问题的可行域，记做 D，如图 13-3 所示。不满足约束条件的设计点构成该优化问题的不可行域。可行域也可看作满足所有约束条件的设计点的集合，因此，可用集合表示如下：

$$D=\{\boldsymbol{X}\mid g_u(\boldsymbol{X})\leqslant 0,h_v(\boldsymbol{X})=0(u=1,2,\cdots,m;v=1,2,\cdots,p;p<n)\} \qquad (13\text{-}1)$$

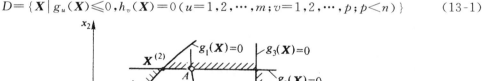

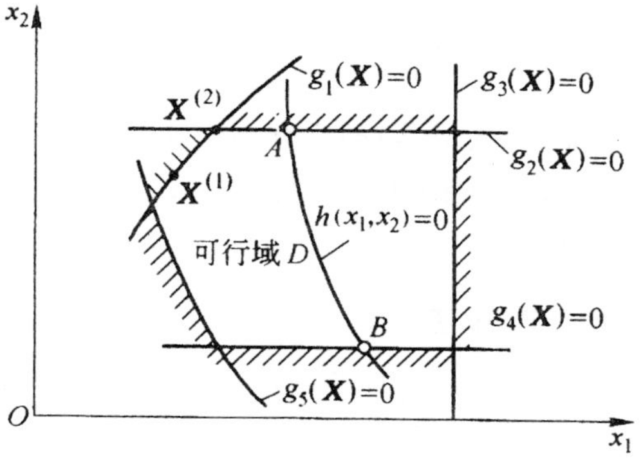

图 13-3　二维问题的可行域

根据是否满足约束条件可以把设计点分为可行点(或称内点)和非可行点(或称外点)。处于不等式约束边界上(即不等式约束的极值条件 $g_u(\boldsymbol{X})=0$)的设计点，称为边界设计点。边界设计点也是可行点，不过它是一个为该项约束所允许的极限设计方案。当优化设计问题除有 m 个不等式约束条件外，还应满足 p 个等式约束条件时，即对设计变量的选择又增加了限制。如图 13-3 所示，当有一个等式约束条件 $h(x_1,x_2)=0$ 时，这时的可行点(可行设计方案)只允许在 D 域内的等式约束函数曲线的 AB 段上选择。

根据设计点是否在约束边界上，又可将约束条件分为起作用和不起作用约束。所谓起作用约束就是对某个设计点特别敏感的约束，即该约束的微小变化可能使设计点由边界点变成可行域的内点，也可能由边界点变成可行域的外点。如图 13-3 所示，其中 $\boldsymbol{X}^{(1)}$ 位于约束边界 $g_1(\boldsymbol{X})=0$ 上，故 $g_1(\boldsymbol{X})\leqslant 0$ 是 $\boldsymbol{X}^{(1)}$ 的起作用约束。点 $\boldsymbol{X}^{(2)}$ 位于两个约束边界 $g_1(\boldsymbol{X})=0$ 和 $g_2(\boldsymbol{X})=0$ 的交点上，因此点 $\boldsymbol{X}^{(2)}$ 的起作用约束有两个，它们是 $g_1(\boldsymbol{X})\leqslant 0$ 和 $g_2(\boldsymbol{X})\leqslant 0$。

$\boldsymbol{X}^{(k)}$ 点的起作用的不等式约束的个数可以用集合的形式表示如下：

$$I_k=\{u\,|\,g_u(\boldsymbol{X}^k)=0(u=1,2,\cdots,m)\}$$

起作用约束集的概念，对于工程优化设计也是非常重要的，常常可以对已有的数学模型进行优化，然后进行结果分析：

①检查在最优点 $\boldsymbol{X}^*$ 周围起作用约束条件的性态，考察是否可以适当放松某些约束，以进一步优化这个设计。

②检查目标函数在 $\boldsymbol{X}^*$ 附近的性态，考虑是否需要增加某些约束以强化设计。

根据以上讨论可知，由设计变量、目标函数和约束条件三要素所组成的机械优化设计数学模型可表述为：在满足约束条件下，寻求一组设计变量值，使得目标函数达到最优值。为了适应计算机解题，一般将优化设计的数学模型表示为如下标准形式：

$$\begin{aligned} &\min f(\boldsymbol{X}) \quad \boldsymbol{X}\in R^n \\ \text{s. t.}\quad &g_u(\boldsymbol{X})\leqslant 0 \quad u=1,2,\cdots,m \\ &h_v(\boldsymbol{X})=0 \quad v=1,2,\cdots,p;p<n \end{aligned} \tag{13-2}$$

模型中 s. t. 是“subject to”的缩写。表示“满足于”；min 表示使目标函数极小化，若求 $f(\boldsymbol{X})$ 的极大化，则应写成 $\min[-f(\boldsymbol{X})]$；$\boldsymbol{X}\in R^n$ 表示，n 维设计变量 $\boldsymbol{X}=[x_1,x_2,\cdots,x_n]^{\mathrm{T}}$，它属于 n 维实欧氏空间。通常称式(13-2)表示的数学模型为约束优化问题。在优化设计数学模型式(13-2)中，若 $u=v=0$，即没有约束条件存在，则称为无约束优化问题，无约束优化问题的数学模型为

$$\min f(\boldsymbol{X}),\boldsymbol{X}\in R^n$$

对于约束优化问题，若目标函数 $f(\boldsymbol{X})$ 和所有约束函数 $g_u(\boldsymbol{X})\leqslant 0$ 和 $h_v(\boldsymbol{X})=0$ 都是设计变量的线性函数时，称为线性规划问题；否则，则称为非线性规划问题。在机械优化设计中，绝大多数都属于约束非线性规划问题。

13.1.3 优化设计的迭代算法

对于优化问题数学模型的求解，目前可采用的求解方法有三种，即数学解析法、图解法和数值迭代法。

数学解析法就是把优化对象用数学模型描述出来后，用数学解析法（如微分法、变分法）求出最优解，如高等数学中求函数极值或条件极值的方法。数学解析法是优化设计的理论基础，但它仅限于维数较少且易求导的优化问题的求解。

图解法就是直接用作图的方法来求解优化问题，通过画出目标函数和约束函数的图形，求出最优解。此法的特点是简单直观，但仅限于 $n\leqslant 2$ 的低维优化问题的求解。图 13-4 所示即为采用图解法来求解如下二维优化问题：

$$\begin{aligned} &\min f(\boldsymbol{X})=x_1^2+x_2^2-4x_1+4 \\ \text{s. t.}\quad &g_1(\boldsymbol{X})=x_2-x_1-2\leqslant 0 \\ &g_2(\boldsymbol{X})=x_1^2-x_2+1\leqslant 0 \end{aligned}$$

$$g_3(\boldsymbol{X}) = -x_1 \leqslant 0$$

$$g_4(\boldsymbol{X}) = -x_2 \leqslant 0$$

最优解的结果。图 13-4(a)所示为该问题的目标函数、约束函数的立体图；图 13-4(b)所示为该问题的设计空间关系图，阴影线部分即为由所有约束边界围成的可行域。该问题的约束最优点就是约束边界 $g_2(\boldsymbol{X})=0$ 与目标函数等值线的切点，即图中的 $\boldsymbol{X}^*$ 点，$\boldsymbol{X}^* = [x_1^*, x_2^*]^{\mathrm{T}} = [0.58, 1.34]^{\mathrm{T}}$，其目标函数极小值 $f(\boldsymbol{X}^*) = 0.38$。

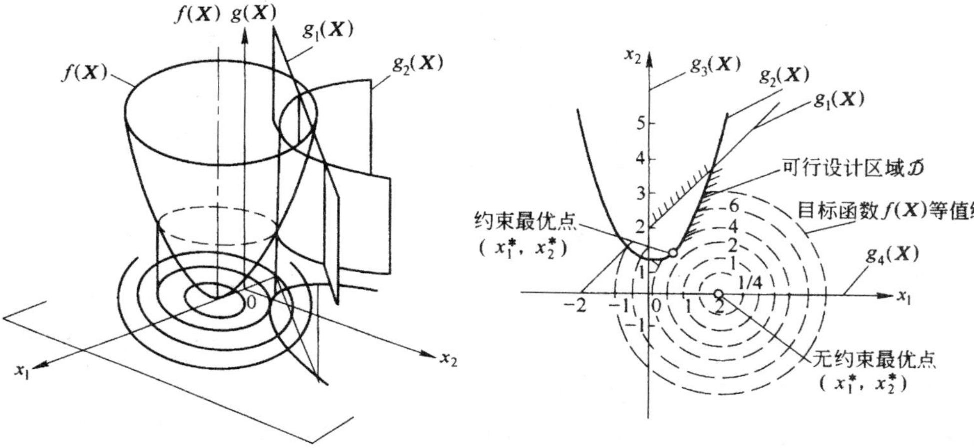

(a) 问题的立体图　　(b) 设计空间关系图

图 13-4　二维优化问题的几何解

数值迭代法完全是依赖于计算机的数值计算特点而产生的，它是具有一定逻辑结构并按一定格式反复迭代计算，逐步逼近优化问题最优解的一种方法。采用数值迭代法可以求解各种优化问题(包括数学解析法和图解法不能适用的优化问题)。

1. 数据迭代法的基本思想

根据工程实际设计问题建立数学模型后，依其复杂程度和具体条件不同，可选取不同的求解方法。总的说来，优化设计问题的求解方法可分为解析方法(即微分法)、图解法、数值迭代法。

机械优化问题比较复杂，难以用数学中的微分法来求解。为了适应电子计算机的运算，常用的优化方法多采用数值迭代法求解。数值迭代法的基本思想是搜索、迭代和逼近。现以二维无约束优化问题为例来说明。

如图 13-5 所示，从选定的初始点 $\boldsymbol{X}^{(0)}$ 出发，沿着某种优化方法所确定的搜索方向向量 $\boldsymbol{S}^{(0)}$ 进行一维搜索得 α_0，从而求得一目标函数值有所下降的新的设计点 $\boldsymbol{X}^{(1)}$，然后，再以点 $\boldsymbol{X}^{(1)}$ 为初始点，沿另外一个搜索方向向量 $\boldsymbol{S}^{(1)}$ 进行一维搜索得 α_1，又获得一个新的设计点 $\boldsymbol{X}^{(2)}$，如此循环往复不断搜索，最后可求得满足设计精度要求的逼近理想最优点的近似最优点 $\boldsymbol{X}^*$。这就是数值迭代法的过程。

数值迭代法的迭代格式可写为

$$\boldsymbol{X}^{(k+1)} = \boldsymbol{X}^{(k)} + \alpha_k \boldsymbol{S}^{(k)} \quad k=0,1,2,\cdots \tag{13-3}$$

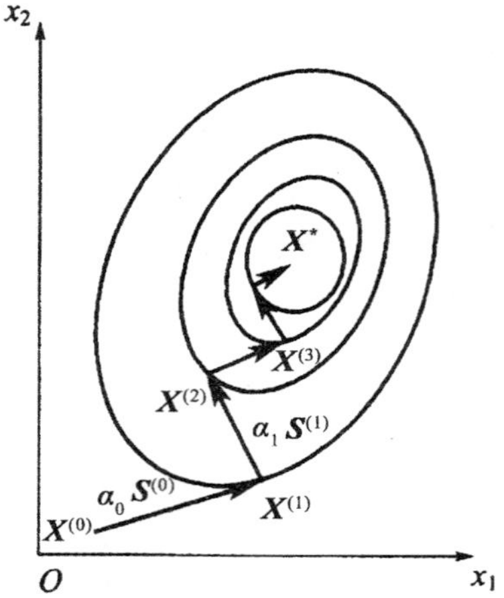

图 13-5　迭代过程

式(13-3)必须满足适用性要求,即

$$f(\boldsymbol{X}^{(k)})>f(\boldsymbol{X}^{(k+1)})\quad k=0,1,2,\cdots$$

式中,$\boldsymbol{X}^{(k)}$ 为第 k 次迭代初始点;$\boldsymbol{X}^{(k+1)}$ 为第 k 次迭代产生的新点;α_k 为第 k 次迭代步长(或步长因子),它是标量;$S^{(k)}$ 为第是 k 迭代搜索方向向量。

对于约束优化问题 $\boldsymbol{X}^{(k+1)}$ 不仅要满足适用性要求,而且要满足可行性要求,所谓可行性就是在迭代过程中 $\boldsymbol{X}^{(k+1)}$ 保持在可行域内,即 $\boldsymbol{X}^{(k+1)}\in D$。

2. 迭代计算的终止准则

从理论上讲,优化迭代计算过程可以产生一个无穷的点列 $\{\boldsymbol{X}^{(k)},k=0,1,2,\cdots\}$,一直计算到目标函数理论上的极小点 $\boldsymbol{X}^*$。但是这种无穷计算实际上既办不到,也无这个必要。因此,一般是根据迭代计算终止准则,求得足够近似的最优点 $\boldsymbol{X}^*$ 时,即可终止迭代计算。

数值迭代计算常用的迭代终止准则有 3 种。

(1)点距准则

当相邻两次迭代点 $\boldsymbol{X}^{(k)}$ 和 $\boldsymbol{X}^{(k+1)}$ 之间的距离已达到充分小时,迭代计算可以终止,即

$$\|\boldsymbol{X}^{(k+1)}-\boldsymbol{X}^{(k)}\|\leqslant\varepsilon \tag{13-4}$$

或

$$\sqrt{\sum_{i=1}^{n}(x_i^{(k+1)}-x_i^{(k)})^2}\leqslant\varepsilon \tag{13-5}$$

(2)函数值下降量准则

当相邻两次迭代点 $\boldsymbol{X}^{(k)}$ 和 $\boldsymbol{X}^{(k+1)}$ 所对应的目标函数的下降量或相对下降量已达到充分小时,迭代则可终止,即

$$|f(\boldsymbol{X}^{(k+1)})-f(\boldsymbol{X}^{(k)})|\leqslant\varepsilon \tag{13-6}$$

或

$$\frac{|f(\boldsymbol{X}^{(k+1)})-f(\boldsymbol{X}^{(k)})|}{f(\boldsymbol{X}^{(k)})}\leqslant\varepsilon \tag{13-7}$$

(3)梯度准则

当迭代点所对应的目标函数梯度已达到充分小时，迭代则可终止，即

$$\|\nabla f(\boldsymbol{X}^{(k)})\| \leqslant \varepsilon \tag{13-8}$$

或

$$\sqrt{\sum_{i=1}^{n}\left[\frac{\partial f(\boldsymbol{X}^{(k)})}{\partial x_i}\right]^2} \leqslant \varepsilon \tag{13-9}$$

以上各式中的 ε 是根据设计要求预先给定的迭代精度小正数。

在优化设计中，一般只要满足以上终止准则之一，则可认为设计点收敛于极值点。应该指出，有时为了防止当函数变化剧烈时，点距准则虽已满足，求得的最优值 $f(\boldsymbol{X}^{(k+1)})$ 与真正的最优值 $f(\boldsymbol{X}^*)$ 仍相差较大；或当函数变化缓慢时，目标函数值下降量准则虽已得到满足，而所求得的最优点 $\boldsymbol{X}^{(k+1)}$ 与真正的最优点 $\boldsymbol{X}^*$ 仍相距较远，往往将前两种终止准则结合起来使用，要求同时成立。至于梯度准则，仅用于需要计算目标函数梯度的优化方法中。

13.2　优化设计的数学基础

工程优化设计问题大多是多变量有约束的非线性规划问题，其数学本质是求解多变量非线性函数的极值问题。因此，本节将介绍与此有关的一些数学基础。

13.2.1　二次函数、二次型与正定矩阵

任何一个复杂的多元函数都可采用泰勒二次近似展开式进行局部逼近，使复杂函数简化成为二次函数。因此，二次函数、二次型及正定矩阵的概念是数学规划中十分有用的数学概念。

形式为

$$f(\boldsymbol{X})=\frac{1}{2}a_{11}x_1^2+\frac{1}{2}a_{22}x_2^2+\cdots+\frac{1}{2}a_{nn}x_n^2+\frac{1}{2}a_{12}x_1x_2 +\cdots\frac{1}{2}a_{n-1,n}x_{n-1}x_n+b_1x_1+\cdots+b_nx_n+C \tag{13-10}$$

的函数称为二次函数，用矩阵表示为

$$f(\boldsymbol{X})=\frac{1}{2}\boldsymbol{X}^{\mathrm{T}}A\boldsymbol{X}+B^{\mathrm{T}}\boldsymbol{X}+\boldsymbol{C} \tag{13-11}$$

其中

$$\boldsymbol{X}=\begin{bmatrix}x_1\\x_2\\\vdots\\x_n\end{bmatrix},\boldsymbol{A}=\begin{bmatrix}a_{11}&a_{12}&\cdots&a_{1n}\\a_{21}&a_{22}&\cdots&a_{2n}\\\vdots&\vdots&&\vdots\\a_{n1}&a_{n2}&\cdots&a_{nn}\end{bmatrix},\boldsymbol{B}=\begin{bmatrix}b_1\\b_2\\\vdots\\b_n\end{bmatrix} \tag{13-12}$$

若在矩阵 $\boldsymbol{A}$ 中，$a_{ij}=a_{ji}$，i、$j=1,2,\cdots,n$，则 $\boldsymbol{A}$ 称为对称矩阵。

如果函数中只含有变量的二次项，则称 $f(\boldsymbol{X})$ 为二次齐次函数或二次型，记为

$$f(\boldsymbol{X})=\boldsymbol{X}^{\mathrm{T}}\boldsymbol{A}\boldsymbol{X} \tag{13-13}$$

如果对于任何 $\boldsymbol{X}\neq 0$，恒有 $f(\boldsymbol{X})=\boldsymbol{X}^{\mathrm{T}}\boldsymbol{A}\boldsymbol{X}>0$，则称对称矩阵 $\boldsymbol{A}$ 为正定矩阵，并称此二次型为正定二次型。如果 $f(\boldsymbol{X})=\boldsymbol{X}^{\mathrm{T}}\boldsymbol{A}\boldsymbol{X}\geqslant 0$，则称 $\boldsymbol{A}$ 为半正定矩阵。

类似地，对于任何 $\boldsymbol{X}\neq 0$，如果恒有 $f(\boldsymbol{X})=\boldsymbol{X}^{\mathrm{T}}\boldsymbol{A}\boldsymbol{X}<0$，则称对称矩阵 $\boldsymbol{A}$ 为负定矩阵；如果对于有些 $\boldsymbol{X}$ 有 $f(\boldsymbol{X})=\boldsymbol{X}^{\mathrm{T}}\boldsymbol{A}\boldsymbol{X}>0$，而对于另一些 $\boldsymbol{X}$ 又有 $f(\boldsymbol{X})=\boldsymbol{X}^{\mathrm{T}}\boldsymbol{A}\boldsymbol{X}<0$，则称 $\boldsymbol{A}$ 为不(正)定矩阵。

通常二次函数

$$f(\boldsymbol{X})=\frac{1}{2}\boldsymbol{X}^{\mathrm{T}}\boldsymbol{A}\boldsymbol{X}+\boldsymbol{B}^{\mathrm{T}}\boldsymbol{X}+\boldsymbol{C}$$

总可以通过变量的线性变换转化成为二次型 $f(Y)=\boldsymbol{Y}^{\mathrm{T}}\boldsymbol{A}'\boldsymbol{Y}$。

如果矩阵 $\boldsymbol{A}$ 正定，其充要条件是矩阵行列式 $|\boldsymbol{A}|$ 的各阶主子式的值均大于零。如果矩阵 $\boldsymbol{A}$ 负定，其充要条件是矩阵行列式 $|\boldsymbol{A}|$ 的各阶主子式的值为负、正相间，即 $-\boldsymbol{A}$ 为正定矩阵。如果矩阵行列式 $|\boldsymbol{A}|$ 的各阶主子式的值的正、负不符合以上两种规律，则矩阵为不(正)定矩阵。

13.2.2 函数的方向导数和梯度

目标函数的等值线(或面)仅从几何方面定性直观地表示出函数的变化规律。这种表示方法虽然直观，但不能定量表示，且多数只限于二维函数。为了能够定性地表明函数特别是多维函数在某一点的变化形态，需要引出函数的方向导数及梯度的概念。

1. 函数的方向导数

由多元函数的微分学可知，对于一个连续可微多元函数 $f(\boldsymbol{X})$ 在某一点 $\boldsymbol{X}^{(k)}$ 的一阶偏导数为

$$\frac{\partial f(\boldsymbol{X}^{(k)})}{\partial x_1},\frac{\partial f(\boldsymbol{X}^{(k)})}{\partial x_2},\cdots,\frac{\partial f(\boldsymbol{X}^{(k)})}{\partial x_n} \tag{13-14}$$

它描述了该函数 $f(\boldsymbol{X})$ 在点 $\boldsymbol{X}^{(k)}$ 沿各坐标轴 $x_i\ (i=1,2,\cdots,n)$ 这一特定方向的变化率。现以二元函数 $f(x_1,x_2)$ 为例，求其沿任一方向 $\boldsymbol{S}$(它与各坐标轴之间的夹角为 α_1、α_2，如图13-6所示)的函数变化率。

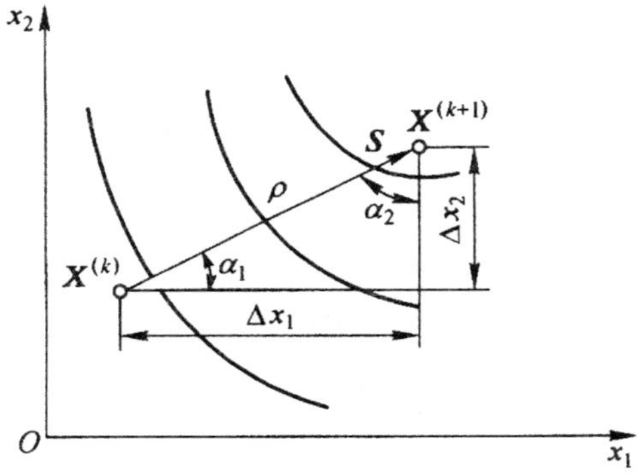

图 13-6 函数的变化率

该二元函数 $f(x_1,x_2)$ 在点 $\boldsymbol{X}^{(k)}$ 沿任意方向 $\boldsymbol{S}$ 的变化率可用函数在该点的方向导数表示，

如图 13-6 所示。记作：

$$
\begin{aligned}
\frac{\partial f(\boldsymbol{X}^{(k)})}{\partial \boldsymbol{S}} &= \lim_{\Delta S \to 0} \frac{f(\boldsymbol{X}^{(k)}+\Delta \boldsymbol{S})-f(\boldsymbol{X}^{(k)})}{\Delta \boldsymbol{S}} \\
&= \lim_{\Delta S \to 0} \frac{f(x_1^{(k)}+\Delta x_1, x_2^{(k)}+\Delta x_2)-f(x_1^{(k)}, x_2^{(k)})}{\Delta \boldsymbol{S}} \\
&= \lim_{\substack{\Delta x_1 \to 0 \\ \Delta x_2 \to 0}} \left[\frac{f(x_1^{(k)}+\Delta x_1, x_2^{(k)})-f(x_1^{(k)}, x_2^{(k)})}{\Delta x_1} \cdot \frac{\Delta x_1}{\Delta \boldsymbol{S}} + \right. \\
&\quad \left. \frac{f(x_1^{(k)}+\Delta x_1, x_1^{(k)}+\Delta x_2)-f(x_1^{(k)}+\Delta x_1, x_2^{(k)})}{\Delta x_2} \cdot \frac{\Delta x_2}{\Delta \boldsymbol{S}} \right] \\
&= \frac{\partial f(\boldsymbol{X}^{(k)})}{\partial x_1} \cdot \cos\alpha_1 + \frac{\partial f(\boldsymbol{X}^{(k)})}{\partial x_2} \cdot \cos\alpha_2
\end{aligned} \tag{13-15}
$$

同理，仿此可以推导出多元函数 $f(\boldsymbol{X})$ 在 $\boldsymbol{X}^{(k)}$ 点沿方向 $\boldsymbol{S}$ 的方向导数为

$$
\begin{aligned}
\frac{\partial f(\boldsymbol{X}^{(k)})}{\partial \boldsymbol{S}} &= \frac{\partial f(\boldsymbol{X}^{(k)})}{\partial x_1} \cdot \cos\alpha_1 + \frac{\partial f(\boldsymbol{X}^{(k)})}{\partial x_2} \cdot \cos\alpha_2 + \cdots + \frac{\partial f(\boldsymbol{X}^{(k)})}{\partial x_n} \cdot \cos\alpha_n \\
&= \sum_{i=1}^{n} \frac{\partial f(\boldsymbol{X}^{(k)})}{\partial x_i} \cdot \cos\alpha_i
\end{aligned} \tag{13-16}
$$

式中，$\partial f(\boldsymbol{X}^{(k)})/\partial x_i$ 为函数 $f(\boldsymbol{X})$ 对坐标轴 x_i 的偏导数；$\cos\alpha_i = \Delta x_i/\Delta S$ 为 Ss 方向的方向余弦。

由式(13-15)可知，在同一点(如 $\boldsymbol{X}^{(k)}$ 点)，沿不同的方向(α_1 或 α_2 不同)，函数的方向导数值是不等的，也就是表明函数沿不同的方向上有不同的变化率。

2. *梯度*

函数在某一确定点沿不同方向的变化率是不同的。为求得函数在点 $\boldsymbol{X}^{(k)}$ 方向导数为最大的方向，需引入梯度的概念。

将式(13-15)写成矩阵形式，则有

$$
\begin{aligned}
\frac{\partial f(\boldsymbol{X}^{(k)})}{\partial \boldsymbol{S}} &= \frac{\partial f(\boldsymbol{X}^{(k)})}{\partial x_1} \cdot \cos\alpha_1 + \frac{\partial f(\boldsymbol{X}^{(k)})}{\partial x_2} \cdot \cos\alpha_2 \\
&= \left[\frac{\partial f(\boldsymbol{X}^{(k)})}{\partial x_1} \frac{\partial f(\boldsymbol{X}^{(k)})}{\partial x_2} \right] \begin{bmatrix} \cos\alpha_1 \\ \cos\alpha_2 \end{bmatrix}
\end{aligned}
$$

若令

$$
\Delta f(\boldsymbol{X}^{(k)}) = \begin{bmatrix} \dfrac{\partial f(\boldsymbol{X}^{(k)})}{\partial x_1} \\ \dfrac{\partial f(\boldsymbol{X}^{(k)})}{\partial x_2} \end{bmatrix} \quad \boldsymbol{S} = \begin{bmatrix} \cos\alpha_1 \\ \cos\alpha_2 \end{bmatrix} \tag{13-17}
$$

于是可将方向导数 $\partial f(\boldsymbol{X}^{(k)})/\partial \boldsymbol{S}$ 表示为

$$
\frac{\partial f(\boldsymbol{X}^{(k)})}{\partial \boldsymbol{S}} = \nabla f(\boldsymbol{X}^{(k)})^t \cdot \boldsymbol{S} = \| \nabla f(\boldsymbol{X}^{(k)}) \| \cdot \| \boldsymbol{S} \| \cdot \cos\theta \tag{13-18}
$$

式中，$\| \nabla f(\boldsymbol{X}^{(k)}) \|$ 和 $\| \boldsymbol{S} \|$ 分别为向量 $\nabla f(\boldsymbol{X}^{(k)})$ 和向量 $\boldsymbol{S}$ 的模，其值为

$$
\| \nabla f(\boldsymbol{X}^{(k)}) \| = \left[\sum_{i=1}^{2} \left(\frac{\partial f(\boldsymbol{X}^{(k)})}{\partial x_1} \right)^2 \right]^{1/2} \tag{13-19}
$$

$$\|\boldsymbol{S}\| = \left[\sum_{i=1}^{2}(\cos\alpha_1)^2\right]^{1/2} = 1 \tag{13-20}$$

式中，θ 为向量$\nabla f(\boldsymbol{X}^{(k)})$和 $\boldsymbol{S}$ 之间的夹角。

由式(13-18)可以看出，由于$-1\leqslant\cos\theta\leqslant 1$，故当 $\cos\theta=1$，即向量$\nabla f(\boldsymbol{X}^{(k)})$和 $\boldsymbol{S}$ 的方向相同时，方向导数$\partial f(\boldsymbol{X}^{(k)})/\partial\boldsymbol{S}$ 值最大，其值为$\|\nabla f(\boldsymbol{X}^{(k)})\|$。这表明向量$\nabla f(\boldsymbol{X}^{(k)})$就是点 $\boldsymbol{X}^{(k)}$ 处的方向导数最大的方向，即函数变化率最大的方向，称$\nabla f(\boldsymbol{X}^{(k)})$为函数在该点的梯度，可记作 $\mathrm{grad}f(\boldsymbol{X}^{(k)})$。

上述梯度的概念可以推广到多元函数中去，对于 n 元函数以 $f(\boldsymbol{X})$的梯度可为

$$\nabla f(\boldsymbol{X}) = \left[\frac{\partial f(\boldsymbol{X})}{\partial x_1}, \frac{\partial f(\boldsymbol{X})}{\partial x_2}, \cdots, \frac{\partial f(\boldsymbol{X})}{\partial x_n}\right]^{\mathrm{T}} \tag{13-21}$$

函数的梯度$\nabla f(\boldsymbol{X})$在优化设计中有着十分重要的作用。由于梯度是一个向量，而梯度方向是函数具有最大变化率的方向。亦即梯度$\nabla f(\boldsymbol{X})$方向是指函数 $f(\boldsymbol{X})$的最速上升方向，而负梯度$-\nabla f(\boldsymbol{X})$则为函数 $f(\boldsymbol{X})$的最速下降方向。

梯度向量$\nabla f(\boldsymbol{X}^{(k)})$与过 $\boldsymbol{X}^{(k)}$ 点的等值线(或等值面)的切线是正交的，如图 13-7 所示。式(13-18)表明，函数 $f(\boldsymbol{X})$在某点 $\boldsymbol{X}^{(k)}$沿方向 $\boldsymbol{S}$ 的方向导数等于该点的梯度在方向 $\boldsymbol{S}$ 上的投影，如图 13-8 所示。

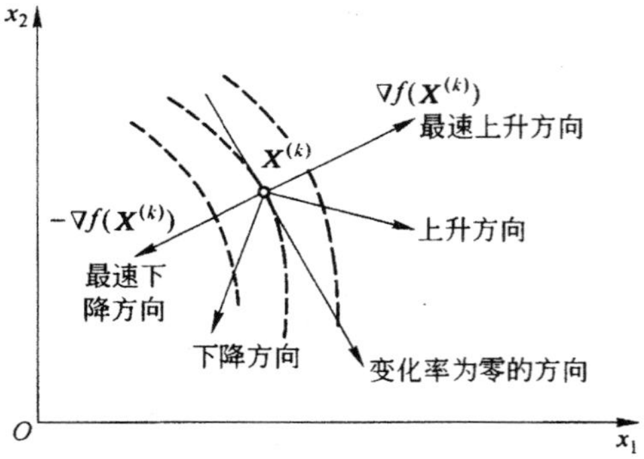

图 13-7 梯度方向与等值线的关系

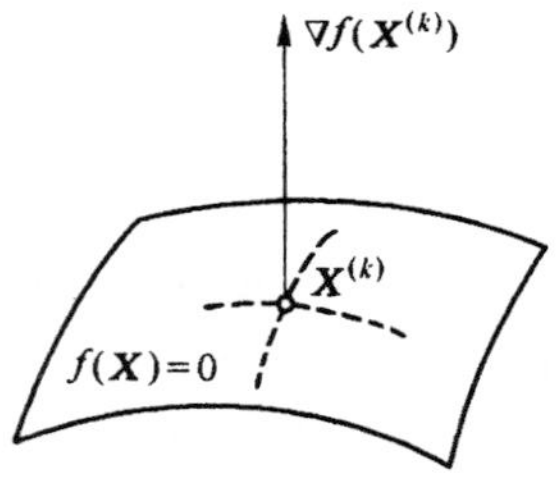

图 13-8 方向导数与梯度

由此可见，只要知道函数在一点的梯度，就可以求出函数在该点上沿任意方向的方向导数。因此，可以说函数在一点的梯度是函数在该点变化率的全面描述。

13.2.3 海瑟矩阵和泰勒展开

在机械优化设计中，实际的优化目标往往是极为复杂的非线性函数。为简化问题的描述，通常将目标函数、约束条件在所讨论的点附近展开成泰勒级数，用一阶或二阶泰勒级数近似表达原函数。下面介绍函数的海瑟矩阵和泰勒展开。

1. 海瑟(Hessian)矩阵

设函数 $f(\boldsymbol{X})$在某点 $\boldsymbol{X}^{(k)}$处存在连续的一阶偏导数

$$\frac{\partial f(\boldsymbol{X}^{(k)})}{\partial x_i} \quad i=1,2,\cdots,n$$

和二阶偏导数

$$\frac{\partial^2 f(\boldsymbol{X}^{(k)})}{\partial x_i \partial x_j} \quad i、j=1,2,\cdots,n$$

则函数 $f(\boldsymbol{X})$ 在 $\boldsymbol{X}^{(k)}$ 点的 n^2 个二阶偏导数所构成的 $n\times n$ 阶方阵

$$\boldsymbol{H}_n(\boldsymbol{X}^{(k)})=\begin{bmatrix} \frac{\partial^2 f(\boldsymbol{X}^{(k)})}{\partial x_i^2} & \frac{\partial^2 f(\boldsymbol{X}^{(k)})}{\partial x_1 \partial x_2} & \cdots & \frac{\partial^2 f(\boldsymbol{X}^{(k)})}{\partial x_1 \partial x_n} \\ \frac{\partial^2 f(\boldsymbol{X}^{(k)})}{\partial x_2 \partial x_1} & \frac{\partial^2 f(\boldsymbol{X}^{(k)})}{\partial x_2^2} & \cdots & \frac{\partial^2 f(\boldsymbol{X}^{(k)})}{\partial x_2 \partial x_2} \\ \vdots & \vdots & & \vdots \\ \frac{\partial^2 f(\boldsymbol{X}^{(k)})}{\partial x_n \partial x_1} & \frac{\partial^2 f(\boldsymbol{X}^{(k)})}{\partial x_n \partial x_2} & \cdots & \frac{\partial^2 f(\boldsymbol{X}^{(k)})}{\partial x_n^2} \end{bmatrix} \tag{13-22}$$

称为海瑟矩阵，用符号 $\boldsymbol{H}_n(\boldsymbol{X}^{(k)})$ 或 $\boldsymbol{H}(\boldsymbol{X}^{(k)})$ 表示，也可用 $\nabla^2 f(\boldsymbol{X}^{(k)})$ 表示，并可简记为

$$\boldsymbol{H}(\boldsymbol{X}^{(k)})=\nabla^2 f(\boldsymbol{X}^{(k)})=\frac{\partial^2 f(\boldsymbol{X}^{(k)})}{\partial x_i \partial x_j} \quad i、j=1,2,\cdots,n \tag{13-23}$$

由数字分析可知，如果函数 $f(\boldsymbol{X})$ 的一阶偏导数在定义域内处处可微，则二阶偏导数与求导次序无关，即

$$\frac{\partial^2 f(\boldsymbol{X}^{(k)})}{\partial x_i \partial x_j}=\frac{\partial^2 f(\boldsymbol{X}^{(k)})}{\partial x_j \partial x_i} \quad i、j=1,2,\cdots,n \tag{13-24}$$

所以海瑟矩阵 $\boldsymbol{H}(\boldsymbol{X}^{(k)})$ 通常是一个 $n\times n$ 阶的对称矩阵。

2. 函数的泰勒(Taylor)展开

设函数 $f(\boldsymbol{X})$ 在点 $\boldsymbol{X}^{(k)}$ 的某一邻域内有二阶以上连续偏导数，则 $f(\boldsymbol{X})$ 在点 $\boldsymbol{X}^{(k)}$ 邻域内的泰勒展开近似式(略去二次以上的高阶项)为

$$\begin{aligned} f(\boldsymbol{X}) &\approx f(\boldsymbol{X}^{(k)})+[\nabla f(\boldsymbol{X}^{(k)})]^{\mathrm{T}}\Delta\boldsymbol{X}+\frac{1}{2}[\Delta\boldsymbol{X}]^{\mathrm{T}}\nabla^2 f(\boldsymbol{X}^{(k)})\Delta\boldsymbol{X} \\ &= f(\boldsymbol{X}^{(k)})+[\nabla f(\boldsymbol{X}^{(k)})]^{\mathrm{T}}\Delta\boldsymbol{X}\ \frac{1}{2}[\Delta\boldsymbol{X}]^{\mathrm{T}}H(\boldsymbol{X}^{(k)})\Delta\boldsymbol{X} \end{aligned} \tag{13-25}$$

式中，$\boldsymbol{X}=[x_1 \quad x_2 \quad \cdots \quad x_n]^{\mathrm{T}}$；$\Delta\boldsymbol{X}=[x_1-x_1^{(k)} \quad x_2-x_2^{(k)} \quad \cdots \quad x_n-x_n^{(k)}]^{\mathrm{T}}$。

13.2.4　无约束优化的极值条件

求解无约束优化问题的实质是求解目标函数 $f(\boldsymbol{X})$ 在 n 维空间 R^n 中的极值。

由高等数学可知，任何一个单值、连续并可微的一元函数 $f(x)$ 在点 $x^{(k)}$ 取得极值的必要条件，是函数在该点的一阶导数等于零，充分条件是对应的二阶导数不等于零，即

$$f'(x^{(k)})=0$$

$$f''(x^{(k)})\neq 0$$

当 $f''(x^{(k)})>0$ 时，则函数 $f(x)$ 在点 $x^{(k)}$ 取得极小值；当 $f''(x^{(k)})<0$ 时，则函数 $f(x)$ 在点 $x^{(k)}$ 取得极大值。极值点和极值分别记作 $x^*=x^{(k)}$ 和 $f^*=f(x^*)$。

与此相似，多元函数 $f(\boldsymbol{X})$ 在点 $\boldsymbol{X}^{(k)}$ 取得极值的必要条件是函数在该点的所有方向导数等于零，也就是说函数在该点的梯度为零向量，即

$$\nabla f(\boldsymbol{X}^{(k)})=0$$

把函数在点 $\boldsymbol{X}^{(k)}$ 展开成泰勒二次近似式，并将上式代入，整理得

$$f(\boldsymbol{X})-f(\boldsymbol{X}^{(k)})=\frac{1}{2}[\boldsymbol{X}-\boldsymbol{X}^{(k)}]^{\mathrm{T}}\nabla^2 f(\boldsymbol{X}^{(k)})[\boldsymbol{X}-\boldsymbol{X}^{(k)}]$$

当 $\boldsymbol{X}^{(k)}$ 为函数的极小点时，因为有 $f(\boldsymbol{X})-f(\boldsymbol{X}^{(k)})>0$，则必须有

$$[\boldsymbol{X}-\boldsymbol{X}^{(k)}]^{\mathrm{T}}\nabla^2 f(\boldsymbol{X}^{(k)})[\boldsymbol{X}-\boldsymbol{X}^{(k)}]>0$$

此式说明函数的二阶偏导数矩阵（Hessian 矩阵）必须是正定的，这就是多元函数极小值的充分条件。

当 $\boldsymbol{X}^{(k)}$ 为函数的极大点时，同理必有

$$[\boldsymbol{X}-\boldsymbol{X}^{(k)}]^{\mathrm{T}}\nabla^2 f(\boldsymbol{X}^{(k)})[\boldsymbol{X}-\boldsymbol{X}^{(k)}]<0$$

即多元函数极大值的充分条件要求 Hessian 矩阵为负定。

因此，多元函数在点 $\boldsymbol{X}^*$ 取得极值的条件是：函数在该点的梯度为零向量，Hessian 矩阵为正定或负定，即有

$$\nabla f(\boldsymbol{X}^*)=0 \tag{13-26}$$

$$\boldsymbol{H}(\boldsymbol{X}^*)=\nabla^2 f(\boldsymbol{X}^*) \quad 为正定或负定 \tag{13-27}$$

13.2.5 凸集、凸函数和凸规划

如果函数在整个可行域中有两个或两个以上的极值点，则称各个极值点为局部极值点。比较所有的局部极值点，可得到一个最小（或最大）的局部极值点，这个点称为全局极值点。凸规划的一个重要特征是，局部极小值一定是全域极小值。数学规划理论和方法常限于讨论凸规划问题，故称为凸规划理论。需要注意的是，机械优化问题往往不是凸规划问题，所以常常难以得到其全域最优解。

1. 凸集

一个点集（或区域），如果连接其中任意两点 $\boldsymbol{X}^{(1)}$ 和 $\boldsymbol{X}^{(2)}$ 的线段全部包含在该集合中，则称该点集为凸集，否则称为非凸集（图 13-9）。凸集的概念用数学语言可叙述为：如果对于一切 $\boldsymbol{X}^{(1)}\in \boldsymbol{G}$，$\boldsymbol{X}^{(2)}\in \boldsymbol{G}$ 及一切满足 $0\leqslant\alpha\leqslant 1$ 的实数 α，点 $\alpha\boldsymbol{X}^{(1)}+(1-\alpha)\boldsymbol{X}^{(2)}=\boldsymbol{Y}\in\boldsymbol{G}$，则称集合 $\boldsymbol{G}$ 为凸集。凸集可以是有界的，也可以是无界的。n 维空间中的子空间也是凸集，例如，三维空间中的平面就是凸集。

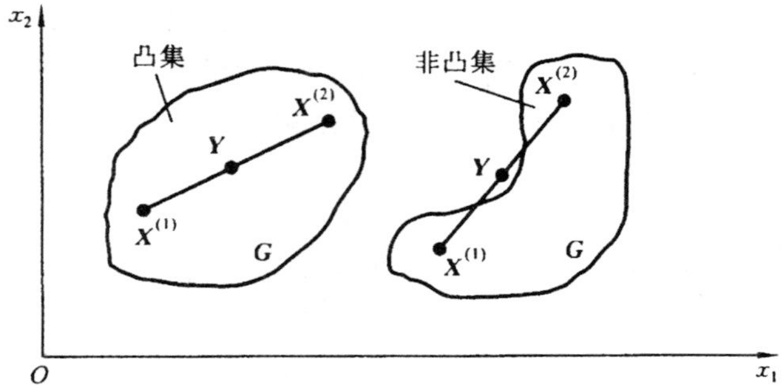

图 13-9　凸集和非凸集

凸集具有以下性质。

①若 $\boldsymbol{G}$ 是一个凸集，β 是一个实数，a 是凸集 $\boldsymbol{G}$ 中的动点，即 $a\in\boldsymbol{G}$，则集合

$$\beta\boldsymbol{G}=(\boldsymbol{X}:\boldsymbol{X}=\beta a, a\in\boldsymbol{G}) \tag{13-28}$$

仍是凸集，见图 13-10(a)，其中 $\beta=2$。

②若 $\boldsymbol{G}_1$ 和 $\boldsymbol{G}_2$ 均是凸集，$a\in\boldsymbol{G}_1$，$b\in\boldsymbol{G}_2$，则集合

$$\boldsymbol{G}_1+\boldsymbol{G}_2=(\boldsymbol{X}:\boldsymbol{X}=a+b, a\in\boldsymbol{G}_1, b\in\boldsymbol{G}_2) \tag{13-29}$$

仍是凸集，见图 13-10(b)。

③任何一组凸集的交还是凸集，见图 13-10(c)。

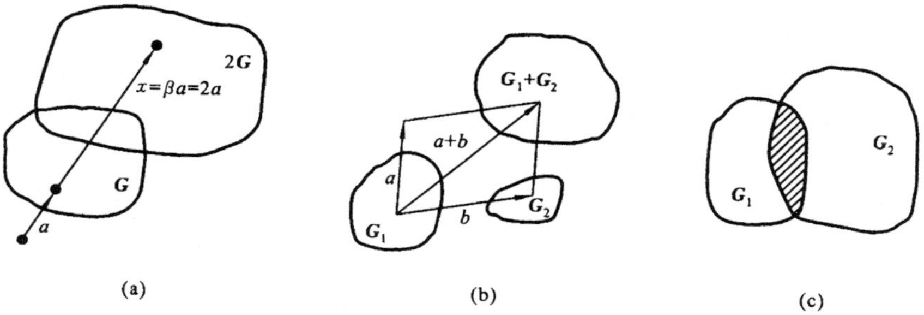

图 13-10　凸集的性质

2. 凸函数

设函数 $f(\boldsymbol{X})$ 的定义域为凸集 $\boldsymbol{G}$，x_1、x_2 为凸集 $\boldsymbol{G}$ 上任意两点，若函数 $f(\boldsymbol{X})$ 在线段 x_1x_2 上的函数值总小于或等于用 $f(x_1)$ 及 $f(x_2)$ 作线性内插所得的值，则函数 $f(\boldsymbol{X})$ 为凸集 $\boldsymbol{G}$ 上的凸函数，即满足

$$f(\alpha x_1+(1-\alpha)x_2)\leqslant\alpha f(x_1)+(1-\alpha)f(x_2)\quad(\boldsymbol{X}\in\boldsymbol{G}, 0\leqslant\alpha\leqslant1) \tag{13-30}$$

的函数 $f(\boldsymbol{X})$ 为凸函数。若同时去掉式(13-30)中的等号，则称 $f(\boldsymbol{X})$ 为严格凸函数。凸函数乘以 -1 后的函数称为凹函数。

一元函数 $f(x)$ 在给定区间 $[a,b]$ 上为凸函数的情形，可从图 13-11 中得到其形象的说明。

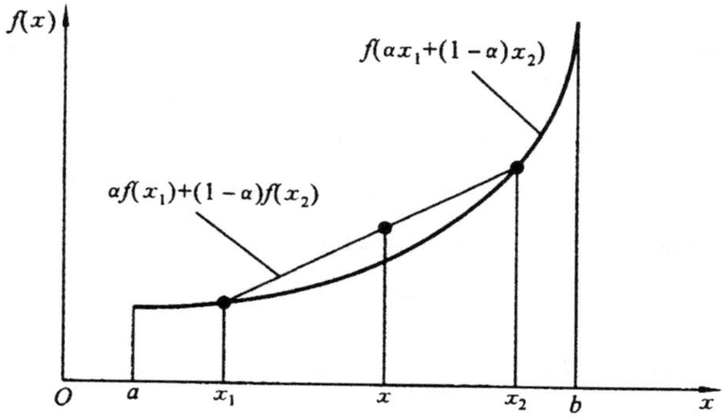

图 13-11　凸函数的定义(一元函数)

凸函数的简单性质如下。

性质 1　设 $f(x)$ 为定义在凸集 $\boldsymbol{G}$ 上的凸函数，对任意实数 $\alpha>0$，则函数 $\alpha f(x)$ 也是凸集 $\boldsymbol{G}$ 上的凸函数。

性质 2 设 $f_1(x)$ 和 $f_2(x)$ 为定义在凸集 $\boldsymbol{G}$ 上的凸函数，对两任意正数 α 和 β，则函数 $[\alpha f_1(x)+\beta f_2(x)]$ 也是凸集 $\boldsymbol{G}$ 上的凸函数。

函数凸性的判别方法如下。

①梯度判别法。设 $f(\boldsymbol{X})$ 在凸集 $\boldsymbol{G}$ 上具有连续一阶导数，则 $f(\boldsymbol{X})$ 在 $\boldsymbol{G}$ 上为凸函数的充要条件是：对凸集 $\boldsymbol{G}$ 内任意两点 $\boldsymbol{X}^{(1)}$ 和 $\boldsymbol{X}^{(2)}$，恒有

$$f(\boldsymbol{X}^{(2)}) \geqslant f(\boldsymbol{X}^{(1)}) + [\nabla f(\boldsymbol{X}^{(1)})]^{\mathrm{T}}(\boldsymbol{X}^{(2)}-\boldsymbol{X}^{(1)}) \tag{13-31}$$

②海瑟矩阵判别法。设 $f(\boldsymbol{X})$ 在凸集 $\boldsymbol{G}$ 上具有连续二阶导数，则 $f(\boldsymbol{X})$ 在 $\boldsymbol{G}$ 上为凸函数的充要条件是：海瑟矩阵 $H(\boldsymbol{X})$ 在 $\boldsymbol{G}$ 上处处半正定，即恒满足 $\boldsymbol{X}^{\mathrm{T}}\boldsymbol{H}\boldsymbol{X}\geqslant 0$。

是否为凸函数，虽然对优化计算和在优化条件的判定上是重要的，但是在实际问题中能保证其凸性的情况很少。

3. 凸规划

对于约束优化问题

$$\begin{aligned} &\min f(\boldsymbol{X}) \quad \boldsymbol{X}\in \boldsymbol{R}^n \\ &\text{s. t.} \quad g_j(\boldsymbol{X})\leqslant 0 \quad j=1,2,\cdots,m \end{aligned} \tag{13-32}$$

若 $f(\boldsymbol{X})$、$g_j(\boldsymbol{X})$ $(j=1,2,\cdots,m)$ 均为凸函数，则称此约束优化问题为凸规划。

凸规划的性质如下。

①可行域 $D=\{\boldsymbol{X}:g_j(\boldsymbol{X}),j=1,2,\cdots,m\}$ 为凸集。

②若给定一点 $\boldsymbol{X}^{(0)}$，则集合 $\boldsymbol{G}=\{\boldsymbol{X}:f(\boldsymbol{X})\leqslant f(\boldsymbol{X}^{(0)})\}$ 为凸集。根据这一性质，相对于二次函数 $f(\boldsymbol{X})$ 的等值线必呈现外凸的大圈套小圈的形式。

③凸规划的任何局部最优解就是全局最优解。

13.2.6 有约束优化的极值条件

求解有约束优化问题的实质就是在所有的约束条件所形成的可行域内，求得目标函数的极值点。因而有约束优化问题比无约束优化问题复杂得多。

有约束优化的极值点可能出现两种情况：一种是如图 13-12(a)所示，即目标函数的极值点 $\boldsymbol{X}^*$ 处于可行域 D 之内，此时目标函数的极值点 $\boldsymbol{X}^*$ 也就是为该约束问题的极值点；另一种如图 13-12(b)所示，即目标函数的自然极值点 $\overline{\boldsymbol{X}^*}$ 在约束可行域 D 外，此时有约束优化的极值点 $\boldsymbol{X}^*$ 是约束边界上的一点，该点 $\boldsymbol{X}^*$ 是约束边界 $g(\boldsymbol{X})=0$ 与目标函数的一条等值线的切点，此时 $g_1(\boldsymbol{X})$ 为起作用约束，$g_2(\boldsymbol{X})$ 为不起作用约束。

下面分别就等式约束和不等式约束两种情况加以讨论。

1. 等式约束极值问题最优解的必要条件——Lagrange 法则

等式约束是起作用约束。等式约束极值问题的数学模型如下式：

$$\begin{aligned} &\min f(\boldsymbol{X}),\boldsymbol{X}\in R^n \\ &\text{s. t.} \quad h_v(\boldsymbol{X}) \quad v=1,\cdots,p;p<n \end{aligned}$$

引入 Lagrange 乘子 $\lambda_1,\lambda_2,\cdots,\lambda_p$，构造 Lagrange 函数：

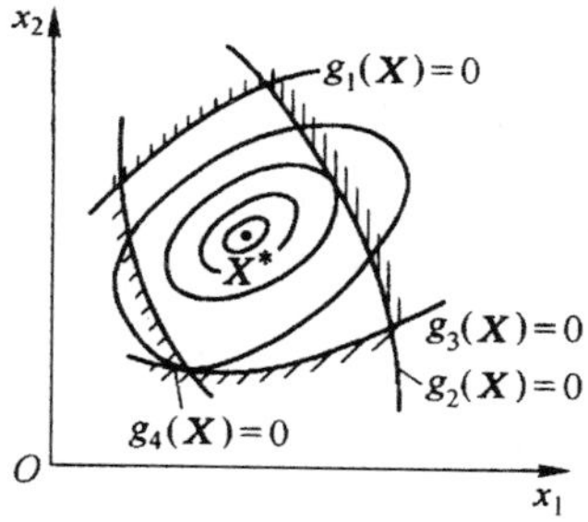

(a) 极值点在可行域内

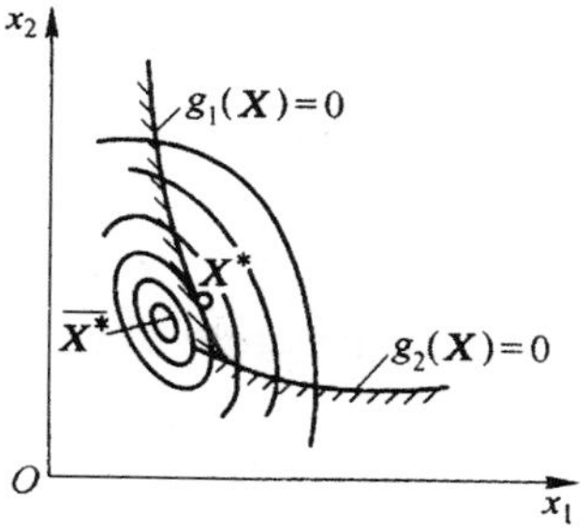

(b) 极值点在可行域的边界上

图 13-12　有约束优化的极值点

$$L(\boldsymbol{X},\boldsymbol{\lambda})=f(\boldsymbol{X})+\sum_{v=1}^{p}\lambda_v h_v(\boldsymbol{X}) \tag{13-33}$$

式中，$\boldsymbol{\lambda}=[\lambda_1,\lambda_2,\cdots,\lambda_p]^{\mathrm{T}}$为 Lagrange 乘子向量，上述等式约束极值问题转化成为无约束极值问题。令$\nabla L(\boldsymbol{X}^*,\lambda)=0$，得

$$\nabla_X L(\boldsymbol{X},\lambda)=\nabla f(\boldsymbol{X})+\sum_{v=1}^{p}\lambda_v\nabla h_v(\boldsymbol{X})=0$$

$$\nabla_\lambda L(\boldsymbol{X},\lambda)=h_v(\boldsymbol{X})=0\quad(v=1,\cdots,p)$$

形成 $n+p$ 个方程，可解方程组得到 $n+p$ 个变量，$x_1,\cdots,x_n$和$\lambda_1,\cdots,\lambda_p$。

$$-\nabla f(\boldsymbol{X}^*)=\sum_{v=1}^{p}\lambda_v\nabla h_v(\boldsymbol{X}^*)\quad(v=1,2,\cdots,p;p<n) \tag{13-34}$$

式(13-34)就是等式约束问题在点 $\boldsymbol{X}^*$ 取得极值的必要条件。此式的几何意义可以解释为：在等式约束的极值点上，目标函数的负梯度等于等式约束（起作用约束）函数梯度的线性组合。如图 13-13 所示，在两个等式约束的交线 E 上的点 $\boldsymbol{X}^*$，约束函数的梯度与目标函数的梯度共面，因此，式(13-34)成立，故 $\boldsymbol{X}^*$ 就是极值点。

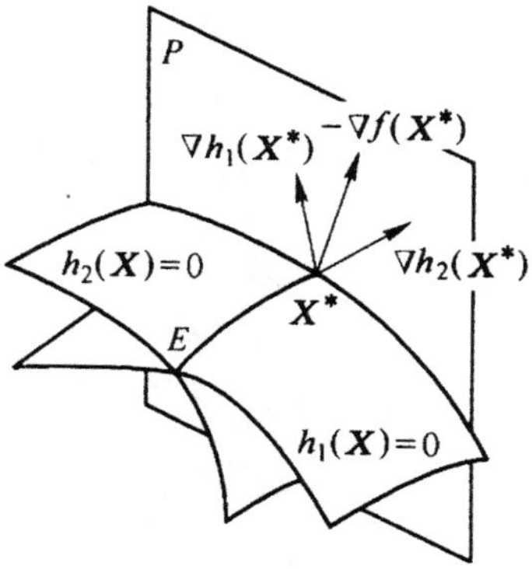

图 13-13　等式约束问题的极值条件

2. 不等式约束极值问题最优解的必要条件——Kuhn-Tucker（库恩-塔克）条件

对于不等式约束优化问题

$$\min f(\boldsymbol{X})$$

$$\text{s.t.}\quad g_u(\boldsymbol{X})\leqslant 0\quad u=1,2,\cdots,m$$

引入 m 个松弛变量 $x_{n+u} \geqslant 0 (u=1,2,\cdots,m)$，可将上面的不等式约束优化问题变成等式约束问题

$$\min f(\boldsymbol{X})$$
$$\text{s. t.} \quad g_u(\boldsymbol{X})+x_{u+n}^2=0 \quad u=1,2,\cdots,m$$

建立这一问题的 Lagrange 函数：

$$L(\boldsymbol{X},\boldsymbol{\lambda},\overline{\boldsymbol{X}})=f(\boldsymbol{X})+\sum_{u=1}^{m}\lambda_u[g_u(\boldsymbol{X})+x_{n+u}^2]$$

式中，$\overline{\boldsymbol{X}}=[x_{n+1},x_{n+2},\cdots,x_{n+m}]^{\mathrm{T}}$ 为松弛变量组成的向量。

令该 Lagrange 函数的梯度等于零，即使

$$L(\boldsymbol{X},\boldsymbol{\lambda},\overline{\boldsymbol{X}})=0$$

则有

$$\frac{\partial L}{\partial \boldsymbol{X}}=\nabla f(\boldsymbol{X})+\sum_{u=1}^{m}\lambda_u \nabla g_u(\boldsymbol{X})=0$$
$$\frac{\partial L}{\partial \lambda_u}=g_u(\boldsymbol{X})+x_{n+u}^2=0$$
$$\frac{\partial L}{\partial x_{n+u}}=2\lambda_u x_{n+u}=0 \quad (u=1,2,\cdots m) \tag{13-35}$$

式中，当 $\lambda_u \neq 0$ 时有 $x_{n+u}=0$ 和 $g_u(\boldsymbol{X})=0$，这说明点 $\boldsymbol{X}$ 在约束边界上，$g_u(\boldsymbol{X}) \leqslant 0$ 为点 $\boldsymbol{X}$ 的起作用约束。注意到约束条件为"$\leqslant 0$"的形式，可知约束函数的梯度方向指向可行域外，为满足 $\frac{\partial L}{\partial x}=0$。必须大于零；而当 $\lambda_u=0$ 时，有 $x_{n+u} \neq 0$ 和 $g_u(\boldsymbol{X}) \neq 0$，这说明点 $\boldsymbol{X}$ 在可行域内。

设 $\boldsymbol{X}^*$ 是极值点，既 $g_i(\boldsymbol{X}) \leqslant 0 (i \in I_k)$ 为 $\boldsymbol{X}^*$ 点的起作用约束，则由上式及其分析可知，必有

$$-\nabla f(\boldsymbol{X}^*)=\sum_{i \in I_k}\lambda_i \nabla g_i(\boldsymbol{X}^*)$$
$$\lambda_i \neq 0 \quad (i \in I_k) \tag{13-36}$$

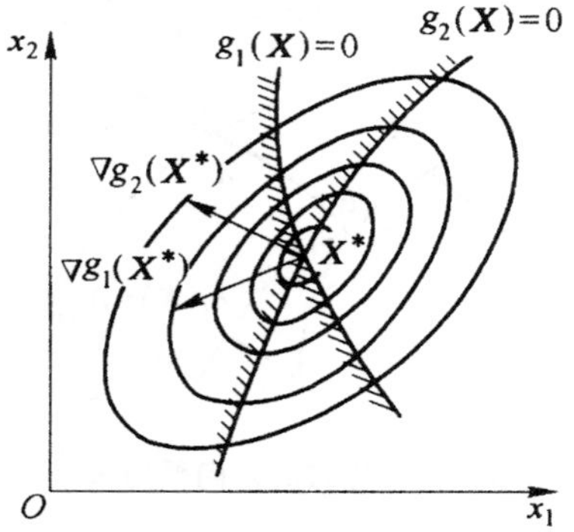

图 13-14　极值点处目标函数的梯度为零

此式就是不等式约束优化问题的极值条件，称 Kuhn-Tucker 条件，简称 K-T 条件。该条件表明，若设计点 $\boldsymbol{X}^*$ 是函数 $f(\boldsymbol{X})$ 的极值点，要么 $\nabla f(\boldsymbol{X}^*)=0$（如图 13-14 所示，此时 $\lambda_i=0$），要么目标函数的负梯度位于诸起作用约束梯度所构成的夹角或锥体之内。也就是说，目标

函数的负梯度 $-\nabla f(\boldsymbol{X}^*)$ 等于诸起作用约束梯度 $\nabla g_i(\boldsymbol{X}^*)$ 的非负线性组合（如图 13-15 所示，此时 $\lambda_i>0$）。

应该指出，K-T 条件是多元函数取得约束极值的必要条件，既可以用来作为约束极值点的判别条件，又可用来直接求解比较简单的约束优化问题。但 K-T 条件不是多元函数取得约束极值的充分条件。只有当目标函数 $f(\boldsymbol{X})$ 是凸函数，而约束函数 $g_u(\boldsymbol{X})\leqslant 0$ 是凸函数（或 $g_u(\boldsymbol{X})\geqslant 0$ 为凹函数），即为凸规划时，K-T 条件才是极值存在的充分必要条件。

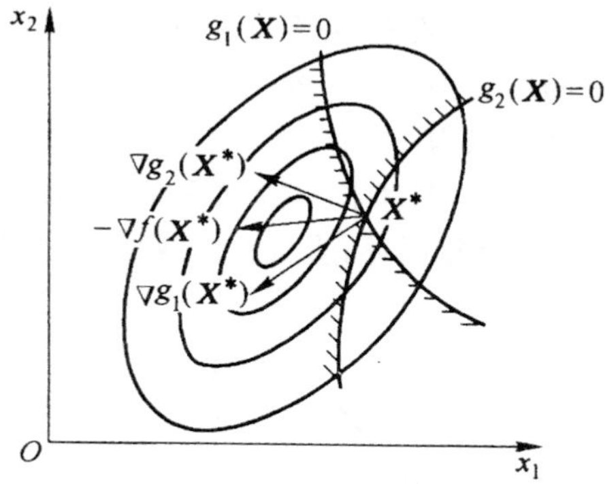

图 13-15　极值点处目标函数的梯度不为零

13.3　一维搜索优化方法

在优化设计的迭代运算中，在搜索方向 $\boldsymbol{S}^{(k)}$ 上寻求最优步长 $\alpha^{(k)}$ 的方法称为一维搜索法，其实就是一元函数极小化的数值迭代算法。一维搜索法是非线性优化方法的基础，因为多元函数的迭代算法都可归结为在一系列逐步产生的下降方向上的一维搜索。

优化算法的迭代公式中点 $\boldsymbol{X}^{(k)}$ 已由前一步迭代计算得到，搜索方向 $\boldsymbol{S}^{(k)}$ 由某种优化方法规定，通过一维搜索

$$\min f(\boldsymbol{X}^{(k+1)})=f(\boldsymbol{X}^{(k)}+\alpha^{(k)}\boldsymbol{S}^{(k)}) \tag{13-37}$$

找到最优步长 $\alpha^{(k)}$，使点以 $\boldsymbol{X}^{(k+1)}$ 处的目标函数值最小。一维搜索分为两个步骤，首先要确定初始的搜索区间，然后再求极小值点。

13.3.1　搜索区间的确定

一维搜索时，首先要确定搜索区间[a,b]，这个搜索区间应当包含极小值点，并且应是单峰区间，即在该区间内目标函数只有一个极小值点。

根据下凸单峰函数的性质，在极小值点左边，函数值应严格下降。在极小值点右边，函数值应严格上升。设目标函数 $f(\alpha)$ 在单峰区间[a,b]的极小值点为 α^*，则当 $\alpha\in[a,\alpha^*)$ 时，有

$$f(\alpha)>f(\alpha^*)\quad f'(\alpha)<0 \tag{13-38}$$

而当 $\alpha\in(\alpha^*,b]$ 时，有

$$f(\alpha)>f(\alpha^*)\quad f'(\alpha)>0 \tag{13-39}$$

即在单峰区间内，函数值具有“高-低-高”的特点。根据这一特点，可以采用进退法来寻找搜索区间。

进退法一般分两步：一是初始探察确定进退，二是前进或后退寻查。其步骤如下：

①选择一个初始点 α_1 和一个初始步长 h。

②如图 13-16(a)所示，计算点 α_1 和点 α_1+h 对应的函数值 $f=f(\alpha_1)$ 和 $f=f(\alpha_1+h)$。令

$$f_1=f(\alpha_1)$$

$$f_2=f(\alpha_1+h)$$

③比较 f_1 和 f_2，若 $f_1>f_2$，则执行前进运算，将步长加大 k 倍(如加大 2 倍)，取新点 α_1+3h，如图 13-16(b)所示，计算其函数值，并令 $f_1=f(\alpha_1+h)$，$f_2=f(\alpha_1+3h)$

若 $f_1<f_2$，则初始搜索区间端点为 $a=\alpha_1$，$b=\alpha_1+3h$。

若 $f_1=f_2$，则初始搜索区间端点为 $a=\alpha_1+h$，$b=\alpha_1+3h$。

若 $f_1>f_2$，则应继续做前进运算，且步长再加大两倍，取第四个点 α_1+7h，再比较第三和第四个点处的函数值，……。如此反复循环，直到在连续的三个点的函数值出现“两头大，中间小”的情况为止。

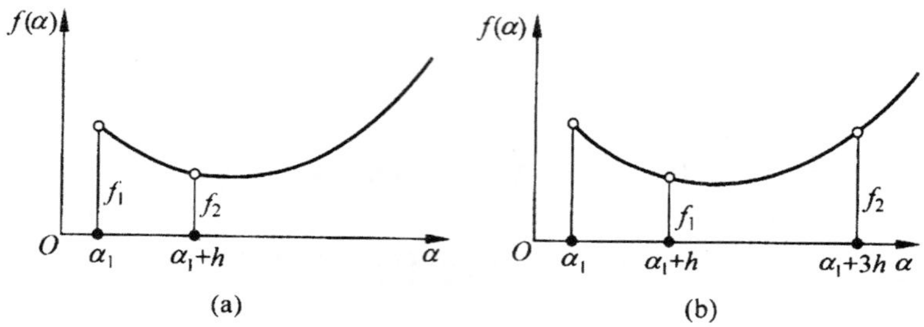

图 13-16　前进运算

④如果在步骤③中出现 $f_1<f_2$ 的情况，如图 13-17(a)所示，则执行后退运算。将步长变为负值，取新点 α_1-h，计算函数值，令 $f_1=f(\alpha_1-h)$，$f_2=f(\alpha_1)$

若 $f_1>f_2$，则初始搜索区间端点为 $a=\alpha_1-h$，$b=\alpha_1+h$。

若 $f_1=f_2$，则初始搜索区间端点为 $a=\alpha_1-h$，$b=\alpha_1$。

若 $f_1<f_2$，如图 13-17(b)所示，则应继续做后退运算。步长再加大两倍，如图 13-17(c)所示，取第四个点 α_1-3h，再比较第三和第四个点处的函数值，……。如此反复循环，直到出现相继的三个点函数值“两端大，中间小”的情况为止。

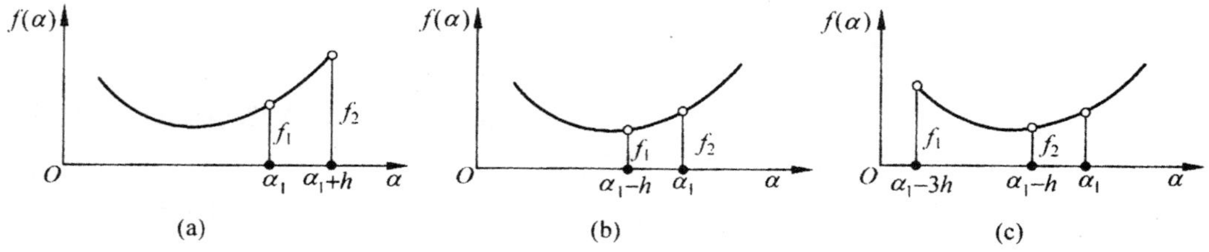

图 13-17　后退运算

13.3.2　黄金分割法

黄金分割法又称 0.618 法，它是通过不断缩短搜索区间的长度来寻求一维函数 $f(\alpha)$ 的极小点。这种方法的基本原理是：在搜索区间 $[a,b]$ 内按每次区间等比例缩短原则和对称性原

则取两点 α_1 和 α_2，符合这两个原则的计算公式为

$$\begin{aligned}\alpha_1&=a+0.382(b-a)\\ \alpha_2&=a+0.618(b-a)\end{aligned} \tag{13-40}$$

计算它们的函数值 $f_1=f(\alpha_1)$，$f_2=f(\alpha_2)$。比较 f_1 与 f_2 的大小，根据单峰函数特点，极小点在“两头大，中间小”的区间内，有两种情况：

①若 $f_1>f_2$ 时，如图 13-18(a)所示。极小点必在区间 $[\alpha_1,b]$ 内，消去区间 $[a,\alpha_1)$，令 $a=\alpha_1$，产生新区间 $[a,b]$，到此，区间缩短了一次。值得注意的是，新区间的 α_1 点与原区间的 α_2 点重合，可令 $\alpha_1=\alpha_2$，$f_1=f_2$，这样可少计算一个新点和节省一次函数值计算。

②若 $f_1\leqslant f_2$，如图 13-18(b)所示。极小点必在区间 $[a,\alpha_2]$ 内，消去区间 $(\alpha_2,b]$，令 $b=\alpha_2$，产生新区间的 $[a,b]$，到此，区间缩短了一次。同样，新区间 α_2 点与原区间的 α_1 点重合，令 $\alpha_2=\alpha_1$，$f_2=f_1$。

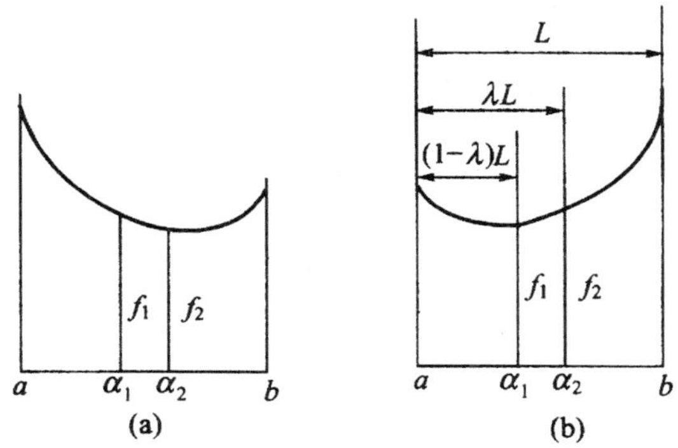

图 13-18　黄金分割法原理

当缩短的新区间长度小于某一精度 ε，即 $b-a\leqslant\varepsilon$ 时，则取 $\alpha^*=0.5(a+b)$ 为近似极小点，否则继续上述过程。

每次区间缩短所得的新区间长度与缩小前区间长度之比，称为区间收缩率，以 λ 表示。如图 13-18(b)所示，为了算法的稳定性，每次区间收缩应保证区间收缩率不变，因此，必须在搜索区间 $[a,b]$ 内对称地取计算点 α_1，α_2。设初始区间长度 L，则第一次和第二次收缩得到的新区间长度分别为 λL 和 $(1-\lambda)L$。根据相邻两次区间收缩率相等的原则，可得

$$\frac{\lambda L}{L}=\frac{(1-\lambda)L}{\lambda L}$$

即

$$\lambda^2+\lambda-1=0$$

该方程正根为 $\lambda=\dfrac{\sqrt{5}-1}{2}\approx0.618$。这就是在区间内按式(13-40)取两对称点的原因。

黄金分割法程序结构简单，容易理解，可靠性好。但计算效率偏低，适用于低维优化的一维搜索。它的算法框图如图 13-19 所示。

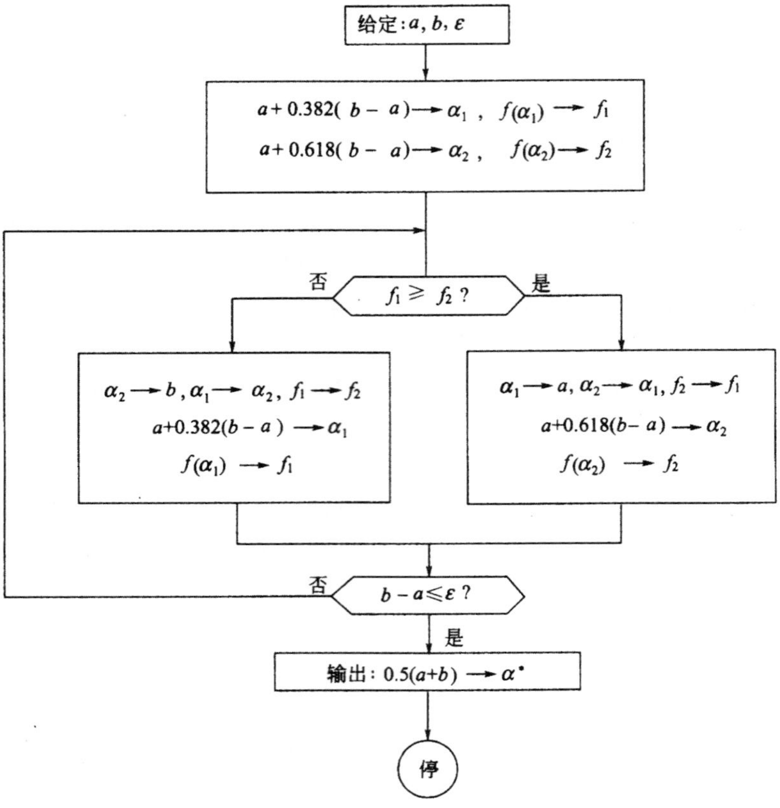

图 13-19 黄金分割法计算框图

13.3.3 二次插值法

二次插值法又称抛物线法，其基本思想是：在求解目标函数 $f(\alpha)$极小点时，首先，在搜索区间内，取三个坐标点及其函数值来构造一个 $f(\alpha)$的二次插值多项式 $p(\alpha)$，然后，用 $p(\alpha)$的极小点近似地作为目标函数 $f(\alpha)$的极小点。如果近似程度不满足精度要求时，利用保持函数 $f(\alpha)$"两头大，中间小"的原则缩短区间，再在小区间上进行二次插值，这样，反复使用此法，随着区间的缩短，二次插值多项式的极小点就逼近原目标函数的极小点。

设一元函数 $f(\alpha)$，在搜索区间$[a,b]$内取 3 个插值节点：$\alpha_1=a$，$\alpha_2=0.5(a+b)$，$\alpha_3=b$。计算它们的函数值 $f_1=f(\alpha_1)$，$f_2=f(\alpha_2)$，$f_3=f(\alpha_3)$，于是可通过原函数曲线上的 3 个点：$P_1(\alpha_1,f_1)$、$P_2(\alpha_2,f_2)$、$P_3(\alpha_3,f_3)$作一条二次曲线（抛物线）来近似代替原目标函数曲线，如图 13-20 所示。此二次函数可表示为

$$p(\alpha)=a_0+a_1\alpha+a_2\alpha^2 \tag{13-41}$$

对 $p(\alpha)$求导数，并令其为零，即

$$p'(\alpha)=a_1+2a_2\alpha=0$$

解得二次插值函数极小点

$$\alpha_p^*=-\frac{a_1}{2a_2} \tag{13-42}$$

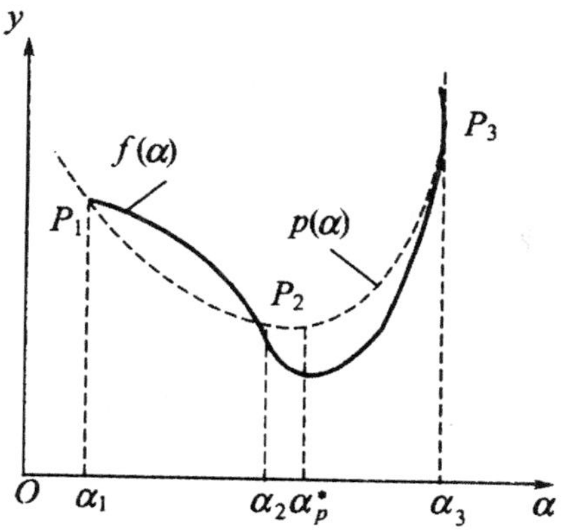

图 13-20　二次插值法原理

为求得 α_p^*，应求式(13-42)中的待定系数 a_1 和 a_2。

根据插值条件，插值函数 $p(\alpha)$ 与原函数 $f(\alpha)$ 在插值节点 P_1、P_2 和 P_3 处函数值相等，得

$$p(\alpha_1)=a_0+a_1\alpha_1+a_2\alpha_1^2=f_1$$

$$p(\alpha_2)=a_0+a_1\alpha_2+a_2\alpha_2^2=f_2$$

$$p(\alpha_3)=a_0+a_1\alpha_3+a_2\alpha_3^2=f_3 \tag{13-43}$$

解方程组得 a_1 和 a_2 并代入式(13-42)，即得二次插值函数极小点 α_p^* 的计算公式

$$\alpha_p^*=\frac{1}{2}\times\frac{(\alpha_2^2-\alpha_3^2)f_1+(\alpha_3^2-\alpha_1^2)f_2+(\alpha_1^2-\alpha_2^2)f_3}{(\alpha_2-\alpha_3)f_1+(\alpha_3-\alpha_1)f_2+(\alpha_1-\alpha_2)f_3} \tag{13-44}$$

为简化计算，令

$$c_1=\frac{f_3-f_1}{\alpha_3-\alpha_1} \tag{13-45}$$

$$c_2=\frac{(f_2-f_1)/(\alpha_2-\alpha_1)-c_1}{\alpha_2-\alpha_3} \tag{13-46}$$

则有

$$\alpha_p^*=0.5\left(\alpha_1+\alpha_3-\frac{c_1}{c_2}\right) \tag{13-47}$$

若只采用一回二次插值计算所得的 α_p^* 作为函数的极小点 α^* 的近似解，往往达不到精度要求，为此需缩短区间，进行多次插值计算，使 α_p^* 不断逼近原函数的极小点 α^*。

区间缩短的原则是：比较 α_p^* 和 α_2 的位置和两点的函数值 f_p^* 和 f_2 的大小，在区间内的 4 个点中选取 3 个点，把它们的函数值呈现“两头大，中间小”的区间作为新的搜索区间。

根据 α_p^* 和 α_2 的位置不同，区间缩短分两种情况。

①当 $\alpha_p^*>\alpha_2$ 时分为以下两种情况：

若 $f_2>f_p^*$ 时，则令 $\alpha_1=\alpha_2$，$\alpha_2=\alpha_p^*$，$f_1=f_2$，$f_2=f_p^*$，新区间为 $[a,b]=[\alpha_2,\alpha_3]$，如图 13-21(a)所示。

若 $f_2\leqslant f_p^*$ 时，则令 $\alpha_3=\alpha_p^*$，$f_3=f_p^*$，新区间为 $[a,b]=[\alpha_1,\alpha_p^*]$，如图 13-21(b)所示。

②当 $\alpha_p^*\leqslant\alpha_2$ 时分为以下两种情况：

若 $f_2>f_p^*$ 时，则令 $\alpha_3=\alpha_2$，$\alpha_2=\alpha_p^*$，$f_3=f_2$，$f_2=f_p^*$，新区间为 $[a,b]=[\alpha_1,\alpha_2]$，如图 13-21(c)所示。

若 $f_2 \leqslant f_p^*$ 时，则令 $\alpha_1=\alpha_p^*$，$f_1=f_p^*$，新区间为$[a,b]=[\alpha_p^*,\alpha_3]$，如图 13-21(d)所示。

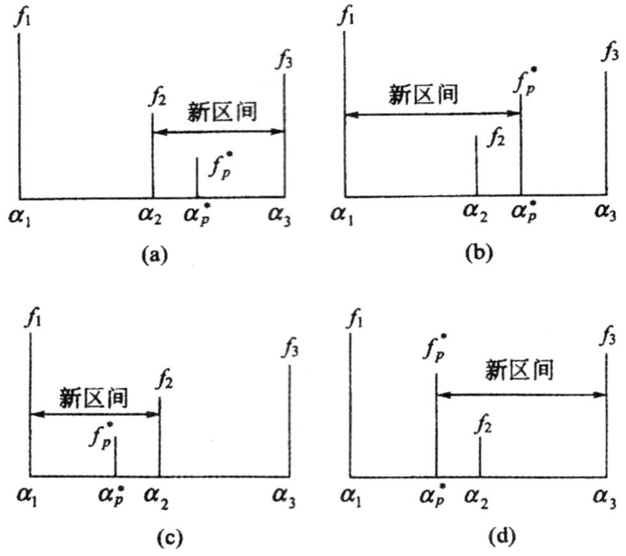

图 13-21　二次插值法区间缩短

按照上述步骤逐渐缩短区间，然后再重复上述方法进行二次插值计算，直至相继两次插值函数极小点之间的距离小于某一精度要求时为止。即当满足

$$|\alpha_p^*-\alpha_{p1}^*|\leqslant\varepsilon$$

令

$$\alpha^*=\alpha_p^*$$

式中，α_p^* 为本次二次插值多项式的极小点；α_{p1}^* 为前次二次插值多项式的极小点。

需要注意的是，当 $c_2=0$ 时，由式(13-46)有

$$\frac{f_2-f_1}{\alpha_2-\alpha_1}=c_1=\frac{f_3-f_1}{\alpha_3-\alpha_1}$$

这说明 3 个插值节点 P_1、P_2 和 P_3 在一条直线上，出现这种情况是由于区间很小，由计算舍入误差造成的，此时可以取 $\alpha^*=\alpha_2$，亦可比较 f_p^* 与 f_2 的大小，再决定是取 α_p^* 还是取 α_2 作为极小点的近似值。

当$(\alpha_p^*-\alpha_1)(\alpha_3-\alpha_p^*)\leqslant 0$ 时，也是由于插值区间很小，使 α_p^* 落在插值区之外了，此时取 $\alpha^*=\alpha_2$。

综上所述，二次插值法计算框图如图 13-22 所示。

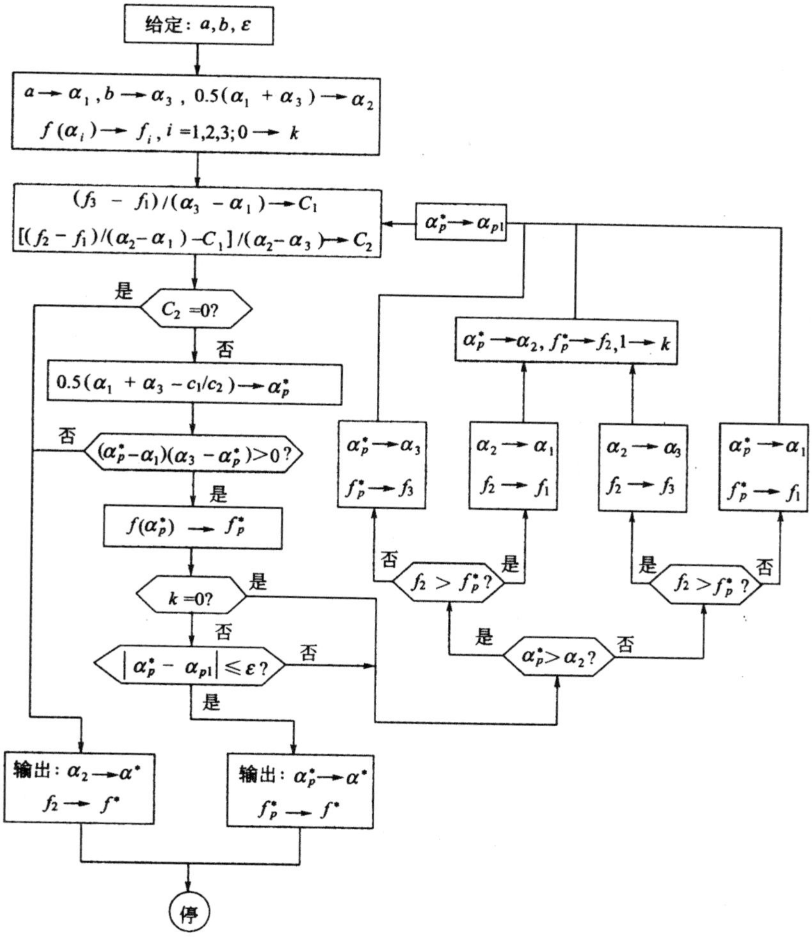

图 13-22　二次插值法的计算框图

13.4　无约束优化方法

无约束优化问题的一般数学表达式为

$$\min f(\boldsymbol{X})=f(x_1,x_2,\cdots,x_n)\quad \boldsymbol{X}\in\boldsymbol{R}^n \tag{13-48}$$

求解这类问题的方法，称为无约束优化方法。它也是构成约束优化方法的基础算法。

无约束优化方法是优化技术中最重要和最基本的内容之一。因为它不仅可以直接用来求解无约束优化问题，而且实际工程设计问题中的大量约束优化问题，有时也是通过对约束条件的适当处理，转化为无约束优化问题来求解的。所以，无约束优化方法在工程优化设计中有着十分重要的作用。

13.4.1　坐标轮换法

坐标轮换法是求解无约束优化问题的一种直接法，它不需求函数导数而直接搜索目标函数的最优解。该法又称降维法。

坐标轮换法的基本原理是:它将一个无约束优化问题转化为一系列一维优化问题来求解，即依次沿着坐标轴的方向进行一维搜索,求得极小点。当对 n 个变量 $x_1,x_2,\cdots,x_n$ 依次进行过一次搜索之后,即完成一轮计算。若未收敛到极小点,则又从前一轮的最末点开始,作下一轮搜索,如此继续下去,直至收敛到最优点为止。

二维问题的坐标轮换法的搜索过程如图 13-23 所示。对于 n 维问题,是先将 $n-1$ 个变量固定不动,只对第一个变量进行一维搜索,得到极小点 $\boldsymbol{X}_1^{(1)}$;然后,再保持 $n-1$ 个变量固定不动,对第二个变量进行一维搜索,得到极小点 $\boldsymbol{X}_2^{(1)}$,…,依次就把一个 n 维问题转化为求解一系列一维的优化问题。当沿 $x_1,x_2,\cdots,x_n$ 坐标方向依次进行一维搜索之后,得到 n 个一维极小点 $\boldsymbol{X}_1^{(1)},\boldsymbol{X}_2^{(1)},\cdots \boldsymbol{X}_n^{(1)}$,即完成第一轮搜索。接着,以最后一维的极小点为始点,重复上述过程,进行下轮搜索,直到求得满足精度的极小点 $\boldsymbol{X}^*$ 后,则可停止搜索迭代计算。

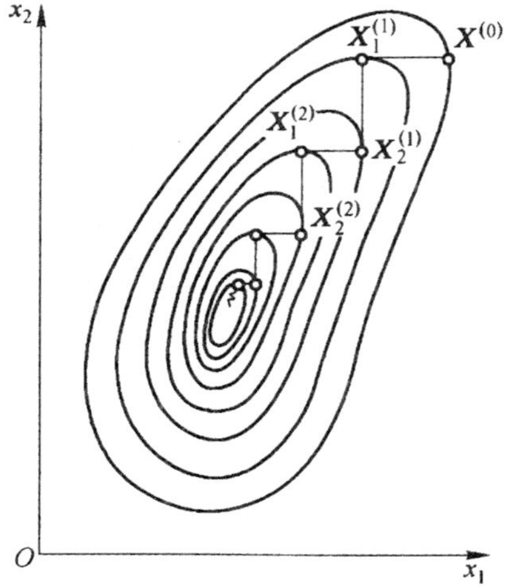

图 13-23　坐标轮换法搜索过程

根据上述原理,对于第 k 轮计算,坐标轮换法的迭代计算公式为

$$\boldsymbol{X}_i^{(k)}=\boldsymbol{X}_{i-1}^{(k)}+a_i\boldsymbol{S}_i^{(k)}\quad (i=1,2,\cdots,n)\tag{13-40}$$

式中,搜索方向 $\boldsymbol{S}_i^{(k)}$ 是轮流取 n 维空间各坐标轴的单位向量:

$$\boldsymbol{S}_i^{(k)}=\boldsymbol{e}_i\quad (i=1,2,\cdots,n)$$

即

$$\boldsymbol{e}_1=\begin{bmatrix}1\\0\\0\\\vdots\\0\end{bmatrix},\boldsymbol{e}_2=\begin{bmatrix}0\\1\\0\\\vdots\\0\end{bmatrix},\boldsymbol{e}_3=\begin{bmatrix}0\\0\\0\\\vdots\\1\end{bmatrix}$$

也即其中第 i 个坐标方向上的分量为 1,其余均为零。其中步长 a_i 取正值或负值均可,正值表示沿坐标正方向搜索,负值表示逆坐标轴方向搜索。

坐标轮换法的特点是:方法简单,容易实现;但收敛慢,以振荡方式逼近最优点;当维数增加时,效率明显下降。一般用于低维($n<10$)优化问题的求解。此外,该法的效能受目标函数

的性态影响很大；在图 13-24(a)所示寻优过程中，两次搜索就收敛到极值点；而在图 13-24(b)所示搜索过程中，多次迭代后逼近极值点；如图 13-24(c)所示，目标函数等值线出现山脊(或称陡谷)，若搜索到 A 点，再沿两个坐标轴，以 $\pm t_0$ 步长测试，目标函数值均上升，计算机判断 A 点为最优点。事实上发生错误。

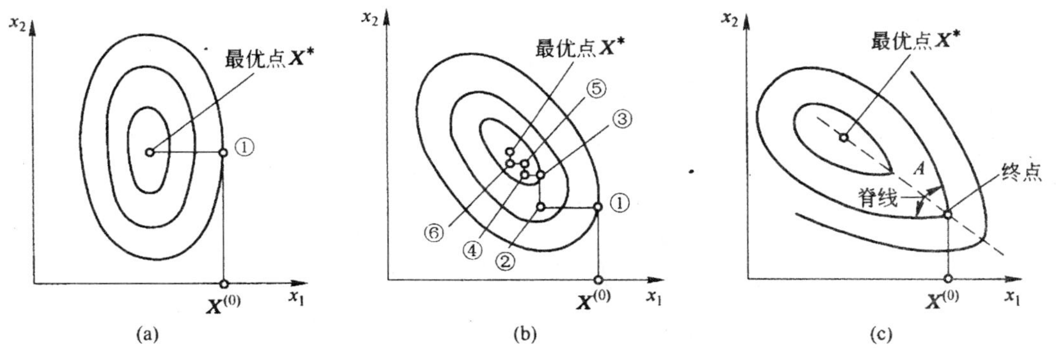

图 13-24　坐标轮换法效能受目标函数性态的影响

13.4.2　共轭方向法

1. 共轭方向的概念

设 $\boldsymbol{A}$ 为 n 阶实对称正定矩阵，对于任意两个 n 维非零向量 $\boldsymbol{S}^{(1)}$ 和 $\boldsymbol{S}^{(2)}$ 使

$$[\boldsymbol{S}^{(1)}]^{\mathrm{T}}\boldsymbol{A}\boldsymbol{S}^{(2)}=0 \tag{13-52}$$

则称向量 $\boldsymbol{S}^{(1)}$ 与 $\boldsymbol{S}^{(2)}$ 关于矩阵 $\boldsymbol{A}$ 共轭，共轭向量的方向称为共轭方向。

如果非零向量组 $\boldsymbol{S}^{(1)}$、$\boldsymbol{S}^{(2)}$、…、$\boldsymbol{S}^{(k)}$ 中任意两个向量关于 n 阶对称正定矩阵 $\boldsymbol{A}$ 共轭，即满足

$$[\boldsymbol{S}^{(i)}]^{\mathrm{T}}\boldsymbol{A}\boldsymbol{S}^{(j)}=0 \quad i,j=1,2,\cdots,k;k\leqslant n \tag{13-51}$$

则称向量组 $\boldsymbol{S}^{(1)}$、$\boldsymbol{S}^{(2)}$、…、$\boldsymbol{S}^{(k)}$ 关于矩阵 $\boldsymbol{A}$ 共轭，即对于同一实对称正定矩阵 $\boldsymbol{A}$ 可以根据需要取不同的对 $\boldsymbol{A}$ 共轭的方向组。

若有两个向量 $\boldsymbol{S}^{(1)}$、$\boldsymbol{S}^{(2)}$ 对于单位矩阵 $\boldsymbol{I}$ 共轭，则由共轭定义知：

$$[\boldsymbol{S}^{(1)}]^{\mathrm{T}}\boldsymbol{I}\boldsymbol{S}^{(2)}=0$$

即

$$[\boldsymbol{S}^{(1)}]^{\mathrm{T}}\boldsymbol{S}^{(2)}=0$$

此时的 $\boldsymbol{S}^{(1)}$、$\boldsymbol{S}^{(2)}$ 为两正交向量，正交向量的方向称为正交方向，显然，正交是共轭的特例。

共轭方向的性质：

①关于矩阵 $\boldsymbol{A}$ 共轭的 n 个非零向量 $\boldsymbol{S}_1$、$\boldsymbol{S}_2$、…、$\boldsymbol{S}_n$ 是线性无关的。

②若 $\boldsymbol{S}_1^{(1)}$、$\boldsymbol{S}_2^{(1)}$、…、$\boldsymbol{S}_n^{(1)}$ 是线性无关的向量组，则可由此向量组构造出 n 个向量 $\boldsymbol{S}_1^{(2)}$，$\boldsymbol{S}_2^{(2)}$，…，$\boldsymbol{S}_n^{(2)}$，满足 $[\boldsymbol{S}_i^{(2)}]^{\mathrm{T}}\boldsymbol{A}[\boldsymbol{S}_j^{(2)}]=0$，$(i\neq j)$。

③设 $\boldsymbol{S}_1$、$\boldsymbol{S}_2$、…、$\boldsymbol{S}_n$ 是关于矩阵 $\boldsymbol{A}$ 共轭的 n 个非零向量，则对于 n 维正定二次函数 $f(\boldsymbol{X})=\frac{1}{2}\boldsymbol{X}^{\mathrm{T}}\boldsymbol{A}\boldsymbol{X}+\boldsymbol{B}^{\mathrm{T}}\boldsymbol{X}+\boldsymbol{C}$，从任意初始点 $\boldsymbol{X}^{(0)}$ 出发，至多 n 次循环可收敛至极小点 $\boldsymbol{X}^*$，即共轭方向

法具有二次收敛性质。

共轭方向有两种形成方法，分别是平行搜索法和基向量组合法。图 13-25 表示采用平行搜索法生成二维函数的共轭方向 $\boldsymbol{S}_1$ 与 $\boldsymbol{S}_2$ 的过程，从任意不同的两点出发，分别沿同一方向 $\boldsymbol{S}_1$ 进行两次一维搜索(或者说进行两次平行搜索)，得到两个一维极小点 $\boldsymbol{X}^{(1)}$ 和 $\boldsymbol{X}^{(2)}$，则连接此两点构成的向量

$$\boldsymbol{S}_2=\boldsymbol{X}^{(2)}-\boldsymbol{X}^{(1)}$$

便是与原方向 $\boldsymbol{S}_1$ 共轭的另一方向。平行搜索法通常是以线性无关的基坐标 $\boldsymbol{e}_1,\boldsymbol{e}_2,\cdots,\boldsymbol{e}_n$ 向量组生成共轭向量组。

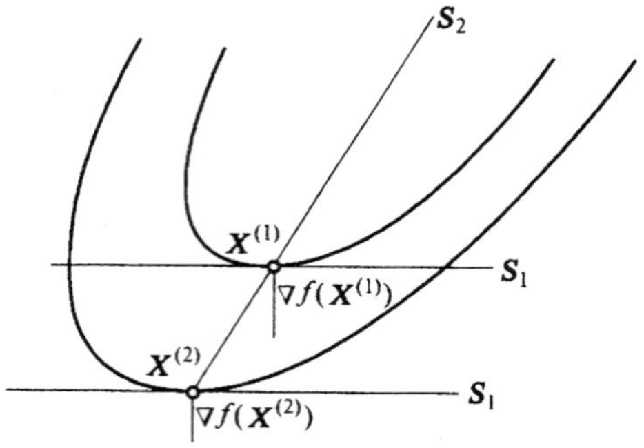

图 13-25　共轭方向的形成

2. 共轭方向法

为了克服坐标轮换法收敛速度慢、以振荡方式逼近最优点的缺点，在明确了共轭方向的概念后，不难想到以共轭方向打破振荡，加速收敛的搜索方法——共轭方向法。其基本原理是：首先采用坐标轮换法进行第一轮迭代，然后以第一轮迭代的最末一个极小点和初始点构成一个新的方向，并且以此新的方向作为最末一个方向，而去掉第一轮的第一个方向，得到第二轮迭代的 n 个方向。如此进行下去，直至求得问题的极小值。

现以二维、三维问题为例来说明共轭方向法的迭代过程及在迭代过程中，共轭方向是如何形成的，如图 13-26 所示。图 13-26(a)表示二维函数的两个共轭方向的生成过程：取初始点 $\boldsymbol{X}^{(0)}$ 作为迭代计算的出发点，即令 $\boldsymbol{X}_0^{(1)}=\boldsymbol{X}^{(0)}$，先分别沿坐标轴方向 $\boldsymbol{S}_1^{(1)}=\boldsymbol{e}_1=[1,0]^{\mathrm{T}}$，$\boldsymbol{S}_2^{(1)}=\boldsymbol{e}_2=[0,1]^{\mathrm{T}}$ 作两次一维搜索，求得极小点 $\boldsymbol{X}_1^{(1)}$ 及 $\boldsymbol{X}_2^{(1)}$，然后利用搜索得到的极小点 $\boldsymbol{X}_2^{(1)}$ 构成一个新的迭代方向 $\boldsymbol{S}^{(1)}$

$$\boldsymbol{S}^{(1)}=\boldsymbol{X}_2^{(1)}-\boldsymbol{X}_0^{(1)}$$

并沿此方向作一维搜索，得到该方向上一维极小点 $\boldsymbol{X}^{(1)}$，至此完成第一轮搜索。

进行第二轮迭代时，去掉第一个方向 $\boldsymbol{S}_1^{(1)}=\boldsymbol{e}_1$，将方向 $\boldsymbol{S}^{(1)}$ 作为最末一个迭代方向，即从 $\boldsymbol{X}_2^{(0)}=\boldsymbol{X}^{(1)}$ 出发，依次沿着方向 $\boldsymbol{S}_1^{(2)}\Leftarrow\boldsymbol{S}_2^{(1)}=\boldsymbol{e}_2$ 及 $\boldsymbol{S}_2^{(2)}\Leftarrow\boldsymbol{S}^{(1)}=\boldsymbol{X}_2^{(1)}-\boldsymbol{X}_0^{(1)}$ 进行一维搜索，得到极小点 $\boldsymbol{X}_1^{(2)}$、$\boldsymbol{X}_2^{(2)}$；然后利用 $\boldsymbol{X}_2^{(2)}$、$\boldsymbol{X}_0^{(2)}$ 构成另一个迭代方向 $\boldsymbol{S}^{(2)}$

$$\boldsymbol{S}^{(2)}=\boldsymbol{X}_2^{(2)}-\boldsymbol{X}_0^{(2)}$$

并沿此方向搜索得到 $\boldsymbol{X}^{(2)}$。

为形成第三轮迭代的方向，将 $\boldsymbol{S}^{(2)}$ 加到第二轮方向组之中，并去掉第二轮迭代的第一个方

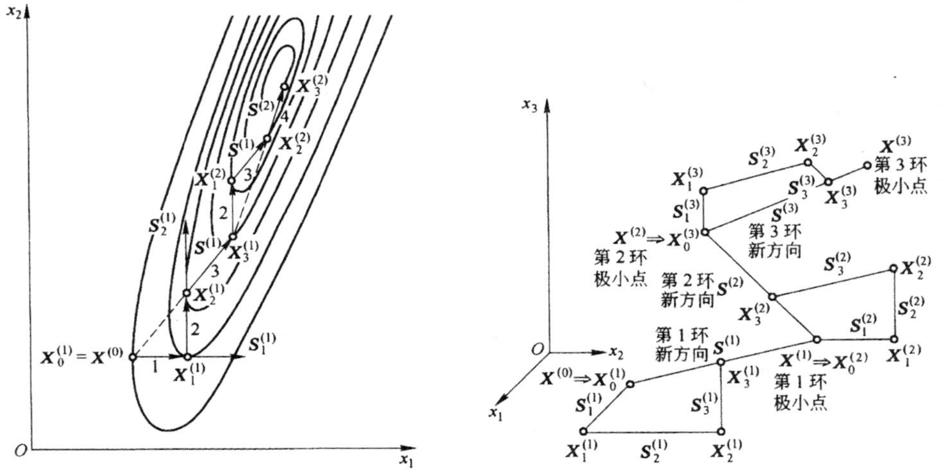

(a) 二维函数的两个共轭方向的生成过程　　(b) 三维函数的三个共轭方向的生成过程

图 13-26　共轭方向法的迭代过程

向 $S_1^{(2)}=e_2$，即令

$$S_1^{(3)} \Leftarrow S_2^{(2)}=S^{(1)} \quad S_2^{(3)} \Leftarrow S^{(2)}=X_2^{(2)}-X_0^{(2)}$$

即第三轮迭代的方向实际上是 $S^{(1)}$ 和 $S^{(2)}$，由于 $S^{(2)}$ 是连接两个平行线的方向 $S^{(1)}$ 搜索得到的二极小点 $X_2^{(2)}$、$X_0^{(2)}$ 所构成的。根据上述共轭方向的概念可知，$S^{(1)}$ 和 $S^{(2)}$ 是互为共轭的方向。如果所考察的二维函数是二次正定的，则经过沿共轭方向 $S^{(1)}$ 和 $S^{(2)}$ 的两次一维搜索所得到的极小点 $X^{(2)}$ 就是该目标函数的极小点 X^*（即椭圆的中心）。

由上述可知，共轭方向是在更替搜索方向反复作一维搜索中逐步形成的。对于二元函数，经过两轮搜索，就产生了两个互相共轭的方向。因此，对于三元函数经过三轮搜索以后，就可以得到三个互相共轭的方向，图 12-36(b)表示三维函数的三个共轭方向的生成过程。而对于 n 元函数，经过 n 轮搜索以后，一共可产生 n 个互相共轭的方向 $S^{(1)}$、$S^{(2)}$、…、$S^{(n)}$。得到了一个完整的共轭方向组（即所有的搜索方向均为共轭方向）以后，再沿最后一个方向 $S^{(n)}$ 进行一维搜索，就可得到 n 元二次函数的极小点。而对于非二次函数，一般不能得到函数的极小点，而需要进一步搜索，得到新的共轭方向组，直到最后迭代收敛得到问题的极小点。

13.4.3　鲍威尔(Powell)法

为了避免迭代方向组的各向量线性相关现象发生，改进后的共轭方向法即鲍威尔(Powell)法，放弃了原算法中不加分析地用新形成的方向 $S^{(k)}$ 替换上一轮搜索方向组中的第一个方向的做法。该 Powell 算法规定，在每一轮迭代完成产生共轭方向 $S^{(k)}$ 后，在组成新的方向时，不再是一律舍去上一轮的第一个方向 $S_1^{(k)}$，而是先对共轭方向的好坏进行判别，检验它是否与其他方向线性相关或接近线性相关。若共轭方向不好，则不用它作为下一轮的迭代方向，而仍采用原来的一组迭代方向；若共轭方向好，则可用它替换前轮迭代中使目标函数值下降最多的一个方向，而不一定是替换第一个迭代方向。这样得到的方向组，其收敛稳定性更好。

为了确定函数值下降最多的方向，应先将一轮中各相邻极小点函数值之差计算出来，并令

$$\Delta_m^{(k)}=\max_{1\leqslant m\leqslant n}\{f(\boldsymbol{X}_{m-1}^{(k)})-f(\boldsymbol{X}_m^{(k)})\}\tag{13-52}$$

按上式求得 $\Delta_m^{(k)}$ 后，即可确定对应于 $\Delta_m^{(k)}$ 的两点构成的方向 $\boldsymbol{S}_m^{(k)}$ 为这一轮中函数值下降最多的方向。

Powell 法对于是否用新的方向来替换原方向组的某一方向的辨别条件为：在第 k 轮搜索中，若

$$\left.\begin{aligned}&F_3<F_1\\&(F_1-2F_2+F_3)(F_1-F_2+\Delta_m^{(k)})^2<\frac{1}{2}\Delta_m^{(k)}(F_1-F_3)^2\end{aligned}\right\}\tag{13-53}$$

同时成立，则表明新的方向组线性无关，因此可将新方向作为下一轮的迭代方向，并去掉方向 $\boldsymbol{S}_m^{(k)}$，而构成第 $k+1$ 轮迭代的搜索方向组；否则，仍用原来的方向组进行第 $k+1$ 轮迭代搜索。

式(13-53)中，$F_1=f(\boldsymbol{X}_0^{(k)})$ 为第 k 轮起点函数值；$F_2=f(\boldsymbol{X}_n^{(k)})$ 为第 k 轮方向组一维搜索终点函数值；$F_3=f(2\boldsymbol{X}_n^{(k)}-\boldsymbol{X}_0^{(k)})$ 为 $\boldsymbol{X}_0^{(k)}$ 相对 $\boldsymbol{X}_n^{(k)}$ 的映射点函数值；$\Delta_m^{(k)}$ 为第 k 轮方向组中沿诸方向一维搜索所得的各函数值下降量之最大者，其相对应的方向记为 $S_m^{(k)}$。

上式中各符号意义如图 13-27 所示。当式(13-53)全部成立时，根据式(13-53)确定最大下降方向 $\boldsymbol{S}_m^{(k)}$；在新的方向组中去掉 $\boldsymbol{S}_m^{(k)}$，再将第 k 轮产生的新生方向 $\boldsymbol{S}_{n+1}^{(k)}$ 补入 $k+1$ 轮方向组的最后，与保留方向构成新的搜索方向组；新一轮($k+1$ 轮)搜索的起始点应取第 k 轮沿 $\boldsymbol{S}_{n+1}^{(k)}$ 方向一维搜索的极小点 $\boldsymbol{X}^{(k)}$。当式(13-53)不能全部成立时，则维持原有方向组，新一轮($k+1$ 轮)搜索的起始点可取第 k 轮沿 $\boldsymbol{S}_{n+1}^{(k)}$ 方向一维搜索的极小点 $\boldsymbol{X}^{(k)}$，也可取原方向组中最后一个方向一维搜索的极小点 $\boldsymbol{X}_n^{(k)}$。

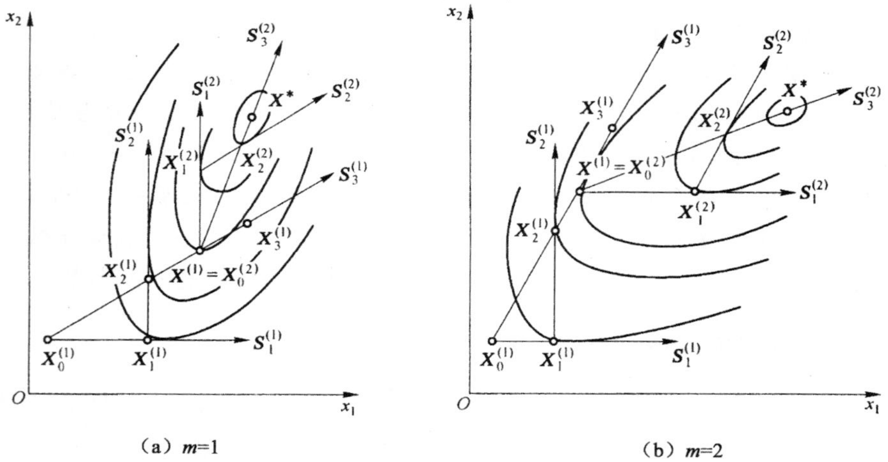

图 13-27 二维问题 Powell 法的方向选择

实践证明，Powell 法保证了非线性函数寻优计算可靠的收敛性。Powell 法的迭代计算步骤如下：

①给定初始点 $\boldsymbol{X}^{(0)}$ 和收敛精度 ε。

②取 n 个坐标轴的单位向量 $\boldsymbol{e}_i(i=1,2,\cdots,n)$ 为初始搜索方向 $\boldsymbol{S}_i^{(k)}=\boldsymbol{e}_i$，置 $k=1$(k 为迭代轮数)。

③从 $\boldsymbol{X}_0^{(k)}$ 出发，依次沿 $\boldsymbol{S}_i^{(k)}$ $(i=1,2,\cdots,n)$ 进行 n 次一维搜索，得到 n 个一维极小点：

$$\boldsymbol{X}_i^{(k)}=\boldsymbol{X}_{i-1}^{(k)}+a_i^{(k)}\boldsymbol{S}_i^{(k)}\quad(i=1,2,\cdots,n)$$

④连接 $\boldsymbol{X}_0^{(k)}$ 和 $\boldsymbol{X}_n^{(k)}$，构成新的共轭方向 $\boldsymbol{S}^{(k)}$，即

$$\boldsymbol{S}^k=\boldsymbol{X}_n^{(k)}-\boldsymbol{X}_0^{(k)}$$

沿共轭方向 $\boldsymbol{S}^{(k)}$ 计算 $\boldsymbol{X}_0^{(k)}$ 的新映射点：

$$\boldsymbol{X}_{n+1}^{(k)}=2\boldsymbol{X}_n^{(k)}-\boldsymbol{X}_0^{(k)}$$

⑤计算 k 轮中各相邻极小点目标函数的差值，并找出其中的最大差值及相应的方向：

$$\Delta_m^{(k)}=\max_{1\leqslant m\leqslant n}\{f(\boldsymbol{X}_{m-1}^{(k)})-f(\boldsymbol{X}_m^{(k)})\}$$

$$\boldsymbol{S}_i^{(k)}\ (i=1,2,\cdots,n)$$

⑥计算 k 轮初始点、终点和映射点的函数值：

$$F_1=f(\boldsymbol{X}_0^{(k)})\quad F_2=f(\boldsymbol{X}_n^{(k)})\quad F_1=f(\boldsymbol{X}_{n+1}^{(k)})$$

⑦用判别条件式(13-53)检验原方向组是否需要替换，若同时满足

$$\left.\begin{array}{c}F_3<F_1\\(F_1-2F_2+F_3)(F_1-F_2+\Delta_m^{(k)})^2<\dfrac{1}{2}\Delta_m^{(k)}(F_1-F_3)^2\end{array}\right\}$$

则由 $\boldsymbol{X}_n^{(k)}$ 出发沿方向 $\boldsymbol{S}^{(k)}$ 进行一维搜索，求出该方向的极小点 $\boldsymbol{X}^{(k)}$，并以 $\boldsymbol{X}^{(k)}$ 作为 $k+1$ 轮迭代的初始点，即令 $\boldsymbol{X}_0^{(k+1)}=\boldsymbol{X}^{(k)}$；然后去掉方向 $\boldsymbol{S}_m^{(k)}$，而将方向 $\boldsymbol{S}^{(k)}$ 作为 $k+1$ 轮迭代的最末一个方向，即第 $k+1$ 轮的搜索方向取为

$$[\boldsymbol{S}_1^{(k+1)},\boldsymbol{S}_2^{(k+1)},\cdots,\boldsymbol{S}_n^{(k+1)}]^{\mathrm{T}}\Leftarrow[\boldsymbol{S}_1^{(k)},\boldsymbol{S}_2^{(k)},\cdots,\boldsymbol{S}_{m-1}^{(k)},\boldsymbol{S}_{m+1}^{(k)},\cdots,\boldsymbol{S}_n^{(k)},\boldsymbol{S}^{(k)}]^{\mathrm{T}}$$

若上述判别条件不满足，则进入第 $k+1$ 轮迭代时，仍采用第 k 轮迭代的方向。

⑧进行收敛判断：

若满足

$$\|\boldsymbol{X}_0^{(k+1)}-\boldsymbol{X}_0^{(k)}\|\leqslant\varepsilon$$

或

$$\left|\frac{f(\boldsymbol{X}_0^{(k+1)})-f(\boldsymbol{X}_0^{(k)})}{f(\boldsymbol{X}_0^{(k+1)})}\right|\leqslant\varepsilon$$

则结束迭代计算，输出最优解 $\boldsymbol{X}^*$、$f^*=f(\boldsymbol{X}^*)$；否则，置 $k\Leftarrow k+1$，转入下一轮继续进行循环迭代。

13.4.4　梯度法

梯度法是求解多维无约束优化问题的解析法之一，它是一种古老的优化方法。由 13.2 节可知，目标函数的正梯度方向是函数值增大最快的方向，而负梯度方向则是函数值下降最快的方向。于是在求目标函数极小值的优化算法中，人们很自然地会想到采用负梯度方向来作为一种搜索方向。梯度法就是取迭代点处的函数负梯度作为迭代的搜索方向，该法又称最速下降法。

梯度法的迭代格式为

$$\boldsymbol{S}^{(k)}=-\nabla f(\boldsymbol{X}^{(k)})$$

$$\boldsymbol{X}^{(k+1)}=\boldsymbol{X}^{(k)}+\alpha^{(k)}\boldsymbol{S}^{(k)}=\boldsymbol{X}^{(k)}-\alpha^{(k)}\nabla f(\boldsymbol{X}^{(k)})\tag{13-54}$$

式中，$\alpha^{(k)}$为最优步长因子，由一维搜索确定，即

$$f(\boldsymbol{X}^{(k+1)})=f(\boldsymbol{X}^{(k)})-\alpha^{(k)}\nabla f(\boldsymbol{X}^{(k)})=\min f(\boldsymbol{X}^{(k)}-\alpha\boldsymbol{S}^{(k)})$$

依照式(13-54)求得负梯度方向的一个极小点$\boldsymbol{X}^{(k+1)}$，作为原问题的一个近似最优解；若此解尚不满足精度要求，则再以$\boldsymbol{X}^{(k+1)}$作为迭代起始点，以点$\boldsymbol{X}^{(k+1)}$处的负梯度方向$-\nabla f(\boldsymbol{X}^{(k+1)})$作为搜索方向，求得该方向的极小点$\boldsymbol{X}^{(k+2)}$。如此进行下去，直到所求得的解满足迭代精度要求为止。

梯度法迭代的终止条件采用梯度准则，若满足

$$\|\nabla f(\boldsymbol{X}^{(k+1)})\|\leqslant\varepsilon \tag{13-55}$$

可终止迭代，结束迭代计算。

梯度法的迭代步骤如下：

①给定初始迭代点$\boldsymbol{X}^{(0)}$和收敛精度ε，并置$k\Leftarrow 0$。

②计算迭代点的梯度$\nabla f(\boldsymbol{X}^{(k)})$及其模$\|\nabla f(\boldsymbol{X}^{(k)})\|$，取搜索方向

$$\boldsymbol{S}^{(k)}=-\nabla f(\boldsymbol{X}^{(k)})$$

③进行收敛判断：若满足$\|\nabla f(\boldsymbol{X}^{(k)})\|\leqslant\varepsilon$，则停止迭代计算，输出最优解：$\boldsymbol{X}^*=\boldsymbol{X}^{(k)}$，$f(\boldsymbol{X}^*)=f(\boldsymbol{X}^{(k)})$；否则，进行下一步。

④从$\boldsymbol{X}^{(k)}$点出发沿负梯度方向$-\nabla f(\boldsymbol{X}^{(k)})$进行一维搜索，求最优步长$\alpha^{(k)}$：

$$f(\boldsymbol{X}^{(k)}-\alpha^{(k)}\boldsymbol{S}^{(k)})=\min f(\boldsymbol{X}^{(k)}-\alpha\boldsymbol{S}^{(k)})$$

⑤求新的迭代点$\boldsymbol{X}^{(k+1)}$

$$\boldsymbol{X}^{(k+1)}=\boldsymbol{X}^{(k)}-\alpha^{(k)}\nabla f(\boldsymbol{X}^{(k)})$$

并令$k\Leftarrow k+1$，转第②步，直到求得满足迭代精度要求的迭代点为止。

梯度法的优点是迭代过程简单，要求的存储量少，而且在远离极小点时，函数值下降还是较快的。因此，常将梯度法与其他优化方法结合，在计算前期用梯变法，当接近极小点时，再改用其他算法，以加快收敛速度。

13.4.5 牛顿(Newton)法

牛顿法也是优化方法中一种经典的方法，是一种解析法。此法为梯度法的进一步发展，它的搜索方向是根据目标函数的负梯度和二阶偏导数矩阵来构造的。牛顿法包括原始牛顿法和阻尼牛顿法。

原始 Newton 法的基本思想是：在求目标函数$f(\boldsymbol{X})$的极小值时，先将它在点$\boldsymbol{X}^{(k)}$处展成泰勒二次近似式$\varphi(\boldsymbol{X})$，然后求出这个二次函数的极小点，并以此点作为目标函数的极小点的一次近似值；如果此值不满足收敛精度要求，就以此近似值作为下一次迭代的初始点，按照上面的做法，求出二次近似值；照此方式迭代下去，直至所求出的近似极小点满足迭代精度要求为止。

现用二维问题来说明。设目标函数$f(\boldsymbol{X})$为连续二阶可微，则在给定点$\boldsymbol{X}^{(k)}$展成泰勒二次近似式，即

$$\begin{aligned}f(\boldsymbol{X})\approx\varphi(\boldsymbol{X})=&f(\boldsymbol{X}^{(k)})+[\nabla f(\boldsymbol{X}^{(k)})]^{\mathrm{T}}[\boldsymbol{X}-\boldsymbol{X}^{(k)}]\\&+\frac{1}{2}[\boldsymbol{X}-\boldsymbol{X}^{(k)}]^{\mathrm{T}}\boldsymbol{H}(\boldsymbol{X}^{(k)})[\boldsymbol{X}-\boldsymbol{X}^{(k)}]\end{aligned} \tag{13-56}$$

为求二次近似式 $\varphi(\boldsymbol{X})$ 的极小点，对上式求梯度，并令

$$\nabla\varphi(\boldsymbol{X})=\nabla f(\boldsymbol{X}^{(k)})+\boldsymbol{H}(\boldsymbol{X}^{(k)})[\boldsymbol{X}-\boldsymbol{X}^{(k)}]=0$$

解之可得

$$\boldsymbol{X}_{\varphi}^{*}=\boldsymbol{X}^{(k)}-\boldsymbol{H}^{-1}(\boldsymbol{X}^{(k)})\nabla f(\boldsymbol{X}^{(k)}) \tag{13-57}$$

式中，$\boldsymbol{H}^{-1}(\boldsymbol{X}^{(k)})$ 为海森矩阵的逆矩阵；$\nabla f(\boldsymbol{X}^{(k)})$ 是函数 $f(\boldsymbol{X})$ 的梯度。其中函数 $f(\boldsymbol{X})$ 在点 $\boldsymbol{X}^{(k)}$ 的海森(Hessian)矩阵，通常记作 $\boldsymbol{H}(\boldsymbol{X}^{(k)})$。

在一般情况下，$f(\boldsymbol{X})$ 不一定是二次函数，因而所求得的极小点 $\boldsymbol{X}_{\varphi}^{*}$ 也不可能是原目标函数 $f(\boldsymbol{X})$ 的真正极小点。但是由于在 $\boldsymbol{X}^{(k)}$ 点附近，函数 $\boldsymbol{X}_{\varphi}^{*}$ 和 $f(\boldsymbol{X})$ 是近似的，因而 $\boldsymbol{X}_{\varphi}^{*}$ 可作为 $f(\boldsymbol{X})$ 的近似极小点。为求得满足迭代精度要求的近似极小点，可将 $\boldsymbol{X}_{\varphi}^{*}$ 点作为下一次迭代的起始点 $\boldsymbol{X}^{(k+1)}$，即

$$\boldsymbol{X}^{(k+1)}=\boldsymbol{X}^{(k)}-\boldsymbol{H}^{-1}(\boldsymbol{X}^{(k)})\nabla f(\boldsymbol{X}^{(k)}) \tag{13-58}$$

式(13-58)就是原始 Newton 法的迭代公式。由此可知，Newton 法的搜索方向为

$$\boldsymbol{S}^{(k)}=-\boldsymbol{H}^{-1}(\boldsymbol{X}^{(k)})\nabla f(\boldsymbol{X}^{(k)}) \tag{13-50}$$

方向 $\boldsymbol{S}^{(k)}$ 称为 Newton 方向，可见原始 Newton 法的步长因子恒取 $\alpha^{(k)}=1$，因此，原始 Newton 法是一种定步长的迭代过程。

如果目标函数 $f(\boldsymbol{X})$ 是正定二次函数，则海森矩阵 $\boldsymbol{H}(\boldsymbol{X})$ 是常规矩阵，二次近似式 $\boldsymbol{X}_{\varphi}^{*}$ 变成了精确表达式。因此，由 $\boldsymbol{X}^{(k)}$ 出发只需迭代一次即可求得 $f(\boldsymbol{X})$ 的极小点。

例 13-1　用原始 Newton 法求目标函数 $f(\boldsymbol{X})=60-10x_1-4x_2+x_1^2+x_2^2-x_1x_2$ 的极小值，取初始点 $\boldsymbol{X}^{(0)}=[0\quad 0]^{\mathrm{T}}$。

解：对目标函数 $f(\boldsymbol{X})$ 分别求点 $\boldsymbol{X}^{(0)}$ 的梯度、海森矩阵及其逆矩阵，可得

$$f(\boldsymbol{X}^{(0)})=\begin{bmatrix}\dfrac{\partial f(\boldsymbol{X})}{\partial x_1}\\[2ex] \dfrac{\partial f(\boldsymbol{X})}{\partial x_2}\end{bmatrix}_{\boldsymbol{X}^{(0)}}=\begin{bmatrix}-10+2x_1^{(0)}-x_2^{(0)}\\ -4+2x_2^{(0)}-x_1^{(0)}\end{bmatrix}_{\begin{bmatrix}0\\0\end{bmatrix}}=\begin{bmatrix}-10\\-4\end{bmatrix}$$

$$\boldsymbol{H}(\boldsymbol{X}^{(0)})=\begin{bmatrix}\dfrac{\partial^2 f(\boldsymbol{X})}{\partial x_1^2} & \dfrac{\partial^2 f(\boldsymbol{X})}{\partial x_1\partial x_2}\\[2ex] \dfrac{\partial^2 f(\boldsymbol{X})}{\partial x_2\partial x_1} & \dfrac{\partial^2 f(\boldsymbol{X})}{\partial x_2^2}\end{bmatrix}=\begin{bmatrix}2 & -1\\ -1 & 2\end{bmatrix}$$

$$\boldsymbol{H}^{-1}(\boldsymbol{X}^{(0)})=\frac{1}{\begin{vmatrix}2 & -1\\ -1 & 2\end{vmatrix}}\begin{bmatrix}2 & 1\\ 1 & 2\end{bmatrix}=\frac{1}{3}\begin{bmatrix}2 & -1\\ -1 & 2\end{bmatrix}$$

代入 Newton 法迭代公式，求得

$$\begin{aligned}\boldsymbol{X}^{(1)}&=\boldsymbol{X}^{(0)}-\boldsymbol{H}^{-1}(\boldsymbol{X}^{(0)})\nabla f(\boldsymbol{X}^{(0)})\\ &=\begin{bmatrix}0\\0\end{bmatrix}-\frac{1}{3}\begin{bmatrix}2 & -1\\ -1 & 2\end{bmatrix}\begin{bmatrix}-10\\-4\end{bmatrix}=\begin{bmatrix}8\\6\end{bmatrix}\end{aligned}$$

例 13-1 表明，Newton 法对于二次函数是非常有效的。即迭代一次就可到函数的极值点，而这一次根本就不需要进行一维搜索。对于高次函数，只要当迭代点靠近极值点附近，目标函数近似二次函数时，才会保证很快收敛；否则也可能导致算法失败。为改正这一缺点，将原始 Newton 法的迭代公式修改为

$$\boldsymbol{X}^{(k+1)}=\boldsymbol{X}^{(k)}-\alpha^{(k)}\boldsymbol{H}^{-1}(\boldsymbol{X}^{(k)})\nabla f(\boldsymbol{X}^{(k)}) \tag{13-60}$$

式(13-60)为修正 Newton 法的迭代公式。式中，步长因子 $\alpha^{(k)}$ 又称阻尼因子。

修正 Newton 法的迭代步骤如下：

①给定初始点 $\boldsymbol{X}^{(0)}$ 收敛精度 ε，令 $k=0$。

②计算函数在点 $\boldsymbol{X}^{(k)}$ 上的梯度 $\nabla f(\boldsymbol{X}^{(k)})$、海森矩阵 $\boldsymbol{H}(\boldsymbol{X}^{(k)})$ 及其逆矩阵 $\boldsymbol{H}^{-1}(\boldsymbol{X}^{(k)})$。

③进行收敛判断，若满足 $\|\nabla f(\boldsymbol{X}^{(k)})\|\leqslant\varepsilon$，则停止迭代，输出最优解；$\boldsymbol{X}^{*}=\boldsymbol{X}^{(k)}$，$f(\boldsymbol{X}^{*})=f(\boldsymbol{X}^{(k)})$；否则，转下步。

④构造 Newton 搜索方向，即

$$\boldsymbol{S}^{(k)}=-\boldsymbol{H}^{-1}(\boldsymbol{X}^{(k)})\nabla f(\boldsymbol{X}^{(k)})$$

并从 $k\Leftarrow k+1$ 出发沿牛顿方向 $\boldsymbol{S}^{(k)}$ 进行一维搜索，即求出在 $\boldsymbol{S}^{(k)}$ 方向上的最优步长 $\alpha^{(k)}$，使

$$f(\boldsymbol{X}^{(k)}+\alpha^{(k)}\boldsymbol{S}^{(k)})=\min f(\boldsymbol{X}^{(k)}+\alpha\boldsymbol{S}^{(k)})$$

⑤沿方向 $\boldsymbol{S}^{(k)}$ 一维搜索，得迭代点

$$\boldsymbol{X}^{(k+1)}=\boldsymbol{X}^{(k)}+\alpha^{(k)}\boldsymbol{S}^{(k)}$$

置 $k\Leftarrow k+1$，转步骤②。

13.4.6 变尺度法

由前面两节可知，梯度法计算程序简单，但收敛速度慢；Newton 法收敛速度快，但要求二阶偏导数矩阵及其逆矩阵，计算工作量大，程序繁琐，而且有些实际问题的目标函数的二阶导数很难求得。因而这两种方法的应用受到一定的限制。为此，人们对这两种方法作了种种改进，把搜索方向写成下面的形式：

$$\boldsymbol{S}^{(k)}=-\boldsymbol{A}^{(k)}\nabla f(\boldsymbol{X}^{(k)}) \tag{13-61}$$

其中，$\boldsymbol{A}^{(k)}$ 是 $n\times n$ 阶对称正定矩阵，当它为单位矩阵 $\boldsymbol{I}$ 时，$\boldsymbol{S}^{(k)}$ 即为梯度法的搜索方向；如果令 $\boldsymbol{A}^{(k)}=[\boldsymbol{H}(\boldsymbol{X}^{(k)})]^{-1}$，则 $\boldsymbol{S}^{(k)}$ 即为 Newton 法的搜索方向。

为了利用梯度法和 Newton 法的优点，在迭代过程中应尽可能地使式(13-61)中的 $A^{(k)}$ 从单位矩阵 I 逐渐逼近 Newton 法中的 $[\boldsymbol{H}(\boldsymbol{X}^{(k)})]^{-1}$，当迭代点逼近最优点时，$\boldsymbol{A}^{(k)}$ 应趋于 $[\boldsymbol{H}(\boldsymbol{X}^{(k)})]^{-1}$，这就是变尺度法的基本思想。根据这一思想，该方法采用的迭代公式为

$$\boldsymbol{X}^{(k+1)}=\boldsymbol{X}^{(k)}-\alpha^{(k)}\boldsymbol{A}^{(k)}\nabla f(\boldsymbol{X}^{(k)})=\boldsymbol{X}^{(k)}+\alpha^{(k)}\boldsymbol{S}^{(k)} \tag{13-62}$$

式中，$\boldsymbol{S}^{(k)}$ 是由式(13-61)确定的搜索方向，步长 $\alpha^{(k)}$ 通过沿 $\boldsymbol{S}^{(k)}$ 方向进行一维搜索求得。$\boldsymbol{A}^{(k)}$ 是人为地根据需要构造来代替 $[\boldsymbol{H}(\boldsymbol{X}^{(k)})]^{-1}$ 的，而且从一次迭代到另一次迭代是变化的，同时，$\boldsymbol{A}^{(k)}$ 趋近目标函数 $[\boldsymbol{H}(\boldsymbol{X}^{(k)})]^{-1}$ 的程度标志着式(13-61)近似 Newton 法的程度，故称其为变尺度矩阵。显然，实现上述变尺度法的基本思想，关键在于构造尺度矩阵 $\boldsymbol{A}^{(k)}$。

1. 变尺度矩阵的构造

构造尺度矩阵 $\boldsymbol{A}^{(k)}$ 时，应该保证每一次迭代都能以现有的信息来确定下一个搜索方向；$\boldsymbol{A}^{(k)}$ 应该便于计算，每迭代一次目标函数值均应有所下降，也即式(13-62)所构成的方向 $\boldsymbol{S}^{(k)}$ 应指向目标函数的下降方向；随着迭代点的变化，变尺度矩阵 $\boldsymbol{A}^{(k)}$ 最后应收敛于极小点处的目标函数海森矩阵的逆矩阵 $[\boldsymbol{H}(\boldsymbol{X}^{(k)})]^{-1}$。

变尺度法采用变尺度矩阵来代替 Newton 法中海森矩阵的逆矩阵，其主要目的是避免计

算二阶偏导数矩阵及其逆矩阵。为了构造尺度矩阵 $\boldsymbol{A}^{(k)}$，应先分析 $[\boldsymbol{H}(\boldsymbol{X}^{(k)})]^{-1}$ 与函数梯度之间的关系。

设 $f(\boldsymbol{X})$ 为一般形式的目标函数，并具有连续的一、二阶偏导数，将其在 $\boldsymbol{X}^{(k)}$ 点处展开成泰勒级数并只取前三项时为

$$f(\boldsymbol{X})\approx f(\boldsymbol{X}^{(k)})+\nabla f(\boldsymbol{X}^{(k)})^{\mathrm{T}}(\boldsymbol{X}-\boldsymbol{X}^{(k)})+\frac{1}{2}(\boldsymbol{X}-\boldsymbol{X}^{(k)})^{\mathrm{T}}\boldsymbol{H}(\boldsymbol{X}^{(k)})(\boldsymbol{X}-\boldsymbol{X}^{(k)})$$

其梯度为

$$\begin{aligned}\boldsymbol{g}&=\nabla f(\boldsymbol{X})=\nabla f(\boldsymbol{X}^{(k)})+\boldsymbol{H}(\boldsymbol{X}^{(k)})(\boldsymbol{X}-\boldsymbol{X}^{(k)})\\&=\boldsymbol{g}^{(k)}+\boldsymbol{H}(\boldsymbol{X}^{(k)})(\boldsymbol{X}-\boldsymbol{X}^{(k)})\end{aligned}$$

如果取 $\boldsymbol{X}=\boldsymbol{X}^{(k+1)}$ 为极值点附近第 $k+1$ 次迭代点，则有

$$\boldsymbol{g}^{(k+1)}=\nabla f(\boldsymbol{X}^{(k+1)})=\boldsymbol{g}^{(k)}+\boldsymbol{H}(\boldsymbol{X}^{(k)})(\boldsymbol{X}^{(k+1)}-\boldsymbol{X}^{(k)})$$

令

$$\Delta\boldsymbol{g}^{(k)}=\boldsymbol{g}^{(k+1)}-\boldsymbol{g}^{(k)}$$
$$\Delta\boldsymbol{X}^{(k)}=\boldsymbol{X}^{(k+1)}-\boldsymbol{X}^{(k)}$$

则上式又可写成

$$\Delta\boldsymbol{g}^{(k)}=\boldsymbol{H}(\boldsymbol{X}^{(k)})\Delta\boldsymbol{X}^{(k)}$$

若矩阵 $\boldsymbol{H}(\boldsymbol{X}^{(k)})$ 为可逆矩阵，则用 $[\boldsymbol{H}(\boldsymbol{X}^{(k)})]^{-1}$ 左乘上式两边，得

$$\Delta\boldsymbol{X}^{(k)}=[H(\boldsymbol{X}^{(k)})]^{-1}\Delta\boldsymbol{g}^{(k)} \tag{13-63}$$

上式表明了 $[\boldsymbol{H}(\boldsymbol{X}^{(k)})]^{-1}$ 与 $\Delta\boldsymbol{X}^{(k)}$ 及 $\Delta\boldsymbol{g}^{(k)}$ 之间的基本关系。式中，$\Delta\boldsymbol{X}^{(k)}$ 是第 k 次迭代中前后迭代点的矢量差，称为位移矢量，而 $\Delta\boldsymbol{g}^{(k)}$ 是前后迭代点的梯度矢量差。

设已找到 $\boldsymbol{A}^{(k+1)}$ 能用来代替 $[\boldsymbol{H}(\boldsymbol{X}^{(k)})]^{-1}$，则 $\boldsymbol{A}^{(k+1)}$ 必须满足

$$\Delta\boldsymbol{X}^{(k)}=\boldsymbol{A}^{(k+1)}\Delta\boldsymbol{g}^{(k)} \tag{13-64}$$

上式中，只含有梯度，不含二阶偏导数，它表达了变尺度矩阵必须满足的基本条件，称为变尺度条件。

如前所述，变尺度矩阵是随着迭代过程的推进而逐步改变的，所以，式(13-64)中 $\boldsymbol{A}^{(k+1)}$ 是通过递推公式在迭代过程中逐步产生的，其递推公式为

$$\boldsymbol{A}^{(k+1)}=\boldsymbol{A}^{(k)}+\Delta\boldsymbol{A}^{(k)} \tag{13-65}$$

式中，$\boldsymbol{A}^{(k)}$ 和 $\boldsymbol{A}^{(k+1)}$ 均为对称正定矩阵。$\boldsymbol{A}^{(k)}$ 是前一次迭代的已知矩阵，初始时可取 $\boldsymbol{A}^{(0)}=I$(单位矩阵)。$\Delta\boldsymbol{A}^{(k)}$ 称为第 k 次迭代的修正矩阵。

变尺度法的内容非常丰富，算法很多。各种算法的主要区别在于采用不同的修正矩阵 $\Delta\boldsymbol{A}^{(k)}$，其中最重要的是 DFP 和 BFGS 两种方法。

2. DFP 变尺度法

DFP 算法是 Davidon 于 1959 年提出的，后来由 Fletcher 和 Powell 于 1963 年作了改进，故用三个人名的字头命名。

DFP 算法的迭代修正矩阵为

$$\Delta\boldsymbol{A}^{(k)}=\frac{\Delta\boldsymbol{X}^{(k)}[\Delta\boldsymbol{X}^{(k)}]^{\mathrm{T}}}{[\Delta\boldsymbol{X}^{(k)}]^{\mathrm{T}}\Delta\boldsymbol{g}^{(k)}}-\frac{\boldsymbol{A}^{(k)}\Delta\boldsymbol{g}^{(k)}[\Delta\boldsymbol{g}^{(k)}]^{\mathrm{T}}\boldsymbol{A}^{(k)}}{[\Delta\boldsymbol{g}^{(k)}]^{\mathrm{T}}\boldsymbol{A}^{(k)}\Delta\boldsymbol{g}^{(k)}} \tag{13-66}$$

DFP 变尺度法的迭代步骤如下：

①任取初始点 $\boldsymbol{X}^{(0)}$，给定变量个数 n 及梯度收敛精度 $\varepsilon>0$。

②计算 $\Delta f(\boldsymbol{X}^{(0)})$，若 $\|\Delta f(\boldsymbol{X}^{(0)})\|<\varepsilon$，则 $\boldsymbol{X}^{(0)}$ 即为近似极小点，停止迭代，否则转入下一步。

③令 $k=0$，$\boldsymbol{A}^{(0)}=\boldsymbol{I}$，搜索方向 $\boldsymbol{S}^{(k)}=-\boldsymbol{A}^{(k)}\nabla f(\boldsymbol{X}^{(k)})$，显然，极小化的初始方向就是梯度方向。

④沿 $\boldsymbol{S}^{(k)}$ 方向作一维搜索，求出最优步长 $\alpha^{(k)}$，使

$$f(\boldsymbol{X}^{(k)}+\alpha^{(k)}\boldsymbol{S}^{(k)})=\min f(\boldsymbol{X}^{(k)}+\alpha\boldsymbol{S}^{(k)})$$

从而得到新的迭代点：$\boldsymbol{X}^{(k+1)}=\boldsymbol{X}^{(k)}+\alpha^{(k)}\boldsymbol{S}^{(k)}$。

⑤计算 $\nabla f(\boldsymbol{X}^{(k+1)})$，进行收敛判断。若 $\|\nabla f(\boldsymbol{X}^{(k+1)})\|<\varepsilon$，则 $\boldsymbol{X}^{(k+1)}$ 即为近似极小点，迭代停止，输出最优解，否则转入下一步。

⑥检查迭代次数，若 $k=n$，则 $\boldsymbol{X}^{(0)}=\boldsymbol{X}^{(k)}$，并转入步骤②；若 $k<n$，则进行下一步。

⑦计算 $\Delta\boldsymbol{X}^{(k)}$、$\Delta\boldsymbol{g}^{(k)}$ 和 $\Delta\boldsymbol{A}^{(k)}$。构造新的搜索方向

$$\boldsymbol{S}^{(k+1)}=-\boldsymbol{A}^{(k+1)}\nabla f(\boldsymbol{X}^{(k+1)})$$

然后令 $k\Leftarrow k+1$，转向第④步。

3. BFGS 变尺度法

计算实践证明，由于 DFP 变尺度法在计算变尺度矩阵的公式中，其分母含有近似矩阵 $\boldsymbol{A}^{(k)}$，使之计算中容易引起数值不稳定，甚至有可能得到奇异矩阵 $\boldsymbol{A}^{(k)}$。为了克服 DFP 变尺度法计算稳定性不够理想的缺点，Broydon 等人在 DFP 法的基础上提出了另一种变尺度法，即 BFGS 变尺度法。

BFGS 变尺度法与 DFP 变尺度法的迭代步骤相同，不同之点只是校正矩阵的计算公式不一样。BFGS 变尺度法的变尺度矩阵迭代公式仍为

$$\boldsymbol{A}^{(k+1)}=\boldsymbol{A}^{(k)}+\Delta\boldsymbol{A}^{(k)} \tag{13-67}$$

但其中的校正矩阵 $\Delta\boldsymbol{A}^{(k)}$ 的计算公式为

$$\Delta\boldsymbol{A}^{(k)}=\frac{1}{[\Delta\boldsymbol{X}^{(k)}]^{\mathrm{T}}\Delta\boldsymbol{g}^{(k)}}\left\{\Delta\boldsymbol{X}^{(k)}[\Delta\boldsymbol{X}^{(k)}]^{\mathrm{T}}+\frac{\boldsymbol{X}^{(k)}[\Delta\boldsymbol{X}^{(k)}]^{\mathrm{T}}[\Delta\boldsymbol{g}^{(k)}]^{\mathrm{T}}\boldsymbol{A}^{(k)}\Delta\boldsymbol{g}^{(k)}}{[\Delta\boldsymbol{X}^{(k)}]^{\mathrm{T}}\Delta\boldsymbol{g}^{(k)}}-\right.$$
$$\left.\boldsymbol{A}^{(k)}\Delta\boldsymbol{g}^{(k)}[\Delta\boldsymbol{X}^{(k)}]^{\mathrm{T}}-\Delta\boldsymbol{X}^{(k)}[\Delta\boldsymbol{g}^{(k)}]^{\mathrm{T}}\boldsymbol{A}^{(k)}\right\}$$

式中，所使用的基本变量 $\Delta\boldsymbol{X}^{(k)}$、$\Delta\boldsymbol{g}^{(k)}$、$\boldsymbol{A}^{(k)}$ 与 DFP 变尺度法相同。由式可见，BFGS 变尺度法的校正矩阵 $\Delta\boldsymbol{A}^{(k)}$ 的分母中不再含有近似矩阵 $\boldsymbol{A}^{(k)}$。

BFGS 法与 DFP 法具有相同性质，这两种方法都是使每次迭代中目标函数值减少，并保持 $\boldsymbol{A}^{(k)}$ 的对称定性，则 $\boldsymbol{A}^{(k)}$ 一定逼近海森矩阵的逆矩阵。BFGS 法的优点在于计算中它的数值稳定性强，所以它是目前变尺度法中最受欢迎的一种算法。

13.5 约束优化方法

机械优化设计中的问题，大多数属于约束优化设计问题，其数学模型为

$$\Delta f(\boldsymbol{X}) \quad \boldsymbol{X} \in \boldsymbol{R}^n$$
$$\text{s.t.} \quad g_u(\boldsymbol{X}) \geqslant 0 \quad u=1,2,\cdots,m$$
$$h_v(\boldsymbol{X})=0 \quad u=1,2,\cdots,p;p<n \tag{13-68}$$

求解式(13-68)的方法称为约束优化方法。根据求解方式的不同,可分为直接解法、间接解法等。

直接解法通常适用于仅含不等式约束的问题,它的基本思路是在 m 个不等式约束条件所确定的可行域内,选择一个初始点 $\boldsymbol{X}^{(0)}$,然后决定可行搜索方向 $\boldsymbol{S}^{(0)}$,且以适当的步长 $\alpha^{(0)}$,沿 $\boldsymbol{S}^{(0)}$ 方向进行搜索,得到一个使目标函数值下降的可行的新点 $\boldsymbol{X}^{(1)}$,即完成一次迭代。再以新点为起点,重复上述搜索过程,满足收敛条件后,迭代终止。每次迭代计算均按以下基本迭代格式进行

$$\boldsymbol{X}^{(k+1)}=\boldsymbol{X}^{(k)}+\alpha^{(k)}\boldsymbol{S}^{(k)} \quad (k=0,1,2,\cdots) \tag{13-69}$$

式中,$\alpha^{(k)}$ 为步长;$\boldsymbol{S}^{(k)}$ 为可行搜索方向。

所谓可行搜索方向是指,当设计点沿该方向作微量移动时,目标函数值将下降,且不会越出可行域。产生可行搜索方向的方法将由直接解法中的各种算法决定。

直接解法的原理简单,方法实用。其特点如下:

①由于整个求解过程在可行域内进行,因此迭代计算不论何时终止,都可以获得一个比初始点好的设计点。

②若目标函数为凸函数,可行域为凸集,则可保证获得全域最优解。否则,因存在多个局部最优解,当选择的初始点不相同时,可能搜索到不同的局部最优解。为此,常在可行域内选择几个差别较大的初始点分别进行计算,以便从求得的多个局部最优解中选择更好的最优解。

③要求可行域为有界的非空集,即在有界可行域内存在满足全部约束条件的点,且目标函数有定义。

间接解法有不同的求解策略,其中一种解法为惩罚函数法,其基本思路是将约束条件进行特殊的加权处理后,和目标函数结合起来,构成一个新的目标函数,即将原约束优化问题转化成为一个或一系列的无约束优化问题。再对新的目标函数进行无约束优化计算,从而间接地搜索到原约束问题的最优解。

间接解法的基本迭代过程是,首先由式(13-68)所示的约束优化问题转化成新的无约束目标函数,譬如:

$$\Phi(\boldsymbol{X},r_1,r_2)=f(\boldsymbol{X})+r_1\sum_{u=1}^{m}\boldsymbol{G}[g_u(\boldsymbol{X})]+r_2\sum_{v=1}^{p}\boldsymbol{H}[h_v(\boldsymbol{X})] \tag{13-70}$$

式中,$\Phi(\boldsymbol{X},r_1,r_2)$ 为转换后的新目标函数;$r_1\sum_{u=1}^{m}\boldsymbol{G}[g_u(\boldsymbol{X})]$,$r_2\sum_{v=1}^{p}\boldsymbol{H}[h_v(\boldsymbol{X})]$ 为约束函数 $g_u(\boldsymbol{X})$、$h_v(\boldsymbol{X})$ 经过加权处理后构成的某种形式的复合函数或泛函数;r_1,r_2 为加权因子。然后对 $\Phi(\boldsymbol{X},r_1,r_2)$ 进行无约束极小化计算。由于在新目标函数中包含了各种约束条件,在求极值的过程中还将改变加权因子的大小。因此,可以不断地调整设计点,使其逐步逼近约束边界,从而间接地求得原约束问题的最优解。

间接解法是目前在机械优化设计中得到广泛应用的一种有效方法,其特点如下:

①由于无约束优化方法的研究日趋成熟,已经研究出不少有效的无约束最优化方法程序,

使得间接解法有了可靠的基础。目前，这类算法的计算效率和数值计算的稳定性也都有较大的提高。

②可以有效地处理具有等式约束的约束优化问题。

③间接解法存在的主要问题是，选取加权因子较为困难。加权因子选取不当，不但影响收敛速度和计算精度，甚至会导致计算失败。

求解约束优化设计问题方法很多，本节将着重介绍属于直接法的约束随机方向搜索法、复合形法、可行方向法，属于间接解法的惩罚函数法。

13.5.1 随机方向法

约束随机方向搜索法是解决小型约束最优化问题的一种常用的直接解法，它是在可行域内利用随机产生的可行方向进行搜索的一种解法。

随机方向搜索法的基本思路（图 13-28）是在可行域内选择一个初始点，利用随机数的概率特性，产生若干个随机方向，并从中选择一个能使目标函数值下降最快的随机方向作为可行搜索方向，记作 $\boldsymbol{S}^{(0)}$。从初始点 $\boldsymbol{X}^{(0)}$ 出发，沿 $\boldsymbol{S}^{(0)}$ 方向以一定的步长进行搜索，得到新点 $\boldsymbol{X}$，新点 $\boldsymbol{X}$ 应满足约束条件：$g_u(\boldsymbol{X})\geqslant 0(u=1,2,\cdots,m)$ 且 $f(\boldsymbol{X})<f(\boldsymbol{X}^{(0)})$，至此完成一次迭代。然后，将起始点移至 $\boldsymbol{X}$，即令 $\boldsymbol{X}^{(0)}\Leftarrow\boldsymbol{X}$。重复以上过程，经过若干次迭代计算后，最终取得约束最优解。

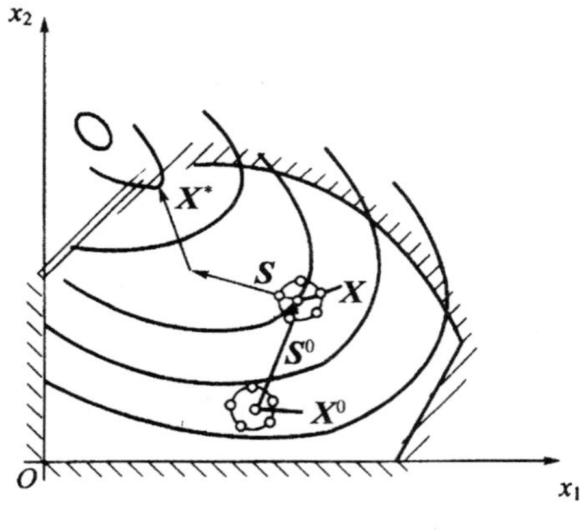

图 13-28 随机方向搜索法的算法原理

1. 随机数的产生

在随机方向搜索法中，为产生可行的初始点及随机方向，需要用到大量的[0,1]和[−1,1]区间内均匀分布的随机数。在计算机内，随机数通常是按一定的数学模型进行计算后得到的。这样得到的随机数称伪随机数，它的特点是产生速度快，计算机内存占用少，并且有较好的概率统计特性。产生伪随机数的方法很多，下面仅介绍一种常用的产生伪随机数的数学方法。

首先令 $r_1=2^{35}$，$r_2=2^{36}$，$r_3=2^{37}$，取 $r=2657863$（r 为小于 r_1 的正奇数），然后按以下步骤计算：

令 $r\leftarrow 5r$

若 $r\geqslant r_3$，则 $r\leftarrow r-r_3$；

若 $r \geqslant r_2$，则 $r \leftarrow r - r_2$；

若 $r \geqslant r_1$，则 $r \leftarrow r - r_1$；

则 $q = r/r_1$

q 即为[0,1]区间内均匀分布的伪随机数。利用 q 容易求得任意区间 $[a,b]$ 内的伪随机数，其计算公式为

$$x = a + q(b - a) \tag{13-71}$$

2. 初始点的选择

约束随机方向搜索法的初始点 x_0 必须是一个可行点。通常它的确定有两种方法。

(1)决定性的方法

这种方法是在可行域内人为地确定一个可行的初始点。显然，当约束条件比较简单时，这种方法是可用的。但当约束条件比较复杂时，人为地确定一个可行点就比较困难，因此，建议用下面的随机选择方法。

(2)随机选择法

这种方法是利用计算机产生的伪随机数来选择一个可行的初始点 $\boldsymbol{X}^{(0)}$。此时要输入设计变量的上限值和下限值。其计算步骤如下：

①输入设计变量的下限值和上限值，即

$$a_i \leqslant x_i \leqslant b_i \; (i = 1, 2, \cdots, n)$$

②在区间[0,1]内产生 n 个伪随机数 $q_i \; (i = 1, 2, \cdots, n)$。

③计算随机点 $\boldsymbol{X}$ 的各分量

$$x_i = a_i + q_i (b_i - a_i) \quad (i = 1, 2, \cdots, n) \tag{13-72}$$

④判别随机点 $\boldsymbol{X}$ 是否可行，若随机点 $\boldsymbol{X}$ 为可行点，则取初始点 $\boldsymbol{X}^{(0)} \leftarrow \boldsymbol{X}$；若随机点 $\boldsymbol{X}$ 为非可行点，则转步骤②重新计算，直到产生的随机点是可行点为止。

3. 可行搜索方向的产生

在随机方向法中，产生可行搜索方向的方法是从 $N(N \geqslant n)$ 个随机方向中，选取一个较好的方向。其计算步骤如下：

①在[−1,1]区间内产生伪随机数，$r_i^j = 2q_i^j - 1.0 \; (i = 1, 2, \cdots, n; j = 1, 2, \cdots, N)$ 按下式计算随机单位向量

$$e^j = \frac{1}{\left[\sum_{i=1}^{n} (r_i^j)\right]^{1/2}} \begin{bmatrix} r_1^j \\ r_2^j \\ r_3^j \\ r_4^j \end{bmatrix} \quad (j = 1, 2, \cdots, N) \tag{13-73}$$

②取一试验步长 α_0。按下式计算 N 个随机点：

$$\boldsymbol{X}^{(j)} = \boldsymbol{X}^{(0)} + \alpha_0 e^j \quad (j = 1, 2, \cdots, N) \tag{13-74}$$

显然，N 个随机点分布在以初始点 $\boldsymbol{X}^{(0)}$ 为中心，以试验步长 α_0 为半径的超球面上。

③检验 N 个随机点 $\boldsymbol{X}^{(j)} \; (j = 1, 2, \cdots, N)$ 是否为可行点，除去非可行点，计算余下的可行随机点的目标函数值，比较其大小，选出目标函数值最小的点 $\boldsymbol{X}^{(L)}$。

④比较 $\boldsymbol{X}^{(L)}$ 和 $\boldsymbol{X}^{(0)}$ 两点的目标函数值，若 $f(\boldsymbol{X}^{(L)})<f(\boldsymbol{X}^{(0)})$，则取 $\boldsymbol{X}^{(L)}$ 和 $\boldsymbol{X}^{(0)}$ 的连线方向作为可行搜索方向；若 $f(\boldsymbol{X}^{(L)})\geqslant f(\boldsymbol{X}^{(0)})$，则将步长 α_0 缩小，转步骤①重新计算，直至 $f(\boldsymbol{X}^{(L)})<f(\boldsymbol{X}^{(0)})$ 为止。如果 α_0 缩小到很小（如 $\alpha_0\leqslant 10^{-6}$），仍然找不到一个 $\boldsymbol{X}^{(L)}$，使 $f(\boldsymbol{X}^{(L)})\geqslant f(\boldsymbol{X}^{(0)})$，则说明 $\boldsymbol{X}^{(0)}$ 是一个局部极小点，此时可更换初始点，转步骤①。

综上所述，产生可行搜索方向的条件可概括为，当 $\boldsymbol{X}^{(L)}$ 点满足

$$\begin{cases} g_u(\boldsymbol{X}^{(L)})\geqslant 0 \quad (u=1,2,\cdots,m) \\ f(\boldsymbol{X}^{(L)})=\min f\{(\boldsymbol{X}^{(j)}) \quad (j=1,2,\cdots,N)\} \\ f(\boldsymbol{X}^{(L)})<f(\boldsymbol{X}^{(0)}) \end{cases} \tag{13-75}$$

则可行搜索方向为

$$S=\boldsymbol{X}^{(L)}-\boldsymbol{X}^{(0)} \tag{13-76}$$

4. 搜索步长的确定

可行搜索方向 $\boldsymbol{S}$ 确定后，初始点移至 $\boldsymbol{X}^{(L)}$ 点，即 $\boldsymbol{X}^{(0)}=\boldsymbol{X}^{(L)}$，从 $\boldsymbol{X}^{(0)}$ 点出发沿 $\boldsymbol{S}$ 方向进行搜索，所用的步长 α 一般按加速步长法来确定。所谓加速步长法是指依次迭代的步长按一定的比例递增的方法。各次迭代的步长按下式计算：

$$\alpha=\tau\alpha \tag{13-77}$$

式中，τ 为步长加速系数，可取 $\tau=1.3$；α 为步长，初始步长取 $\alpha=\alpha_0$。

5. 计算步骤

随机方向搜索法的计算步骤如下：

①选择一个可行的初始点 $\boldsymbol{X}^{(0)}$。

②按式(13-73)产生 N 个 n 维随机单位向量 $e^j\ (j=1,2,\cdots,N)$。

③取试验步长 α_0，按式(13-74)计算出 N 个随机点 $\boldsymbol{X}^{(j)}\ (j=1,2,\cdots,N)$。

④在 N 个随机点中，找出满足式(13-75)的随机点 $\boldsymbol{X}^{(L)}$，产生可行搜索方向 $\boldsymbol{S}=\boldsymbol{X}^{(L)}-\boldsymbol{X}^{(0)}$。

⑤从初始点 $\boldsymbol{X}^{(0)}$ 出发，沿可行搜索方向 $\boldsymbol{S}$ 以步长 α 进行迭代计算，直至搜索到一个满足全部约束条件，且目标函数值不再下降的新点 $\boldsymbol{X}$。

⑥若收敛条件

$$\begin{cases} |f(\boldsymbol{X})-f(\boldsymbol{X}^{(0)})|\leqslant\varepsilon_1 \\ \|\boldsymbol{X}-\boldsymbol{X}^{(0)}\|\leqslant\varepsilon_2 \end{cases}$$

得到满足，迭代终止。其最优解为 $\boldsymbol{X}^*=\boldsymbol{X}, f(\boldsymbol{X}^*)=f(\boldsymbol{X})$。否则，令 $\boldsymbol{X}^{(0)}=\boldsymbol{X}$ 转步骤②。

13.5.2 复合形法

复合形法是求解约束优化问题的一种重要的直接解法。该法是由 M. F. Box 提出的。复合形法的基本思想是：首先在 n 维设计空间的可行域内，选择 k 个（$n+1\leqslant k<2n$）可行点构成一个多面体（或多边形），这个多面体（或多边形）称为复合形。复合形的每个顶点都代表一个设计方案。然后，计算复合形各顶点的目标函数值并逐一进行比较，取最大者为坏点，以其余各点（将最坏点舍弃）的中心为映射轴心，在坏点和其余各点的中心的连线上，寻找一个既满足

约束条件，又使目标函数值有所改善的坏点映射点，并以该映射点替换坏点而构成新的复合形。按照上述步骤重复下去，不断地去掉坏点，代之以既能使目标函数值有所下降，又满足所有约束条件的新点，逐步调向优化问题的最优点。以其映射点替代坏点，而不断地构成新复合形时，使复合形也不断收缩。当这种寻优计算满足给定的收敛精度时，可输出复合形顶点中目标函数值最小的点作为优化问题的近似最优点。所以，复合形法的迭代过程实际就是通过对复合形各顶点的函数值计算与比较，反复进行点的映射与复合形的收缩，使之逐步逼近约束问题最优解的。

根据上述复合形法的基本思想，对于求解

$$\begin{aligned} &\min f(\boldsymbol{X}) \quad \boldsymbol{X}\in \boldsymbol{R}^n \\ &\text{s. t.} \quad g_u(\boldsymbol{X})\leqslant 0 \quad u=1,2,\cdots,m \end{aligned} \tag{13-78}$$

的优化问题时，采用复合形法来求解，需分两步进行：

①在设计空间的可行域内$D=\{\boldsymbol{X}\,|\,g_u(\boldsymbol{X})\leqslant 0, u=1,2,\cdots,m\}$产生 k 个初始顶点构成一个不规则的多面体，即生成初始复合形。一般取复合形顶点数为 $n+1\leqslant k\leqslant 2n$。例如，对于图 13-29 所示的二维约束优化问题，在 D 域内可构成一个三边形或四边形。

②进行该复合形的调优迭代计算。通过对各顶点函数值大小的比较，判断下降方向，不断用新的可行好点取代坏点，构成新的复合形，使它逐步向约束最优点移动、收缩和逼近，直到满足一定的收敛精度为止。如图 13-29 所示，二维问题取四个顶点 $\boldsymbol{X}^{(1)}$、$\boldsymbol{X}^{(2)}$、$\boldsymbol{X}^{(3)}$、$\boldsymbol{X}^{(4)}$ 构成复合形，若各点函数值为 $f(\boldsymbol{X}^{(1)})>f(\boldsymbol{X}^{(2)})>f(\boldsymbol{X}^{(3)})>f(\boldsymbol{X}^{(4)})$，则称 $\boldsymbol{X}^{(1)}$ 是坏点，记为 $\boldsymbol{X}^{(H)}$；$\boldsymbol{X}^{(2)}$ 是次坏点，记作 $\boldsymbol{X}^{(G)}$；$\boldsymbol{X}^{(4)}$ 是好点，记作 $\boldsymbol{X}^{(L)}$，则由此大致可以判定，在此复合形的坏点对面，会有新的更好的迭代点。依此用映射原理，寻找新点，去掉坏点，从而构成新的复合形。

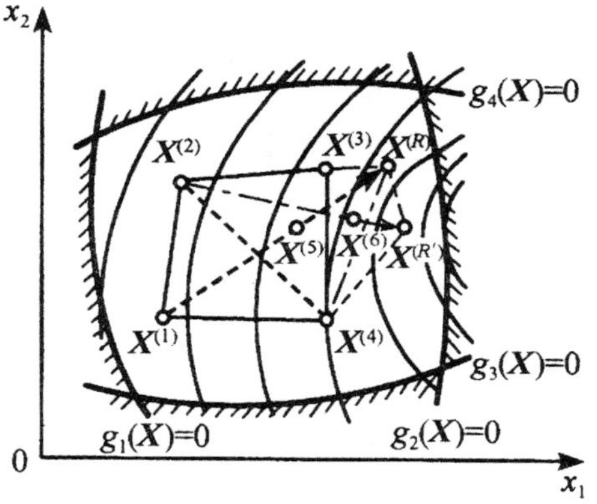

图 13-29　复合形法原理

1. 初始复合形的生成

生成初始复合形，实际就是要确定是个可行点作为初始复合形的顶点。对于维数较低的约束优化问题，其顶点数少，可以由设计者估计试凑出来。但对于高维优化问题，就难于试凑，可采用随机法产生。通常，初始复合形的生成方法主要采用如下两种方法：

①人为给定 k 个初始顶点。可由设计者预先选择 k 个设计方案，即人工构造一个初始复合形。k 个顶点都必须满足所有的约束条件。

②给定一个初始顶点，随机产生其他顶点。在高维且多约束条件情况下，一般是人为地确定一个初始可行点 $\boldsymbol{X}^{(1)}$，其余 $k-1$ 个顶点 $\boldsymbol{X}^{(j)}$ $(j=2,3,\cdots,k)$ 可用随机法产生，即

$$\boldsymbol{X}_i^{(j)}=a_i+r_i^{(j)}(b_i-a_i) \tag{13-79}$$

式中，j 为复合形顶点的标号 $(j=2,3,\cdots,k)$；i 为设计变量的标号 $(i=1,2,\cdots,n)$，表示点的坐标分量；a_i，b_i 为设计变量 $\boldsymbol{X}_i$ $(i=1,2,\cdots,n)$ 的解域或上下界；$r_i^{(j)}$ 为$[0,1]$区间内服从均匀分布伪随机数。

用这种方法随机产生的 $k-1$ 个顶点，虽然可以满足设计变量的边界约束条件，但不一定是可行点，所以还必须逐个检查其可行性，并使其成为可行点。设已有 $q(1\leqslant q\leqslant k)$ 个顶点满足全部约束条件，第 $q+1$ 点 $\boldsymbol{X}^{(q+1)}$ 不是可行点，则先求出 q 个顶点的中心点

$$\boldsymbol{X}^{(c)}=\frac{1}{q}\sum_{j=1}^{q}\boldsymbol{X}^{(j)} \tag{13-80}$$

然后将不满足约束条件的点 $\boldsymbol{X}^{(q+1)}$ 向中心点 $\boldsymbol{X}^{(c)}$ 靠拢，即

$$\boldsymbol{X}^{(q+1)\prime}=\boldsymbol{X}^{(c)}+0.5(\boldsymbol{X}^{(q+1)}-\boldsymbol{X}^{(c)}) \tag{13-81}$$

若新得到的 $\boldsymbol{X}^{(q+1)\prime}$ 仍在可行域外，则重复上式(13-81)进行调整，直到 $\boldsymbol{X}^{(q+1)\prime}$ 点成为可行点为止。然后，同样处理其余 $\boldsymbol{X}^{(q+2)}$，$\boldsymbol{X}^{(q+3)}$，$\cdots$，$\boldsymbol{X}^{(p)}$ 诸点，使其全部进入可行域内，从而构成一个所有顶点均在可行域内的初始复合形。

2. 复合形法的调优迭代

在构成初始复合形以后，即可按下述步骤和规则进行复合形法的调优迭代计算。

①计算初始复合形各顶点的函数值，选出好点、坏点、次坏点：

$$\boldsymbol{X}^{(L)}:f(\boldsymbol{X}^{(L)})=\min\{f(\boldsymbol{X}^{(j)}),j=1,2,\cdots,k\}$$
$$\boldsymbol{X}^{(H)}:f(\boldsymbol{X}^{(H)})=\min\{f(\boldsymbol{X}^{(j)}),j=1,2,\cdots,k\}$$
$$\boldsymbol{X}^{(G)}:f(\boldsymbol{X}^{(G)})=\min\{f(\boldsymbol{X}^{(j)}),j=1,2,\cdots,k;j\neq H\}$$

②计算除点 $\boldsymbol{X}^{(H)}$ 其余 $k-1$ 个顶点的几何中心点：

$$\boldsymbol{X}^{(S)}=\frac{1}{k-1}\sum_{J=1}^{k-1}\boldsymbol{X}^{(j)},j\neq H$$

并检验 $\boldsymbol{X}^{(S)}$ 点是否在可行域内。如果 $\boldsymbol{X}^{(S)}$ 是可行点，则执行下步，否则转第④步。

③沿 $\boldsymbol{X}^{(H)}$ 和 $\boldsymbol{X}^{(S)}$ 连线方向求映射点 $\boldsymbol{X}^{(R)}$：

$$\boldsymbol{X}^{(R)}=\boldsymbol{X}^{(S)}+\alpha(\boldsymbol{X}^{(S)}-\boldsymbol{X}^{(H)}) \tag{13-82}$$

式中，α 称为映射系数，通常取 $\alpha=1.3$。然后，检验 $\boldsymbol{X}^{(R)}$ 可行性。若 $\boldsymbol{X}^{(R)}$ 为非可行点，将 α 减半，重新计算 $\boldsymbol{X}^{(R)}$，直到 $\boldsymbol{X}^{(R)}$ 成为可行点。

④若 $\boldsymbol{X}^{(S)}$ 在可行域外，此时 D 可能是非凸集，如图 13-30 所示。此时利用 $\boldsymbol{X}^{(S)}$ 和 $\boldsymbol{X}^{(L)}$ 重新确定一个区间，在此区间内重新随机产生 k 个顶点构成复合形。新的区间如图中虚线所示，其边界值若 $\boldsymbol{X}_i^{(L)}<\boldsymbol{X}_i^{(S)}$，$i=1,2,\cdots,n$。则取

$$\begin{cases}a_i=\boldsymbol{X}_i^{(L)}\\ b_i=\boldsymbol{X}_i^{(S)}\end{cases}\quad(i=1,2,\cdots,n) \tag{13-83}$$

若 $\boldsymbol{X}_i^{(L)}>\boldsymbol{X}_i^{(S)}$，则取

$$\begin{cases}a_i=\boldsymbol{X}_i^{(S)}\\ b_i=\boldsymbol{X}_i^{(L)}\end{cases}\quad(i=1,2,\cdots,n) \tag{13-84}$$

重新构成复合形后重复第①、②步，直到 $X^{(S)}$ 成为可行点为止。

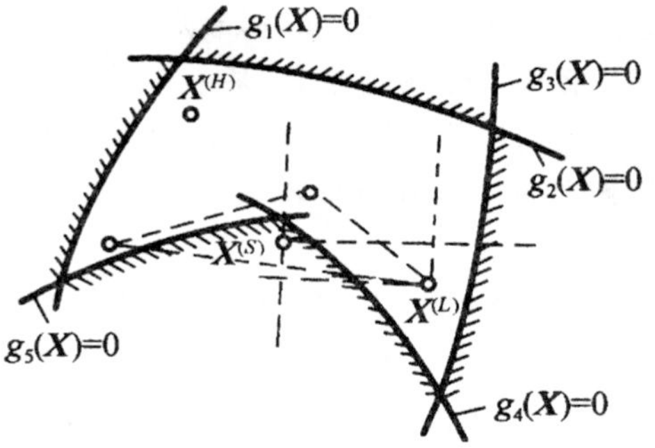

图 13-30　可行域为非凸集

⑤计算映射点的目标函数值 $f(X^{(R)})$，若 $f(X^{(R)})<f(X^{(H)})$，则用映射点替换坏点，构成新的复合形，完成一次调优迭代计算，并转向第①步；否则继续下一步。

⑥若 $f(X^{(R)})>f(X^{(H)})$，则将映射系数 α 减半，重新计算映射点。如果新的映射点 $X^{(R)}$ 既为可行点，又满足 $f(X^{(R)})<f(X^{(H)})$，即代替 $X^{(H)}$，完成本次迭代；否则继续将 α 减半，直到当 α 值减到小于预先给定的一个很小正数 ε（如 $\varepsilon=10^{-5}$）时，仍不能使映射点优于坏点，则说明该映射方向不利，应改用次坏点 $X^{(G)}$ 替换坏点再行映射。

⑦进行收敛判断。当每一个新复合形构成时，就用终止迭代条件来判别是否可结束迭代。在反复执行上述迭代过程，复合形会逐渐变小且向约束最优点逼近，直到满足

$$\left\{\frac{1}{k}\sum_{j=1}^{k}\left[f(X^{(j)})-f(X^{(c)})\right]^2\right\}^{1/2}\leqslant\varepsilon \tag{13-85}$$

时可结束迭代计算。此时复合形中目标函数值最小的顶点即为该约束优化问题的最优点。式(13-85)中的 $X^{(c)}$ 为复合形所有顶点的点集中心，即

$$X_i^{(c)}=\frac{1}{k}\sum_{j=1}^{k}X_i^{(j)}\qquad(i=1,2,\cdots,n) \tag{13-86}$$

在复合形的调优迭代计算中，为了使复合形法更有效，除采用映射手段外，还可以运用扩张、压缩、向最好点收缩、绕最好点旋转等技巧，使复合形在迭代中具有更大的灵活性，以达到较好的收缩精度。在求解不等式的约束优化问题的方法中，复合形法是一种效果较好的方法，同时也是工程优化设计中较为常用的算法之一。

13.5.3　可行方向法

约束优化问题的直接解法中，可行方向法是最大的一类，它也是求解大型约束优化问题的主要方法之一。这种方法的基本原理是在可行域内选择一个初始点 $X^{(0)}$，当确定了一个可行方向 S 和适当的步长 α 后，按下式

$$X^{(k+1)}=X^{(k)}+\alpha S^{(k)}\qquad(k=1,2,\cdots) \tag{13-87}$$

进行迭代计算。在每次迭代中都保证搜索方向是在可行域内进行（称为可行性），并且目标函数值必须稳步地下降（称为适用性）。满足上述两个条件的方向称为适用可行方向。迭代点沿着一系列适用可行方向移动，从而得到一系列的逐步改进的可行点 $X^{(k)}$，此搜索方法称为可行方向法。该方法的关键是在迭代过程中不断寻找既适用又可行的方向。具体算法由两部分组

成:选择一个可行方向和确定一个适当的步长。

可行方向法的第一步迭代都是从可行域内的初始点 $\boldsymbol{X}^{(0)}$ 出发,采用无约束优化的梯度方法不断搜索直到使迭代点 $\boldsymbol{X}^{(k)}$ 落到可行域边界上(某一个约束面上或约束面的交集上),或者落到可行域外。然后根据迭代点的位置不同,分别采用以下几种策略继续搜索。

①当迭代点 $\boldsymbol{X}^{(k)}$ 在可行域外时,采用调整步长 $\alpha^{(c)}$ 沿原有方向把 $\boldsymbol{X}^{(k)}$ 调整到可行域边界上。

②当迭代点 $\boldsymbol{X}^{(k)}$ 在可行域边界上(图 13-31)时,在迭代点 $\boldsymbol{X}^{(k)}$ 处,产生一个适用可行方向向量 $\boldsymbol{S}^{(k)}$,沿此方向采用实验步长 $\alpha^{(t)}$ 作一维最优化搜索,直至所得到的新点 $\boldsymbol{X}^{(k+1)}$。落到可行域边界上,或者落到可行域外为止。若新的迭代点落到可行域外时,采用第一种情况搜索;若新的迭代点落到可行域边界上时,采用第二种情况搜索。综上所述,可以看出,可行方向法关键在于如何构造适用可行方向矢量 $\boldsymbol{S}^{(k)}$ 和计算实验步长和调整步长。

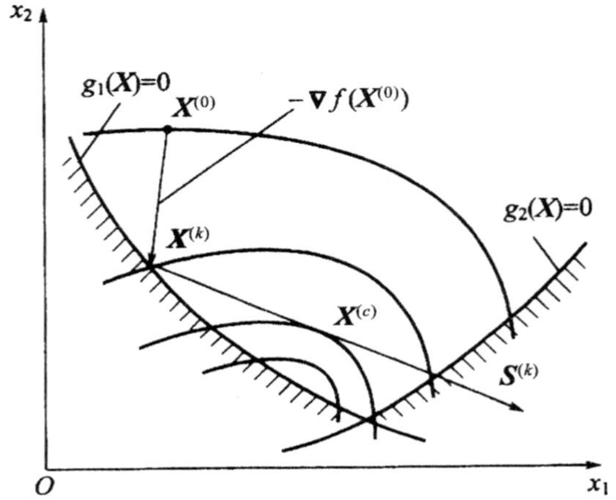

图 13-31　新点在可行域的情况

1. 适用可行方向矢量 $\boldsymbol{S}^{(k)}$ 的确定

构造 $\boldsymbol{S}^{(k)}$ 的数学条件如下:

可行方向是指在边界点 $\boldsymbol{X}^{(k)}$ 处指向可行域内的方向,沿该方向作微小移动后,所得到的新点是可行点。适用性方向是指在 $\boldsymbol{X}^{(k)}$ 处目标函数值下降的方向。显然,可行方向应满足可行和下降两个条件。

(1)可行性条件

若使 $\boldsymbol{S}^{(k)}$ 指向可行域内,在 $\boldsymbol{X}^{(k)}$ 点处 $\boldsymbol{S}^{(k)}$ 与其作用约束梯度成锐角。即方向的可行条件是指沿该方向作微小移动后,所得到的新点为可行点。如图 13-32(a)所示,若 $\boldsymbol{X}^{(k)}$ 点在一个约束面上,过 $\boldsymbol{X}^{(k)}$ 点作约束面 $g(\boldsymbol{X})=0$ 的切线 τ,显然满足可行条件的方向 $\boldsymbol{S}^{(k)}$ 应与起作用的约束函数在 $\boldsymbol{X}^{(k)}$ 点的梯度 $\nabla g(\boldsymbol{X})$ 的夹角大于或等于 90°。用向量关系式可表示为

$$[\nabla g(\boldsymbol{X}^{(k)})]^{\mathrm{T}}\boldsymbol{S}^{(k)}\geqslant 0 \tag{13-88}$$

若 $\boldsymbol{X}^{(k)}$ 点在 J 个约束面的交集上,如图 13-32(b)所示,为保证方向 $\boldsymbol{S}^{(k)}$ 可行,要求 $S^{(k)}$ 和 J 个约束函数在 $\boldsymbol{X}^{(k)}$ 点的梯度 $\nabla g_j(\boldsymbol{X}^{(k)})$ $(j=1,2,\cdots,J)$ 的夹角均大于等于 90°。其向量关系可表示为

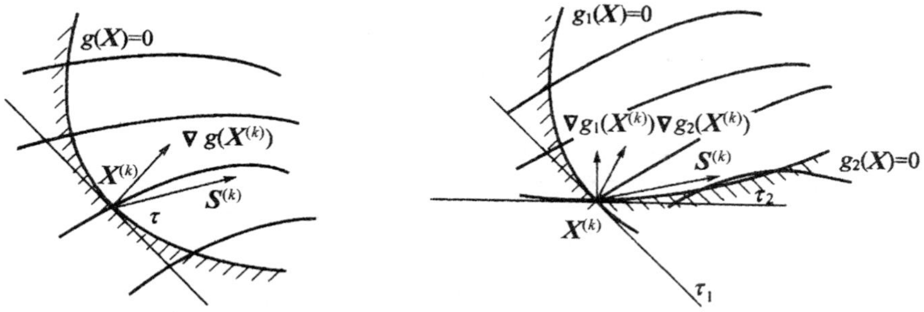

(a) 一个起作用的约束　　(b) 两个起作用的约束

图 13-32　$S^{(k)}$方向的可行性条件

$$[\nabla g_j(\boldsymbol{X}^{(k)})]^T \boldsymbol{S}^{(k)} \geqslant 0 \quad (j=1,2,\cdots,J) \tag{13-89}$$

式(13-89)是 $\boldsymbol{S}^{(k)}$ 可行性的数学条件。

(2)适用性条件

$\boldsymbol{S}^{(k)}$ 方向的适用性条件是指沿该方向作微小移动后，所得到新点的目标函数值是下降的。如图 13-33 所示，满足下降条件的方向 $\boldsymbol{S}^{(k)}$ 应和目标函数在 $\boldsymbol{X}^{(k)}$ 点的梯度 $\nabla f(\boldsymbol{X}^{(k)})$ 的夹角大于 90°，即 $\boldsymbol{S}^{(k)}$ 与负梯度 $-\nabla f(\boldsymbol{X}^{(k)})$ 方向成锐角，其向量关系可表示为

$$[\nabla f(\boldsymbol{X}^{(k)})]^T \boldsymbol{S}^{(k)} < 0 \tag{13-90}$$

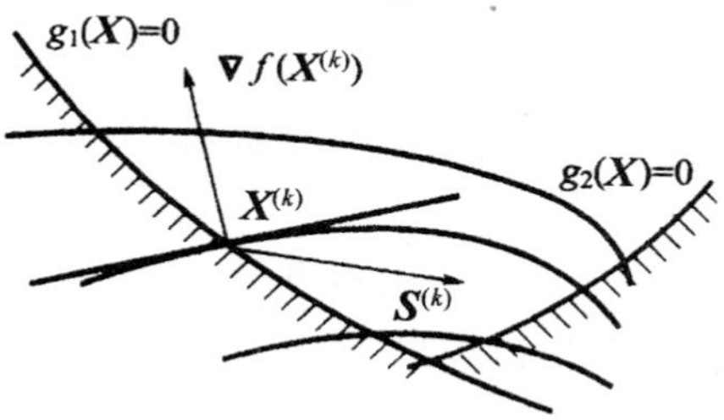

图 13-33　$S^{(k)}$方向的适用性条件

满足可行性和适用性条件，即式(13-89)和式(13-90)同时成立的方向称适用可行方向。如图 13-34 所示，它位于约束曲面在 $\boldsymbol{X}^{(k)}$ 点的切线和目标函数等值线在 $\boldsymbol{X}^{(k)}$ 点的切线所围成的扇形区内，该扇形区称为可行适用方向区。

综上所述，当 $\boldsymbol{X}^{(k)}$ 点位于 J 个起作用的约束面上时，满足

$$\begin{cases} [\nabla g_j(\boldsymbol{X}^{(k)})]^T \boldsymbol{S}^{(k)} \geqslant 0 \quad (j=1,2,\cdots,J) \\ -[\nabla f(\boldsymbol{X}^{(k)})]^T \boldsymbol{S}^{(k)} > 0 \end{cases} \tag{13-91}$$

的方向 $\boldsymbol{S}^{(k)}$ 就是适用可行方向矢量，式(13-91)是适用可行方向的数学条件。

2. 可行方向的产生方法

如上所述，满足可行下降条件的方向位于可行下降扇形区内，在扇形区内寻找一个最有利的方向作为本次迭代的搜索方向的方法主要有优选方向法和梯度投影法两种。

(1)最佳适用可行方向矢量的构造

在由式(13-91)构成的可行下降扇形区内选择任一方向 $\boldsymbol{S}$ 进行搜索，可得到一个目标函数值下降的可行点。现在的问题是如何在可行下降扇形区内选择一个能使目标函数下降最快的

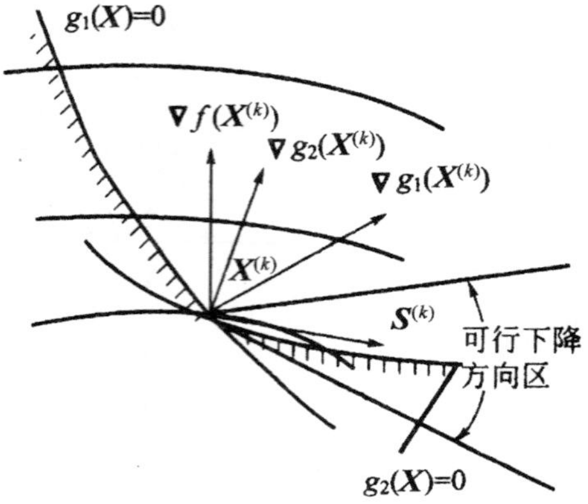

图 13-34　$S^{(k)}$ 适用可行方向区

方向作为本次迭代的可行方向。显然，这又是一个约束优化问题，即在满足可行条件的方向中优选一个能使目标函数下降最快的方向。这个新的约束优化问题的数学模型可写成

$$\begin{cases}\min[\nabla f(\boldsymbol{X}^{(k)})]^{\mathrm{T}}\boldsymbol{S} \\ \text{s. t. } [\nabla g_j(\boldsymbol{X}^{(k)})]^{\mathrm{T}}\boldsymbol{S}\geqslant 0 \quad (j=1,2,\cdots,J) \\ -[\nabla f(\boldsymbol{X}^{(k)})]^{\mathrm{T}}\boldsymbol{S}>0 \\ \|\boldsymbol{S}\|\leqslant 1\end{cases} \tag{13-92}$$

由于$\nabla f(\boldsymbol{X}^{(k)})$和$\nabla g_j(\boldsymbol{X}^{(k)})(j=1,2,\cdots,J)$为定值，上述各函数均为设计变量 $\boldsymbol{S}$ 的线性函数，式(13-83)为一个线性规划问题。用线性规划法求解后，求得的最优解 $\boldsymbol{S}^*$ 即为本次迭代的可行方向，即 $\boldsymbol{S}^{(k)}=\boldsymbol{S}^*$。

满足式(13-92)的方向矢量既满足适用可行条件，又能使目标函数值下降最快，所以称由式(13-92)确定的方向为最佳适用可行方向矢量。

(2)梯度投影法

当 $\boldsymbol{X}^{(k)}$ 点目标函数的负梯度方向$-\nabla f(\boldsymbol{X}^{(k)})$不满足可行条件时，可将$-\nabla f(\boldsymbol{X}^{(k)})$方向投影到约束面(或约束面的交集)上，得到投影向量 $\boldsymbol{S}^{(k)}$，从图 13-35 中可看出，该投影向量显然满足方向的可行和下降条件。梯度投影法就是取该方向作为本次迭代的可行方向。可行方向的计算公式为

$$\boldsymbol{S}^{(k)}=\frac{-\boldsymbol{P}\nabla f(\boldsymbol{X}^{(k)})}{\|\boldsymbol{P}\nabla f(\boldsymbol{X}^{(k)})\|} \tag{13-93}$$

式中，$\nabla f(\boldsymbol{X}^{(k)})$为 $\boldsymbol{X}^{(k)}$ 点的目标函数梯度；$\boldsymbol{P}$ 为投影算子，为 $n\times n$ 阶矩阵，其计算公式如下。

$$\boldsymbol{P}=\boldsymbol{I}-\boldsymbol{G}[\boldsymbol{G}^{\mathrm{T}}\quad\boldsymbol{G}]^{-1}\boldsymbol{G} \tag{13-94}$$

式中，$n\times n$ 阶单位矩阵；$\boldsymbol{G}$ 起作用约束函数的梯度矩阵，$\boldsymbol{G}=[\nabla g_1(\boldsymbol{X}^{(k)})\nabla g_2(\boldsymbol{X}^{(k)})\cdots\nabla g_j(\boldsymbol{X}^{(k)})]$；$j$ 起作用的约束函数个数。

3. 步长的确定

适用可行方向 $\boldsymbol{S}^{(k)}$ 确定后，按下式计算新的迭代点

$$\boldsymbol{X}^{(k+1)}=\boldsymbol{X}^{(k)}+\alpha^{(k)}\boldsymbol{S}^{(k)} \tag{13-95}$$

由于迭代点的位置不同，采用不同的步长，$\alpha^{(k)}$ 的确定方式也不同。当迭代点在可行域内

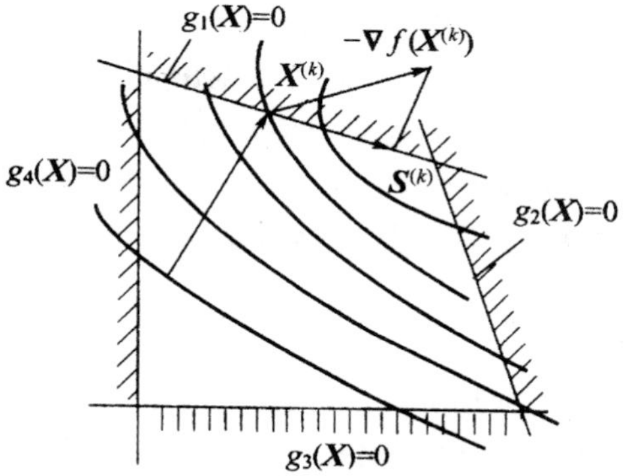

图 13-35　约束面上的梯度投影方向

时，采用最优步长；当迭代点在可行域外时，采用调整步长；当迭代点在可行域边界上时，采用实验步长。

(1)最优步长的确定

当初始点在可行域内时，采用无约束梯度方法进行搜索，即

$$S^{(k)}=-\nabla f(X^{(k)})$$

用一维优化搜索方法确定最优步长 α^*。直至使新的迭代点 $X^{(k+1)}$ 落在可行域边界上或在可行域外为止。

(2)实验步长 $\alpha^{(c)}$ 的确定

当 $X^{(k)}$ 在可行域边界上时，沿适用可行方向矢量 $S^{(k)}$ 进行一维搜索，此时不断地采用实验步长 $\alpha^{(c)}$ 进行计算 $X^{(c)}$，即

$$X^{(c)}=X^{(k)}+\alpha^{(c)}S^{(k)} \tag{13-96}$$

直至使新的迭代点 $X^{(c)}$ 落在可行域边界上或在可行域外为止。

由于不能预测 $X^{(k)}$ 点到另一个起作用约束面的距离，$\alpha^{(c)}$ 的确定较为困难，大致可按以下步骤计算。

取一试验步长 $\alpha^{(c)}$，计算试验点 $X^{(c)}$。试验步长 $\alpha^{(c)}$ 的值不能太大，以免因一步走得太远导致计算的困难；也不能太小，使得计算效率太低。根据经验，试验步长 $\alpha^{(c)}$ 的值能使试验点 $X^{(c)}$ 的目标函数值下降 5%～10%为宜，为此，把 $f(X)$ 在 $X^{(k)}$ 点处展开一阶泰勒展开式，即

$$f(X)=f(X^{(k)})+[\nabla f(X^{(k)})]^{T}(X-X^{(k)})$$

把式(13-96)代入上式得：

$$f(X^{(c)})=f(X^{(k)}+\alpha^{(c)}S^{(k)})=f(X^{(k)})+[\nabla f(X^{(k)})]^{T}\alpha^{(c)}S^{(k)} \tag{13-97}$$

解得

$$\alpha^{(c)}=\frac{f(X^{(c)})-f(X^{(k)})}{[\nabla f(X^{(k)})]^{T}S^{(k)}}$$

令

$$[\nabla f]^{T}\Delta f=f(X^{(k)})-f(X^{(c)})=(0.05\sim0.1)\left|f(X^{(k)})\right|$$

代入上式，得试验步长 $\alpha^{(c)}$ 的计算公式

$$\alpha^{(c)}=\frac{-\Delta f}{[\nabla f(X^{(k)})]^{T}S^{(k)}}=-(0.05\sim0.1)\frac{\left|f(X^{(k)})\right|}{[\nabla f(X^{(k)})]^{T}S^{(k)}} \tag{13-98}$$

因 $\boldsymbol{S}^{(k)}$ 为目标函数的下降方向，$[\nabla f(\boldsymbol{X}^{(k)})]^{\mathrm{T}}\boldsymbol{S}^{(k)}<0$，所以试验步长 $\alpha^{(c)}$ 恒为正值。试验步长选定后，试验点 $\alpha^{(c)}$ 按式(13-96)计算。若实验点 $\alpha^{(c)}$ 仍在可行域内，令 $\boldsymbol{X}^{(k)}=\boldsymbol{X}^{(c)}$，反复应用式(13-96)和式(13-98)计算新的实验点直至使新的实验点 $\boldsymbol{X}^{(c)}$ 落在可行域边界上或在可行域外为止。当 $\boldsymbol{X}^{(c)}$ 落在可行域边界上时，令 $\boldsymbol{X}^{(k+1)}=\boldsymbol{X}^{(c)}$，判断 $\boldsymbol{X}^{(k+1)}$ 是否满足 K-T 条件，若满足输出，否则，构造新的适用可行方向向量继续搜索；当 $\boldsymbol{X}^{(c)}$ 落在可行域外时，用调整步长把 $\boldsymbol{X}^{(c)}$ 调整到约束边界上。

(3)调整步长 $\alpha^{(t)}$ 的确定

判别试验点 $\boldsymbol{X}^{(c)}$ 的位置。由试验步长 $\alpha^{(c)}$ 确定的试验点 $\boldsymbol{X}^{(c)}$ 可能在约束面上，也可能在可行域或非可行域。只要 $\boldsymbol{X}^{(c)}$ 越出可行域，就要设法将其调整到约束面上来。要想使 $\boldsymbol{X}^{(c)}$ 到达约束面 $g_j(\boldsymbol{X})=0(j=1,2,\cdots,J)$ 上是很困难的。为此，先确定一个约束允差 δ，当试验点 $\boldsymbol{X}^{(c)}$ 满足 $0\leqslant g_j(\boldsymbol{X}^{(i)})\leqslant\delta(j=1,2,\cdots,J)$ 的条件时，则认为试验点 $\boldsymbol{X}^{(c)}$ 已位于约束面上。

若试验点 $\boldsymbol{X}^{(c)}$ 位于图 13-36 所示的位置，在 $\boldsymbol{X}^{(c)}$ 点处，$g_1(\boldsymbol{X}^{(c)})<0$，$g_2(\boldsymbol{X}^{(c)})<0$。显然应将 $\boldsymbol{X}^{(c)}$ 点调整到 $g_1(\boldsymbol{X})=0$ 的约束面上，因为对于 $\boldsymbol{X}^{(c)}$ 点来说，$g_1(\boldsymbol{X})$ 的约束违反量比 $g_2(\boldsymbol{X})$ 大。若设 $g_k(\boldsymbol{X}^{(c)})>0$ 为约束违反量最大的约束条件，则 $g_k(\boldsymbol{X}^{(c)})$ 应满足

$$g_k(\boldsymbol{X}^{(i)})=\min\{g_j(\boldsymbol{X}^{(i)})>0\,|\,j=1,2,\cdots,J\} \tag{13-99}$$

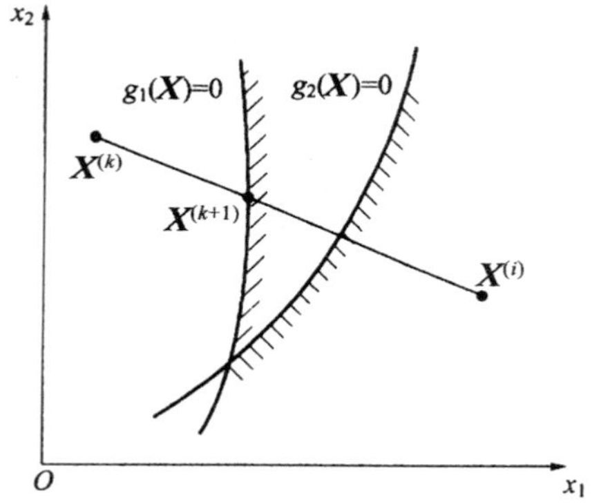

图 13-36　违反量最大的约束条件

将试验点 $\boldsymbol{X}^{(c)}$ 调整到 $g_k(\boldsymbol{X})=0$ 的约束面上的方法有试探法和插值法两种。

试探法的基本内容是当试验点位于非可行域时，将试验步长 $\alpha^{(c)}$ 缩短；当试验点位于可行域时，将试验步长 $\alpha^{(c)}$ 增加，即不断变化 $\alpha^{(c)}$ 的大小，直至 $\boldsymbol{X}^{(c)}$ 满足

$$0\leqslant g_k(\boldsymbol{X}^{(c)})\leqslant\delta \tag{13-100}$$

的条件时，即认为试验点 $\boldsymbol{X}^{(c)}$ 已被调整到约束面上了。

插值法的基本内容是利用线性插值法将位于非可行域的试验点 $\boldsymbol{X}^{(c)}$ 调整到约束面上。因为 $\boldsymbol{X}^{(k)}$ 是内点 $g_k(\boldsymbol{X}^{(c)})>\delta$，$\boldsymbol{X}^{(c)}$ 是外点 $g_k(\boldsymbol{X}^{(c)})<0$，在 $\boldsymbol{X}^{(k)}$ 和 $\boldsymbol{X}^{(c)}$ 的连线坐标上 $g_k(\boldsymbol{X})$ 是 α 的一维函数，应用线性插值法求 $g_k(\boldsymbol{X})$，设

$$g_k(\boldsymbol{X})=a+b\alpha \tag{13-101}$$

当 $\boldsymbol{X}=\boldsymbol{X}^{(k)}$ 时，试验步长为 $\alpha^{(c)}$ 时，$\alpha=0$；当 $\boldsymbol{X}=\boldsymbol{X}^{(c)}$ 时，$\alpha=\alpha^{(c)}$，所以有

$$g_k(\boldsymbol{X}^{(k)})=a$$

$$g_k(\boldsymbol{X}^{(c)})=a+b\alpha^{(c)} \tag{13-102}$$

解得

$$a = g_k(\boldsymbol{X}^{(k)})$$

$$b = \frac{g_k(\boldsymbol{X}^{(c)}) - g_k(\boldsymbol{X}^{(k)})}{\alpha^{(c)}}$$

故有

$$g_k(\boldsymbol{X}) = g_k(\boldsymbol{X}^{(k)}) + \frac{g_k(\boldsymbol{X}^{(c)}) - g_k(\boldsymbol{X}^{(k)})}{\alpha^{(c)}}\alpha \tag{13-103}$$

令 $g_k(\alpha)=0.5\delta$，得

$$\alpha^{(t)} = \frac{0.5\delta - g_k(\boldsymbol{X}^{(k)})}{g_k(\boldsymbol{X}^{(c)}) - g_k(\boldsymbol{X}^{(k)})}\alpha^{(c)} \tag{13-104}$$

求得可行试验点

$$\boldsymbol{X}^{(t)} = \boldsymbol{X}^{(k)} + \alpha^{(t)}\boldsymbol{S}^{(k)} \tag{13-105}$$

下面分两种情况进行讨论。

①若 $g_k(\boldsymbol{X}^{(t)})>\delta$ 时，对应图 13-37 实线情况，此时令 $\boldsymbol{X}^{(k)}=\boldsymbol{X}^{(t)}$、$\alpha^{(c)}=\alpha^{(c)}-\alpha^{(t)}$，继续用式(13-104)和式(13-105)计算。

②若 $g_k(\boldsymbol{X}^{(t)})<0$ 时，对应图 13-37 虚线情况，此时令 $\boldsymbol{X}^{(k)}=\boldsymbol{X}^{(t)}$、$\alpha^{(c)}=\alpha^{(t)}$，继续用式(13-104)和式(13-105)计算。

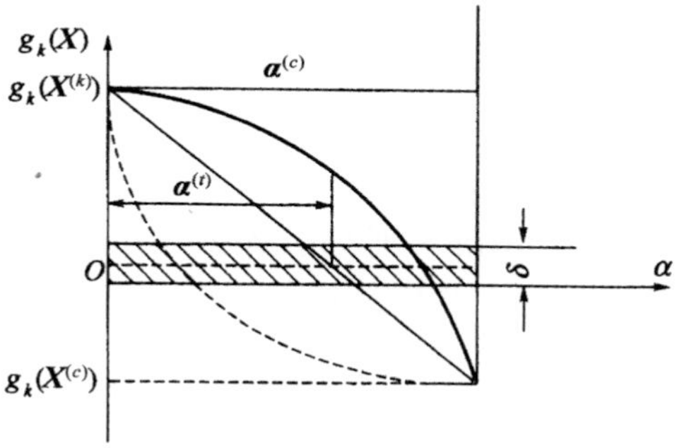

图 13-37 用插值法确定步长

根据上述两种情况，反复调整直到把 $\boldsymbol{X}^{(c)}$ 调整到边界上为止。

4. 收敛条件

按可行方向法的原理，将设计点调整到约束面上后，需要判断迭代是否收敛，即判断该迭代点是否为约束最优点。常用的收敛条件有以下两种。

①设计点 $\boldsymbol{X}^{(k)}$ 及约束允差满足

$$\begin{cases} \left|[\nabla f(\boldsymbol{X}^{(k)})]^{\mathrm{T}}\boldsymbol{S}^{(k)}\right| \leqslant \varepsilon_1 \\ \delta \leqslant \varepsilon_2 \end{cases} \tag{13-106}$$

条件时，迭代收敛。

②设计点 $\boldsymbol{X}^{(k)}$ 满足库恩-塔克条件

$$\begin{cases}\nabla f(\boldsymbol{X}^{(k)})-\sum_{j=1}^{J}\lambda_j\nabla g_j(\boldsymbol{X}^{(k)})=0\\ \lambda_j\geqslant 0\quad(j=1,2,\cdots,J)\end{cases}\tag{13-107}$$

时，迭代收敛。

5. 计算步骤

可行方向法的计算步骤如下：

①在可行域内选择一个初始点 $\boldsymbol{X}^{(0)}$，给出约束允差 δ 及精度值 ε。

②在可行域内，沿搜索方向 $\boldsymbol{S}^{(k)}=-\nabla f(\boldsymbol{X}^{(k)})$ 进行一维搜索，直到 $\boldsymbol{X}^{(k+1)}$ 落到可行域边界上或落到可行域外。

③当 $\boldsymbol{X}^{(k+1)}$ 落到可行域外，按式(13-104)和式(13-105)把迭代点调整到约束边界上，转向步骤⑥。

④在新的设计点 $\boldsymbol{X}^{(k)}$ 处产生新的可行方向 $\boldsymbol{S}^{(k)}$。

⑤按式(13-98)计算试验步长，直到迭代点落到可行域边界上或可行域外。若试验点 $\boldsymbol{X}^{(c)}$ 满足 $0<g_k(\boldsymbol{X}^{(c)})\leqslant\delta$，$\boldsymbol{X}^{(c)}$ 必定位于第 j 个约束面上，则转步骤⑥；若试验点 $\boldsymbol{X}^{(c)}$ 位于可行域外，则直接转步骤③。

⑥若 $\boldsymbol{X}^{(k)}$ 点满足收敛条件，则计算终止。约束最优解为 $\boldsymbol{X}^*=\boldsymbol{X}^{(k)}$，$f(\boldsymbol{X}^*)=f(\boldsymbol{X}^{(k)})$。否则，转向步骤④。

13.5.4 惩罚函数法

惩罚函数法是求解约束优化问题的一种间接解法。它的基本思想是将一个约束的优化问题转化为一系列的无约束优化问题来求解。为此，对于式(13-68)所示的约束优化问题，构造如下无约束优化问题：

$$\min\varphi(\boldsymbol{X},r_1^{(k)},r_2^{(k)})=f(\boldsymbol{X})+r_1^{(k)}\sum_{u=1}^{m}\boldsymbol{G}[g_u(\boldsymbol{X})]+r_2^{(k)}\sum_{v=1}^{p}\boldsymbol{H}[h_v(\boldsymbol{X})]\tag{13-108}$$

并且要求，当点 $\boldsymbol{X}$ 不满足约束条件，等号后第二项和第三项的值很大，反之当点 $\boldsymbol{X}$ 满足约束条件时，这两项的值很小或等于零。这相当于，当点 $\boldsymbol{X}$ 在可行域之外时对目标函数的值加以惩罚，因此，这两项 $r_1^{(k)}\sum_{u=1}^{m}\boldsymbol{G}[g_u(\boldsymbol{X})]$ 和 $r_2^{(k)}\sum_{v=1}^{p}\boldsymbol{H}[h_v(\boldsymbol{X})]$ 称为惩罚项，$r_1^{(k)}$ 和 $r_2^{(k)}$ 称为惩罚因子，$\varphi(\boldsymbol{X},r_1^{(k)},r_2^{(k)})$ 称为惩罚函数。其中 $\sum_{u=1}^{m}\boldsymbol{G}[g_u(\boldsymbol{X})]$ 和 $\sum_{v=1}^{p}\boldsymbol{H}[h_v(\boldsymbol{X})]$ 分别是由不等式约束函数和等式约束函数构成的复合函数。

可以证明，当惩罚项和惩罚函数满足以下条件：

$$\begin{gathered}\lim_{k\to\infty}r_1^{(k)}\sum_{u=1}^{m}\boldsymbol{G}[g_u(\boldsymbol{X})]=0\\ \lim_{k\to\infty}r_2^{(k)}\sum_{v=1}^{p}\boldsymbol{H}[h_v(\boldsymbol{X})]=0\\ \lim_{k\to\infty}\left|\varphi(\boldsymbol{X},r_1^{(k)},r_2^{(k)})-f(\boldsymbol{X}^{(k)})\right|=0\end{gathered}\tag{13-109}$$

无约束优化问题(13-108)在 r_1、$r_2\to\infty$ 的过程所产生的极小点 $\boldsymbol{X}^{(k)}$ 序列将逐渐逼近于原约束优化问题的最优解，即有

$$\lim_{k\to\infty}\boldsymbol{X}^{(k)}=\boldsymbol{X}^*$$

这就是说，以这样的复合函数和一组按一定规律变化的惩罚因子构造一系列惩罚函数，并对每一个惩罚函数依次求极小，最终将得到约束优化问题的最优解。这种将约束优化问题转化为一系列无约束优化问题求解的方法称为惩罚函数法。

按其惩罚项的构成形式的不同，惩罚函数法又可分为内点惩罚函数法、外点惩罚函数法和混合惩罚函数法，分别简称为内点法、外点法和混合法。

1. 内点法

内点法只可用来求解不等式约束优化问题。该法的主要特点是将惩罚函数定义在可行域的内部。这样，便要求迭代过程始终限制在可行域内进行，使所求得的系列无约束优化问题的优化解总是可行解，从而从可行域内部逐渐逼近原约束优化问题的最优解。

对于不等式约束优化问题，根据惩罚函数法的基本思想，将惩罚函数定义在可行域内部，可以构造其内点惩罚函数的一般形式为

$$\varphi(\boldsymbol{X},r^{(k)})=f(\boldsymbol{X})-r^{(k)}\sum_{u=1}^{m}\frac{1}{g_u(\boldsymbol{X})} \tag{13-110}$$

或

$$\varphi(\boldsymbol{X},r^{(k)})=f(\boldsymbol{X})-r^{(k)}\sum_{u=1}^{m}\ln[-g_u(\boldsymbol{X})] \tag{13-111}$$

式中，惩罚因子 $r^{(k)}>0$，是一递减的正数序列，即 $r^{(0)}>r^{(1)}>r^{(2)}>\cdots>r^{(k)}>\cdots>0$，且 $\lim\limits_{k\to\infty}r^{(k)}=0$。

由式(13-110)和式(13-111)可知，对于给定的某一惩罚因子 $r^{(k)}$，当迭代点在可行域内时，两种惩罚项的值均大于零，而且当迭代点向约束边界靠近时，两种惩罚项的值迅速增大并趋于无穷。可见，只要初始点取在可行域内，迭代点就不可能越出可行域边界。其次，两种惩罚项的大小也受惩罚因子的影响。当惩罚因子逐渐减小并趋于零时，对应惩罚项的值也逐渐减小并趋于零，惩罚函数的值和目标函数的值逐渐接近并趋于相等。由式(13-108)可知，当惩罚因子趋于零时，惩罚函数的极小点就是约束优化问题的最优点。可见，惩罚函数的极小点是从可行域内向最优点逼近的。

由于构造的内点惩罚函数是定义在可行域内的函数，而等式约束优化问题不存在可行域空间，因此，内点惩罚函数法不适用于等式约束优化问题。

内点惩罚函数的迭代步骤如下：

①在可行域内确定一个初始点 $\boldsymbol{X}^{(0)}$，最好不邻近任何约束边界。

②给定初始惩罚因子 $r^{(0)}$、惩罚因子递减系数 C 和收敛精度 ε，置 $k=0$。

③构造惩罚函数：

$$\varphi(\boldsymbol{X},r^{(k)})=f(\boldsymbol{X})-r^{(k)}\sum_{u=1}^{m}\frac{1}{g_u(\boldsymbol{X})}$$

④求解无约束优化问题 $\min\varphi(\boldsymbol{X},r^{(k)})$，得 $\boldsymbol{X}^*(r^{(k)})$。

⑤进行收敛判断，若满足

$$\| X^{(k+1)} - X^{(k)} \| \leqslant \varepsilon$$

或

$$\left| \frac{f(X^{(k+1)}) - f(X^{(k)})}{f(X^{(k)})} \right| \leqslant \varepsilon$$

则令 $X^* = X^*(r^{(k)})$，$f^* = f(X^*(r^{(k)}))$，停止迭代计算，输出最优解 X^*，f^*；否则转下步。

⑥取 $r^{(k+1)} = Cr^{(k)}$，以 $X^{(0)} = X^*(r^{(k)})$ 作为新的初始点，置 $k=k+1$ 转步骤③继续迭代。

在内点法中，初始惩罚因子 $r^{(0)}$ 的选择很重要。实践经验表明，初始惩罚因子 $r^{(0)}$ 选得恰当与否，会显著地影响到惩罚函数法的收敛速度，甚至解题的成败。根据经验，一般可取 $r^{(0)} = 1 \sim 50$，但多数情况是取 $r^{(0)} = 1$。也有建议按初始惩罚项作用与初始目标函数作用相近原则来确定 $r^{(0)}$ 值，即

$$r^{(0)} = \left| \frac{f(X^{(0)})}{\sum_{u=1}^{m} \frac{1}{g_u(X)}} \right|$$

内点法惩罚因子递减数列的递减关系为

$$r^{(k+1)} = Cr^{(k)} \quad (k=0,1,2,\cdots)$$

$$0 < C < 1$$

式中，C 称为惩罚因子递减系数。一般认为，C 的选取对迭代计算的收敛或成败影响不大。经验取值：$C=0.1 \sim 0.5$，常取 0.1。

内点的特点是，其收敛过程的各个迭代点，对应于一系列逐步得到改善的可行设计方案，设计工作者可以对这一系列方案作进一步的分析比较，可以得到满意的设计。因为内点法具有这个特点，故许多工程优化设计者经常使用它。不过，应特别注意，内点法一般并不能真正收敛到起作用约束条件的交集上，因而难以得到问题的精确的约束最优解。另外，内点法要求初始点必须在可行域内，故在计算方面比外点法要复杂一点。再者就是内点法不能处理等式约束问题。

2. 外点法

外点法既可用来求解不等式约束优化问题，又可用来求解等式约束优化问题。其主要特点是：将惩罚函数定义在可行域的外部，从而在求解系列无约束优化问题的过程中，是从可行域的外部逐渐逼近原约束优化问题的最优解。

对于不等式约束

$$g_u(X) \leqslant 0 \quad (u=1,2,\cdots,m)$$

取外点惩罚函数的形式为

$$\varphi(X, r^{(k)}) = f(X) + r^{(k)} \sum_{u=1}^{m} \{\max[0, g_u(X)]\}^2 \tag{13-112}$$

式中，惩罚项 $\sum_{u=1}^{m} \{\max[0, g_u(X)]\}^2$ 含义为：当迭代点 X 在可行域内，由于既 $g_u(X) \leqslant 0$ $(u=1,2,\cdots,m)$，无论 $f(X)$ 取何值，惩罚项的值取零，函数值不受到惩罚，这时惩罚函数等价于原目标函数 $f(X)$；当迭代点 X 违反某一约束 $g_j(X)$，在可行域之外，由于 $g_j(X) > 0$，无论

$r^{(k)}$取何值，必定有

$$\sum_{u=1}^{m}\{\max[0,g_u(\boldsymbol{X})]\}^2=r^{(k)}[g_j(\boldsymbol{X})]^2>0$$

这表明 $\boldsymbol{X}$ 在可行域外时，惩罚项起着惩罚作用。$\boldsymbol{X}$ 离开约束边界愈远，$g_j(\boldsymbol{X})$愈大，惩罚作用也愈大。

惩罚项与惩罚函数随惩罚因子的变化而变化，当外点法的惩罚因子 $r^{(k)}$ 按一个递增的正实数序列，即 $r^{(0)}<r^{(1)}<r^{(2)}<\cdots<r^{(k)}<\cdots$，且$\lim\limits_{k\to\infty}r^{(k)}=\infty$变化时，依次求解各个 $r^{(k)}$ 所对应的惩罚函数的极小化问题，得到的极小点序列

$$\boldsymbol{X}^*(r^{(0)}),\boldsymbol{X}^*(r^{(1)}),\cdots,\boldsymbol{X}^*(r^{(k)}),\boldsymbol{X}^*(r^{(k+1)}),\cdots$$

将逐步逼近于原约束问题的最优解，而且一般情况下该极小点序列是由可行域外向可行域边界逼近的。

对于等式优化问题，可按同样的形式构造外点惩罚函数：

$$\varphi(\boldsymbol{X},r^{(k)})=f(\boldsymbol{X})+r^{(k)}\sum_{v=1}^{p}[h_v(\boldsymbol{X})]^2 \tag{13-113}$$

可见，当迭代点在可行域上，惩罚项为零，惩罚函数值不受到惩罚；若迭代点在非可行域，惩罚项就显示其惩罚作用。由于惩罚函数中的惩罚项所赋予惩罚因子 $r^{(k)}$ 是一个递增的正数序列，随着迭代次数增加，$r^{(k)}$值越来越大，迫使所求迭代点 $\boldsymbol{X}^*(r^{(k)})$向原约束优化问题的最优点逼近。

一般的约束最优化问题式(13-68)的外点罚函数式为

$$\varphi(\boldsymbol{X},r^{(k)})=f(\boldsymbol{X})+r^{(k)}\left\{\sum_{u=1}^{m}[\max(0,g_u(\boldsymbol{X}))]^2+\sum_{v=1}^{p}[h_v(\boldsymbol{X})]^2\right\} \tag{13-114}$$

综上所述，外点法是通过对非可行点上的函数值加以惩罚，促使迭代点向可行域和最优点逼近的算法。因此，初始点可以是可行域的内点，也可以是可行域的外点，这种方法既可以处理不等式约束，又可以处理等式约束，可见外点法是一种适应性较好的惩罚函数。

上述构造出的外点罚函数，是经过转化的新目标函数，对它不再存在约束条件，便成为无约束优化问题的目标函数，然后可选用无约束优化方法对其求解。

外点法的迭代步骤如下：

①给定初始 $\boldsymbol{X}^{(0)}$、收敛精度 ε_1、ε_2，初始惩罚因子 $r^{(0)}$ 和惩罚因子递增系数 C，$k=0$。

②构造惩罚函数：

$$\varphi(\boldsymbol{X},r^{(k)})=f(\boldsymbol{X})+r^{(k)}\left\{\sum_{u=1}^{m}[\max(0,g_u(\boldsymbol{X}))]^2+\sum_{v=1}^{p}[h_v(\boldsymbol{X})]^2\right\}$$

③求解无约束优化问题 $\min\varphi(\boldsymbol{X},r^{(k)})$的 $\boldsymbol{X}^*(r^{(k)})$。

④进行收敛判断：若满足

$$\|\boldsymbol{X}^*(r^{(k)})-\boldsymbol{X}^*(r^{(k-1)})\|\leqslant\varepsilon$$

或

$$\left|\frac{\varphi(\boldsymbol{X}^*(r^{(k+1)}))-\varphi(\boldsymbol{X}^*(r^{(k-1)}))}{\varphi(\boldsymbol{X}^*(r^{(k-1)}))}\right|\leqslant\varepsilon$$

则停止迭代，输出最优解 $\boldsymbol{X}^*$，$f(\boldsymbol{X}^*)$；否则，转下步。

⑤取 $r^{(k+1)}=Cr^{(k)}$，$\boldsymbol{X}^{(0)}=\boldsymbol{X}^{*}(r^{(k)})$，置 $k=k+1$ 转步骤②继续迭代。

外点法的初始惩罚因子 $r^{(0)}$ 的选取，可利用经验公式：

$$r^{(0)}=\frac{0.02}{m\cdot g_u(\boldsymbol{X}^{(0)})f(\boldsymbol{X}^{(0)})}\quad(u=1,2,\cdots,m)$$

惩罚因子的递增系数 C 的选取，通常取 $C=5\sim10$。

外点法的优点是既适合于不等式约束，也能用于等式约束。另外，它对初始点没有特殊要求，既可是可行点，也可以是不可行点。但是，当惩罚项起作用时，外点法最终得的最优点实际上是一个接近于约束最优点的非可行点，对于要求严格满足不等式约束条件的问题，应对结果进行修正。具体方法可在不等式约束中引进一个使约束边界向里移动的约束裕量。

3. 混合法

混合法是综合内点法和外点法的优点而建立的一种惩罚函数法。对于不等式约束按内点法构造惩罚项，对于等式约束按外点法构造惩罚项，由此得到混合法的惩罚函数，简称混合罚函数，其形式为

$$\varphi(\boldsymbol{X},r_1^{(k)},r_2^{(k)})=f(\boldsymbol{X})-r_1^{(k)}\sum_{u=1}^{m}\frac{1}{g_u(\boldsymbol{X})}+r_2^{(k)}\sum_{v=1}^{p}[h_v(\boldsymbol{X})]^2 \tag{13-115}$$

式中，$r_1^{(k)}$ 为递减的正数序列；$r_2^{(k)}$ 为递增的正数序列。

也可将两个惩罚因子加以合并，取 $r_1^{(k)}=r^{(k)}$ 和 $r_2^{(k)}=1/r^{(k)}$，得以下常用的混合罚函数：

$$\varphi(\boldsymbol{X},r^{(k)})=f(\boldsymbol{X})-r^{(k)}\sum_{u=1}^{m}\frac{1}{g_u(\boldsymbol{X})}+\frac{1}{r^{(k)}}\sum_{v=1}^{p}[h_v(\boldsymbol{X})]^2 \tag{13-116}$$

式中，$r^{(k)}$ 为一递减的正数序列。

可见，混合法与外点法一样，可以用来求解既包含不等式约束又包含等式约束的约束优化问题。其初始点 $\boldsymbol{X}^{(0)}$ 虽然不要求是一个完全的内点，但必须满足所有不等式约束。混合法的惩罚因子递减系数与内点法的取值相同。

混合法的计算步骤与外点法相似。

13.6 多目标优化方法

在实际的工程及产品设计问题中，通常有多个设计目标，或者说有多个评判设计方案优劣的准则。虽然这样的问题可以简化为单目标求解，但有时为了是设计更加符合实际，要求同时考虑多个评价标准，建立多个目标函数，这种在设计中同时要求几项设计指标达到最优值的问题，就是多目标优化问题。

实际工程中的多目标优化问题有很多。例如，在进行齿轮减速器的优化设计时，既要求各传动轴间的中心距总和尽可能小，减速器的宽度尽可能小，还要求减速器的重量能达到最轻。又如，在进行港口门座式起重机变幅机构的优化设计中（图 13-38），希望在四杆机构变幅行程中能达到的几项要求有，象鼻梁 E 点落差 Δy 尽可能小（要求 E 点走水平直线），E 点位移速度的波动 Δv 尽可能小（要求 E 点的水平分速度的变化最小，以减小货物的晃动），变幅中驱动臂架的力矩变化量 ΔM 尽可能小（即货物对支点 A 所引起的倾覆力矩差要尽量小）等，都是多目

标优化问题。

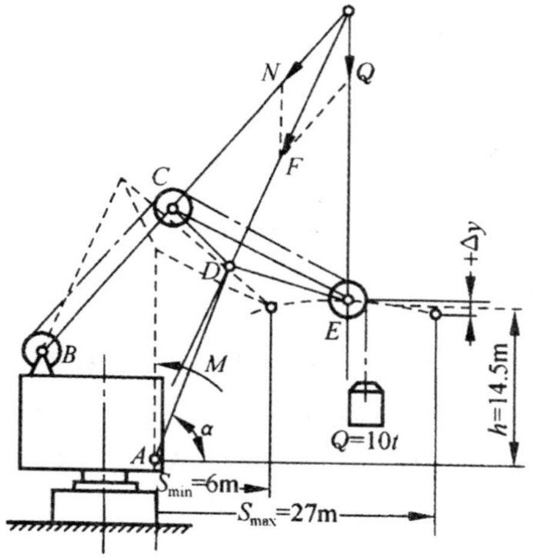

图 13-38　门座式起重机边幅四杆机构

多目标优化问题的每一个设计目标若能表示成设计变量的函数，则可以形成多个目标函数。将它们分别记作 $f_1(\boldsymbol{X}),f_2(\boldsymbol{X}),\cdots,f_q(\boldsymbol{X})$，便可构成多个目标优化数学模型：

$$\begin{aligned}&\min F(\boldsymbol{X}) \quad \boldsymbol{X}\in R^n\\ \text{s.t.}\quad &g_u(\boldsymbol{X})\leqslant 0 \quad u=1,2,\cdots,m\\ &h_v(\boldsymbol{X})=0 \quad u=1,2,\cdots,p;p<n\end{aligned} \tag{13-117}$$

式中，$F(\boldsymbol{X})=[f_1(\boldsymbol{X}),f_2(\boldsymbol{X}),\cdots,f_q(\boldsymbol{X})]^{\mathrm{T}}$，是 q 维目标向量。

对于上述多目标函数的求解，要使每个目标函数都同时达到最优，一般是不可能的。因为这些目标可能是互相矛盾的，对一个目标来说得到了比较好的方案，对另一个目标则不一定好，甚至完全不适合。因此，在设计中就需要对不同的设计目标进行不同的处理，以求获得对每一个目标都比较满意的折中方案。

多目标问题的最优解在概念上也与单目标不完全相同。若各个目标函数在可行域内的同一点都取得极小点，则称该点为完全最优解；使至少一个目标函数取得最大值的点称劣解。除完全最优解和劣解之外的所有解统称有效解。严格地说，有效解之间是不能比较优劣的。多目标优化实际上是根据重要性对各个目标进行量化，将不可比问题转化为可比问题，以求得一个对每个目标来说都相对最优的有效解。

下面讨论几种多目标优化方法。

13.6.1　主要目标法

主要目标法的基本思想为：假设按照设计准则建立了 q 个分目标函数 $f_1(\boldsymbol{X}),f_2(\boldsymbol{X}),\cdots,f_q(\boldsymbol{X})$，可以根据这些准则的重要程度，从中选择一个重要的作为主要设计目标，将其他目标作为约束函数处理，从而构成一个新的单目标优化问题，并将该单目标问题的最优解作为所求多目标问题的相对最优解。

对于多目标函数优化问题，主要目标法所构成的单目标优化问题数学模型如下：

$$
\begin{aligned}
&\min f_1(\boldsymbol{X}) \quad \boldsymbol{X}\in R^n \\
\text{s. t.}\quad & g_u(\boldsymbol{X})\leqslant 0 \quad u=1,2,\cdots,m \\
& h_v(\boldsymbol{X})=0 \quad u=1,2,\cdots,p;p<n \\
& g_{m+j-1}(\boldsymbol{X})=f_j(\boldsymbol{X})-f_j^{(\beta)}\leqslant 0 \quad j=2,3,\cdots,q
\end{aligned}
\tag{13-118}
$$

式中，$f_1(\boldsymbol{X})$为主要分目标函数；$f_j(\boldsymbol{X})$ $(j=2,3,\cdots,q)$为次要分目标函数；$f_j^{(\beta)}$ $(j=2,3,\cdots,q)$为各个次要分目标函数的最大限定值。

13.6.2 统一目标法

统一目标法是处理多目标最优化问题最常用、也是较有效的一种方法，它是将多个目标函数统一为一个总目标函数，把多目标问题转化成单目标问题，再利用前面介绍的求单目标问题的方法获得最优解。即取 $F(\boldsymbol{X})=F\{f_1(\boldsymbol{X}),f_2(\boldsymbol{X}),\cdots,f_N(\boldsymbol{X})\}$，求 $\boldsymbol{X}^*$，使其满足式(13-118)。

统一目标法的目标函数构建有多种形式，具体做法如下。

1. 加权组合法

将各分目标函数 $f_i(\boldsymbol{X})$按重要性分配权系数 W_i，然后求和构成总的统一目标函数 $F(\boldsymbol{X})$。

$$F(\boldsymbol{X})=\sum_{i=1}^{N}W_i f_i(\boldsymbol{X}) \tag{13-119}$$

式中，W_i为对应 $f_i(\boldsymbol{X})$的加权因子，其值取决于该分目标函数的相对重要程度，且 $\sum_{i=1}^{N}W_i=1$。

2. 目标规划法

先单独求出各分目标函数的理想最优值 f_i^*（可进行适当的调整），然后按下式归一化并求和，从而建立统一的目标函数：

$$F(\boldsymbol{X})=\sum_{i=1}^{N}\left[\frac{f_i(\boldsymbol{X})-f_i^*}{f_i^*}\right]^2 \tag{13-120}$$

目标规划法的关键是选择合适的各分目标函数的理想最优值 f_i^*，通常要根据一定的经验或进行各单目标函数最优化求解后得到的结果来建立统一目标函数。

3. 功效系数法

当每个分目标函数 $f_i(\boldsymbol{X})$都可以用一个功效系数 η_i $(0\leqslant\eta_i\leqslant 1)$来表示其好坏程度时（$\eta_i=1$最好，$\eta_i=0$ 最坏），则构建的统一目标函数为

$$F(\boldsymbol{X})=\sqrt[N]{\eta_1\eta_2\cdots\eta_N} \tag{13-121}$$

需要注意的是，利用功效系数法进行优化时是求目标函数 $F(\boldsymbol{X})$的最大值。

4. 乘除法

在多目标优化问题中，如果有些目标要求最小化，而有些目标要求最大化时可采用乘除法。将越小越好的 N_1个目标函数相乘积除以越大越好的 $N-N_1$个目标函数相乘积，表达式如下：

$$F(\boldsymbol{X})=\frac{\prod_{i=1}^{N_1} f_i(\boldsymbol{X})}{\prod_{i=N_1+1}^{N} f_i(\boldsymbol{X})} \tag{13-122}$$

求解以统一目标函数 $F(\boldsymbol{X})$ 为目标的最优问题，其最优解作为多目标函数的最优解。

13.6.3　协调曲线法

根据各目标函数的等值线和约束条件可建立其协调曲线。如图 13-39(a)所示，P 点是单目标函数 $f_1(\boldsymbol{X})$ 约束问题的最优点，Q 是单目标函数 $f_2(\boldsymbol{X})$ 约束问题的最优点。在它们之间的起作用约束上的 R 和 S 点虽然不是两个单目标函数约束问题的最优点，但是 S 点上的 $f_1(\boldsymbol{X})$ 值要比 Q 点的 $f_1(\boldsymbol{X})$ 值小，同样 R 点上的 $f_2(\boldsymbol{X})$ 值要比 P 点的 $f_2(\boldsymbol{X})$ 值小。所以可以通过建立如图 13-39(b)所示的关于 $f_1(\boldsymbol{X})$ 和 $f_2(\boldsymbol{X})$ 为坐标的协调曲线，连接 P、R、S 和 Q 得到协调曲线。从图中可看出在协调曲线 $\widehat{RS}$ 上的点都比 N 点的 $f_1(\boldsymbol{X})$ 和 $f_2(\boldsymbol{X})$ 要小。

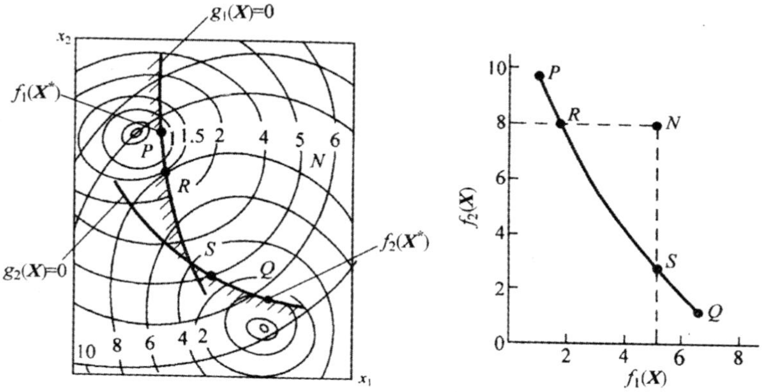

（a）P 和 Q 点是最优点　　（b）协调曲线

图 13-39　协调曲线

如果依据某一规则建立一个满意程度函数 $M(f_1, f_2)$，就可以通过如图 13-40 所示目标函数的协调曲线族得出最优解。

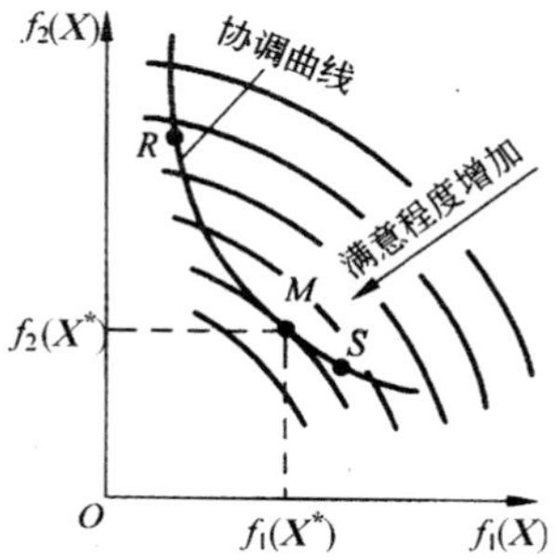

图 13-40　满意曲线与两目标协调情况

对于 N 个目标函数的优化问题，为了能相互“协调”得出最优方案，可采用下面的等式约束的表述形式，建立最优化模型。

$$
\begin{aligned}
&\min f_i(\boldsymbol{X}) \quad i=1,2,\cdots,N \\
\text{s. t.} \quad &g_u(\boldsymbol{X}) \leqslant 0 \quad u=1,2,\cdots,m \\
&h_l(\boldsymbol{X})=f_l(\boldsymbol{X})-f_l^*=0 \quad l=1,2,\cdots,N;l\neq i
\end{aligned}
\tag{13-123}
$$

式中，f_l^* 为各目标函数规定的期望值。

第 14 章　计算机辅助设计

14.1　概　述

计算机辅助设计(Computer Aided Design,CAD)是计算机科学领域的一门重要技术,是集计算、设计绘图、工程信息管理、网络通信等领域知识于一体的高新技术,是先进制造技术的重要组成部分。

在工程项目和产品设计中,计算机可以帮助设计人员进行计算、信息存储和制图等工作。计算机能对不同方案进行大量的计算、分析和比较,从而选择最优方案;能存放各种设计信息包括数字、文字或图形,并能快速检索;能对图形数据进行编辑、放大、缩小、平移和旋转等加工,将设计人员设计的草图变为工作图;还能快速地由图形显示自动产生设计结果,使设计人员能直观判断并及时修改。

计算机辅助设计对提高设计质量,加快设计速度,节省人力与时间,提高设计工作的自动化程度具有十分重要的意义。CAD 已成为工厂、企业和科研部门中一项必不可少的关键技术,对工业生产、工程设计、机器制造、科学研究等诸多领域的技术进步和快速发展产生了巨大影响。

14.1.1　CAD 技术的发展概况

CAD 技术产生于 20 世纪 60 年代,到目前为止只发展了短短 40 多年,但其技术发展之快、应用之广、影响之大令人瞩目。

20 世纪 50 年代,在美国诞生了第一台计算机绘图系统,计算机开始用于设计计算,出现了具有简单绘图输出功能的被动式的计算机辅助设计技术。

20 世纪 60 年代初,出现了 CAD 的曲面片技术,中期推出商品化的计算机绘图设备。1962 年,美国麻省理工学院林肯实验室的 Ivan. E. Sutherland 发表了博士毕业论文“Sketchpad:一个人机交互通信的图形系统”。Sketchpad 是第一个交互式计算机程序,它被认为是现代 CAD 系统的鼻祖。

20 世纪 70 年代,完整的 CAD 系统开始形成,后期出现了能产生逼真图形的光栅扫描显示器,推出了手动游标、图形输入板等多种形式的图形输入设备,促进了 CAD 技术的发展。

20 世纪 80 年代至 90 年代实现了设计过程的全部 CAD 化。进入 20 世纪 80 年代后,出现了 32 位工程工作站,高档微机向实用化、网络化发展,形成了分布式 CAD 工作站系统。20 世纪 80 年代中期以来,CAD 技术向标准化、集成化、智能化方向发展。一些标准的图形接口软件和图形功能相继推出,为 CAD 技术的推广、软件的移植和数据共享起到了重要的促进作用;系统构造由过去的单一功能变成综合功能;固化技术、网络技术、多处理机和并行处理技术在 CAD 中的应用,极大地提高了 CAD 系统的性能;人工智能和专家系统技术引入 CAD,出现了基于各种知识的智能 CAD 技术，大大提高了 CAD 系统的问题求解能力和设计过程的自动化水平。

我国在“八五”期间就实施了“国家 CAD 应用工程”计划。近 10 年来，我国加大了计算机辅助设计技术的研究、应用和推广力度，越来越多的设计单位和企业采用这一技术来提高设计效率、产品质量和改善劳动条件。目前，我国从国外引进的 CAD 软件有几十种，国内的一些科研机构、高校和软件公司也都立足于国内，开发出了自己的 CAD 软件，并投放市场。

14.1.2 CAD 技术的内涵

CAD 技术包括设计、绘图、工程分析与文档制作等设计活动，它是一种新的设计方法，也是一门多学科综合应用的新技术。

传统的 CAD 技术涉及以下一些基础技术：

①图形处理技术，如自动绘图、几何建模、图形仿真及其他图形输入、输出技术。

②工程分析技术，如有限元分析、优化设计及面向各种专业的工程分析等。

③数据管理与数据交换技术，如数据库管理、产品数据管理、产品数据交换规范及接口技术等。

④文档处理技术，如文档制作、编辑及文字处理等。

⑤软件设计技术，如接口界面设计、软件工具、软件工程规范等。

近十多年来，由于先进制造技术的快速发展，带动了先进设计技术的同步发展，扩展了传统 CAD 技术的内涵，人们将内涵扩展后的 CAD 技术称为“现代 CAD 技术”。

任何设计都表现为一个过程，每个过程都由一系列设计活动组成。这些活动既有串行的设计活动，也有并行的设计活动。目前，还有一些设计活动尚难用 CAD 技术来实现，如设计的需求分析、设计的可行性研究等，但设计中的大多数活动都已可以用 CAD 技术来实现。将设计过程中能用 CAD 技术来实现的活动集合在一起就构成了 CAD 过程，图 14-1 所示即为设计过程与 CAD 过程的关系。随着现代 CAD 技术的发展，设计过程中将有越来越多的活动用 CAD 工具来实现，因此，CAD 技术的覆盖面将越来越宽，也许有一天整个设计过程就是 CAD 过程。

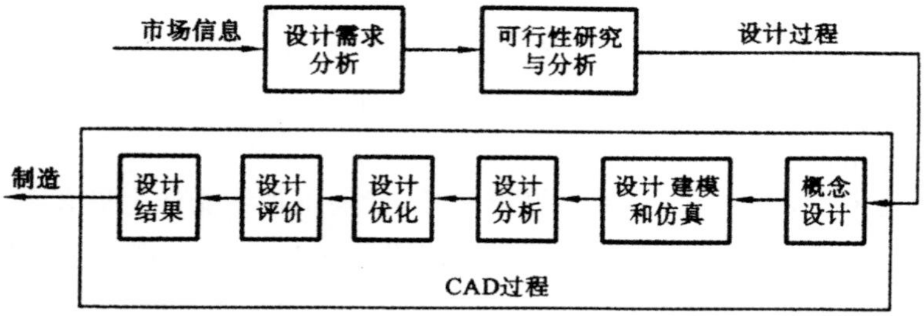

图 14-1 设计过程与 CAD 过程的关系

需要指出的是，不应该将 CAD 与计算机绘图、计算机图形学混淆。计算机绘图是使用图形软件和硬件进行绘图及有关标注的一种方法和技术，以摆脱繁重的手工绘图为主要目标。计算机图形学(Computer Graphics，CG)是研究通过计算机将数据转换为图形，并在专用设备上显示的原理、方法和技术的科学(根据 ISO 在数据处理词典中的定义)。

从以上叙述中可以看出,CAD、计算机绘图及计算机图形学之间是有区别的,但三者之间也有联系,可以简单地表述为:计算机绘图是计算机图形学中涉及工程图形绘制的一个分支,可将它看成一门工程技术,它为人们以软件操作方式绘制图样提供服务;计算机绘图不是 CAD 的全部内涵,但它是 CAD 的基础之一;计算机图形学是一门独立的学科,有自己丰富的技术内涵,与 CAD 有明显区别,但其有关图形处理的理论与方法构成了 CAD 的重要基础。

14.1.3　CAD 技术的应用领域

CAD 技术可广泛应用于国民经济的各个方面,归纳起来有以下几个方面。

①工程与产品设计。采用 CAD 技术后,首先是工程、产品设计和施工图纸可不必再用人工绘制。同时,借助于计算机的帮助,可以方便地完成某一工程或产品的方案论证、选型评估和性能分析。计算机绘图取代手工绘制,是最普遍和最广泛的一种应用,也是中小企业采用得最多的一种 CAD 应用方式。

②建立图形及符号库。主要用于建立常用图形和符号库,以便于设计时调用,提高设计效率。

③仿真模拟。应用高性能的 CAD 工作站可以真实地模拟机械零件的加工过程、汽车及飞机的行驶过程、机器人和机械手的运动环境、产品的受力受热情况等。

④三维造型。根据设计需求,采用线框、曲面或实体造型技术对产品的零部件进行三维造型设计,并可进行装配和运动仿真。

⑤工程分析。现代 CAD 技术提供强大的工程分析工具,如有限元分析、优化设计、运动学以及动力学分析、模拟仿真等。这些分析工具可帮助设计人员进行合理的结构、强度、运动等设计工作。

⑥事务管理。采用 CAD 技术可绘制各种形式的统计管理图表,如直方图、扇形图等,使繁琐的数据清晰、形象和直观。

14.1.4　CAD 技术的发展趋势

1. 智能化

现有的 CAD 技术在机械设计中只能处理数值型的工作,包括计算、分析与绘图。然而在设计活动中存在另一类符号推理型工作,包括方案构思与拟定、最佳方案选择、结构设计、评价、决策以及参数选择等。这些工作依赖于一定的知识模型,采用符号推理方法才能获得圆满解决。因此,将人工智能技术、知识工程技术与 CAD 技术结合起来,形成智能化 CAD 系统是机械 CAD 发展的必然趋势。以下两个问题应给以更多的注意:

①发展新的设计理论与方法。例如,并行设计、大规模定制设计、概念设计、创新设计、标准化设计、模块化设计、协同设计等,都是当前研究的热点。只有在新的理论与方法指导下才可能建立新一代的智能 CAD 系统,才能解决目前还不能有效解决的方案设计、创新设计等问题。

②继续深入研究知识工程在机械设计领域中应用的一些基本理论与技术问题。例如，设计知识的表示与建模、知识利用中的各种搜索与推理方法、知识挖掘、知识处理技术等。

2. 集成化

在一个由多种软件组成的复杂系统中，例如，计算机集成制造系统、并行工程等。集成的含义有多种，一般有功能集成、信息集成、过程集成及动态联盟中企业的集成。集成化问题一直是CAD技术研究的重点。目前，为适应现代制造技术发展的趋势，CAD的集成化正向着深度和广度发展，从CAD的信息集成、功能集成，发展为可实现整个产品生命周期的过程集成，进而向企业动态集成、虚拟企业发展。信息集成主要实现单元技术自动化孤岛的连接，实现其信息交换与共享；过程集成通过并行工程等实现产品设计制造过程的优化；企业动态集成通过敏捷制造模式来建立虚拟企业（动态联盟），达到提升产品和企业整体竞争力的目的。

计算机集成制造（CIM）是CAD集成技术发展的必然趋势。CIM的最终目标是以企业为对象，借助于计算机和信息技术，使企业的经营决策、产品开发、生产准备到生产实施及销售过程中有关人、技术、经营管理三要素及其形成的信息流、物流和价值流有机集成，并优化运行，从而达到产品上市快、高质、低耗、服务好、环境清洁，进而为企业赢得市场竞争的目的。计算机智能制造系统（CIMS）则是一种基于CIM哲理构成的复杂的人机系统，是在自动化技术、信息技术及制造技术的基础上，通过计算机及其软件，将制造工厂全部生产活动所需的各自分散的自动化系统有机地结合起来，适合于多品种、中小批量生产的总体高效益、高柔性的智能制造系统。CIMS不是现有生产模式的计算机化和自动化，它是在新的生产组织原理和概念指导下形成的一种新型生产实体。

3. 网络化

互联网及其Web技术的发展，迅速将设计工作推向网络协同的模式，因此，CAD技术必须在以下两个方面提高水平：

①能够提高基于因特网的完善的协同设计环境。该环境具有电子会议、协同编辑、共享电子白板、图形和文字的浏览与批注、异构CAD和PDM软件的数据集成等功能，使用户能够进行协同设计。

②提供网上多种CAD应用服务，例如，设计任务规划、设计冲突检测与消解、网上虚拟装配等工具。

4. 并行工程

并行工程是随着CAD/CAM和CIMS技术的发展而提出的一种新哲理和系统工程方法。这种方法的思路就是并行地、集成地开展产品设计、开发及加工制造，它要求产品开发人员在设计阶段就应考虑产品整个生命周期的所有要求，包括质量、成本、进度、用户要求等，以便最大限度地提高产品开发效率及一次成功率。并行工程的发展对CAD/CAM技术也提出了更高的要求，特别是作为并行工程主要使用工具的DFX技术的迅速发展，使得支持DFX的CAD/CAM技术的研究日趋活跃。

DFX 指的是面向某一领域的设计，它代表了当代的一种产品开发技术，能有效地应用于产品开发，实现产品质量的提高、成本的下降和设计周期的缩短。DFX 具体包含有面向装配的设计(DFA)、面向制造的设计(DFM)、面向成本的设计(DFC)、面向服务的设计(DFS)、面向可靠性的设计(DFR)等。

14.2　CAD 系统的组成

一个完整的 CAD 系统是由计算机硬件和软件两大部分所组成的，CAD 系统功能的实现，是由硬件和软件协调作用的结果。硬件是实现 CAD 系统功能的物质基础，然而如果没有软件的支持，硬件也是无法发挥作用的，二者缺一不可。

14.2.1　CAD 系统的硬件

CAD 系统的硬件配置与一般计算机系统有所不同，其主要差别是要求较完善的人机交互功能及图形输入/输出设备，有很大的存储器设备以及良好的网络通信功能。CAD 系统一般由计算机主机、外围设备、图形输入/输出设备组成。图形输入和输出设备种类很多，可根据需要进行选配。现代 CAD 系统均为交互系统，交互是靠用户操作图形输入设备来实现的。

1. 计算机

计算机主要由中央处理器(CPU)、内存储器及主板组成。中央处理器的功能是处理数据，由控制器和运算器两部分组成，控制器从内存中取出的指令，控制计算机工作；运算器负责对数据进行自述运算和逻辑运算。被处理的数据从内存取出，处理结果也存储在内存中。不同类型的中央处理器具有不同的结构体系和指令系统，运算能力也不同。内存用于存储 CPU 工作程序、指令和数据。

2. 图形输入设备

图形输入设备的作用是把按一定形式表示的数据、指令及其他一些信息转换成计算机所能理解的形式输入给计算机。常用的输入设备有以下几种。

(1)键盘

键盘是一种最常用的输入设备，可用于输入设计参数、图形的坐标值、命令和字符。

(2)光笔

光笔是一种直接用于输入坐标点的设备，并可用它来改变、选择屏幕上的图形或菜单项。光笔形如一只圆珠笔，其中有电子线路和光导纤维，用来检测图形的光强，并把相应的光信号转换放大成电脉冲信号，其结构如图 14-2 所示。

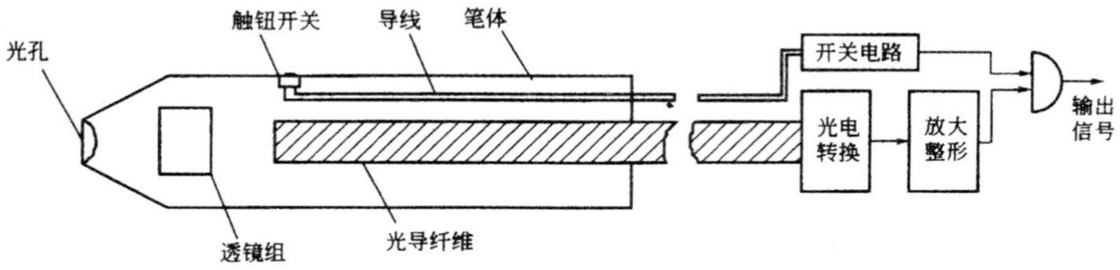

图 14-2 光笔的结构

(3)鼠标

鼠标是一种手动输入和屏幕指示装置。它用于移动光标在屏幕上的位置,以便在该位置上输入图形、字符,或从屏幕菜单上选择需要的项目。它分机械式和光电式两种。当鼠标在平面上移动时,电位器分别检测到 X 及 Y 方向的移动量,并经转换成数据量后送入计算机。

(4)数字化仪

数字化仪也称图形输入板,它是由一块尺寸为 A4～A0 的图板和一个类似于鼠标的定位器或触笔组成。主要用于输入图形,跟踪、控制光标位置和选择菜单。数字化仪是用来读取图纸上各点坐标的主要的图形输入设备,利用触笔或鼠标将图纸上的二维几何图形读入计算机内,具有较高的分辨率和精度。大多数的数字化仪采用电磁感应的原理进行工作。

数字化仪的图形输入方式称矢量方式,即将输入的图形看作是由基本的点和线段组成的,其输入的图形数据是以数组方式存储的。

(5)图形扫描仪

近年来,国内外的 CAD 用户十分重视用扫描仪将工程图样自动输入计算机的技术研究。这种技术分为三部分。

①用扫描仪对图样进行扫描,经二值化处理后,形成点阵的图像文件。

②经过有关软件处理,点阵图像转换成矢量化图形,大大节约内存,并建立了与图形系统连接的图形数据库。

③将图形信息和文本、符号分离识别。

扫描仪及其处理软件是进行上述工作的必要条件。其主要技术指标有以下方面。

分辨率:每英寸 200～1600 点。

灰度:是指一系列具有黑白比例或彩色浓淡的色调,通常为 256 级或 64 级。

3. 图形输出设备

图形输出设备的作用是把计算机的运算结果用人们所能识别的形式——数字、文字、图形、图像等表示出来。常用的输出设备有以下几种。

(1)图形显示器

图形显示器是主要的图形输出设备。其主要器件是阴极射线管(CRT),目前广泛使用的是光栅扫描式显示器,通过不断地读取帧缓冲区的数据来控制不同像素点的 RGB 色刷新屏幕上的图像。它所显示的图形和文字,都是由一系列按一定规律排列的点组成的,这些点叫做像素。衡量图形显示器清晰度的主要指标是分辨率。同样尺寸的屏幕，水平、垂直方向像素点的数目越大则分辨率越高，显示的图形越精确。若每行由 1024 个点组成，共有 1024 行，则该显示器的分辨率为 1024×1024。图形显示器只有通过显示处理单元或图形控制器和主机的 CPU 连接，才能显示图形。

液晶显示器(Liquid Crystal Display，LCD)的显像原理，是将液晶置于两片导电玻璃之间，靠两个电极间电场的驱动，引起液晶分子扭曲向列的电场效应，以控制光源透射或遮蔽功能，在电源关开之间产生明暗而将影像显示出来，若加上彩色滤光片，则可显示彩色影像。

图形显示器另一个相关的器件是图形显示卡，具有较强的图形加速能力，关键要对 OPENGLD 的支持比较好。专业的图形显示卡有 3DLabs 等，常用的芯片厂商如 ATI 等，生产显卡的公司很多，如欧洲的 ELSA、中国台湾的丽台和耕升、深圳的七彩虹等。显存主流为 512MDDR，越大越好。显卡的价格越来越便宜，完全能够满足 CAD 系统的要求。

常见的显卡有 VGA 卡、TVGA 卡、9420PCI 卡、S3 卡等。后两个主要用于 486 以上机型，具有 32 位甚至 64 位存取能力及较强的图形加速能力。工作站普遍采用成批处理技术(X 协议要求)来向图形卡发送绘图指令，图形卡采用专门的微处理器并行处理绘图指令输出图形。一些图形卡如 Intel 的 i860，SGI 的 IRIS 图形加速卡，以硬件支持三维图形的输出和真实感显示，具有深度缓冲器实现三维图形的消隐。

为了使显示器有彩色和浓淡的变化，还需要有位面。当有 8 个位面，就有 256 种颜色。位面众多，彩色(或灰度)种类众多。

(2)打印机

打印机主要是用来打印文字和数据组成的文件和表格。目前一般采用点阵打印机。在部分高中档 CAD 系统中也常使用激光打印机，它是一种速度快、质量高、运行噪声低和打印功能极强的输出文字和图形的设备。

(3)绘图仪

绘图仪按工作原理可分为笔式绘图仪和非笔式绘图仪两大类。笔式绘图仪是以墨水作为工具，计算机通过程序指令控制笔和纸的相对运动及图形的颜色和线型，从而输出图形。20 世纪 90 年代中期以前，笔式绘图仪的应用较为广泛。但是由于它只能绘制矢量线，且稳定性较差，在非笔式绘图仪成本降低之后，它就逐渐退出了市场。

非笔式绘图仪包括静电绘图仪、喷墨绘图仪、热敏绘图仪等几种类型，其中以喷墨绘图仪的使用最为广泛。喷墨绘图仪的原理和喷墨打印机一样，是将特制的墨水通过一个细小的喷嘴喷射到介质(主要是纸张)上，从而形成所需要的文字或图案。

14.2.2　CAD 系统的软件

CAD 系统的软件根据执行任务和对象的不同，可分为系统软件、支撑软件及应用软件三类。系统软件直接配合硬件工作、并对其他软件起支撑作用，主要负责管理硬件资源及各种软件资源，它面向所有用户，是计算机的公共性底层管理软件，即系统开发平台；支撑软件运行在系统软件之上，是实现 CAD 各种功能的通用性应用基础软件，是 CAD 系统专业性应用软件的开发平台；应用软件则是根据用户的具体要求，在支撑软件的基础上经过二次开发的专用软件。

1. 系统软件

系统软件是与计算机硬件直接联系并且供用户使用的软件。系统软件起着扩充计算机功能和合理调度计算机资源的作用，具有两个重要特点：一是公用性，无论是哪个应用领域，无论是哪个计算机用户，都要使用；二是基础性，应用软件要用系统软件来编写、实现，并在系统软件的支持下运行，因此，系统软件是应用软件赖以工作的基础。在系统软件中，最重要的有两类：一是操作系统，负责组织计算机系统的活动以完成人交给的任务，并指挥计算机系统有条不紊地应付千变万化的局面；二是各种程序设计语言、语言编译系统、数据库管理系统和数据通讯软件等，负责人与计算机之间的通讯。系统软件的目标在于扩大系统的功能、方便用户使用，为应用软件的开发和运行创造良好的环境，合理调度计算机的各种资源，以提高计算机的使用效率。

2. 支撑软件

支撑软件是帮助人们高效率开发应用软件的软件工具系统，亦称为软件开发工具。计算机辅助设计系统的支撑软件主要包括图形支撑系统和数据库管理系统，它们是计算机辅助设计的核心技术。此外，程序设计语言、面向计算机对象的专用语言等也属于支撑软件，这些软件为计算机辅助设计系统的开发提供了必要的软件环境，实现多种多样的计算机辅助设计功能。常用的 CAD 支撑软件有：图形支撑软件、几何造型软件、分析软件及优化设计软件及工程数据库管理软件。

3. 应用软件

应用软件是在系统软件支持下，为实现某个应用领域内待定任务而编写的软件。它是在系统软件的基础上，采用高级语言或基于某种支撑软件，针对某个特定的问题设计研制的一类软件。这类软件通常由用户结合当前设计工作的需要自行研究开发或委托开发商进行开发，此项工作又称为“二次开发”。如模具设计软件、电器设计软件、机械零件设计软件、机床设计软件，以及汽车、船舶、飞机设计制造行业的专用软件均属应用软件。

在开发过程中，需要建立数学模型，用计算机可以处理的方式表述设计准则。为提高软件的开发效率和可靠性，人们提出了计算机辅助软件工程(Computer Aided Software Engineering，CASE)的概念，并开发了 CASE 工具。利用 CASE 软件工具，可以提高程序设计和调试的效率，减少错误率。另外，为提高应用软件的开发效率，可以将实现系统基本功能的算法程序建成程序库，如矩阵基本算法、解线性方程组、微分方程求解等程序。在开发应用程序时，可以直接调用程序中的通用程序。

对广大用户及一般技术人员来说，更为关心的是研制或选用应用软件。所以，在应用软件开发中，能否充分发挥已有 CAD 系统的功能，应采用结构化、模块化、规范化的设计方法，分阶段开发，这样有利于提高软件开发的质量和效率。

14.3 CAD 系统的图形处理

所谓计算机图形处理技术就是指利用计算机通过算法和程序在显示设备上构造出图形的

一种技术。图形处理技术在 CAD 技术中发挥着重要的作用，目前，CAD 工作中的人机交换信息，主要是通过图形功能来实现。一方面，设计对象的几何形状必须采用图形进行描述；另一方面，图形又是表达和传递信息的有效形式。所以，了解和掌握计算机图形处理技术的一些基础知识和相关的基本概念与术语，对掌握 CAD 技术和熟练使用 CAD 应用软件是非常有益的。

14.3.1 计算机中表示图形的方法

计算机中表示图形的常用方法有以下两种。

1. 点阵法

点阵法是用具有灰度或色彩的点阵来表示图形的一种方法，它强调点及其灰度或色彩。通常把用点阵法描述的图形叫像素图形，简称为图像，也称为光栅图形。一些图形处理软件，如 Paint、Photoshop 等，都以光栅图形的形式存储图形信息。

2. 参数法

参数法是以计算机中所记录图形的形状参数与属性参数来表示图形的。形状参数可以是描述其形状的方程的系数、线段的起始点或终止点等，属性参数则包括灰度、色彩、线型等非几何属性。通常把用参数法描述的图形称为参数图形，简称为图形，习惯上也把图形称为矢量图形。由于矢量图形可以任意缩放而不影响图形的显示和输出质量，因此，CAD 系统一般都以矢量图形的形式存储图形信息。计算机图形处理指的是矢量图形的处理。

14.3.2 坐标系

图形的描述和输入输出都是在一定的坐标系中进行的，应根据不同的需要，建立不同的坐标系以及它们之间的转换关系，最终使图形显示于屏幕上。一般情况下，常用到的坐标系包括以下三种。

1. 用户坐标系

用户坐标系是最常用的坐标系，如图 14-3 所示。该坐标系也称为世界坐标系，是一个符合右手定则的直角坐标系，用来定义在二维平面或三维世界中的物体。理论上，用户坐标系是无限大且连续的，即它的定义域为实数域。图 14-3(a)是定义二维图形的坐标系，图 14-3(b)是定义三维物体的坐标系。

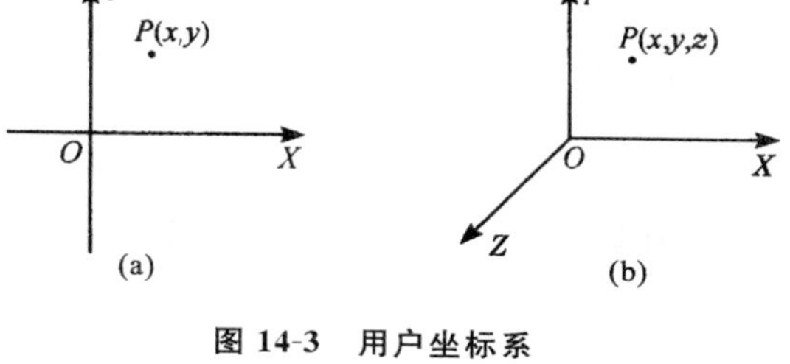

图 14-3 用户坐标系

2. 设备坐标系

图形输出设备（如显示器、绘图仪）自身都有一个坐标系，称之为设备坐标系或物理坐标系。设备坐标系是一个二维平面坐标系，其度量单位是步长（绘图仪用）或像素（显示器用），因此，它的定义域是整数域且是有界的。例如，对显示器而言，分辨率就是其设备坐标的界限范围。

3. 规格化坐标系

由于用户的图形是定义在用户坐标系里，而图形的输出定义在设备坐标系里，它依赖于具体的图形设备。由于不同的图形设备具有不同的设备坐标系，且不同设备之间坐标范围也不尽相同，例如，分辨率为 640×480 的显示器其屏幕坐标范围为：X 方向 O-639，Y 方向 O-479；而分辨率为 1024×768 的显示器其屏幕坐标范围则为：X 方向 O-1023，Y 方向为 O-767。显然这使得应用程序与具体的图形输出设备有关，给图形处理及应用程序的移植带来不便。为了便于图形处理，则应定义一个与设备无关的坐标系，即规格化坐标系。该坐标系其坐标方向及坐标原点与设备坐标系相同，但其最大工作范围的坐标值则规范化为 1。对于既定的图形输出设备，其规范化坐标与实际坐标相差一个固定倍数，即该设备的分辨率。当开发应用于不同分辨率设备的图形软件时，首先将输出图形统一转换到规格化坐标系，以控制图形在设备显示范围内的相对位置；然后再乘以相应的设备分辨率就可转换到具体的输出设备上了，这一转换关系如图 14-4 所示。

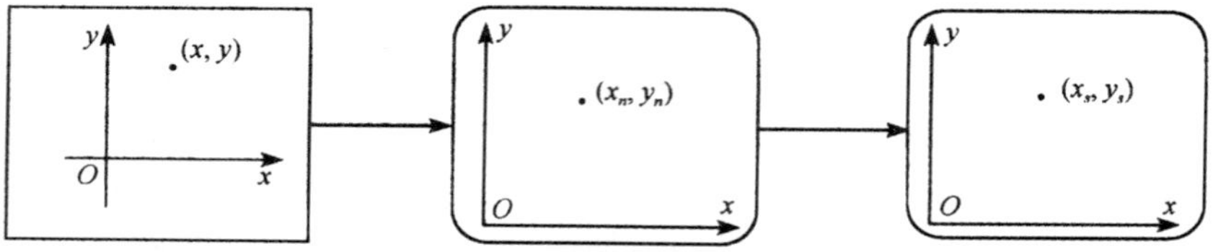

(a) 用户坐标系　　(b) 规格化坐标系　　(c) 设备坐标系

图 14-4　三种坐标系的关系

规格化坐标转化为屏幕坐标的关系为

$$\begin{cases} x_s = x_n \times s_l \\ y_s = y_n \times s_w \end{cases} \tag{14-1}$$

式中，s_l、s_w 为屏幕的长和宽方向的像素数，即 x 和 y 方向屏幕坐标的最大值；x_n、y_n 为规格化坐标；x_s、y_s 为屏幕坐标。

14.3.3　窗口与视区变换

“窗口”和“视区”是计算机图形处理中常用的图形处理技术，通过窗口存在可将窗口中选定的图形输出到视区中，供用户观察和进行各种操作。

1. 窗口

站在房间里的窗口往外看，只能看到窗口内的景物；选择不同的窗口可以看到不同的景物。通常把用户指定的任一区域(W)叫做窗口。

在工程设计中，有时为了详细表达图形的某一部分，而将该部分单独放大画出，即所谓的局部视图。在计算机图形学中，采用窗口技术可将指定的局部图形从整体中分离出来，并显示于视区之中，即通过窗口操作观察感兴趣的图形部分。窗口技术应用的典型示例是在各种 CAD 系统中经常用到的框选放大操作。

窗口是在世界坐标系中定义的确定显示内容的一个矩形区域，只有在这个区域内的图形才能显示于屏幕上。通过改变窗口大小、位置，可以方便地观察局部图形，控制图形的大小。

2. 视区

视区是在设备坐标系中定义的一个矩形区域，用于显示窗口中的图形，它决定了窗口中的图形要显示于屏幕上的位置和范围。

任何小于或等于屏幕域的区域都可以称为视区。在同一个屏幕上可以定义多个视区，以显示不同的图形信息，或用各种交互处理的功能选项及信息提示处理，也可以将视区再划分为多个子视区，用于表示零件的不同投影显示，并在小于时进行主、子视区的状态转换。

3. 窗口与视区变换

窗口和视区是在不同的坐标系下定义的。因此，如果将窗口中的图形信息传送到视区来输出显示，必须把世界坐标系中定义的坐标值转化为设备坐标系下的坐标值，这样的变换称为窗口与视区变换。窗口与视区变换过程如图 14-5 所示。

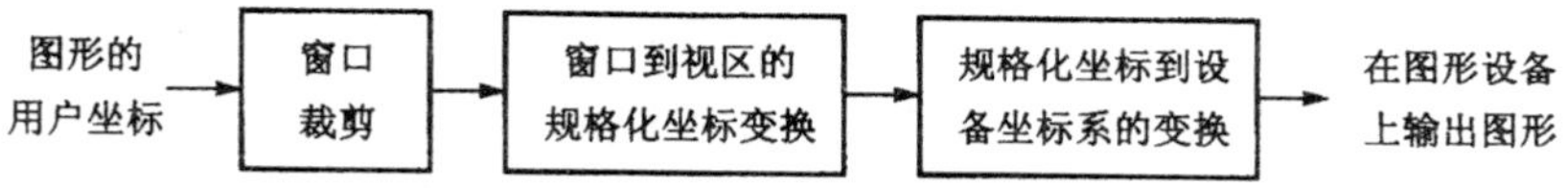

图 14-5　窗口与视区变换过程

14.3.4　图形剪裁

利用窗口技术，通过定义窗口和视区，可以将整体视图中的局部图形显示于屏幕的指定位置并对其进行处理。为了准确地将局部图形从整体图形中分离并显示出来，除了进行前面介绍的窗口与视区变换之外，还需要对图形进行裁剪，即通过正确地识别图形在窗口的内外部分，裁剪掉位于窗口外的图形部分，仅保留位于窗口内的图形部分。这一过程称图形剪裁。当然，为适应某种特殊需要也可剪裁掉位于窗口内的图形，而留出窗口的空白区域，以用文字说明或其他用途，称这种处理方法为“覆盖”。

剪裁技术是计算机图形处理的基本问题之一，其核心问题是通过对剪裁边界和被裁剪对象进行求交，裁剪位于裁剪边界外的图形，保留所需要的部分。剪裁处理的基础是图形元素与视区边界交点的计算和点在区域内、外的判断。最常见的是矩形剪裁。裁剪边界也可是任意的多边形。被裁剪的对象经常是点、线段、字符、多边形等。

①对点的裁剪通过判断其可见性，即是否在窗口内来实现。

②对线段的裁剪，常采用编码裁剪算法、矢量裁剪算法和中点分割裁剪算法等。

③对多边形的裁剪，主要有逐边裁剪法、双边裁剪法、凸包矩形判别法、分区判断求交法及边界分割法等。

④对字符的裁剪，由于字符是一种特殊的子图形，因此，它既有一般线段和多边形裁剪的共性，也具有其自身的特殊性，具体表现在字符裁剪的精度要求上。精度最高的是笔画裁剪；其次是字裁剪；精度最低的是字符串裁剪。

14.3.5 二维图形的几何变换

1. 原理

由于“体”是由若干面构成的，面是由线构成的，点的运动轨迹形成线，因此，构成图形的最基本要素是点，一个图形可以用点的集合来表示。对图形进行变换，只需要对点进行变换即可。在解析几何中，可用(x,y)来表示平面上的点，则平面图形可用矩阵表示为

$$\begin{bmatrix} x_1 & y_1 \\ x_2 & y_2 \\ \vdots & \vdots \\ x_n & y_n \end{bmatrix}$$

用一个 $n+1$ 维向量表示一个 n 维向量的方法，叫齐次坐标法。采用齐次坐标法，平面点集表示为

$$\begin{bmatrix} x_1 & y_1 & 1 \\ x_2 & y_2 & 1 \\ \vdots & \vdots & \vdots \\ x_n & y_n & 1 \end{bmatrix}$$

将平面图形用点集矩阵来表示之后，对图形的几何变换就可以通过相应的矩阵运算来实现，即

旧点集×变换矩阵→新点集

2. 变换矩阵

如果将矩阵 $\boldsymbol{T}$ 分成四块

$$\boldsymbol{T}=\left[\begin{array}{cc:c} a & b & c \\ c & d & q \\ \hdashline l & m & s \end{array}\right]$$

则各部分的功能如下：

$\begin{bmatrix} a & b \\ c & d \end{bmatrix}$可实现图形的比例、对称、旋转、错切四种基本变换。

$[l \quad m]$的功能是实现平移变换，l、m 分别为 x、y 方向的平移量。

$\begin{bmatrix} p \\ q \end{bmatrix}$的作用是产生透视变换。

$[s]$的作用是使图形产生全比例变换，例如：

$$[x \quad y \quad l]\begin{bmatrix} 1 & 0 & 0 \\ 0 & 1 & 0 \\ 0 & 0 & s \end{bmatrix}=[x \quad y \quad s]\xrightarrow{\text{正常化}}\begin{bmatrix} \dfrac{x}{s} & \dfrac{y}{s} & 1 \end{bmatrix}=[x' \quad y' \quad 1]$$

由此可见，通过齐次坐标正常化后可使图形整体产生等比例放大或缩小，即当 $s>1$ 时，等比例缩小；当 $0<s<1$ 时，等比例放大；当 $s=1$ 时，则为恒等变换。

由此可知，采用齐次坐标的优点是：扩大了变换矩阵的功能，各子矩阵元素的作用是独立的，只要其中有关元素不为零，这些元素就能起到各自的变换作用，而产生相应变换的叠加；另外，齐次坐标还能简单合理地表示无穷远点，如当 $H=0$ 时，则 $[x \quad y \quad H]$ 就表示了一个无穷远点"∞"，而 $[3 \quad 4 \quad 0]$ 就表示了斜率为 4/3 的一组平行线在无穷远处相交的无穷远点"∞"。

3. 基本变换

对于一个点 $[x \quad y]$，使其乘以 2×2 阶矩阵 $\boldsymbol{T}=\begin{bmatrix} a & b \\ c & d \end{bmatrix}$，$\boldsymbol{T}$ 称为变换矩阵，则可得

$$[x \quad y]\begin{bmatrix} a & b \\ c & d \end{bmatrix}=[ax+cy \quad bx+dy]=[x' \quad y'] \tag{14-2}$$

式中，$[x' \quad y']$ 为变换后图形上与点 $[x \quad y]$ 对应的点的坐标。

由此可见，$[x' \quad y']$ 的值除与原坐标值 $[x \quad y]$ 有关外，还与变换矩阵 $\begin{bmatrix} a & b \\ c & d \end{bmatrix}$ 中各元素的值有关。变换矩阵中 a、b、c、d 取不同的值，可以产生各种不同的变换。这里介绍的基本变换是指以坐标原点为基准点的变换，包括以下几种。

(1)比例变换

比例变换，即将图形以坐标原点为中心进行放大或缩小的坐标变换。

变换矩阵为

$$\boldsymbol{T}=\begin{bmatrix} a & 0 \\ 0 & d \end{bmatrix} \quad (a\neq 0, d\neq 0)$$

$$[x \quad y]\begin{bmatrix} a & 0 \\ 0 & d \end{bmatrix}=[ax \quad dy]=[x' \quad y']$$

即

$$\begin{cases} x'=ax \\ y'=dy \end{cases} \tag{14-3}$$

式中，a 和 d 分别为 x 和 y 方向的比例因子。a 和 d 的取值不同，可使图形产生不同的比例变换，如图 14-6 所示。若 $a=d=1$，则为恒等变换，即变换前、后点的坐标不变；若 $a=d>1$，则为等比放大变换；若 $a=d<1$，则为等比缩小变换；若 $a\neq d$，则变换后的图形产生畸变。

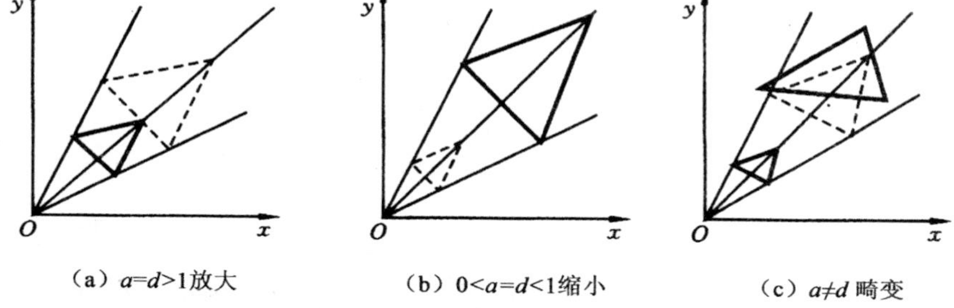

(a) $a=d>1$ 放大　(b) $0<a=d<1$ 缩小　(c) $a\neq d$ 畸变

图 14-6 图形的各种比例变换

(2)压缩变换

压缩变换,即将二维图形压缩到某坐标轴或者坐标原点的变换。

将图形压缩到 x 坐标轴上,变换矩阵为

$$\boldsymbol{T}=\begin{bmatrix}1 & 0\\0 & 0\end{bmatrix}\tag{14-4a}$$

将图形压缩到 y 坐标轴上,变换矩阵为

$$\boldsymbol{T}=\begin{bmatrix}0 & 0\\0 & 1\end{bmatrix}\tag{14-4b}$$

将图形压缩到坐标原点,变换矩阵为

$$\boldsymbol{T}=\begin{bmatrix}0 & 0\\0 & 0\end{bmatrix}\tag{14-4c}$$

(3)旋转变换

旋转变换,即在二维平面内,点或平面图形绕坐标原点旋转 θ 角的变换。在旋转变换中规定旋转方向逆时针为正,顺时针为负。如图 14-7 所示,点 A 绕坐标原点旋转 θ 角到达点 A'。设旋转半径 $R=OA$,则

$$x'=R\cos(\alpha+\theta)=R\cos\alpha\cos\theta-R\sin\alpha\sin\theta=x\cos\theta-y\sin\theta$$
$$y'=R\sin(\alpha+\theta)=R\cos\alpha\sin\theta+R\sin\alpha\cos\theta=x\sin\theta+y\cos\theta$$

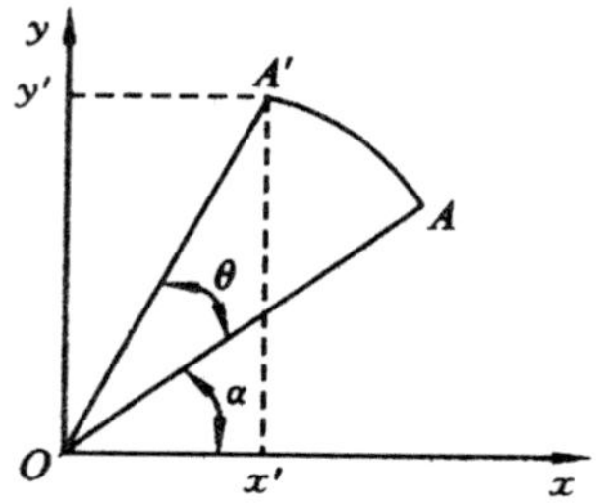

图 14-7　点绕坐标原点旋转 θ 角

故绕坐标原点旋转口角的变换矩阵为

$$\boldsymbol{T}=\begin{bmatrix}\cos\theta & \sin\theta\\-\sin\theta & \cos\theta\end{bmatrix}\tag{14-5}$$

(4)错切变换

错切变换,即二维图形在某一个坐标轴方向的坐标值不变,而平行于另一个坐标轴的线倾斜 θ 角,或平行于两个坐标轴的线都倾斜 θ 角的变换。

错切变换矩阵为

$$\boldsymbol{T}=\begin{bmatrix}1 & b\\c & 1\end{bmatrix}\tag{14-6}$$

若 $b=0$,$c\neq0$,则沿 x 方向错切,有 $[x\quad y]\begin{bmatrix}1 & b\\c & 1\end{bmatrix}=[x+cy\quad y]=[x'\quad y']$,如图 14-8(a)所示。该变换的特点是,变换后点的 y 坐标不变,x 坐标则依初始坐标 $[x\quad y]$ 线性变化。因此,凡平行于 x 轴的直线变换后仍平行于 x 轴,凡平行于 y 轴的直线沿 x 方向错切后

与 y 轴成 θ 角，且 $\tan\theta=c$，而 x 轴上的点为不动点。

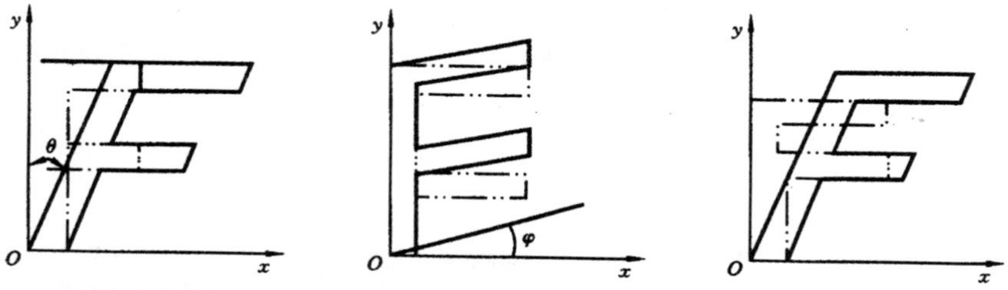

(a)沿x方向错切　　(b)沿y方向错切　　(c)沿直线$x=y$方向错切

图 14-8　图形的各种错切变换

若 $c=0, b\neq 0$，则沿 y 方向错切，有 $[x \quad y]\begin{bmatrix}1 & b\\ 0 & 1\end{bmatrix}=[x \quad bx+y]=[x' \quad y']$，如图 14-8(b)所示。其中，$\tan\varphi=b$。

若 $b\neq 0$，$c\neq 0$，则既沿 x 方向错切，也沿 y 方向错切，有 $[x \quad y]\begin{bmatrix}1 & b\\ c & 1\end{bmatrix}=[x+cy \quad bx+y]=[x' \quad y']$，如图 14-8(c)所示。

(5)对称变换

对称变换，即将图形以坐标原点为中心对称于坐标原点或某一条轴线的变换。

关于 x 轴对称：点对称于 x 轴，有 $x'=x, y'=y$，如图 14-9(a)所示，则变换矩阵为

$$T=\begin{bmatrix}1 & 0\\ 0 & -1\end{bmatrix} \tag{14-7a}$$

$$[x \quad y]\begin{bmatrix}1 & 0\\ 0 & -1\end{bmatrix}=[x \quad -y]=[x' \quad y']$$

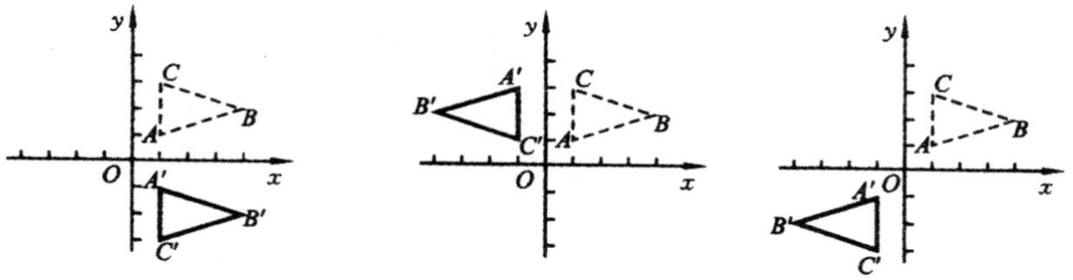

(a)关于x轴对称　　(b)关于y轴对称　　(c)关于坐标原点对称

图 14-9　图形的各种对称变换

关于 y 轴对称：点对称于 y 轴，有 $x'=-x, y'=y$，如图 14-9(b)所示，则变换矩阵为

$$T=\begin{bmatrix}-1 & 0\\ 0 & 1\end{bmatrix} \tag{14-7b}$$

关于坐标原点对称：点对称于坐标原点，有 $x'=-x, y'=-y$，如图 14-9(c)所示，则变换矩阵为

$$T=\begin{bmatrix}-1 & 0\\ 0 & -1\end{bmatrix} \tag{14-7c}$$

关于 $x=y$ 对称：点对称于 $x=y$ 直线，有 $x'=y, y'=x$，则变换矩阵为

$$T=\begin{bmatrix}0 & 1\\1 & 0\end{bmatrix} \tag{14-7d}$$

关于 $x=-y$ 对称：点对称于 $x=-y$ 直线，有 $x'=-y, y'=-x$，则变换矩阵为

$$T=\begin{bmatrix}0 & -1\\-1 & 0\end{bmatrix} \tag{14-7e}$$

(6)平移变换

在平面直角坐标系中一点 **A** 的坐标可以表示为 $A(x,y)$ 或 $A'(x',y')$。但在图 14-10 中，点 F 可表示为 AD 和 BC 的交点，变换后 $A'D'//B'C'$，其交点 F' 为一无穷远点。同理，点 E 可看成是 AB 和 DC 的交点，也是一无穷远点。它们都不能用直角坐标来表示。为了解决此问题，可以把某点的 x 或 y 坐标用两个数的比来表示，如 4 可以表示成 8/2 或 4/1 等。因此，一点的直角坐标 (x,y) 可表示成 $(X/H,Y/H)$。对同一个点，随 H 的值不同而会有不同的坐标。有序的三组数 (X,Y,H) 称为点的齐次坐标。这样一来就可以将 N 维空间的点在 $N+1$ 维空间中表示。点的齐次坐标 (X,Y,H) 与直角坐标 (x,y) 的关系为

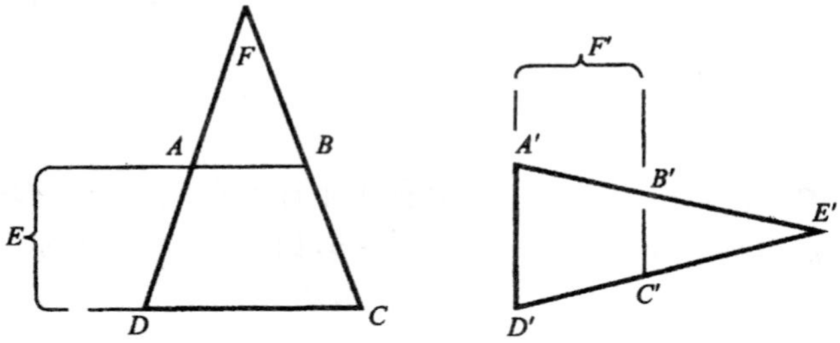

图 14-10　图形变换中的无穷远点

$$\begin{cases}x=X/H\\y=Y/H\end{cases}$$

当 $H=1$ 时，$(X,Y,1)$ 为点的规格化齐次坐标，也就是点的直角坐标。

引入齐次坐标表示后，可将二维图形的变换矩阵扩充成 3×3 阶的矩阵，即

$$T=\begin{bmatrix}a & b & p\\c & d & q\\l & m & s\end{bmatrix}$$

若令

$$T=\begin{bmatrix}1 & 0 & 1\\0 & 1 & 0\\l & m & 1\end{bmatrix}$$

则有

$$[x\quad y]T=\begin{bmatrix}1 & 0 & 1\\0 & 1 & 0\\l & m & 1\end{bmatrix}=[x+l\quad y+m\quad 1]=[x'\quad y'\quad 1]$$

变换矩阵中的 l、m 分别为 x、y 方向的平移量。

(7)组合变换

基本变换是以原点为中心的简单变换。在实际应用中,一个复杂的变换往往是施行多个基本变换的结果。这种由多个基本变换组成复杂变换的方法称为组合变换,相应的变换矩阵称为组合变换矩阵。

下面通过具体实例来介绍组合变换。

例 14-1　如图 14-11 所示,已知三角形点集矩阵为 $\boldsymbol{P}=\begin{bmatrix}1&0&1\\4&0&1\\3&2&1\end{bmatrix}$,变换矩阵为 $\boldsymbol{T}=\begin{bmatrix}\cos 90^\circ&\sin 90^\circ&0\\-\sin 90^\circ&\cos 90^\circ&0\\1&2&0.5\end{bmatrix}=\begin{bmatrix}0&1&0\\-1&0&0\\1&2&0.5\end{bmatrix}$,求变换后的三角形点集矩阵 $\boldsymbol{P}'$。

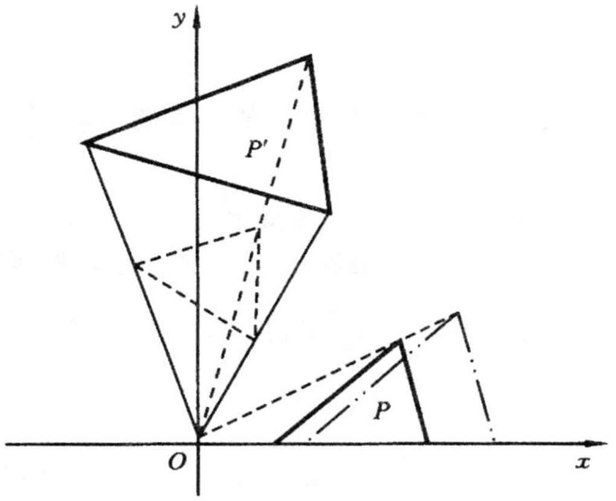

图 14-11　二维图形变换

解:

$$\boldsymbol{P}'=\boldsymbol{P}\cdot\boldsymbol{T}=\begin{bmatrix}1&0&1\\4&0&1\\3&2&1\end{bmatrix}\begin{bmatrix}0&1&0\\-1&0&0\\1&2&0.5\end{bmatrix}$$

$$=\begin{bmatrix}1&3&0.5\\1&6&0.5\\-1&5&0.5\end{bmatrix}\xrightarrow{\text{正常化}}\begin{bmatrix}2&6&1\\2&12&1\\-2&10&1\end{bmatrix}$$

如图 14-11 所示,变换后的结果相当于 P 点绕原点逆时针旋转 90°再平移(1,2),如图中虚线所示,然后将各点的坐标都放大一倍所得到的结果;也可看成是先将各点的坐标都放大一倍,如图中双点画线所示,再绕原点逆时针旋转 90°,然后平移(2,4)所得到的结果。这时 $s=0.5<l$,是整体比例变换,故最后结果的平移量也都放大了一倍。这就是组合变换。

14.4　工程数据的处理

工程数据的计算机处理是 CAD 的一项重要内容,了解和掌握工程数据的处理方法具有重要的意义。

14.4.1 数表的程序化处理

数表的程序化处理一般是用数组的方法实现的。可以用一维、二维或多维数组分别表示一维、二维或多维数表，且自变量各值与因变量数组的下标一一对应。在计算机处理过程中，一般是将输入的各自变量转换成对应的因变量数组下标，根据下标即可查到因变量的值。

在实际工程中，通常使用函数插值的方法来实现。插值法的基本原理可以描述为：在插值点附近选择几个恰当的节点，过这些选择点构造一个简单的函数。在由选择点确定的区间上该构造函数代替原来的函数，那么，插值点处的函数值可以用构造函数的值来代替。下面介绍一些常用的插值方法。

1. 线性插值

线性插值就是用通过两节点的直线方程来代替原来的函数 $f(x)$。设插值点为 (x,y)，具体插值步骤如下：

①取 $n=1$ 时，假定给定区间 $[x_i,x_{i+1}]$ 及端点函数值 $y_i=f(x_i)$，$y_{i+1}=f(x_{i+1})$。

②用过点 (x_i,y_i) 和点 (x_{i+1},y_{i+1}) 的直线 $L_1(x)$ 代替原来的函数 $f(x)$，则有

$$L_1(x)=y_i+\frac{y_{i+1}-y_i}{x_{i+1}-x_i}(x-x_i) \quad (\text{点斜式}), \tag{14-8}$$

或

$$L_1(x)=\frac{x_{i+1}-x}{x_{i+1}-x_i}y_k+\frac{x-x_i}{x_{i+1}-x_i}y_{i+1} \quad (\text{两点式})。 \tag{14-9}$$

式(14-9)即为对应于插值点处的函数值。

图 14-12 表示了线性插值的原理。从图中可以看出，线性插值存在一定的误插值，精度不是很高时，还是可以满足要求的。

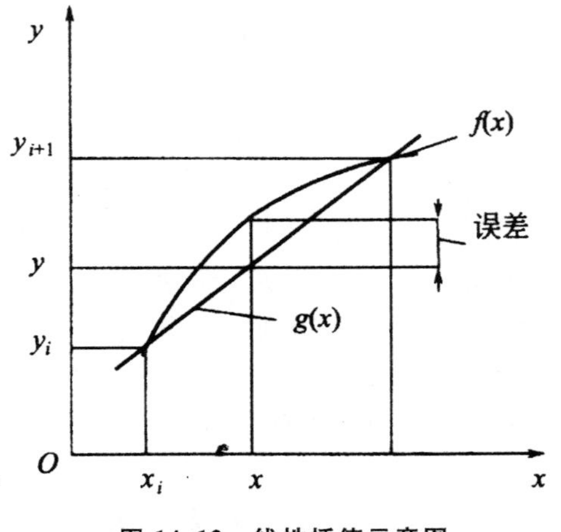

图 14-12 线性插值示意图

2. 抛物线插值

抛物线插值就是利用通过 3 个点的抛物线方程来代替原来的函数 $f(x)$，如图 14-13 所示。

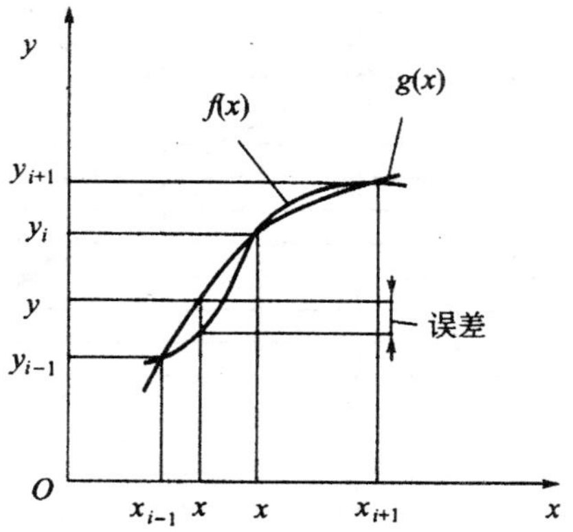

图 14-13　抛物线插值示意图

设插值点为 (x,y)，则

$$y=\frac{(x-x_i)(x-x_{i+1})}{(x_{i-1}-x_i)(x_{i-1}-x_{i+1})}y_{i-1}+\frac{(x-x_{i-1})(x-x_{i+1})}{(x_i-x_{i-1})(x_i-x_{i+1})}y_i+\frac{(x-x_{i-1})(x-x_i)}{(x_{i+1}-x_{i-1})(x_{i+1}-x_i)}y_{i+1} \tag{14-10}$$

在抛物线插值过程中，关键是要在插值点附近选取适当的 3 个点。假设插值点为 x，并且 $x_{i-1}<x\leqslant x_i\ (i=3,4,\cdots,n-1)$，则

若 $|x-x_{j-1}|\leqslant|x-x_j|$，即 x 靠近点 x_{j-1}，应选择 x_{j-2}、x_{j-1}、x_j 3 点，这时式(14-10)中的 $i=j-1$。

若 $|x-x_{j-1}|\geqslant|x-x_j|$，即 x 靠近点 x_j，应选择 x_{j-1}、x_j、x_{j+1} 3 点，这时式(14-10)中的 $i=j$。

若 $x_1\leqslant x\leqslant x_2$，即 x 靠近表头，应选择 x_1、x_2、x_3 点，此时式(14-10)中的 $i=2$。

若 $x_{n-1}\leqslant x\leqslant x_n$，即 x 靠近表头，应选择 x_{n-2}、x_{n-1}、x_n 3 点，此时式(14-10)中的 $i=n-1$。

二元函数差值是通过一元函数插值的方法来实现的，参见相关资料。

14.4.2　线图的程序处理

在机械设计资料中，除数据表格以外，还经常出现线图，由线图可以直观地表现出参数间的函数关系及函数的变化趋势。这些线图在对数坐标系中常常表现为直线或折线，在普通直角坐标系中一般都是曲线。在传统手工设计过程中，可从线图直接查取所需的参数；而在 CAD 计算程序中，程序不能直接查取线图，必须将线图处理成程序能够检索的形式。对于不同类型的线图，其处理方法各不相同。根据线图中数据的来源，线图可以分为如下两类。

1. 有计算公式的线图

线图所表示的各参数之间原本就有计算公式，只是由于计算公式复杂，为便于手工计算将公式绘成线图，以供设计时查用。因此在用计算机进行设计计算时，应直接应用原来的公式。例如，齿轮传动接触强度计算中的螺旋角系数 Z_β，常常是以线图形式给出的，如图 14-14 所示。而该线图是根据 $Z_\beta=\cos\beta$ 印绘制的（β 为齿轮分度圆螺旋角）。因此，在编写 CAD 程序时，可直接使用公式 $Z_\beta=\cos\beta$。

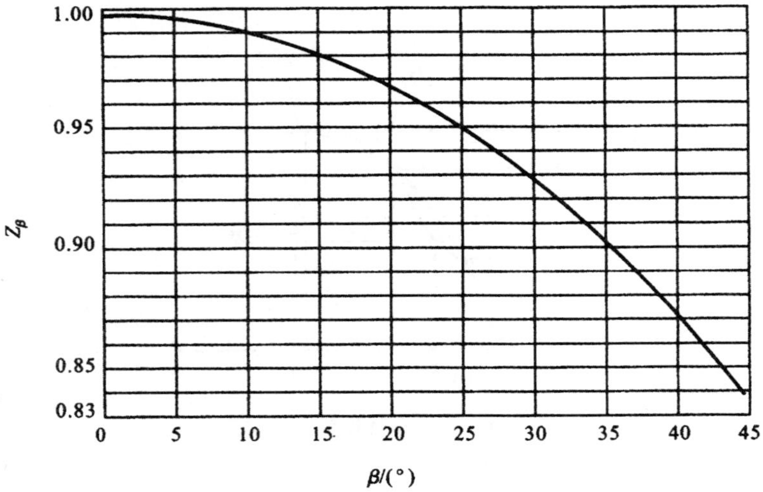

图 14-14　螺旋角系数 Z_β

2. 无计算公式的线图

线图中所表示的各个参数之间没有或找不到计算公式，对于这样的线图常用的处理方法有两种：

（1）数表化处理

首先将线图转化成数表形式，即从曲线上取一些结点，将这些结点的坐标值列成数表，然后按前述处理数表的方法进行处理。由于线图反映的是参数间的函数关系，所以转化后所获得的数表属于列表函数表，当所要查取的数据不在数表所列的结点上时，需要使用列表函数的插值方法进行插值运算。

如图 14-15 所示为蜗轮的齿形系数 Y_2 与齿数 Z_2 之间的函数关系。在线图上取一系列不同的齿数 Z_2，找出与其对应的齿形系数 Y_2，即可将这些（Y_2，Z_2）列成一个一维数表（表 14-1）。

表 14-1　蜗轮的齿形参数 Y_2（变位系数 $\xi=0$，$\alpha=20°$，$h_a=1$）

Z_2	10	11	12	13	14	15	16	17	18	19	20	22	24	26
Y_2	4.55	4.14	3.70	3.55	3.34	3.22	3.07	2.96	2.89	2.82	2.76	2.66	2.57	2.51
Z_2	28	30	35	40	45	50	60	70	80	90	100	150	200	300
Y_2	2.48	2.44	2.36	2.32	2.27	2.24	2.20	2.17	2.14	2.12	2.10	2.07	2.04	2.04

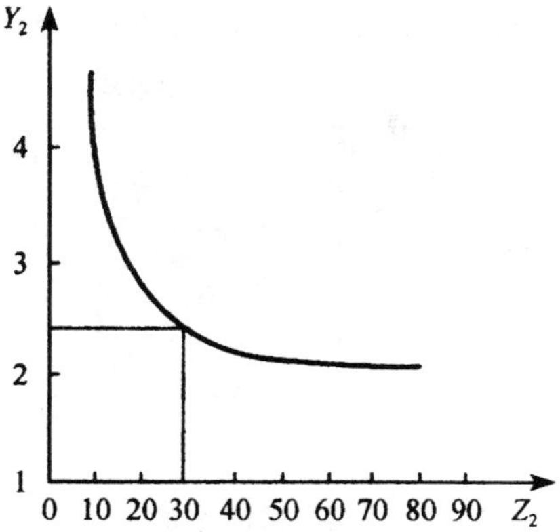

图 14-15 蜗轮的齿形参数 Y_2

将线图转化成数表时，结点的选取应随曲线形状变化而异，选取的基本原则是使各相邻两个结点之间的函数值差值均匀。例如，在图 14-15 中，当齿数 Z 值较少时，齿数对齿形系数的影响较大，表现为曲线较为陡峭，所以结点的区间应取得小些；而当齿数 Z 值较多时，齿数对齿形系数的影响较小，表现为曲线较为平滑，所以结点的区间应取得大些，这样既保证了列表函数的精度，又可减少数据存储时所占用的内存空间。

(2)公式化处理

对于直线或折线图，可将其转化为线性方程，用以表示参数间的函数关系。直线图通常有直角坐标系的、对数坐标系的和由折线组成的区域图三种类型，可分别进行处理。

①直角坐标系直线图。如图 14-16 所示为齿轮强度计算时所用到的动载荷系数 K_V 的线图，包括直齿轮和斜齿轮，图中共有 16 条直线分别代表在各种精度等级下的函数关系。若采用数表化处理方法，则要转化为 16 个一维数表或 2 个二维数表，其数据量很大，所要占用的计算机内存较多。因此，可将该线图转化为线性方程以减少对计算机内存的占用。

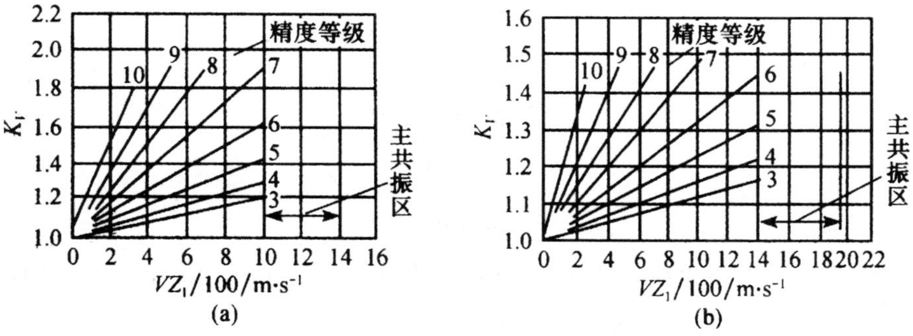

图 14-16 动载荷系数 K_V

若已知直线上两个点的坐标 (x_1, y_1)、(x_2, y_2)，则其方程可写为

$$y(x) = y_1 + \frac{y_2 - y_1}{x_2 - x_1}(x - x_1) \tag{14-11}$$

在图 14-16 中的每条直线上任意选取两点，由此两点的坐标可以构成一个直线方程，利用该方程即可计算出任意的 $VZ_1/100$ 所对应的动载荷系数 K_V。

②对数坐标系直线图。在机械设计资料中，除直角坐标系直线图外，还有对数坐标系直线图，如图14-17所示。

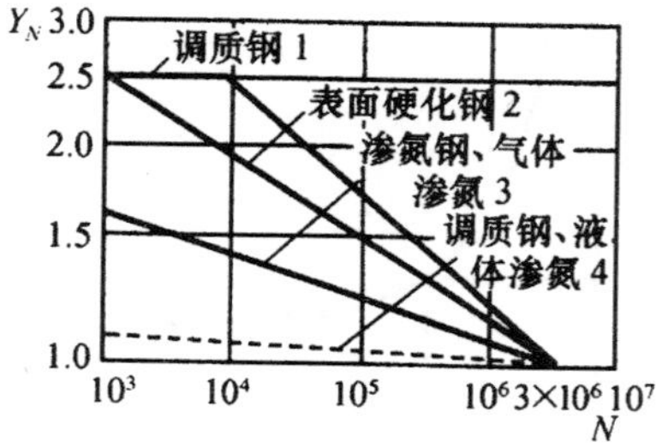

图14-17 弯曲强度的寿命系数 Y_N

若已知对数坐标系下直线上的两个点的坐标 $(\lg x_1, \lg y_1)$、$(\lg x_2, \lg y_2)$，则其方程可以表示为

$$\lg y=\lg y_1+\frac{\lg y_2-\lg y_1}{\lg x_2-\lg x_1}(\lg x-\lg x_1) \tag{14-12}$$

方法一：令

$$c=\lg y=\lg y_1+\frac{\lg y_2-\lg y_1}{\lg x_2-\lg x_1}(\lg x-\lg x_1)$$

则

$$y=10^c$$

方法二：令

$$a=\frac{\lg y_2-\lg y_1}{\lg x_2-\lg x_1}$$

$$b=\lg y_1-a\lg x_1$$

则

$$\lg y=b+a\lg x$$

即

$$\lg y-a\lg x=b$$

$$\frac{y}{x^a}=10^b$$

$$y=10^b\cdot x^a$$

在图14-17中的每条直线上任意选取两点，将此两点的坐标代入上式即可构成一个直线方程，利用该方程即可计算出任意的应力循环次数 N 所对应的寿命系数 Y_N。

③由折线组成的区域图。工程技术中遇到的许多物理量，往往是离散的、随机的变量。如图14-18所示齿轮材料的接触疲劳强度极限应力 $\sigma_{H\min}$，其影响因素很多，如材料成分、热处理方式及硬化层深度、构件尺寸等。因此，在设计资料中用区域图表示，供设计者根据材料的质量水平、热处理工艺条件等来选用。对于这样的区域图，可由下列两种方法进行处理：

方法一：按区域图的中线取值。首先找出区域图的中线位置，在此中线上任意选取两个点 (HB_1, SH_1)、(HB_2, SH_2)，由此两点可以构成一个直线方程

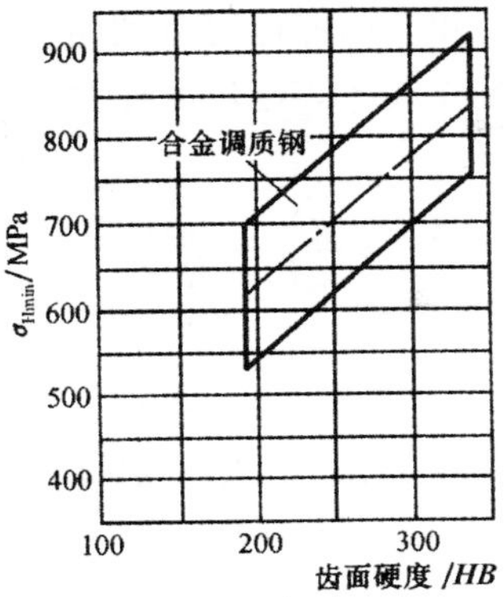

图 14-18　齿轮材料的接触疲劳强度极限应力 σ_{Hmin}

$$SH=SH_1+\frac{SH_2-SH_1}{HB_2-HB_1}(HB-HB_1) \tag{14-13}$$

利用该方程即可计算出任意的齿面硬度 HB 所对应的接触疲劳强度极限应力 σ_{Hmin}。

方法二:按区域图的位置取值。方法一在确定接触疲劳强度极限应力 σ_{Hmin} 时只限于取中值,不尽合理。为了能够根据材料性能的不同,按实际情况在区域图中取不同的值,可在方法一的基础上加以改进。为此设置两个参数:一个是极限应力的幅值参数 SH_3,另一个是极限应力在区域图中的位置参数 ST。当 $ST=1$ 时,表示取极限应力的上限值;当 $ST=0$ 时,表示取极限应力的中值;当 $ST=-1$ 时,表示取极限应力的下限值。如此一来,可将极限应力的计算公式改变为

$$SH=SH_1+\frac{SH_2-SH_1}{HB_2-HB_1}(HB-HB_1)+ST\cdot SH_3 \tag{14-14}$$

当 ST 在 $+1\sim-1$ 之间取值时,就可以获得区域图中任意位置上的极限应力。

如图 14-19 所示 V 带选型图属于另一种类型的区域图,这种区域图以直线作为选择不

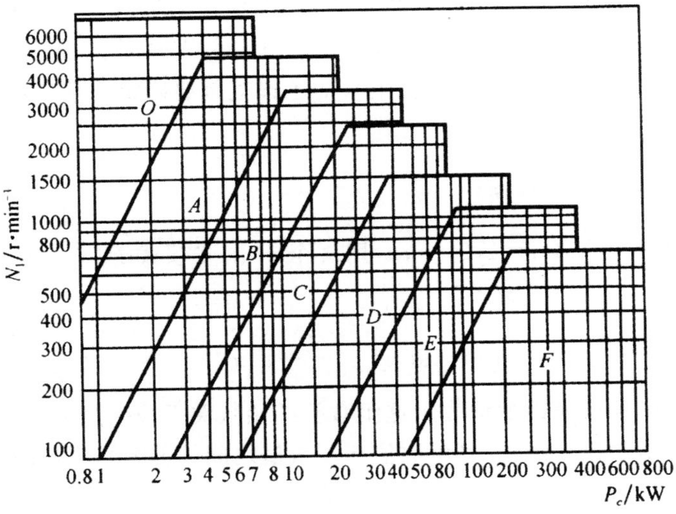

图 14-19　V 带选型图

同型号的V带的边界线。对于这种区域图也可以利用直线方程来确定边界线的坐标，在每条边界线上任意选取两点(P_1,N_1)、(P_2,N_2)，由此两点可以构成一个对数坐标系下直线方程

$$\lg N=\lg N_1+\frac{\lg N_2-\lg N_1}{\lg P_2-\lg P_1}(\lg P-\lg P_1) \tag{14-15}$$

将其变换成指数形式的方程

$$N=10^b\cdot P^a$$

式中，$a=(\lg N_2-\lg N_1)/(\lg P_2-\lg P_1)$；$b=\lg N_1-a\lg P$。

利用这种方法，可将图14-19中的6条边界线转化为下列6个计算公式：

$$O\text{-}A: N=677P^{1.454} \qquad A\text{-}B: N=100P^{1.486}$$

$$B\text{-}C: N=24P^{1.470} \qquad C\text{-}D: N=7P^{1.488}$$

$$D\text{-}E: N=1.16P^{1.545} \qquad E\text{-}F: N=0.329P^{1.5}$$

式中，P为计算机功率，KW；N为边界线上相对于计算功率P的转速，rpm。

14.4.3 数据的曲线拟合

在实际的工程设计问题中，往往由于问题的复杂性而得不到一个既表达了各参数之间的关系，又便于计算的理论公式，只有在特定条件下进行试验，将通过试验所得到的实测数据绘制成线图或数表作为设计时的依据。在CAD计算程序中，对于线图或数表可以数组形式存入计算机内存供设计时查取，但这种处理方法与直接用公式进行计算的方法相比不仅编程复杂，而且需要占用较大的内存。因此，最理想的方法是设法找出计算公式。数据公式拟合的方法就是在一系列实测数据的基础上，建立起相应的供设计时使用的经验公式，这一过程也称为数据的曲线拟合。

进行数据公式拟合的过程：首先是要决定函数的型式，然后再决定函数各项的系数。函数的型式通常采用初等函数，如对数函数、指数函数、多项式函数等。由于初等函数的曲线形状已知，因此，可以把已知数据绘制成曲线，然后与已知的初等函数的曲线作比较以决定采用哪一种初等函数。当函数型式确定以后，接下来的工作就是要确定函数各项的系数，通常采用最小二乘法。

1. 多项式的最小二乘法拟合

已知一组数据：(x_i,y_i)，$i=1,2,\cdots,n$，用一个m次多项式$P_m(x)$来拟合，如图14-20所示，设方程形式为

$$y=P_m(x)=a_1+a_2x+a_3x^2+\cdots+a_mx^{m-1}+a_{m+1}x^m=\sum_{j=1}^{m+1}a_jx^{j-1} \tag{14-16}$$

而且$m\leqslant n$，即用此多项式来近似地表示这组数据的函数关系$y=f(x)$。

近似表达式总是存在着误差（其函数值与测量值之间的偏差）。设x_i处的偏差为D_i，则

$$D_i=P_m(x_i)-y_i$$

拟合的基本要求是使各个节点（测量点）的偏差D_i的综合效果最小。一般可采用最小二乘法，即使各节点处的偏差的平方和为最小。设偏差D_i的平方和为φ，则

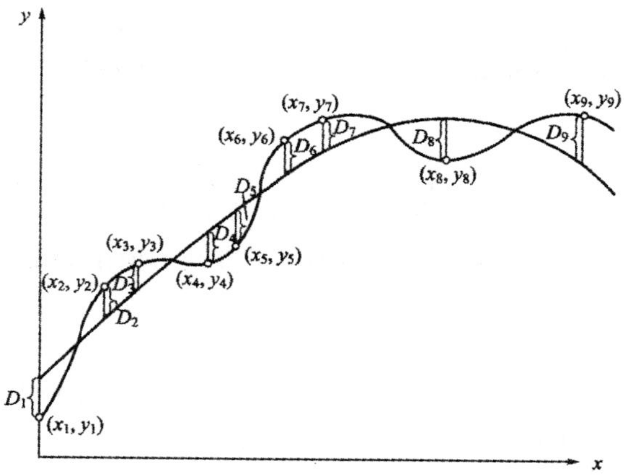

图 14-20　用多项式拟合的一组数据系列

$$\varphi = \sum_{i=1}^{n} D_i^2 = \sum_{i=1}^{n} [P_m(x_i) - y_i]^2 = \sum_{i=1}^{n} [(a_1 + a_2 x + a_3 x^2 + \cdots a_m x^{m-1} + a_{m+1} x^m) - y_i]^2$$
$$= \varphi(a_1, a_2, a_3, \cdots, a_m, a_{m+1}) \tag{14-17}$$

曲线拟合问题可归结为多元函数的极值问题。

要求 φ 的极小值，必须使

$$\frac{\partial \varphi}{\partial a_k} = 0, k = 1, 2, \cdots, m, m+1 \tag{14-18}$$

$$\frac{\partial^2 \varphi}{\partial^2 a_k} > 0$$

由式(14-17)可得

$$\frac{\partial \varphi}{\partial a_k} = \sum_{i=1}^{n} 2\Big[\sum_{j=1}^{m} a_j x_i^{j-1} - y_i\Big] \frac{\partial}{\partial a_k}\Big[\sum_{j=1}^{m} a_j x_i^{i-1} - y_i\Big]$$
$$= 2\sum_{i=1}^{n}\Big[\sum_{j=1}^{m} a_j x_i^{j-1} - y_i\Big] x_i^{k-1}$$
$$= 2\Big[\sum_{j=1}^{m+1} a_j \sum_{i=1}^{n} x_i^{j+k-2} - \sum_{i=1}^{n} y_i x_i^{k-1}\Big] \tag{14-19}$$

令

$$S_I = \sum_{i=1}^{n} x_i^{I-1}$$

式中，$I = j + k - 1$。

又令

$$t_k = \sum_{i=1}^{n} y_i x_i^{k-1}$$

则式(14-19)就成为

$$\frac{\partial \varphi}{\partial a_k} = 2\Big[\sum_{j=1}^{m+1} a_j S_{j+k-1} - t_k\Big]$$

$\frac{\partial \varphi}{\partial a_k} = 0$ 的条件也就变成 $\sum_{j=1}^{m+1} a_j S_{j+k-1} - t_k = 0, k = 1, 2, 3, \cdots, m, m+1$，即

$$\begin{cases} S_1a_1+S_2a_2+S_3a_3+\cdots+S_{m+1}a_{m+1}=t_1 \\ S_2a_1+S_3a_2+S_4a_3+\cdots+S_{m+2}a_{m+1}=t_2 \\ \cdots \\ S_{m+1}a_1+S_{m+2}a_2+S_{m+3}a_3+\cdots+S_{2m+1}a_{m+1}=t_{m+1} \end{cases} \tag{14-20}$$

解上述线性方程组，即可求得多项式 $y=P_m(x)$ 中的各个系数 a_j。而由这些系数组成的多项式 $y=P_m(x)$ 就是用最小二乘法拟合的偏差平方和为最小的拟合曲线方程式。

2. 指数曲线的拟合

把实测数据绘制在对数坐标纸上，如图 14-21 所示，如果其分布呈线性分布趋势，则可以指数曲线 $y=ax^b$ 作为拟合曲线。

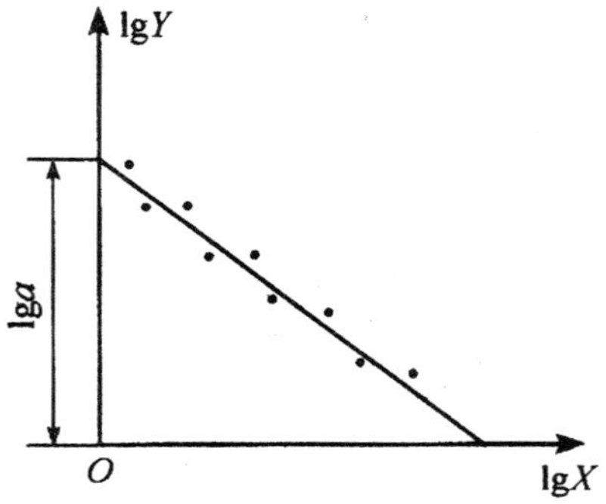

图 14-21　指数曲线的拟合

(1)用作图法确定指数 b 及系数 a

在图 14-21 中，按数据分布趋势作一直线，则该直线在 y 轴上的截距即为常数 $\lg a$，该直线的斜率即为指数 b。

(2)用最小二乘法确定指数 b 及系数 a

作图法不够精确，可用最小二乘法确定指数 b 及系数 a。其求解过程如下：

已知 m 组数据 (x_i, y_i)，$i=1,2,\cdots,m$，所拟合的指数曲线形式为

$$y=ax^b \tag{14-21}$$

对此式两边取对数，得

$$\lg y=\lg a+b\lg x \tag{14-22}$$

令

$$u=\lg y \quad v=\lg a \quad w=\lg x \tag{14-23}$$

代入式(14-22)，得

$$u=v+bw \tag{14-24}$$

将已知数据 (x_i, y_i) 代入式(14-23)中，求得相应的 (u_i, w_i) 值，再代入上式得到在对数坐标系中的一个线性方程。与多项式曲线拟合相似，采用最小二乘法就可得到上式中的系数 v 和 b，再由 $\lg a=v$ 求得系数 a。

参考文献

[1]王宁侠.机械设计.西安:西安电子科技大学出版社,2008.
[2]彭文生,机械设计(第 2 版).武汉:华中理工大学出版社,2000.
[3]龙振宇.机械设计.北京:机械工业出版社,2002.
[4]朱文坚,黄平,吴昌林.机械设计.北京:高等教育出版社,2005.
[5]孙志礼,马星国,黄秋波,闰玉涛.机械设计.北京:科学出版社,2008.
[6]孔凌嘉.机械设计.北京:北京理工大学出版社,2006.
[7]徐锦康.机械设计.北京:高等教育出版社,2004.
[8]王大康.机械设计基础.北京:机械工业出版社,2003.
[9]钟毅芳,吴昌林,唐增宝.机械设计(第 2 版).武汉:华中理工大学出版社,2001.
[10]濮良贵,纪名刚.机械设计(第 7 版).北京:高等教育出版社,2000.
[11]黄平,朱文坚.机械设计基础.广州:华南理工大学出版社,2003.
[12]黄华梁,彭文生.机械设计基础(第 3 版).北京:高等教育出版社,2001.
[13]谢里阳.现代机械设计方法.北京:机械工业出版社,2005.
[14]张鄂.机械与工程优化设计.北京:科学出版社,2008.
[15]余俊.现代设计方法及应用.北京:中国标准出版社,2002.
[16]倪洪启,谷耀新.现代机械设计方法.北京:化学工业出版社,2008.
[17]梅顺齐,何雪明.现代设计方法.武汉:华中科技大学出版社,2009.
[18]臧勇.现代机械设计方法(第 2 版).北京:冶金工业出版社,2011.
[19]王安麟,姜涛,刘广军.现代设计方法.武汉:华中科技大学出版社,2010.
[20]谭文洁,程颖.现代设计方法概论.北京:北京理工大学出版社,2007.
[21]中国机械工程学会机械设计分会.现代机械设计方法.北京:机械工业出版社,2011.
[22]孙靖民.现代机械设计方法.哈尔滨:哈尔滨工业大学出版社,2003.
[23]黄平.现代设计理论与方法.北京:清华大学出版社,2003.
[24]陈定方,卢全国.现代设计理论与方法.武汉:华中科技大学出版社,2010.